기초미적분학

하준홍 지음

KM 경문사

Preface 머리말

요즘 웬만한 기계 및 전기장치들 앞에 필수적으로 붙어 다니는 단어가 '자동' 또는 '무인'이다. 즉, 사람이 수행하는 조종기능을 '자동' 또는 '무인'으로 커뮤니케이션(교신)과 컨트롤(제어)의 기능이 가능한 인공지능으로 대체하겠다는 뜻이다. 사람이 수행해 온 기계조작을 대신할 인공지능은 대부분 신호를 송·수신할 수 있는 센서를 통하여 이루어진다. 수학은, 센서를 통하여 읽혀진 다양한 정보를 분석한 다음 기계가 이해할 수 있는 명령으로 전환하는 인공지능을 설계하는데 핵심적으로 사용된다. 이러한 이유로, '무인'과 '수학'은 새로운 차원의 밀월의 관계를 구축해 나갈 것으로 예상된다.

인공지능을 만드는데 요구되는 수학의 레벨은 어느 정도일까? 물론, 중·고등학교에서 배운 수학 내용 보다는 훨씬 더 높은 수준일 것이라고 추정하겠지만, 반드시 그렇다고는 생각하지 않는다. 고도의 수학을 필요로 하는 매우 특별한 분야를 제외하면, 중·고등학교에서 배운 기초적인 함수(다항함수, 유리함수, 무리함수, 지수 및 로그함수, 삼각함수, 역함수, 간단한 합성함수)에 대한 '미분과 적분'을 계산할 수 있는 역량 및 '연립방정식의 해'를 구할 수 있는 역량만 갖추고 있으면 충분하다고 생각한다. 왜냐하면 인공지능을 구성함에 있어 가장 중요한 요소는, 소리 및 영상의 신호를 인식하고 전송하는 것인데, 인식과 전송에 사용되는 수학은 변환이론으로, 이 변환은 위에서 언급한 기초적인 함수의 미분과 적분으로 이루어져 있는 때문이다. 수학을 위한 수학인 아닌 함수의 변환을 위한 수학, 특정 원리를 이해하기 위한 수학 지식 정도만으로도 공학을 학습하는데 충분하다는 비밀을 학생들이 알기만 한다면, 수학은 난해하고 무익한 학문이 아니라 자신의 삶을 윤택하게 해주는 가장 좋은 친구하는 것을 깨달을 수 있을 것이다.

과학 및 공학 학습의 기초 언어가 수학이라는 전제하에 과도한 추상적인 문제를 풀기 위한 수학학습으로 수학을 필요로 하는 사람들을 난처하게 만들어 왔음은 어느 정도 사실이다. 그러나 저자는 수학은 자신의 주위에서 파생되는 실제적인 문제를 해결하는데 매우 유용한 도구이며, 이러한 문제를 해결하는데 요구되는 수학은 어느 정도 왜곡이 있을 수 있지만, 중·고등학교에서 배운 정도의 수학지식이면 충분하다고 주장하고 싶다.

이 책은 실용적인 문제를 해결하는데 필요한 기초적인 함수 및 방정식의 개념을 자세하게 배울 수 있도록 구성하고 있다. 수학은 어떤 개념을 정의하면서 시작되는 속성을 가지고 있지만, 이 책에서는 고대시대에 수학이 실용적으로 사용된 증거를 토대로 수, 도형 및 방정식 학습의 필요성을 직감할 수 있도록 구성하였고, 점진적으로 함수와 방정식의 이론적 개념을 학습할 수 있게 하였다. 더 나아가 수열과 급수, 함수에 대한 미분과 적분, 테일러 다항식의 개념을 자연스럽게 접할 수 있도록 하였고, 단원의 끝에 토론을 두어 배운 지식을 활용하여 좀 더 나은 사고를 할 수 있도록 설계하였다.

이 책을 통하여 '수학은 나의 친구'라는 생각이 학습자의 마음속에 새겨지기를 소망하면서 이 책의 출판을 위해 애써 준 일학습병행사업단, 경문사 및 언제나 새로운 아이디어를 주신 하나님께 감사드립니다.

저 자

Contents

차례

01 고대수학

1. 비례
2. 피디고라스 정리
3. 십진법
4. 황금비율
5. 일차 및 이차방정식

1 비례

고대 그리스 철학자들은 하늘과 땅을 이분하여 하늘은 조화로운 질서가 있는 곳으로 묘사하고, 반대로 땅은 무질서하고 타락한 곳으로 묘사하였다. 그들은 무질서한 세상을 다스리기 위해 체육, 음악, 대수학, 기하학, 천문학, 변증론에 능통한 지도자들을 양성하여 사회를 이끌어 가고자 했다. 왜 고대 그리스인들은 대수학과 기하학을 지도자의 자질에 포함시켰을까? 그것은 사견이 침범할 수 없는 대수학과 기하학이 우주의 창조 원리일 것이라는 사고 때문이었을 수도 있다. "기하학에는 왕도가 없다"는 말에는 지도자의 의도대로 세상을 지배하려는 생각을 철저히 배제시키려는 의도가 내포되어 있다고 볼 수 있다. 또한 대수학과 기하학에 기초한 건축물을 세운다면 무질서한 지상이 조화로운 세계로 변모될 수 있다고 생각했을 수도 있다. 물론 신을 숭배하고 신에게 더욱 가깝게 접근하고자 하는 열망을 표현하고 싶었을 것이다. 그림 1.1은 유네스코 고적 1호로 등재되어 있는 그리스 아크로폴리스에 있는 파르테논 신전(기원전 447-438)이다.

고대 그리스의 역사는 신에 대한 이야기로 가득하고, 신을 숭배하기 위한 건축물을 높은 곳에 많이 세웠다. 파르테논 신전은 그 가운데 가장 웅장하고 아름다운 대표적인 유적이다. 그림 1.1에서 보듯이 신전은 많은 기하학과 대수학의 지식이 적용되어 있는 것처럼 보인다. 고대 그리스 시대의 기하학은 눈금이 없는 자와 컴퍼스만으로 도형을 작도하는 학문으로 통했다. 지금은 눈금이 매겨져 있는 자를

그림 1.1 파르테논 신전

그림 1.2 이집트의 피라미드

사용하여 구조물을 설계하지만, 고대 그리스 시대에는 눈금을 세속적인 것으로 간주하였기 때문에 눈금이 없는 자를 사용하는 기하학을 고집하였다. 지금부터 고대 그리스의 수학자 탈레스와 피타고라스의 업적을 토대로 기하학과 대수학의 뿌리를 탐구해보자.

고대 그리스 수학자 탈레스(기원전 625-547)는 자신이 가지고 있는 '지팡이'와 '증명'이라는 논법으로 이집트에 있는 피라미드의 높이를 계산해냄으로써 세상을 깜짝 놀라게 했고, 이러한 업적으로 그에게는 기하학의 아버지라는 칭호가 붙었다. 물론, 고대 이집트의 파라오들은 하늘에 대한 소망을 피라미드에 반영하기 위해 수많은 기하학적 고찰과 대수적 계산을 했다는 사실은 잘 알려져 있다(그림 1.2). 이에 대한 흔적은 이집트의 파피루스(기원전 1650) 유적에 고스란히 남아 있다. 신들의 고향으로 불리는 수메르(기원전 3000) 시대에서도 직각삼각형의 빗변의 길이에 해당하는 치수를 얻기 위한 산술적인 계산이 있었다는 증거가 점토판 유물을 통해 밝혀졌다. 그러나 그들의 계산은 증명이 없는 활용에만 초점을 맞추었다.

탈레스는 빛의 사영에 의해 만들어진 피라미드와 지팡이의 그림자를 이용하여 모래 바닥에 두 개의 삼각형으로 그리고 두 삼각형 $\triangle ABC$와 $\triangle ADE$가 닮았다는 것을 증명한 다음 닮은 성질을 이용하여 피라미드의 높이를 계산하였다(그림 1.3). 그의 계산법을 살펴보자. 지금부터 기호 $\propto$는 닮음을 표시할 때 사용하며, 닮음이란 위치 B를 위치 D까지 당기면 두 삼각형은 완전히 일치함을 의미한다.

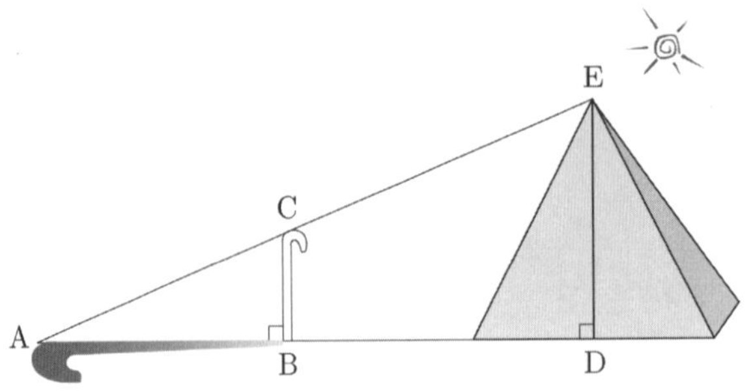

그림 1.3 피라미드와 그림자

탈레스는 $\triangle ABC \propto \triangle ADE$ 이므로

$$\frac{\overline{AD}}{\overline{AB}} = \frac{\overline{DE}}{\overline{BC}}$$

또는

$$\overline{AB} : \overline{AD} = \overline{BC} : \overline{DE}$$

가 성립한다는 것을 증명하였다. 지금은 직선의 방정식을 이용하여 이것을 쉽게 증명할 수 있다. 따라서 $\overline{AB}$, $\overline{AD}$ 및 $\overline{BC}$ 의 길이만 알 수 있다면, 피라미드의 높이 $\overline{DE}$ 는 공식

① $$\overline{DE} = \frac{\overline{BC}}{\overline{AB}} \times \overline{AD}$$

로 계산할 수 있다.

예제 1.1 카프레의 피라미드의 높이는 143미터이다. 탈레스의 지팡이의 길이가 150센티미터 정도였고, 그림자의 길이는 지팡이 길이의 3배였다고 가정하자. 탈레스의 지팡이는 피라미드의 중심으로부터 어느 정도에 위치하고 있었을까?

풀이 ▸ 피라미드의 중심에서 지팡이까지의 거리를 x 미터라고 하자(그림 1.4). 그러면 피라미드의 중심에서 그림자의 끝까지의 길이는

$$x + 3 \times 1.5 = (x + 4.5)\,\mathrm{m}$$

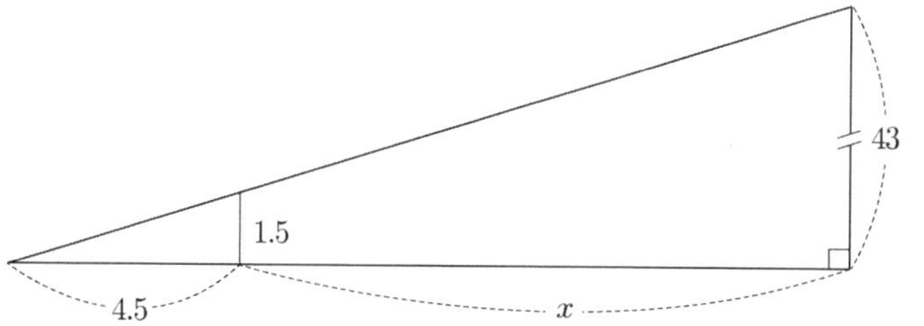

그림 1.4

비례식으로부터

$$4.5 : 1.5 = 4.5 + x : 143$$

또는

$$\frac{4.5}{1.5} = \frac{4.5 + x}{143} \qquad \leftarrow \text{일차방정식}$$

이 방정식을 사용하여 미지수 x를 구하자.

$$x + 4.5 = \frac{4.5 \times 143}{1.5} \qquad \leftarrow \text{일차방정식의 해법}$$

$$x + 4.5 = 429$$

$$x = 429 - 4.5 = 424.5$$

지팡이는 피라미드의 중심으로부터 424.5미터 떨어진 위치에 세워졌다. □

예제 1.1에서 한 개의 미지수 x가 포함된 방정식이 나타났고, 대수학의 사칙연산의 원리를 적용하여 미지수 x의 값을 구했다. 이는 세상의 문제, 우주의 문제, 상상의 문제에 대한 답을 얻고자 한다면 방정식을 유도해야 하고, 또한 그 방정식을 풀어야 한다는 것으로 귀결시킬 수 있다(이것이 바로 수학이다!).

책의 시작을 비율로 시작하였는데, 그 이유는 대부분의 문제는 비율과 관련된 문제로부터 파생되기 때문이다. 여러분이 지금 즐기고 있는 맛도 다 비율이며, 여러분의 눈에 보이거나 상상 속에 떠오르는 아름다운 세상도 머릿속에 투영된 비율이다. 따라서 비율에 대한 의문을 가진 사람은 뇌에 투영된 것들을 종이에 그리고 동시에 적합한 방정식들을 만들어 답을 구하는 작업을 끊임없이 해야 한다.

토론 1.1 식 ①을 다시 고찰해보자. 지팡이로 만들어진 빗변과 높이의 비

$$\frac{\overline{BC}}{\overline{AB}}$$ ← 삼각비, 기울기의 태동

의 값에 대한 정보는 각 $\angle CAB$와는 어떤 관계를 갖고 있는지 토론해 보라. 이 비를 삼각비라고 하는데, 삼각비를 최초로 도입한 사람은 그리스의 천문학자 히파르코스(기원전 190−120)이다. 그는 삼각비를 이용하여 일식의 예견과 달과 지구 사이의 거리를 측량한 선구자로 유명하다.

토론 1.2 해변에서 바다에 있는 섬까지의 거리를 구할 수 있는 방법에 대해 ① 비례식 ② 삼각비를 사용하여 토론해 보라.

그림 1.5 바다와 섬

2 피타고라스 정리

고대 그리스 철학자들은 음악은 우주의 조화로운 질서가 지구에 나타난 것으로 믿었다. 이러한 조화로운 질서의 원리를 발견하고, 그 원리를 수학과 과학적인 관점에 기초하여 연구한 최초의 인물이 피타고라스(Pythagoras, 기원전 570-495)이다. 전설에 의하면 피타고라스가 대장간을 지날 때 대장장이의 두 손으로 내리치는 망치의 무게에 따라 서로 다른 조화 소리가 난다는 것을 알아차렸다고 한다. 이때 망치의 무게가 12, 9, 8, 6파운드로 각 무게의 비 12 : 6 = 2 : 1, 12 : 8 = 3 : 2, 12 : 9 = 4 : 3, 9 : 8이 차례로 옥타브 음정(주파수가 2배 차이나는 두 음 사이의 음정), 완전 5도, 완전 4도, 완전 2도(온음)를 나타내고 있음을 발견하였다. 이러한 조화로운 현상에 기초하여 그는 줄의 장력과 길이의 비율에 따른 음의 변화를 발견하여 음계를 만들었다(음악에도 수학의 원리가 있다!).

그림 2.1 음계를 발견한 피타고라스

여기서 또 하나의 재미나는 수학 이야기를 해보자. 피자가 6조각으로 나누어져 있는 경우, 한 조각의 양은 1/6, 두 조각의 양은 2/6 = 1/3로 표현할 수 있다. 분배를 나타내기 위해 사용된 숫자 1/6 또는 1/3을 비율이라 한다. 비율은 분수로 나타내어지며, 자연수로 구성된 분수는 유리수라고 한다. 피타고라스는 음의 차이가 유리수 비율과 관계되어 있다는 사실을 발견하고 흥분된 상태에서 라는 유명한 말을 남기게 된다(흥분된 상태에서 중요한 일을 결정하지 말라!). 물론 그가 말한 수는 유리수를 의미한다. 그러나 유리수로만 표현할 수 없는 이상한 수, 즉

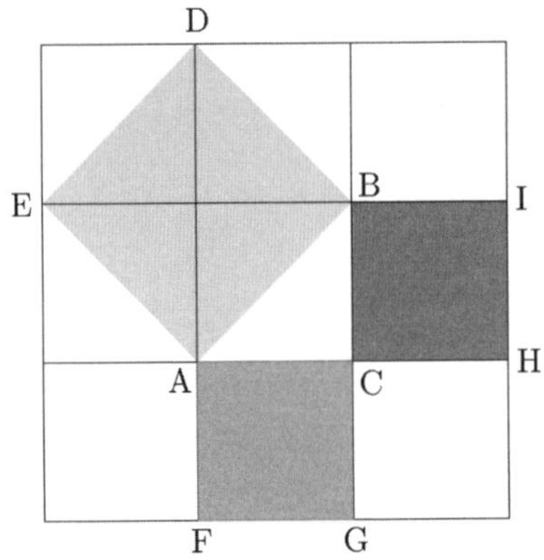

그림 2.2 무리수를 탄생시킨 격자

"세상 만물의 근원은 수"

무리수를 만나게 되면서 그의 말은 빛을 잃게 되었고 동시에 무시무시한 구전 설화를 남겼다(찾아보라!).

피타고라스는 길이가 1인 정사각형 격자에 놓여 있는 직각삼각형 $\triangle ABC$에서 길이 $\overline{AB}$에 대응하는 유리수를 발견하고 싶었다. 그림 2.2에서 보듯이 길이 $\overline{AB}$는 세 개의 정사각형의 넓이를 비교함으로써 쉽게 얻는다.

즉, 그림 2.2로부터

$$\square ABDE \text{의 넓이} = \square ACGF \text{의 넓이} + \square BCHI \text{의 넓이}$$

이므로, 직사각형의 넓이는 가로×세로로 정의되어 있기 때문에

$$\overline{AB}^2 = \overline{AC}^2 + \overline{BC}^2$$ ↢ 직사각형 넓이의 정의

여기서 $\overline{AB} = x$로 놓으면(찾는 수를 미지수 x로 둠으로써 방정식이 탄생)

$$x^2 = 1^2 + 1^2$$

① $$x^2 = 2$$ ↢ 이차방정식

방정식 ①의 의미는

"어떤 수를 제곱하면 2가 되는 x의 값을 찾는 문제"

로

"x는 2의 제곱근"

이라 한다. $x^2=2$와 $a^2=4$는 차원이 완전히 다른 문제이다. 왜냐하면 $(\pm 2)^2=4$이므로 $a^2=4$를 만족하는 제곱근 a는 ± 2임은 간단하게 알 수 있지만, 그러나 $x^2=2$의 경우는 어떤 유리수를 제곱해야 2가 되는지는 몹시 고민된다.

한편

"x가 과연 유리수인가"

라는 의문이 생긴다.

방정식 $x^2=2$를 만족하는 제곱근 x는 유리수가 아니다.

증명 ▸ 명제(참과 거짓을 판별할 수 있는 문장)를 논리적으로 증명하는 것은 흥미 있는 일이며, 또한 명제에 대한 증명은 반드시 필요하다. 결론을 부정하여 모순을 이끌어 내어 명제가 옳다는 것을 입증하자(이를 배리법이라 부른다).

"$x^2=2$를 만족하는 x는 유리수라고 가정해보자."

x가 유리수이므로

$$x=\frac{q}{p}\quad (p\text{와 } q\text{는 서로소, 즉 1 이외 다른 공약수가 없음})$$

와 같은 분수로 표현되는 정수 p, q가 있어야 한다. 이 표현을 $x^2=2$에 대입하면

$$\left(\frac{q}{p}\right)^2=\frac{q^2}{p^2}=2$$ ← 자연수 지수를 갖는 지수법칙

양변에 p^2을 곱하면

$$q^2=2p^2$$

p^2 앞에 있는 2는 q^2이 짝수이어야 한다는 것을 주장하고 있다. q^2이 짝수이면 q도 짝수이다(홀수를 제곱해서 짝수를 만들 수 없다). 따라서 q는 2의 배수이다. 즉

$$q=2l$$

을 만족하는 정수 l이 존재한다. 이를 $q^2 = 2p^2$에 대입하여 정리하면

$$(2l)^2 = 2p^2 \qquad \leftarrow \text{자연수 지수를 갖는 지수법칙}$$
$$2l^2 = p^2$$

l^2 앞에 있는 2 때문에 p^2 및 p는 짝수이다. 결론은, p와 q가 모두 짝수이다. 그러나 이러한 결론은 p와 q는 서로소라는 것에 모순된다. 따라서 $x^2 = 2$를 만족하는 제곱근 x는 유리수가 아니다. □

피타고라스의 이마에 식은땀이 흘러내렸을 것이다. 철학자의 자존심이 꾸겨졌겠지만 새로운 수의 존재를 인정해야 했다. 실제, 피타고라스는 그의 학파 내부에서 이 사실을 인정했지만, 외부로 흘러 나가는 것을 막았다는 전설이 있다.

유리수가 아닌 수를 무리수라 하고, 유리수와 무리수의 합집합을 실수라고 한다.

이제 방정식 $x^2 = 2$를 만족하는 x는 어떻게 표현할 것인가, 즉 "표현의 문제"가 제기된다. 자연수 지수를 갖는 지수법칙, 예를 들어

$$(2^3)^4 = 2^{3\times4} = 2^{12}$$

와 같은 표현에서 그 실마리를 찾아보자. 방정식 $x^2 = 2$의 양변을 m제곱(m은 자연수)하면

$$(x^2)^m = 2^m$$
$$x^{2m} = 2^m$$

왼쪽에 x만을 남기려면 $2m = 1$이 되도록 m을 선택하면 된다. 그러나 m거듭제곱에서 m은 자연수이므로 $2m = 1$을 만족하는 m을 선택할 수 없다.

이것은 지수를 자연수에서 좀 더 큰 수로 확장할 것을 요구하고 있다.

"험난한 수고가 예상되지만, 지수를 유리수로 확장하기로 하자."

유리수 지수를 허용하면, $m = 1/2$이 되므로

$$x = 2^{\frac{1}{2}}$$

이라는 이상한 표현이 탄생한다. 물론, x는 $2^{1/2}$로 표현되었지만, $2^{1/2}$의 본질은 가로와 세로가 1인 직각삼각형의 대각선 길이이다. 비록, $2^{1/2}$이 대각선의 길이에서 출발했지만, 길이의 개념에서 탈출하여 수의 개념으로 받아들이자(어차피 모든 수는 표현에 불과하고 본질은 다른 곳에 있다!).

한편, 지수법칙에 의해 $(-x)^2 = 2$와 $x^2 = 2$는 똑같은 방정식이므로

$$-x = 2^{\frac{1}{2}} \text{ 또는 } x = -2^{\frac{1}{2}}$$

이 성립한다. 따라서

> 방정식 $x^2 = 2$의 완전한 해는 $x = \pm 2^{\frac{1}{2}}$이다.

표현 $2^{1/2}$은 루트 기호를 도입하여

$$2^{\frac{1}{2}} = \sqrt{2}$$

로 표기하기도 한다(이런 간단한 표현은 독일 수학자 크리스토프 루돌프(1846-1926)에 의해 고안되었다).

$2^{1/2}$을 발판으로 삼아 새로운 수를 만들어 낼 수 있다. $2^{1/2}$을 세 번 곱한 수는

$$2^{\frac{3}{2}} = \left(2^{\frac{1}{2}}\right)^3$$

와 같이 정의하여 유리수 3/2를 지수로 갖는 수를 만든다. 이제 유리수 지수의 분모 2를 임의의 자연수로 확장하기 위해, 방정식 $x^n = a$의 n거듭제곱근에 대한 개념을 확립하자. 즉

n이 짝수일 때

$$x = \pm a^{\frac{1}{n}} = \pm \sqrt[n]{a}, \ a \geq 0$$

n이 홀수일 때

$$x = a^{\frac{1}{n}} = \sqrt[n]{a}$$

와 같이 x를 정의하고, x를 a의 n거듭제곱근이라 한다.

예를 들어, $x^3 = 27$에서 27의 3제곱근은

$$x = 27^{\frac{1}{3}} = (3^3)^{\frac{1}{3}} = 3^{3 \times \frac{1}{3}} = 3^1 = 3$$

또는

$$x = \sqrt[3]{27} = \sqrt[3]{3^3} = 3$$

$x^4 = 16$에서 16의 4제곱근은

$$x = \pm 16^{\frac{1}{4}} = \pm (2^4)^{\frac{1}{4}} = \pm 2$$

또는

$$x = \pm \sqrt[4]{16} = \pm \sqrt[4]{2^4} = \pm 2$$

n거듭제곱근의 도움으로 양의 유리수 지수를 갖는 수를 다음과 같이 정의한다.

양의 정수 m에 대하여

(i) $$a^{\frac{m}{n}} = \left(a^{\frac{1}{n}}\right)^m \text{ 또는 } a^{\frac{m}{n}} = (\sqrt[n]{a})^m = \sqrt[n]{a^m}$$

음의 유리수 지수는 정수의 경우를 그대로 적용하면 된다.

양의 정수 m 에 대하여

(ii) $$a^{-\frac{m}{n}} = \left(a^{\frac{1}{n}}\right)^{-m} = \frac{1}{\left(a^{\frac{1}{n}}\right)^{m}} = \frac{1}{a^{\frac{m}{n}}}$$

정의 (i)과 (ii)를 통합하면 임의의 정수 m과 n에 대하여 유리수 지수

$$a^{\frac{m}{n}},\ n \neq 0$$

를 완전하게 정의할 수 있다. 계산은 계산기를 이용할 것을 권장한다. 예로

$$2^{1.7} = 2^{\frac{17}{10}} = \sqrt[10]{2^{17}} = \sqrt[10]{131072} \approx 3.249$$

결과를 검증해보면

$$3.249^{10} \approx 131068$$

오차는 발생했지만 기호가 논리적으로 표현되었다는 것을 알 수 있다.

논리적인 기호의 도입으로

방정식 $x^2 = 2$ 의 해의 모양은 $\pm 2^{1/2}$ 또는 $\pm\sqrt{2}$

로 멋지게 표현하였다. 그러나 이것들은 어디까지나 표현일 뿐이라는 사실을 잊지 말라. 따라서 표현이 가지고 있는 실재적 의미를 부여해야만 유리수 지수를 갖는 표현이 수로서 역할을 한다. 잠시 후 $\sqrt{2}$ 에 대한 십진수 표현에서 제곱근의 의미를 다시 다룰 것이다. 짝퉁도 자꾸 사용하다 보면 진짜인 것처럼 여겨지듯이, 표현 $2^{1/2}$ 또는 $\sqrt{2}$ 도 자주 쓰다 보면 정말로 숫자인 것처럼 생각될 것이다(플라톤의 동굴의 우상처럼).

유리수 지수 또는 루트를 포함하고 있다고 해서 항상 무리수가 되는 것은 아니다. 예를 들어,

$$4^{\frac{1}{2}} = (2^2)^{\frac{1}{2}} = 2^{2\times\frac{1}{2}} = 2^1 = 2 \text{ 또는 } \sqrt{4} = \sqrt{2^2} = 2$$

이므로 $4^{1/2} = \sqrt{4}$ 는 유리수(좀 더 엄밀히 구분하면 자연수)이다.

일반적으로 다음 공식을 얻는다.

$$(a^2)^{\frac{1}{2}} = \sqrt{a^2} = \begin{cases} a, & a \geq 0 \\ -a, & a < 0 \end{cases}$$

이 공식으로부터 유리수의 제곱수(제곱하여 나오는 수)는 유리수가 아니며, 유리수의 제곱수가 되지 않는 경우는 무리수이다.

$\sqrt{\frac{9}{4}} = \sqrt{\left(\frac{3}{2}\right)^2} = \frac{3}{2}$ 으로 유리수이지만 $\sqrt{\frac{3}{4}} = \frac{\sqrt{3}}{2}$ 은 무리수이다.

다음 공식은 언제 등장했을까?

$$\sqrt{a^2} = |a|$$

← 절댓값 기호의 등장

예제 2.1 다음 수들을 분류하여라.

$$3,\ \frac{2}{3},\ 2.78,\ \sqrt{5},\ -\sqrt{16},\ 4\sqrt{2},\ \sqrt{5}-\sqrt{5},\ \sqrt{-4},\ \sqrt{|-4|}$$

풀이 ▸ 수의 분류는 부록을 참조하라.

자연수 $3,\ \sqrt{|-4|} = \sqrt{4} = 2$

정수 $-\sqrt{16} = -4,\ \sqrt{5}-\sqrt{5} = 0$

유리수 $3,\ \frac{2}{3},\ 2.78,\ -\sqrt{16},\ \sqrt{5}-\sqrt{5}$

무리수 $\sqrt{5},\ 4\sqrt{2}$

$x^2 = -4$를 만족하는 실수는 존재하지 않기 때문에 x는 실수가 아님

□

이제부터, $x^2 = 1^2 + 1^2$을 일반화한 피타고라스의 불후의 역작을 살펴보자. 그림 2.3에서 주어진 직각삼각형의 변의 길이에 대한 관계식을 유도해보자.

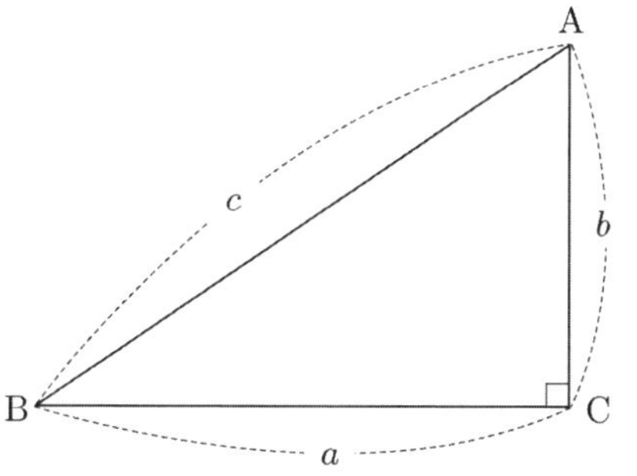

그림 2.3 직각삼각형

$\triangle ABC$에서 $\angle C$가 직각이면

② $$a^2+b^2=c^2$$

이를 직각삼각형에 대한 '피타고라스의 정리'라고 한다.

증명 ▸ 피타고라스의 정리에 대한 증명 방법은 118가지가 넘는다. 그 중에서 가장 직관적인 기하학(도형) 및 대수학(계산)을 이용한 증명법을 소개한다.

삼각형 $\triangle ABC$를 그림 2.4처럼 배열하여 넓이를 비교하면

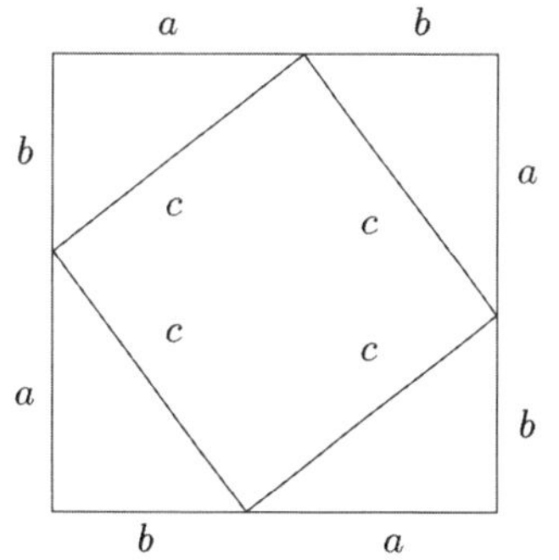

그림 2.4 직각삼각형의 배열

$$(a+b)^2=4\times\frac{1}{2}\times ab+c^2$$

식을 전개하여 정리하면

$$a^2+2ab+b^2=2ab+c^2$$ ← 식의 전개

$$a^2 + b^2 = c^2$$

따라서 피타고라스의 정리가 성립한다. □

식 ②를 만족하는 자연수의 쌍 $(a,\ b,\ c)$를 피타고라스의 쌍이라고 한다.

$3^2 + 4^2 = 5^2$이므로 $(3,\ 4,\ 5)$는 피타고라스의 쌍이다. 피타고라스 쌍으로 그림 2.5와 같이 직각삼각형을 만들 수 있다(고대에 사용했던 방법).

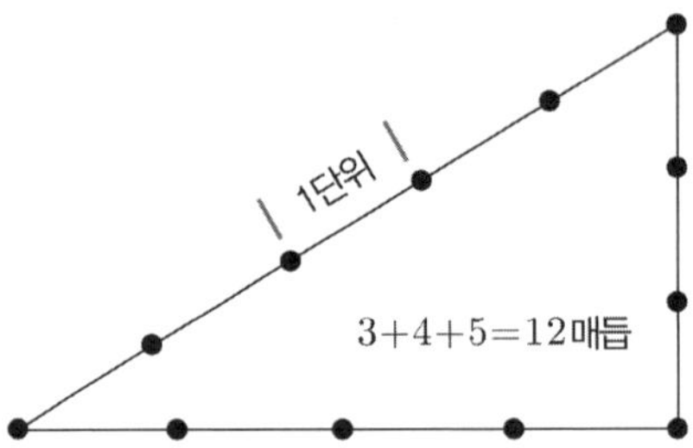

그림 2.5 12개의 매듭을 이용한 직각삼각형 만들기

피타고라스의 쌍은 얼마나 있을까? 엉뚱한 이야기 같지만, 옛 수학자는 소수(약수가 1과 자신뿐인 수)는 과연 몇 개나 있을까라는 단순한 질문을 던졌다. 무한히 많다는 것이 밝혀졌고, 그 다음 소수를 어떻게 발견할 수 있을까라는 질문이 또 던졌다(꼬리에 꼬리는 무는 학습). 이러한 단순한 질문이 대수학과 대수학의 응용인 컴퓨터 암호 분야에 지대한 공헌을 하였다. 소수에 대해서는, 고대 그리스 수학자 에라토스테네스(기원전 276-194)가 고안한 소수의 판정법인 '에라토스테네스 체'를 찾아보라. 에라토스테네스의 또 하나의 유명한 업적은 그림자를 이용하여 지구의 반지름을 계산한 것이다.

예제 2.2 $(a,\ b,\ c)$가 피타고라스의 쌍이면 임의의 자연수 k에 대하여 $(kx,\ ky,\ kz)$도 피타고라스의 쌍임을 증명하라.

풀이 ▸ $(a,\ b,\ c)$가 피타고라스의 쌍이므로

$$a^2 + b^2 = c^2$$

양변에 k^2을 곱하여 정리하면

$$k^2(a^2+b^2)=k^2c^2$$
$$k^2a^2+k^2b^2=k^2c^2$$
$$(ka)^2+(kb)^2=(kc)^2$$

따라서 $(kx,\ ky,\ kz)$로 피타고라스의 쌍이다. □

$(3,\ 4,\ 5)$는 피타고라스의 쌍이므로, 예제 2.2로부터

$$(3k,\ 4k,\ 5k),\quad k=1,\ 2,\ 3,\ 4,\ \cdots$$

도 피타고라스의 쌍이다. 즉, 피타고라스의 쌍은 무한히 많다.

이쯤 되면 방정식 $x^n+y^n=z^n$, $n\ge 3$을 만족하는 자연수 쌍 $(x,\ y,\ z)$의 존재를 증명하고 싶지 않은가? 이것은 프랑스의 수학자 페르마가 1637년에 제시한 유명한 '페르마의 마지막 정리(Fermat's problem)'로 답은 "존재하지 않음"이다. 이 방정식을 만족하는 해를 찾기 위한 수많은 노력이 있었지만, 모두 허사로 끝났으며 최종적으로 영국의 수학자인 앤드루 와일스 경(Sir Andrew John Wiles, 1953-)이 자연수의 쌍이 없다는 증명을 1995년 수학연보에 발표하였다. 2라는 숫지기 무엇이기에 너무 신기하지 않는가.

"n제곱근과 관련된 무리수만 존재하는가"

라는 의문에 전혀 다른 무리수가 있음이 밝혀져 있다. 이것은

"원과 동일한 넓이를 가지는 정사각형을 작도할 수 있는가"

라는 3대 작도불가능 문제(1882년 이후에 붙은 이름)와 관련이 있다. 작도하기 위해서는 원주율 π를 작도할 수 있어야 하는데 π를 작도할 수 없다는 것이 1882년에 증명되었다. π가 무리수라는 것은 스위스 수학자 람베르트(1728-1777)가 1761년 역 탄젠트 함수의 연분수 전개를 이용하여 증명했다. $\sqrt{2}$는 무리수이지만 작도할 수 있기 때문에, 무리수라는 사실만으로 작도할 수 없다고 할 수 없다. 오랜 시간이 지난 후, 1882년 독일 수학자 린데만(1852-1939)은 π는 작도할 수 없는 수라는 것을 보였다. 무리수이면서 작도할 수 없는 수를 초월수라고 한다.

원주율 π에 대해 정확하게 알아보자. 유클리드 평면에서 원은 크기와 관계없이 언제나 닮은 도형이다. 따라서 원의 지름에 대한 둘레의 비율은 항상 일정한데, 이를 원주율이라 부르고 π로 표기한다. 따라서 원의 지름을 d, 둘레를 L이라고 하면 원주율 π는

$$\pi = \frac{L}{d}$$

원주율에 대한 정의로부터

"반지름이 r이면 $d = 2r$이므로 $L = 2\pi r$이다." ← 원 둘레

예로,

지름이 1인 원둘레는 π이다.

이러한 사실로부터 지름이 1인 원을 만들고, 한 곳을 절단하여 직선으로 펼친 다음 눈금 있는 자로 그 직선을 측정하면 π의 근삿값은 찾을 수 있을 것이다(정확한 값은 절대로 찾을 수 없다). 고대 그리스 수학자 아르키메데스(기원전 287-212)는 구적법(분할해서 더하는 방법)이라는 방법을 사용하여 π의 근삿값이 3.1416이라는 것을 제시하였다. 그림 2.6에서 보듯이 반지름이 1인 원을 등분하여 이등변삼각형의 변의 길이로 원주율을 근사한 것이다. 이것은 '정적분(영역의 넓이를 구하는 방법)'의 원리이므로 정적분의 시조는 아르키메데스이다.

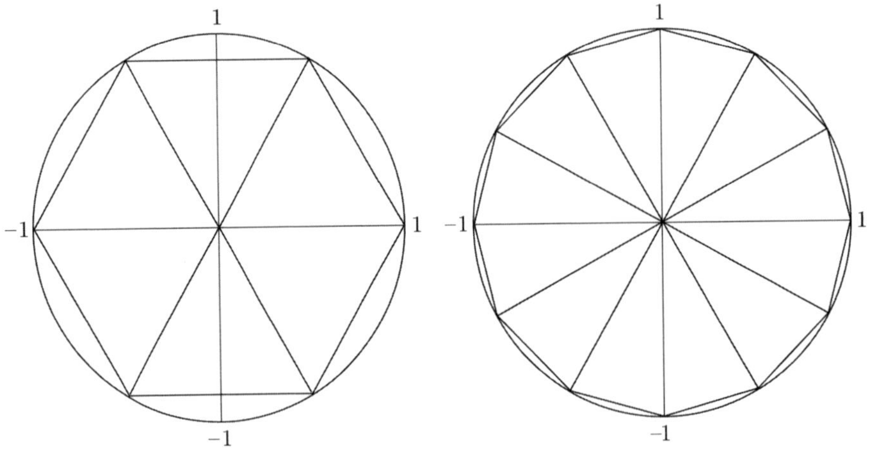

그림 2.6 반지름이 1인 원의 분할

반지름이 1인 원을 6등분한 정육각형의 둘레는 6이므로 π의 근삿값은 $6/2 = 3$이다. 12등분하였을 때 근삿값은 예제 2.3을 참고하라.

예제 2.3 그림 2.6과 같이 반지름이 1인 원을 12등분한 정12각형의 둘레를 구하라.

풀이 ▸ 그림 2.7과 같이 수직선을 긋고 만나는 점을 A, B, C라 하자.

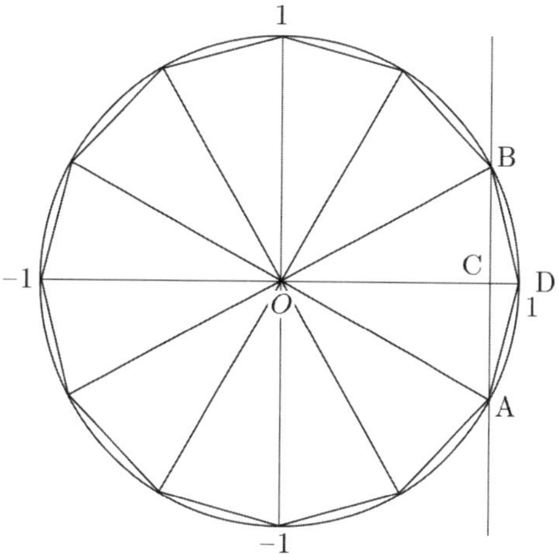

그림 2.7 정12각형

$\overline{AB}=1$이므로 $\overline{AC}=0.5$이다. 피타고라스의 정리에 의해

$$\overline{OC}=\sqrt{1^2-\left(\frac{1}{2}\right)^2}=\frac{\sqrt{3}}{2},$$

$$\overline{CD}=1-\frac{\sqrt{3}}{2},$$

$$\overline{AD}=\sqrt{\left(\frac{1}{2}\right)^2+\left(1-\frac{\sqrt{3}}{2}\right)^2}=\sqrt{\frac{1}{4}+1-\sqrt{3}+\frac{3}{4}}$$

$$=\sqrt{2-\sqrt{3}}=\sqrt{\frac{4-2\sqrt{3}}{2}}$$ ← 이중근호

$$=\frac{\sqrt{(3+1)-2\sqrt{3\times 1}}}{\sqrt{2}}=\frac{\sqrt{3}-\sqrt{1}}{\sqrt{2}}$$

$$=\frac{(\sqrt{3}-1)\sqrt{2}}{\sqrt{2}\sqrt{2}}=\frac{\sqrt{6}-\sqrt{2}}{2}$$ ← 분모 유리화

따라서 12각형의 둘레는

$$\frac{\sqrt{6}-\sqrt{2}}{2}\times 12=6(\sqrt{6}-\sqrt{2})$$ □

예제 2.3으로부터 원주율 π의 좀 더 나은 근삿값은

$$\frac{6(\sqrt{6}-\sqrt{2})}{2}=3(\sqrt{6}-\sqrt{2})\approx 3.1$$

아르키메데스는 원의 넓이에 대한 공식도 발견하였다.

"반지름인 r인 원의 넓이는 πr^2이다." ← 원의 넓이

예로,

반지름이 2인 원의 넓이는 4π이다.

원주율을 나타내는 기호 π는 1706년 영국의 수학자 윌리엄 존스에 의해 쓰이기 시작했다.

원의 둘레와 넓이 및 비례를 이용하여 부채꼴의 호의 길이와 넓이도 간단하게 구할 수 있다.

반지름 r, 중심각 $\theta°$의 부채꼴의 호의 길이 l, 넓이 S는 다음과 같다.

$$l=\frac{\theta}{180}\pi r \text{ 및 } S=\frac{\theta}{360}\pi r^2$$

참고 ▸ 삼각함수에서 배우게 될 라디안의 개념을 적용하면 $\pi/180=1$이 된다. 이 경우 θ는 60분법으로 표시되는 각 대신 라디안으로 측정되는 각으로 바꾸어야 한다.

증명 ▸

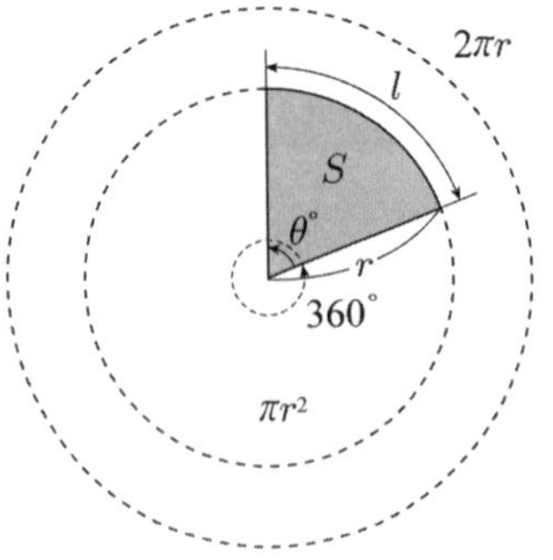

그림 2.8 중심각이 $\theta°$, 반지름이 r인 부채꼴

부채꼴의 넓이를 S라 놓으면 다음 비례관계를 얻는다.

$$\pi r^2 : S = 360° : \theta°$$

내항과 외항의 곱이 같다는 사실을 이용하여 S에 대하여 풀면

$$S = \frac{\pi r^2 \theta°}{360°} = \frac{\pi r^2 \theta \times 1°}{360 \times 1°} = \frac{\theta}{360} \pi r^2$$

호의 길이를 l이라 하면

$$2\pi r : l = 360° : \theta°$$

l에 대하여 풀면

$$l = \frac{\theta}{360} \times 2\pi r = \frac{\theta}{180} \pi r$$ □

예제 2.4 중심각이 $60°$이고 반지름이 $6\,\text{cm}$인 부채꼴의 호의 길이 및 넓이를 구하라.

풀이 ▸ $\theta = 60$과 $r = 6$을 호의 길이 및 넓이의 공식에 대입하면

$$l = \frac{60}{180} \times \pi \times 6 = 2\pi\,\text{cm},$$

$$S = \frac{60}{360} \times \pi \times 6^2 = 6\pi\,\text{cm}^2$$ □

예제 2.5 원둘레가 $8\pi\,\text{cm}$인 원에 내접하는 정사각형의 한 변의 길이를 구하라. 또 원에서 정사각형 영역을 제외한 부분의 넓이를 구하여라.

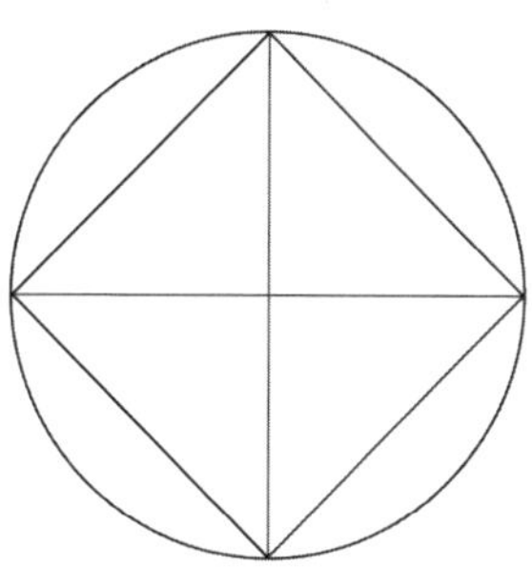

그림 2.9 원에 내접하는 정사각형

풀이 ▸ $L=8$을 원둘레의 공식 $L=2\pi r$에 대입하여 r을 구하자. 즉

$$8\pi = 2\pi r$$
$$r = 4$$

대각선은 서로 수직이므로 피타고라스의 정리에 의해

$$\text{한 변의 길이} = \sqrt{4^2+4^2} = \sqrt{2\times 4^2} = 4\sqrt{2}\ \text{cm}$$

정사각형 넓이는

$$4\sqrt{2}\times 4\sqrt{2} = 32\,\text{cm}^2$$

이고, 원의 넓이는

$$\pi\cdot 4^2 = 16\pi\,\text{cm}^2$$

이므로 구하는 부분의 넓이는

$$16\pi - 32\,\text{cm}^2$$

□

토론 2.1 원주율 π의 값을 더 정밀하게 찾는 방법에 대해 토론하라.

토론 2.2 n제곱근에서 n이 홀수인 경우는 $x=\sqrt[n]{a}$, n이 짝수인 경우는 $x=\pm\sqrt[n]{a}$로 정의하였다. 홀수와 짝수에 따라 부호가 달라지는 이유에 대해 토론하라.

토론 2.3 차원이라는 말을 들어본 적이 있을 것이다. 예를 들어, 직육면체는 3차원에 놓인 입체인데 이 입체에는 1차원적인 직선과 2차원적인 면을 동시에 가지고 있다. 따라서 높은 차원에는 낮은 차원의 현상이 내포되어 있기 때문에 낮은 차원의 문제는 높은 차원의 시각에서 보면 쉽게 해결할 수 있는 경우들이 많이 존재한다. 반대인 경우도 있다. 다음 물음에 답하여라.

(1) 한 변의 길이가 단위길이인 정육면체의 두 꼭짓점 A와 B를 표면을 따라 잇는 최단거리를 구하는 방법에 대해 토론하여라.

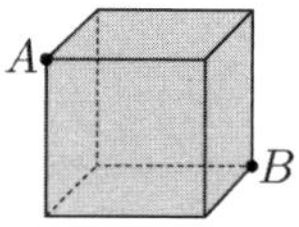

(2) 원기둥의 표면에 있는 두 점 A와 B를 표면을 따라 잇는 직선이 아닌 곡선의 최단거리를 구하는 방법에 대해 토론하여라.

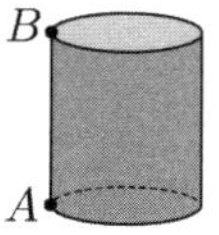

3 십진법

정수 및 유리수들 간의 사칙연산은 쉽게 할 수 있다. 책상 위에 연필 2자루와 볼펜 3자루만 있다. 책상 위에 있는 필기구의 수는

$$2+3=5$$

이므로 필기구가 5자루 있다고 말하면 된다. 피자 한 판을 주문하여 동일한 사람이 피자 1/6을 먹고 잠시 쉬었다가 2/6을 먹었다면

$$\frac{1}{6}+\frac{2}{6}=\frac{1+2}{6}=\frac{3}{6}=\frac{1}{2}$$

이므로, 그 사람은 피자 한 판의 절반을 먹었다고 하면 된다.

무리수 $2+\sqrt{2}$ 의 값을 사용해야 하는 경우 어떻게 해야 하는가. 물론, 고대 철학자들은 기하학적인 관점에서 그림 3.1과 같이 $2+\sqrt{2}$ 를 정확하게 사용하였다.

그러나 컴퓨터가 작도의 주요한 도구로 사용되는 현대는, 격이 다른 유리수 2와 무리수 $\sqrt{2}$ 를 더하는 데 불편함을 느낀다. 물론, 실수라는 큰 틀에서 2 더하기 $\sqrt{2}$ 라고 말할 수 있지만, 사용하기에는 여간 거북한 수가 아닐 수 없다. 따라

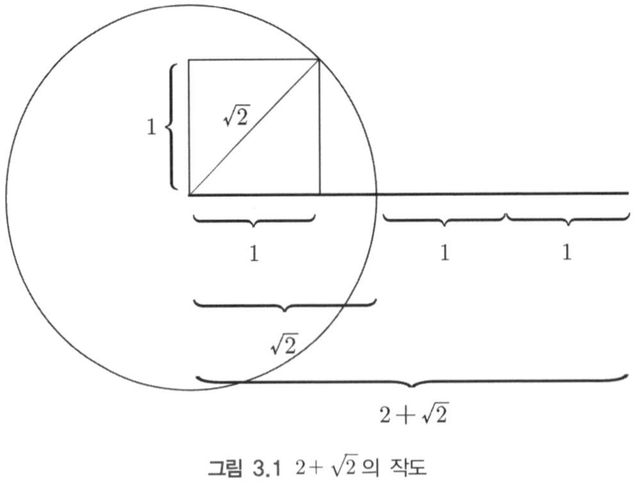

그림 3.1 $2+\sqrt{2}$ 의 작도

서 편리한 사용을 위해 두 수의 격을 맞출 필요가 있다. 격을 맞추는 한 가지 방법으로 십진법이 있고, 모든 실수는 십진법으로 표현할 수 있다. 십진법이란 10을 기수로 한 표현법이다. 예를 들어, 25341원이란

$10000 = 10^4$원이	2개
$1000 = 10^3$원이	5개
$100 = 10^2$원이	3개
$10 = 10^1$원이	4개
$1 = 10^0$원이	1개

가 있다는 것이다. 이를 10을 기수로 표현하면

$$2 \times 10^4 + 5 \times 10^3 + 3 \times 10^2 + 4 \times 10^1 + 1 \times 1 = 25341$$

여기서 2는 10^4의 자릿수, 5는 10^3의 자릿수, 3은 10^2의 자릿수, 4는 10의 자릿수, 1은 1의 자릿수라고 한다. 일반적으로 자릿수의 숫자는 0, 1, 2, 3, 4, 5, 6, 7, 8, 9가 사용되고, 자릿수의 숫자에 의해 자연수가 결정된다. 따라서 최소의 단위는 1단위가 된다. 1단위를 10등분, 10^2등분, 10^3등분하는 분수도 기수로 표현할 수 있다.

$$\frac{1}{10} = 10^{-1}, \quad \frac{1}{100} = 10^{-2}, \quad \frac{1}{1000} = 10^{-3}, \quad \cdots$$

이므로 0.345는 음수를 지수로 갖는 기수법으로 표현가능하다. 즉

$$0.345 = 3 \times 10^{-1} + 4 \times 10^{-2} + 5 \times 10^{-3}$$

정수 부분과 소수 부분이 동시에 나오는 314.278은

$$314.278 = 3 \times 10^2 + 1 \times 10^1 + 4 \times 10^0 + 2 \times 10^{-1} + 7 \times 10^{-2} + 8 \times 10^{-3}$$

으로 표현할 수 있다. 자연수 부분은 증액에 해당하고 소수 부분은 분배를 나타내는데, 음의 지수를 더하여 가면 갈수록 어떤 치수를 더 정밀하게 읽는 것이 된다. 즉 그림 3.2와 같이 연필의 길이는 cm 정도로 충분하다고 생각하면 10cm로 읽으면 된다. 그러나 mm까지의 치수가 필요한 경우 10.2cm로 읽는다.

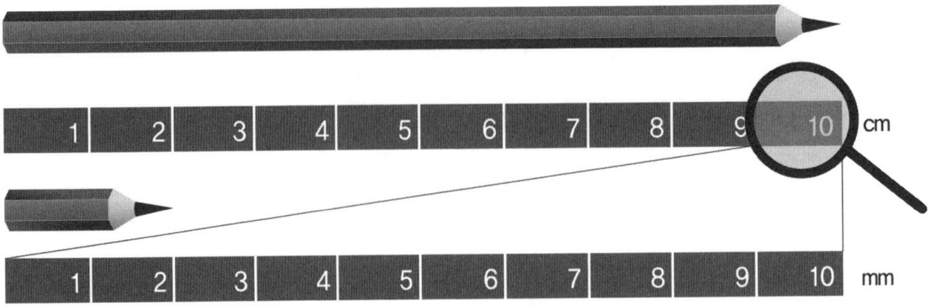

그림 3.2 연필의 길이 측정

연필의 길이처럼 정밀성을 요구하지 않는 경우 소수점 이하의 숫자를 버리고 10cm로 사용할 수 있다. 이를 근삿값이라 한다. 근삿값에는 허용 정도(연필의 길이는 2mm가 큰 의미가 없지만, 나노 가공인 경우 2mm는 결단코 무시할 수 없는 치수이다)가 항상 요구되기 때문에 오차허용한계를 정하여 근삿값을 취해야 한다.

근삿값은 주로 소수로 표현한다. 소수란 소수점을 포함한 0부터 9까지의 수를 사용하여 표현한 십진수를 말한다. 유리수는 모두 유한소수 또는 순환하는 무한소수로 표현할 수 있다. 예를 들면,

$$\frac{5}{4} = 1.25,$$

$$\frac{1}{3} = 0.33333\cdots$$

반면 무리수는 유한소수로도 순환하는 무한소수로도 표현할 수 없다.

이제 $\sqrt{2}$를 소수로 표현하여 보자. 무리수 $\sqrt{2}$를 제곱수가 되는 다른 유리수와 비교하여 소수로 표현한다.

$$1^2 < x^2 = 2 < 2^2$$

이므로

$$1 < \sqrt{2} < 2$$

1단위로 더 근사할 수 없으므로 좀 더 좋은 근삿값을 얻기 위해서는 10^{-1}단위로 근사해 들어가야 한다.

$$1.4^2 = 1.96 < 2 < 2.25 = 1.5^2$$

10^{-2}단위로 근사하면

$$1.41^2 = 1.9881 < 2 < 2.0164 = 1.42^2$$

이러한 방식을 계속 반복하여 가면

$$x = 1.414\cdots$$

을 얻을 수 있다. 그러나 항상 …(무한)이 붙기 때문에 $\sqrt{2}$를 실제적으로 사용하기 위해서는 도중에 끊어야 한다. 물론 이론적인 측면에서는 $\sqrt{2}$를 무한소수로 바꾸어 사용할 필요는 없다. $\sqrt{2}$의 근삿값을 1.414로 잡으면 그 뒷부분은 오차가 된다. 그 정도의 오차는 허용될 수 있다고 하면

$$2 + \sqrt{2} \approx 2 + 1.414 = 3.414$$

$\approx$는 근삿값임을 나타내기 위해 사용하는 기호이다. $2 + \sqrt{2} \approx 3.414$의 의미는 어느 정도의 오차를 허용하면서 3.414를 $2 + \sqrt{2}$의 근삿값으로 사용한다는 것이다.

고대 사람들도 $\sqrt{2}$에 대한 근삿값을 사용하였다. 실제로, 바빌로니아인들은 $\sqrt{2}$의 값을 60진법을 사용하여 계산하였는데, 그 기록이 그림 3.3과 같은 점토판에 기록되어 있다. 그림 3.3의 계산을 현대 숫자로 바꾸어 계산하면

$$1 + \frac{24}{60} + \frac{51}{60^2} + \frac{10}{60^3} = 1.414212663\cdots$$

그림 3.3 바빌로니아(기원전 1800–1600) 점토판

이 값을 $\sqrt{2}=1.414213562\cdots$와 비교해보면 소수점 아래 5자리까지 일치한다. 참으로 놀랍지 않은가!

여기서 $\sqrt{2}\approx 1.41421$을 십진수로 표현하여 바빌로니아인들이 사용한 60집법과 비교하면 흥미로운 차이를 발견할 수 있다.

$$1.41421 = 1+\frac{4}{10}+\frac{1}{10^2}+\frac{4}{10^3}+\frac{2}{10^4}+\frac{1}{10^5}$$

동일한 자릿수까지 같은 값을 얻는데 10진법을 사용한 계산보다 60진법을 사용한 계산이 더 효율적이라는 결론을 도출할 수 있다. 왜냐하면, 십진법에서는 6개 항으로 구성된 분수의 계산이 필요하지만 60진법에서는 단지 3개 항으로 구성된 분수의 계산만 필요하기 때문이다. 여기서 분모가 크면 클수록 수렴 속도가 빠르다는 것을 추측할 수 있다.

예제 3.1 $3.14+3\sqrt{3}$을 소수점 아래 둘째 자리까지 구하라.

풀이 ▸ $\sqrt{3}=1.732050808\cdots$이고 $3\sqrt{3}=5.196152424\cdots$이다. 소수점 아래 둘째 자리에서 반올림할지 아니면 버릴지에 대해 고민해야 하는 상황이 발생한다.
반올림하면

$$3\sqrt{3}=5.196152424\cdots\approx 5.20$$

반내림하면

$$3\sqrt{3}=5.196152424\cdots\approx 5.19$$

따라서 반올림한 경우의 답은

$$3.14+5.20=8.34$$

버린 경우의 답은

$$3.14+5.19=8.33$$

□

예제 3.2 앞에서 $\sqrt{2}$의 값을 방정식 $x^2=2$의 x에 적당한 수를 대입하여 구하였다. 여기서는 연분수라는 새로운 방법으로 $\sqrt{2}$의 값을 계산하는 방법을 설명한다.

풀이 ▸ 연분수란 $\sqrt{2}$에 가까운 유리수로 만드는 방법으로 다음과 같은 과정으로 만든다.

$$\sqrt{2}=1+\frac{1}{x},\ x\text{는 } x>1\text{인 유리수이다.}$$

x에 대하여 풀면

$$x=\frac{1}{\sqrt{2}-1}=\sqrt{2}+1$$

$\sqrt{2}=1+\frac{1}{x}$을 대입하면

$$x=1+\frac{1}{x}+1=2+\frac{1}{x}$$

따라서

$$\begin{aligned}\sqrt{2}&=1+\frac{1}{x}\\&=1+\cfrac{1}{2+\cfrac{1}{x}}\\&=1+\cfrac{1}{2+\cfrac{1}{2+\cfrac{1}{x}}}\\&=1+\cfrac{1}{2+\cfrac{1}{2+\cfrac{1}{2+\cfrac{1}{x}}}}\\&=1+\cfrac{1}{2+\cfrac{1}{2+\cfrac{1}{2+\cfrac{1}{2+\cdots}}}}\end{aligned}$$

차례로 유리수를 계산하여 정리하면 다음과 같은 수열을 얻는다.

$$1,\ \frac{3}{2},\ \frac{7}{5},\ \frac{17}{12},\ \frac{41}{29},\ \frac{99}{70},\ \frac{239}{169},\ \frac{577}{408},\ \frac{1393}{985},\ \cdots$$

9번째 항을 소수로 표현하면 $\frac{1398}{985}=1.414213198$이다. 실제로, $\sqrt{2}=1.4142135623730950488$이므로 소수점 이하 6번째 자리까지 일치한다는 것을 관찰할 수 있다. □

4 황금비율

주어진 선분을 어떤 비율로 내분 또는 외분해야 하는 경우가 있다. 그 가운데 가장 대표적인 것은 그림 4.1에서와 같이 선분을 $m:n$으로 내분하는 점(내분점)을 찾는 것이다.

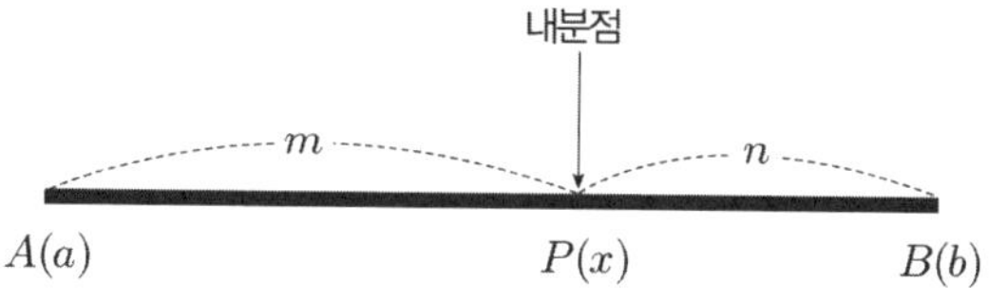

그림 4.1 내분점

그림 4.1과 같이 수직선 위에 있는 점 A, B의 좌표를 각각 a, b라고 하면 선분 AB를 $m:n$의 비율로 내분하는 점 P의 좌표 x는 다음 비례식

$$\overline{AP}:\overline{PB}=m:n$$

으로부터 간단하게 구할 수 있다. 여기서 $\overline{AC}=x-a$, $\overline{CB}=b-x$이므로

$$x-a:b-x=m:n$$

내항과 외항의 곱은 같으므로

$$(x-a)n=(b-x)m$$ ← 일차방정식

방정식을 x에 대하여 풀면

$$(m+n)x=mb+na$$

$$x=\frac{mb+na}{m+n}$$ ← 일차방정식의 해

특별히, 비율이 $m:n=1:1$이면

$$x=\frac{a+b}{2}$$

이제 그림 4.2와 같이 선분 AB을 $m:n$으로 외분하는 점 P를 찾아보자.

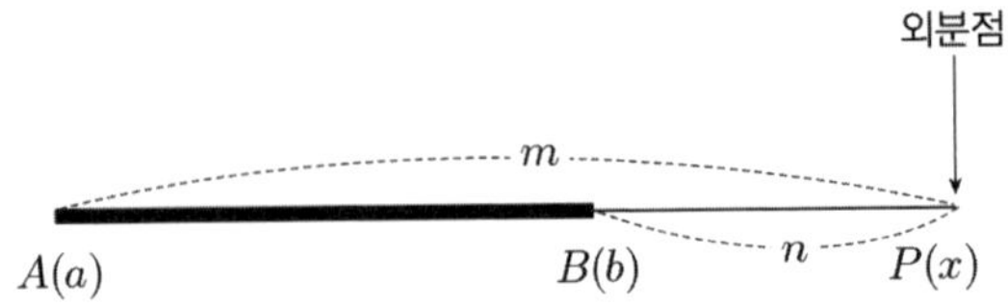

그림 4.2 외분점

가정으로부터

$$\overline{AP}:\overline{BP}=m:n$$

비례식에 $\overline{AP}=x-a$ 및 $\overline{BP}=x-b$를 대입하면

$$x-a:x-b=m:n$$

또는

$$(x-a)n=(x-b)m$$

이전과 동일하게 일차방정식을 풀면 다음과 같은 외분점을 얻는다.

$$x=\frac{mb-na}{m-n}$$

마지막으로 내분과 외분의 비를 동시에 고려하는 특이한 비를 살펴보자. 즉 어떤 선분을 내분하는 비와 외분하는 비의 개념이 동시에 고려되는 비율을 찾아보자. 그림 4.3과 같이 선분 위에 세 개의 점 A, B 및 C가 있을 때

$$\overline{AB}:\overline{BC}=\overline{AC}:\overline{AB}$$

가 성립하는 비율 $a:b$를 찾기를 원한다. 이 비율을 외중비 또는 황금비율이라 한다. 외중비를 각 점을 기준으로 한 내분비와 외분비로도 설명할 수 있다. 점 B는 선분 AC를 $a:b$로 내분하는 위치이고, AB를 $a+b:b$로 외분하는 위치에 있다. 외분비는 두 비율($a:b$와 $a+b:a$)의 크기가 같아지도록 위치 A, B 및 C를 정하는 것과 동일하다.

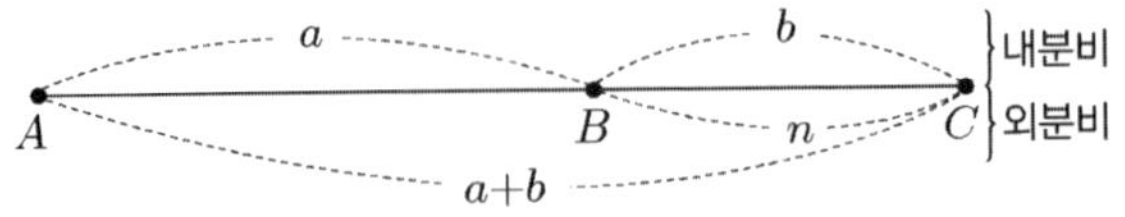

그림 4.3 황금분할 비율

비례식에 비율을 적용하면(b가 아닌 a임을 유의하라)

$$a : b = a + b : a$$

또는

$$\frac{a+b}{a} = \frac{a}{b}$$

비 $\frac{a}{b} = x$로 놓으면

$$1 + \frac{b}{a} = \frac{a}{b}$$

이므로

$$1 + \frac{1}{x} = x$$

양변에 x를 곱하여 정리하면 다음 이차방정식을 얻는다.

① $$x^2 - x - 1 = 0$$ ← 이차방정식

이차방정식의 근의 공식에 의해

$$x = \frac{1 \pm \sqrt{5}}{2}$$ ← 이차방정식의 해

$x > 0$이므로

$$\frac{a}{b} = \frac{1 + \sqrt{5}}{2} \approx 1.618$$

따라서

$$a : b = 1.618 : 1$$

이고, 이 비를 황금비율(Golden ratio)이라 한다.

왜 이 비율을 황금비율이라 불렀는지 사람의 인체에서 그 답을 찾는 사람들이 많이 있다. 미에 대한 대명사는 비너스 조각이다.

그림 4.4와 같이 사람의 몸을 구분하여 그 비를 계산했더니 실제로 황금비율이

나왔다고 한다. 이 황금비율은 파르테논 신전의 설계 및 건축에 사용되었다고 주장하고 그림 4.5와 같은 분할기준을 제시하고 있다.

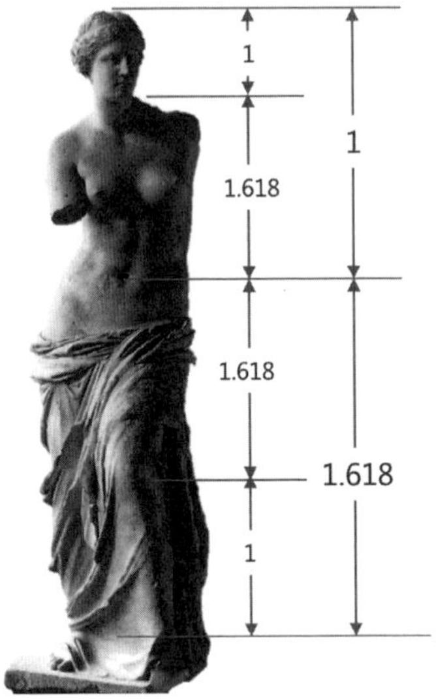

그림 4.4 비너스 상

그림 4.5 파르테논 신전의 설계비

예제 4.1 파르테논 신전의 기둥의 높이는 10.43미터이다. 기둥 위에서 정면 삼각형의 점까지 길이 $\overline{AB}$를 구하라.

풀이 ▸ $\overline{AB} : \overline{BC} = 1 : 1.618$이므로

$$\overline{AB} = \frac{1}{1.618}\overline{BC} = \frac{1}{1.618} \times 10.43 = 6.446$$

구하는 치수는 6.446미터이다. □

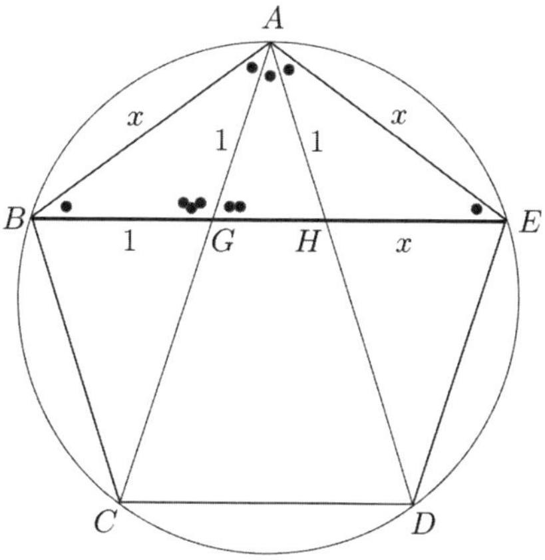

그림 4.6 원에 내접하는 정오각형

파르테논 신전의 기둥도 황금비율과 관련이 있는 20각형으로 설계되어 있다. 자와 컴퍼스로 원, 정삼각형, 정사각형, 정육각형은 쉽게 작도할 수 있지만, 정오각형은 약간의 궁리가 필요하다. 작도법은 다른 서적을 참고하기 바라며, 여기서는 정오각형에 내재되어 있는 황금비율을 찾아보고, 더 나아가 신전의 기둥에 대한 이야기를 하고자 한다.

원주각은 동일하므로 그림 4.6의 $\angle A$는 그림과 같이 3등분이 된다. $\overline{BG}=1$, $\overline{GE}=x$라 두면 $\triangle AGE$는 이등변삼각형이므로

$$\overline{AE}=\overline{AB}=x$$

$\triangle ABE$와 $\triangle ABG$는 닮은 삼각형이므로

$$x:1=1+x:x$$

또는

② $$x^2=x+1$$

식 ②는 식 ①과 동일하므로

$$x=\frac{1+\sqrt{5}}{2}$$

따라서 $\overline{BG}:\overline{GE}=1:1.618$이라는 황금비율을 얻는다.

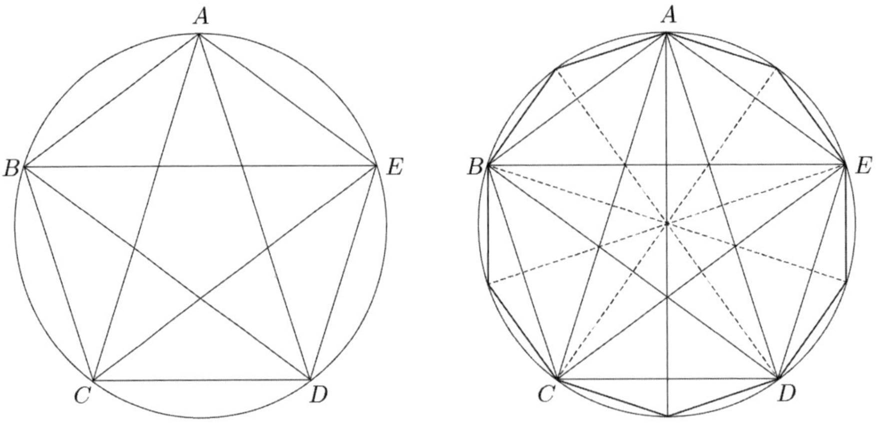

그림 4.7 정10각형

그림 4.7과 같이 꼭짓점을 모두 연결하면 황금비율의 개념을 포함하고 있는 5각별을 만들 수 있다. 5각별에 황금비율이 들어가 있다는 것은 참으로 신기할 뿐이다. 그리고 별의 꼭짓점과 중심을 이어 10각형을 작도할 수 있고, 10각형의 각 변의 이등분선을 작도하여 20각형을 작도할 수 있다. 사람이 천상에 가까워지려는 노력이 얼마만큼이나 절실했는지를 엿볼 수 있는 대목이다.

토론 4.1 자연에는 황금비율의 법칙을 따르는 것들이 많이 있다. 황금비율이 적용된 예를 찾아서 토론해보라.

토론 4.2 원주각과 중심각은 특별한 관계를 가지고 있다. 특별한 관계에 대하여 토론해보라.

5 일차 및 이차방정식

비례식은 측량 가능한 치수를 이용하여 직접적으로 측정하기 어려운 치수를 구하는 데 매우 유용함을 경험하였다. 비례식으로부터 원하는 치수를 찾아내기 위해서는 반드시 식을 세우고 또한 방정식을 풀어야 하는 과정이 필요하다. 방정식에는 사전에 주어진 값과 결정되지 않은 변수를 포함하고 있는데, 결정되지 않은 변수를 미지수라고 한다. 미지수를 포함하는 등식을 방정식이라 하고, 방정식을 만족하는 미지수의 값을 근 또는 해라고 한다. 미지수의 값을 구하는 방법은 해법이라 한다. 방정식마다 고안된 해법이 있지만, 여전히 해법이 발견되지 않은 수많은 방정식들도 있다.

현상 또는 문제의 설정에 따라 다양한 방정식이 나타나기도 하지만, 여기서는 단 한 개의 미지수를 갖는 일차방정식과 이차방정식의 정의 및 해법을 설명한다.

주어진 실수 a와 b에 대하여

$$ax + b = 0,\ a \neq 0$$

와 같은 형태의 방정식을 일차방정식이라 한다.

일차방정식의 해법

(i) $ax = -b$와 같이 고친다(미지수를 포함하는 항은 왼쪽, 그 외는 오른쪽).

(ii) 양변에 $1/a$를 곱하여 다음과 같은 해를 얻는다.

$$x = -\frac{b}{a}$$

예제 5.1 x에 대한 일차방정식 $(x-a)n = (b-x)m$의 해를 구하라.

풀이 ▸ 식을 전개하면

$$xn - an = bm - xm$$

x를 포함한 항을 왼쪽으로 다른 항은 오른쪽으로 이항하면

$$xm + xn = an + bm$$

공통인수 x를 묶으면

$$x(m+n) = na + mb$$

$m + n \neq 0$이므로, 일차방정식의 해법에 의해 해는

$$x = \frac{na + mb}{m + n} \qquad \square$$

참고 ▸ 예제 5.1에서 일차방정식이라는 선언이 없다면 $m+n$은 0이 될 수도 있다.

주어진 실수 a, b와 c에 대하여

$$ax^2 + bx + c = 0, \ a \neq 0$$

와 같은 형태의 방정식을 이차방정식이라 한다.

이차방정식의 해는 인수분해 또는 근의 공식을 사용하여 구할 수 있다.

이차방정식의 해는

$$x = \frac{-b \pm \sqrt{b^2 - 4ac}}{2a}$$

이 해의 공식을 이차방정식의 '근의 공식'이라 한다.

증명 ▸ 이차방정식의 해법의 핵심은 주어진 방정식을 제곱근 $X^2 = K$의 형태로 고쳐 쓰는 것이다.

$$ax^2 + bx + c = a\left(x^2 + \frac{b}{a}x\right) + c$$

$$= a\left[x^2 + \frac{b}{a}x + \left(\frac{b}{2a}\right)^2\right] - a\left(\frac{b}{2a}\right)^2 + c$$

$$= a\left(x + \frac{b}{2a}\right)^2 - \frac{b^2 - 4ac}{4a} = 0$$

a를 나누어 정리하면 다음과 같은 제곱식을 얻는다.

① $$\left(x + \frac{b}{2a}\right)^2 = \frac{b^2 - 4ac}{4a^2}$$

제곱근에 대한 정의로부터

$$x + \frac{b}{2a} = \pm\sqrt{\frac{b^2 - 4ac}{4a^2}}$$

$$x = -\frac{b}{2a} \pm \frac{\sqrt{b^2 - 4ac}}{2a}$$ □

식 ①에서 왼쪽 항은 $x + b/(2a)$의 제곱이므로 x가 실수라면 $b^2 - 4ac$는 음수가 될 수 없다. 즉, $b^2 - 4ac$가 음수라면 x는 실수가 되지 못한다. 독일의 수학사 가우스(1777–1855)가 실수를 확장한 복소수의 개념을 도입하기 전에는 $b^2 - 4ac$가 음수가 되는 경우는 취급하지 않았다. 현대는 복소수 개념이 완전히 확립되어 있기 때문에 $b^2 - 4ac$의 부호에 관계없이 해를 표시한다. 근호 안의 식을

$$D = b^2 - 4ac$$

로 정의하면 다음과 같은 사실을 알 수 있다.

(i) $D > 0$이면 이차방정식은 서로 다른 두 실근을 갖는다.
(ii) $D = 0$이면 이차방정식은 한 개의 근을 갖는다. 이를 중근이라 한다.
(iii) $D < 0$이면 이차방정식은 허근을 갖는다.

D가 이차방정식의 해를 판별하는 기능을 가지고 있으므로 D를 이차방정식의 판별식(discriminant)이라 부른다.

예제 5.2 이차방정식 $x^2 + 3x + 2 = 0$의 해를 구하라.

풀이 ▸ 근의 공식을 사용하여 근을 구하여보자. $a=1$, $b=3$, $c=2$를 근의 공식에 대입하면

$$x=\frac{-3\pm\sqrt{3^2-4\times1\times2}}{2\times1}=\frac{-3\pm\sqrt{9-8}}{2}=\frac{-3\pm1}{2}$$

따라서

$$x=\frac{-3+1}{2}=-1 \text{ 또는 } x=\frac{-3-1}{2}=-2$$

이므로 근은 -1 또는 -2이다. □

예제 5.3 $x^2+2x+1=0$의 해를 구하라.

풀이 ▸ $x^2+2x+1=(x+1)^2=0$이므로 이차방정식은 중근 $x=-1$을 갖는다. □

예제 5.4 $x^2-2x+2=0$의 해를 구하라.

풀이 ▸ $a=1$, $b=-2$, $c=2$를 근의 공식에 대입하면

$$x=\frac{-(-2)\pm\sqrt{(-2)^2-4\times1\times2}}{2\times1}=\frac{2\pm\sqrt{4-8}}{2}=\frac{2\pm\sqrt{-4}}{2}$$

$\sqrt{-4}=2i$로 약속하면

$$x=\frac{2+2i}{2}=1+i \text{ 또는 } x=\frac{2-2i}{2}=1-i$$

이므로 근은 $1+i$ 또는 $1-i$이다. □

토론 5.1 항등식

② $$(ax+b)(cx+d)=acx^2+(ad+bc)x+bd$$

을 이용하여 다음 이차방정식을 구하라.

$$x^2+3x+2=0$$

$$6x^2 - 5x - 21 = 0$$

식 ②에서 이차식을 일차식의 곱으로 표현하는 것을 인수분해라고 하고 반대로 표현하는 것을 전개라고 한다. 식 ②의 이차식은 일차식의 정보를 통해 분석할 수 있기 때문에 인수분해는 매우 중요하다.

토론 5.2 $12 = 1 \times 2 \times 2 \times 3$으로 소인수분해된다. 이 간단한 식으로부터 분배의 이야기를 만들어낼 수 있다. 12개의 사과가 있을 때, 2개씩 분배하는 방법은 6가지, 3개씩 분배하는 방법은 4가지, 6개씩 분배하는 방법은 2가지라는 것을 알 수 있다. 분배의 수 및 가지 수는 12의 약수이다. 즉 약수에 없는 수로는 분배를 할 수 없다. 12개의 사과와 15개의 배가 있을 때, 사과와 배를 섞은 과일 바구니를 2개 이상 만들 때 몇 개의 바구니를 나눌 수 있는지 토론해보라. 단 각 과일은 동일하게 분배하여야 한다.

1-1 연습문제

01 다음 x에 대한 일차방정식의 해를 구하라.

(1) $3x+5=0$

(2) $4x-5=-2x+17$

(3) $\dfrac{x}{3}-\dfrac{2}{5}=\dfrac{x-2}{15}$

(3) $ax-x=a^2-1$

02 다음 이차방정식의 해를 구하라.

(1) $x^2=4$

(2) $x^2-5=0$

(3) $x^2+3x+2=0$

(4) $2x^2+6x-8=0$

(5) $x^2+4x+4=0$

(6) $x^2+4x+5=0$

03 실수 a에 대하여 x에 대한 다음 방정식의 해를 구하라.

$$(a-1)x+a^2-1=0$$

04 $\{x \mid a^2x+a(x-1)-1=0\}=\varnothing$을 만족시키는 a의 값을 구하라.

05 A회사로부터 주당 16만 원에 주행거리에 관계없이 자동차를 렌트할 수 있다. B회사로부터 주당 10만 원에 자동차를 렌트할 수 있다. 단, 주행거리 1 km당 100원의 추가요금이 부가된다. B회사에서 렌트한 자동차로 1주에 m km를 주행할 경우 A회사에서 렌트한 경우와 비용이 같게 되는 m값은 얼마인가?

06 몇 명의 학생이 일주간의 여행비용과 자동차를 렌트하는 데 16만 원을 지불하였다. 다른 한 학생이 최초의 여행팀에 합류하였다. 그 결과 모든 학생의 비용은 8천 원이 줄어들었다. 최초의 여행팀의 인원은 몇 명인가?

07 직사각형 영역에 울타리를 만들기 위해 800 m의 재료가 필요하다. 5 m당 가격이 10,000원일 때 800 m의 재료를 구입하는 필요한 액수를 구하라.

08 연속하는 세 자연수의 합이 24인 세 수를 구하라.

09 72 cm 철사를 구부려 가로, 세로의 비가 3 : 1인 직사각형을 만들고자 한다. 가로와 세로의 치수를 구하라.

10 직사각형 $ABCD$의 내부에 임의의 점 P를 택하여 그림과 같이 선분으로 연결하여 각 선분의 길이를 각각 a, b, c, d라고 할 때 다음 물음에 답하라.

(1) $a^2+c^2=b^2+d^2$을 증명하여라.

(2) $a=1$, $c=2$이고 $d=2b$를 만족할 때 b, d의 길이를 구하라.

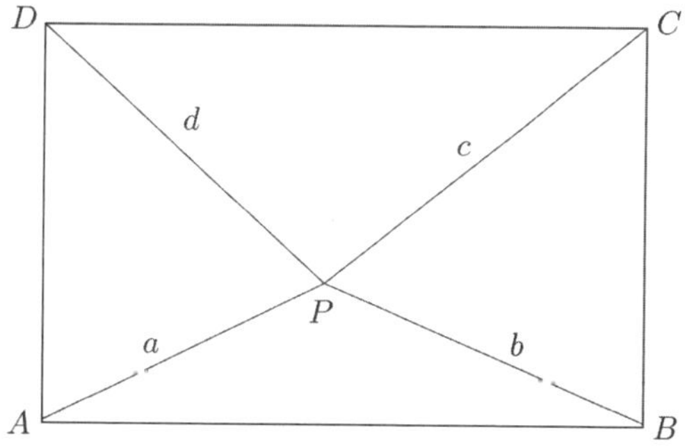

11 복사용지에도 닮음의 비율이 적용되고 있다. 그림과 같이 용지의 절반을 접어 잘랐을 때 본래 모양과 닮은 모양이 되는 가로와 세로의 비는 $1 : \sqrt{2}$ 임을 보여라.

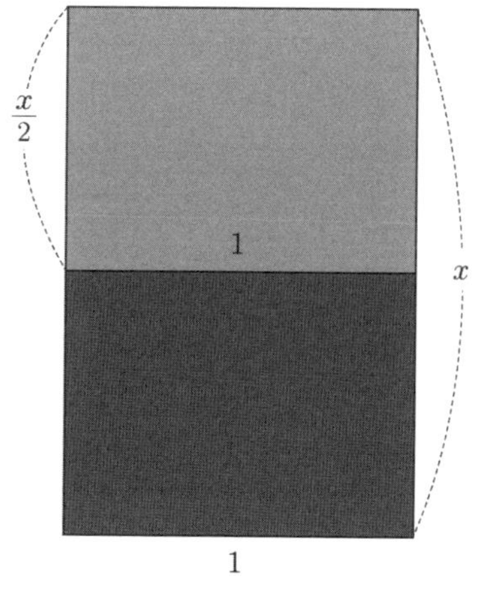

A4 용지의 전지를 A0라고 하는데, A0의 규격은 $1189\,\text{mm} \times 841\,\text{mm}$이다.

A4의 규격을 구하라(실제 규격은 $297\,\mathrm{mm} \times 210\,\mathrm{mm}$).

12 k가 홀수일 때

$$\left(k,\ \frac{k^2-1}{2},\ \frac{k^2+1}{2}\right)$$

는 피타고라스의 쌍이 됨을 증명하여라.

13 피사체의 높이를 h, 피사체의 상이 맺히는 높이 v, 렌즈의 초점과 피사체 사이의 거리 d, 초점에 상 사이의 거리를 f라 할 때, 비례식

$$h : v = d : f$$

을 얻을 수 있다.

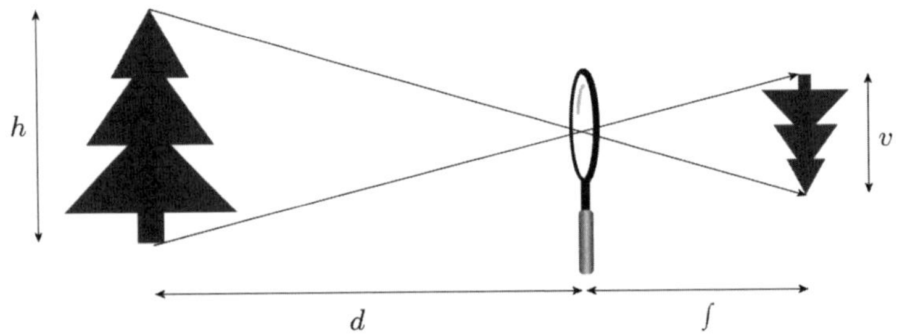

나무의 높이 h가 $10\,\mathrm{m}$이고, d가 $5\,\mathrm{m}$, f가 $20\,\mathrm{cm}$일 때, 상의 높이를 구하라.

14 비례식을 이용하여 $\sqrt{3}$을 자와 컴퍼스만을 이용하여 수직선에 표시하고자 한다. 다음 물음에 답하여라.

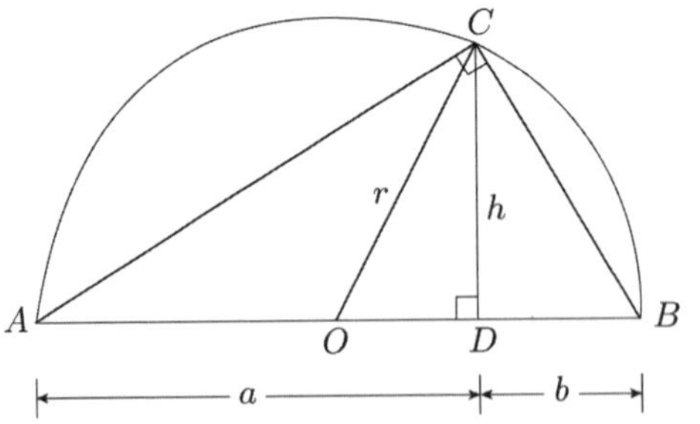

(1) $\triangle ACD \propto \triangle BCD$을 이용하여 $h = \sqrt{ab}$를 유도하여라.

(2) $a = 3,\ b = 1$에 대하여 $r = 2$임을 보여라.

(3) 원점 O에서 반지름이 2인 원을 그려 $\overline{AB}=\sqrt{3}$을 작도하라.

15 $3\sqrt{2}+2\sqrt{8}+\sqrt{12}$의 값을 반올림 및 반내림을 사용하여 소수점 아래 셋째 자리까지 구하라.

16 a, b, c가 실수이고 $\alpha+i\beta$가

$$ax^2+bx+c=0$$

의 근이면 $\alpha-i\beta$도 근이 됨을 보여라. 한 근이 $2+3i$인 이차방정식을 구하라.

02

다항함수

1. 방정식과 그래프
2. 일차함수
3. 이차함수
4. 고차함수

1 방정식과 그래프

1) 직각좌표계

1장에서는 도형을 기하학과 대수학의 관점에서 다룰 때 나타난 수들의 표현, 수들의 계산, 방정식의 도출, 방정식의 해법에 대해 배웠다. 이 절에서는 좌표계라는 매개체를 사용한 해석기하학의 관점에서 도형과 방정식 사이의 관계를 정립하고, 좌표의 개념에서 피타고라스의 정리를 재정립한다. 두 개의 수직선을 서로 수직이 되도록 배치하고 수평으로 놓인 수직선을 x축이라 하고, 수직으로 놓인 수직선을 y축이라 하자. 두 수직선이 만나는 점을 원점 O라고 하고, O의 오른쪽은 양수로, 왼쪽은 음수, 원점의 위쪽을 양수로, 아래쪽은 음수가 오도록 한다. x축과 y축을 좌표축이라 하자. 좌표축은 평면을 4개의 평면으로 나누는데, 오른쪽 위쪽에서 반시계 방향으로 1, 2, 3 및 4 사분면이라 한다(그림 1.1).

평면에 좌표축을 설정하고 평면 위의 모든 위치를 점이라는 개념을 준 것을 직각좌표계 혹은 카르테시안 좌표계라고 한다. 좌표계는 프랑스의 수학자 데카르트(1596－1650)에 의해 고안되었다.

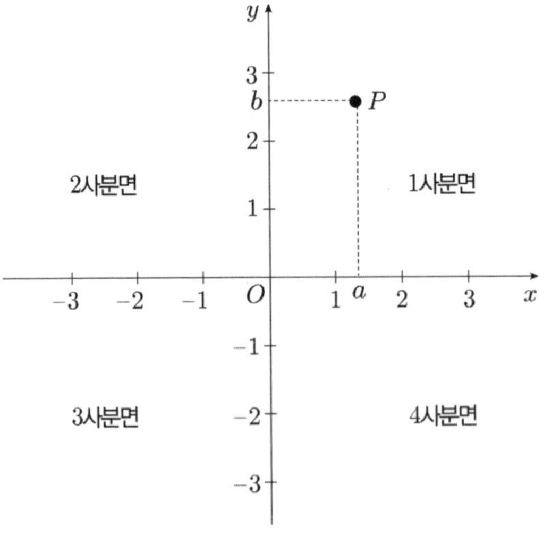

그림 1.1 좌표축

x축 위에 표시된 a를 지나는 수직선과 y축 위에 표시된 b를 지나는 수평선이 만나는 곳을 $(a,\ b)$로 표기하고, 이를 순서쌍 또는 평면상의 점이라 한다.

순서쌍은 알파벳의 대문자를 차용하여 표현한다. 예로, $P(a,\ b)$로 표기하면 점 P는 순서쌍 $(a,\ b)$로 간주한다. 순서쌍이란 이름은 $(a,\ b)$는 $(b,\ a)$와 전혀 다르다는 것을 강조하기 위함이다. 점 P의 첫 번째 수 a는 x성분, 두 번째 수 b는 y성분이라 한다. 그림 1.2는 좌표축에 몇 개의 점들을 나타낸 것이다. x축 위에서 y성분은 0이고, y축 위에서 x성분은 0이다.

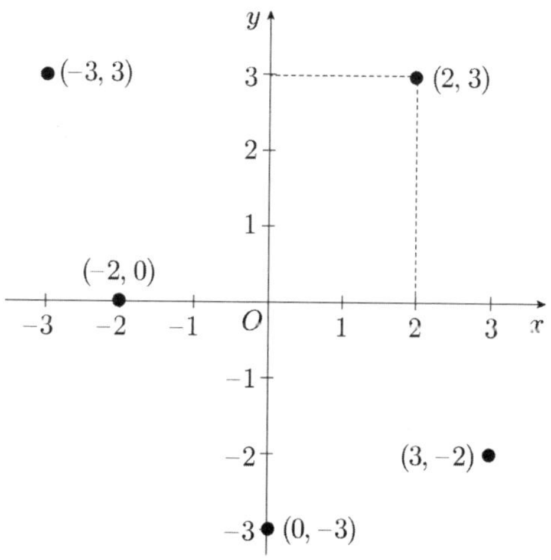

그림 1.2 좌표평면에 표시된 순서쌍의 점들

그림 1.2는 시각적인 도움을 주기 위해 몇 개의 점을 찍어 보였지만 실제 우리는 점을 평면에 찍을 수 없다. 왜냐하면 점은 넓이를 갖지 않아야 하는데 종이에 표시를 하는 순간 넓이를 가지기 때문에 점이 될 수 없다. 따라서 수학은 모두 머릿속에서 이루어져야 하는 추상적인 학문인 것이다.

2) 직선의 길이

두 점을 가장 짧은 거리로 이은 직선의 길이를 구하여보자.

즉, 평면 위의 두 점 $P(x_1,\ y_1)$과 $Q(x_2,\ y_2)$ 사이의 거리 $\overline{PQ}$를 구하여보자. P를 지나고 y축에 수직인 직선을 긋고, Q를 지나고 x축에 수직인 직선을 그어

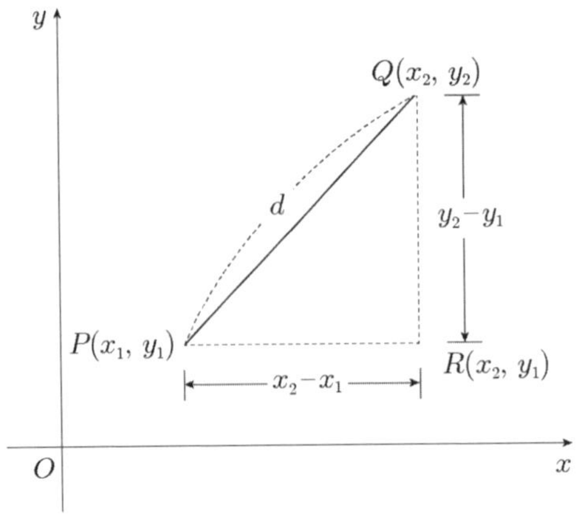

그림 1.3 직선의 길이

두 직선이 만나는 점을 R이라 하자. 그 다음 각 점을 선분으로 연결하면 직각삼각형 $\triangle PQR$을 얻는다(그림 1.3). $\triangle PQR$이 직각삼각형이므로 피타고라스의 정리에 의해

①
$$d^2 = \overline{PR}^2 + \overline{QR}^2$$

수직선의 길이에 대한 정의로부터 $\overline{PR} = |x_2 - x_1|$과 $\overline{QR} = |y_2 - y_1|$이므로, 이들을 식 ①에 대입하면

$$d^2 = (x_2 - x_1)^2 + (y_2 - y_1)^2$$

제곱근의 정의로부터 d를 구할 수 있다. 이상을 정리하면

> 평면 위의 두 점 $P(x_1, y_1)$과 $Q(x_2, y_2)$ 사이의 거리 $\overline{PQ}$는
>
> $$\overline{PQ} = \sqrt{(x_2 - x_1)^2 + (y_2 - y_1)^2}$$
>
> 거리의 공식으로부터 $\overline{PQ} = \overline{QP}$는 명백하다.

예로, $P(-2, -3)$과 $Q(1, 2)$ 사이의 거리는

$$\overline{PQ} = \sqrt{[1-(-2)]^2 + [2-(-3)]^2} = \sqrt{3^2 + 5^2} = \sqrt{34}$$

참고 ▸ 옛날에는 컴퍼스로 직각을 측량했다면 지금은 좌표(또는 벡터)를 사용하여 직각의 개념을 정립할 수 있다. 이것은 벡터(vector)에서 가장 중요한 개념 중 하나이다. 음! 벡터는 또 무엇인가.

3) 방정식의 그래프

가로가 x이고 세로가 y인 직사각형의 둘레는 $L=2(x+y)$이다. 다음과 같은 문제를 생각하여보자.

$L=100$인 각 변의 치수는 얼마인가?

이 문제가 해결되려면

$$2(x+y)=100 \quad ②$$

이 만족되는 x와 y를 구해야 한다. 식 ②는 두 개의 변수 x와 y가 포함되어 있는 방정식이다. 방정식에서 x와 y는 모두 변수이지만, 한 변수의 임의성은 제한된다. 그 이유는 x의 값이 정해지면, x의 값과 $2(x+y)=100$의 관계에 의해 y의 값은 강제적으로 정해지기 때문이다. 실제로, $x=5$이면

$$2(5+y)=100$$
$$y=45$$

따라서 $y=45$ 이외 다른 값을 가질 수 없다. 이러한 인과관계로 인해 한 변수를 독립변수라고 하면, 다른 변수는 그 독립변수에 예속되므로 종속변수라고 한다. 보통 x를 독립변수, y를 종속변수로 정하는 경향이 있다. 두 개의 변수가 포함되는 방정식을 이변수방정식이라 하고 방정식이 만족되는 변수의 값을 해라고 한다. 그리고 해의 모임을 해집합이라 한다.

이변수방정식(이하 방정식이라 함)의 해는 무수히 많을 수 있으므로(항상 그러한 것은 아님), 해집합의 상태를 시각적으로 확인할 수 있는 도구가 있으면 편리할 것이다. 이 도구가 바로 방정식의 그래프이다.

> 방정식의 해집합으로부터 순서쌍으로 구성하여 좌표평면 위에 점을 찍은 것을 방정식의 그래프라고 한다.

그래프는 방정식의 해들의 전반적인 흐름을 기하학적(시각적)으로 이해하는 데 매우 유익하다. 방정식 $x+y=50$의 그래프를 좌표평면에 그리면 그림 1.4와 같이 좌표평면 상에 놓인 직선을 얻는다.

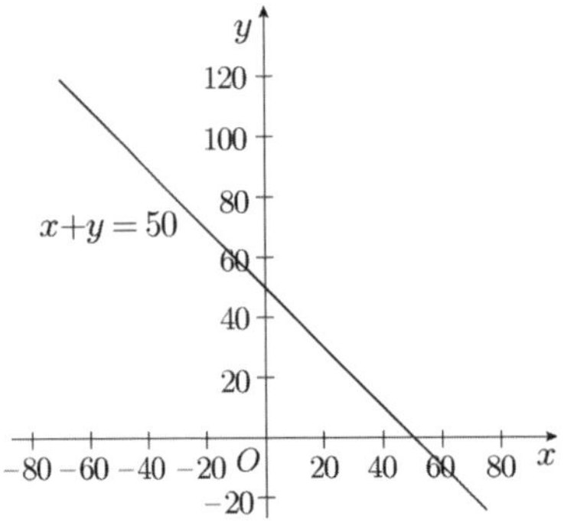

그림 1.4 $x+y=50$의 그래프

그래프의 정의로부터 직선 위에 있는 모든 점은 방정식 $x+y=50$의 해가 된다. 그래프로부터 $x+y=50$을 만족하는 해집합의 기하학적 형태는 직선이다. 즉 x와 y는 직선적인 관계를 형성한다는 것을 알 수 있다.

지금부터 그래프를 그리는 방법에 대해 자세하게 살펴보자.

예제 1.1 방정식 $y=x^2-4$의 그래프를 그려라.

풀이 ▸ 먼저 해집합으로부터 순서쌍을 생성해야 한다. 예를 들어

$$x=3\text{일 때, } y=3^2-4=5$$

이므로, 순서쌍 (3, 5)를 얻는다. 그래프의 윤곽을 생성하기 위해서는 많은 순서쌍을 구해야 하며, 이를 위해 해들로 구성된 아래의 표를 만든다.

x	−4	−3	−2	−1	0	1	2	3	4
y	12	5	0	−3	−4	−3	0	5	12

표에 나타난 해를 이용하여 순서쌍을 만들고 이에 대응하는 점을 좌표평면에 표시하면 그림 1.5와 같다.

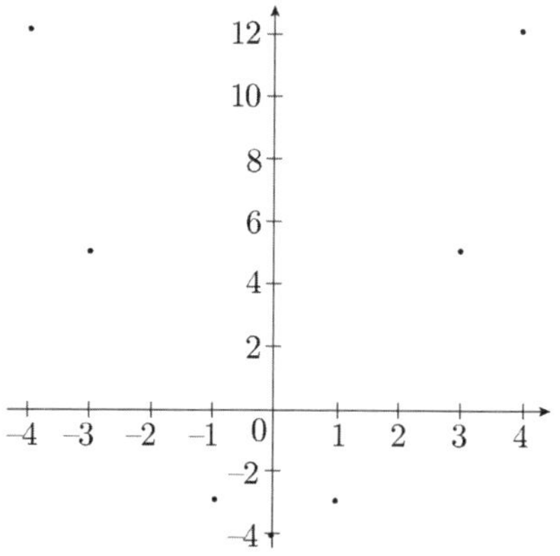

그림 1.5

순서쌍의 개수가 적어 그래프의 모양이 불분명하다. 그래프의 모양을 자세하게 알기 위해 순서쌍의 개수를 늘린다. 구간 $[-4, 4]$에서 해로 만들어진 순서쌍의 집합은 $\{(x, x^2-4) : -4 \le x \le 4\}$이다. 여기서 $x = n/4$, $n = -16, \cdots, 16$으로 택하여 순서쌍의 집합을 좌표축에 표시하면 그림 1.6과 같다.

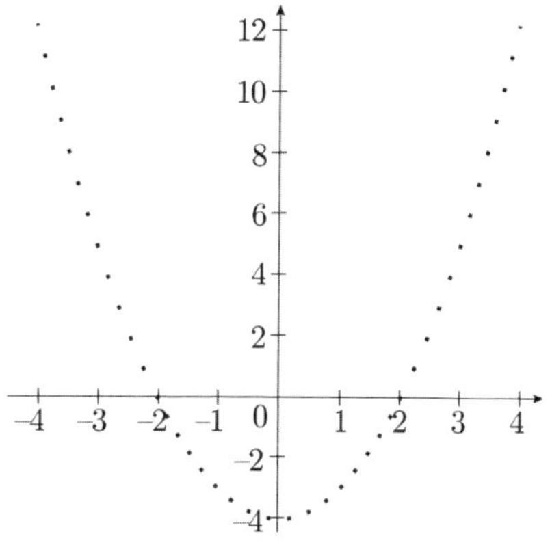

그림 1.6

그래프의 형태를 가늠하기에 충분하지만, 그럼에도 불구하고 점과 점 사이의 빈곳은 어떻게 되는지 알 수 없다. 그래서 순서쌍의 수를 더 늘려본다. 그림 1.7은 $x = n/8$, $n = -32, \cdots, 32$로 택한 경우이다.
빈곳 사이가 매끄럽게 매워져 가고 있음을 관찰할 수 있다. 그럼에도 불구하고 이것이 포물선의 방정식이라는 사실을 알기 전에는 어떠한 결론을 내릴 수 없다(기하학의 도움이 필요함). 실제 $y = x^2 - 4$의 그래프는 그림 1.8과 같다.

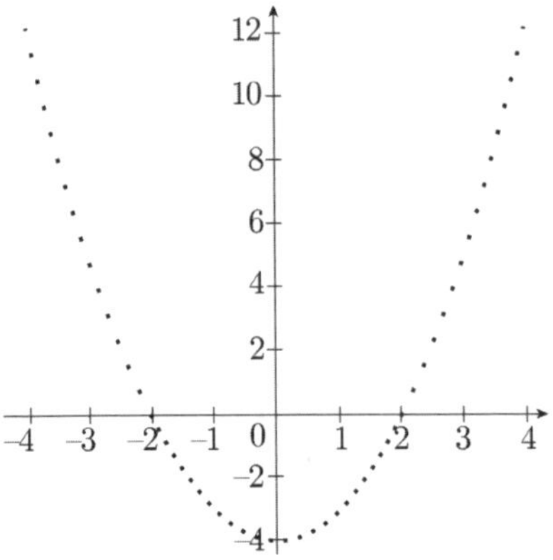

그림 1.7

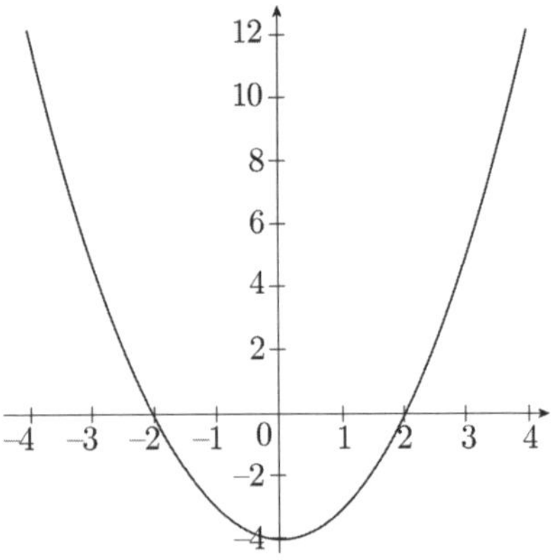

그림 1.8 $y=x^2-4$의 그래프

□

4) 부등식

방정식에서 등호(=)를 부등호(<, >, ≤, ≥)로 바꾼 식을 부등식이라고 하며, 부등식을 만족하는 해를 부등식의 해집합이라 한다. 방정식과는 달리 부등식의 해집합은 영역이 되는 경우가 일반적이다.

예를 들면, 일차부등식 $-2x+3 \geq 0$의 해집합을 구하여보자.

$$-2x \geq -3$$

$$\left(-\frac{1}{2}\right)\times(-2x) \leq \left(-\frac{1}{2}\right)\times(-3)$$

$$\left(-\frac{1}{2}\right)\times(-2)x \leq \frac{3}{2}$$

$$x \leq \frac{3}{2}$$

해집합은 x가 3/2보다 작거나 같은 모든 실수들이다.

부등식의 해는 구하는 과정에서

"부등식의 양변에 음수를 곱하거나"

또는

"양변을 역수로 취할 때"

부등호의 방향이 반대로 바뀐다는 점을 제외하면 방정식의 해를 구하는 과정과 동일하다.

> 일차부등식 $ax > b$의 해집합은
> $a > 0$이면 $x > b/a$을 만족하는 실수의 집합이다.
> $a < 0$이면 $x < b/a$을 만족하는 실수의 집합이다.

일차부등식의 해집합은 기하학적으로 수직선에 표시하거나 구간을 이용하여 표현할 수 있다.

> $(a,\ b) = \{x \mid a < x < b\}$: 개구간 (개구간 a b라고 읽는다)
> $[a,\ b] = \{x \mid a \le x \le b\}$: 폐구간 (폐구간 a b라고 읽는다)
> $(a,\ b] = \{x \mid a < x \le b\}$: 반폐구간 (반폐구간 a b라고 읽는다)
> $[a,\ b) = \{x \mid a \le x < b\}$: 반폐구간 (반폐구간 a b라고 읽는다)
> * 경우에 따라서는 a와 b는 $\pm\infty$로 표현될 수도 있다. 예, $[-\infty,\ 2)$

예제 1.2 부등식 $-3(x-2) < 2x-(6-x)$의 해집합을 구간으로 나타내어라.

풀이 ▸ 전개하여 정리하면

$$-3x+6 < 2x-6+x$$
$$-6x < -12$$

양변에 $-1/6$을 곱하면

$$x > 2$$

따라서 해집합은 $\{x \mid x > 2$인 실수$\}$ 또는 $(2,\ \infty)$이다. 해집합을 수직선에 나타내면 그림 1.9와 같다.

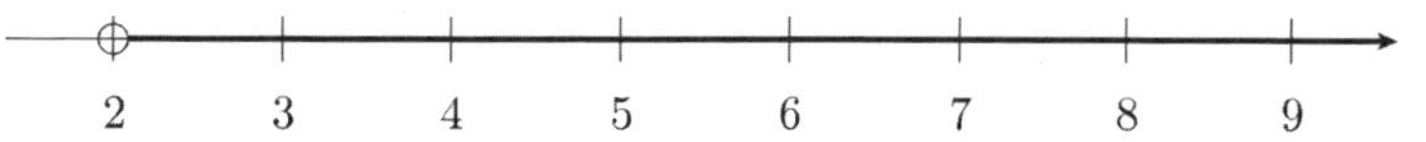

그림 1.9 수직선에 표시한 해집합

□

예제 1.3 어떤 교과목의 통과 기준은 중간고사와 기말고사의 성적을 평균하여 60점을 맞으면 통과한다고 하자. 만약 중간고사에서 45점을 맞았다면 기말고사에서 최소한 몇 점을 맞아야 통과할 수 있는가?

풀이 ▸ 이 문제를 대수적으로 풀기 위해, 기말고사의 점수를 x라고 하자. 평균의 정의에 의하여 식을 세우면 다음과 같은 부등식을 얻는다.

$$\frac{45+x}{2} \geq 60$$

이 부등식을 풀면 $x \geq 75$이므로, 최소한 75점을 받아야 한다는 결론을 얻는다. □

부등식은 함수를 정의할 때 매우 자연스럽게 나타난다.

예제 1.4 함수 $y=\sqrt{4-x^2}$가 정의되는 x의 범위를 구하라.

풀이 ▸ 제곱근의 정의로부터

$$4-x^2 \geq 0 \text{ 또는 } x^2-4 \leq 0$$

예제 1.1의 그림 1.8로부터

$$x^2-4 \leq 0 \Leftrightarrow -2 \leq x \leq 2$$

따라서 문제의 답은 $-2 \leq x \leq 2$을 만족하는 실수 x이다. 이를 구간으로 표시하면 $[-2, 2]$이다. □

2-1 연습문제

01 주어진 두 점 사이의 거리를 구하라.

(1) $(5,\ 4),\ (-5,\ -4)$ (2) $(0,\ 3),\ (0,\ 10)$

(3) $\left(\frac{2}{3},\ \frac{3}{2}\right),\ \left(\frac{3}{2},\ \frac{2}{3}\right)$ (4) $(-5,\ 0),\ (10,\ 0)$

02 주어진 세 개의 점으로 만들어지는 삼각형에서 가장 짧은 변의 길이를 구하라.

(1) $A(6,\ 2),\ B(-1,\ 4),\ C(0,\ -2)$

(2) $A\left(-1,\ \frac{1}{2}\right),\ B\left(-\frac{3}{2},\ 1\right),\ C(2,\ -1)$

03 다음 방정식의 그래프를 몇 개의 순서쌍을 찾아 그려라.

(1) $y = 2x + 3$ (2) $y + 2x = 3$

(3) $y = x^2 + 1$ (4) $y = -2(x-1)^2 + 4$

04 다음 방정식의 그래프를 몇 개의 순서쌍을 찾아 그려라.

(1) $|x| + |y| = 1$ (2) $x^2 + y^2 = 1$

(3) $x^4 + y^4 = 1$ (4) $x^6 + y^6 = 1$

05 다음 방정식의 그래프를 몇 개의 순서쌍을 찾아 그려라.

(1) $x^4 + y^6 = 1$ (2) $x^6 + y^4 = 1$

(3) $(4x)^6 + y^8 = 1$ (4) $x^8 + (4y)^6 = 1$

06 다음 부등식을 풀어라. 또 해집합을 수직선에 나타내어라.

(1) $x + 4 < 2$ (2) $x - 3 \ge 4$

(3) $-3x + 5 \le 2$ (4) $-2x + 3 \ge -3$

(5) $\frac{1}{2x-1} > 0$ (6) $\frac{-2}{5-3x} < 0$

07 다음 부등식을 풀어라. 또 해집합을 구간으로 나타내어라.

(1) $2(3a-1) > 4(2a-3)$

(2) $2(3x-1)+4 \le 3(x+2)-8$

(3) $3(2-x) \le -3(x-5)$

(4) $\frac{1}{4}(3x+2)-1 \le -\frac{1}{2}(x-3)+\frac{3}{4}$

(5) $\frac{1}{2}(x-2) > -\left(-1-\frac{1}{2}x\right)$

(6) $\frac{x-1}{3}+\frac{1}{5} < \frac{x+2}{5}-\frac{1}{3}$

(7) $5 \le 3x+1 \le 10$

(8) $-10 < 5-2x < 5$

2 일차함수

언어가 혼잡해지자 인류는 여러 그룹을 지어 뿔뿔이 흩어져 다양한 생활방식 속에서 독특한 문화를 창출하면서 오늘에 이르고 있다. 문화에 따라 측량 기구 및 단위도 각양각색이다. 측량 기구 및 단위가 다른 국가 간에 동등한 교류가 행해지려면 서로 받아들일 수 있는 공통적인 관점이 먼저 형성되어야 한다. 국가에 따라 서로 다르게 사용하는 것들이 많이 존재하는데, 예로 화폐, 온도, 길이, 속도의 단위 등이다. 서로를 이해하기 위해서는 타국의 관점이 자국의 관점으로 바꾸어야만 이해할 수 있다.

그림 2.1은 미국의 온도 분포를 나타낸 것인데, 온도 표기에 대한 상식이 없다면 "저렇게 뜨거운 곳에 사람이 어떻게 살 수 있지"라고 의아해할 것이다. 그림 2.1에 나타나 있는 숫자는 미국식 온도의 표현으로 이를 한국식으로 변환해야만 이해할 수 있다. 즉, 섭씨(C)와 화씨(F)의 관계를 찾아야 한다.

"C와 F는 직선적 관계를 갖는다"

고 생각하는 것이 너무 자연스럽다. 즉 다음과 같은 관계를 갖는다고 가정하자.

① $$C = aF + b$$

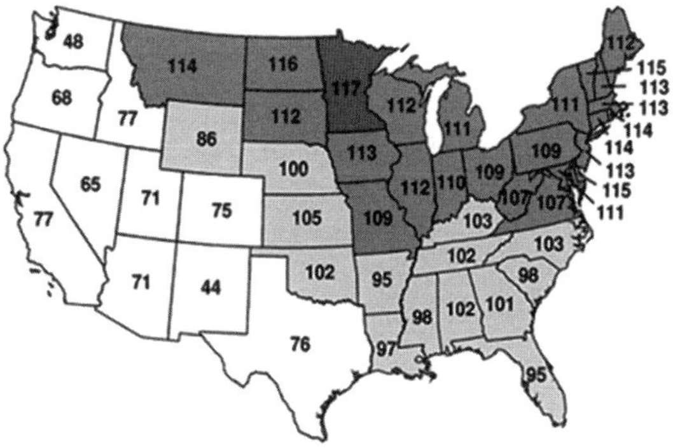

그림 2.1 미국의 온도 분포(F)

이제, 중요한 작업은 상수 a와 b의 값을 발견하는 것이다. 이들의 값을 발견하기 위해서는 두 개의 조건이 필요한데, 두 지역을 잘 관찰해보았더니 다음과 같은 사실이 발견되었다.

> 물은 212°F 및 100℃에서 끓고, 32°F 및 0℃에서 언다.

이러한 객관적인 관측 사실을 사용하여 계수 a와 b를 결정하자. 관측 자료를 식 ①에 대입하면

$$100 = 212a + b$$
$$0 = 32a + b$$

a와 b에 대한 방정식(이러한 식들을 연립방정식이라고 한다!)을 풀면

$$a = \frac{5}{9},\ b = -\frac{5}{9} \times 32$$

이 값들을 식 ①에 대입하여 정리하면 화씨를 섭씨로 변환할 수 있는 방정식

② $$C = \frac{5}{9}(F - 32)$$

가 얻어진다. 반대로 섭씨를 화씨로 변환하는 식을 구하기 위해 식 ②를 F에 대하여 풀면

$$F = \frac{9}{5}C + 32$$

예제 2.1 그림 2.1을 관찰하면 화씨 100도인 지역이 있다. 화씨 100도에 대응하는 섭씨의 온도를 구하라.

풀이 ▸ $F = 100$을 식 ②에 대입하면

$$C = \frac{5}{9}(100 - 32) \approx 38$$

따라서 미국에서의 화씨 100도는 한국에서의 섭씨 38도에 해당된다.

□

방정식

$$C=\frac{5}{9}(F-32) \text{ 또는 } F=\frac{9}{5}C+32$$

는 아래에서 정의할 C와 F를 변수로 갖는 일차함수의 예이다.

다음과 같은 형태를 일차함수라고 한다.

$$y=ax+b, \ a\neq 0$$

x는 독립변수라고 하고, y는 종속변수라고 한다.

독립변수는 문자 그대로 자유롭게 값을 취할 수 있는 변수이고, 종속변수는 독립변수가 값을 취할 때, 주어진 독립변수의 값에 의존하여 변수의 값이 결정되는 변수이다.

$$C=\frac{5}{9}(F-32)$$

에서 $F=x$, $C=y$로 놓으면

$$y=\frac{5}{9}(x-32)=\frac{5}{9}x-\frac{160}{9}$$

y는 x에 대한 일차함수가 된다. y가 독립변수, x가 종속변수가 될 수도 있다. 함수의 큰 장점은 독립변수 x에 어떤 값을 대입하면 y의 값은 간단한 사칙연산으로 바로 얻을 수 있다는 것이다. 예를 들어,

$$x=86 \text{인 경우 } y=\frac{5}{9}(86-32)=\frac{5}{9}\times 54=30$$

이제 일차함수의 완전한 그래프의 개형 및 특성을 예제들을 통하여 살펴보자.

예제 2.2 $y=\frac{1}{2}x$, $y=x$, $y=2x$의 그래프를 그려라.

풀이 ▸ 순서쌍을 찾아 점을 찍어 그리면 된다. 이러한 작업을 생략하지만, 그래프에 익숙하지 않다면 해집합으로부터 생성된 순서쌍의 점을 찍어

그래프를 그려보기 바란다.

x의 계수(x 앞에 있는 상수)가 커지면 커질수록 그래프는 y축에 가까워진다. 이를 다르게 표현하면 가파른 경사도를 가진다고 할 수 있다. 경사의 방향은 위쪽으로 향한다. □

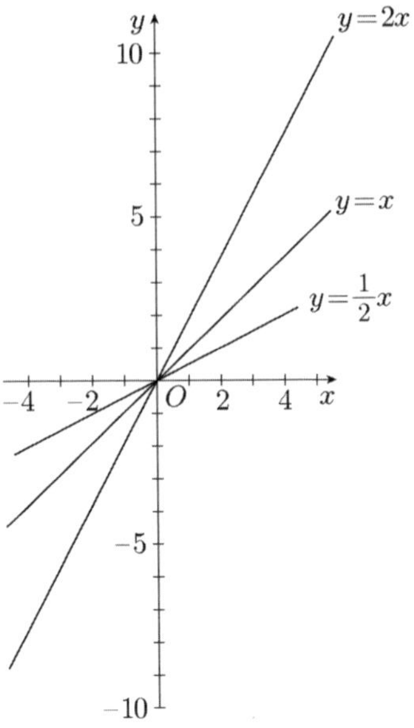

그림 2.2 $y=ax$, $a>0$의 그래프

예제 2.3 $y=-0.5x$, $y=-x$, $y=-2x$의 그래프를 그려라.

풀이 ▸ x의 계수(x 앞에 있는 상수)의 절댓값이 커지면 커질수록 그래프는 y축에 가까워진다. 이를 다르게 표현하면 가파른 경사도를 가진다고 할 수 있다. 경사의 방향은 아래쪽으로 향한다. □

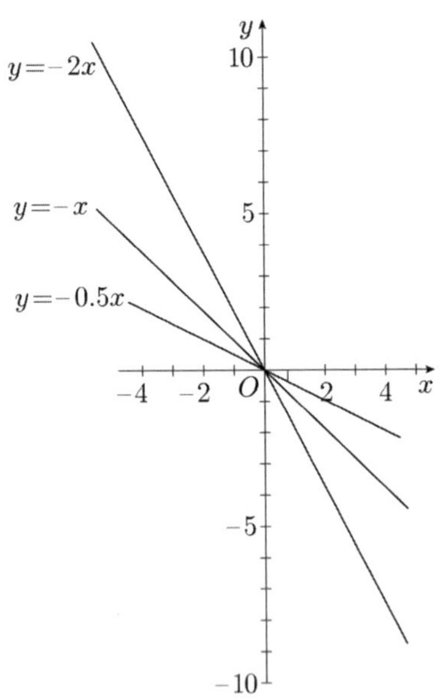

그림 2.3 $y=ax$, $a<0$의 그래프

예제를 통하여 $y=ax$에서 상수 a는 직선이 x축과 어느 정도의 경사를 이루고 있는지를 나타내는 상수임을 관찰할 수 있다. 이러한 이유로

"a는 직선의 기울기"

라고 한다. $a>0$인 경우, 위쪽으로 올라가는 기울기, $a<0$인 경우 아래쪽으로 내려가는 기울기를 나타낸다. 그림 2.4에 그려진 부채에서 다양한 기울기를 갖는 직선을 발견할 수 있다.

그림 2.4 다양한 기울기를 갖는 부채

일차함수 $y=a(x-m)+n$의 그래프는 $y=ax$의 그래프를 x축의 방향으로 m만큼, y축의 방향으로 n만큼 평행이동한 것이다.

예제 2.4 $y=2(x-3)+1$의 그래프를 그려라.

풀이 ▸ 일차함수 $y=2(x-3)+1$의 그래프는 $y=2x$의 그래프를 x축의 양의 방향으로 3만큼, y축의 양의 방향으로 1만큼 평행이동한 것이다. 그래프는 그림 2.5와 같다. □

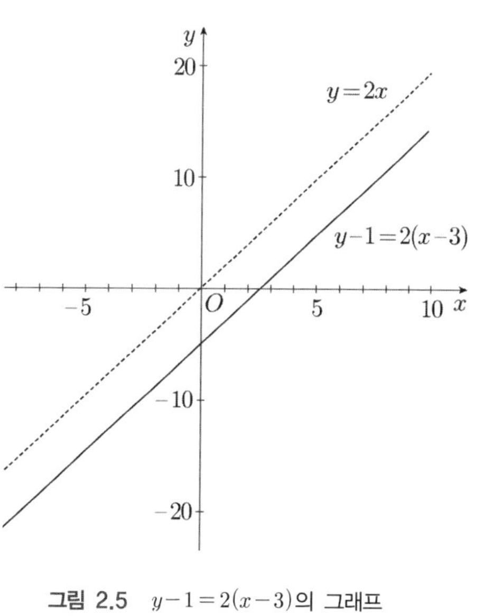

그림 2.5 $y-1=2(x-3)$의 그래프

일차함수의 그래프의 경우, 평행이동의 개념보다 그래프가 각 축을 가로지르는 두 점을 찾아 그래프를 그리는 편이 훨씬 편리할 수 있다. 그래프가 각 축을 가로지르는 점의 각 성분을 절편이라 한다.

그래프가 가로지르는 x축의 값을 x절편, y축의 값을 y절편이라 한다.

일차함수 $y = ax + b$에서 x의 절편은 $y = 0$일 때, 즉 일변수 일차방정식 $ax + b = 0$의 해이고, y의 절편은 $x = 0$일 때, 즉 $y = b$의 해 b가 y의 절편이다.

예제 2.5 일차함수 $y = -4x + 8$의 그래프를 절편을 사용하여 그려라.

풀이 ▸ y의 절편은 자동적으로 8임을 알 수 있다. x의 절편을 구하기 위해 일차방정식 $-4x + 8 = 0$을 x에 대하여 풀면

$$-4x = -8$$
$$x = 2$$

따라서 x의 절편은 2이다. 그림 2.6은 일차함수의 그래프를 그린 것이다.

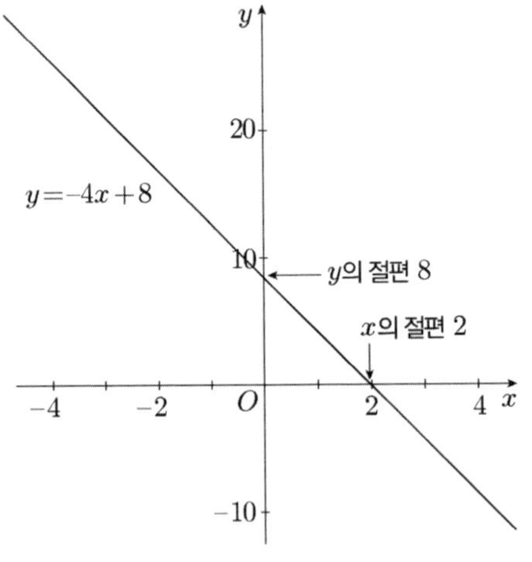

그림 2.6 $y = -4x + 8$의 그래프 □

일차함수의 그래프를 그리는 능력은 기본이다. 실제문제에서는 변량을 정하고 그들을 변수화하여 변수들 사이에 일차함수의 관계가 있음을 실험 또는 추측으로 정형화하고, 더 나아가 그 일차함수를 결정하는 작업이 더 중요하다고 할 수 있

다. 온도변환 문제가 좋은 예이다. 실제문제에서 두 변수 간의 관계가 일차함수로 주어졌다고 가정하자. 즉 $y = ax + b$의 형태로 주어졌다고 하자. 일차함수를 분석하기 위해서는 a와 b의 값을 결정할 수 있는 정보(값)가 필요하다. 예를 들어

$$F = \frac{9}{5}C + 32$$

에서는 $a = 9/5$, $b = 32$였다. 이 값은 두 지역의 빙점과 융점의 조건에 의해 결정된 것이었음을 알아야 한다. 상수 a, b의 값을 결정하기 위한 조건을 제시하고자 한다. 두 개의 상수 a와 b를 결정하기 위해서는 최소한 두 개의 조건이 필요하다. 수학에서 두 조건은 주로 다음 (ⅰ) 또는 (ⅱ)로 주어지는 경향이 있다.

(ⅰ) 기울기 m이고, 한 점 (x_0, y_0)을 지난다.
(ⅱ) 두 점 (x_1, y_1), (x_2, y_2)를 지난다.

온도 문제에서는

"물은 212°F 및 100℃에서 끓고, 32°F 및 0℃에서 언다"

이므로, 조건 (ⅱ)가 제시되어 있다고 볼 수 있다. 즉

$$(x_1, y_1) = (212, 100) \text{ 및 } (x_2, y_2) = (32, 0)$$

조건 (ⅰ)을 만족하는 일차함수(다른 말로, 직선의 방정식)는 다음과 같다.

기울기가 m이고, 한 점 $P_0(x_0, y_0)$를 지나는 직선의 방정식을 유도하여보자. 그림 2.7과 같이 P_0를 지나는 직선 위의 임의의 점 $P(x, y)$를 잡으면 직선의 기울기는 일정하므로

③ $$\frac{y - y_0}{x - x_0} = m$$

식 ③을 y에 대하여 풀면 다음과 같은 직선의 방정식을 얻는다.

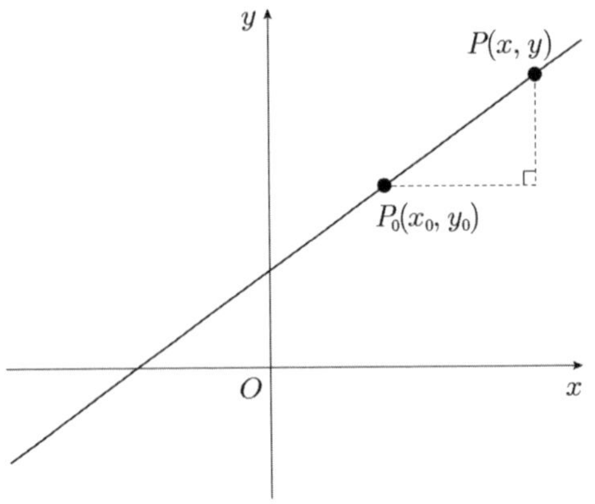

그림 2.7 기울기가 m이고 점 $(x_0,\ y_0)$을 지나는 직선

> 기울기가 m이고, 직선 위에 있는 한 점 $(x_0,\ y_0)$을 지나는 직선의 방정식은
>
> $$y = m(x - x_0) + y_0$$

예제 2.6 기울기가 2이고, 점 (3, 2)를 지나는 직선의 방정식을 구하라.

풀이 ▸ $m = 2$이고, $(x_0,\ y_0) = (3,\ 2)$이므로 직선의 방정식은

$$y = 2(x - 3) + 2$$
$$y = 2x - 4$$

따라서 구하는 직선의 방정식은 $y = 2x - 4$이다. □

조건 (ii)가 주어진 경우, 기울기는

$$m = \frac{y_2 - y_1}{x_2 - x_1}\text{이고 한 점을 } (x_0,\ y_0) = (x_1,\ y_1)$$

으로 놓으면 다음 결과를 얻는다.

> 두 점 $(x_1,\ y_1)$, $(x_2,\ y_2)$를 지나는 직선의 방정식은
>
> $$y = \frac{y_2 - y_1}{x_2 - x_1}(x - x_1) + y_1$$

위의 정리에서 $(x_0,\ y_0)=(x_2,\ y_2)$로 놓을 수도 있다.

예제 2.7 두 점 (3, 2), (−2, 3)을 지나는 직선의 방정식을 구하라.

풀이 ▸ $(x_1,\ y_1)=(3,\ 2)$, $(x_2,\ y_2)=(-2,\ 3)$으로 잡으면 기울기는

$$m=\frac{3-2}{-2-3}=-\frac{1}{5}$$

$(x_0,\ y_0)=(3,\ 2)$로 잡으면 직선의 방정식은

$$y=-\frac{1}{5}(x-3)+2$$

$$y=-\frac{1}{5}x+\frac{13}{5}$$ □

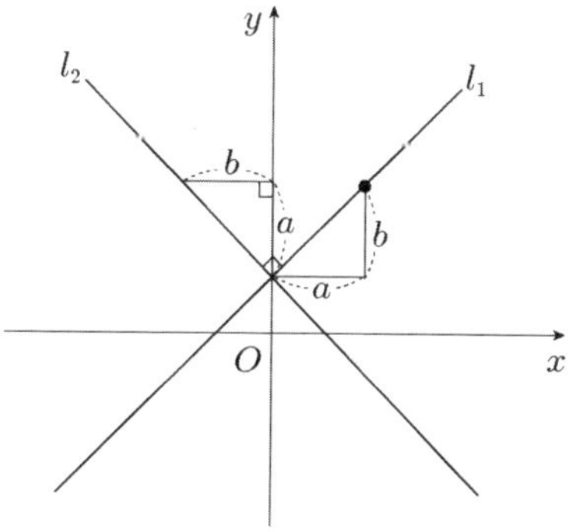

그림 2.8 직선 l_1을 90° 회전하여 얻는 직선 l_2

마지막으로 두 개의 직선이 서로 평행하거나 수직이 되는 기울기의 조건을 구하여보자. 만나지 않는 두 직선을 평행하다고 하며, 만날 때 이루는 각이 90°인 두 직선은 서로 수직이라고 한다. 평행한 두 직선의 기울기는 같다는 것은 자명하다. 그림 2.8로부터 직선 l_1의 기울기는

$$m_1=\frac{b}{a}$$

90° 회전한 직선 l_2의 기울기는

$$m_2=-\frac{a}{b}$$

부호 '−'는 경사가 아래 방향이기 때문에 붙여진 것이다. 이를 정리하면

> 기울기 m_1과 m_2를 겹치지 않은 두 직선의 기울기라 하자. 그러면
> (i) 두 직선이 평행일 필요충분조건은 $m_1 = m_2$이다.
> (ii) 두 직선이 수직일 필요충분조건은 $m_1 m_2 = -1$이다.

예제 2.8 점 $(-5,\ 4)$를 지나는 방정식 중에서 방정식 $y = 3x - 2$에 평행하고, 수직인 직선의 방정식을 구하라.

풀이 ▸ 직선 $y = 3x - 2$는 기울기 $m_1 = 3$을 갖는다. 직선 $y = 3x - 2$에 평행한 모든 직선의 기울기는 $m_2 = m_1 = 3$이다. 따라서 기울기 3이고 점 $(-5,\ 4)$를 지나는 직선의 방정식을 찾으면 된다.

$$y - y_0 = m(x - x_0)$$

에 $m = 3$이고 $(x_0,\ y_0) = (-5,\ 4)$를 대입하여 정리하면

$$\begin{aligned} y - 4 &= 3(x + 5) \\ y &= 3x + 19 \end{aligned}$$

직선 $y = 3x - 2$에 수직인 모든 직선의 기울기는 $m_2 = -1/m_1 = -1/3$ 이다.
따라서 기울기 $-1/3$, 점 $(-5,\ 4)$를 지나는 직선의 방정식은

$$\begin{aligned} y - y_1 &= m(x - x_1) \\ y - 4 &= -\frac{1}{3}(x + 5) \\ y &= -\frac{1}{3}x + \frac{7}{3} \end{aligned}$$

그림 2.9는 세 직선의 그래프를 나타낸 것이다.

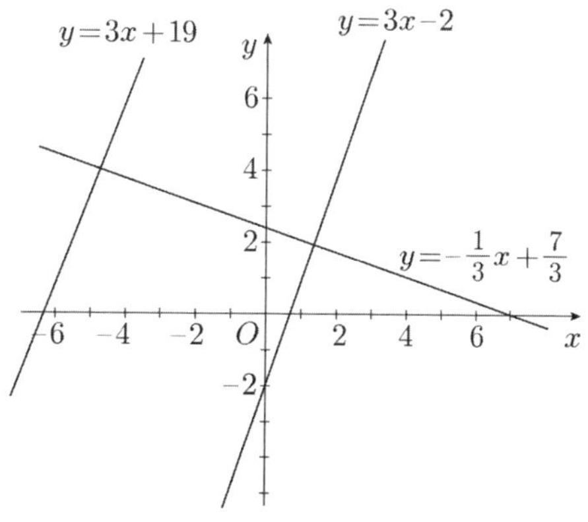

그림 2.9 한 직선에 수직인 직선과 평행한 직선 □

예제 2.9 그림 2.10과 같이 주어진 평행사변형 $ABCD$에서 $\overline{AC}$를 구하라.

풀이 ▸ 문제를 해결하기 위해서는 점 A와 C의 좌표를 알아야 한다. D와 C를 지나는 직선의 방정식은 기울기가 1이고 원점 $(0,\ 0)$을 지나므로 $y=x$이다. A와 B를 지나는 직선의 방정식은 AB와 CD는 평행하고 y의 절편이 6이므로 $y=x+6$이다. A와 D를 지나는 직선의 방정식은 AD와 BC는 평행하고 원점을 지나므로 $y=-2x$이다. 직선 $y=x+6$과 $y=-2x$가 만나는 점은 A이다. 교점을 찾으면 $A(-2,\ 4)$이다. 직선 $y=-2x+9$와 $y=x$가 만나는 점은 C이다. 교점을 찾으면 $C(3,\ 3)$이다. 따라서 구하는 길이는

$$\overline{AC}=\sqrt{(-2-3)^2+(4-3)^2}=\sqrt{26}$$

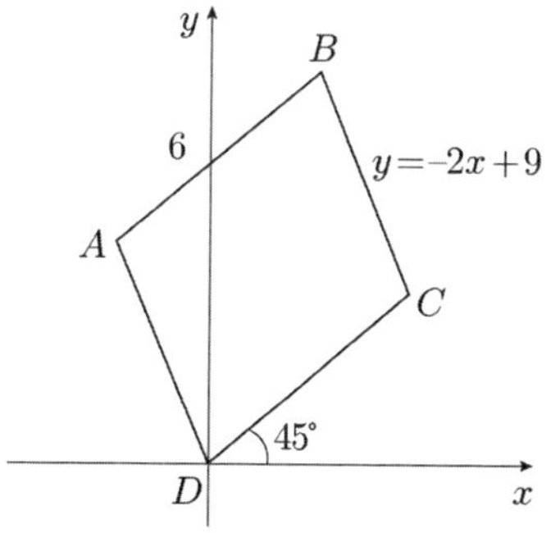

그림 2.10 평행사변형

□

사람이 어떤 목적지를 찾아가는 행로를 유심히 관찰해보면 좋은 도로와 최단거리의 도로를 선택하고 있음을 알 수 있다. 사람과 닮은 로봇을 만들기 위해서는 로봇도 최단거리를 선택할 수 있는 시스템을 장착해 두어야 한다. 예를 들어 로봇이 전방에 있는 직선도로에 진입할 때 가장 짧은 코스로 언제 도착할 수 있는지 알아야 하는 경우가 있다. 다음 정리는 이러한 문제에 대한 답을 제공한다.

점 (x_1, y_1)에서 직선 $ax+by+c=0$에 이르는 거리 d는 다음과 같다.

$$d=\frac{|ax_1+by_1+c|}{\sqrt{a^2+b^2}}$$

증명 ▸ 점 (x_1, y_1)을 지나면서 직선에 수직인 직선의 방정식을 구하자.
직선의 기울기가 $-a/b$이므로 직선에 수직인 직선이 기울기는 b/a이다.

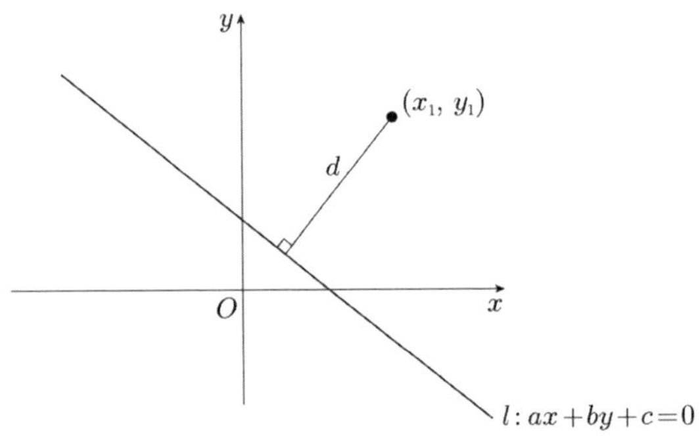

그림 2.11 점 (x_1, y_1)에서 직선 l에 이르는 거리

기울기가 b/a이고 (x_1, y_1)을 지나는 직선의 방정식은

$$y-y_1=\frac{b}{a}(x-x_1)$$

두 직선의 교점의 좌표를 (x_0, y_0)라 하면, 거리 d는

$$d^2=(x_1-x_0)^2+(y_1-y_0)^2$$

한편 두 직선은 (x_0, y_0)을 지나므로

$$ax_0+by_0+c=0 \text{ 또는 } a(x_0-x_1)+b(y_0-y_1)+ax_1+by_1+c=0$$
$$a(y_0-y_1)=b(x_0-x_1)$$

$x_0 - x_1$과 $y_0 - y_1$을 구하면

$$x_0 - x_1 = \frac{-a(ax_1 + by_1 + c)}{a^2 + b^2}$$

$$y_0 - y_1 = \frac{-b(ax_1 + by_1 + c)}{a^2 + b^2}$$

이를 d^2에 대입하여 정리하면

$$\begin{aligned} d^2 &= \left(\frac{-a(ax_1 + by_1 + c)}{a^2 + b^2}\right)^2 + \left(\frac{-b(ax_1 + by_1 + c)}{a^2 + b^2}\right)^2 \\ &= \frac{(ax_1 + by_1 + c)^2}{a^2 + b^2} \end{aligned}$$

제곱근의 정의로부터

$$d = \frac{|ax_1 + by_1 + c|}{\sqrt{a^2 + b^2}}$$ □

예제 2.10 점 $(-5,\ 4)$에서 방정식 $y = 3x - 2$에 이르는 거리를 구하라.

풀이 ▸ 공식 d에 $x_1 = -5$, $y_1 = 4$, $a = 3$, $b = -1$, $c = -2$를 대입하면

$$d = \frac{|3(-5) + (-4) + (-2)|}{\sqrt{3^2 + (-1)^2}} = \frac{21}{\sqrt{10}}$$ □

예제 2.11 예제 2.9에서 주어진 평형사변형의 넓이를 구하라.

풀이 ▸ 점 $A(-2,\ 4)$에서 직선 $y = x$에 이르는 거리 d는

$$d = \frac{|1 \times (-5) + (-1) \times 4 + 0|}{\sqrt{1^2 + (-1)^2}} = \frac{9}{\sqrt{2}}$$

$C(3,\ 3)$이므로 $\overline{DC} = \sqrt{3^2 + 3^2} = 3\sqrt{2}$이다. 따라서 구하고자 하는 넓이는

$$d \times \overline{DC} = \frac{9}{\sqrt{2}} \times 3\sqrt{2} = 27$$ □

토론 2.1 한 점을 지나는 직선의 방정식은 곡선을 직선으로 간주하여 해석하는데 대단히 유용하다. 즉 곡선을 세분하면 직선처럼 보이는데 이렇게 함으로써 얻을 수 있는 유익한 점에 대해 토론하라.

2-2 연습문제

01 다음 일차함수의 그래프를 그려라.

(1) $y=0.2x$, $y=x$, $y=2.5x$　　(2) $y=-0.2x$, $y=-x$, $y=-2.5x$

02 절편을 사용하여 다음 일차함수의 그래프를 그려라.

(1) $y=2x+3$　　(2) $y=-0.5x+4.5$

03 주어진 기울기 m과 점 (x_0, y_0)을 지나는 직선의 방정식을 구하라.

(1) $m=1$, $(x_0, y_0)=(3, 4)$　　(2) $m=-2/3$, $(x_0, y_0)=(2, -5)$

04 다음 두 점을 지나는 직선의 방정식을 구하라.

(1) $(-2, 1)$, $(3, 2)$　　(2) $(8, 4)$, $(-1, -3)$

(3) $(-4, -3)$, $(5, 0)$　　(4) $(4, 0)$, $(0, 5)$

05 x절편이 a, y의 절편이 b인 직선의 방정식이

$$\frac{x}{a}+\frac{y}{b}=1$$

임을 보여라. 위의 방정식을 이용하여 각 a, b에 대응하는 그래프를 그려라.

(1) $a=2$, $b=3$　　(2) $a=-2$, $b=3$

(3) $a=-2$, -3　　(4) $a=2$, $b=-3$

06 다음 물음에 답하여라.

(1) 1마일은 몇 킬로미터인가? 류현진 선수가 시속 95마일의 강속구를 던졌다. 이 속도를 km/h로 환산하라.

(2) 신지애 선수가 드라이버로 280야드를 쳤다. 이를 미터로 환산하라.

(3) 한기대 군은 미국에서 265센티미터 신발을 사기를 원한다. 그러나 미국 신발 표기는 인치로 표시되어 있다. 몇 인치의 신발을 사야 하는가?

07 대학 구내서점은 생산가격이 10000원인 책을 12000원에 팔고 12000원인 책은 15000원에 판다고 한다. 서점이 선형의 가격정책을 세울 때 판매가격 S와 생산가격 C와의 선형관계식을 유도하라. 어떤 책을 21000원 팔았다면 그 책의 생산가격은 얼마인가?

08 어떤 삼각형의 넓이는 $50\,\mathrm{m}^2$을 넘을 수 없다. 밑변의 길이가 $10\,\mathrm{m}$일 때 높이가 취할 수 있는 값의 범위를 구하라.

09 한 학기의 성적은 3번의 시험 점수를 평균하여 부여한다. 어떤 학생이 수학 시험에서 첫 번째와 두 번째 각각 45점과 70점을 받았다고 한다. 만약 학점 C의 기준이 평균 70점이라면 학생은 세 번째 시험에서 최소 몇 점을 받아야 학점 C를 받을 수 있는가?

10 함수

$$f(x)=\begin{cases} x, & x \geq 0 \\ -x, & x < 0 \end{cases}$$

와 같이 정의된 함수를 절댓값 함수라고 한다. 다음 물음에 답하여라.

(1) $y=|x|$의 그래프를 그려라.

(2) $y=2|x-3|-4$의 그래프를 그려라.

11 다음을 만족하는 직선의 방정식을 구하라.

(1) 점 $(-1,\ 4)$를 지나고, $x+3y=5$에 평행

(2) 점 $(3,\ -2)$를 지나고, $2x-y=5$에 평행

(3) 점 $(3,\ -4)$를 지나고, $x+y=4$에 수직

(4) 점 $(-2,\ 0)$를 지나고, $8x-3y=7$에 수직

(5) x절편이 -2이고, $y=2x$에 평행

(6) y절편이 3이고, $y=2x$에 수직

12 주어진 점에서 직선에 이르는 거리를 구하라.

(1) $(-1,\ 4)$, $x+3y=5$

(2) $(3,\ -2)$, $2x-y=5$

3 이차함수

물체를 던지면 물체는 어떤 궤도를 그리면서 날아간다. 물체가 공기의 저항을 얼마나 받는지에 따라 궤도의 차이는 있지만, 저항을 무시할 수 있을 정도의 속도라면 궤도의 모양은 위로 볼록한 대칭 모양을 할 것이다. 이러한 궤도를 포물선이라고 하고, 이러한 포물선을 그리면서 움직이는 물체의 운동을 포물선 운동이라 한다.

그림 3.1 농구공의 궤도

물체를 접합하는 용접 때 튀는 불꽃도 포물선 운동을 한다.

그림 3.2 불꽃의 궤도

이 궤도의 모양을 데카르트가 발명한 좌표평면에 옮겨 놓으면

$$y = a(x-m)^2 + n,\ a < 0$$

의 그래프 모양과 일치한다는 것을 보일 것이다. 이때 a, m, n은 세 개의 관측점만 있으면 결정할 수 있는 상수이다. 앞에서 언급했듯이 이차함수 $y = a(x-m)^2 + n$의 그래프는 $y = ax^2$의 그래프를 평행이동한 것이므로 그래프의 모양은 $y = ax^2$과 동일하다. 따라서 $y = ax^2$의 그래프에 대한 개념만 잘 알고 있으면 된다. 아래 예제들을 통하여 $y = ax^2$의 그래프에 대해 확실하게 숙지하자.

예제 3.1 $y = \frac{1}{2}x^2$, $y = x^2$, $y = 2x^2$의 그래프를 그려라.

풀이 ▸

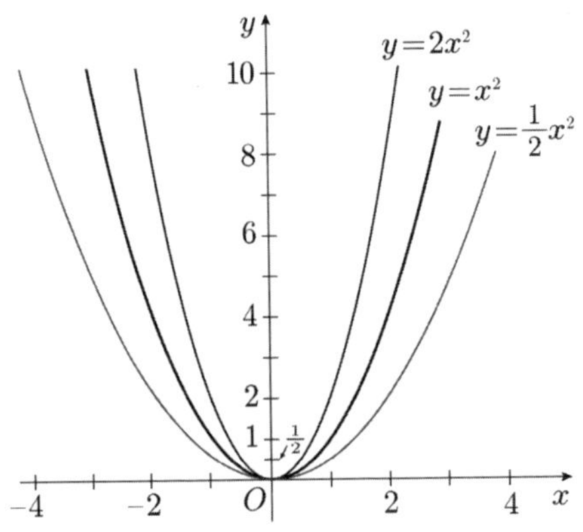

그림 3.3 $y = ax^2$, $a > 0$의 그래프

x^2의 계수(x 앞에 있는 상수)가 커지면 커질수록 그래프는 y축에 가까워진다. 그래프가 직선이 아니기 때문에 직선의 경사도라는 개념을 부여할 수 없다. 그럼에도 불구하고 모든 점에서 경사도를 느낄 수 있다. 이후에 배울 미분의 개념은 이러한 개념을 부여하는 데 좋은 도구가 된다. $a > 0$이고 $x^2 \geq 0$이므로 그래프는 x축 위쪽에만 위치한다. □

예제 3.2 $y = -0.5x^2$, $y = -x^2$, $y = -2x^2$의 그래프를 그려라.

풀이 ▸

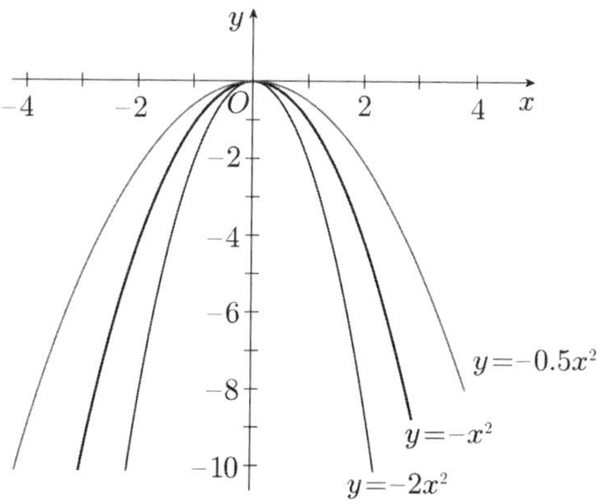

그림 3.4 $y=ax^2$, $a<0$의 그래프

x^2의 계수(x 앞에 있는 상수)의 절댓값이 커지면 커질수록 그래프는 y축에 가까워진다. $a<0$이고 $x^2 \geq 0$이므로 그래프는 x축 아래쪽에만 위치한다. □

함수에 대한 평행이동의 개념을 사용하여 $y=a(x-m)^2+n$의 그래프는 매우 쉽게 그릴 수 있다(그림 3.5).

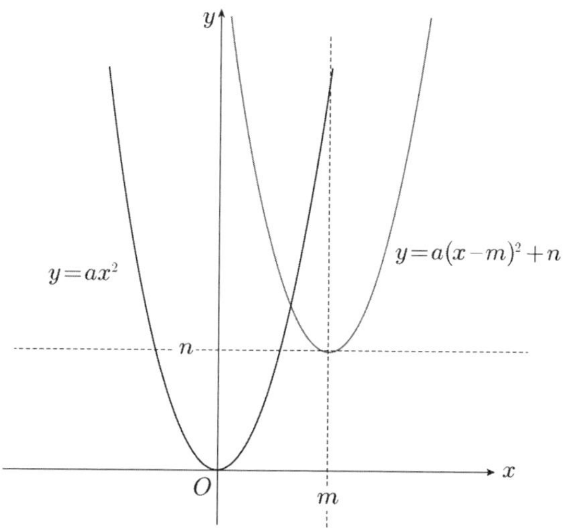

그림 3.5 평행이동

예제 3.3 $y=\dfrac{1}{2}(x-2)^2+3$의 그래프를 그려라.

풀이 ▸ $y=0.5(x-2)^2+3$의 그래프는 $y=0.5x^2$의 그래프를 x축의 양의 방

향으로 2만큼, y축의 양의 방향으로 3만큼 평행이동시킨 것이다.

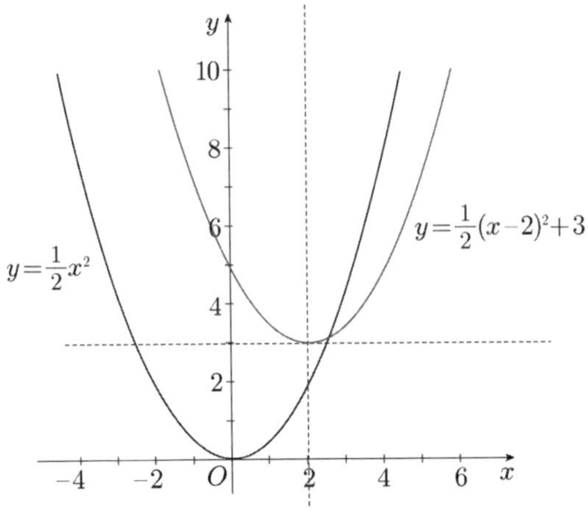

그림 3.6 $y=0.5(x-2)^2+3$의 그래프

꼭짓점이 $(0,\ 0)$에서 $(2,\ 3)$으로 이동한 것이므로 두 직선 $x=2,\ y=3$을 새로운 축으로 설정하여 그려도 된다. □

다음과 같은 형태의 함수를 이차함수라고 한다.

$$y = ax^2 + bx + c,\quad a \neq 0$$

이차함수는 완전제곱법 $y=a(x-m)^2+n$으로 고칠 수 있다.

예제 3.4 $y=2x^2+8x+5$를 $y=a(x-m)^2+n$의 형태로 고쳐라.

풀이 ▸ 완전제곱을 이용하여 고친다.

$$\begin{aligned} y &= 2x^2+8x+5 = 2(x^2+4x)+5 \\ &= 2(x^2+4x+4-4)+5 \\ &= 2(x^2+4x+4)-8+5 \\ &= 2(x+2)^2-3 \end{aligned}$$

□

이차함수의 그래프를 사용하면 이차방정식 $ax^2+bx+c=0$의 해(x의 절편) 및 이차부등식 $ax^2+bx+c>0$의 해집합에 대한 정보를 쉽게 이해할 수 있다. 이차부등식에서 부등호 $>$는 $<$ 또는 $\leq$ 또는 $\geq$로 교체될 수 있다.

이차방정식 $ax^2+bx+c=0$의 해는 인수분해 또는 근의 공식

$$x=\frac{-b\pm\sqrt{b^2-4ac}}{2a}$$

을 이용하여 구할 수 있다. 루트 안의 식 b^2-4ac에 대해 심사숙고할 필요가 있다. 이 값이 양수일 때는 두 개의 근을 가지므로 x축과 두 번 만나고, 0일 때는 x축과 한 번 만나고(이를 접한다고 함), 음수일 때는 x축과 만나지 않는다. 이와 같이 b^2-4ac의 부호는 근의 동향을 나타내는 중요한 잣대가 되므로 이를 판별식이라 하고 $D=b^2-4ac$로 표기하기로 했다(1장). 그림 3.7은 $D=b^2-4ac$의 값에 따른 이차함수의 그래프를 나타낸 것이다.

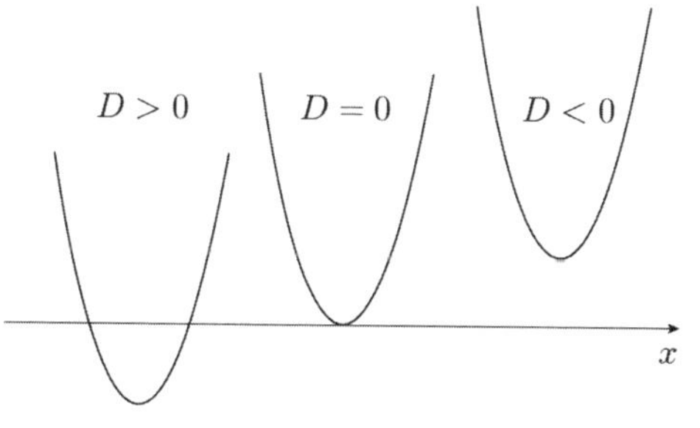

그림 3.7 D의 부호에 따른 이차함수의 그래프

예제 3.5 다음 이차함수의 그래프를 x축과 만나는지 만나지 않는지를 판별식 D를 사용하여 결정하여라.

(1) $y=2x^2+3x+5$ (2) $y=x^2+2x+1$

(3) $y=3x^2+5x+2$

풀이 ▸ (1) $a=2,\ b=3,\ c=5$이므로

$$D=3^2-4(2)(5)=9-40=-31<0$$

따라서 그래프는 x축과 만나지 않는다. 그러므로 이차방정식 $y=0$은 해를 갖지 않는다.

(2) $a=1,\ b=2,\ c=1$이므로

$$D=2^2-4(1)(1)=4-4=0$$

따라서 그래프는 x축과 접한다. 그러므로 이차방정식 $y=0$은 한 개의 해를 갖는다.

(3) $a=3,\ b=5,\ c=2$이므로

$$D=5^2-4(3)(2)=25-24=1>0$$

따라서 그래프는 x축과 만난다. 그러므로 이차방정식 $y=0$은 해를 두 개 갖는다. □

이차부등식의 해집합은 이차함수의 그래프를 통하여 거의 직관적으로 구할 수 있다. $D>0$인 경우, 즉 이차함수의 그래프가 x축과 두 번 만나는 경우에 대해서만 설명한다. 나머지는 연습문제를 참고하라. 그래프가 x축과 두 번 만나기 때문에

$$ax^2+bx+c=a(x-\alpha)(x-\beta)$$

와 같이 인수분해할 수 있다. 단, α와 β는 x의 절편이다. $a>0$ 및 $\alpha<\beta$라고 가정하자. 그러면 이차함수 $y=a(x-\alpha)(x-\beta)$의 그래프는 그림 3.8과 같다.

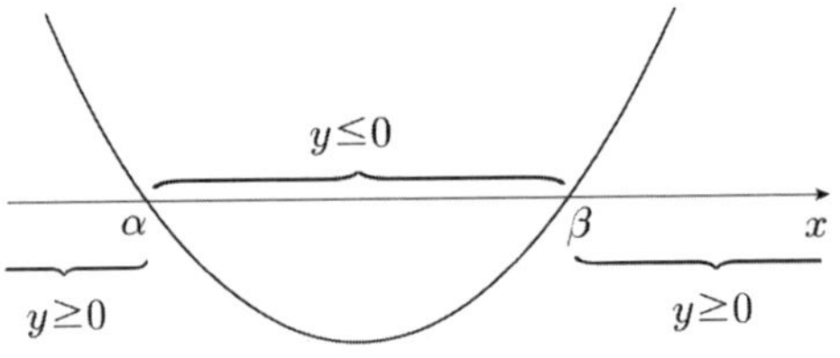

그림 3.8 $y=a(x-\alpha)(x-\beta)$의 그래프

$a(x-\alpha)(x-\beta)\geq 0$인 x의 영역은 $y\geq 0$이므로 해집합은

$$x\leq\alpha \text{ 또는 } x\geq\beta$$

$a(x-\alpha)(x-\beta)\leq 0$인 x의 영역은 $y\leq 0$이므로 해집합은

$$\alpha\leq x\leq\beta$$

해집합을 구간으로 표시하면 다음과 같다.

$$x\leq\alpha \text{ 또는 } x\geq\beta \Leftrightarrow (-\infty,\ \alpha]\cup[\beta,\ \infty)$$
$$\alpha\leq x\leq\beta \Leftrightarrow [\alpha,\ \beta]$$

예제 3.6 이차부등식 $6x^2-7x-20 \le 0$을 풀어라.

풀이 ▸ $6x^2-7x-20=(3x+4)(2x-5)=0$은 두 근 $-4/3$, $5/2$를 갖는다. x^2의 계수가 $6>0$이므로 $y=6x^2-7x-20$의 그래프는 그림 3.9와 같다.

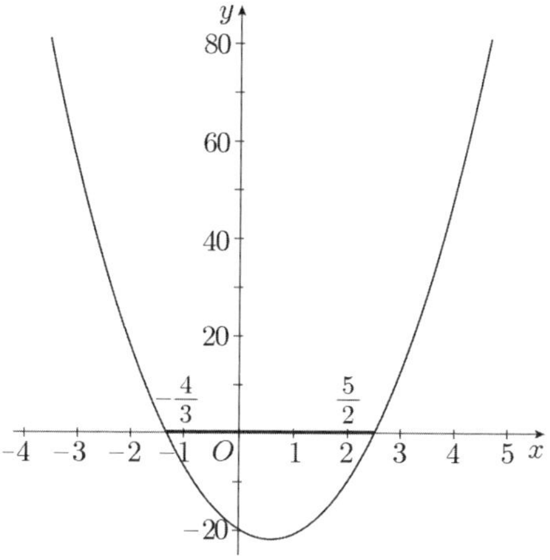

그림 3.9 $y=6x^2-7x-20$의 그래프

따라서 해집합은 $-\frac{4}{3} \le x \le \frac{5}{2}$이다. 이를 구간으로 표시하면 $[-4/3, 5/2]$이다. □

토론 3.1 실수 a, b에 대하여 $a \times b \le 0$일 필요충분조건은 $a \ge 0$ 및 $b \le 0$ 또는 $a \le 0$ 및 $b \ge 0$이다. 예제 3.6의 부등식은 $(3x+4)(2x-5) \le 0$이다. 위의 사실을 이용하여 그래프 없이 해집합을 구하는 방법에 대해 토론하라.

2-3 연습문제

01 다음 이차함수의 그래프를 그려라.

(1) $y=0.5x^2$, $y=x^2$, $y=\sqrt{2}\,x^2$, $y=2x^2$

(2) $y=-0.5x^2$, $y=-x^2$, $y=-\sqrt{2}\,x^2$, $y=-2x^2$

02 $y=ax^2$의 그래프와 평행이동의 개념을 이용하여 다음 함수의 그래프를 그려라.

(1) $y=3(x-1)^2+2$ (2) $y=-2(x+3)^2+5$

(3) $y=0.3(x+1)^2-2$

03 다음 이차함수의 그래프를 절편, 꼭짓점을 이용하여 그려라.

(1) $y=2x^2-4x+2$ (2) $y=-3x^2+5x-2$

04 $f(x)=x^2+5x$일 때 아래 식을 만족하는 모든 t를 구하라.

(1) $f(t+1)=14$ (2) $f(t+1)=f(2t)$

05 그림과 같이 직각삼각형 모양의 종이에 내접하는 직사각형의 종이를 오려내고자 한다. 직사각형을 넓이를 x의 함수로 나타내고 가장 큰 직사각형을 오려낼 수 있는 치수를 구하라. 단, $\overline{AB}=x$이고 $\overline{BC}=4-2x$이다.

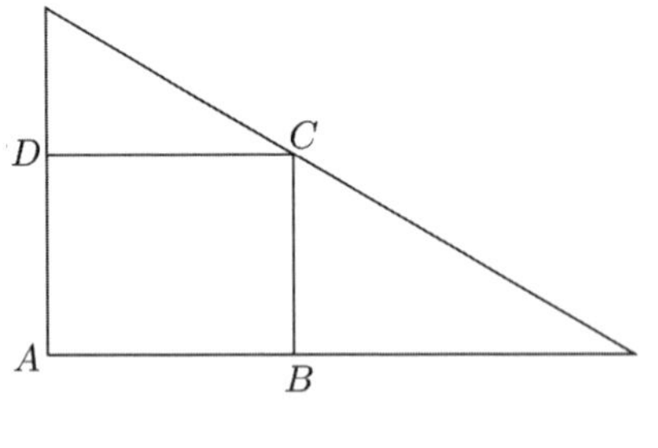

06 히터를 만들어 파는 회사는 히터를 x개 만들어 팔 경우 $g(x)=x^2-50x-5000$만원의 수익을 올린다고 한다. 회사가 손해를 보는 히터의 개수를 구하라.

07 길이가 100m인 끈으로 직사각형으로 둘러싸인 영역을 만들고자 한다. 영역의 넓이를 나타내는 함수를 구하라. 또한 넓이가 최대가 되는 각 변의 치수를 구하라.

08 예루살렘의 옛 시너고그에 사용된 무지개 아치를 이차함수의 그래프로 나타내려고 한다. 몇 개의 정보가 있어야 하는지 토론하라. 축과 치수는 스스로 택한다.

09 독수리의 개체군의 수 P는 먹이가 되는 설치류의 수 x에 의존한다. P가 다음 식에 의해 주어졌다고 하자.

$$P(x) = 0.002x + 0.004x^2$$

설치류의 수가 500, 2000일 때 독수리의 개체군 수를 구하라. 또한 개체군의 수가 4002가 되는 설치류의 수를 구하라.

10 다음 이차함수의 그래프를 x축과 만나는지 만나지 않는지를 판별식 D를 사용하여 결정하여라.

(1) $3x^2 - 5x + 2 = 0$　　(2) $x^2 + 2x + 1 = 0$

(3) $3x^2 - 5x + 7 = 0$

11 모든 x에 대하여 $x^2 + \sqrt{t}\,x + 3 \geq 0$을 만족하는 t의 범위를 구하라.

12 x에 관한 이차방정식 $x^2 - 2(m - a + 1)x + m^2 + a^2 - 2b = 0$이 m의 값에 관계없이 항상 중근을 갖도록 상수 a, b의 값을 정하라.

13 $x^2-kx+(k^2+k-2)=0$이 서로 다른 두 실근을 가질 k의 범위를 구하라.

14 이차방정식 $ax^2+bx+c=0$의 근을 α, β라고 하면, 등식

$$ax^2+bx+c=a(x-\alpha)(x-\beta)$$

은 x에 대한 항등식이다. 항등식이란, 변수 x에 어떠한 값을 대입해도 등식이 항상 성립하는 식이다. 다음 물음에 답하라.

(1) $\alpha+\beta=-\dfrac{b}{a}$ 및 $\alpha\beta=\dfrac{c}{a}$가 성립함을 보여라.

(2) $5x^2-2x+3=0$의 두 근이 α, β일 때 식 $\alpha^2+\beta^2$과 $(\alpha-\beta)^2$의 값을 구하라.

15 이차방정식 $x^2-(k+1)x+k=0$의 두 근의 비가 $1:2$일 때 상수 k의 값들의 합을 구하라.

16 다음 부등식의 해집합을 구간으로 표현하여라.

(1) $x^2+x-6>0$　　(2) $3x^2-4x-4\le 0$

(3) $6x^2+8x+2\ge 0$　　(4) $2x^2+5x+2\le 0$

(5) $-2x^2-3x+5<0$　　(6) $-4x^2+4x-1\ge 0$

17 $f(x)=ax^2+bx+c$, $a\ne 0$에 대하여 각 물음에 답하라.

(1) $a>0$, $c>0$, $D>0$에 해당하는 $f(x)$의 그래프를 그려라.

(2) $a>0$, $c>0$, $D<0$에 해당하는 $f(x)$의 그래프를 그려라.

(3) $a<0$, $c>0$, $D>0$에 해당하는 $f(x)$의 그래프를 그려라.

(4) $a<0$, $c>0$, $D\le 0$에 해당하는 $f(x)$의 그래프를 그려라.

4 고차함수

길이, 넓이, 부피에 대한 다항함수는 차수와 관계가 있다. 반지름이 x인 원의 둘레는 $2\pi x$이고, 반지름이 x인 원의 넓이는 πx^2이고, 반지름이 x의 구의 부피는 $\frac{4}{3}\pi x^3$이다. 길이는 1차원의 개념이고, 넓이는 2차원의 개념이고, 부피는 3차원의 개념으로 차원에 따라 길이, 넓이, 부피가 일차함수, 이차함수, 삼차함수로 표기된다는 점이 매우 신비롭다. 그럼 4차원에 있는 초입체의 척도는 어떻게 될까? 이와 같이 다항함수는 일상에서 늘 접하고 있는 상식적인 지식에 나타나고 있는 것임을 알 수 있다. 조금 더 복잡한 원뿔의 부피, 즉 바닷물의 표면 아래 원뿔 모양으로 놓인 빙하의 부피를 바닷물의 표면 밖으로 튀어 나온 높이 x의 함수로 표현해 보자. 즉, 그림 4.1과 같은 원뿔 모양의 용기에 담겨져 있는 물의 양을 x의 함수 $f(x)$로 나타내어 보자.

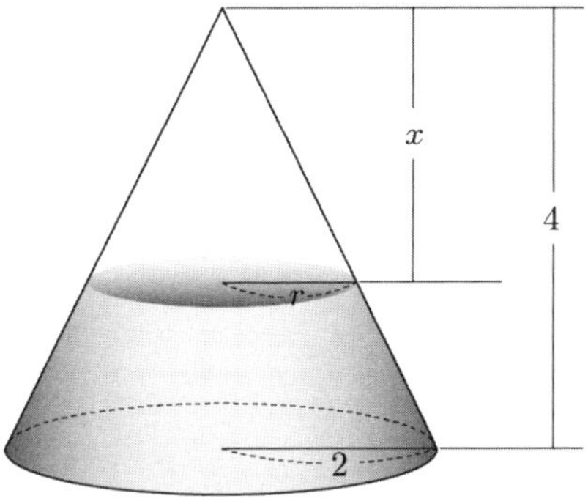

그림 4.1 원뿔 모양 용기

원뿔의 전체 부피에서 물이 없는 윗부분의 부피를 빼어 $f(x)$를 구할 수 있다. 원뿔의 전체 부피는

$$\frac{1}{3}\times 4\times\pi\times 2^2=\frac{16}{3}\pi$$

물이 없는 원뿔의 부피를 구하기 위해 물이 있는 위쪽의 반지름을 r이라 하자. 그러면 삼각형의 닮음비로부터

$$2: r = 4: x$$
$$r = \frac{1}{2}x$$

물이 없는 부분의 부피는

$$\frac{1}{3}\pi r^2 x = \frac{1}{3}\pi\left(\frac{h}{2}\right)^2 x = \frac{1}{12}\pi x^3$$

따라서 구하는 함수는

$$f(h) = \frac{16}{3}\pi - \frac{1}{12}\pi x^3$$

$f(h)$는 x^3을 포함하고 있기 때문에 삼차함수라고 한다. 삼차함수의 일반적 정의는 다음과 같다.

> 다음과 같은 형태의 함수를 삼차함수라고 한다.
>
> $$y = ax^3 + bx^2 + cx + d,\ a \neq 0$$

위의 정의에서 $a = 0$, $b \neq 0$이면 이차함수가 된다. 유사하게 사차함수, 오차함수 및 그 이상의 함수를 정의할 수 있다. 삼차 이상의 고차함수의 일반적 정의는 다음과 같다.

> $a_n \neq 0$에 대하여 $f(x) = a_n x^n + a_{n-1}x^{n-1} + \cdots + a_1 x + a_0$를 n차함수라고 한다. a_k는 x^k의 계수라고 한다.

n차함수에서 아래 첨자를 사용하여 계수를 표현한 이유는 알파벳의 수가 한정되어 있기 때문이다. 고차함수는 실수의 계산에 자주 등장한다. 계산기에 $\sqrt{2}$를 입력하면 계산기는 1.414와 같이 소수로 표시한다. 계산기는 어떤 방법으로 $\sqrt{2}$를 소수로 변환하는지 생각해보자. $\sqrt{2}$를 입력하면 이에 대응하는 값으로 1.414를 사전에 할당을 해둘 수 없다. 그 이유는 셀 수 없이 많은 무리수에 대응하는 소수를 할당해 두는 것이 불가능하기 때문이다. 무리수의 값을 계산하기 위해 고

차함수(때때로, 테일러 다항식이라고 부르기도 함)를 사용한다. 함수 $y=\sqrt{x+1}$을 $x=0$에서 여덟 번째 항까지 전개한 테일러 다항식을 $f(x)$라고 두면

$$f(x)=1+\frac{1}{2}x-\frac{1}{8}x^2+\frac{1}{16}x^3-\frac{5}{128}x^4+\frac{7}{256}x^5-\frac{21}{1024}x^6+\frac{33}{2048}x^7-\frac{429}{32768}x^8$$

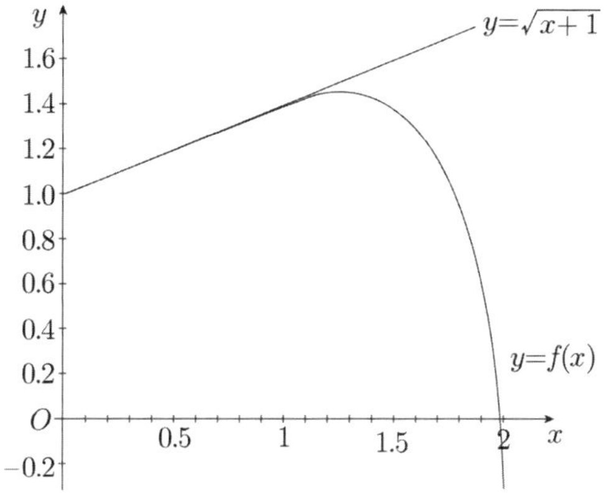

그림 4.2 $y=\sqrt{x+1}$과 $y=f(x)$의 그래프

그림 4.2는 두 함수의 그래프를 나타낸 것으로 x의 값이 0에서 1 사이에서 두 그래프가 거의 일치하고 있음을 볼 수 있다.

이러한 결과를 이용하면 $\sqrt{2}$에 대한 근삿값은 $f(1)$을 사용하여 구할 수 있음을 알 수 있다. 더 나아가 $f(x)$를 사용하여 $\sqrt{1.1}$, $\sqrt{1.2}$ 등도 계산할 수 있다. 물론 오차가 당연히 발생하겠지만, 테일러 다항식의 차수를 증가시켜 오차를 줄일 수 있다. 더 좋은 근삿값을 구하기 위해 전개지점($f(x)$는 $x=0$에서 전개한 다항식)을 바꾸기도 한다.

이제 고차함수의 그래프 윤곽을 살펴보자. 함수 $f(x)$의 모양은 계수에 따라 많이 다르지만, 일반적인 그래프의 모양은 마루와 골의 합이 $n-1$번 나타난다. n이

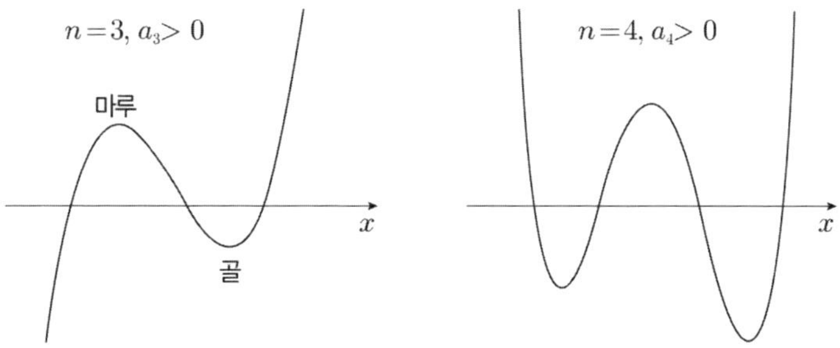

그림 4.3 삼차함수 및 사차함수의 일반적인 그래프 개형

홀수일 때는 마루와 골의 수가 같고, n이 짝수일 때는 마루 또는 골의 수가 하나 많거나 적다. 그림 4.3은 $n=3,\ a_3>0$와 $n=4,\ a_4>0$인 경우 일반적인 그래프 형태를 나타낸 것이다.

그림 4.4는 $n=3,\ a_3<0$와 $n=4,\ a_4<0$인 경우 일반적인 그래프 형태를 나타낸 것이다.

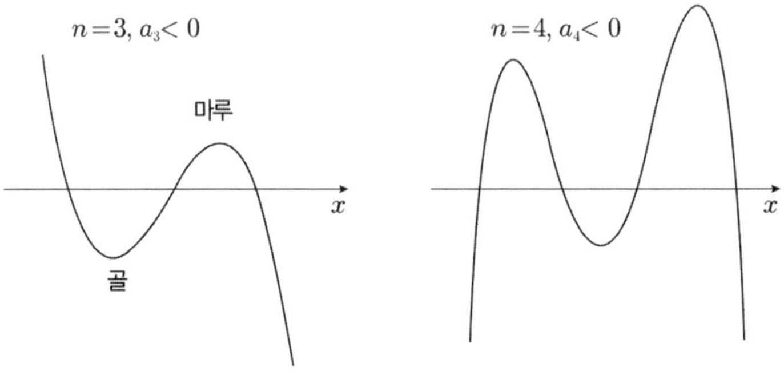

그림 4.4 삼차함수 및 사차함수의 일반적인 그래프 개형

고차함수의 그래프는 그 유형을 익히고 절편을 사용하여 그릴 수 있는 능력만 가지고 있으면 충분하다. 대부분 컴퓨터를 이용하여 그리므로 컴퓨터 화면에 나타난 그래프가 원하는 그래프라는 것을 인식하고 분석할 정도의 수준만 갖추고 있으면 된다. 물론, 그 이상의 지식을 숙지하고 이해하는 것은 더할 나위 없이 좋다.

예제 4.1 다음 함수의 그래프를 그려라.

(1) $f(x)=(x+3)(x-2)(x-5)$

(2) $f(x)=-x(x-1)(x-3)$

풀이 ▸ x의 절편과 삼차함수의 그래프 개형과 절편만으로 그래프를 그릴 수 있다.

(1) $f(0)=30$이므로 y의 절편은 30이다. 삼차방정식

$$(x+3)(x-2)(x-5)=0 \text{ (인수분해가 되어 있는 식)}$$

의 해는 $-3,\ 2,\ 5$이므로 x의 절편은 $-3,\ 2,\ 5$이다. 최고차항의 계수가 양수이므로 $y=f(x)$의 그래프는 그림 4.5와 같다.

(2) $f(0)=0$이므로 y의 절편은 0이다. 삼차방정식

$$-x(x-1)(x-3)=0$$

의 해는 0, 1, 3이므로 x의 절편은 0, 1, 3이다. 최고차항의 계수가 음수이므로 $y=f(x)$의 그래프는 그림 4.6과 같다.

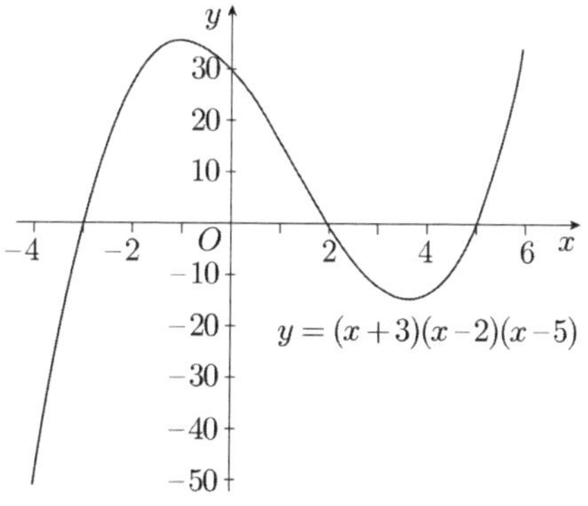

그림 4.5 $f(x)=(x+3)(x-2)(x-5)$의 그래프

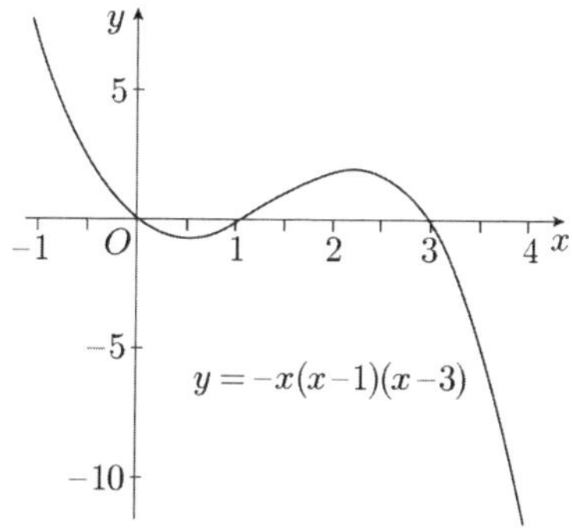

그림 4.6 $f(x)=-x(x-1)(x-3)$의 그래프

□

차수가 증가하면 마루 또는 골의 수가 증가한다. 일반적으로 항상 참은 아니다.

예제 4.2 다음 함수의 그래프를 그려라.

(1) $f(x)=(x+3)(x-2)(x-5)(x-6)$

(2) $f(x)=-x(x-1)^2(x-3)$

풀이 ▸ 절편과 사차함수의 그래프 개형만으로 그래프를 그릴 수 있다.

(1) $f(0)=-180$이므로 y의 절편은 -180이다. 사차방정식

$$(x+3)(x-2)(x-5)(x-6)=0$$

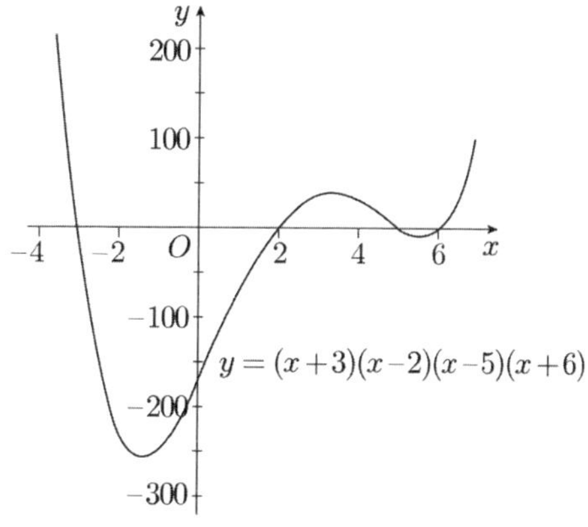

그림 4.7 $f(x)=(x+3)(x-2)(x-5)(x-6)$의 그래프

의 해는 $-3,\ 2,\ 5,\ 6$이므로 x의 절편은 $-3,\ 2,\ 5,\ 6$이다. 최고차항의 계수가 양수이므로 $y=f(x)$의 그래프는 그림 4.7과 같다.

(2) $f(0)=0$이므로 y의 절편은 0이다. 사차방정식

$$-x(x-1)^2(x-3)=0$$

의 해는 0, 1(중근), 3이므로 x의 절편은 0, 1, 3이다. 최고차항의 계수가 음수이므로 $y=f(x)$의 그래프는 그림 4.8과 같다.

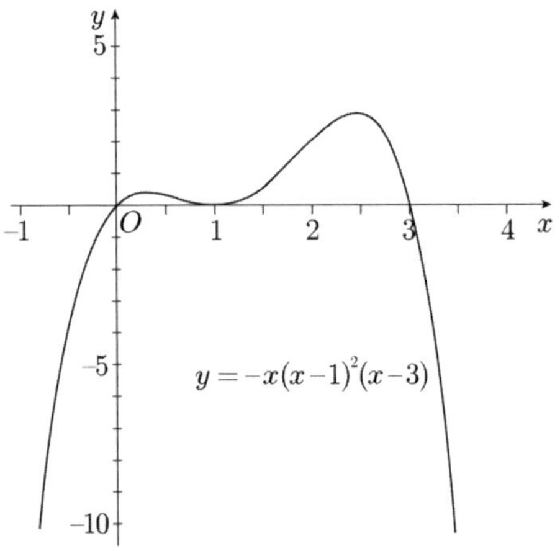

그림 4.8 $f(x)=-x(x-1)^2(x-3)$의 그래프 □

그림 4.5−4.8과 같은 모양만 나타나면 고차함수에 대한 그래프를 그리는 것은 매우 간단하겠지만 계수의 값에 따라 골 또는 마루가 사라지는 경우가 발생한다.

그림 4.9는 $y=ax^3,\ a>0$ 및 $y=ax^4,\ a>0$의 그래프를 나타낸 것으로 첫 번째는 골도 마루도 없고 두 번째는 골만 존재한다. 골에서 마루로 또는 마루에서 골로 바뀌는 곳을 변곡점이라 하는데 실용적인 측면에서 변곡점은 매우 중요하다.

고차함수의 개략적인 그래프를 설명하였지만, 근본적으로 고차함수의 그래프는 고차방정식

$$a_nx^n+a_{n-1}x^{n-1}+\cdots+a_1x+a_0=0$$

의 해의 동태에 달려 있다. n차방정식이므로 해는 최대한 n개까지 가질 수 있다. 방정식의 해를 어떻게 구할 것인가에 대한 연구는 오랫동안 지속되어 왔고 지금도 해를 어떻게 하면 잘 구할 수 있는지에 대한 방법 연구는 계속 진행되고 있다.

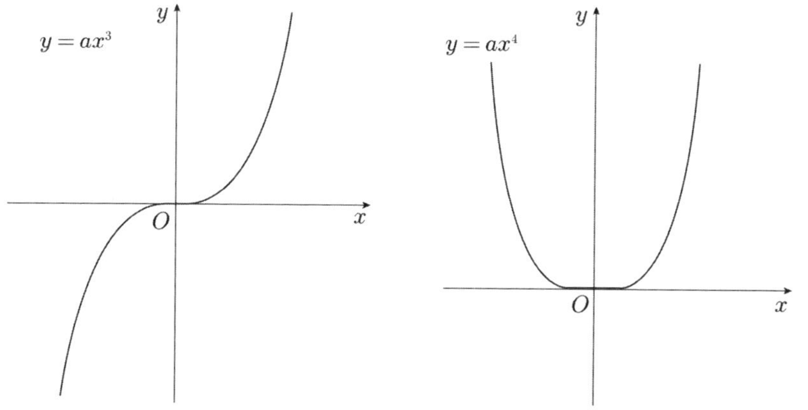

그림 4.9 $a>0$일 때, $y=ax^3$ 및 $y=ax^4$의 그래프

방정식의 해에 대한 근본적인 질문, 즉 해의 공식은 존재하는가 또는 인수분해할 수 있는가에 관한 문제는 비운의 노르웨이 수학자 아벨(Niels Henrik Abel, 1802-1829)과 천재적인 독일 수학자 가우스(Johann Carl Friedrich Gauß, 1777-1855)에 의해 괄목할만한 결과가 도출되었다. 아벨은 5차방정식 이상은 근의 공식이 존재하지 않는다는 것을 증명하였고, 가우스는 복소수 영역에서 일차식으로 인수분해할 수 있다는 것을 증명하였다. 이것들은 모두 이론적인 증명이므로 실용과는 차이가 있다. 세기의 수학자 및 과학자인 뉴턴(Isaac Newton, 1643-1727)은 실용적으로 방정식의 해를 미분을 사용하여 찾아내는 수치적인 방법을 제시했는데 실제해를 구하는 것은 불가능이라는 것을 알았을 수도 있지 않을까.

가우스의 아름다운 이론은 다음과 같다. 예를 들어, 이차식 x^2+1은 실수 영역에서 인수분해할 수 없으나 복소수 영역에서

$$x^2+1=(x+i)(x-i),\ \ i=\sqrt{-1}$$

과 같이 인수분해할 수 있다. 일반적으로 가우스는 다음과 같은 사실을 증명하였다.

$$\begin{aligned}
&ax^2+bx+c=a(x-\alpha)(x-\beta)\\
&ax^3+bx^2+cx+d=a(x-\alpha)(x-\beta)(x-\gamma)\\
&\qquad\qquad\vdots\\
&a_nx^n+a_{n-1}x^{n-1}+\cdots+a_1x+a_0=a_n(x-\alpha_n)(x-\alpha_{n-1})\cdots(x-\alpha_1)
\end{aligned}$$

여기서 α, β, γ 및 α_k $(k=1,\ 2,\ \cdots,\ n)$는 복소수이다.

문제는 인수분해는 어떻게 할 것인가이다. 인수분해는 쉽지 않은 문제임에도 불구하고 특수한 형태의 방정식 또는 계수가 정수인 경우 다음 인수정리를 사용

하여 부분적으로 해를 구하기도 한다.

> 다항함수 $f(x)$에 대하여 α가 $f(\alpha)=0$을 만족하면
>
> $$f(x)=(x-\alpha)Q(x)$$
>
> 단, $Q(x)$는 $f(x)$보다 1차 낮은 다항함수이다.

일차식 $x-\alpha$를 $f(x)$의 인수라고 부른다. 인수의 개념을 사용하여 인수정리를 다시 쓰면 다음과 같다.

> $x-\alpha$가 $f(x)$의 인수가 될 필요충분조건은 $f(\alpha)=0$이다.

예제 4.3 $x+2$는 $f(x)=x^3-x^2-2x+8$의 인수임을 보여라.

풀이 ▸ 인수정리에 의해 $f(-2)=0$ 이면 $x+2$ 는 인수이다. 조립제법을 이용하면

$$\begin{array}{r|rrrr} -2 & 1 & -1 & -2 & 8 \\ & & -2 & 6 & -8 \\ \hline & 1 & -3 & 4 & 0 \end{array}$$

이므로 $f(-2)=0$이다. 직접 대입해보면

$$\begin{aligned} f(-2) &= (-2)^3-(-2)^2-2(-2)+8 \\ &= -8-4+4+8=0 \end{aligned}$$

따라서 $x+2$는 $f(x)$의 인수이다. □

예제 4.3에서 $f(x)=(x+2)Q(x)=x^3-x^2-2x+8$이므로

$$Q(x)=\frac{x^3-x^2-2x+8}{x+2}$$

나눗셈 또는 조립제법으로부터

$$Q(x) = x^2 - 3x + 4$$

이므로

$$f(x) = (x+2)(x^2 - 3x + 4)$$

방정식 $f(x) = 0$의 해는 다음과 같이 하나의 실근 및 두 개의 허근을 갖는다.

$$x = -2,\ \frac{3 \pm \sqrt{7}i}{2}$$

다음 항등식은 왼쪽 인수들로 구성된 항들을 전개하면 얻는다.

$$(x-1)(x-2)(x-3) = x^3 - 6x^2 + 11x - 6$$

왼쪽 항에서 1, 2, 3은 상수항 6의 약수(나눌 수 있는 수)에 속하는 수라는 것을 간파할 수 있다. 이 사실을 역으로 생각하면 방정식

$$x^3 - 6x^2 + 11x - 6 = 0$$

의 유리수 해는 6의 약수에 속하는 수이어야 한다는 것이다. 실제로 이것은 사실이며, 정수계수를 갖는 고차방정식의 해를 구하는 데 사용한다.

이를 요약하면 다음 정리를 얻는다.

> $f(x)$의 계수가 모두 정수라 하자. 즉 $a_1,\ a_2,\ \cdots,\ a_n$은 정수이다.
> $f(\alpha) = 0$이고 α가 유리수이면 α는 a_0/a_n의 약수에 속한다.

예제 4.4 삼차방정식 $x^3 - 2x^2 - 5x + 6 = 0$의 해를 모두 구하라.

풀이 ▸ 만약 주어진 방정식이 유리수 근을 갖는다면 그것은 반드시 6/1의 약수 가운데 있어야 한다. 6의 약수는 $\pm 1,\ \pm 2,\ \pm 3,\ \pm 6$이다.

$x = 1$을 대입하면(눈치가 필요)

$$(1)^3 - 2(1)^2 - 5(1) + 6 = 7 - 7 = 0$$

따라서 $x - 1$은 $x^3 - 2x^2 - 5x + 6$의 인수이다. 조립제법을 사용하여 인수분해하면

$$x^3 - 2x^2 - 5x + 6 = (x-1)(x+2)(x-3)$$

따라서 방정식의 해는 $x = 1, \ -2, \ 3$이다. □

토론 4.1 방정식의 해를 구하는 작업은 간단하지 않다.

$$x^3 - 2x^2 - 5x + 7 = 0$$

의 해에 대한 정보를 어떻게 얻을 수 있는지 토론해보라.
[힌트 : 407쪽 '뉴턴-랩슨법에 대한 이야기' 참조]

2-4 연습문제

01 다음 삼차함수의 그래프를 그려라.

(1) $y = \frac{1}{2}x^3$, $y = x^3$, $y = 2x^3$

(2) $y = -\frac{1}{2}x^3$, $y = -x^3$, $y = -2x^3$

02 다음 사차함수의 그래프를 그려라.

(1) $y = \frac{1}{2}x^4$, $y = x^4$, $y = 2x^4$

(2) $y = -\frac{1}{2}x^4$, $y = -x^4$, $y = -2x^4$

03 $f(x) = ax^3$의 그래프와 평행이동의 개념을 이용하여 다음 함수의 그래프를 그려라.

(1) $f(x) = 2(x-3)^3 + 1$　　(2) $f(x) = -2(x+3)^3 - 1$

04 $f(x) = ax^4$의 그래프와 평행이동의 개념을 이용하여 다음 함수의 그래프를 그려라.

(1) $y = 2(x+3)^4 - 5$　　(2) $y = -3(x-2)^4 + 7$

05 인수정리를 사용하여 첫 번째 다항식이 두 번째 다항식의 인수인지 아닌지를 결정하라.

(1) $x-2$, $x^3 - x^2 - 5x + 6$　　(2) $x+2$, $x^4 - 3x - 5$

(3) $x+3$, $x^3 + 27$　　(4) $x-1$, $x^5 + 1$

06 다음 방정식의 해를 모두 구하라.

(1) $x^3 - 4x^2 + x + 6 = 0$　　(2) $x^3 - x^2 - 5x - 3 = 0$

(3) $2x^3 + 4x^2 + 3x + 6 = 0$　　(4) $2x^4 + 6x^3 - 12x - 8 = 0$

07 $x-2$가 다항식 x^8-k^4의 인수가 되는 실수 k의 값을 모두 구하라.

08 다음 함수의 그래프를 절편을 사용하여 그려라.

(1) $f(x)=x(x-1)(x+3)$ (2) $f(x)=x^2(x-2)(x+3)$

(3) $y=x^3-6x^2+11x-6$ (4) $y=x^4-2x^3-3x^2+8x-4$

09 기타의 울림통 윤곽을 고차함수로 표시하라. 축과 치수는 스스로 택한다.

10 x의 절편 가운데 2개는 2와 4, y의 절편은 8이고, $(-1,\ -5)$을 지나는 삼차함수를 결정하라.

11 삼차방정식 $ax^3+bx^2+cx+d=0$의 세 근을 α, β, γ라고 할 때

$$\alpha+\beta+\gamma=-\frac{b}{a},\ \alpha\beta+\beta\gamma+\gamma\alpha=\frac{c}{a},\ \alpha\beta\gamma=-\frac{d}{a}$$

가 성립함을 보여라.

12 삼차함수 $y=a(x+1)(x-2)(x-3)$에 대하여 다음 물음에 답하라.

(1) 삼차함수의 그래프가 $(1,\ 2)$를 지날 경우 a의 값을 결정하라.

(2) 삼차함수의 그래프가 $(1,\ 2)$, $(2,\ 0)$을 지나는 a의 값을 결정할 수 있는가? 결정할 수 있는 경우 그 값을 구하고, 결정할 수 없는 경우 이유를 설명하라.

(3) 삼차함수의 그래프가 $(1,\ 2)$, $(2,\ 0.1)$을 지나는 a의 값을 결정할 수 있는가? 결정할 수 있는 경우 그 값을 구하고, 결정할 수 없는 경우 이유를 설명하라.

(4) a의 값을 결정할 수 없는 경우의 대처법을 제시해보라.

(5) 이러한 상황이 발생할 수 있는 예를 제시해보라.

03 유리 및 무리함수

1 유리함수

그림 1.1과 같은 장치(일종의 망원경)를 만들어 여러 가지 물체를 관찰함으로써 실상과 허상의 위치적 관계가 결정될 수 있는 방정식을 유도하여보자.

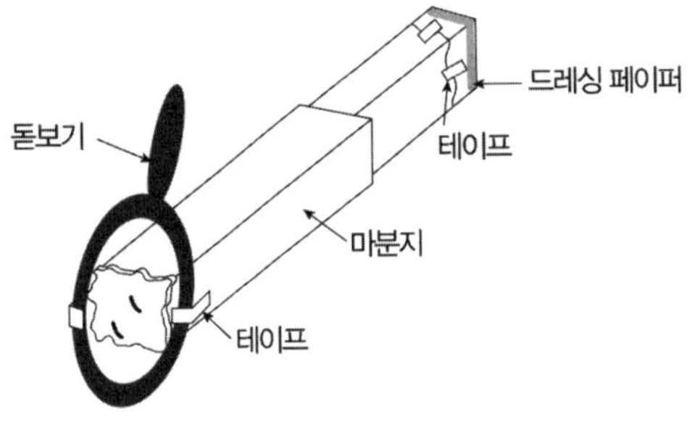

그림 1.1 페이퍼 망원경

드레싱 페이퍼와 돋보기 사이의 거리를 재면 재미있는 사실을 발견할 수 있다. 드레싱 페이퍼와 돋보기 사이의 거리를 $x$cm, 피사체까지의 거리를 $y$cm, 돋보기의 초점까지 거리는 10cm라고 하자.

그림 1.2에서 $\triangle ABC \propto \triangle A'B'C$이므로

$$\frac{\overline{AB}}{y} = \frac{\overline{A'B'}}{x}$$

또 $\triangle CDF \propto \triangle A'B'F$에 의해

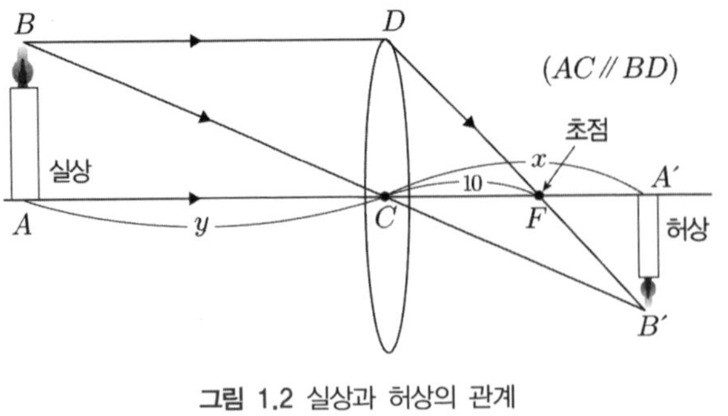

그림 1.2 실상과 허상의 관계

$$\frac{\overline{AB}}{10} = \frac{\overline{A'B'}}{x-10} \quad (\overline{CD} = \overline{AB})$$

두 식을 연립하여 풀면

① $$\frac{1}{x} + \frac{1}{y} = \frac{1}{10}$$

방정식 ①은 피사체의 실상과 허상의 거리 관계를 파악할 수 있는 공식이 된다. 방정식 ①을 y에 대하여 풀면

$$y = \frac{10x}{x-10}$$

이므로 y는 x에 대한 함수가 된다. 즉

② $$y = f(x) = \frac{10x}{x-10}$$

함수 ②를 이용하여 거리 x(렌즈에서 허상까지 거리)에 대응하는 피사체까지의 거리를 계산할 수 있다. 예를 들어,

$$x = 12\,\text{cm} \text{ 일 때 } y = 60\,\text{cm}$$

이 치수를 그림 1.3과 같이 통의 표면에 기입해 두면 허상을 통하여 피사체까지의 거리를 구할 수 있게 된다.

렌즈함수 $f(x)$의 그래프에서 드레싱 페이퍼와 렌즈 사이의 거리 x가 $10\,\text{cm}$에 가까이 접근해 가면 피사체까지의 거리 y는 무한히 멀어지게 된다. 이것은 유리함수가 갖고 있는 반비례의 특징 때문이다.

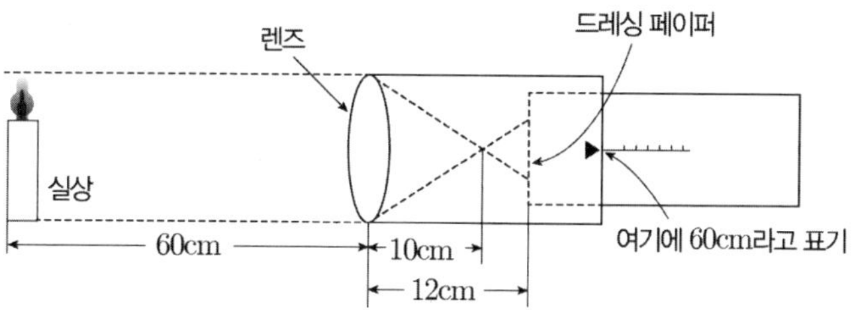

그림 1.3 거리의 표기

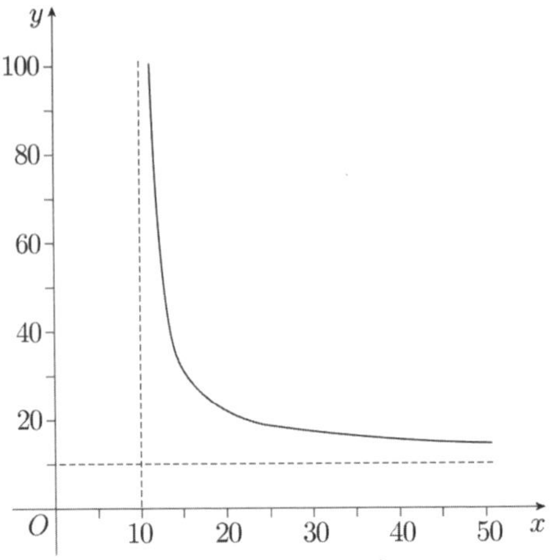

그림 1.4 렌즈함수 $y=f(x)$의 그래프

유리함수와 관련된 또 다른 예는 그림 1.5와 같이 오른쪽 저항과 동일한 용량을 갖는 저항을 병렬로 설계할 때 나타난다.

$R=10\,\Omega$ 일 때 R_2를 R_1에 대한 함수로 나타내어 보자. 저항에 관한 성질로부터

$$R=\frac{1}{\dfrac{1}{R_1}+\dfrac{1}{R_2}}=\frac{R_1R_2}{R_1+R_2}$$

$R=10$을 대입한 다음 R_2에 대하여 풀면

$$10(R_1+R_2)=R_1R_2$$

$$R_2(R_1-10)=10R_1$$

③ $$R_2=\frac{10R_1}{R_1-10}=10+\frac{100}{R_1-10},\quad R_1>10$$

$x=R_1$, $y=R_2$로 두면 식 ③은 식 ②와 완전히 똑같은 함수가 된다. 즉, 병렬로 연결된 회로의 저항 선택 문제는 실상과 허상의 문제와 차이가 전혀 없다는 것을 알 수 있다. 그림 1.6은 함수 ③의 그래프를 R_1-R_2평면에 나타낸 것이다.

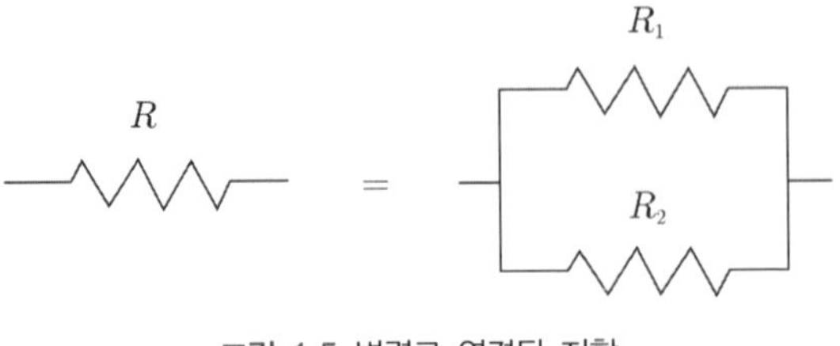

그림 1.5 병렬로 연결된 저항

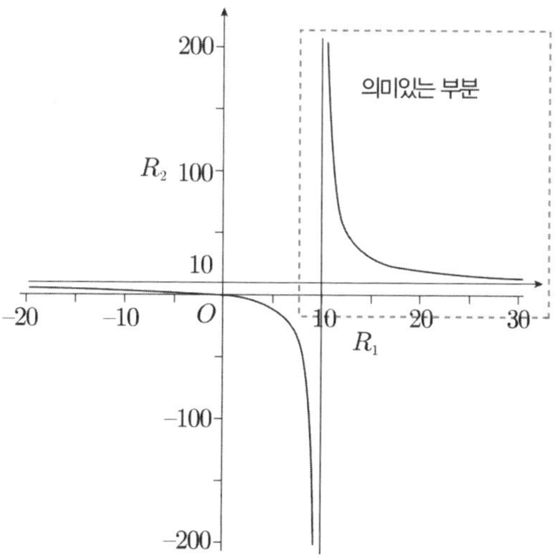

그림 1.6 $R_2 = f(R_1)$의 그래프

$R_1 > 10$인 그래프 상의 모든 점이 $R = 10$에 동일한 병렬저항을 설계할 수 있는 해가 되므로 그 방법은 무수히 많다는 것을 알 수 있다. 서로 반비례하는 관계를 가지므로 극단적으로 설계할 수도 있고, 크게 차이가 나지 않도록 설계할 수도 있다. 예를 들면,

$$R_1 = 10010\,\Omega\,,\ R_2 = 10.01\,\Omega\ \ (\text{극단적인 예})$$
$$R_1 = 30\,\Omega\,,\ R_2 = 15\,\Omega\ \ (\text{적절한 예})$$

유리함수란 위와 같이 분모와 분자가 다항함수로 구성된 함수인데 정확한 정의는 다음과 같다.

다항함수 $P(x)$와 $Q(x)$의 상(분수형태)으로 표현된 $f(x)$를 유리함수라고 한다.

$$f(x) = \frac{Q(x)}{P(x)}$$

- x의 절편은 $Q(x)$의 절편과 같다.
- y의 절편은 $f(0) = Q(0)/P(0)$이다.
- 정의역은 $P(x) = 0$이 아닌 모든 x의 집합이다.
- 유리함수의 그래프와 치역은 주어진 유리함수에 따라 많이 달라진다.

유리함수의 그래프와 치역은 주어진 유리함수에 따라 많이 달라진다. 따라서 여기서는 특별한 형태의 유리함수에 대해서만 학습하기로 한다.

저항문제에서 $x=R_1$, $f(x)=R_2$라 두면

$$f(x)=\frac{10x}{x-10}=10+\frac{100}{x-10}$$

이라는 유리함수를 얻는다. 이것은

④ $$y=\frac{100}{x}$$

의 함수를 x축으로 10만큼, y축으로 10만큼 평행이동한 함수와 같다.

뉴턴은 질량이 M과 m이고 거리가 r만큼 떨어져 있는 두 행성 사이의 인력은

⑤ $$F=G\frac{Mm}{r^2}$$

임을 발견하였다. 힘은 거리의 제곱에 반비례하므로 거리가 멀면 멀수록 힘의 영향력은 줄어든다(이웃이 멀리 있는 사촌보다 낫다는 우리의 속담이 참인 것처럼 보인다). 식 ⑤에서 $x=r$, $f(x)=F$라 두면

$$f(x)=a\frac{1}{x^2},\ a=GMm$$

함수 ④와 ⑤와 같은 형태를 포괄하는 기본적인 유리함수의 형태는

$$f(x)=a\frac{1}{x^n},\ n=1,\ 2,\ 3,\ \cdots$$

그림 1.7은 $f(x)=a/x$의 그래프를 나타낸 것이다. 유리함수는 다항함수에는 없는 점근선의 개념을 갖고 있다. 그림 1.7에서 보듯이 x의 값이 한없이 커질 때 (기호로는 $x\to\pm\infty$로 표기) 그래프는 $y=0$에 접근하는데, 이 직선을 수평점근선이라 한다. 반대로 x가 특정한 값 0에 매우 가까이 접근할 때 y는 무한으로 발산하는데, 직선 $x=0$을 수직점근선이라 한다.

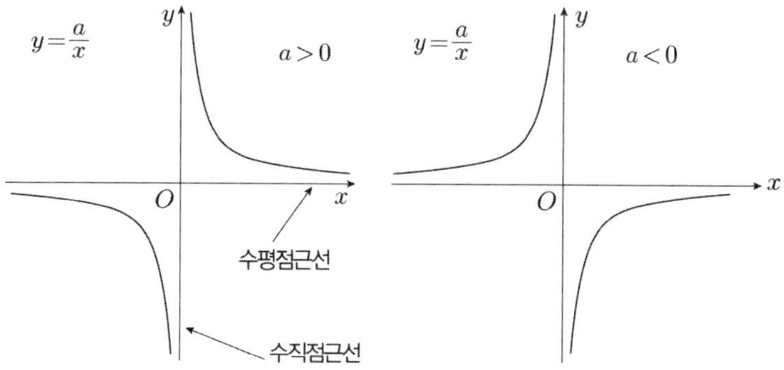

그림 1.7 $y=a/x$의 그래프

이상을 정리하면

> $y=\dfrac{a}{x}$의 수평점근선은 $y=0$이고, 수직점근선은 $x=0$이다.
>
> $y=\dfrac{a}{x}$의 정의역과 치역은 0을 제외한 모든 실수이다.

그림 1.8은 $f(x)=\dfrac{a}{x^2}$의 그래프를 나타낸 것이다.

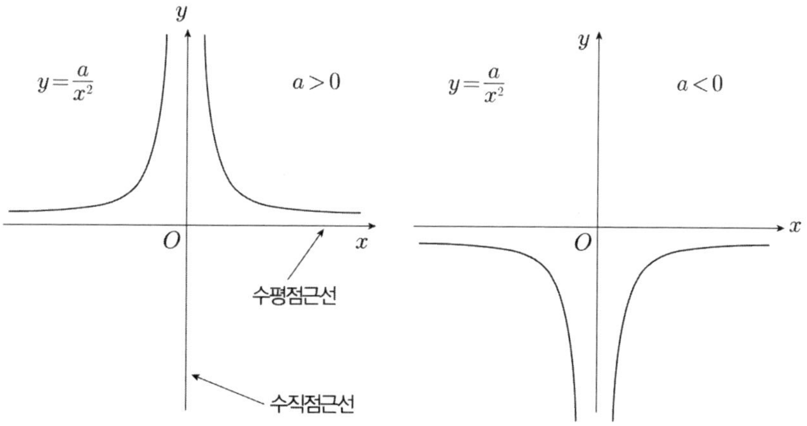

그림 1.8. $y=a/x^2$의 그래프

그래프로부터

> $y=\dfrac{a}{x^2}$의 수평점근선은 $y=0$이고, 수직점근선은 $x=0$이다.
>
> $f(x)=\dfrac{a}{x^2}$의 정의역은 0을 제외한 모든 실수이고,
>
> 치역은 $a>0$일 때 $(0, \infty)$이고, $a<0$일 때 $(-\infty, 0)$이다.

이상에서 보았듯이 $y=a/x^n$의 그래프는 n이 홀수일 때와 짝수일 때 확연한 차이가 있는데 홀수일 때는 원점에 대칭이고 짝수일 때는 y축에 대칭이다.

원점에 대칭인 함수를 기함수라고 하고, y축에 대칭인 함수를 우함수라고 한다.

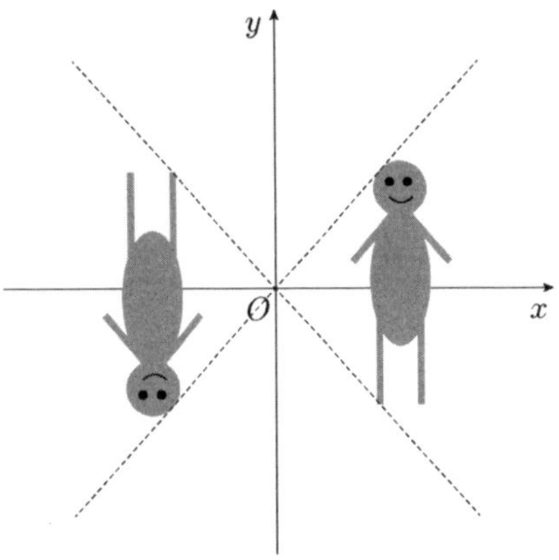

원점대칭

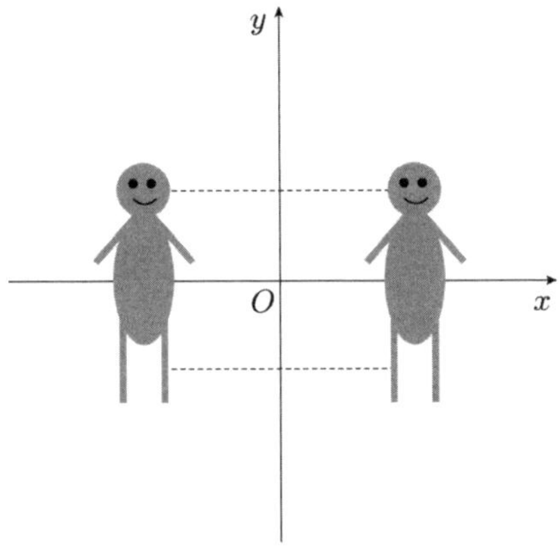

y축 대칭

그림 1.9 대칭성

우함수 및 기함수의 정의로부터 다음과 같은 사실을 직관적으로 알 수 있다.

> $f(x)$가 우함수일 필요충분조건은 $f(-x)=f(x)$이고
> $f(x)$가 기함수일 필요충분조건은 $f(-x)=-f(x)$이다.

예제 1.1 $f(x)=a/x^n$에서 n이 홀수일 때 $f(x)$는 기함수이고, n일 짝수일 때 $f(x)$는 우함수임을 보여라.

풀이 ▸ n이 홀수일 때

$$f(-x) = \frac{a}{(-x)^n} = -\frac{a}{x^n} = -f(x)$$

이므로 $f(x) = a/x^n$은 기함수이고, 그래프는 원점에 대칭이다.
n이 짝수일 때

$$f(-x) = \frac{a}{(-x)^n} = \frac{a}{x^n} = f(x)$$

이므로 $f(x) = a/x^n$은 우함수이고, 그래프는 y축에 대칭이다. □

예제 1.2 유리함수 $y = \dfrac{x+6}{2x+4}$의 그래프를 그려라.

풀이 ▸ 주어진 함수를 $y = \dfrac{a}{x-m} + n$의 형태로 고치자.

$$y = \frac{x+6}{2x+4} = \frac{x+2+4}{2(x+2)} = \frac{1}{2} + \frac{2}{x+2}$$

이므로, 주어진 유리함수의 그래프는 $y = 2/x$의 그래프를 x축으로 -2만큼, y축으로 $1/2$만큼 평행이동한 것이다(그림 1.10).

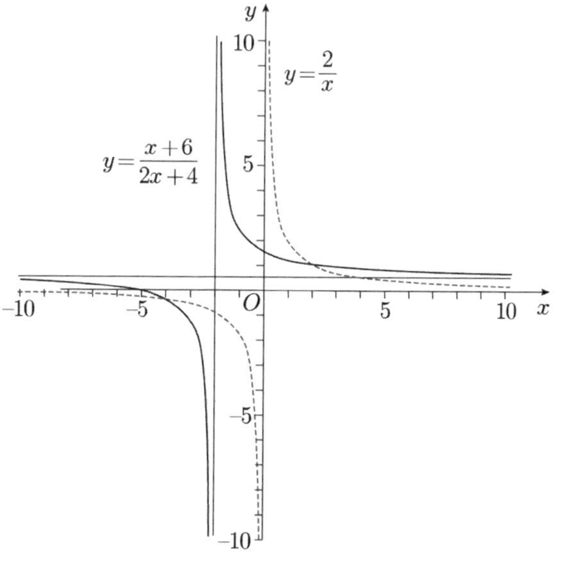

그림 1.10 $y = \dfrac{x+6}{2x+4}$의 그래프

□

점근선을 이용하면 예제 1.2의 그래프를 수월하게 그릴 수 있다.

일반적으로 분모와 분자의 차수가 1인 유리식의 일반적인 행태는

$$y = \frac{cx+d}{ax+b}$$

이며, 식의 나눗셈을 통하여

$$y = \frac{a}{x-m} + n$$

의 형태로 고칠 수 있고, 그 그래프는 $y = a/x$의 그래프를 x방향으로 m만큼 y방향으로 n만큼 평행이동한 것이다. 수직점근선은 $x = m$, 수평점근선은 $y = n$, 정의역은 $x = m$을 제외한 모든 실수, 치역은 $y = n$을 제외한 모든 실수이다. 그림 1.11은 $y = a/(x-m)+n$의 그래프를 나타낸 것이다.

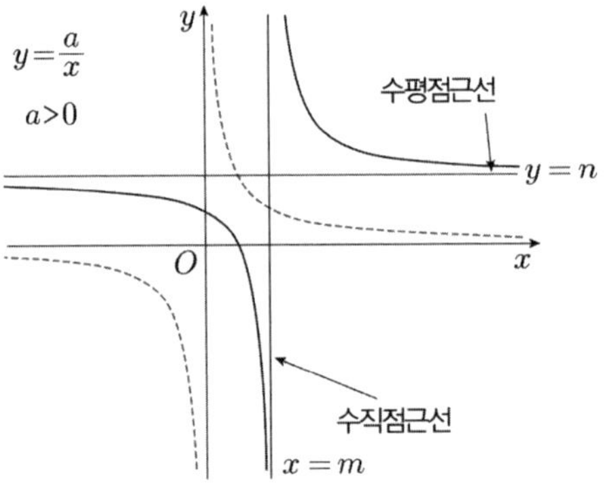

그림 1.11 $y = \frac{a}{x-m} + n$, $a > 0$의 그래프

유사하게 함수

$$y = \frac{a}{(x-m)^2} + n$$

의 그래프도 쉽게 그릴 수 있다. 즉 x방향으로 m만큼 y방향으로 n만큼 $y = a/x^2$의 그래프를 평행이동하여 그린다. 이때 수직점근선은 $x = m$, 수평점근선은 $y = n$, 정의역은 $x = m$을 제외한 모든 실수, 치역은 $a > 0$일 때 (n, ∞)이고, $a < 0$일 때 $(-\infty, n)$이다.

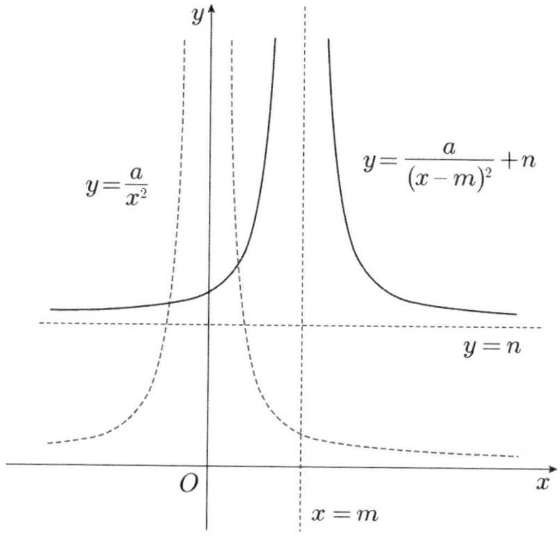

그림 1.12 $y=\frac{a}{(x-m)^2}+n,\ a>0$의 그래프

분모가 이차식 또는 그 이상인 유리함수의 그래프를 그리는 방법에 대해 살펴보자. 컴퓨터를 사용하지 않고 유리함수의 그래프를 자세하게 그리는 것은 간단치 않다. 그러나 다항함수의 그래프를 잘 활용하면 그래프의 윤곽 정도는 쉽게 그려 낼 수 있다.

예제 1.3 다음 유리함수의 그래프를 그려라.

(1) $y=\dfrac{1}{x^2+x-6}$ (2) $y=\dfrac{5}{x^2+1}$

풀이 ▸ 유리함수 (1)과 (2)의 차이는 분모에 있는 이차식의 인수분해 가능성뿐이다. 첫 번째는 인수분해가 가능하고 두 번째는 인수분해가 되지 않는다. 인수분해가 된다는 것은, 이차방정식 $x^2+x-6=(x-2)(x+3)=0$을 만족하는 해 $x=2,\ -3$에서 함숫값이 정의되지 않는 것을 의미한다. 즉, $x=2$와 $x=-3$은 유리함수의 수직점근선이 되며 이 점에서 유리함수의 그래프는 조각난다. 반면 분모가 인수분해되지 않는 경우는 수직점근선이 존재하지 않고 또한 그래프도 조각나지 않는다. 분자가 모두 상수이므로 분모의 이차함수에 대한 그래프를 그린 다음 그 역수를 취하여 두 함수의 그래프를 그리면 된다(그림 1.13).

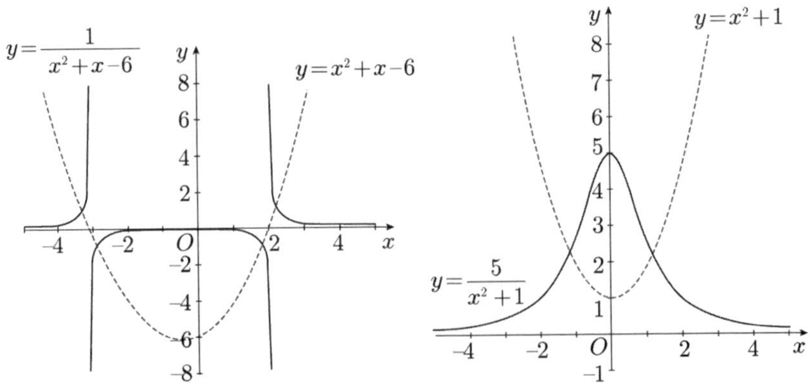

그림 1.13 (1)과 (2)의 그래프 윤곽 □

예제 1.4 다음 유리함수의 그래프를 그려라.

(1) $y = \dfrac{x-1}{x^2+x-6}$ (2) $y = \dfrac{5(x-1)}{x^2+1}$

풀이 ▸ 예제 1.3과 달리 분자에 일차식이 포함되어 있기 때문에 $x-1$의 영향(부호의 영향)으로 그래프의 모양은 상당히 달라진다(그림 1.14).

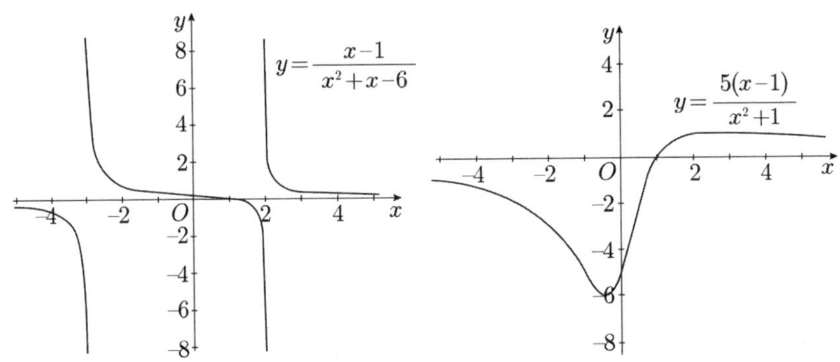

그림 1.14 (1)과 (2)의 그래프 윤곽 □

분자의 차수가 큰 유리함수는 다항함수와 분자의 차수가 낮은 유리함수의 형태로 고칠 수 있다.

예제 1.5 함수 $f(x)$의 그래프를 그려라.

$$f(x) = \frac{x^2+2x+3}{x+1}$$

풀이 ▸ 분자의 차수가 분모의 차수보다 높으므로 나눗셈을 실행하여 다음과 같이 고친다.

$$f(x) = \frac{x^2+2x+3}{x+1} = \frac{(x+1)^2+2}{x+1} = x+1+\frac{2}{x+1}$$

$f(x)$는 일차함수 $y=x+1$과 유리함수 $y=2/(x+1)$을 더한 것이므로 두 함수의 그래프를 그린 다음 더하는 과정을 통해 개략적으로 그래프를 그린다. 그림 1.15는 $y=f(x)$의 그래프를 나타낸 것이다.

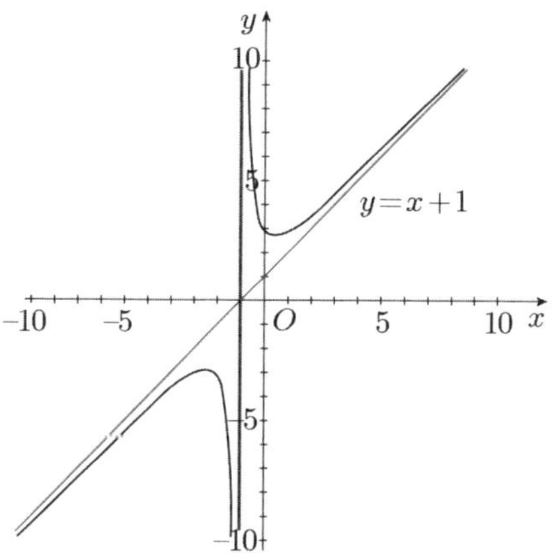

그림 1.15 $y=\dfrac{x^2+2x+3}{x+1}$의 그래프 □

그림 1.15에서 보듯이 분자의 차수가 높은 경우 수평점근선 및 수직점근선과는 완전히 다른 점근선이 나타난다. 분자의 차수가 1차 높은 경우에는 사선점근선, 2차 높은 경우에는 포물선 형태의 점근선이 나타난다. 점근선은 그래프를 좀 더 정교하게 그릴 수 있도록 해주는 매우 유용한 정보 가운데 하나이다. 그림 1.16은 함수

$$y = x+\frac{2}{x}, \quad y = x^2+\frac{2}{x}$$

의 그래프를 나타낸 것으로 사선점근선과 포물선점근선을 관찰할 수 있다.

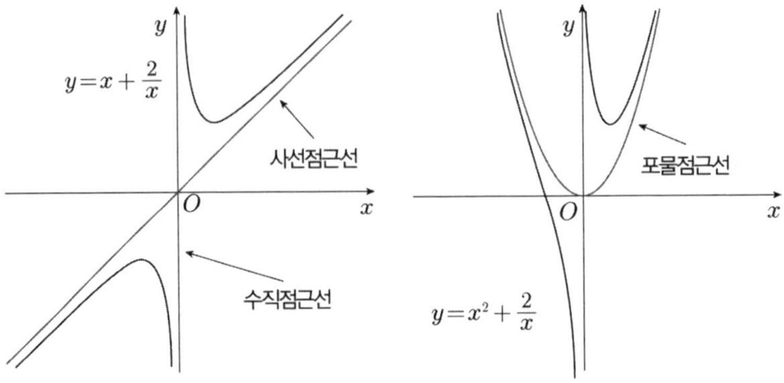

그림 1.16 사선점근선 및 포물선점근선

예제 1.6 사선점근선의 개념을 사용하여 다음 방정식의 해를 구하라.

$$⑥ \qquad \frac{x^2+2x+3}{x+1}=1000$$

풀이 ▸ 예제 1.5로부터

$$y=\frac{x^2+2x+3}{x+1}$$

의 사선점근선은 $y=x+1$이다. 1000은 매우 큰 수에 해당하기 때문에 이 방정식의 해는

$$x+1=1000$$

의 해와 거의 유사할 것이다. 즉, 해는 999에 매우 가까울 것이다. 실제의 해를 구하기 위해 식 ⑥을 정리하면 다음과 같은 이차방정식이 된다.

$$x^2-998x-997=0$$

근의 공식으로부터 해는

$$x=499-7\sqrt{5102},\ 499+7\sqrt{5102}$$

이고, 소수 셋째자리까지 구하면

$$-0.998,\ 998.998$$

998.998은 999와 거의 유사하다. □

마지막으로 분모와 분자가 공통인수를 포함하고 있는 유리함수의 그래프를 그려보자.

예제 1.7 함수 $f(x) = \dfrac{x^2 - 1}{x - 1}$의 그래프를 그려라.

풀이 ▸ $x^2 - 1 = (x-1)(x+1)$이므로 분모와 분자는 공통인수 $x - 1$을 갖는다. $x - 1 \neq 0$인 $x \neq 1$에서는 공통인수를 약분할 수 있다. 즉

$$f(x) = \frac{x^2 - 1}{x - 1} = \frac{(x-1)(x+1)}{x-1} = x + 1, \ x \neq 1$$

따라서 $x = 1$에서 $f(x)$가 정의되지 않도록 그래프를 그리고, 그 외에서는 직선 $y = x + 1$을 이용하여 그래프를 그린다(그림 1.17).

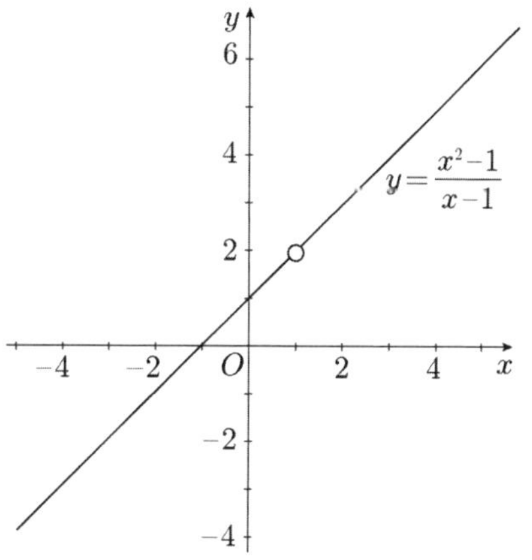

그림 1.17 $f(x) = \dfrac{x^2 - 1}{x - 1}$의 그래프

□

토론 1.1 함수

$$f(x) = \frac{x^2 - 1}{x - 1}$$

에서 x가 1에 매우 가깝게 접근할 때 $f(x)$는 어떤 값에 접근하는지 토론하라. 이러한 종류의 문제는 미분에서 매우 중요하다. $y = x^2$과 $y = 2x - 1$의 그래프를 한 평면에 그려보고, $y = 2x - 1$에서 "2"에 대한 의미를 부여해 보아라.

3-1 연습문제

01 다음 함수의 그래프를 그려라.

(1) $y=\frac{0.1}{x}$, $y=\frac{1}{x}$, $y=\frac{2}{x}$ (2) $y=-\frac{0.1}{x}$, $y=-\frac{1}{x}$, $y=-\frac{2}{x}$

02 다음 함수의 그래프를 그려라.

(1) $y=\frac{0.1}{x^2}$, $y=\frac{1}{x^2}$, $y=\frac{2}{x^2}$ (2) $y=\frac{1}{x}$, $y=\frac{1}{x^2}$, $y=\frac{1}{x^3}$, $y=\frac{1}{x^4}$

03 다음 함수의 그래프를 그려라.

(1) $y=\frac{2}{x-1}+3$ (2) $y=\frac{2}{x+1}-3$

(3) $y=\frac{1}{(x-2)^2}-4$ (4) $y=-\frac{3}{(x+2)^2}+4$

04 다음 함수의 정의구역을 구하라.

(1) $f(x)=\frac{x+1}{x-1}$ (2) $g(x)=\frac{x^2+9}{x^2-4}$

(3) $h(x)=\frac{x^2}{x^2+1}$ (4) $f(x)=\frac{3x+2}{2x^3-x^2-x}$

05 다음 유리함수의 그래프의 수직점근선, 수평점근선 및 사선점근선을 구하라.

(1) $f(x)=\frac{2}{x-5}$ (2) $f(x)=\frac{2}{5-x}$

(3) $f(x)=-\frac{4}{(x-4)^2}$ (4) $f(x)=\frac{3x^2+5}{x^2-9}$

(5) $f(x)=\frac{2x^2+1}{x^2-4x+3}$ (6) $f(x)=\frac{x^2-1}{x+3}$

(7) $f(x)=\frac{2x^2-1}{x^2+1}$ (8) $f(x)=\frac{x^3+4x^2+3x}{x^2-16}$

06 다음 유리함수의 그래프를 그려라.

(1) $f(x)=\dfrac{1}{x-1}$

(2) $g(x)=\dfrac{1}{(x+2)^2}$

(3) $f(x)=\dfrac{x^2}{x^2-1}$

(4) $f(x)=\dfrac{2x-5}{x-3}$

(5) $f(x)=\dfrac{x^2+1}{x-2}$

(6) $f(x)=\dfrac{x^2-1}{x-1}$

07 다음 함수의 정의역을 정하고 약분을 통하여 그 그래프를 그려라.

(1) $f(x)=\dfrac{x-2}{(x-2)^2}$

(2) $f(x)=\dfrac{x+1}{x^2+2x+1}$

(3) $f(x)=\dfrac{x+2}{x^2-x-6}$

(4) $f(x)=\dfrac{x^2-3x+2}{x-2}$

08 유리함수 $f(x)=\dfrac{ax+b}{x+c}$의 그래프가 점 $(1,\ 1)$을 지나고 점근선이 $x=-1$, $y-3$일 때, $a+b+c$의 값을 구하라.

09 입자의 속도 v와 시간 t의 관계가

$$v=\frac{t}{t^2+t+2}$$

로 주어졌다고 하자. 속도가 0.25가 되는 시간을 구하라.

10 부피가 $80\pi\,\text{cm}^3$인 원기둥 모양의 토마토 캔에 대하여 다음 각 물음에 답하라.

(1) 겉넓이를 반지름 $x\,\text{cm}$라 할 때 겉넓이 $A(x)$는 다음과 같음을 보여라.

$$A(x) = 2\pi x^2 + \frac{160\pi}{x}$$

(2) 겉넓이가 $148\pi\,\mathrm{cm}^2$이 되는 반지름의 값은 얼마인가?

(3) $y = A(x)$의 그래프를 이용하여 넓이가 최소가 되는 반지름의 값을 추정하라.

2 무리함수

후쿠시마 앞바다에서 발생한 해일의 엄청난 힘과 파괴력은 텔레비전 중계를 통하여 보았을 것이다. 예측하기 힘든 해일로부터 자신의 생명과 재산을 지키기 위해서는, 지진의 진원지와 그로 인한 해일이 언제 육지에 도달하는지의 정보를 바로 계산할 수 있어야 한다.

해일의 진행속도는 v[m/s], 중력가속도는 g[m/s^2], 수심은 h[m]라고 하자. 그러면

$$v = \sqrt{gh}$$

가 성립하다. 속도 $v = a\sqrt{h}$, $a = \sqrt{g}$는 h에 대한 함수로 h의 제곱근에 비례한다. $y = \sqrt{h}$는 증가함수이므로 h가 크면 클수록 속도 v가 해일의 진행속도는 빨라진다. 따라서 진원지의 깊이에 정보를 갖고서 대응책을 마련해야 한다(평상시의 연구가 중요한 이유!).

후쿠시마에 큰 피해를 준 해일의 속도를 계산해보자. 앞바다(태평양)에서 발생한 진원지의 수심이 4282 m 이므로 해일의 속도는

$$v = \sqrt{9.81\,\frac{\mathrm{m}}{\mathrm{s}^2} \times 4282\,\mathrm{m}} \approx 204.95\,\mathrm{m/s}$$

단위를 km/h로 고치면

$$204.95\,\mathrm{m/s} = 204.95 \times \frac{1}{1000}\,\mathrm{km} \times \frac{3600}{1\,\mathrm{h}} = 737.82\,\mathrm{km/h}$$

KTX의 최고속도보다 2배 이상 빠르게 해안으로 접근해 오므로 대피 명령이 내려지면 빨리 대피하는 것이 상책이다.

근호와 관련이 있는 다른 예를 살펴보자. 2011년 유럽에서 빛보다 빠른 입자인 타키온을 발견했다고 했다가 파장이 커지자 사소한 실수로 인한 해프닝으로 마무리했다. 아인슈타인의 상대성이론에 의하면 모든 물질의 속도는 빛보다 빠를 수

그림 2.1 해일 장면

없다. 따라서 타키온 입자가 존재한다고 하면, 이 입자는 허수 질량을 가져야 한다. 정지상태의 질량을 m_0, 움직일 때의 질량을 m, 질량의 속도를 v, 빛의 속도를 c라고 하자. 아인슈타인의 상대성이론에 의하면

$$m = \frac{m_0}{\sqrt{1 - \frac{v^2}{c^2}}}$$

가 성립한다. 타키온의 속도가 빛의 속도보다 빠르므로 $v^2 > c^2$이다. 따라서

$$1 - \frac{v^2}{c^2} < 0$$

이 되어, 근호 안의 값이 음수가 되어 m은 허수가 된다. 누구도 '허수 질량'을 받아들일 준비가 되어 있지 않다.

유리함수 $f(x)$에 대하여 $\sqrt[n]{f(x)}$와 같이 표현되는 함수를 무리함수라고 한다.

- x의 절편은 $f(x) \geq 0$이 되는 범위에서 $f(x)$의 절편과 같다.
- y의 절편은 $\sqrt[n]{f(0)}$이다. $f(0)$가 정의되지 않으면 y의 절편은 없다.
- 정의역은 n이 짝수일 때 부등식 $f(x) \geq 0$을 만족하는 모든 x의 집합이고, n이 홀수일 때 $f(x)$의 정의역과 같다.
- 무리함수의 그래프와 치역은 주어진 함수에 따라 많이 달라진다.

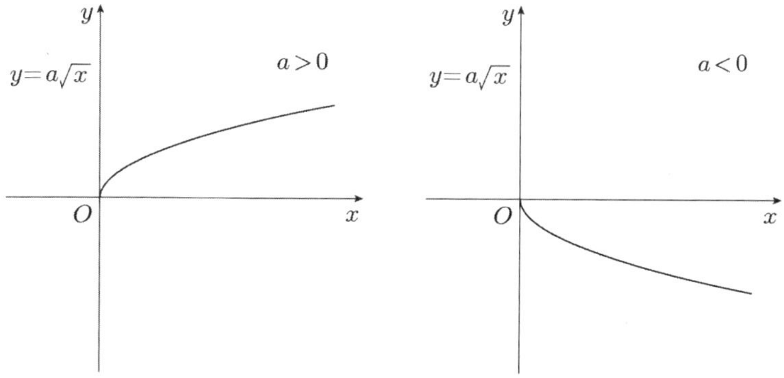

그림 2.2 $y=a\sqrt{x}$ 의 그래프

유리함수와 마찬가지로 특정 무리함수에 대한 개념을 학습하기로 한다. 가장 대표적인 무리함수는

$$f(x)=a\sqrt{x}$$

이다. 제곱근과 관계 있고 함수임을 알 수 있다. 근호의 정의에 의해 정의역은 $[0, \infty)$이고, x 및 y의 절편은 0이며, 치역은 $a>0$이면 $[0, \infty)$, $a<0$이면 $(-\infty, 0]$이다. 그림 2.2는 $y=a\sqrt{x}$ 의 그래프를 나타낸 것이다.

$f(x)=a\sqrt{x-m}+n$의 그래프는 $y=a\sqrt{x}$ 의 그래프를 x축으로 m만큼, y축으로 n만큼 평행이동하여 그릴 수 있다.

예제 2.1 함수 $f(x)=2\sqrt{x+4}-3$의 그래프를 그려라. 또한 각 절편도 구하라.

풀이 ▸ $y=2\sqrt{x}$ 의 그래프를 x축으로 -4만큼, y축으로 -3만큼 평행이동하여 그린다.

$$f(0)=2\sqrt{0+4}-3=4-3=1$$

이므로 y의 절편은 1이다.

$$2\sqrt{x+4}-3=0$$

$$\sqrt{x+4}=\frac{3}{2}$$

양변을 제곱하여 x에 대하여 풀면

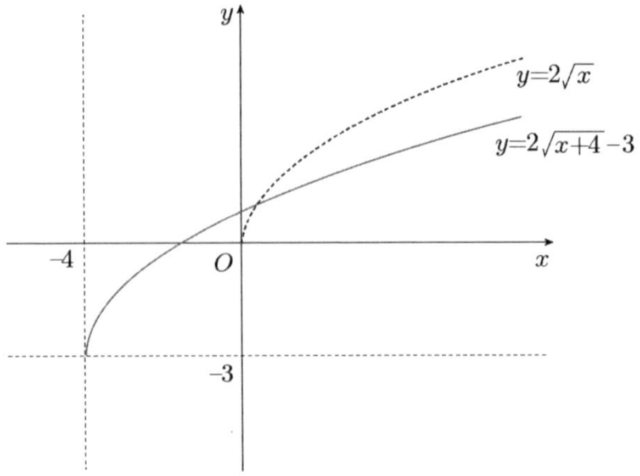

그림 2.3 $y=2\sqrt{x+4}-3$의 그래프

$$x+4=\frac{9}{4}$$

$$x=\frac{9}{4}-4=-\frac{7}{4}$$

이므로 x 의 절편은 $-7/4$이다. □

근호 안에 이차식이 들어가 있는 무리함수를 살펴보자.

예제 2.2 무리함수 $y=\sqrt{4-x^2}$의 그래프를 그려라.

풀이 ▸ 함수의 정의역은 $[-2,\ 2]$이고 치역은 $[0,\ 2]$이다. 해집합으로 생성되는 순서쌍을 찍어 그래프의 윤곽을 그릴 수 있지만, 여기서는 사전에 인지하고 있는 정보(인식하고 있지 못하면 소용이 없음)를 사용하여 그래프를 그려보자. 주어진 함수의 양변을 제곱하면

$$y^2=\left(\sqrt{4-x^2}\right)^2$$
$$y^2=4-x^2$$
$$x^2+y^2=4$$

방정식 $x^2+y^2=4$는 중심이 원점이고 반지름이 2인 원을 나타내므로, 좌표평면 상에 원을 그린 다음 $-2\le x\le 2$ 및 $y\ge 0$를 만족하는 곡선부분을 선택하면 된다(그림 2.4).

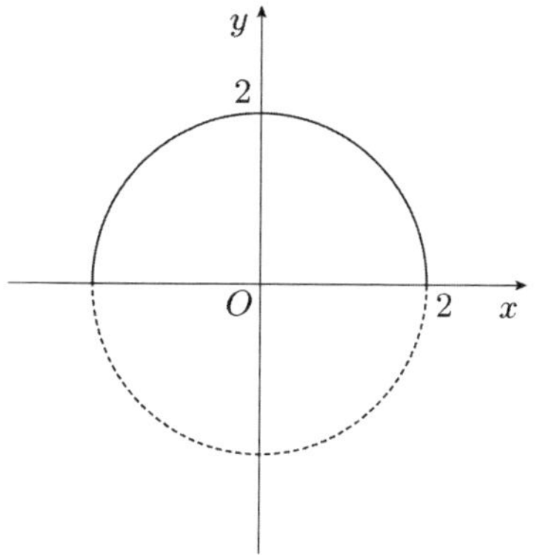

그림 2.4 $y=\sqrt{4-x^2}$ 의 그래프 □

토론 2.1 그림 2.5와 같이 삼각형의 밑변을 원의 지름에 놓고 한 점이 $y=\sqrt{4-x^2}$ 의 그래프 위에 있을 때 삼각형의 넓이가 최대가 되는 모양에 대해 토론하라.

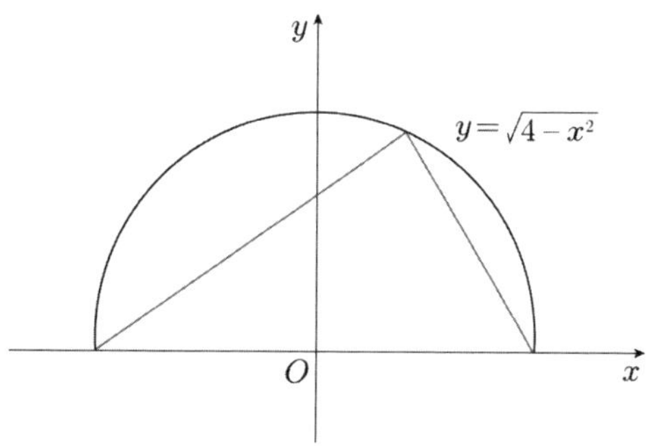

그림 2.5 반원에 내접하는 삼각형

토론 2.2 $y=\sqrt{x}$ 는 $y^2=x$ 의 양의 제곱근이다. $y=x^2$ 은 y축을 대칭축으로 갖는 포물선이다. 축의 표기만 바꾸면 $y^2=x$ 의 그래프를 사용하여 $y=\sqrt{x}$ 의 그래프를 쉽게 그릴 수 있다. 이 방법을 사용하여 $y=\sqrt{x}$ 의 그래프를 그리는 방법을 토론해보라.

3-2 연습문제

01 $f(x)=a\sqrt{x}$ 그래프와 평행이동을 이용하여 다음 각 함수의 그래프를 그리고, 또한 각 절편도 구하라.

(1) $f(x)=2\sqrt{x-3}+1$ (2) $f(x)=2\sqrt{x+3}-1$

(3) $f(x)=-2\sqrt{x+3}+1$

02 다음 각 함수의 그래프를 그려라.

(1) $f(x)=\sqrt{9-x^2}$ (2) $f(x)=\sqrt{9-(x-2)^2}-3$

03 함수 $y=\sqrt{x^2}$ 와 $y=(\sqrt{x})^2$ 의 그래프를 비교하라.

04 함수 $y=\dfrac{1}{\sqrt{1-x^2}}$ 와 $y=\dfrac{1}{\sqrt{1+x^2}}$ 의 그래프를 한 평면에 그려라.

05 해일이 2시간 후에 해안에 도착했다고 하자. 지진이 발생한 진원지의 위치를 113쪽을 참조하여 추정하라.

06 공기 중에서 소리의 전파 속도는 매질의 밀도에 의존하기 때문에 온도에 따라 속도가 변한다. 0℃ 에서 음속을 $v_0=331.4456\,\mathrm{m/sec}$라고 하면 t℃ 에서 음속은

$$v=v_0\sqrt{1+\frac{t}{273}}\ [\mathrm{m/sec}]$$

로 주어진다. $v(t)$의 그래프를 그려라.

3 함수의 연산

1) 사칙연산

함수는 식을 사용하여 정의한 것이므로 함수들 사이에 사칙연산은 당연히 가능하고, 연산은 식의 사칙연산과 동일하게 할 수 있다.

먼저 함수가 같다는 개념부터 정립하자.

> 두 함수 f와 g에 대해, 두 함수의 정의역이 같고 동시에 정의역에 있는 모든 원소 x에 대한 함숫값이 같을 때, 두 함수는 같다고 하고 $f=g$라고 표기한다.

대단히 인위적이기는 하지만 $f(x)=x$와 $g(x)=x^3$은 집합 $\{-1, 0, 1\}$에서는 같다. 물론 집합이 달라지면 두 함수는 완전히 다른 함수이다.

함수들 간의 사칙연산은 다음과 같이 정의한다.

덧셈연산	$(f+g)(x)=f(x)+g(x)$
뺄셈연산	$(f-g)(x)=f(x)-g(x)$
곱셈연산	$(fg)(x)=f(x)g(x)$
나눗셈연산	$\left(\dfrac{f}{g}\right)(x)=\dfrac{f(x)}{g(x)}$, $g(x)\neq 0$

함수들의 정의역이 같은 경우에만 사칙연산을 정의할 수 있다(당연한 이야기!). 즉 $f(x)=\sqrt{x}$, $g(x)=x^2$일 때 $f(-1)+g(-1)$을 정의할 수 있다고 우기면 안 된다는 이야기이다.

예제 3.1 $f(x)=x^2+1$이고 $g(x)=3x+5$일 때, 다음을 계산하여라.

(1) $(f+g)(1)$ (2) $(f-g)(-3)$

(3) $(f \cdot g)(5)$ (4) $\left(\frac{f}{g}\right)(0)$

풀이 ▸ (1) $f(1)=2$이고 $g(1)=8$이므로 덧셈의 정의에

$$(f+g)(1)=f(1)+g(1)=2+8=10$$

(2) 뺄셈의 정의에 의해

$$(f-g)(-3)=f(-3)-g(-3)=10-(-4)=14$$

(3) 곱셈의 정의에 의해

$$(f \cdot g)(5)=f(5) \cdot g(5)=26 \cdot 20=520$$

(4) 나눗셈의 정의에 의해

$$\left(\frac{f}{g}\right)(0)=\frac{f(0)}{g(0)}=\frac{1}{5}$$

□

2) 합성함수

어떤 함수의 값이 다른 함수의 정의역의 원소가 되어 새로운 함숫값이 생성되는 개념을 생각해보자. 그림 3.1은 f라는 미용실에 들어가 깔끔한 머리를 하여 나오고 연속적으로 g라는 백화점에 들어가 멋진 옷을 입고 나오는 일련의 과정을 나타낸 것이다.

그림 3.1 합성연산

두 함수 f와 g에 대하여 함수 h를 $h(x)=g(f(x))$와 같이 정의하고 h는 f와 g의 합성함수라고 한다.
h는 g와 f의 합성함수임을 강조하기 위해 연산 $\circ$을 도입하여 $g \circ f$로 표기하기로 한다. 이 표현을 이용하면 f의 정의역에 속하는 모든 x에 대하여

$$h(x)=(g \circ f)(x)=g(f(x))$$

합성함수를 이용하여 다양한 함수를 만들어 낼 수 있다. 예를 들어, $f(x)=x^2$, $g(x)=\dfrac{x}{x+1}$일 때

$$g(f(x))=\frac{x^2}{x^2+1},$$
$$f(g(x))=\left(\frac{x}{x+1}\right)^2$$

$g(x)$와 $g(f(x))$를 또 합성하면, 즉

$$g(g(f(x)))=\frac{\dfrac{x^2}{x^2+1}}{\dfrac{x^2}{x^2+1}+1}$$

합성과정을 계속 적용하면 복잡한 함수가 만들어진다. 자동차 조립라인을 상상해 보라. 그것은 매우 훌륭한 합성과정이다.

예제 3.2 $f(x)=4x+1$이고 $g(x)=2x^2+5x$일 때, 다음을 구하라.

(1) $g(f(1))$ (2) $f(g(1))$

(3) $g(f(x))$ (4) $f(g(x))$

풀이 ▸ (1) $f(1)=4\cdot 1+1=5$이므로 $g(f(1))=g(5)$이다. 또한

$$g(5)=2\cdot 5^2+5\cdot 5=75$$

따라서 $g(f(1))=75$이다.

(2) $g(1)=2(1^2)+5(1)=7$이므로 $f(g(1))=f(7)$이다. 또한

$$f(7)=4(7)+1=29$$

따라서 $f(g(1))=29$이다.

(3) $g(f(x))=g(4x+1)$

$$\begin{aligned} &= 2(4x+1)^2+5(4x+1) \\ &= 2(16x^2+8x+1)+20x+5 \\ &= 32x^2+16x+2+20x+5 \\ &= 32x^2+36x+7 \end{aligned}$$

(4) $f(g(x))=f(2x^2+5x)$

$$\begin{aligned} &= 4(2x^2+5x)+1 \\ &= 8x^2+20x+1 \end{aligned}$$

□

예제 3.2에서 보았듯이 모든 x에 대하여

$$(g \circ f)(x)=(f \circ g)(x)$$

는 항상 성립하지 않는다. 실제로,

$$75=g(f(1)) \neq f(g(1))=29$$

즉, 합성연산 $\circ$에 대한 $g \circ f \neq f \circ g$임을 주의하라. 미팅을 갔다 온 다음 옷을 사서 입는 것과 옷을 사서 입고 난 다음 미팅에 나가는 것은 많이 다를 수 있다.

3) 역함수

실수 상에서 더하기와 빼기는 서로 역연산 관계를 갖고 있다. 예를 들어 x에서 출발하여 3을 뺀 다음 3을 더하면 출발했던 값 x가 된다. 유사하게 합성연산으로 어떤 함수들은 서로 역관계를 갖는다. 예로, 두 함수

$$f(x)=8x, \; g(x)=\frac{1}{8}x$$

사이에는 특별한 의미에서 서로 역관계를 형성하고 있다.

구체적으로 $x=12$를 생각하면

$$x=12 \to f(12)=96 \to g(96)=12 \to 12=x$$

또한

$$x = 12 \to g(12) = \frac{3}{2} \to f\left(\frac{3}{2}\right) = 12 \to 12 = x$$

위의 두 과정을 정리하면

$$(g \circ f)(12) = g(f(12)) = 12$$
$$(f \circ g)(12) = f\left(g\left(\frac{3}{2}\right)\right) = 12$$

실제로, 모든 x에 대하여

$$(g \circ f)(x) = \frac{1}{8}(8x) = x$$
$$(f \circ g)(x) = 8\left(\frac{1}{8}x\right) = x$$

f와 g의 사이의 특별한 관계를 역함수 관계라 한다. g는 f의 역함수 또는 f는 g의 역함수라고 한다. 모든 함수가 역함수를 갖는 것은 아니다. 역함수를 갖기 위해서는 f가 일대일함수가 되어야 한다.

> 함수의 치역에 속하는 모든 원소는 정의역의 오직 한 개의 원소와 대응하는 함수를 일대일함수라고 한다.

이 정의로부터 다음 결과를 쉽게 얻는다.

> f가 일대일함수일 필요충분조건은 임의의 a, b에 대하여 $f(a) = f(b)$이면 $a = b$이다.

예제 3.3 다음 함수가 일대일함수인지를 결정하라.

(1) $f(x) = -4x + 12$ (2) $g(x) = \sqrt{25 - x^2}$

풀이 ▸ (1) $f(a) = f(b)$ 라고 가정하면

$$-4a + 12 = -4b + 12$$

$$-4a=-4b$$
$$a=b$$

따라서 $f(x)$는 일대일함수이다.

(2) $g(a)=g(b)$라고 가정하면

$$\sqrt{25-a^2}=\sqrt{25-b^2}$$

양변을 제곱하여

$$25-a^2=25-b^2$$
$$a^2=b^2$$
$$a=\pm b$$

따라서 g는 일대일함수가 아니다. 예로, $g(3)=g(-3)$이지만 $3\neq -3$이다. □

일대일함수인지 아닌지는 그래프를 이용하여 간단하게 판정할 수 있다. 그림 3.2에서 주어진 $y=f(x)$의 그래프는 한 점보다 더 많은 점에서 만나고 있음을 알 수 있다. 즉 $a\neq b$일 때 $f(a)=f(b)$이므로, 함수는 일대일이 아니다.

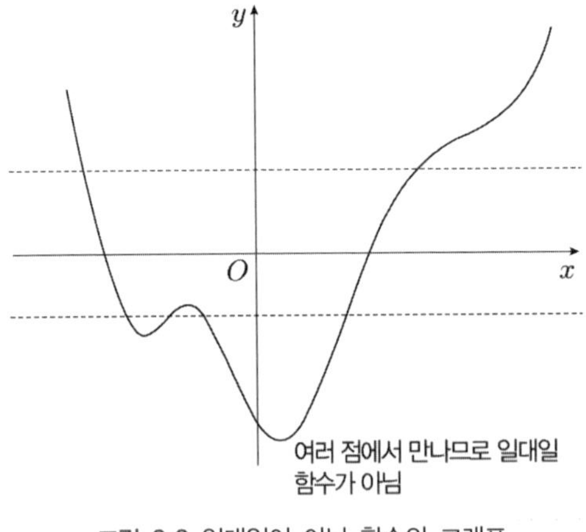

그림 3.2 일대일이 아님 함수의 그래프

한편 그림 3.3에서 주어진 그래프의 경우 두 점 이상에서 만나는 수평선은 존재하지 않는다.

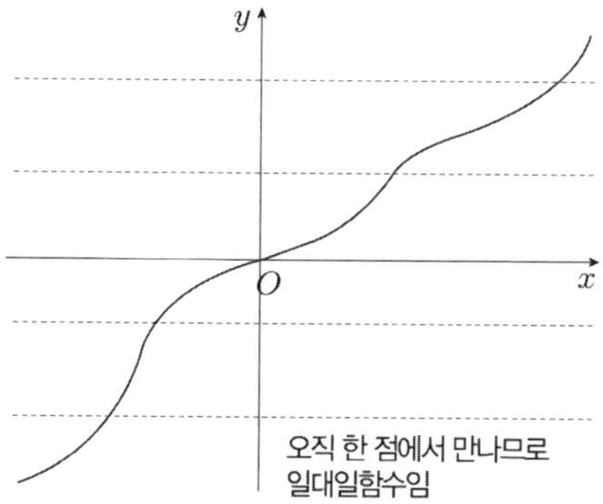

그림 3.3 일대일함수의 그래프

이를 요약하면

"함수의 그래프와 두 점 이상에서 만나는 수평선이 존재하지 않으면
함수는 일대일이다."

이러한 방법을 이용하여 일대일을 판정하는 것을 수평선판정법을 얻는다.

다음은 역함수에 대한 일반적인 정의이다.

> f는 정의역이 X이고, 치역이 Y인 일대일함수라 하고, g는 정의역이 Y이고 치역이 X인 함수라 하자.
>
> X에 있는 모든 x에 대하여, $(g \circ f)(x) = x$이고
> Y에 있는 모든 x에 대하여, $(f \circ g)(x) = x$이면
>
> g는 f의 **역함수**라 하고, g를 f^{-1}(f 인버스로 읽음)로 쓴다.
> f^{-1}의 기호를 사용하면
>
> X에 있는 모든 x에 대하여, $f^{-1}(f(x)) = x$
> Y에 있는 모든 x에 대하여, $f(f^{-1}(x)) = x$

역함수의 정의에서 두 개의 집합을 도입하여 역함수를 정의하고 있는 이유는 합성의 순서에 따라 정의역이 달라지기 때문이다.

그림 3.4는 함수와 역함수의 관계를 그림으로 설명한 것이다.

기호 f^{-1}에서 -1을 음의 지수, 즉 $f^{-1}(x)$는 $1/f(x)$로 혼동하지 않도록 주의

하라.

그림 3.4 역함수의 관계

예제 3.4 $f(x)=x^2-4,\ x \geq 0$라 하자. 이때 f의 역함수는

$$f^{-1}(x)=\sqrt{x+4}$$

임을 확인하라.

풀이 ▸ $f(f^{-1}(x))=x$와 $f^{-1}(f(x))=x$를 확인해야 한다. 즉

$$\begin{aligned} f(f^{-1}(x)) &= f(\sqrt{x+4}) \\ &= (\sqrt{x+4})^2-4 \\ &= x+4-4=x \end{aligned}$$

그리고

$$\begin{aligned} f^{-1}(f(x)) &= f^{-1}(x^2-4) \\ &= \sqrt{(x^2-4)+4} \\ &= \sqrt{x^2}=|x| \end{aligned}$$

$x \geq 0$이기 때문에 $f^{-1}(f(x))=|x|=x$이다. □

주의 | $f(x)$의 정의역과 치역은 $f^{-1}(x)$의 치역과 정의역이 된다.

역함수는 다음과 같은 방법으로 구할 수 있다.

$y = f(x)$에서
(ⅰ) $f(y) = x$와 같이 x와 y의 자리를 바꾼다.
(ⅱ) $f(y) = x$를 y에 대하여 푼다.
(ⅲ) $f^{-1}(x) = y$로 둔다.

예제 3.5 함수 $f(x) = 2x + 3$의 역함수를 구하라.

풀이 ▸ $y = 2x + 3$에서 x와 y를 서로 바꾸면

$$x = 2y + 3$$

방정식을 y에 대하여 풀면

$$y = \frac{x-3}{2}$$

따라서 역함수는

$$f^{-1}(x) = \frac{x-3}{2}$$

□

일대일이 아닌 함수는 역함수를 갖지 않지만, 함수가 일대일이 되도록 영역으로 한정하여 그 역함수를 정의할 수 있다.

$$f(x) = x^2 - 4$$

는 일대일함수가 아니지만, $x \geq 0$ 또는 $x \leq 0$ 가운데 하나를 택하면, 예로 $x \geq 0$를 택하면 $f(x)$는 $x \geq 0$에서 일대일함수이므로 그 역함수를 구할 수 있다.

예제 3.6 다음 함수의 역함수를 구하라.

(1) $f(x) = (x-1)^3$ (2) $f(x) = x^2 - 4$

풀이 ▸ (1) 수평선 판정법에 의해 주어진 함수는 일대일이다.
역함수를 구하기 위하여 방정식 $f(y) = x$, 즉 $(y-1)^3 = x$를 y에 대하여 풀면

$$y - 1 = \sqrt[3]{x}$$

$$y = \sqrt[3]{x} + 1$$

따라서 $f^{-1}(x) = \sqrt[3]{x} + 1$이고, 또한 f의 정의역과 치역은 똑같이 $(-\infty, \infty)$이므로 f^{-1}의 정의역과 치역은 $(-\infty, \infty)$이다.

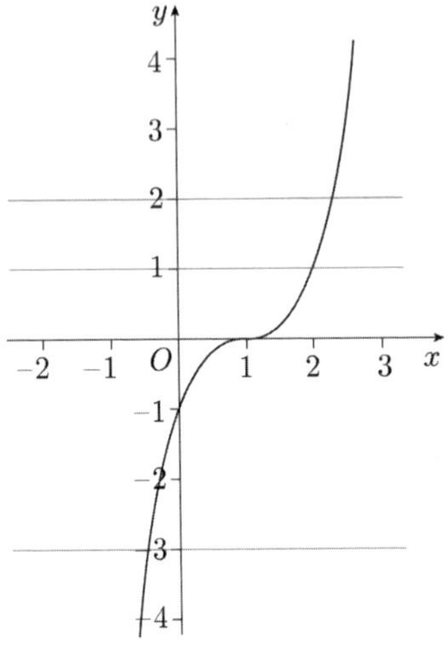

그림 3.5 $f(x) = (x-1)^3$의 그래프

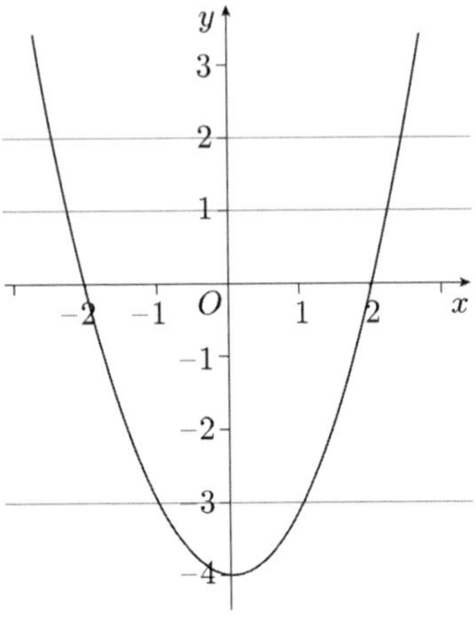

그림 3.6 $f(x) = x^2 - 4$의 그래프

(2) 수평선 판정법에 의해 주어진 함수는 일대일이 아니다.
따라서 역함수는 존재하지 않는다. 그러나 $x \geq 0$의 영역으로 정의역을 제한하면 일대일함수가 되므로 역함수를 정의할 수 있다. $y = x^2 - 4$, $x \geq 0$에서 x와 y의 자리를 바꾸면

$$x = y^2 - 4$$
$$y^2 = x + 4$$

제곱근을 이용하여 y에 대하여 풀면

$$y = \pm\sqrt{x+4}$$

$y \geq 0$이므로 역함수는

$$f^{-1}(x) = \sqrt{x+4}, \ x \geq -4$$ □

4) 역함수의 그래프

실수 a와 b에 대해서 $f(a) = b$라 하자. 그러면 역함수의 정의에 의하여, $f^{-1}(b)$

$=a$이다. 즉 $(a,\ b)$가 f의 그래프의 점이라면 $(b,\ a)$는 f^{-1}의 그래프의 점이 된다. 그림 3.7에서 점 $(a,\ b)$와 $(b,\ a)$는 직선 $y=x$에 대하여 대칭이다. 때문에 f^{-1}의 그래프는 f의 그래프를 $y=x$에 반사시켜 그릴 수 있다.

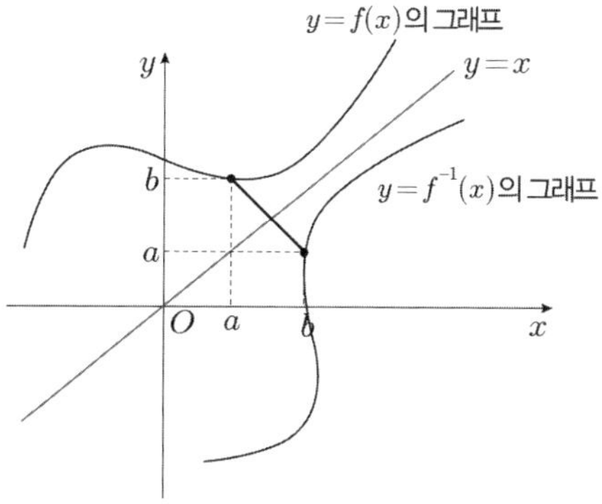

그림 3.7 역함수의 그래프

함수 $f(x)=x^2,\ x\geq 0$의 역함수는 $f^{-1}(x)=\sqrt{x}$이다. 두 함수의 그래프를 그려보면 그림 3.8과 같다. 직관적으로 두 그래프는 $y=x$에 대칭임을 관찰할 수 있다.

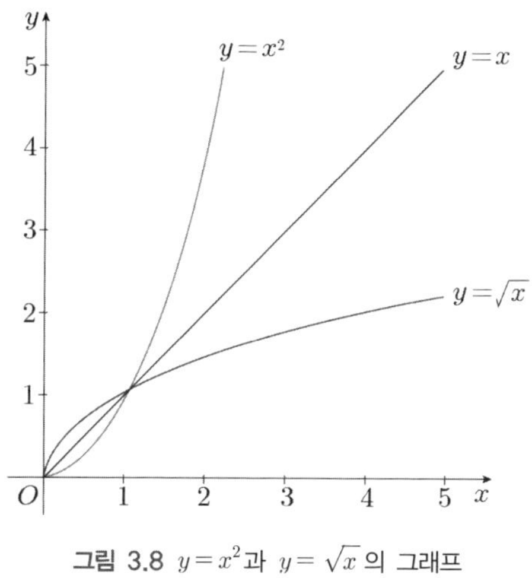

그림 3.8 $y=x^2$과 $y=\sqrt{x}$의 그래프

함수와 역함수 그래프의 대칭성은 $g(x)=\sqrt[3]{x+1}$의 그래프를 그리는 데 매우 편리하다. 왜냐하면 그리기 어려운 $g(x)=\sqrt[3]{x+1}$의 그래프를 그리는 것 대신에, $g(x)$의 그래프는 그 역함수 $g^{-1}(x)=x^3-1$의 그래프를 그리고 난 다음 $y=x$에 대칭시키면 되기 때문이다.

예제 3.7 $g(x)=\sqrt[3]{x+1}$의 그래프를 그려라.

풀이 ▸ $g(x)=\sqrt[3]{x+1}$ 의 역함수는 $f(x)=x^3-1$ 이다. 따라서 $y=g(x)$의 그래프는 $y=x^3-1$의 그래프를 직선의 방정식 $y=x$에 대칭시켜 얻을 수 있다.

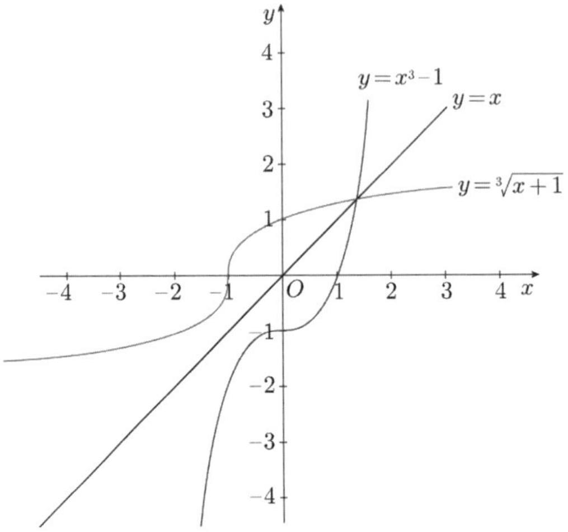

그림 3.9 $y=\sqrt[3]{x+1}$ 의 그래프

토론 3.1 $y=x(x-1)(x-2)$의 역함수를 실수 전 구간에서 정의할 수 있는지를 토의하라. 즉, 역함수를 조각내어 정의할 수 있는지 토론하라.

3-3 연습문제

01 함수 $f(x)=x^2+1$, $g(x)=2x$에 대하여 다음 값을 구하라.

(1) $(f+\sqrt{2}g)(\sqrt{2})$　　(2) $(3f-2g)(2)$

(3) $(fg)(3)$　　(4) $\left(\dfrac{g}{2f}\right)(-1)$

02 $f(x)=4x^2-2x$이고 $g(x)=8x+1$일 때, 다음을 구하라.

(1) $(f \circ g)(x)$　　(2) $(g \circ f)(x)$

(3) $[(f \circ g) \circ f](1)$　　(4) $[(f+g) \circ g])(x)$

03 주어진 함수 $h(x)$를 $h(x)=(g \circ f)(x)$를 만족하는 두 함수 $f(x)$와 $g(x)$의 합성으로 나타내어라.

(1) $h(x)=x^2+2$　　(2) $h(x)=(2x+3)^4$

(3) $h(x)=|x^2-4|$　　(4) $h(x)=\sqrt{5-2x}$

(5) $h(x)=\dfrac{1}{x+1}$　　(6) $h(x)=(x+1)^{2/3}$

04 다음과 같이 주어진 함수 f와 $g=f^{-1}$는 $g[f(x)]=x$ 및 $f[g(x)]=x$를 만족함을 검증하라.

(1) $f(x)=2-3x$, $g(x)=-\dfrac{1}{3}x+\dfrac{2}{3}$

(2) $f(x)=\dfrac{1}{x-2}$, $g(x)=\dfrac{1}{x}+2$

05 다음 방정식 중 일대일함수의 그래프가 되는 것은?

(1) $y=4x-5$　　(2) $y=-(x^2+3)-8$

(3) $y=\sqrt{4-x^2}$　　(4) $y=|x|$

(5) $y=x^3-1$　　(6) $y=x+|x|$

(7) $y=3$　　(8) $y=x^2+1,\ x \geq 0$

06 주어진 함수의 역함수를 구하고 두 그래프를 같은 평면에 그려라.

(1) $y=4x-5$

(2) $y=-\frac{5}{2}x$

(3) $y=-x^3-2$

(4) $y=-x^2+1,\ x\ge 0$

(5) $xy=4$

(6) $y=\frac{-6x+5}{3x-1}$

(7) $f(x)=\sqrt{6+x}$

(8) $f(x)=x^2+2x+2,\ x\le -1$

07 함수 $f(x)=\begin{cases}-2x+3, & x\text{는 유리수}\\ -x^2+1, & x\text{는 무리수}\end{cases}$에 대하여 $(f\circ f)(\sqrt{5})$의 값을 구하라.

08 $y=|x|$의 그래프와 평행이동의 개념을 이용하여 다음 각 물음에 답하라.

(1) $y=||x|-1|$의 그래프를 그려라.

(2) $f(x)=||x|-1|$

$$y=(f\circ f\circ f\circ f\circ f)(x)$$

의 그래프가 다음과 같음을 확인하라.

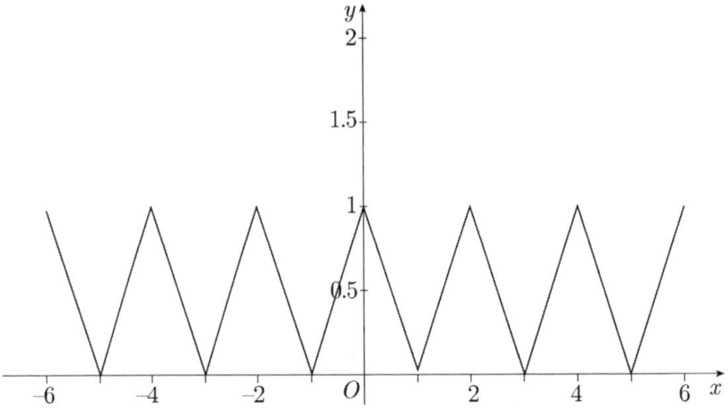

(3) $y=(f\circ\cdots\circ f)(x)+1,\ y=-(f\circ\cdots\circ f)(x)-1$의 그래프를 한 평면에 그리고 그 모양이 무엇과 닮았는지 추정하라.

그래픽아트

함수의 그래프와 컴퓨터를 사용하여 물체의 윤곽을 그려낼 수 있다. 아래의 웃는 얼굴에 사용된 함수를 모두 발견하여보자. 단, 그 모양이 정확하지 않아도 되고, 정의역에 대한 정확한 지적은 하지 않아도 상관없다. 또한 크기를 조절할 필요는 없다.

(i) 얼굴의 윤곽을 원으로 생각한다. 코는 원의 중심에 있다고 가정한다.

$x^2+y^2=1$에서 위쪽은 $f(x)=\sqrt{1-x^2}$, 아래쪽은 $f(x)=-\sqrt{1-x^2}$

(ii) 왼쪽 눈은 3개의 원의 방정식으로 구성되어 있다고 생각한다.

위쪽은 $f(x)=\sqrt{1-x^2}$, 아래쪽은 $f(x)=-\sqrt{1-x^2}$에 평행이동을 적용한다.

$y=f(x)$에서 x축으로 a만큼, y축으로 b만큼 평행이동한 $y=f(x-a)+b$이다.

눈에 알맞게 a와 b를 선택한다.

예를 들어, 위쪽 눈은 $y=\sqrt{1-(x+0.5)^2}+0.5$. 나머지도 유사하게 선택한다.

정확하게 하려면 방정식을 풀어야 한다.

(iii) 오른쪽 눈도 동일하게 생각한다.

(iv) 입술과 눈썹은 포물선으로 구성되어 있다고 생각한다.

위쪽으로 열려 있는 것은 $f(x)=x^2$, 아래쪽으로 열려 있는 것은 $f(x)=-x^2$

04

지수함수와 로그함수

1. 지수함수
2. 로그함수

1 지수함수

국가 성장률은 몇 퍼센트, 실업률은 몇 퍼센트, 물가 상승률은 몇 퍼센트, 부채 비율은 몇 퍼센트 등과 같은 증가 또는 감소 비율의 이야기를 들어본 적이 있을 것이다. 바이오 관련 기술이 발전하면서 평균수명이 늘어나고 있지만, 반대로 예기치 않은 바이러스의 창궐로 인해 무시무시한 질병이 곳곳에서 발생하여 이로 인해 예기치 못한 사망률도 증가하고 있다. 우리는 오늘도 수많은 대상의 양과 질에 대한 증가 또는 감소의 이야기를 들으면서 살아가고 있다. 양과 질의 변동은 직선적으로 변할 수도 있고, 곡선적으로 변할 수도 있다. 그 가운데 자연현상의 변화를 지배하고 있는 지수곡선적 변화에 초점을 맞추어 보자. 먼저 인위적이기는 하지만 아래와 같은 반복적인 현상을 통하여 지수적 변화의 정도를 체험해보자.

신문지 한 장을 준비하여 절반씩 접어 쌓는 과정을 반복한다(그림 1.1). 물론, 신문을 많이 준비하여 접는 수만큼 쌓아도 된다. 한 장의 종이를 계속 접어 쌓는 것은 실제적으로 불가능하지만, 이상적으로는 가능하므로 접을 수 있다고 해보자. 신문지 한 장의 두께가 0.00612 mm 인데, 이를 t라 두고, n회 접었을 때 두께를 $T(n)$ [mm] 라고 하자. 문제를 풀 때, 숫자이든 문자이든 약간 거추장스러운 것들이 나타나면 이처럼 대수를 도입하여 할당해 두고 최종단계에 그것들을 끄집어내어 쓰면 편리하다. 그러면 $T(n)$은 다음과 같이 계산된다.

그림 1.1

0회	$T(0) = t$
1회	$T(1) = 2t$
2회	$T(2) = 4t = 2^2 t$
3회	$T(3) = 8t = 2^3 t$
4회	$T(4) = 16t = 2^4 t$

5회 $\qquad T(5) = 32t = 2^5 t$

$\vdots$

n회 $\qquad T(n) = 2^n t$

따라서 n회를 접었을 때 높이는

$$T(n) = 0.00612 \times 2^n \text{mm} = 6.12 \times 10^{-3} \times 2^n \times 10^{-6} \text{km}$$
$$= 6.12 \times 2^n \times 10^{-9} \text{km}$$

예를 들어,

$$T(10) = 0.00000626688$$
$$T(20) = 0.00641728512$$
$$T(30) = 6.571299963$$
$$T(40) = 6729.011163$$
$$T(50) = 6890507.431$$

마지막 식 $T(50) = 6890507.431$ km는 신문지 한 장을 50번 접으면 그 높이가 600만 km보다 더 높다는 것을 의미한다.

예제 1.1 지구에서 태양까지의 거리는 약 1억 5000만 km이다. 신문지를 몇 번 접으면, 접힌 신문지 높이의 끝이 태양에 도달하겠는가?

풀이 ▸ 방정식 $T(n) \geq 150,000,000$을 만족하는 최소의 자연수 n을 구하면 된다. 즉

$$612 \times 10^{-5} \times 2^n \times 10^{-6} \geq 15 \times 10^7$$

을 만족하는 최소의 자연수 n의 값을 구하면 된다. n을 구하기 위해 2^n에 대하여 정리하면

$$2^n \geq \frac{15}{612} \times 10^{18}$$

자연수 n을 순차적으로 대입해서 그 값이 $(15/612)10^{18}$을 넘는 최초의 자연수를 찾으면 된다. 그러나 여기서는 로그함수에 대한 사전 경험을 위해, 로그함수를 이용하여 n을 구하여본다.

$$n \geq \log_2 \frac{15 \times 10^{18}}{612}$$

계산기를 이용하여 근삿값을 구하면

$$n \geq 54.44420845$$

따라서 부등식을 만족하는 최초의 자연수는 55이므로 55회를 접으면 태양에 도달할 수 있다. □

예제 1.1에서 2^n 및 $\log_2 A$의 표현이 등장한다. 2^n에서 n의 값이 커짐에 따라 그 값이 엄청나게 커진다는 것과, 반대로 $\log_2 A$는 A가 매우 큰 값임에도 불구하고 계산 결과는 그다지 크지 않다는 것을 관찰할 수 있다. 두 표현이 서로 상반된 역할을 하고 있음을 직관적으로 알 수 있다.

이 장의 주요한 목적은 2^n과 같은 지수함수와 $\log_2 A$와 같은 로그함수를 정의하고 이 함수들이 가지고 있는 성질과 그것들을 어떻게 활용하는지에 대해 학습한다.

2^n에서 2는 밑이라고 하고 n은 지수라고 하는데, 지수는 자연수뿐만 아니라 모든 양의 실수를 지수로 사용할 수 있다. 우선 지수함수를 정의하고, 실수를 지수로 갖는 지수함수는 어떻게 계산되어야 하는지 설명한다.

임의의 실수 x에 대하여

$$y = a^x,\ a > 0,\ a \neq 1$$

을 밑이 a인 지수함수라고 한다. 또한 x를 지수라고 한다.

지수가 변수인 함수 $f(x) = 2^x$과 밑이 변수인 함수 $g(x) = x^2$을 혼동해서는 안 된다. 지수함수에서 $a > 0$이라는 가정은 $(-1)^{1/2} = \sqrt{-1} = i$는 실수가 아니기 때문에 필요하다. 또한 a^x이 유일한 값을 갖기 위해서 a는 1이 되면 안 된다. 왜냐하면 $4 \neq 3$이지만 $1^4 = 1^3$이기 때문이다.

지수함수의 2^x의 의미를 좀 더 자세하게 살펴보자. 예를 들어

$$x = 3(\text{양의 정수})\text{일 때},\ 2^3 = 2 \times 2 \times 3 = 8$$

$$x = -3\text{(음의 정수)일 때, } 2^{-3} = \frac{1}{2^3} = \frac{1}{8}$$

$$x = \frac{1}{2}\text{(유리수)일 때, } 2^{\frac{1}{2}} = \sqrt{2} \quad (y^2 = 2\text{를 만족하는 } y\text{의 값})$$

$$x = \frac{3}{2}\text{(유리수)일 때, } 2^{\frac{3}{2}} = (\sqrt{2})^3$$

과 같이 유리수 지수를 갖는 수는 1장에서 정의했다.

지수가 무리수인 경우, 즉

$2^{\sqrt{3}}$이 의미를 갖도록 하려면 어떻게 해야 할까?

이러한 질문에 답하기 위해 $y = 2^x$(x는 정수 및 유리수)의 그래프를 그려보자.

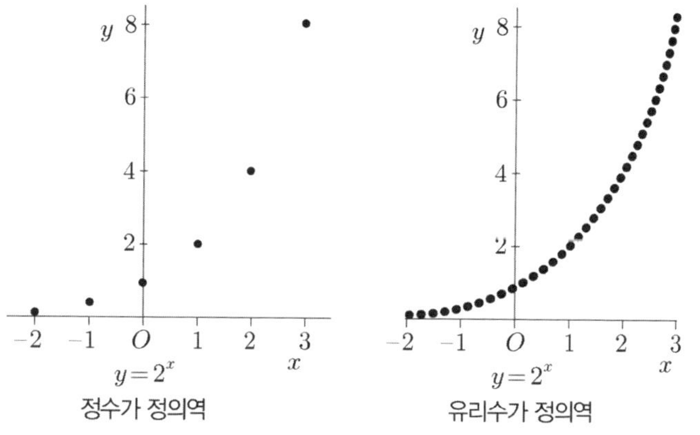

그림 1.2 $y = 2^x$(x는 유리수)의 그래프

유리수에 대응하는 $y = 2^x$의 그래프에서 점 사이가 비어보이는 것은 이해를 돕기 위함임을 알자. 이상적(상상)으로는 유리수와 유리수 사이에 공간은 있지만, 우리의 눈으로는 그 공간을 절대 볼 수 없다. 아무튼, 유리수 x에 대응하는 $y = 2^x$의 그래프는 상상이라는 현미경으로 보면 점과 점 사이에 함수의 값이 정의되지 않은 셀 수 없는 정도로 많은 공간들이 존재한다. 이 빈 공간들에 무리수 지수들을 정의하여 매끄러운 곡선이 탄생되도록 할 것이다. 무리수 지수를 갖는 수 가운데 $2^{\sqrt{3}}$이라는 하나의 수를 사용하여 하나의 빈칸을 채우는 방법을 설명한다. 이를 위해 먼저 무리수 $\sqrt{3}$을 순환하지 않는 무한소수로 표현하면

$$\sqrt{3} = 1.7320508075688772935274463415058723669428052538104\cdots\cdots$$

어떻게 $\sqrt{3}$을 무한소수로 표현했는지에 대한 의문을 가져보기 바란다. 무리수

$\sqrt{3}$ 에 대응하는 순환하지 않는 무한소수를 소수점 이하 자릿수 단위의 유한소수로 나열하면(이것을 수열이라고 한다)

① $$1.7,\ 1.73,\ 1.732,\ 1.7320,\ 1.73205,\ 1.732058,\ \cdots$$

수열의 극한 개념과 실수의 속성으로부터 나열된 수의 길이가 길어지면 길어질수록 $\sqrt{3}$ 에 더 가깝게 접근한다. ①에서 나열된 유한소수(유리수)에 대응하는 밑이 2인 유리수 지수는

② $$2^{1.7},\ 2^{1.73},\ 2^{1.732},\ 2^{1.7320},\ 2^{1.73205},\ 2^{1.732058},\ \cdots$$

미적분학에서 배울 극한의 이론에 의하면 ②의 끝은 오직 하나 존재한다는 것을 보장한다. 그 끝을 $2^{\sqrt{3}}$ 으로 정의하여 무리수 지수를 갖는 수의 개념을 만든다. 그림 1.2의 그래프에 보이는 빈 공간은 무리수 지수들로 채우면 그림 1.3을 얻을 수 있고, 이것은 $y = 2^x$ 에 대한 완전한 그래프가 된다.

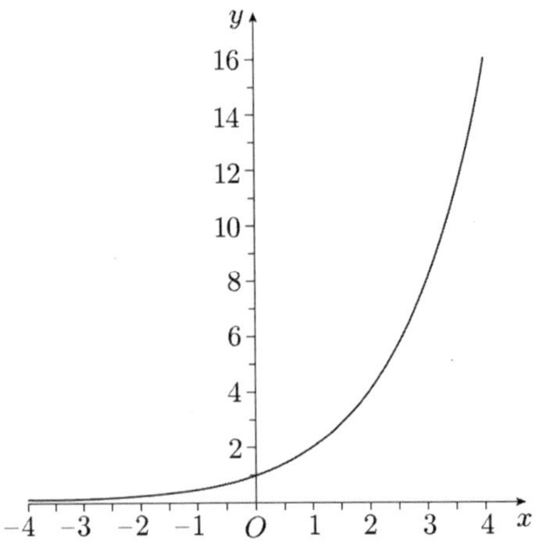

그림 1.3 $y = 2^x$ 의 그래프

유리수에 대한 지수성질은 모든 실수로 확장할 수 있다.

> 모든 실수 x, y에 대하여
>
> (i) $a^{x+y} = a^x a^y$ (ii) $a^{x-y} = a^x \div a^y$
>
> (iii) $(a^x)^y = a^{xy}$ (iv) $(ab)^x = a^x b^x$

밑 a는 지수함수의 그래프에 어떤 영향을 끼치는지 살펴보자. 먼저 $a>1$인 경우에 대응하는 지수함수의 그래프를 조사해보자.

예제 1.2 지수함수 $y=2^x$와 $y=3^x$의 그래프를 그려라.

풀이 ▸ $2^0=3^0=1$, $2^1<3^1$, $2^2<3^2$, $\cdots$이므로, 다음 결과를 예측할 수 있다.

$$2^x \le 3^x, \ x \ge 0$$

또한 $2^{-1}>3^{-1}$, $2^{-2}>3^{-2}$, $\cdots$이므로 다음 결과도 예측할 수 있다.

$$2^x \ge 3^x, \ x<0$$

즉 $x \ge 0$에서는 3^x이 2^x보다 크고, $x<0$에서는 2^x이 3^x보다 크다는 것을 의미한다. 따라서 $x \ge 0$에서는 $y=3^x$의 그래프는 $y=2^x$의 그래프 위에 놓여야 하고, $x<0$에서는 $y=3^x$의 그래프는 $y=2^x$의 그래프 아래에 놓여야 한다. 이를 반영하여 두 함수의 그래프를 그리면 $a>1$

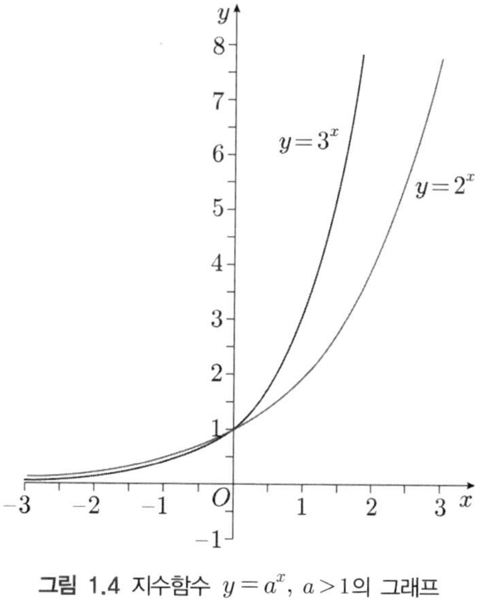

그림 1.4 지수함수 $y=a^x$, $a>1$의 그래프

이면서 동시에 a의 값이 크면 클수록 지수함수의 그래프는 y축에 가깝게 접근한다. 다른 말로, 3^x은 2^x보다 더 빠르게 증가한다. 또한 $a>1$인 경우, 그래프는 증가(x의 값이 커지면 y의 값도 커진다)하고, 그래프는 항상 $(0,\ 1)$을 지난다. □

이제 $0 < a < 1$인 경우에 대응하는 지수함수의 그래프를 살펴보자.

예제 1.3 $y = \left(\frac{1}{2}\right)^x$과 $y = 2^x$의 그래프는 y축에 대칭임을 보여라. 대칭성을 이용하여 $y = 0.5^x$의 그래프를 그려라.

풀이 ▸ $f(x) = 2^x$ 및 $g(x) = 0.5^x$으로 두자. 모든 x에 대하여 $f(x) = g(-x)$가 성립하면 두 그래프는 y축에 대칭이다. 지수성질에 의해

$$g(-x) = \left(\frac{1}{2}\right)^{-x} = \frac{1^{-x}}{2^{-x}} = 2^x = f(x)$$

따라서 두 그래프는 y축에 대하여 대칭이므로, 거울에 비친 자기의 모습처럼 y축에 대칭이 되도록 그리면 된다.

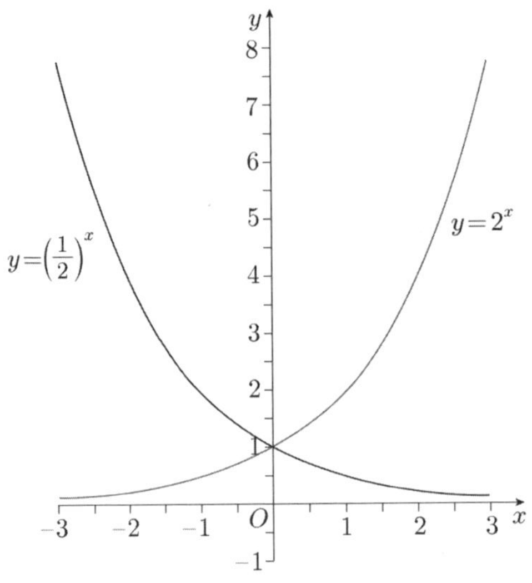

그림 1.5 $y = a^x$와 $y = a^{-x}$의 대칭성 □

예제 1.4 지수함수 $y = \left(\frac{1}{2}\right)^x$과 $y = \left(\frac{1}{3}\right)^x$의 그래프를 그려라.

풀이 ▸ 예제 1.2에서 보인 대칭성을 이용하면 두 함수의 그래프를 쉽게 그릴 수 있다.

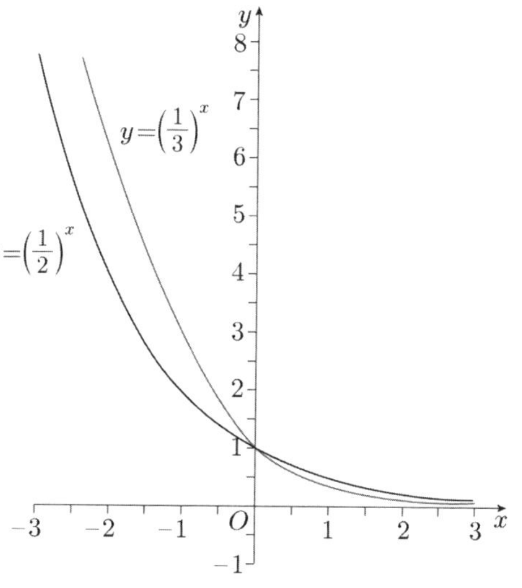

그림 1.6 지수함수 $y=a^x$, $0<a<1$의 그래프

$0<a<1$이면서 동시에 a의 값이 작으면 작을수록 지수함수의 그래프는 y축에 가깝게 접근한다. 다른 말로, 3^{-x}은 2^{-x}보다 더 빠르게 감소한다. 또한 $0<a<1$인 경우, 그래프는 감소(x의 값이 커지면 y의 값은 작아진다)하고, 그래프는 항상 $(0,\ 1)$을 지난다. □

지금까지의 예제들을 통하여 지수함수는 다음과 같은 성질을 갖는다는 것을 쉽게 알 수 있다.

- $f(x)=a^x$의 그래프는 $a^0=1$이므로 항상 $(0,\ 1)$을 지난다.
- 임의의 실수 x에 대하여 a^x은 유일한 값을 갖는다.
- $f(x)=a^x$의 정의구역은 $(-\infty,\ \infty)$이고 치역은 $(0,\ \infty)$이다.
- $a>1$이면 $f(x)=a^x$은 증가함수이다.
  $0<a<1$이면 $f(x)=a^x$은 감소함수이다.
- 지수함수는 일대일함수이다. 즉 $a^u=a^v$이면 $u=v$이다.
- $a^u=b^u$, $u\neq 0$이면 $a=b$이다. 지수가 같으면 밑이 같아야 한다.

예제 1.5 복리 연이율 $r\%$인 은행에 A원의 원금을 예금하였다. 원리금을 n년이 지난 후 돌려받는다고 할 때 n년 후의 수령액을 구하라.

풀이 ▸ 1년 후의 원리금은

$$A+A\times\frac{r}{100}=A\left(1+\frac{r}{100}\right)$$

이고, 이 금액은 1년 후 예금하게 될 원금이 된다. 2년 후의 원리금은

$$\begin{aligned}A\left(1+\frac{r}{100}\right)+A\left(1+\frac{r}{100}\right)\times\frac{r}{100}&=A\left(1+\frac{r}{100}\right)\left(1+\frac{r}{100}\right)\\&=A\left(1+\frac{r}{100}\right)^2\end{aligned}$$

이고, 이 금액은 2년 후 예금하게 될 원금이 된다. 이러한 과정을 반복하면 n년 후의 원리금은

$$A\left(1+\frac{r}{100}\right)^n$$ □

지수함수 $f(x)=a^x$의 개념과 성질은 배웠다. 이제 자연현상 및 공학에서 가장 많이 사용되는 밑 a에 대하여 살펴보고자 한다. 먼저 $a>1$인 지수함수 $y=a^x$의 그래프는 a의 값에 관계없이 항상 (0, 1)을 지나고, 증가한다. 여기서 점 (0, 1)의 매우 가까운 근방에서 그래프의 모양과 기울기를 관찰해 보기로 하자. 물론, 어떤 그래프이든지 줌인 해 들어가면 직선에 가깝다는 것은 쉽게 알 수 있다. 아무리 굴곡이 심한 지형이라도 자신이 서 있는 발 근방은 경사만 조금 다를 뿐 평평할 것이다. 물론 완전히 뾰족한 지점은 제외하고서 하는 말이다.

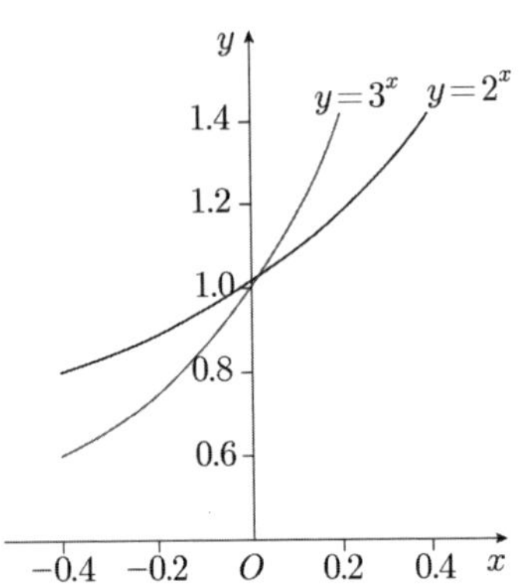

그림 1.7 $y=2^x$과 $y=3^x$의 그래프

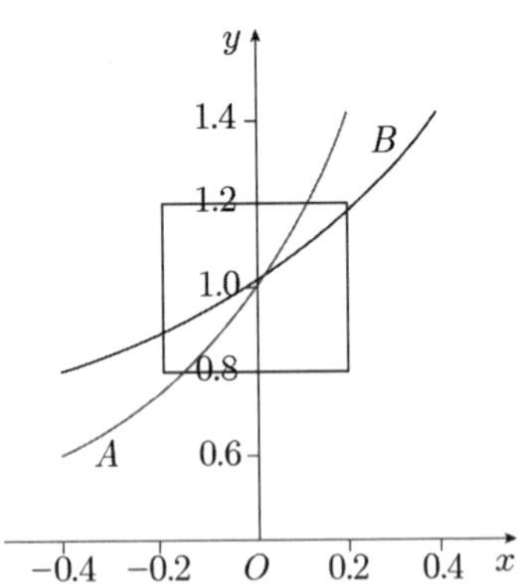

그림 1.8 (0, 1)을 중심으로 한 정사각형

그림 1.7은 $y=2^x$과 $y=3^x$의 그래프를 (0, 1)의 근방으로 줌인 한 것이고 그림 1.8은 (0, 1)을 중심으로 한 1단위의 정사각형을 그린 것이다.

점 A와 B에 기점으로 보면 곡선은 직선에 가까우나 A와 B를 지나지 않으므로 기울기가 1이 아니다. 또한 밑이 2인 경우는 기울기가 1보다 작고 밑이 3인 경우는 기울기가 1보다 큰 것처럼 보인다. 정사각형을 그린 이유는 기울기가 1이 되는 밑의 값에 관심이 있기 때문이다. 따라서 밑이 2보다 작거나 3보다 큰 경우는 기울기가 더욱 더 1로부터 멀 것이므로 현재의 관심사에서는 거리가 멀다. 따라서 밑의 값을 2보다는 크고 3보다는 작은 값으로 재조정한다.

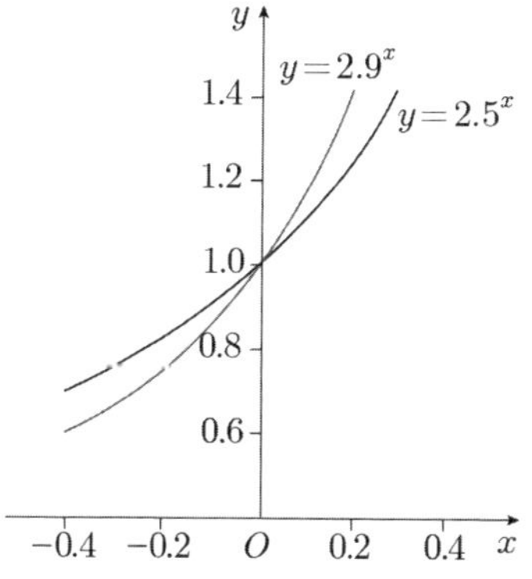

그림 1.9 $y=2.5^x$과 $y=2.9^x$의 그래프

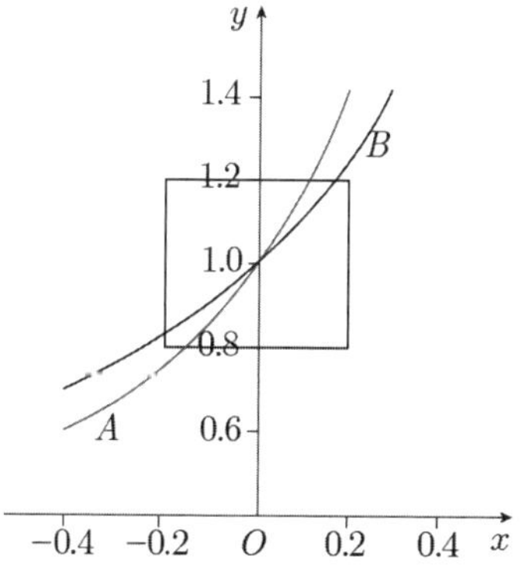

그림 1.10 (0, 1)을 중심으로 한 정사각형

그림 1.9는 $y=2.5^x$과 $y=2.9^x$의 그래프이다. 그리고 그림 1.10는 (0, 1)을 중심으로 단위가 1인 정사각형을 그린 것으로 두 개의 곡선은 직선에 가깝다는 것은 당연하지만, 확연히 다른 점이 발견된다. 두 곡선이 모두 점 A와 B에 가까워졌다는 것이다. 그럼에도 불구하고 $y=2.5^x$의 그래프는 점의 아래에 $y=2.9^x$의 그래프는 점의 위에 놓여 있음을 관찰할 수 있다. 따라서 2.5보다 크고 2.9보다 작은 값을 취하여 보자.

그림 1.11은 $y=2.7^x$과 $y=2.8^x$의 그래프를 (0, 1)의 중심으로 확대한 것이다. 그림 1.12는 두 곡선 모두 점 A와 B를 지나는 것처럼 보인다. 이로부터 우리는 다음과 같은 추론이 가능하다.

(0, 1)을 지나면서 곡선 $y=a^x$에 접하는 직선의 기울기가 1이 되는 밑 a의 값이 존재한다.

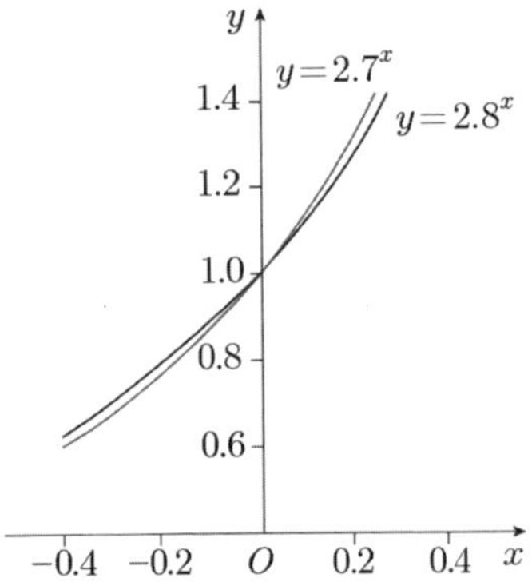

그림 1.11 $y=2.7^x$과 $y=2.8^x$의 그래프

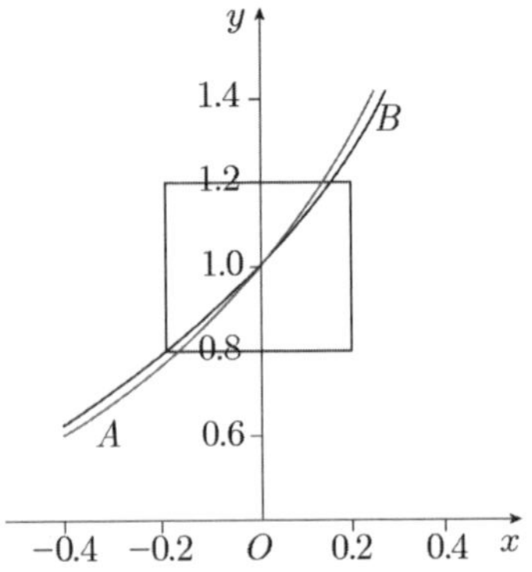

그림 1.12 (0, 1)을 중심으로 한 정사각형

실제, 이러한 추론은 사실이다. 이 추론과 같이, (0, 1)을 지나면서 곡선 $y=a^x$에 접하는 직선의 기울기가 1이 되는 a의 값을 e로 나타내고, e를 자연대수라고 부른다. 자연대수 e는 원주율 π와 더불어 자연현상을 분석하는데 매우 중요한 수이다.

이제 e의 값이 얼마인지를 추정하여 보자. 그림 1.13은 $y=e^x$의 그래프 위에 있는 세 점 (0, 1), $(h, 1)$과 (h, e^h)로 만들어 지는 직각삼각형을 그린 것이다. 직감적으로 관찰할 수 있듯이 직각삼각형의 기울기가 접선의 기울기가 되는 것처럼 보인다. 여기서 접선이란 곡선에 접하는 직선으로 접점 근방에서 곡선의 아래에 있든 위에 있는 관계는 없으나 한쪽에만 있어야 한다. 따라서 직각삼각형의 기울기가 접선의 기울기는 될 수 없다. h의 값이 0보다 큰 경우에는 절대로 접선의 기울기가 될 수 없다. 실제로 그림 1.14는 $y=e^x$와 h가 매우 작은 값을 때 (0, 1)을 지나는 직선을 그렸는데 y축을 기준으로 높낮이가 서로 교대하고 있는 것이 관찰된다. 따라서 완전한 접선의 기울기가 구해지려면 $h\to 0$로 두어야 한다. 이것은 미적분학에서 다루게 될 것이다.

직각삼각형의 기울기는

$$\frac{e^h-1}{h-0}=\frac{e^h-1}{h}$$

이고, 이 식은 h가 작으면 거의 1에 가깝게 된다. 즉

$$\frac{e^h-1}{h}\approx 1$$

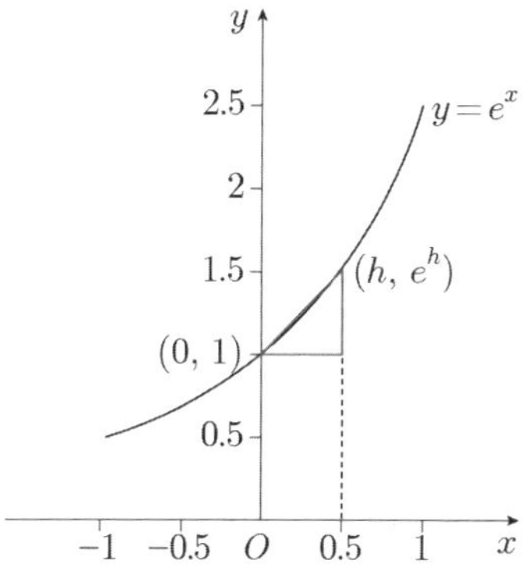

그림 1.13 $y=e^x$의 그래프

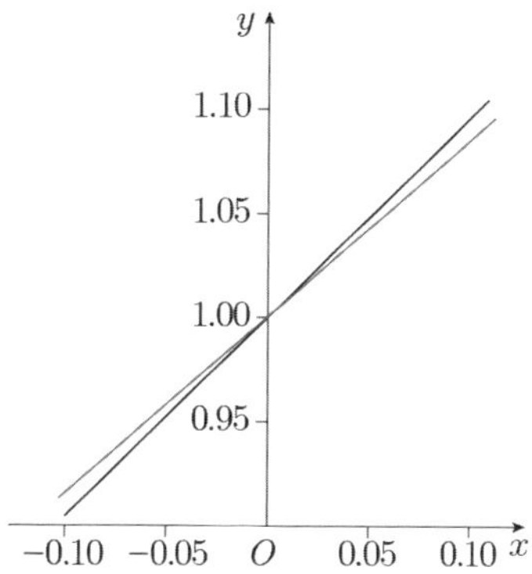

그림 1.14 $y=e^x$의 그래프와 $(0, 1)$을 지나는 직선

e^h에 대하여 풀면

$$e^h \approx 1+h$$

따라서 e의 근삿값은

$$e \sim (1+h)^{\frac{1}{h}}$$

미적분학에서는 다음 극한 식을 보일 수 있다. (12장 2절 지수함수와 로그함수의 미분을 참고하라.)

$$e = \lim_{h \to 0^+} (1+h)^{\frac{1}{h}}$$

자연대수 e의 근삿값을 수열로 추정하기 위해 자연수 m에 대해 $h=\dfrac{1}{m}$이라 놓으면

$$e \approx \left(1+\frac{1}{m}\right)^m$$

그림 1.15는 $f(m)=(1+1/m)^m$ (단, m은 자연수)의 그래프이다.

그림 1.15로부터 수열 $f(m)$은 어떤 특정한 값에 접근하고 있는 것처럼 보인다. 이 값을 보다 구체적으로 알아보기 위해 $f(10^k)$, $k=1, 2, 3, 4, 5, 6$의 값을 출력해 보자. 표의 값은 e의 정확한 값만 표기한 것이다. m의 값이 10배로 증가함에 따라 근삿값도 소수점 이하도 한 자리씩 정확도가 개선되고 있는 것이 관찰된다.

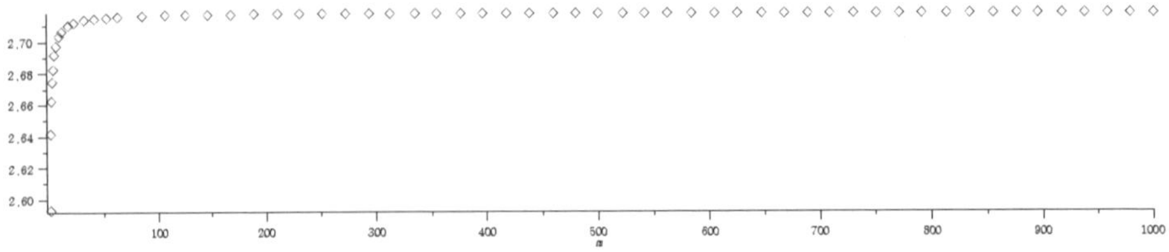

그림 1.15 $f(m)=(1+1/m)^m$의 그래프

표 1.1 $k=1, 2, 3, 4, 5, 6$에 대응하는 $f(10^k)$의 값

k	1	2	3	4	5	6
$f(10^k)$	2	2.7	2.71	2.718	2.7182	2.71828

소수점 이하 10자리까지의 실제 e의 값은 2.718281828이다. 밑이 자연대수인 지수함수 $f(x)=e^x$를 자연지수함수라고 한다. 자연지수함수는 삼각함수와 더불어 자연과학 및 공학 분야에서 가장 빈번하게 사용되는 함수이다.

예제 1.6 자연지수함수 $y=e^x$의 그래프를 그려라.

풀이 ▸ $x \geq 0$일 때 $2^x < e^x < 3^x$이고 $x < 0$일 때 $3^x < e^x < 2^x$이므로, $y=e^x$의 그래프는 $y=2^x$의 그래프와 $y=3^x$의 그래프 사이에 놓인다.

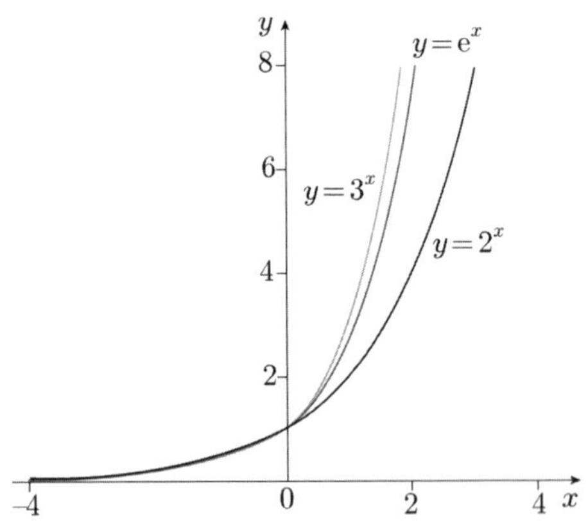

그림 1.16 $y=e^x$의 그래프 □

모든 물체는 온도를 가지고 있으면, 그 물체를 둘러싸고 있는 매질의 온도와 상호작용을 하면서 물체의 온도는 변한다. 맛있는 사탕을 추운 곳에 두면 더운 곳에 두었을 때보다 더 단단해진다. 금속도 이와 마찬가지로 금속을 구성하고 있는 원

자들이 주위의 온도에 따라 끊임없이 진동하면서 그 형태를 유지하고 있다.

맛있는 뜨거운 커피가 배달되었다. 이 커피의 처음 온도는 뜨겁지만 시간이 지남에 따라 주위의 온도와 서로 상호작용을 하면서 식어간다. 냉커피인 경우 커피의 온도는 커피숍의 온도로 따뜻해질 것이다. 커피의 온도는 시간에 따라 어떻게 변할까. 온도가 내려가는 경우, $T(t) = at + b$, $a < 0$와 같은 직선을 따라 내려갈까, $T(t) = at^2 + bt + c$, $a < 0$와 같은 포물선을 따라 내려갈까.

뉴턴의 냉각법칙에 의하면 시간 t에서 커피의 온도 $T(t)$는 다음과 같은 자연지수함수를 포함하는 식에 따라 변한다.

$$T(t) = T_0 + (M - T_0)e^{-kt}$$

그림 1.17 맛있는 커피

여기서 T_0는 커피의 최초의 온도이고 M은 주위의 온도이며 k는 열전도 계수이다.

예제 1.7 따뜻한 봄, 커피숍의 온도는 25℃ 였고, 커피의 온도는 90℃ 였다고 하자. 그러면 시간이 지남에 따라 커피는 식어 간다. 열전도계수가 $k = 0.1$이라고 하면 시간 t분일 때 커피의 온도는 다음과 같다.

$$T(t) = 90 + (25 - 90)e^{-0.1t} = 90 - 65e^{-0.1t}$$

커피의 온도가 50℃ 가 되는 시간을 구하라.

풀이 ▸ $T(t) = 50$을 만족하는 t의 값을 구하면 된다. 즉 방정식 $90 - 65e^{-0.1t} = 50$인 t의 값을 구하면 된다.

$$-65e^{-0.1t} = -40$$

$$e^{-0.1t} = \frac{40}{65} = \frac{8}{13}$$

이 방정식을 풀기 위해서는 다음 절에서 배울 로그를 이용해야 한다. 참고로, 로그를 이용하여 t를 구하면

$$t = 10(\ln 13 - \ln 8)$$

t의 근삿값을 계산기로 계산하면

$$10(\ln 13 - \ln 8) \approx 4.855$$

따라서 50℃가 되는 데 걸리는 시간은 5분 정도이다. □

토론 1.1 열전도계수의 값은 실험을 통하여 찾아야 한다. 열전도계수를 결정할 수 있는 방법에 대해 토론하라.

4-1 연습문제

01 함수 $f(x)=\left(\frac{3}{2}\right)^x$ 일 때, 다음을 계산하라.

(1) $f(2)$　　(2) $f(-1)$

(3) $f(0.5)$　　(4) $f(0)$

02 다음 함수의 그래프를 그려라.

(1) $f(x)=3^x$　　(2) $f(x)=3^{-x}$

(3) $f(x)=-3^x$　　(4) $f(x)=-3^{-x}$

(5) $f(x)=3^{|x|}$　　(6) $f(x)=3^{-|x|}$

03 다음 방정식을 풀어라.

(1) $4^x=2$　　(2) $\left(\frac{1}{2}\right)^x=4$

(3) $2^{3-y}=8$　　(4) $27^{4z}=9^{z+1}$

(5) $\left(\frac{1}{8}\right)^{-2p}=2^{p+3}$　　(6) $\left(\frac{2}{5}\right)^{|3x-2|}=\frac{4}{25}$

04 $f(x)=5^x$ 의 그래프에 평행이동을 적용하여 다음 각 함수를 그려라. 절편을 구하여 좌표평면에 표시하라.

(1) $f(x)=5^{x+1}$　　(2) $f(x)=5^x+2$

(3) $f(x)=5^{x+1}+2$

05 여러 사람의 손이 닿는 곳에는 끔직 할 정도의 많은 종류의 세균이 살고 있다. 대장균부터 시작해서 이름을 잘 알지 못하는 균, 심지어는 병원균도 있을 수 있다. 세균배양은 간단한 방법으로 실행할 수 있고, 그 수는 기하급수적으로 증가한다. 세균에 따라 배양되는 시간은 다를 수 있지만, 다음과 같은 가정을 해보자.

(i) 일정한 온도에서 10마리를 배양한다.

(ii) 10분마다 2배 배양된다.

t분 후의 세균 수는 $10\times 2^{\frac{t}{10}}$임을 보이고, 세균 수가 1,048,570마리가 되는 데 걸리는 시간을 구하라.

06 그림과 같이 전봇대 사이에 매달린 전깃줄의 늘어진 상태를 함수로 표현해 보자. 늘어진 상태는 포물선이 아니라 지수함수의 일차결합으로 주어진다.

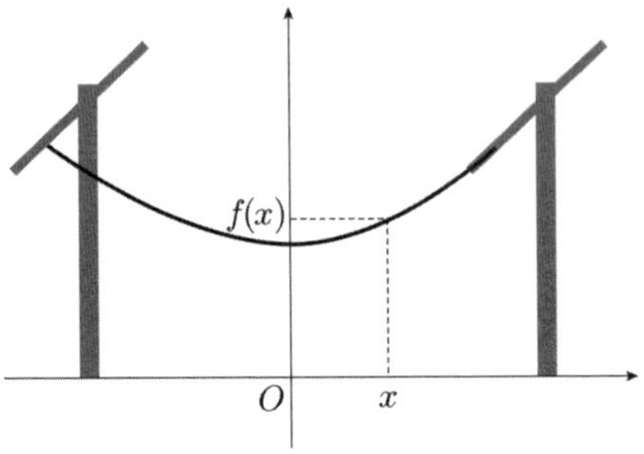

즉, 아래와 같이 정의된 쌍곡선함수의 그래프로 표현된다.

$$\cosh x = \frac{e^{x}+e^{-x}}{2}$$

$$\sinh x = \frac{e^{x}-e^{-x}}{2}$$

(1) 두 쌍곡선함수의 그래프를 그려라.

(2) 위치 x에서 전선의 높이 $f(x)$는 다음과 같다고 하자.

$$f(x) = A\cosh\left(\frac{1}{30}x\right)+B$$

전선의 가장 낮은 높이가 10이고, 양 끝점의 높이가 15이고, 전봇대 사이의 거리는 60이라 하자. 함수 $f(x)$를 구하고 그 그래프를 그려라.

2 로그함수

로그함수는 지수함수의 역함수로 탄생된 것이다. 물론, 천문학적인 큰 수를 다루기 위한 수단으로 개발된 것이라는 의견도 있음을 지적해 둔다. 로그함수가 도입된 과정을 좀 더 자세히 살펴보자. 지수함수

$$y = a^x$$

에서 y를 알고 있을 때 대응하는 x를 구해야 하는 경우가 발생한다. 2를 열 번 반복하여 곱하면 2^{10}이고, 이를 계산하면 $2^{10} = 1024$이다. 반대로 2를 몇 번 반복적으로 곱하면 8192가 되는가? 즉

$$2^x = 8192$$

를 만족하는 x를 찾아야 하는 경우가 있고, 이것은 지수함수의 역과정이다. 소인수분해를 하면 $8192 = 2^{13}$이므로 $x = 13$이다(지수함수는 일대일함수이다). 즉 2를 13번 반복적으로 곱했다는 것이다. 짜장면 가게에서 요리사가 면을 반으로 접으면서 만든 면발의 수가 8192개였다면 그는 13번의 반복 작업을 한 것이 된다. 과연 요리사는 13번의 반복 작업을 수행할 수 있을까?

이제,

$$2^x = 10000$$

을 만족하는 x를 구해야만 하는 경우가 발생했다고 하자. 물론 x는 자연수이어야 한다고 고집하는 경우, $2^{13} = 8192$ 및 $2^{14} = 16384$이므로 방정식 $2^x = 10000$는 자연수 해 x를 갖지 않는다(그림 2.1).

그림 2.1로부터 방정식을 만족하는 실수 x는 존재한다는 것을 알 수 있다($y = 2^x$의 그래프와 직선 $y = 10000$의 그래프가 만나는 점의 x의 값이 해다!). 하지만 해를 알고 있는 함수로 표현할 길이 없다. 예를 들어, $y = 2x$의 역함수는 $y = 0.5x$이므로, 일차함수의 개념으로 역함수를 표현하고 자유롭게 사용할 수 있다. $y = 2^x$의 역함수는 기존에 알고 있는 함수로 표현할 수 없으므로, 해를 표현

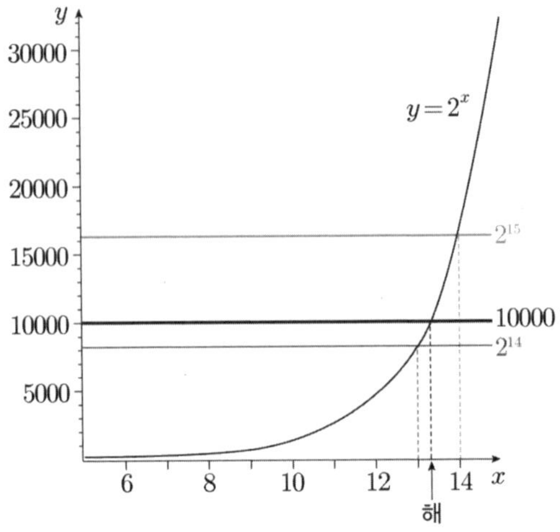

그림 2.1 $2^x=10000$의 해

할 새로운 표현이 필요하다. 해는 2와 10000이라는 정보를 다 포함하도록 해야 하므로, 이를

$$x=\log_2 10000$$

으로 표현한 것이다. 해를 $x=\log_2 10000$와 같이 표현해도, 해의 실제적 의미는

$$2^x=10000$$

을 만족하는 실수 x의 값이 되어야 한다.

지수함수 $y=a^x$의 역함수의 개념으로 로그함수를 정의한다는 것은 위에서 간단하게 언급하였다. 따라서 역함수를 구하는 순서에 따라 x와 y의 자리를 바꾼 방정식

$$x=a^y$$

을 y에 대하여 풀어야 한다. y는 기존에 알고 있는 함수로 풀 수 없기 때문에 새로운 기호를 도입할 필요가 있다. y는 고정된 a와 변수 x에 관한 함수가 된다는 것은 자명하다. 따라서 $f(x)=a^x$이라면

$$f^{-1}(x)=?(a,\ x)$$

이다. 무엇(?)에 해당하는 것에 log를 도입하여 표현했고, 밑 a는 log에서도 밑에 해당되도록 밑에 붙이고, x는 함수처럼 보이는 위치에 둔 것이다.

이런 정보를 모두 사용하여 로그함수를 다음과 같이 정의한다.

임의의 양수 x에 대하여

$$y = \log_a x,\ a > 0,\ a \neq 1$$

을 밑이 a인 로그함수라고 한다. 이때 x는 진수라고 한다.

함수 $f(x) = a^x$와 $g(x) = \log_a x$는 서로 역함수의 관계이므로, 양의 실수 x에 대하여

$$(f \circ g)(x) = f(g(x)) = a^{g(x)} = a^{\log_a x} = x$$

x는 모든 실수에 대하여

$$(g \circ f)(x) = g(f(x)) = \log_a f(x) = \log_a a^x = x$$

정리하면 다음 항등식을 얻는다.

양의 실수 x에 대하여

$$a^{\log_a x} = x$$

x는 모든 실수에 대하여

$$\log_a a^x = x$$

예로,

$$2^{\log_2 3} = 3$$
$$\log_5 5^7 = 7$$

예제 2.1 로그함수 $y = \log_2 x$의 그래프를 그려라.

풀이 ▸ 함수 $y = \log_2 x$의 역함수는 $y = 2^x$이므로, $y = 2^x$의 그래프를 $y = x$에 대칭시켜서 그리면 된다.

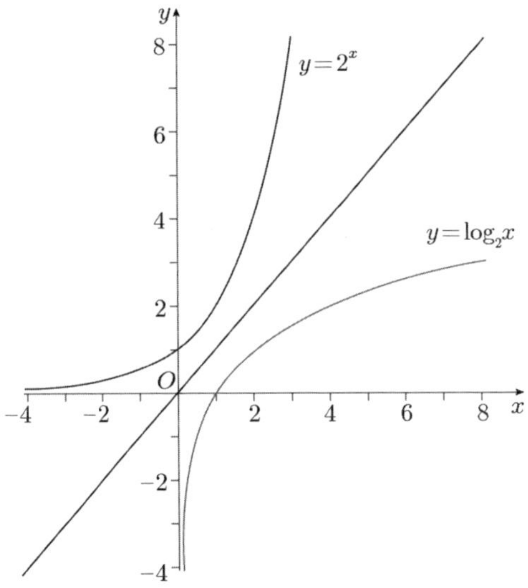

그림 2.2 로그함수 $y=\log_a x$, $a>1$의 그래프

$y=a^x$, $a>1$의 그래프와 마찬가지로 $y=\log_a x$의 그래프는 증가하고 항상 $(1,\ 0)$을 지난다. 왜냐하면 $\log_a 1=0$이기 때문이다. □

예제 2.2 로그함수 $y=\log_{0.5}x$의 그래프를 그려라.

풀이 ▸ $y=0.5^x$의 그래프를 $y=x$에 대칭이동한 것이다.

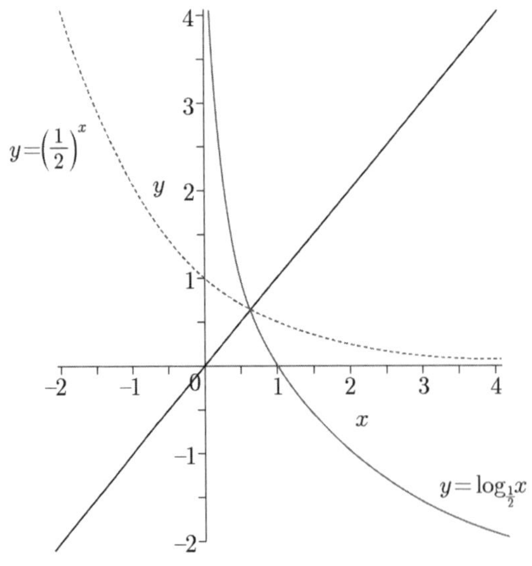

그림 2.3 로그함수 $y=\log_a x$, $0<a<1$의 그래프

$y=a^x$, $0<a<1$의 그래프와 마찬가지로 $y=\log_a x$의 그래프는 감소하고 항상 $(1,\ 0)$을 지난다. □

위의 예제들을 통하여 로그함수에 관한 사실을 정리하면 다음과 같다.

- 로그함수 $f(x)=\log_a x$는 항상 $(1,\ 0)$을 지난다.
- $f(x)=\log_a x$의 정의역은 $(0,\ \infty)$이고 치역은 $(-\infty,\ \infty)$이다.
- $a>1$일 때 $f(x)=\log_a x$는 증가함수이다.
  $0<a<1$일 때 $f(x)=\log_a x$는 감소함수이다.
- 로그함수는 일대일함수이다. 즉 $\log_a u=\log_a v$이면 $u=v$이다.
- $\log_a u=\log_b u$, $u\neq 1$이면 $a=b$이다. 진수가 같으면 밑도 같아야 한다.

증명 ▸ 마지막 성질을 증명하자. 먼저 다음 사실을 알자.

$$\log_a b\log_b a=1$$

실제로,

$$\log_a b\log_b a=\log_b a^{\log_a b}=\log_b b=1$$

$\log_a b\log_b a=1$로부터

$$\log_a b=\frac{1}{\log_b a}$$

이므로

$$\log_a u=\log_b u$$

는

$$\log_u a=\log_u b$$

와 동치이다(같다는 의미). 로그함수의 일대일 성질로부터 $a=b$이다.

□

로그함수의 값은 지수함수를 통하여 다음과 같이 계산할 수 있다. 예를 들면,

$$2^3 = 8 \quad \Leftrightarrow \quad \log_2 8 = 3$$

$$\left(\frac{1}{2}\right)^{-4} = 16 \quad \Leftrightarrow \quad \log_{\frac{1}{2}} 16 = -4$$

$$10^5 = 100{,}000 \quad \Leftrightarrow \quad \log_{10} 100{,}000 = 5$$

$$3^{-4} = \frac{1}{81} \quad \Leftrightarrow \quad \log_3 \frac{1}{81} = -4$$

$$5^1 = 5 \quad \Leftrightarrow \quad \log_5 5 = 1$$

$$\left(\frac{3}{4}\right)^0 = 1 \quad \Leftrightarrow \quad \log_{\frac{3}{4}} 1 = 0$$

로그함수의 값을 지수함수를 이용하지 않고 구할 수 있는 방법을 모색해보자. 앞에서도 언급했듯이 일차함수의 역함수는 일차함수이고, 이차함수의 역함수는 무리함수이므로, 무리함수의 값을 구하기 위해 다시 이차함수로 바꾸는 작업을 하지 않는다. 그 이유는 무리함수에 대한 정확한 개념을 만들었기 때문이다. 만약 로그함수에 대해서도 정확한 개념을 정립할 수 있다면, 지수함수의 도움 없이 로그함수도 자존할 수 있을 것이다. 로그함수는 지수함수의 역함수이기 때문에 지수성질에 버금가는 로그성질을 만들어 낼 수 있다.

다음 로그함수의 기본성질은 이러한 생각이 합당하다는 것을 보증한다.

(i) $\log_a xy = \log_a x + \log_a y$

(ii) $\log_a \dfrac{x}{y} = \log_a x - \log_a y$

(iii) 모든 실수 r에 대하여 $\log_a x^r = r \cdot \log_a x$

증명 ▸ (i)만 증명하고 나머지는 연습으로 남긴다.

$m = \log_a x$이고 $n = \log_a y$라 하자. 로그의 정의로부터

$$a^m = x \text{이고 } a^n = y$$

이므로 두 식을 곱하면

$$a^m \cdot a^n = xy$$

지수성질에 의해

$$a^{m+n} = xy$$

로그의 정의를 다시 적용하면

$$\log_a xy = m + n$$

따라서

$$\log_a xy = \log_a x + \log_a y \qquad \square$$

증명에서 지수함수의 성질을 이용하였는데, 이것은 로그함수의 DNA가 지수함수이므로 피할 수 없다(피할 수 없으면 즐겨라!).

예제 2.3 $\log_{10}2 = 0.3010$, $\log_{10}3 = 0.4771$이라고 하자. 다음 값을 계산하여라.

(1) $\log_{10}6$ (2) $\log_{10}5$

(3) $\log_{10}9$

풀이 ▸ (1) 기본성질 (ⅰ)로부터

$$\begin{aligned}\log_{10}6 &= \log_{10}2 \times 3 = \log_{10}2 + \log_{10}3 \\ &= 0.3010 + 0.4771 = 0.7781\end{aligned}$$

(2) 기본성질 (ⅱ)로부터

$$\begin{aligned}\log_{10}5 &= \log_{10}\frac{10}{2} = \log_{10}10 - \log_{10}2 \\ &= 1 - 0.3010 = 0.6990\end{aligned}$$

(3) 기본성질 (ⅲ)로부터

$$\begin{aligned}\log_{10}9 &= \log_{10}3^2 = 2\log_{10}3 \\ &= 2 \times 0.4771 = 0.9542\end{aligned} \qquad \square$$

다음은 유사 이래 학생들이 가장 많이 실수를 하는 것으로, 잘못된 결과를 유도하지 않도록 반드시 기억해 두기 바란다.

$$\log_a(x+y) \neq \log_a x + \log_a y$$

$$\frac{\log_a x}{\log_a y} \neq \log_a x - \log_a y$$

예제 2.3에서 밑이 10인 로그를 사용하였다. 실제로 인류는 10진법을 주로 사용하므로 자연스럽게 밑이 10인 로그를 많이 사용한다(컴퓨터는 2진법을 주로 사용한다). 밑 10인 로그를 상용로그라 하고, 상용로그 $\log_{10}x$는 간단히 $\log x$로 쓴다. 자연현상 또는 공학에서는 밑이 e인 로그를 많이 사용하고, 이러한 로그를 자연로그라 한다. x에 대한 자연로그 $\log_e x$를 간단히 $\ln x$로 쓴다. 로그의 값은 로그표를 사용하던지 또는 계산기를 사용하면 된다.

예제 2.4 $\log 2 = 0.3010$, $\log 3 = 0.4771$이라 하자. 다음 값을 계산하여라.

(1) $\log 600$　　(2) $\log \dfrac{72}{25}$

(3) $\log 0.24$

풀이 ▸ (1) $\log 600 = \log(2 \cdot 3 \cdot 10^2)$

$$= \log 2 + \log 3 + 2\log 10$$

$$= 0.3010 + 0.4771 + 2 = 2.7781$$

(2) $\log \dfrac{72}{25} = \log \dfrac{2^3 3^2}{5^2} = 3\log 2 + 2\log 3 - 2\log 5$

$$= 3\log 2 + 2\log 3 - 2(1 - \log 2)$$

$$= 5\log 2 + 2\log 3 - 2$$

$$= 5 \times 0.3010 + 2 \times 0.4771 - 2 = 0.4592$$

(3) $\log 0.24 = \log \dfrac{24}{100} = \log \dfrac{2^3 \cdot 3}{10^2}$

$$= 3\log 2 + \log 3 - 2\log 10$$

$$= 3 \times 0.3010 + 0.4771 - 2 = -0.6199$$

□

로그함수의 밑은 원하는 밑으로 자유롭게 바꿀 수 있다.

$$(\text{i})\ \log_a x = \frac{\log_b x}{\log_b a} \qquad\qquad (\text{ii})\ \log_{a^m} b^n = \frac{n}{m}\log_a b$$

공식 (i)을 로그의 밑변환 공식이라 부른다.

증명 ▸ (i) 항등식

$$x = a^{\log_a x}$$

의 양변에 밑이 b인 로그를 취하여 정리하면

$$\log_b x = \log_b a^{\log_a x}$$
$$\log_b x = (\log_a x)(\log_b a)$$

이로부터 밑변환 공식을 얻는다.

(ii) 결과 (i)을 이용하여 쉽게 증명할 수 있다. □

예제 2.5 밑변환 공식으로부터

$$\log_2 3 = \frac{\log 3}{\log 2} \approx \frac{0.4771}{0.3010} \approx 1.5850$$
$$\log_2 3 = \frac{\ln 3}{\ln 2} \approx \frac{1.0986}{0.6931} \approx 1.5850$$
$$\log_8 16 = \log_{2^3} 2^4 = \frac{4}{3}\log_2 2 = \frac{4}{3}$$
□

앞에서 언급했듯이 로그함수는 큰 수를 작은 수로 바꾸어 취급할 수 있으므로 천체 간의 거리를 표시하는 데 유익하다.

예제 2.6 태양과 지구 사이의 거리는 약 1억 5000만 km이다. 이에 대한 상용로그의 값을 구하라.

풀이 ▸ $\log_{10} 15\times 10^7 = \log 15 + \log 10^7 = 7 + \log 15$

$= 7 + 1.176 = 8.176$ □

행성 간의 거리는 대단히 큰 숫자로 표현되는데, 이는 천체 연구에 장애요소가 되기에 충분하다. 따라서 천체 연구자들은 큰 숫자에 대한 대응책으로 천문단위 AU를 도입하여 사용한다. 예제 2.6은 로그함수는 천체 연구의 중요한 도구가 될 수 있음을 암시한다. 왜냐하면 1억 5000만이라는 큰 수를 로그함수를 통해서 보면 단지 8.176이라는 작은 수에 불과하기 때문이다. 천체들 사이의 거리를 로그의 세상으로 옮겨 연산을 함으로써, 그들은 큰 수에 대한 공포로부터 탈출할 수 있게 되었다.

이제 작은 숫자를 역으로 해석하여 본질을 알 수 있도록 해야 한다. 즉, 숫자 8.176에서 각 숫자들이 의미하는 바가 무엇인지를 파악해 두어야 한다. 왜냐하면 8.176은 실수 8.176과는 전혀 다른 의미를 내포하고 있는 수이기 때문이다. 다음 질문으로부터 숫자 8.176의 비밀을 파헤쳐 들어가자.

$\log_{10}15\times10^7$과 그 값의 정수부분 8은 어떤 관계일까?

이를 위해 지수함수 10^n을 생각하자.

n이 1인 경우 10이므로 두 자리 수
n이 2인 경우 100이므로 3자리 수
n이 5이면 100000이므로 6자리 수

따라서 10^n은 $n+1$자리 수이다. 한편

$$\log_{10}10^n = n\log_{10}10 = n$$

이므로, 로그함수의 값에서 정수부분은 자릿수를 나타낸다는 결론을 내릴 수 있다. 즉, $\log_{10}15\times10^7$의 값에서 정수 8은 진수가 9자리 정수부분을 가진 수라는 것이다.

예제 2.7 지구에서 어떤 행성까지의 거리가 상용로그의 값으로 11.2가 나왔다. 행성 간의 거리를 추정하여라. 단위는 km이다.

풀이 ▸ 상용로그의 정수부분이 11이므로 거리는 12자리 정수부분을 갖는다. 소수점 아래 2는 12자리 정수부분의 자릿수들과 관련이 있다. 실제로

$$\log A = 11.2\text{에서 } A = 10^{11.2} = 10^{11}\times10^{0.2} = \sqrt[5]{10}\times10^{11}$$

이므로 정수부분의 자릿수들은 $\sqrt[5]{10}$에 의해 결정된다.

$$\sqrt[5]{10} = 1.584893192$$

이므로, 거리는 158,489,319,200 km 이다. □

일반적으로, 임의의 양의 실수 x에 대하여

$$\log x = n + \alpha,\ n\text{은 정수},\ 0 \le \alpha < 1$$

이 성립된다. n은 정수이며 지표라고 하고, α는 실수로 가수라고 한다. n이 음이 아닌 정수인 경우, x는 한 자리 이상의 정수부분을 포함하고, n이 음수인 경우 x는 1보다 작은 소수이다. 예를 들어,

$$\log 0.24 = -1 + 0.3801$$

에서 지표가 -1이고, 진수 0.24는 소수점 아래 첫 자리에 0이 아닌 수를 포함하고 있다. 계산기를 이용하여 소수에 대한 로그의 값을 계산해보면 사실을 더 명확하게 알 수 있다

$$\log 0.023 = -1.6383 = -2 + 0.3617$$

마지막으로 로그함수 $y = \log_a(x-m)+n$의 그래프에 대하여 살펴보자.

예제 2.8 함수 $y = 2\log_2(x+3) - 2$의 그래프를 그려라.

풀이 ▸ 함수 $y = 2\log_2(x+3) - 2$의 그래프는 $y = 2\log_2 x$의 그래프를 x축으로 -3만큼, y축으로 -2만큼 평행이동한 것이다.

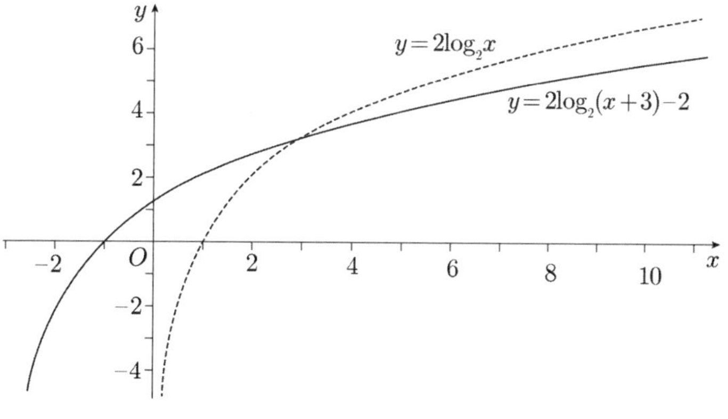

그림 2.4 로그함수 $y = 2\log_2(x+3) - 2$의 그래프 □

예제 2.8에서 주어진 함수의 그래프에서 다음 두 가지 문제가 도출된다.

(i) $y = 2\log_2(x+3) - 2$의 각 절편은?

(ii) $y = 2\log_2(x+3) - 2$와 $y = 2\log_2 x$가 만나는 x의 값은?

예제 2.9 $y = 2\log_2(x+3) - 2$의 각 절편을 구하라.

풀이 ▸ $f(0) = 2\log_2 3 - 2$이므로 y의 절편은 $2\log_2 3 - 2 \approx 1.1699$이다.

x의 절편을 구하기 위해 $y = 0$으로 놓고 로그방정식

$$2\log_2(x+3) - 2 = 0$$

을 풀면

$$\begin{aligned} \log_2(x+3) &= 1 \\ x + 3 &= 2 \\ x &= -1 \end{aligned}$$

따라서 x의 절편은 -1이다. □

예제 2.10 $y = 2\log_2(x+3) - 2$와 $y = 2\log_2 x$가 만나는 점을 구하라.

풀이 ▸ 만나는 점에서 두 함수의 y값이 같으므로 (로그)방정식

$$2\log_2(x+3) - 2 = 2\log_2 x$$

를 풀어 x를 구한다. 로그함수의 성질로부터

$$\begin{aligned} \log_2(x+3) - \log_2 x &= 1 \\ \log_2 \frac{x+3}{x} &= 1 \\ \frac{x+3}{x} &= 2 \end{aligned}$$

양변에 x를 곱하면 $x + 3 = 2x$이다. 일차방정식을 x에 대하여 풀면 $x = 3$이다. 따라서 만나는 점은 $(3,\ 2\log_2 3) \approx (2,\ 3.1699)$이다. □

예제 2.10에서 보았듯이 로그함수의 그래프 또는 로그함수가 만나는 점을 구할

때 로그방정식을 풀어야 한다. 다음 예제들을 통하여 로그방정식의 해법을 익히자.

예제 2.11 다음 방정식의 해를 구하라.

$$\log(2x+8) = 1 + \log(x-4)$$

풀이 ▸ 미지수 x를 포함한 항을 왼쪽으로, 상수는 오른쪽으로 모으면

$$\log(2x+8) - \log(x-4) = 1$$

로그의 성질을 이용하여 정리하면

$$\log\frac{2x+8}{x-4} = 1$$

$$\frac{2x+8}{x-4} = 10$$

또는

$$2x+8 - 10x-40$$

일차방정식의 해는 $x=6$이다. 이제 일차방정식의 해 $x=6$이 주어진 방정식의 해인지를 확인하여보자. 이를 위해 $x=6$을 주어진 방정식에 대입하면

왼쪽 항은 $\log(2\times 6+8) = \log 20$
오른쪽 항은 $\log(6-4)+1 = \log 2+1 = \log(2\times 10) = \log 20$

이므로, $x=6$은 주어진 방정식의 해이다. □

예제 2.11에서 주어진 방정식의 해를 구할 때 진수는 반드시 양이라는 사실은 언급하지 않았다. 실제로 $x=6$은 $2x+8>0$ 그리고 $x-4>0$을 동시에 만족하므로 해가 된다. 그러나 로그를 없앤 후 파생되는 방정식의 해는 원래 방정식의 해가 아닐 수도 있다.

예제 2.12 다음 방정식의 해를 구하라.

$$\log_2 x = 3 - \log_2(x+2)$$

풀이 ▸ 로그의 성질로부터

$$\begin{aligned}\log_2 x + \log_2(x+2) &= 3\\ \log_2 x(x+2) &= 3\\ x(x+2) &= 2^3\\ x^2+2x-8 &= 0\\ x=2 \text{ 또는 } x &= -4\end{aligned}$$

$\log_2(-4)$는 정의되지 않기 때문에 $x=-4$는 해가 될 수 없다. 실제로, 마지막 이차방정식의 해가 본래 방정식의 해가 되기 위해서는 진수의 조건

$$x>0 \text{ 및 } x+2>0$$

을 동시에 만족하는 영역 $x>0$에서 방정식을 풀어야 한다. 따라서 $x>0$을 만족하는 해는 $x=2$뿐이다. □

예제 2.13 $\ln 2 = a$와 $\ln 3 = b$라 두고, 지수방정식

$$3^{2x-1} = 4^{x+2}$$

의 해를 a와 b의 항으로 표시하여라.

풀이 ▸ 밑이 다르기 때문에 지수함수의 성질을 이용하여 해를 구할 수 없다. 대신 로그를 이용하여 해를 구한다. 양변에 자연로그를 취하면

$$\ln 3^{2x-1} = \ln 4^{x+2}$$

로그의 성질을 이용하여 전개하면

$$\begin{aligned}(2x-1)\ln 3 &= (x+2)\ln 4\\ 2x\ln 3 - \ln 3 &= x\ln 4 + 2\ln 4\\ (2\ln 3 - \ln 4)x &= 2\ln 4 + \ln 3\end{aligned}$$

따라서

$$x = \frac{4\ln 2 + \ln 3}{2\ln 3 - 2\ln 2} = \frac{4a+b}{2b-2a}$$ □

지금 세계 도처에서는 엄청난 규모의 지진이 연이어 발생하고 있다. 지진의 규모는 지진의 진폭이 10배 늘어날 때마다 규모 값은 1.0씩 늘어나도록 만들어져 있어 규모 1과 2 사이에는 보이지 않는 에너지 차에 대한 배율이 있다. 규모 1이 내포하고 있는 배율을 찾아보자. 지진의 에너지양(E)과 지진의 규모(M)는 다음 관계식을 갖는다.

$$\log E = 1.5M + C$$

물론 좀 더 정확한 관측을 위한 식들이 존재한다.

예제 2.14 지진 규모가 1이 증가하면 에너지는 얼마나 증가하는가?

풀이 ▸ 규모 2와 3의 차이를 이용하여 구하자. 규모 2와 3에 대응하는 에너지를 E_1과 E_2라고 하면

$$\log E_1 = 1.5 \times 2 + C$$
$$\log E_2 = 1.5 \times 3 + C$$

두 식을 빼면

$$\log E_2 - \log E_1 = 1.5(3-2) = 1.5$$

로그의 성질로부터

$$\frac{E_2}{E_1} = 10^{1.5} = 31.6227766 \cdots$$

소수 첫째 자리에서 반올림하면 $E_2 = 32E_1$이 성립한다. 따라서 규모 1에 대한 에너지 증가율은 약 32배이다. □

예제 2.14로부터 지진 규모 n에 대한 에너지를 E_n이라고 하면

$$E_{n+1} = 32^n E_1, \ n = 2, 3, 4, \cdots$$

지진 규모가 6인 경우 E_1의 $32^5 = 33{,}554{,}432$배의 에너지가 발생된다. 지진 규모가 커지면 커질수록 피해가 엄청나게 늘어날 수밖에 없다.

4-2 연습문제

01 로그는 지수로, 지수는 로그의 형태로 고쳐 써라.

(1) $\log_2 4 = 2$　　(2) $\log_9 \frac{1}{81} = -2$

(3) $64 = 8^2$　　(4) $\frac{1}{100} = 10^{-2}$

02 다음 방정식을 x에 대하여 풀어라.

(1) $\log_2 x = 3$　　(2) $\log_{16} x = \frac{1}{2}$

(3) $\log_{1/2} x = 3$　　(4) $\log_5 \frac{1}{25} = x$

(5) $\log_3 (x-1) = 2$　　(6) $\log_{x+1} 17 = \log_4 17$

03 다음 함수의 그래프를 그려라. 단, 절편은 반드시 표시하라.

(1) $f(x) = \log_2 (x+1)$　　(2) $f(x) = \log_2 x + 2$

(3) $f(x) = \log_2 (x+1) + 2$　　(4) $f(x) = \log_3 (x-2)$

04 다음 방정식의 그래프를 그려라. 단, 절편은 반드시 표시하라.

(1) $y = \log (x+2)^2$　　(2) $y = \log (x+2)^3$

(3) $y = 2\log (x+2)$　　(4) $y = 3\log (x+2)$

05 다음을 계산하라.

(1) $\log_5 25$　　(2) $\log_8 8$

(3) $\log_{0.1} 0.001$　　(4) $\log_{25} 5$

(5) $\log_4 \frac{\sqrt[3]{4}}{2}$　　(6) $\log_{\frac{1}{3}} \frac{9^{-4}}{3}$

(7) $\log_6 36^4$　　(8) $\ln e^4$

(9) $\ln \sqrt{e}$　　(10) $e^{\ln 2}$

(11) $\log \frac{1}{1000}$

06 $\log 2 = 0.3010$, $\log 3 = 0.4771$과 $\log 5 = 0.6990$을 이용하여 다음을 계산하라.

(1) $\log 16$　　(2) $\log \frac{2}{3}$

(3) $\log \sqrt{5}$　　(4) $\log \frac{15}{2}$

(5) $\log 0.3$　　(6) $\log 150$

07 로그 앞의 계수가 1인 하나의 로그로 표현하라.

(1) $\log_a x + \log_a y - \log_a m$

(2) $\log_b (x+2) + \log_b 7x - \log_b 8$

08 다음의 그래프를 그리고 $y = \ln x$ 의 그래프와 비교하라.

(1) $y = \ln x + 3$　　(2) $y = \ln (x+3)$

(3) $y = \ln (x+3) + 3$

09 다음 방정식을 풀어라.

(1) $4^{3m-1} = 12^{m+3}$　　(2) $\ln (t-1) = 1$

(3) $\log (x+4)^2 = \log (x-4)^2$　　(4) $\log (x+4) - \log (x+2) = \log x$

(5) $\ln (y+2) = \ln (y-7) + \ln 4$

10 x에 대하여 다음 방정식을 풀어라.

(1) $2^{2x} - 3 \cdot 2^x + 2 = 0$　　(2) $e^x - 5 + 6e^{-x} = 0$

11 x에 대한 다음 부등식을 풀어라.

(1) $2^{x+1} < 2^{2x-5}$　　(2) $2^{-x} > 2^{-x^2-6}$

(3) $\log_2 x < 4$　　(4) $\log_x 16 < 4$

05

삼각함수

1. 주파수, 주기, 파장
2. 삼각함수
3. 삼각함수의 그래프
4. 삼각방정식

1 주파수, 주기, 파장

빛은 전자기파로 전기파와 자기파가 서로 수직으로 진동하면서 이동한다는 것이 밝혀져 있다(그림 1.1).

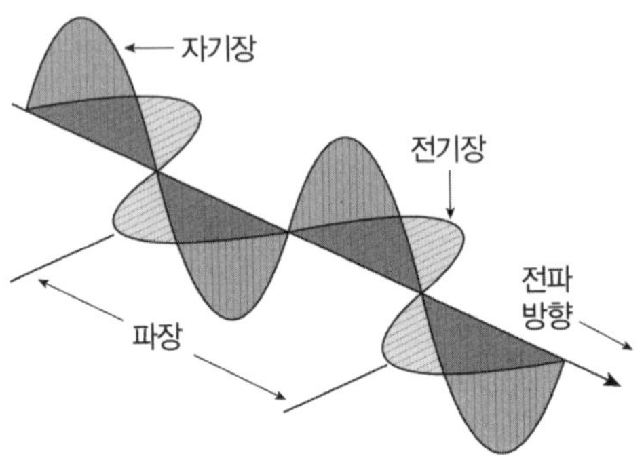

그림 1.1 전자기파

또한 빛은 수많은 순수한 색들의 결합으로 그 가운데 프리즘에 의해 분해된 7가지의 무지개 색들은 육안으로 볼 수 있다. 눈으로 볼 수 없지만 다양한 장치를 통하여 더 많은 색이 존재하다는 것도 알고 있다. 빛의 진동이란 순수한 색들의 진동이 결합되어 있는 것이므로, 순수한 색의 진동을 알아내기만 한다면, 빛의 진동 원리를 좀 더 명확히 이해할 수 있다. 인간의 눈은 가시광선의 색깔을 어떻게 구별할 수 있을까. 각 색깔은 서로 다른 파장과 주파수를 가지고 있고, 눈은 각 주파수에 반응하는 감지기를 가지고 있다. 따라서 물체에서 반사된 빛이 시신경에 닿을 때 동일한 주파수 감지기가 반응하여 색을 인식하게 되는 것이다. 그림 1.2는 파장과 주파수에 따른 색의 분류이다.

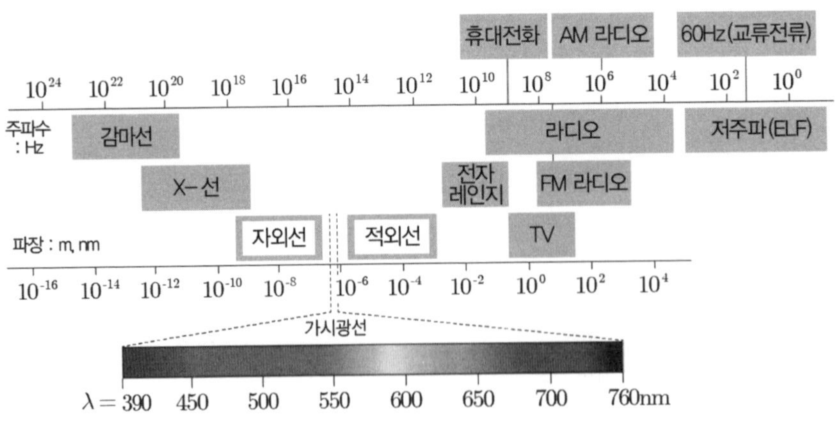

그림 1.2 주파수와 파장에 따른 색의 분류

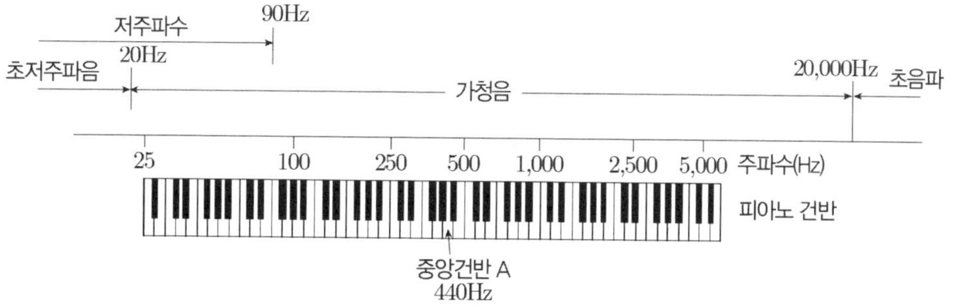

그림 1.3 가청주파수를 만들도록 설계된 피아노 건반

소리를 인식하는 것도 이와 마찬가지이다. 소리는 공기나 물 같은 매질의 진동을 통해 전달되는 종파이다. 순수한 소리 파형들의 결합으로 구성되어 있는 합성파가 고막에 도달하면 고막은 합성 진동을 개별로 감지하여 뇌에 전달함으로써 소리가 인식된다. 피아노 건반은 사람의 고막이 감지할 수 있는 진동(주파수)이 발생되도록 현의 길이와 장력으로 설계되어 있다. 이러한 주파수를 가청주파수라고 한다.

우리 눈에 보이는 가시광선에 대해 구체적으로 살펴보자. 가시광선은 7가지 무지개 색과 그 사이의 색들로 구성되어 있다. 또한 각 색은 자신의 고유한 주파수와 파장을 가지고 있음을 언급하였다. 먼저 주파수, 주기, 파장의 개념에 대해 살펴보자.

1) 주파수(f, frequency)

1초 동안에 전자기파가 진동한 횟수를 말하며 단위는 Hz(헤르츠)를 사용한다.

전등이 60 Hz 라는 것은 1초 동안에 60번 깜빡인다는 뜻이다. 그림 1.4는 1초에 60회 진동하는 모양을 수평으로 늘어놓은 것이다. 소리 또는 파도와 같이 진동하면서 퍼져 나가는 파도 있고, 스프링처럼 상하로 진동하는 파도 있다.

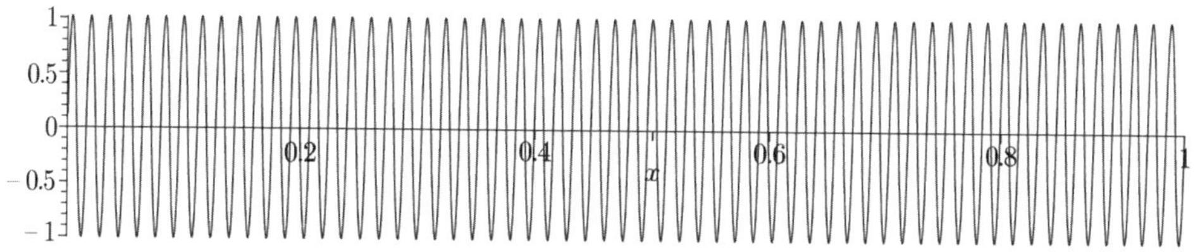

그림 1.4 주파수가 60 Hz인 진동파

2) 주기(T, time)

1번 진동하는 데 걸리는 시간(같은 모양이 다시 나타날 때까지의 시간)을 말하며, 단위는 sec(초)이다.

주기는 주파수와 역수의 관계를 갖는다.

$$T = \frac{1}{f}$$

그림 1.5는 $T = 1/f$의 그래프를 나타낸 것으로, 주파수가 낮을수록 1번 진동하는 데 걸리는 시간이 길어지고, 주파수가 높을수록 1번 진동하는 데 걸리는 시간이 짧아진다는 것을 보이고 있다. 진동수가 적은 주파수는 저주파라고 하고 진동수가 많은 주파수는 고주파라고 한다.

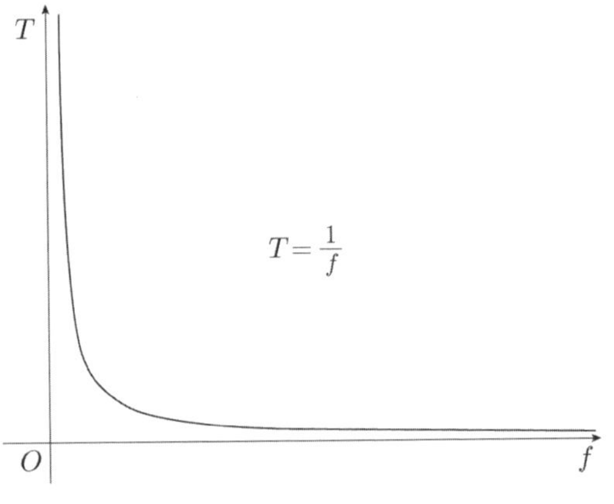

그림 1.5 주파수와 주기와의 관계

예로, 주파수가 $f = 60\,\mathrm{Hz}$이면 한 번 진동하는 데 걸리는 시간은

$$T = \frac{1}{60} \approx 0.17\,\mathrm{sec}$$

그림 1.2에서 $10^{24}\,\mathrm{Hz}$는 X-선 주파수에 속하는 주파수로 1번 진동하는 데 걸리는 시간은

$$T = \frac{1}{10^{24}} = 10^{-24}\text{sec}$$

이다. 1번 진동하는 데 걸리는 시간이 거의 0에 가깝다(그러나 결코 0은 아니다).

3) 파장(λ, wavelength)

파가 1번 진동할 때 진행한 거리로 단위는 m(미터) 또는 nm(나노미터)를 사용한다.

속도는 거리를 소요된 시간으로 나눈 것이므로, 전자기파의 속도(빛의 속도)는

$$c = \frac{\lambda}{T} = \lambda f$$

단, 빛의 속도 $c = 3.8 \times 10^8 \text{m/sec}^2$이다.

이 공식을 이용하여 주파수로부터 파장을 구할 수 있고, 반대로 파장으로부터 주파수를 구할 수 있다. 또한 파장과 주파수는 반비례한다는 것도 알 수 있다.

예제 1.1 빨간색의 파장은 그림과 같다. 빨간색의 주파수를 구하라.

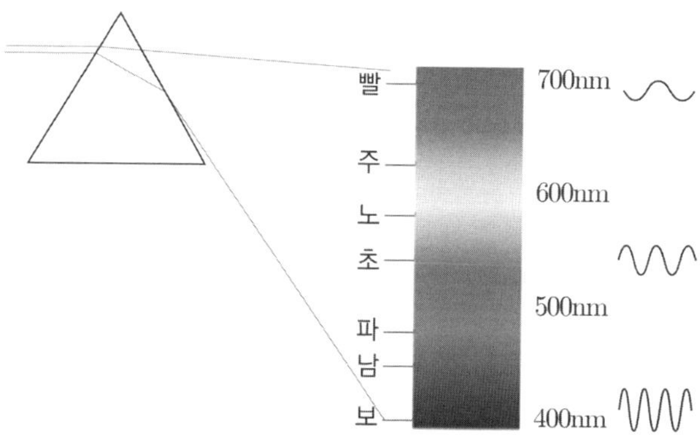

그림 1.6 가시광선의 파장

풀이 ▸ 빨간색의 파장은 $\lambda = 700 \times 10^{-6}\text{m}$이다. 따라서

$\lambda = 700 \times 10^{-6}\text{m}$와 $c = 3.8 \times 10^8 \text{m/sec}^2$을 $f = \frac{c}{\lambda}$에 대입하면

$$f = \frac{3.8 \times 10^8}{700 \times 10^{-6}} = \frac{38}{7} \times 10^{11} \approx 5.43 \times 10^{11}\,\mathrm{Hz} \qquad \square$$

토론 1.1 프리즘을 사용하여 빛의 분해과정을 관찰하고, 그 역과정에 대해 토론해보라.

2 삼각함수

1) 일반각

진동이라는 것은 특정한 모양이 동일한 간격을 갖고서 반복적으로 나타나는 것이다. 이 반복적인 모양을 수학 함수를 이용하여 표현해보자. 그림 2.1은 원형 모양(검은 점)의 장애물을 통과하는 두 가지의 진동을 그리고 있다.

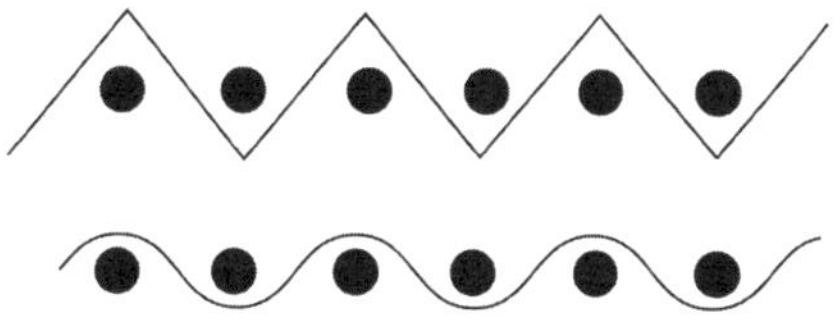

그림 2.1 진동

스케이트 선수가 질주할 때 그리는 운동 궤도는 두 번째 진동 형태와 유사하다. 이러한 모양은 기타 줄을 튕겼을 때 관찰할 수 있으며, 빛의 진동도 이와 동일하다. 이러한 모양을 나타내는 함수를 정의할 수 있을까? 신기하게도 이러한 함수가 존재한다. 바로 삼각함수이다. 명칭에서 느낄 수 있듯이 삼각함수는 각에 대한 함수이다. 따라서 각에 대한 의미를 먼저 알아야 한다.

그림 2.2에서 각 $\angle XOP$는 점 O를 중심으로 기준선 OX를 축으로 회전하여 동경 OP에 도달할 때 만들어진 각으로 간주할 수 있다.

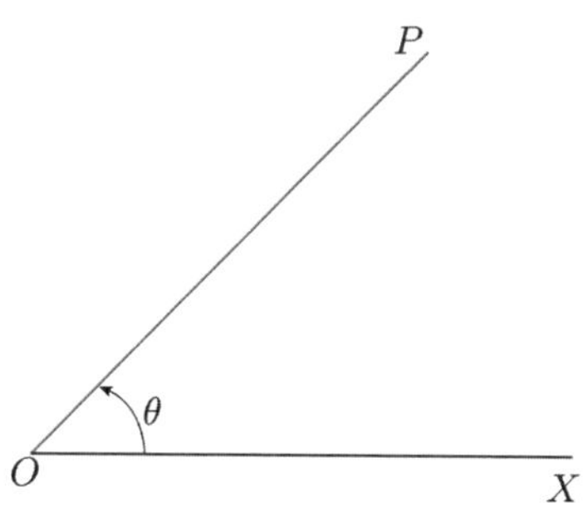

그림 2.2 동경

이때 O를 극점, OX를 극축(시초선)이라 하고, 극축 OX와 반직선 OP에 의해 만들어진 각을 일반각이라 한다. 일반각이라는 이름을 붙이는 이유는 각 $\angle XOP$를 나타내는 방법이 유일하지 않기 때문이다. 실제로, 그림 2.3은 각 $\angle XOP$를 여러 가지로 표시할 수 있음을 나타내고 있다. 일반각의 회전방향을 구별하기 위해 극축의 위쪽 방향으로 회전하여 만들어진 각을 양의 각, 아래쪽으로 회전하여 만들어진 각을 음의 각이라 한다.

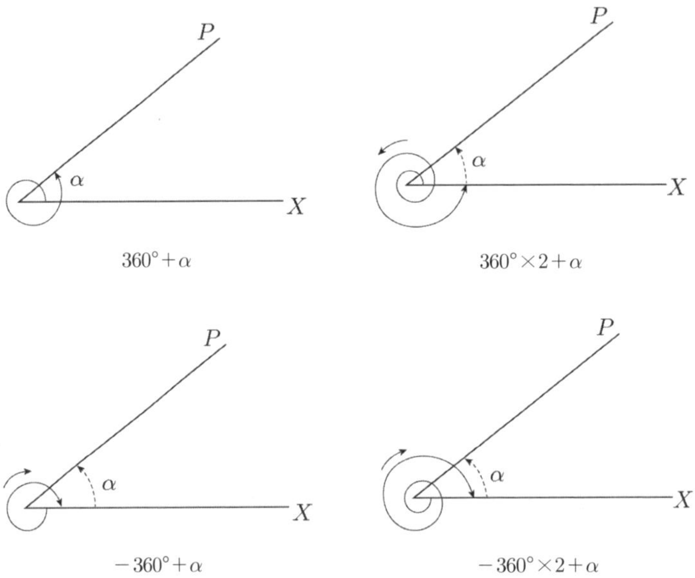

그림 2.3 $\angle XOP$를 나타내는 방법

그림 2.3으로부터 일반각은 다음과 같이 정의한다.

> OX와 OP가 이루는 한 각을 α라고 하자. $\angle XOP$의 일반각은
>
> $$360^\circ \times n + \alpha \quad (n = 0, \pm 1, \pm 2, \cdots)$$
>
> 와 같이 정의한다.

일반각의 개념을 좌표평면에 표시하자. 먼저 x축 및 y축에 의해 분리된 4개의 영역을 제1영역, 제2영역, 제3영역, 제4영역이라 한다(그림 2.4). 양의 x축을 극축으로 정하고, 원점을 O, 평면 위의 임의의 점을 P라 하면, 선분 OP와 양의 x축에 의한 각이 생성된다. 이렇게 생성된 각을 선분 OP의 위치에 따라 선분

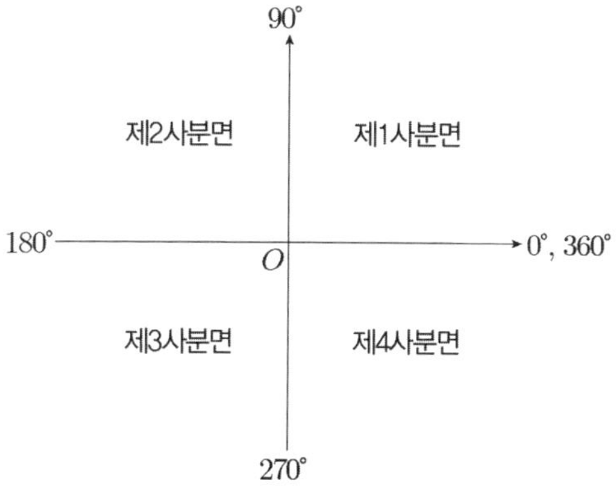

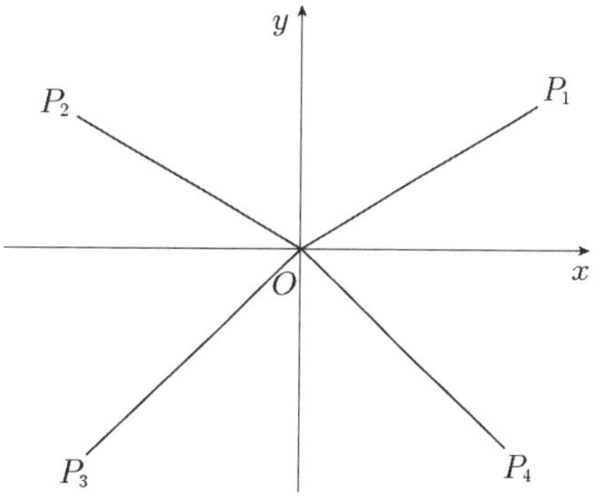

그림 2.4 각의 분류

OP가 제1영역, 제2영역, 제3영역, 제4영역에 놓여 있을 때 제1사분면, 제2사분면, 제3사분면, 제4사분면의 각이라고 한다. 예를 들면, 그림 2.4에서 선분들 OP_1, OP_2, OP_3, OP_4에 의해 만들어진 각은 각각 제1사분면, 제2사분면, 제3사분면, 제4사분면의 각이다.

예제 2.1 (1) 그림 2.5에서 OP가 나타내는 일반각을 구하라.

(2) 다음 각은 몇 사분면의 각인가?

(i) $210°$　(ii) $-355°$　(iii) $820°$　(iv) $-390°$

(3) 다음 각을 도형으로 나타내어라.

(i) $150°$　(ii) $-60°$　(iii) $945°$　(iv) $-700°$

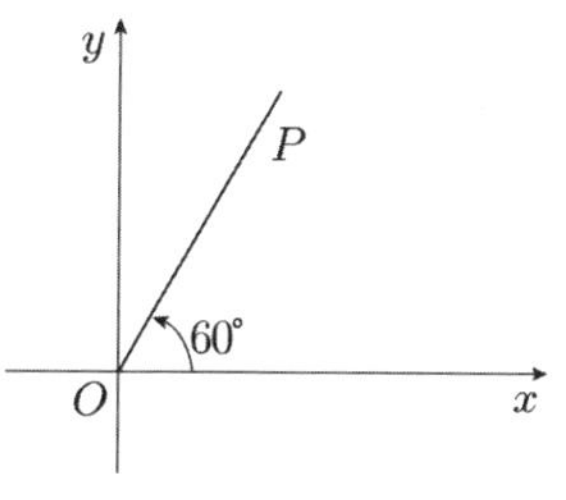

그림 2.5

풀이 ▸ (1) $360° \times n + 60° (n = 0, \pm 1, \pm 2, \cdots)$

(2) (i) $180° < 210° < 270°$이므로 $210°$는 제3사분면의 각이다.

(ii) $-355° = -360° + 5°$이므로 $-355°$는 제1사분면의 각이다.

(iii) $820° = 360° \times 2 + 100°$이고 $90° < 100° < 180°$이므로 $820°$는 제2사분면의 각이다.

(iv) $-390° = -360° - 30°$이므로 $-390°$는 제4사분면의 각이다.

(3) (i) $90° < 150° < 180°$이므로 제2사분면의 각이다.

(ii) $-60°$이므로 제4사분면의 각이다.

(iii) $945° = 360° \times 2 + 225°$이고, $180° < 225° < 270°$이므로 제3사분면의 각이다.

(iv) $-700° = -360° \times 2 + 20°$이므로 제1사분면의 각이다.

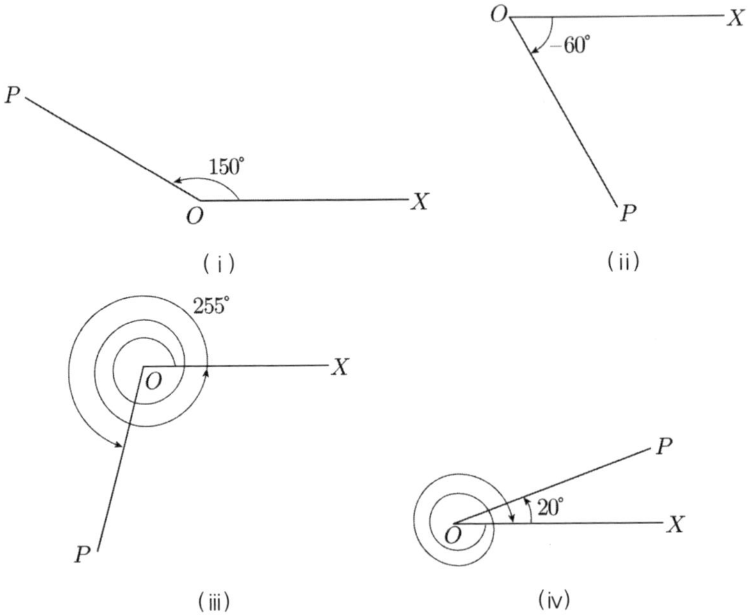

그림 2.6 □

2) 호도법

60분법에서 극축을 기준으로 동경이 1회전하면 360°가 된다는 것을 배웠다. 1장에서 원주율 π의 정의로부터 반지름이 1인 원의 둘레는 2π임을 배웠다. 2π도 1회전과 연관이 있는 측정단위가 될 수 있음을 직관적으로 알 수 있다. 즉, 60분법의 각도와 원주율 π 사이에 어떤 관계가 있다는 것을 강력하게 시사하고 있다. 그 관계가

$$2\pi = 360° \text{ (직관)}$$

이면 금상첨화처럼 보인다. 여기서 어떤 사람은 "각의 크기가 길이도 될 수 있고 또한 반지름이 1인 원의 넓이는 π이므로 각의 크기가 넓이도 될 수 있다는 것인

가”라고 강력하게 반발할 수도 있다. 아무튼 무슨 근거가 있어야 하는데 이러한 근거를 제공하는 것이 바로 호도법이다. 호도법이란 각을 60분법이 아닌 실수의 개념으로 파악하는 방법이다. 지금부터 이 관계를 탐구하여보자. 이를 탐구하기 전에 반지름의 길이와 호의 길이가 같은 부채꼴의 각의 크기는 반지름의 길이와 관계없이 동일하다는 것을 알자.

반지름과 호의 길이가 같을 때 이루는 각의 크기를 1라디안(rad)이라고 한다.

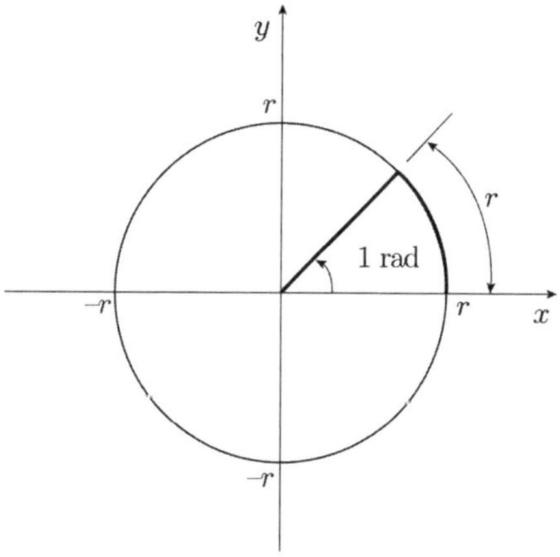

그림 2.7 라디안의 정의

그림 2.7로부터

① $$\text{원둘레} : \text{호의 길이} = \text{원둘레의 각} : 1\text{라디안}$$

와 같은 비례식을 얻는다. 1장에서 경험하였듯이 비례식의 가장 큰 장점은 단위가 소멸되어 나타나지 않는다는 것이다. 즉, 서로 다른 개념이라도 비례라는 관점에서 보면 서로 같아질 수 있다는 것이다. 반지름 r과 원둘레 $2\pi r$을 식 ①에 대입하면

② $$2\pi r : r = 360^\circ : 1\,\text{rad}$$

비례식 ②를 정리하여 $1\,\text{rad}$에 대하여 풀면

$$1\,\text{rad} = 360^\circ \times \frac{r}{2\pi r} = \frac{180^\circ}{\pi}$$

1rad의 단위로 각의 크기를 재는 방법을 **호도법**이라 하며, 도와 라디안의 관계는 다음과 같다.

$$1\,\text{rad} = \frac{180°}{\pi} \quad \text{및} \quad 1° = \frac{\pi}{180}\,\text{rad}$$

호도법에서는 보통 rad단위를 생략하고 쓴다. 예를 들어, 1rad은 1로 쓴다.

참고 ▸ (1) 1rad는 약 $57°17'45''$ ($1° = 60'$, $1' = 60''$)로 다음과 같이 계산된다.

$$\begin{aligned}1\,\text{rad} &= \frac{180}{\pi}\cdot 1° \approx 57.295\cdot 1° = (57+0.2+0.09+0.005)1° \\ &= 57\cdot 1° + 0.2\cdot 60' + 0.09\cdot 60\cdot 60'' + 0.005\cdot 60\cdot 60\cdot 60'''\end{aligned}$$

(2) 라디안의 정의로부터

$$2\pi = 360° \quad \text{및} \quad \pi = 180°$$

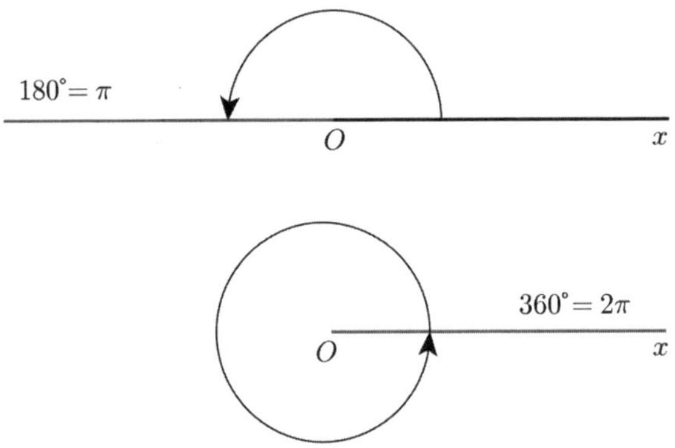

그림 2.8 도와 π의 관계

주요한 각을 라디안으로, 라디안을 각으로 표시하여보자.

예제 2.2 다음과 같이 주어진 각도를 라디안으로 고쳐라.

(1) 30° (2) 45° (3) 60°

(4) 90° (5) 180° (6) 360°

풀이 ▸ (1) $30° = 30 \times 1° = 30 \times \dfrac{\pi}{180} = \dfrac{\pi}{6}$

(2) $45° = 45 \times \dfrac{\pi}{180} = \dfrac{\pi}{4}$

(3) $60° = 60 \times \dfrac{\pi}{180} = \dfrac{\pi}{3}$

(4) $90° = 90 \times \dfrac{\pi}{180} = \dfrac{\pi}{2}$

(5) $180° = 180 \times \dfrac{\pi}{180} = \pi$

(6) $360° = 360 \times \dfrac{\pi}{180} = 2\pi$ □

예제 2.3 다음과 같이 라디안으로 주어진 값을 각도로 고쳐라.

(1) $\dfrac{\pi}{3}$ (2) $\dfrac{2}{3}\pi$

(3) 3π (4) $\dfrac{\pi}{12}$

풀이 ▸ (1) $\dfrac{\pi}{3}\,\text{rad} = \dfrac{\pi}{3} \times 1\text{rad} = \dfrac{\pi}{3} \times \dfrac{180°}{\pi} = 60°$

(2) $\dfrac{2}{3}\pi \times \dfrac{180°}{\pi} = 120°$

(3) $3\pi \times \dfrac{180°}{\pi} = 540°$

(4) $\dfrac{\pi}{12} \times \dfrac{180°}{\pi} = 15°$ □

반지름 r, 중심각 θ [rad]의 부채꼴의 호의 길이가 l, 넓이를 S라 하면

$$l = r\theta,\ \ S = \frac{1}{2}r^2\theta = \frac{1}{2}rl$$

예제 2.4 중심각이 60°이고 반지름이 6인 부채꼴의 넓이를 구하라.

풀이 ▸ 먼저 중심각 60°를 라디안으로 고치면

$$60 \times \frac{\pi}{180} = \frac{\pi}{3}$$

따라서 부채꼴의 넓이는

$$S = \frac{1}{2} \times 6^2 \times \frac{\pi}{3} = 6\pi \qquad \square$$

3) 삼각함수의 정의

양의 x축과 선분 OP가 이루는 각을 θ로 두자. 선분 OP 위의 점

$$P_1(x_1,\ y_1),\ P_2(x_2,\ y_2),\ P_3(x_3,\ y_3),\ \cdots$$

에서 x축에 내린 수선의 발과 만나는 점을 각각

$$Q_1,\ Q_2,\ Q_3,\ \cdots$$

각 선분의 길이를

$$\overline{OP_1} = r_1,\ \overline{OP_2} = r_2,\ \overline{OP_3} = r_3,\ \cdots$$

라고 놓자(그림 2.9).

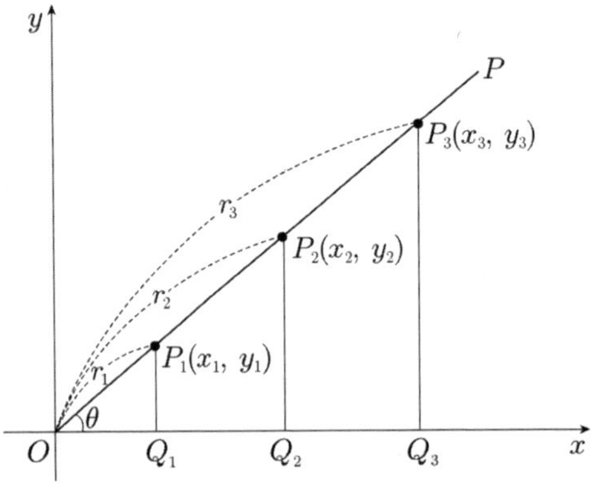

그림 2.9 닮은 삼각형

그러면 삼각형의 닮은 성질

$$\Delta OP_1Q_1 \propto \Delta OP_2Q_3 \propto \Delta OP_3Q_3 \propto \cdots$$

에 의해 다음과 같은 세 종류의 비례식을 얻는다.

(i) $$\frac{\overline{Q_1P_1}}{\overline{OP_1}}=\frac{\overline{Q_2P_2}}{\overline{OP_2}}=\frac{\overline{Q_3P_3}}{\overline{OP_3}}=\cdots$$

$$\therefore\ \frac{y_1}{r_1}=\frac{y_2}{r_2}=\frac{y_3}{r_3}=\cdots\ (\text{일정})$$

(ii) $$\frac{\overline{OQ_1}}{\overline{OP_1}}=\frac{\overline{OQ_2}}{\overline{OP_2}}=\frac{\overline{OQ_3}}{\overline{OP_3}}=\cdots$$

$$\therefore\ \frac{x_1}{r_1}=\frac{x_2}{r_2}=\frac{x_3}{r_3}=\cdots\ (\text{일정})$$

(iii) $$\frac{\overline{Q_1P_1}}{\overline{OQ_1}}=\frac{\overline{Q_2P_2}}{\overline{OQ_2}}=\frac{\overline{Q_3P_3}}{\overline{OQ_3}}=\cdots$$

$$\therefore\ \frac{y_1}{x_1}=\frac{y_2}{x_2}=\frac{y_3}{x_3}=\cdots\ (\text{일정})$$

이러한 결과는 동경 OP 위의 어떠한 점을 잡더라도 세 종류의 비가 동일하게 주어지기 때문에 일반각 θ와 관련된 함수를 정의할 수 있음을 암시하고 있다. 이러한 함수를 정의하기 위해 그림 2.10과 같이 선분 OP 위의 점 P의 좌표를 $(x,\ y)$, $\overline{OP}=r(r>0)$, x축과 선분 OP가 이루는 각을 θ라고 하자.

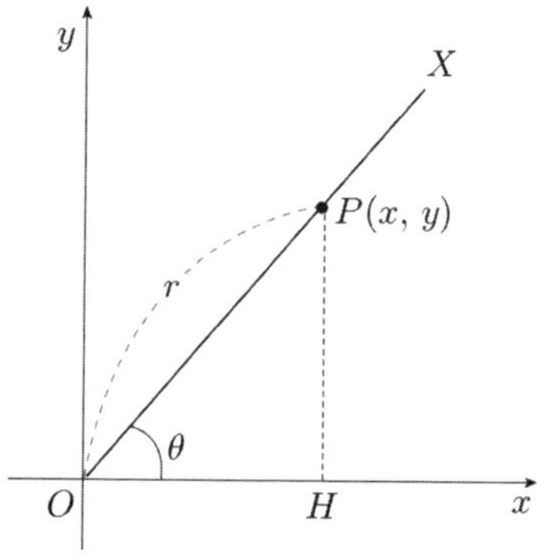

그림 2.10 삼각함수

삼각형 $\triangle OHP$에서 θ에 의존하는 6가지의 (유일한) 비를 정의할 수 있다.

점 $P(x,\ y)$, OP를 나타내는 각을 θ, $\overline{OP}=r\ (r>0)$로 놓자.

$$\sin\theta=\frac{y}{r},\qquad \cos\theta=\frac{x}{r},\qquad \tan\theta=\frac{y}{x}$$

$$\csc\theta = \frac{r}{y}, \quad \sec\theta = \frac{r}{x}, \quad \cot\theta = \frac{x}{y}$$

를 일반각 θ에 대한 삼각함수라고 한다.

6가지의 비를 θ에 대한 삼각함수라 하고, 차례로 사인함수, 코사인함수, 탄젠트함수, 코시컨트함수, 시컨트함수, 코탄젠트함수라고 한다. 삼각함수의 정의로부터 다음 관계식은 쉽게 얻을 수 있다.

$$\csc\theta = \frac{1}{\sin\theta}, \quad \sec\theta = \frac{1}{\cos\theta}, \quad \cot\theta = \frac{1}{\tan\theta}$$

각의 크기가 $0°$에서 $90°$ 사이에 속하는 경우 삼각비와 삼각함수의 값은 동일하므로 피타고라스 정리에 의해 삼각함수의 값을 바로 계산할 수 있다. 이를 좀 더 명확하게 설명하자. 그림 2.11은 밑변이 a, 높이가 b, 빗변이 r 그리고 밑변과 빗변의 사잇각이 θ인 직각삼각형이고, 그림 2.12는 이 직각삼각형을 직교좌표계에 옮겨 놓은 것이다.

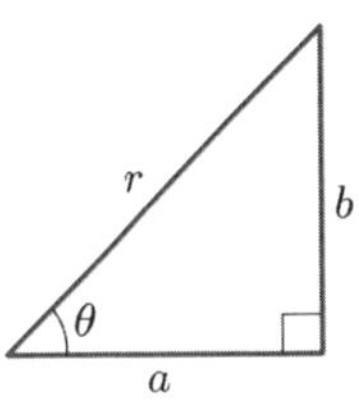

그림 2.11

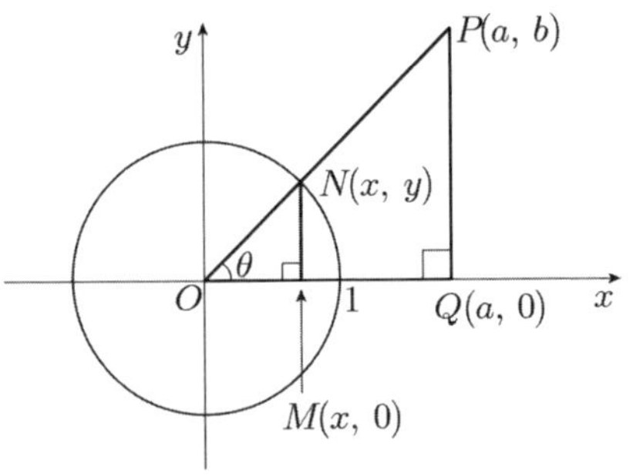

그림 2.12

동경 OP와 단위원(반지름이 1인 원)이 만나는 점을 $N(x, y)$라 하자. 점 N에서 x축에 내린 수선의 발을 M이라 두면 $\triangle OMN \propto \triangle OQP$이다. 따라서

③ $$\frac{\overline{MN}}{\overline{ON}} = \frac{\overline{QP}}{\overline{OP}} \quad \text{및} \quad \frac{\overline{OM}}{\overline{ON}} = \frac{\overline{OQ}}{\overline{OP}}$$

비례식 ③에 $\overline{OM} = x$, $\overline{MN} = y$, $\overline{QP} = b$, $\overline{OQ} = a$, $\overline{OP} = r$을 대입하면

④ $$\frac{y}{1} = \frac{b}{r} \quad \text{및} \quad \frac{x}{1} = \frac{a}{r}$$

삼각함수 $x = \cos\theta$ 및 $y = \sin\theta$를 식 ④에 대입하면

$$\sin\theta = y = \frac{b}{r} \qquad (\text{높이/빗변})$$

$$\cos\theta = x = \frac{a}{r} \qquad (\text{밑변/빗변})$$

$$\tan\theta = \frac{\sin\theta}{\cos\theta} = \frac{b}{a} \qquad (\text{높이/밑변})$$

이므로 삼각비와 삼각함수는 같다. 삼각함수의 정의로부터

$$\csc\theta = \text{빗변/높이}, \ \sec\theta = \text{빗변/밑변}, \ \cot\theta = \text{밑변/높이}$$

는 당연한 결과이다.

예제 2.5 각 0°, 30°, 60°, 45°, 90°에 대한 sin, cos, tan의 값을 구하라.

풀이 ▸ 피타고라스의 정리를 사용하여 60°에 대한 삼각비를 구하여보자. 한 변의 길이가 2인 정삼각형의 한 각은 60°이다(그림 2.13). 그림 2.13와 같이 원점과 A를 일치시키면 C의 좌표는 $(1, \sqrt{3})$, $r = 2$이다. 따라서

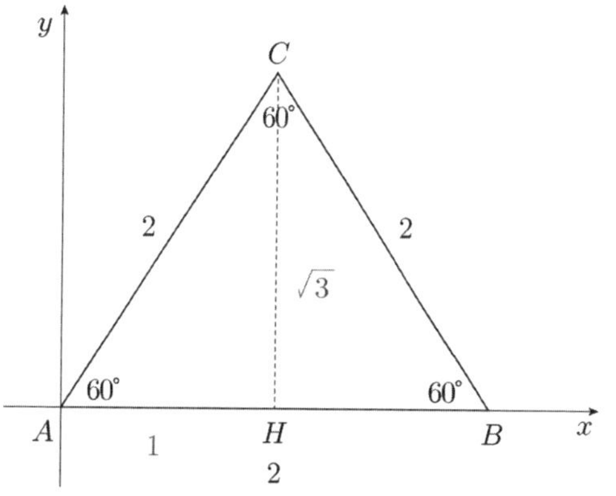

그림 2.13 60°에 대한 삼각비

$$\sin 60° = \frac{y}{r} = \frac{\sqrt{3}}{2}$$

$$\cos 60° = \frac{x}{r} = \frac{1}{2}$$

$$\tan 60° = \frac{y}{x} = \sqrt{3}$$

동일한 방법으로 0°, 30°, 60°, 45°, 90°에 대한 삼각함수의 값을 구할 수 있고 정리하면 다음 표를 얻는다.

	0°	30°	45°	60°	90°
$\sin\theta$	0	$\frac{1}{2}$	$\frac{1}{\sqrt{2}}$	$\frac{\sqrt{3}}{2}$	1
$\cos\theta$	1	$\frac{\sqrt{3}}{2}$	$\frac{1}{\sqrt{2}}$	$\frac{1}{2}$	0
$\tan\theta$	0	$\frac{1}{\sqrt{3}}$	1	$\sqrt{3}$	∞

□

삼각함수의 경우, 1사분면의 각에 대한 함숫값(삼각비)만 알면 모든 각에 대한 함숫값을 다 구할 수 있다. 예를 들면

$$150° = 90° + 60°$$

이므로, 60°에 대응하는 $P(x,\ y)$의 좌표를 90°만큼 회전시켰을 때 생성되는 좌표 $P'(x',\ y')$만 구하면 되기 때문이다. 회전은 원주를 따라 이루어지므로 x와 y의 교환 및 부호의 변환만으로 이동된 좌표를 구할 수 있다.

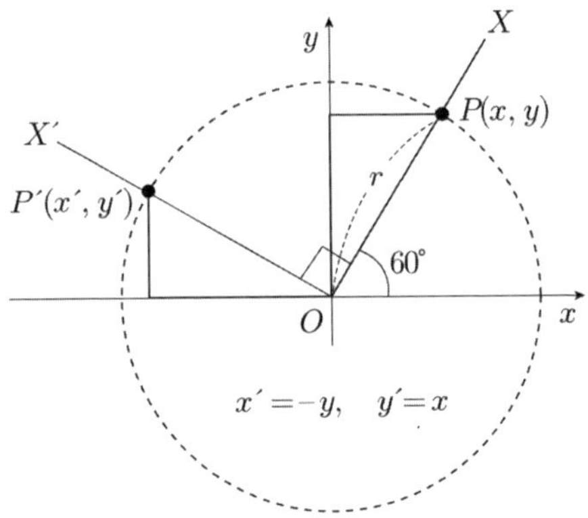

그림 2.14 회전

그림 2.14로부터

$$(x',\ y') = (-y,\ x)$$

이므로

$$\sin 150° = \frac{y'}{r} = \frac{x}{r} = \cos 60°$$

$$\cos 150° = \frac{x'}{r} = \frac{-y}{r} = -\sin 60°$$

$$\tan 150° = \frac{y'}{x'} = \frac{x}{-y} = -\cot 60° = -\frac{1}{\tan 60°}$$

표로부터 2사분면의 각 150°에 대한 삼각함수의 값은

$$\sin 150° = \cos 60° = \frac{1}{2}$$

$$\cos 150° = -\sin 60° = -\frac{\sqrt{3}}{2}$$

$$\tan 150° = -\frac{1}{\tan 60°} = -\frac{1}{\sqrt{3}}$$

예제 2.6 $\sin 210°$, $\cos 210°$, $\tan 210°$를 구하라.

풀이 ▸ $210° = 180° + 30°$이므로 1사분면의 각 $30°$를 $180°$만큼 회전하면 $210°$를 얻는다. 머릿속에 이미지를 그려보라. $30°$를 이루는 선분 OX 위의 점 $P(x, y)$를 $180°$만큼 회전하면 $P'(x', y') = P'(-x, -y)$가 된다. 따라서

$$\sin 210° = \frac{y'}{r} = \frac{-y}{r} = -\sin 30° = -\frac{1}{2}$$
$$\cos 210° = \frac{x'}{r} = \frac{-x}{r} = -\cos 30° = -\frac{\sqrt{3}}{2}$$
$$\tan 210° = \frac{y'}{x'} = \frac{-y}{-x} = \tan 30° = \frac{1}{\sqrt{3}}$$

□

일반적으로 회전 각도에 따른 변환공식은 다음과 같다.

$90°$ 회전하였을 때	$\sin(90°+\theta) = \cos\theta$ $\cos(90°+\theta) = -\sin\theta$ $\tan(90°+\theta) = -\cot\theta$	$270°$ 회전하였을 때	$\sin(270°+\theta) = -\cos\theta$ $\cos(270°+\theta) = \sin\theta$ $\tan(270°+\theta) = -\cot\theta$
$180°$ 회전하였을 때	$\sin(180°+\theta) = -\sin\theta$ $\cos(180°+\theta) = -\cos\theta$ $\tan(180°+\theta) = \tan\theta$	$360°$ 회전하였을 때	$\sin(360°+\theta) = \sin\theta$ $\cos(360°+\theta) = \cos\theta$ $\tan(360°+\theta) = \tan\theta$

삼각함수는 $360°$를 회전하면 처음의 값으로 돌아온다. 따라서 각의 회전수에 따라 함수의 그래프는 동일한 모양을 반복하게 된다. 이러한 성질 때문에 진동의 표현에 삼각함수가 사용된다.

예제 2.7 변환공식을 사용하여 다음 값을 구하라.

(1) $\sin 585°$ (2) $\cos 930°$ (3) $\tan(-6420°)$

풀이 ▸ (1) $\sin 585° = \sin(360° + 225°) = \sin 225°$

$$= \sin(180° + 45°) = -\sin 45° = -\frac{1}{\sqrt{2}}$$

(2) $\cos 930° = \cos(360° \times 2 + 210°) = \cos 210°$

$$= \cos(180° + 30°) = -\cos 30° = -\frac{\sqrt{3}}{2}$$

(3) $\tan(-6420°) = \tan(-360° \times 18 + 60°)$

$$= \tan 60° = \sqrt{3}$$

□

토론 2.1 삼각함수의 함숫값은 각과 동경 위의 좌표 $(x,\ y)$만 정확하게 측정하면 구할 수 있다. 자와 컴퍼스를 사용하여 $\sin 15°$, $\cos 15°$의 값을 구하는 방법에 대해 토론하라.

5-2 연습문제

01 다음 각을 라디안으로 나타내어라.

(1) $120°$ (2) $150°$

(3) $210°$ (4) $270°$

(5) $720°$ (6) $405°$

(7) $-180°$ (8) $-405°$

(9) $-120°$ (10) $-270°$

02 다음 라디안을 각으로 나타내어라.

(1) $\frac{\pi}{5}$ (2) $\frac{\pi}{12}$

(3) $\frac{2\pi}{3}$ (4) $\frac{5\pi}{4}$

(5) $\frac{5\pi}{2}$ (6) $\frac{11\pi}{6}$

(7) $-\frac{\pi}{2}$ (8) $-\frac{2\pi}{3}$

(9) -2π (10) 6π

03 다음 삼각함수의 값을 구하라.

(1) $\sin 240°$ (2) $\cos 210°$

(3) $\tan 300°$ (4) $\cot(-960°)$

(5) $\sin\frac{2\pi}{3}$ (6) $\cos\frac{2\pi}{3}$

(7) $\tan\frac{2\pi}{3}$ (8) $\sin\frac{7\pi}{6}$

(9) $\cos\frac{7\pi}{6}$ (10) $\tan\frac{7\pi}{6}$

(11) $\sin\pi+\csc\frac{\pi}{2}$ (12) $\cos\pi+\sec\frac{\pi}{4}$

(13) $\tan\pi+\cot\frac{\pi}{6}$ (14) $\sin 270°+\cos\frac{5}{3}\pi$

3 삼각함수의 그래프

이 절에서는 삼각함수의 그래프에 대하여 설명한다. 이를 위해 $r=1$인 원주상의 점 $P(x, y)$를 잡자(삼각함수의 값은 점의 위치와 관계없이 동일하다). 그러면

$$\sin\theta = y$$
$$\cos\theta = x$$
$$\tan\theta = \frac{y}{x}$$

가 되므로, P의 좌표의 성분을 사용하여 사인함수 $\sin\theta$와 코사인함수 $\cos\theta$의 그래프를 그릴 수 있다. 성분 x와 y의 절댓값은 빗변의 길이 r보다 클 수 없으므로 $\sin\theta$와 $\cos\theta$의 값은 -1과 1 사이에 놓인다. 사인과 코사인의 그래프는 -1과 1 사이를 오르락내리락하는 선을 그릴 것이다.

1) $y=\sin\theta$의 그래프

$\sin\theta=y$의 그래프는 x축에 회전각과 동일한 각(라디안으로 표시했음)을 표시하고 각의 회전에 따라 생기는 수직 막대기의 높이를 좌표축에 놓고 그 끝점을 연결하면 얻어진다.

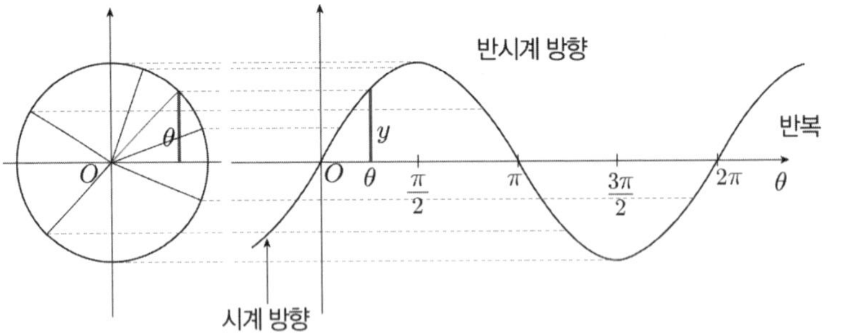

그림 3.1 $y=\sin\theta$의 그래프

그림 3.2는 구간을 확장하여 $y=\sin\theta$의 그래프를 그린 것이다.

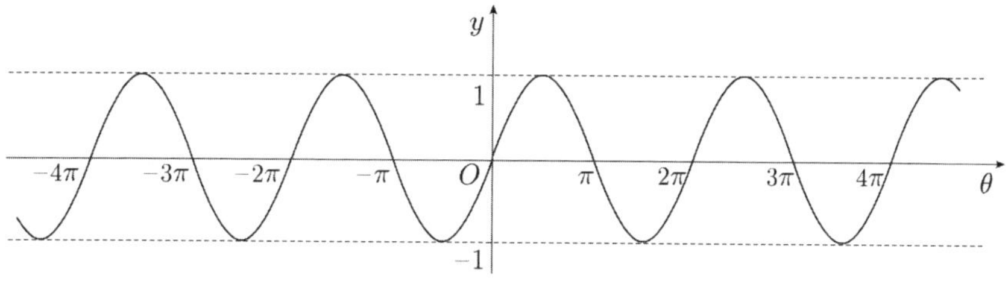

그림 3.2 $y=\sin\theta$의 그래프

그림 3.2를 참고하여 사인함수가 갖는 성질을 정리하면 다음과 같다.

- $\sin(-\theta)=-\sin\theta$이므로, $f(\theta)$는 기함수이고, 그 그래프는 원점에 대칭이다.
- 모든 실수 θ에 대하여 y의 값이 정의되므로 $f(\theta)$의 정의역은 $(-\infty,\ \infty)$이다.
- $\sin\pi/2=1$이고 $\sin 3\pi/2=-1$이므로 $\sin\theta$의 치역은 $[-1,\ 1]$이다.
- $\theta=0,\ \pi,\ 2\pi,\ 3\pi,\ \cdots$일 때 y의 값이 0이므로 x절편은 $0,\ \pm\pi,\ \pm 2\pi,\ \pm 3\pi,\ \pm 4\pi,\ \cdots$이다.
- $\sin 0=0$이므로 y절편은 0이다.
- 동일한 모양이 반복적으로 나타나는 그래프를 갖는다.

증명 ▸ $\sin(-\theta)=-\sin\theta$임을 증명하자. 극축과 동경이 이루는 각을 θ라고 하고, 동경 위에 있는 임의의 점을 $P(x,\ y)$, $\overline{OP}=1$이라고 하자. 극축과 동경이 이루는 각 $-\theta$에 대응하는 점을 $P'(x',\ y')$이라 하면 $\overline{OP'}=1$이고

$$P'(x',\ y')=P'(x,\ -y)$$

따라서

$$\sin(-\theta)=-y=-\sin\theta \qquad \square$$

2) $y=\cos\theta$의 그래프

코사인함수 $y=\cos\theta$의 그래프는 다음 등식을 이용하여 그릴 수 있다.

$$\cos\theta=\sin\left(\theta+\frac{\pi}{2}\right)$$

즉, $\sin\theta$의 그래프를 x축의 방향으로 $-\pi/2$만큼 평행이동하면 $\cos\theta$의 그래프를 얻는다.

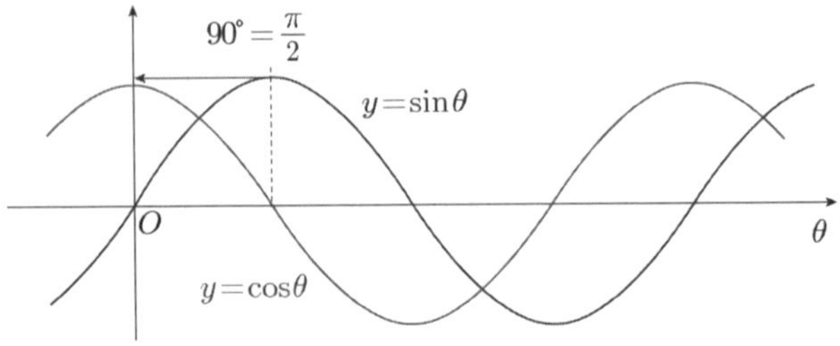

그림 3.3 $y=\cos\theta$의 그래프

그림 3.3은 구간을 확장하여 $y=\cos\theta$의 그래프를 그린 것이다.

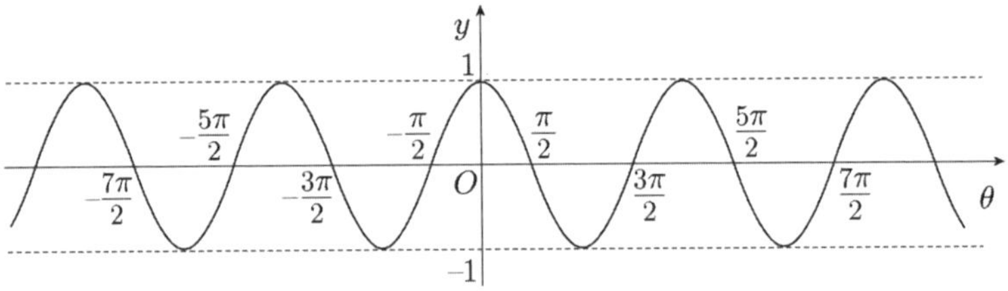

그림 3.4 $y=\cos\theta$의 그래프

그림 3.4를 참고하여 코사인함수의 성질을 정리하면 다음과 같다.

- $\cos(-\theta)=\cos\theta$이므로 $f(\theta)$는 우함수이고, 그 그래프는 y축에 대칭이다.
- 모든 실수 θ에 대하여 x의 값이 정의되므로 $f(\theta)$의 정의역은 $(-\infty,\ \infty)$이다.
- $\cos 0=1$이고 $\cos\pi=-1$이므로 $f(\theta)$의 치역은 $[-1,\ 1]$이다.
- $\theta=\pi/2,\ 3\pi/2,\ 5\pi/2,\ \cdots$일 때 x의 값이 0이므로 x절편은 $\pm\pi/2,\ \pm 3\pi/2,\ \pm 5\pi/2,\ \pm 7\pi/2\cdots$이다.
- $\cos 0=1$이므로 y절편은 1이다.
- 진동하는 그래프를 갖는다.

증명 ▸ $\cos(-\theta)=\cos\theta$임을 증명하자. 극축과 동경이 이루는 각을 θ라고 하고, 동경 위에 있는 임의의 점을 $P(x,\ y)$, $\overline{OP}=1$이라고 하자. 극축과 동경이 이루는 각 $-\theta$에 대응하는 점을 $P'(x',\ y')$이라고 하면 $\overline{OP'}=1$이고 $P'(x',\ y')=P'(x,\ -y)$이다.

따라서

$$\cos(-\theta) = x = \cos\theta \qquad \square$$

사인함수와 코사인함수의 그래프 모양을 사인파형라고 부른다. 사인파형는 자연현상을 해석하는 데 핵심적인 역할을 하는 파형이다. 빛과 소리는 수많은 사인파형들의 일차결합으로 구성되어 있다.

3) $f(\theta) = \tan\theta$의 그래프

단위원($r=1$) 위의 임의의 점을 $P(x,\ y)$라 놓고 x축과 OP가 이루는 각을 θ라 하면 삼각함수의 정의에 의해 다음 식을 얻는다(그림 3.5).

$$\tan\theta = \frac{y}{x} = \frac{t}{1} = t$$

따라서 그림 3.5와 같이 θ에 대응하는 $Q(1,\ t)$가 $y=\tan\theta$의 그래프이다.

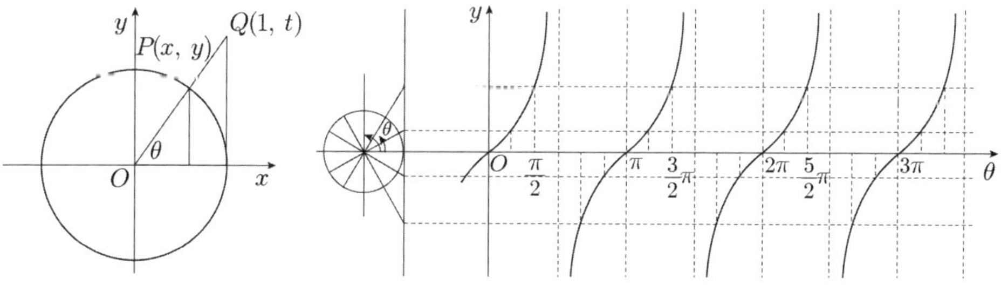

그림 3.5 $y=\tan\theta$의 그래프

그림 3.6은 구간을 확장하여 $y=\tan\theta$의 그래프를 그린 것이다.

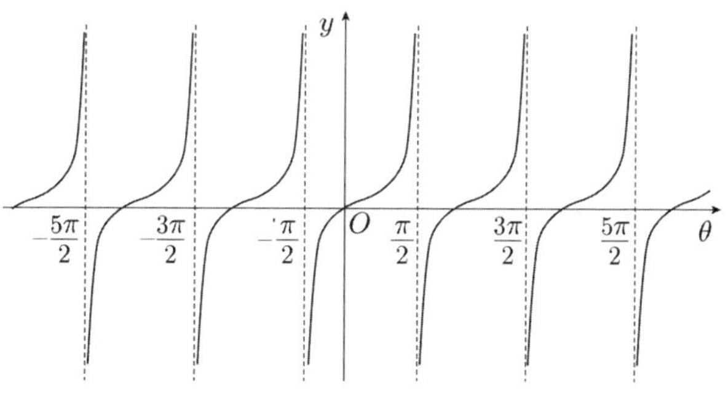

그림 3.6 $y=\tan\theta$의 그래프

그림 3.6을 참고하여 탄젠트함수의 성질을 정리하면 다음과 같다.

- $\tan(-\theta) = -\tan(\theta)$이므로 $f(\theta)$는 기함수이고, 그 그래프는 원점에 대칭이다.
- θ가 y축과 일치하는 각일 때 $f(\theta)$가 정의되지 않으므로 $f(\theta)$의 정의역은 $(-\infty, \infty) - \left\{ \frac{2n+1}{2}\pi : n \in \mathbf{Z} \right\}$이다. 단, $\mathbf{Z}$는 정수집합이다.
- $\theta = \pi/2$일 때 $f(\theta)$의 값은 무한히 커지고, $\theta = -\pi/2$일 때 $f(\theta)$의 값은 무한히 작아지므로 $f(\theta)$의 치역은 $(-\infty, \infty)$이다.
- $\tan(0) = 0$이므로 y절편은 0이다.

증명 ▸ $\sin\theta$는 기함수이고 $\cos\theta$는 우함수이므로 $\tan\theta = \sin\theta/\cos\theta$는 기함수이다. □

사인파의 고유한 성질인 진동수에 대한 개념을 살펴보자.

예제 3.1 삼각함수 $y = \sin x$, $y = \sin 2x$, $y = \sin 3x$의 그래프를 구간 $[0, 2\pi]$에서 그려라.

풀이 ▸

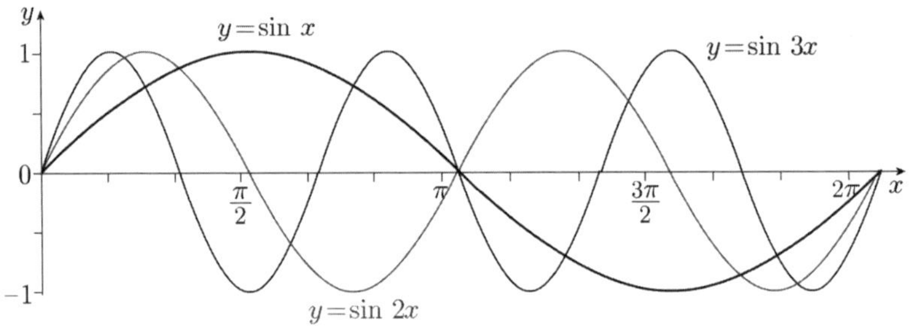

그림 3.7 $\sin x$, $\sin 2x$, $\sin 3x$의 그래프

구간 $[0, 2\pi]$에서 $y = \sin x$의 진동수는 1회, $y = \sin 2x$의 진동수는 2회, $y = \sin 3x$의 진동수는 3회 나타난다(그림 3.7). 이를 통해 독립변수 x 앞에 있는 수는 파의 진동수와 관계가 있음을 알 수 있다. □

이제 x 대신 $2\pi x$로 바꾸어 구간 $[0, 2\pi]$에서의 진동수를 구간 $[0, 1]$에서의 진동수를 나타내어 보자.

예제 3.2 삼각함수 $y=\sin 2\pi x$, $y=\sin 4\pi x$, $y=\sin 6\pi x$의 그래프를 구간 $[0, 1]$에서 그려라.

풀이 ▸

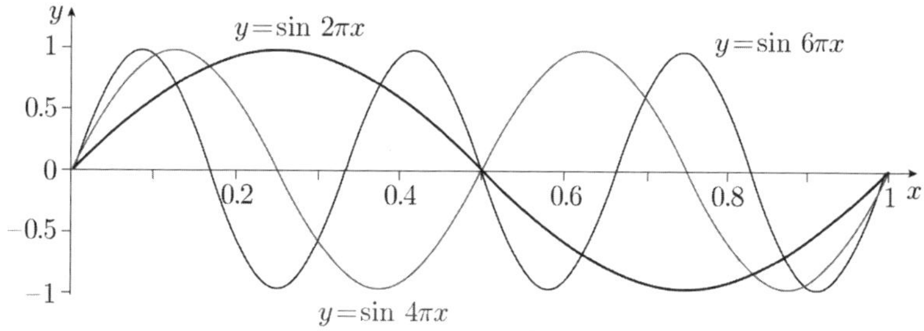

그림 3.8 $\sin 2\pi x$, $\sin 4\pi x$, $\sin 6\pi x$의 그래프

구간에서 1을 초로 해석하면 $\sin 2\pi x$의 주파수는 1 Hz, $\sin 4\pi x$의 주파수는 2 Hz, $\sin 6\pi x$의 주파수는 3 Hz이다. □

예제 3.3 삼각함수 $y=0.5\sin 2\pi x$, $y=\sin 2\pi x$, $y=2\sin 2\pi x$의 그래프를 그려라.

풀이 ▸

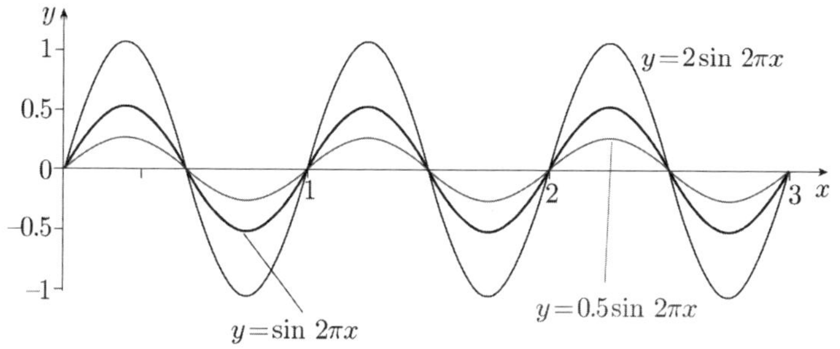

그림 3.9 $0.5\sin 2\pi x$, $\sin 2\pi x$, $2\sin 2\pi x$의 그래프

주파수가 동일하기 때문에 파의 모양은 똑같고 파의 높이만 달라진다. 사인파 앞의 숫자를 스펙트럼이라 하며, 숫자가 클수록 스펙트럼도 커진다. □

삼각함수의 가장 큰 특징은 주기성과 동일한 구간에서 서로 다른 진동수에 관한 것이다. 주기란

$$f(x+p)=f(x)$$

를 만족하는 p의 값이다. p가 주기이면

$$f(x+2p)=f(x+p+p)=f(x+p)=f(x)$$

이므로, $2p$, $3p$, $\cdots$도 주기가 된다. 주기 중에서 가장 작은 양의 값을 기본주기라고 한다. 예를 들어,

$$\sin(x+2n\pi)=\sin x$$
$$\cos(x+2n\pi)=\cos x$$

이지만, $2n\pi$ 중 가장 작은 수는 2π이므로 $\sin x$와 $\cos x$의 기본주기는 2π이다. 이후 특별한 언급이 없다면 주기는 기본주기를 지칭한다.

예제 3.4 삼각함수 $y=\sin ax$, $y=\cos ax$, $y=\tan ax$의 주기는 각각

$$\frac{2\pi}{|a|},\ \frac{2\pi}{|a|},\ \frac{\pi}{|a|}$$

임을 보여라.

풀이 ▸ $f(x)=\sin ax$의 주기를 p라 하면

$$\sin a(x+p)=\sin ax$$

$ax=y$로 두면

$$\sin(y+ap)=\sin y$$

따라서 $ap=2\pi$가 되므로

$$p=\frac{2\pi}{|a|}$$

여기서 절댓값을 사용한 이유는 양의 주기만 취급하면 되기 때문이다. 나머지도 동일하게 증명할 수 있다. □

예제 3.5 $y=A\sin(2\pi f_0 x)$에서 주기, 주파수, 빛의 속도를 사용한 파장을 구하라. 단, $f_0=120$이다.

풀이 ▸ 주기 $T=\dfrac{2\pi}{2\pi f_0}=\dfrac{1}{f_0}=\dfrac{1}{120}\sec$

$$\text{주파수 } f = \frac{1}{T} = f_0 = 120\,\text{Hz}$$

$$\text{파장 } \lambda = \frac{c}{f} = \frac{3.8 \times 10^8}{120} \approx 32 \times 10^5\,\text{m} \approx 3200\,\text{km} \qquad \square$$

주기가 다른 사인파 삼각함수를 더하면 신기한 모양의 새로운 함수를 만들 수 있다. 빛이 프리즘을 통과하면 서로 다른 주파수를 갖는 무지개 색으로 분해한다. 이를 역으로 생각하면, 서로 다른 주파수를 갖는 무지개 색을 다 더하면 다시 (유사)빛으로 돌아간다. 그러나 자외선 및 적외선에 대응하는 주파수를 모두 고려하지 않았기 때문에 빛은 되지 못한다. 그럼에도 불구하고 사람의 눈은 그 차이는 잘 감지 못한다. 전화기의 PB방식 다이얼 신호를 이용하여 좀 더 쉽게 접근해보자. 그림 3.10과 PB방식 다이얼 신호는 7개 종류의 주파수 중 2개 주파수의 조합으로 만들어진다. 즉, 음성대역 내의 높은 3개 주파수(1209, 1336, 1447 Hz)와 낮은 4개 주파수(697, 770, 852, 941 Hz) 중 각각으로부터 하나의 주파수를 선정, 이를 조합해서 0에서 9까지의 숫자와 *와 #의 기능 부호로 전화를 거는 것이다.

이러한 조합을 다음 예를 통하여 익히기 바란다. 일반적으로 시각적으로 학습하기 위해서는 저주파수를 갖는 삼각함수를 사용한다. 예를 들어, 941 Hz의 사인파형 함수를 사용하려면

$$y = \sin(2\pi \times 941t)$$

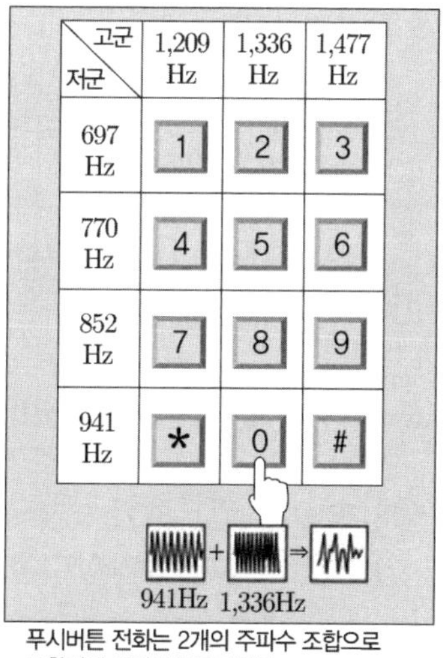

푸시버튼 전화는 2개의 주파수 조합으로 교환기에 전화번호를 전한다.

그림 3.10 PB방식 다이얼

를 도입해야 하고, 컴퓨터를 이용하여 이에 대한 그래프를 그리려면 시간 구간을 매우 짧게 잡아야 한다. 이 경우의 주파수가 941 Hz 이므로 주기는

$$T = \frac{1}{941} \approx 0.00106\,\mathrm{sec}$$

따라서 그림 3.11에서 보듯이 시간 구간 [0, 0.00106]에서 1회의 사인파형이 나타나고, 그림 3.12에서 보듯이 시간 구간 [0, 0.01]에서 10회의 사인파형이 나타난다.

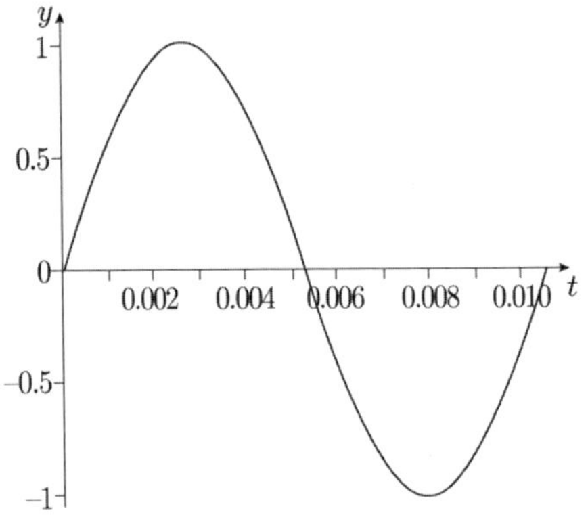

그림 3.11 [0, 0.00106]에서 $y = \sin(2\pi \times 941t)$의 그래프

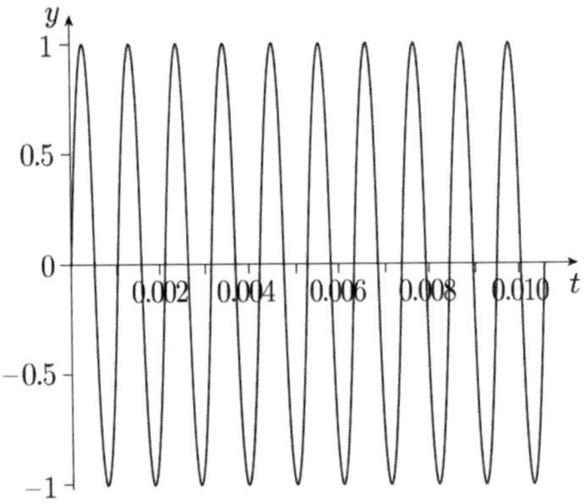

그림 3.12 [0, 0.010626]에서 $y = \sin(2\pi \times 941t)$의 그래프

따라서 학습하는 데 긴 유한소수를 취급해야 하는 불편함이 있으므로 학습할 때는 현실과 약간 동떨어져 있지만 저주파 삼각함수를 사용하는 경향이 있다. 이 사실을 명심하기 바란다. 그림 3.10에서 *와 0에 대응하는 버튼을 누르면 두 버튼에 대응하는 주파수가 합성되어 송출이 된다. 다음 예제는 사인파형 함수들을 합성했을 때 어떤 파형이 나타나는지를 설명한다.

예제 3.6 삼각함수 $y=\sin x+\sin 2x$의 그래프를 구간 $[0,\ 4\pi]$에서 그려라.

풀이 ▸ 컴퓨터를 이용하여 그래프를 그린다.

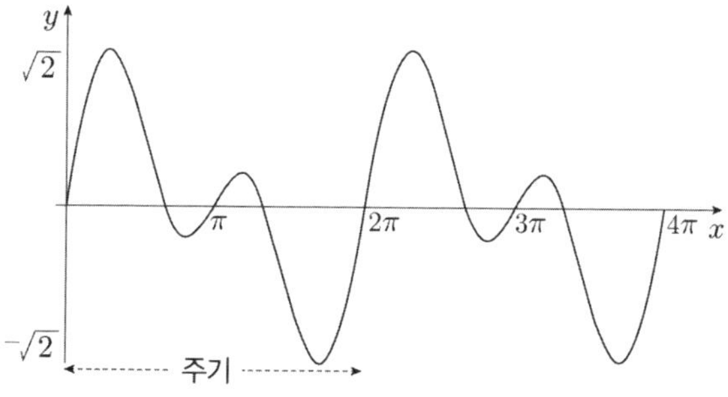

그림 3.13 $y=\sin x+\sin 2x$의 그래프

$\sin x$와 $\sin 2x$는 주기가 다른 삼각함수이므로 합성의 결과는 사인파형이 나타나지 않는다. 그럼에도 불구하고 합성의 결과는 주기가 2π인 주기함수가 된다. 주기가 2π이므로, 그래프는 구간 $[0,\ 4\pi]$에서 2회 진동한다. □

나머지 3개의 삼각함수에 대해서는 그 그래프와 그래프의 성질만을 간략하게 언급해 둔다. 3개의 삼각함수는 앞에서 배운 삼각함수의 역수에 해당하는 것이므로 앞에서 배운 삼각함수의 그래프를 역수의 개념으로 이해하여 그리면 쉽게 그릴 수 있다. 이러한 종류의 삼각함수는 적분에서 많이 나타나므로 그 개념을 확실하게 익혀두는 것이 좋다.

4) $f(\theta)=\csc\theta$의 그래프

사인함수 $y=\sin\theta$의 그래프의 역수를 이용하여 개략적으로 그릴 수 있다. 그림 3.14는 $f(\theta)=\csc\theta$의 그래프를 개략적으로 그린 것이다.

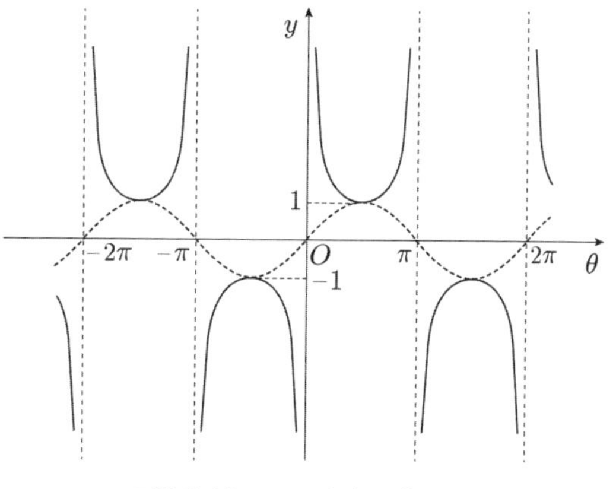

그림 3.14 $y=\csc\theta$의 그래프

그림 3.14를 참고하여 $y = \csc\theta$의 그래프가 갖는 성질을 정리하면 다음과 같다.

- $\sin\theta = 0$이 되는 $\theta = 0,\ \pm\pi,\ \pm 2\pi,\ \pm 3\pi,\ \pm 4\pi \cdots$에서는 정의되지 않는다.
- 정의역은 $\mathbf{R} - \{n\pi : n \in \mathbf{Z}\}$이다.
- 치역은 $(-\infty,\ -1] \cup [1,\ \infty)$이다.

5) $f(\theta) = \sec\theta$의 그래프

$\sec\theta = \csc(\theta + \pi/2)$이므로 $y = \csc\theta$의 그래프를 x축으로 $-\pi/2$만큼 평행이동하여 $f(\theta) = \sec\theta$의 그래프를 그리면 된다. 그림 3.15는 $f(\theta) = \sec\theta$의 그래프를 그린 것이다.

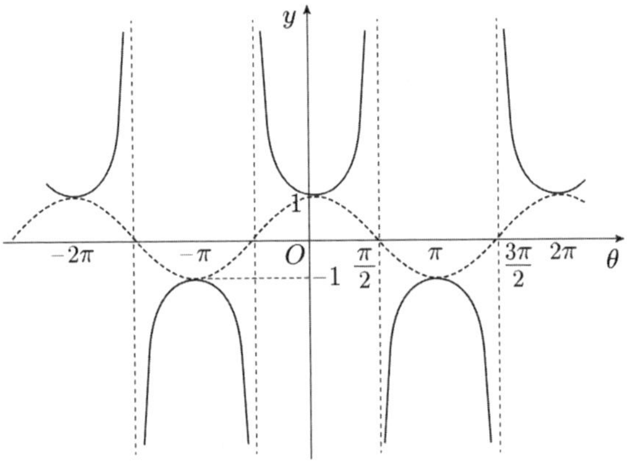

그림 3.15 $y = \sec\theta$의 그래프

그림 3.15를 참고하여 $y = \sec\theta$의 그래프가 갖는 성질을 정리하면 다음과 같다.

- $\cos\theta = 0$이 되는 $\theta = \pm\frac{\pi}{2},\ \pm\frac{3\pi}{2} \cdots$에서는 정의되지 않는다.
- 정의역은 $\mathbf{R} - \left\{n\pi \pm \frac{\pi}{2} : n \in \mathbf{Z}\right\}$이다.
- 치역은 $(-\infty,\ -1] \cup [1,\ \infty)$이다.

6) $f(\theta)=\cot\theta$의 그래프

$\cot\theta = -\tan(\theta+\pi/2)$이므로 $y=\tan\theta$의 그래프를 x축으로 $-\pi/2$만큼 평행이동한 다음 x축에 반사하여 $f(\theta)=\cot\theta$의 그래프를 그리면 된다. 그림 3.16은 $f(\theta)=\cot\theta$의 그래프를 그린 것이다.

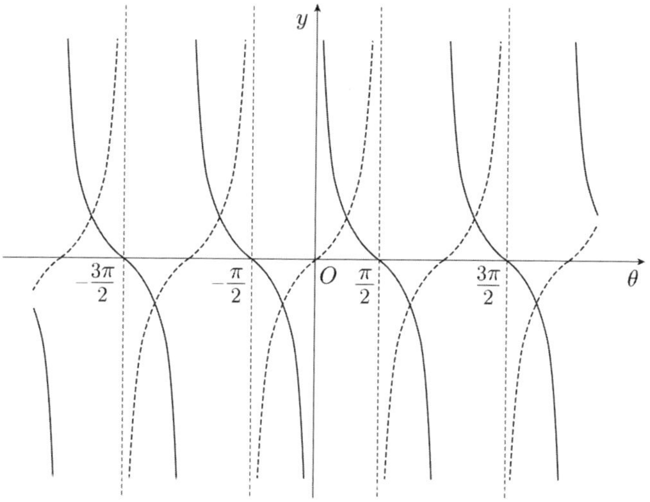

그림 3.16 $y=\cot\theta$의 그래프

그림 3.16을 참고하여 $y=\cot\theta$의 그래프가 갖는 성질을 정리하면 다음과 같다.

- $\sin\theta=0$이 되는 $\theta=0,\ \pm\pi,\ \pm 2\pi,\ \pm 3\pi,\ \pm 4\pi\cdots$에서는 정의되지 않는다.
- 정의역은 $\mathbf{R}-\{n\pi : n\in\mathbf{Z}\}$이다.
- 치역은 $(-\infty,\ \infty)$이다.

삼각함수 $y=A\sin(x-m)+n$의 그래프에 대해 살펴보자. 그래프를 그리는 방법은 이전과 동일하게 평행이동을 이용하거나, x와 y축을 $x=m$, $y=n$으로 간주하여 새로운 축 위에서 $y=A\sin x$의 그래프를 그리면 된다.

예제 3.7 $y=2\sin(x-1)+3$의 그래프를 그려라.

풀이 ▸ $y=2\sin x$의 그래프를 그린 후, x축 양의 방향으로 1만큼, y축의 양의 방향으로 3만큼 평행이동하거나, $x=1$ 및 $y=3$이라는 새로운 축을 생각하여 그 위에서 $y=2\sin x$의 그래프를 그리면 된다.

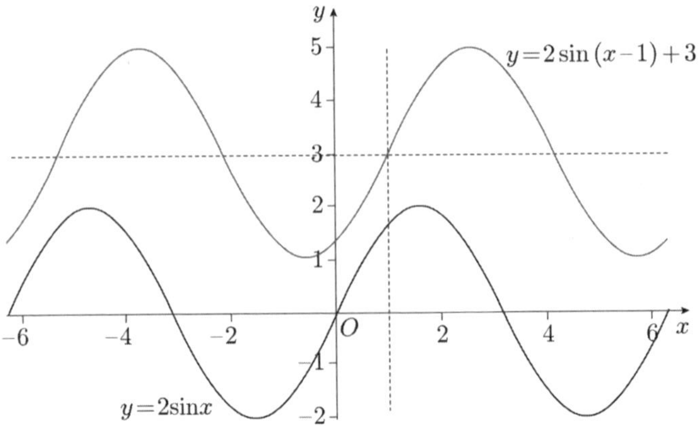

그림 3.17 $y=2\sin(x-1)+3$의 그래프 □

예제 3.8 반지름이 100 m인 관람차가 매초 0.5° 회전하고 있다. 출발점 A로부터 출발하여 t초 후 각을 $\theta=\theta(t)$라 하자. 단, $\theta(0)=-90°$이다.
t시각에서 A로부터 높이를 h, 수평위치를 x라 할 때, h와 x를 시각 t의 함수로 나타내어라(그림 3.18). 최저점에 있는 관람차가 최고의 위치에 도달하는 시간을 구하고 또한 회전을 시작한 후 모두 제자리로 돌아오는 시간을 구하라.

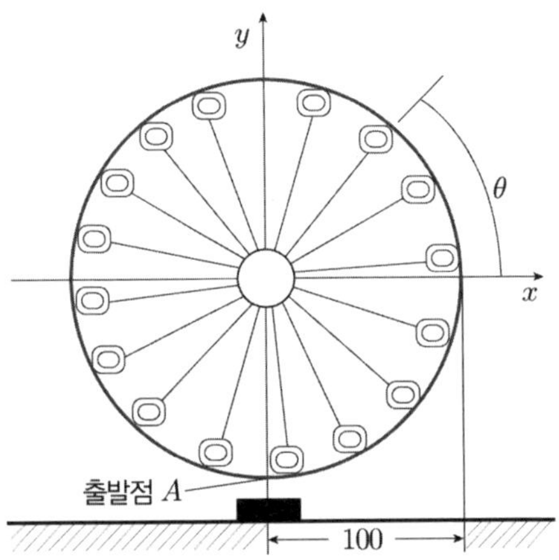

그림 3.18 관람차

풀이 ▸ 문제 조건으로부터 t와 θ는 다음 관계식을 만족한다.

$$\theta=\frac{1}{2}t-90°$$

따라서 A로부터 높이 h는

$$h=100\sin\left(\frac{1}{2}t-90\right)^{\circ}+100$$

A로부터 수평위치 x는

$$x = 100\cos\left(\frac{1}{2}t - 90\right)^\circ$$

최고점에 도달하는 시간은 $h = 200$일 때이므로

$$100\sin\left(\frac{1}{2}t - 90\right)^\circ + 100 = 200$$

$$\sin\left(\frac{1}{2}t - 90\right)^\circ = 1$$

$$\left(\frac{1}{2}\right)^\circ t - 90^\circ = 90^\circ$$

$$t = 360\text{초 또는 } 6\text{분}$$

따라서 6분 후에 최고점에 도달하고 12분 후에 A에 되돌아온다.

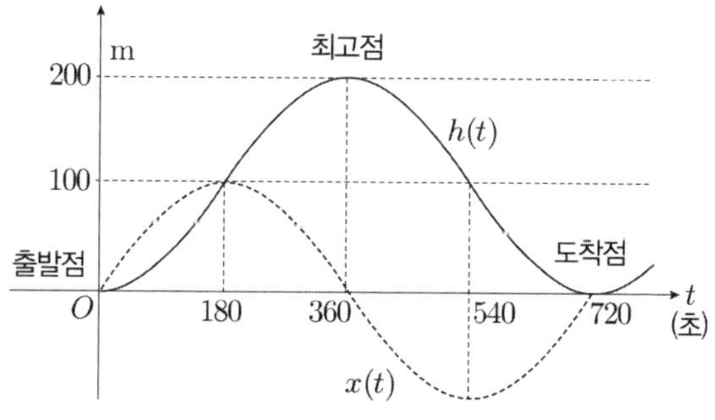

그림 3.19

□

5-3 연습문제

01 다음 함수의 그래프를 주어진 구간에서 그려라.

(1) $y=\sin x$, $[-4\pi, 4\pi]$ (2) $y=\cos x$, $[-6\pi, 6\pi]$

(3) $y=\tan x$, $[-5\pi, 5\pi]$

02 주기 및 크기의 성질을 이용하여 다음 함수의 그래프를 그려라.

(1) $f(x)=3\sin x$ (2) $f(x)=\frac{1}{4}\cos x$

(3) $f(x)=\cos 4x$ (4) $f(x)=\cos\frac{x}{4}$

(5) $f(x)=-2\sin 4x$ (6) $f(x)=-\cos\frac{x}{4}$

(7) $f(x)=\tan\frac{x}{2}$ (8) $f(x)=-2\tan\frac{x}{2}$

03 평행이동을 이용하여 다음 함수의 그래프를 그려라.

(1) $f(x)=2\sin(x-\pi)$ (2) $f(x)=\cos\left(x+\frac{\pi}{2}\right)$

(3) $f(x)=\cos(2x-\pi)$ (4) $f(x)=\sin\left(\frac{x}{2}+\frac{\pi}{2}\right)$

(5) $f(x)=\frac{1}{3}\sin\left(3x+\frac{3\pi}{4}\right)$ (6) $f(x)=\tan\left(x-\frac{\pi}{4}\right)$

(7) $f(x)=3\sin(x-\pi)+4$

04 함수 $f(x)=\sin(2\pi nx)$, $x\in[0, 1]$, $n=1, 2, 4$의 그래프를 한 좌표축에 그려라.

05 함수 $f(x)=3\cos(2\pi nx)$, $x\in[0, 1]$, $n=1, 2, 4$의 그래프를 한 좌표축에 그려라.

06 $N = 1, 3, 5, 10, 20, 50$에 대하여 $y = \sum_{n=1}^{N} \frac{2(-1)^{n+1}}{n} \sin(nt)$의 그래프를 계산기를 이용하여 그려라.

07 다음 함수의 최댓값과 최솟값을 구하라.

(1) $f(x) = \sqrt{2}\sin(3x+2)$　　(2) $f(x) = \frac{2}{3}\cos(x-\pi)$

(3) $f(x) = -2\sin(4x+\pi)+2$　　(4) $f(x) = \sqrt{3}\cos(\pi-2x)-1$

08 다음 함수의 그래프를 그려라.

(1) $y = \csc 2x$　　(2) $y = \csc \frac{1}{2}x$

(3) $y = \sec 5x$　　(4) $y = \cot 3x$

09 다음 함수의 그래프를 그려라.

(1) $y = |\sin x|$　　(2) $y = \left|\cos\left(x - \frac{\pi}{2}\right)\right|$

10 함수 $y = a\sin bx + c$에서 치역이 $[-1, 5]$이고 주기 π일 때, a, b, c를 구하라.

11 $y = -\sin x + \sqrt{3}\cos x$의 치역과 주기를 구하라.

12 $y = 4\cos^2 x - 4\cos x - 3$의 치역을 구하라.

4 삼각방정식

$\sin x = 1$, $\sin^2 x + \cos x = 1$과 같이 삼각함수만을 포함하고 있는 방정식을 삼각방정식이라 한다. 유한개의 해를 갖는 대수적 방정식과 달리 삼각방정식에서는 한 개의 해가 발견되면 삼각함수의 주기성 때문에 해는 무수히 존재한다. 무수히 많은 해를 구하기 위해서는 해의 패턴을 발견하는 것이 좋다. 예제 4.1에서 4.3을 통하여 기본 삼각방정식의 모든 해를 구하는 방법을 잘 습득하도록 하자.

예제 4.1 삼각방정식

①
$$\sin x = \frac{1}{2}$$

의 모든 해를 구하라.

풀이 ▸ 그림 4.1은 $y = \sin x$(실선)와 $y = 1/2$(점선)의 그래프를 그린 것이다.

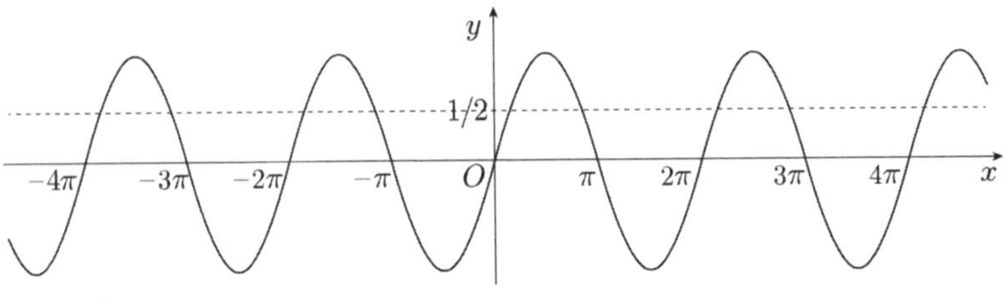

그림 4.1 $y = \sin x$와 $y = 0.5$의 그래프

그림 4.1로부터 $\sin x = 1/2$을 만족하는 x의 값은 양의 축에서는

$$\frac{\pi}{6},\ \pi - \frac{\pi}{6},\ 2\pi + \frac{\pi}{6},\ 3\pi - \frac{\pi}{6},\ 4\pi + \frac{\pi}{6},\ 5\pi - \frac{\pi}{6},\ \cdots$$

이를 정리하면

②
$$x = n\pi + (-1)^n \frac{\pi}{6},\ n = 0,\ 1,\ 2,\ 3,\ \cdots$$

음의 축에서는

$$-\pi-\frac{\pi}{6},\ -2\pi+\frac{\pi}{6},\ -3\pi-\frac{\pi}{6},\ -4\pi+\frac{\pi}{6},\ -5\pi-\frac{\pi}{6},\ -6\pi+\frac{\pi}{6},\ \cdots$$

이를 정리하면

③ $$x=n\pi+(-1)^n\frac{\pi}{6},\ n=-1,\ -2,-3,\ \cdots$$

식 ②와 ③을 통합하면 방정식 ①의 모든 해는

$$x=n\pi+(-1)^n\frac{\pi}{6},\ n=0,\ \pm 1,\ \pm 2,\ \cdots$$

이 모든 해를 일반해라고 한다. □

예제 4.1을 참조하면 다음과 같은 일반해의 공식을 얻을 수 있다.

삼각방정식 $\sin x=a$의 일반해는

$$x=n\pi+(-1)^n\alpha,\ n=0,\ \pm 1,\ \pm 2,\ \cdots$$

단, $\sin\alpha=a,\ 0\le\alpha<2\pi$이다.

예를 들어, $\sin x=\frac{\sqrt{3}}{2}$의 일반해는 $\sin\frac{\pi}{3}=\frac{\sqrt{3}}{2}$이므로

$$x=n\pi+(-1)^n\frac{\pi}{3},\ n=0,\ \pm 1,\ \pm 2,\ \cdots$$

이다.

예제 4.2 삼각방정식 $\cos x=\frac{1}{2}$의 모든 해를 구하라.

풀이 ▸ 그림 4.2는 $y=\cos x$(실선)와 $y=1/2$(점선)의 그래프를 그린 것이다.

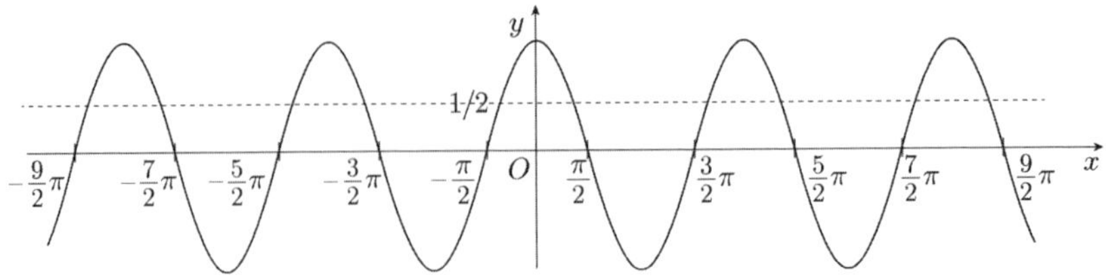

그림 4.2 $y=\cos x$와 $y=0.5$의 그래프

그림 4.2로부터 $\cos x=1/2$을 만족하는 x의 값은 양의 축에서는

$$\frac{\pi}{3},\ 2\pi-\frac{\pi}{3},\ 2\pi+\frac{\pi}{3},\ 4\pi-\frac{\pi}{3},\ 4\pi+\frac{\pi}{3},\ \cdots$$

이를 정리하면

④ $$x=2n\pi\pm\frac{\pi}{3},\ n=0,\ 1,\ 2,\ 3,\ \cdots$$

음의 축에서는

$$-\frac{\pi}{3},\ -2\pi+\frac{\pi}{3},\ -2\pi-\frac{\pi}{3},\ -4\pi+\frac{\pi}{3},\ -4\pi-\frac{\pi}{3},\ \cdots$$

⑤ $$x=2n\pi\pm\frac{\pi}{3},\ n=-1,\ -2,\ -3,\ \cdots$$

식 ④와 ⑤를 통합하면 방정식 $\cos x=1/2$의 모든 해는

$$x=2n\pi\pm\frac{\pi}{3},\ n=0,\ \pm1,\ \pm2,\ \cdots$$

이러한 해를 일반해라고 한다. □

예제 4.2를 참고하면 다음과 같은 일반해의 공식을 얻을 수 있다.

삼각방정식 $\cos x=a$의 일반해는

$$x=2n\pi\pm\alpha,\ n=0,\ \pm1,\ \pm2,\ \cdots$$

단, $\cos\alpha=a,\ 0\le\alpha<2\pi$이다.

예를 들어, $\cos x = -\frac{1}{2}$의 일반해는 $\cos\frac{2\pi}{3} = -\frac{1}{2}$이므로

$$x = 2n\pi \pm \frac{2\pi}{3}, \quad n = 0, \pm 1, \pm 2, \cdots$$

이다.

예제 4.3 삼각방정식 $\tan x = \sqrt{3}$의 모든 해를 구하라.

풀이 ▸ 그림 4.3은 $y = \tan x$(실선)와 $y = \sqrt{3}$(점선)의 그래프를 그린 것이다.

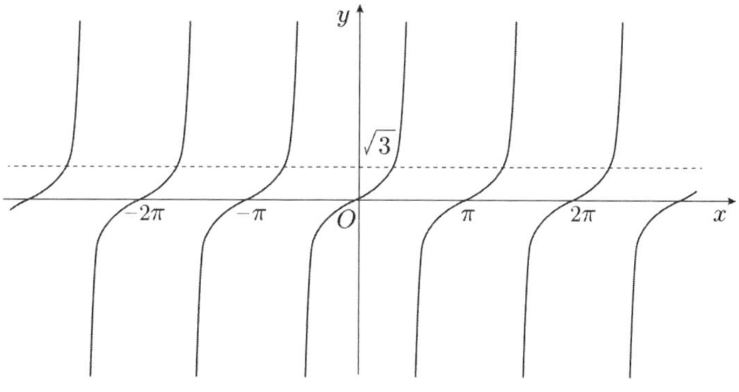

그림 4.3 $y = \tan x$와 $y = \sqrt{3}$의 그래프

그림 4.3으로부터 $\tan x = \sqrt{3}$을 만족하는 x의 값은

$$\cdots, \ -2\pi + \frac{\pi}{3}, \ -\pi + \frac{\pi}{3}, \ 0 + \frac{\pi}{3}, \ \pi + \frac{\pi}{3}, \ 2\pi + \frac{\pi}{3}, \ \cdots$$

정리하면

$$x = n\pi + \frac{\pi}{3}, \quad n = 0, \pm 1, \pm 2, \pm 3, \cdots$$

이러한 해를 일반해라고 한다. □

예제 4.3을 참조하면 다음과 같은 일반해의 공식을 얻을 수 있다.

삼각방정식 $\tan x = a$의 일반해는

$$x = n\pi + \alpha,\ n = 0,\ \pm 1,\ \pm 2,\ \pm 3,\ \cdots$$

단, $\tan\alpha = a,\ -\frac{\pi}{2} < \alpha < \frac{\pi}{2}$이다.

예를 들어, $\tan x = 1$의 일반해는 $\tan\frac{\pi}{4} = 1$이므로

$$x = n\pi + \frac{\pi}{4},\ n = 0,\ \pm 1,\ \pm 2,\ \pm 3,\ \cdots$$

이다.

예제 4.4 삼각방정식 $\sin 3\theta = 0$의 모든 해를 구간 $[0,\ 2\pi)$에서 구하라.

풀이 ▸ $x = 3\theta$로 놓자. 그러면 $\sin x = 0$의 일반해는

$$x = n\pi,\ n\text{는 정수}$$

즉

$$\theta = \frac{n\pi}{3},\ n\text{는 정수}$$

$\theta \in [0,\ 2\pi)$이므로 $0 \le \frac{n\pi}{3} < 2\pi$을 만족하는 n을 구하면

$$n = 0,\ 1,\ 2,\ 3,\ 4,\ 5$$

따라서 구하는 해는

$$\theta = 0,\ \frac{\pi}{3},\ \frac{2\pi}{3},\ \pi,\ \frac{4\pi}{3},\ \frac{5\pi}{3}$$ □

예제 4.5 구간 $[0,\ 2\pi)$에서 삼각방정식

$$2\sin^2 x + \sin x - 1 = 0$$

의 해를 구하라.

풀이 ▸ $\sin x = t$로 치환하면 t에 대한 이차방정식

$$2t^2 + t - 1 = 0$$

을 얻는다. 방정식의 좌변을 인수분해하면

$$(2t-1)(t+1) = 0$$

이므로 해는 $t = 1/2$ 또는 $t = 1$이다. 이 값을 $\sin x = t$에 적용하면

$$2\sin x - 1 = 0 \quad \text{또는} \quad \sin x + 1 = 0$$

$$\sin x = \frac{1}{2} \quad \text{또는} \quad \sin x = -1$$

과 같은 기본 삼각방정식을 얻는다. 일반해의 공식을 사용하여 구간 $[0,\ 2\pi)$에 속하는 각각의 해만 나열하면

$$\sin x = \frac{1}{2}\text{의 해는 } \pi/6,\ 5\pi/6$$

$$\sin x = -1\text{의 해는 } 3\pi/2$$

이므로, 구간 $[0,\ 2\pi)$에 속하는 $2\sin^2 x + \sin x - 1 = 0$의 해는

$$\frac{\pi}{6},\ \frac{5}{6}\pi \ \text{및} \ \frac{3}{2}\pi$$

이다. □

예제 4.6 다음 방정식의 해를 구간 $[0,\ \pi)$에서 구하라.

$$3\tan^2 x + \tan x - 1 = 0$$

풀이 ▸ $\tan x = t$로 두면 t에 대한 이차방정식

$$3t^2 + t - 1 = 0$$

을 얻는다. 근의 공식을 사용하면

$$t = \frac{-1 \pm \sqrt{13}}{6}$$

따라서

$$\tan x = \frac{-1 \pm \sqrt{13}}{6}$$

삼각방정식을 풀 수 있는 계산기를 사용하면 해는 $x \approx 0.41$과 $x \approx 2.49$이다. □

토론 4.1 삼각부등식 $\sin x \geq \frac{1}{2}$의 해집합에 대하여 토론하라.

5-4 연습문제

01 다음 방정식의 일반해를 구하라.

(1) $\sin x = \dfrac{\sqrt{3}}{2}$　　(2) $\cos x = \dfrac{1}{\sqrt{2}}$

(3) $\tan x = \sqrt{3}$　　(4) $\sin 2x = \dfrac{\sqrt{3}}{2}$

02 구간 $[0,\ 2\pi]$에 속하는 최초의 양의 해와 해의 개수를 구하라.

(1) $\sin 5x = \dfrac{1}{2}$　　(2) $\cos 4x = \dfrac{\sqrt{3}}{2}$

(3) $\tan 2x = \dfrac{1}{\sqrt{3}}$　　(4) $\sec 5x = 2$

03 다음 방정식의 해를 구간 $(-2\pi,\ 2\pi)$에서 구하라.

(1) $\sin^2 x + 3\sin x + 2 = 0$　　(2) $\cos^2 x + 2\cos x + 1 = 0$

04 구간 $[0,\ 2\pi]$에 속하는 최초의 양의 해와 해의 개수를 구하라.

(1) $2\sin^2 x - 1 = 0$　　(2) $\tan 3x - 1 = 0$

(3) $\sec 2u - 2 = 0$　　(4) $4\cos^2 2t - 3 = 0$

(5) $\sin 2t + 3\cos t = 0$　　(6) $\tan^2 x - \tan x = 0$

(7) $2\sin^2 x + 3\sin x - 2 = 0$　　(8) $\sec^2 x - 3\sec x + 2 = 0$

05 x에 대한 이차방정식이 중근을 갖는 θ의 값을 결정하라. 단, $\theta \in [0,\ 2\pi]$이다.

$$x^2 + \sin\left(\frac{\pi}{2} - \theta\right)x - 2\sin\theta + 2 = 0$$

06 구간 $[0,\ 2\pi]$에서 방정식 $\tan x = \sin x$의 해를 구하라.

07 구간 $[0,\ 2\pi]$에서 방정식 $\tan x + \sqrt{3} = \sec x$의 해를 구하라.

06 삼각함수의 응용

1. 삼각함수의 유용한 공식들
2. 삼각함수의 응용
3. 복소수의 극형식

1 삼각함수의 유용한 공식들

삼각함수가 다른 함수에 비해 비교적 어렵게 느껴지는 이유는 많은 공식 때문이다. 반대로 공식이 많다는 것은 활용의 범위가 매우 넓다는 것을 의미하기도 한다. 이 절에서는 삼각함수의 공식들을 자세하게 살펴본다.

1) 제곱공식

삼각함수의 정의로부터 다음 제곱공식은 원의 방정식으로부터 쉽게 유도할 수 있으며, 가장 빈번히 사용되는 공식이다.

$$\sin^2\theta + \cos^2\theta = 1$$
$$1 + \tan^2\theta = \sec^2\theta$$
$$1 + \cot^2\theta = \csc^2\theta$$

증명 ▸ $\sin^2\theta + \cos^2\theta = 1$을 증명하여보자. $P(x,\ y)$는 단위원에 놓인 임의의 점이라 하자.

단위원 위의 모든 점의 좌표 $(x,\ y)$는 방정식

$$x^2 + y^2 = 1$$

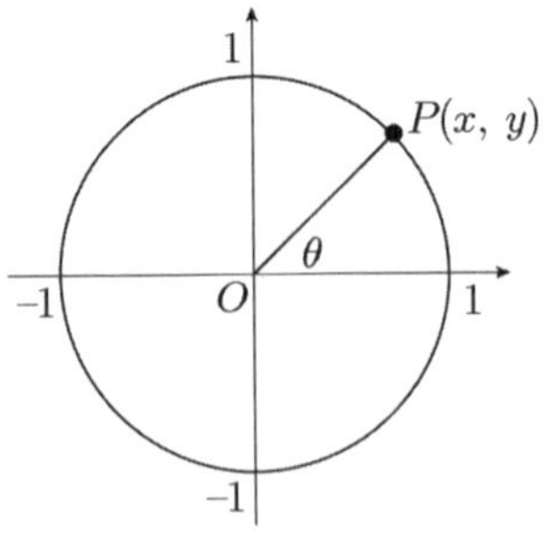

그림 1.1 반지름이 1인 원 위의 점 $P(x,\ y)$

을 만족한다. $x=\cos\theta$, $y=\sin\theta$(삼각함수의 정의로부터)를 위의 방정식에 대입하면

$$x^2+y^2=(\cos\theta)^2+(\sin\theta)^2=1$$

삼각함수에 대한 지수는 특별히 다음과 같이 표현한다.

$$\sin^n\theta=(\sin\theta)^n,\ n\neq-1$$

따라서

$$\sin^2\theta+\cos^2\theta=1$$

나머지는 $\sin^2\theta+\cos^2\theta=1$의 양변을 $\sin^2\theta$와 $\cos^2\theta$의 역수를 차례로 곱하면 얻어진다. □

이제 삼각함수의 값을 도형에 의존하지 않고 제곱공식을 통하여 구할 수 있다.

예제 1.1 θ가 제3사분면의 각으로 $\cos\theta=-\frac{4}{5}$일 때, $\sin\theta$, $\tan\theta$의 값을 구하라.

풀이 ▸ $\sin^2\theta+\cos^2\theta=1$로부터

$$\begin{aligned}\sin^2\theta&=1-\cos^2\theta\\&=1-\left(-\frac{4}{5}\right)^2=\frac{9}{25}\end{aligned}$$

θ는 제3사분면의 각이므로 $\sin\theta<0$이다. 따라서

$$\sin\theta=-\frac{3}{5}$$

또 삼각함수의 상호관계로부터

$$\tan\theta=\frac{\sin\theta}{\cos\theta}=\frac{-\frac{3}{5}}{-\frac{4}{5}}=\frac{3}{4}$$ □

2) 덧셈공식

다음 덧셈공식은 공식 그 자체로도 폭넓게 사용되지만, 이 공식은 여러 가지 공식을 유도하는 데 자주 사용된다.

$$\sin(\alpha \pm \beta) = \sin\alpha\cos\beta \pm \cos\alpha\sin\beta \quad \text{(부호는 복호동순)}$$

$$\cos(\alpha \pm \beta) = \cos\alpha\cos\beta \mp \sin\alpha\sin\beta$$

$$\tan(\alpha \pm \beta) = \frac{\tan\alpha \pm \tan\beta}{1 \mp \tan\alpha\tan\beta}$$

증명 ▸

$$\sin(\alpha + \beta) = \sin\alpha\cos\beta + \cos\alpha\sin\beta$$

$$\cos(\alpha + \beta) = \cos\alpha\cos\beta - \sin\alpha\sin\beta$$

만을 증명하고, 나머지는 간단한 변환으로 증명될 수 있으므로 연습으로 남긴다. 복소지수함수를 활용하면 보다 간단히 증명할 수 있다(연습문제 6-3(13)).

(i) α, β가 예각일 경우

그림 1.2에서 $\angle XOY = \alpha$, $\angle YOZ = \beta$, $\overline{OA} = 1$이라 하자. A로부터 OX, OY에 수선 AB, AC를 긋고, C로부터 OX, BA에 각각 수선 CD, CE를 그으면

$$\overline{OC} = \cos\beta, \ \overline{CA} = \sin\beta, \ \angle EAC = \alpha$$

그리고

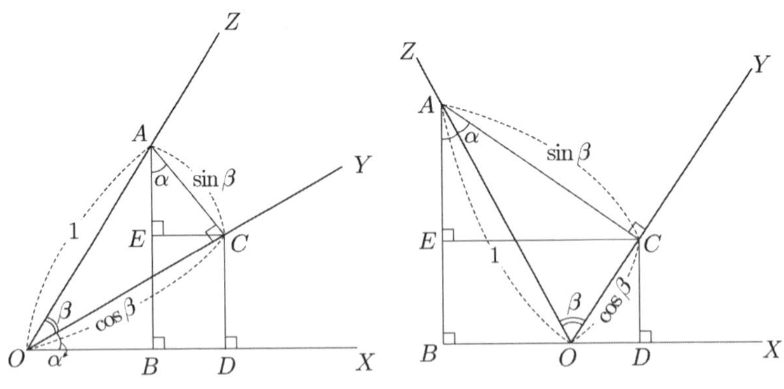

그림 1.2 예각삼각형

$$\sin(\alpha+\beta) = \overline{AB} = \overline{AE} + \overline{EB} = \overline{AE} + \overline{CD}$$

$$\overline{CD} = \overline{OC}\sin\alpha = \cos\beta\sin\alpha$$

$$\overline{AE} = \overline{CA}\cos\alpha = \sin\beta\cos\alpha$$

이므로

$$\sin(\alpha+\beta) = \sin\alpha\cos\beta + \cos\alpha\sin\beta$$

또

$$\cos(\alpha+\beta) = \overline{OB} = \overline{OD} - \overline{BD} = \overline{OD} - \overline{EC}$$

$$\overline{OD} = \overline{OC}\cos\alpha = \cos\beta\cos\alpha$$

$$\overline{EC} = \overline{CA}\sin\alpha = \sin\beta\sin\alpha$$

이므로

$$\cos(\alpha+\beta) = \cos\alpha\cos\beta - \sin\alpha\sin\beta$$

(ii) $\alpha+\beta=90°$일 경우

① $$\sin(\alpha+\beta) = \sin 90° = 1$$

그리고

② $$\begin{aligned}&\sin\alpha\cos\beta + \cos\alpha\sin\beta \\ &= \sin\alpha\cos(90°-\alpha) + \cos\alpha\sin(90°-\alpha) \\ &= \sin\alpha\sin\alpha + \cos\alpha\cos\alpha = 1\end{aligned}$$

따라서 ①과 ②에 의해서

$$\sin(\alpha+\beta) = \sin\alpha\cos\beta + \cos\alpha\sin\beta$$

같은 방법으로

③ $$\cos(\alpha+\beta) = \cos 90° = 0$$

④ $$\begin{aligned}&\cos\alpha\cos\beta - \sin\alpha\sin\beta \\ &= \cos\alpha\cos(90°-\alpha) - \sin\alpha\sin(90°-\alpha) \\ &= \cos\alpha\sin\alpha - \sin\alpha\cos\alpha = 0\end{aligned}$$

따라서 ③과 ④에 의해서

$$\cos(\alpha+\beta)=\cos\alpha\cos\beta-\sin\alpha\sin\beta$$

(iii) $0<\alpha<90°$, $90°<\beta<180°$일 경우

$\beta=90°+\beta'$라 두면, $0<\beta'<90°$이므로

$$\begin{aligned}\sin(\alpha+\beta)&=\sin\{\alpha+(90°+\beta')\}=\sin\{90°+(\alpha+\beta')\}\\&=\cos(\alpha+\beta')=\cos\alpha\cos\beta'-\sin\alpha\sin\beta'\\&=\cos\alpha\cos(\beta-90°)-\sin\alpha\sin(\beta-90°)\\&=\cos\alpha\sin\beta+\sin\alpha\cos\beta\\&=\sin\alpha\cos\beta+\cos\alpha\sin\beta\end{aligned}$$

$$\begin{aligned}\cos(\alpha+\beta)&=\cos\{\alpha+(90°+\beta')\}=\cos\{90°+(\alpha+\beta')\}\\&=-\sin(\alpha+\beta')=-\sin\alpha\cos\beta'-\cos\alpha\sin\beta'\\&=-\sin\alpha\cos(\beta-90°)-\cos\alpha\sin(\beta-90°)\\&=-\sin\alpha\sin\beta+\cos\alpha\cos\beta\\&=\cos\alpha\cos\beta-\sin\alpha\sin\beta\end{aligned}$$

□

예제 1.2 $\sin 15°$를 구하라.

풀이 ▸ 삼각함수의 덧셈공식으로부터

$$\begin{aligned}\sin 15°&=\sin(45°-30°)\\&=\sin 45°\cos 30°-\cos 45°\sin 30°\\&=\frac{1}{\sqrt{2}}\times\frac{\sqrt{3}}{2}-\frac{1}{\sqrt{2}}\times\frac{1}{2}\\&=\frac{\sqrt{6}-\sqrt{2}}{4}\end{aligned}$$

□

다음 합성공식은 삼각함수의 최댓값 및 최솟값을 구하거나, 주기가 같은 사인 및 코사인 함수를 단일 삼각함수로 나타내는 데 사용된다.

3) 합성공식

(i) $$a\sin\theta + b\cos\theta = \sqrt{a^2+b^2}\sin(\theta+\alpha)$$

단, $\sin\alpha = \dfrac{b}{\sqrt{a^2+b^2}}$, $\cos\alpha = \dfrac{a}{\sqrt{a^2+b^2}}$

(ii) $$a\sin\theta + b\cos\theta = \sqrt{a^2+b^2}\cos(\theta-\beta)$$

단, $\sin\beta = \dfrac{a}{\sqrt{a^2+b^2}}$, $\cos\beta = \dfrac{b}{\sqrt{a^2+b^2}}$

증명 ▸ (i) 점 $P(a,\ b)$를 생각할 경우

그림 1.3과 같이 OP를 나타내는 각을 $\alpha(0 \le \alpha < 2\pi)$라 하자.

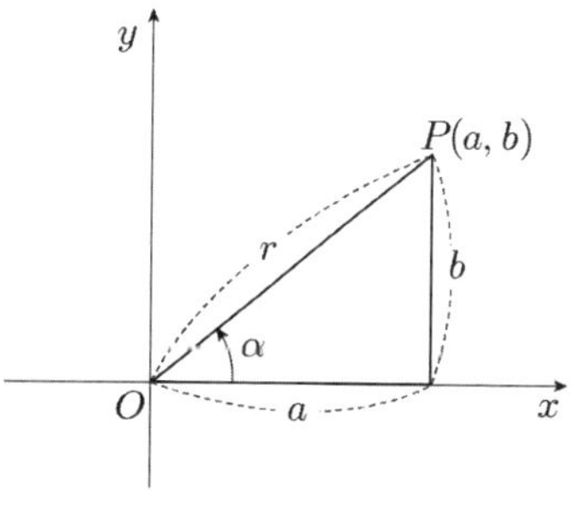

그림 1.3

삼각함수의 정의로부터

$$a = \sqrt{a^2+b^2}\cos\alpha$$
$$b = \sqrt{a^2+b^2}\sin\alpha$$

따라서 덧셈공식에 의해

$$\begin{aligned} a\sin\theta + b\cos\theta &= \sqrt{a^2+b^2}(\cos\alpha\sin\theta + \sin\alpha\cos\theta) \\ &= \sqrt{a^2+b^2}\sin(\theta+\alpha) \end{aligned}$$

여기서

$$\sin\alpha = \frac{b}{\sqrt{a^2+b^2}}, \quad \cos\alpha = \frac{a}{\sqrt{a^2+b^2}}$$

(ii) 점 $Q(b,\ a)$를 생각할 경우

그림 1.4와 같이 OQ를 나타내는 각을 $\beta(0 \le \beta < 2\pi)$라 하자.

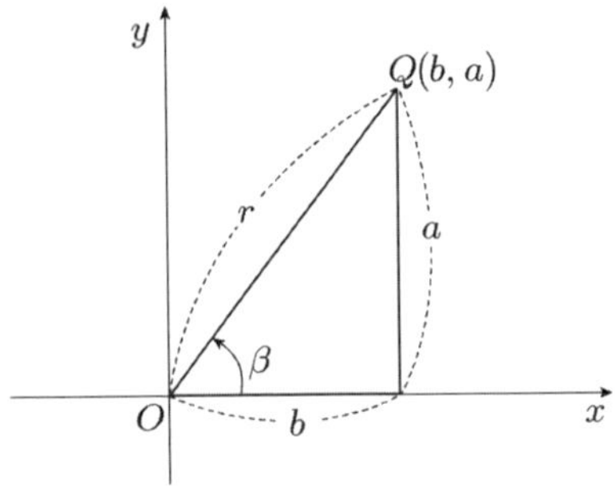

그림 1.4

그러면

$$a\sin\theta + b\cos\theta = \sqrt{a^2+b^2}\cos(\theta-\beta)$$

단,

$$\sin\beta = \frac{a}{\sqrt{a^2+b^2}},\quad \cos\beta = \frac{b}{\sqrt{a^2+b^2}}$$ □

합성공식은 아래 예제 1.3과 같이 최댓값 및 최솟값을 구하는 도구로써 사용되기도 하고, 각종 신호의 진폭과 위상의 변화라는 개념을 정립하는 도구로도 사용된다. $\sin\theta$와 $\cos\theta$는 서로 다른 함수이지만, 두 함수의 일차결합 없이는 신호를 완벽하게 해석할 수 없다. 수학 분야에서는 $A\sin\theta + B\cos\theta$의 일차결합 형태를 선호하지만 공학에서는 $A\sin(\theta+\alpha)$ 또는 $A\cos(\theta-\beta)$의 형태를 더 선호한다. 앞서 언급한 순수한 빛 또는 순수한 소리의 진동 모양은

$$A_n\sin(2\pi f_n x - \alpha_n)$$

으로 표시되며, 이러한 단순한 함수들이 많이 결합되면 빛 또는 소리가 표현된다. 여기서 A_n은 진폭, f_n은 주파수, α_n은 위상각이라 한다.

예제 1.3 함수 $f(\theta) = 3\sin\theta - 3\sqrt{3}\cos\theta$를 $r\sin(\theta+\alpha)$의 형태로 나타내고, $f(\theta)$의 최댓값 및 최솟값을 구하라.

풀이 ▸ 점 $P(1, -\sqrt{3})$을 생각하면

$$1 = 2\cos(-60°),\ -\sqrt{3} = 2\sin(-60°)$$

따라서

$$\begin{aligned} 3\sin\theta - 3\sqrt{3}\cos\theta &= 3\{2\cos(-60°)\sin\theta + 2\sin(-60°)\cos\theta\} \\ &= 6\sin(\theta - 60°) \end{aligned}$$

$-6 \le 6\sin\theta \le 6$이고 평행이동에 의해 치역은 바뀌지 않으므로 $f(\theta)$의 최댓값은 6이고 최솟값은 -6이다. □

4) 유용한 공식들

응용에 자주 등장하는 공식들을 정리해 둔다. 각 공식은 덧셈공식으로부터 쉽게 유도된다.

(i) 석합공식

$$\sin\alpha\cos\beta = \frac{1}{2}\{\sin(\alpha+\beta) + \sin(\alpha-\beta)\}$$

$$\cos\alpha\cos\beta = \frac{1}{2}\{\cos(\alpha+\beta) + \cos(\alpha-\beta)\}$$

$$\sin\alpha\sin\beta = -\frac{1}{2}\{\cos(\alpha+\beta) - \cos(\alpha-\beta)\}$$

증명 ▸ 첫째 공식만 증명하고 나머지는 연습으로 남긴다.

$$\begin{aligned} \sin(\alpha+\beta) &= \sin\alpha\cos\beta + \cos\alpha\sin\beta \\ \sin(\alpha-\beta) &= \sin\alpha\cos\beta - \cos\alpha\sin\beta \end{aligned}$$

을 더하면

$$2\sin\alpha\cos\beta = \sin(\alpha+\beta) + \sin(\alpha-\beta)$$

양변을 2로 나누면

$$\sin\alpha\cos\beta = \frac{1}{2}\{\sin(\alpha+\beta) + \sin(\alpha-\beta)\}$$ □

(ii) 반각공식

$$\sin^2\frac{\alpha}{2}=\frac{1-\cos\alpha}{2}$$

$$\cos^2\frac{\alpha}{2}=\frac{1+\cos\alpha}{2}$$

$$\tan^2\frac{\alpha}{2}=\frac{1-\cos\alpha}{1+\cos\alpha}$$

증명 ▸ 첫째 공식만 증명하고 나머지는 연습으로 남긴다.

$\cos(\alpha+\beta)=\cos\alpha\cos\beta-\sin\alpha\sin\beta$에서 $\alpha=\beta$로 놓으면

⑤ $$\cos(2\alpha)=\cos^2\alpha-\sin^2\alpha$$

$\sin^2\alpha+\cos^2\alpha=1$을 식 ⑤에 대입하면

$$\cos 2\alpha=1-2\sin^2\alpha$$

$\sin^2\alpha$에 대하여 정리하면

$$\sin^2\alpha=\frac{1-\cos 2\alpha}{2}$$

α를 $\alpha/2$로 바꾸면 결과를 얻는다. □

(iii) 2배각 공식

$$\sin 2\alpha=2\sin\alpha\cos\alpha$$

$$\cos 2\alpha=\cos^2\alpha-\sin^2\alpha=2\cos^2\alpha-1=1-2\sin^2\alpha$$

$$\tan 2\alpha=\frac{2\tan\alpha}{1-\tan^2\alpha}$$

증명 ▸ 둘째 공식을 증명하고 나머지는 연습으로 남긴다.

$$\cos(\alpha+\beta)=\cos\alpha\cos\beta-\sin\alpha\sin\beta$$

에서 $\alpha=\beta$라 두면

⑥ $$\cos(2\alpha)=\cos^2\alpha-\sin^2\alpha$$

$\sin^2\alpha = 1-\cos^2\alpha$를 식 ⑥에 대입하면

$$\cos(2\alpha) = \cos^2\alpha - (1-\cos^2\alpha) = 2\cos^2\alpha - 1$$

반대로 $\cos^2\alpha = 1-\sin^2\alpha$를 ⑤에 대입하면

$$\cos(2\alpha) = (1-\sin^2\alpha) - \sin^2\alpha = 1-2\sin^2\alpha$$ □

(iv) 3배각 공식

$$\sin 3\alpha = 3\sin\alpha - 4\sin^3\alpha$$
$$\cos 3\alpha = 4\cos^3\alpha - 3\cos\alpha$$
$$\tan 3\alpha = \frac{3\tan\alpha - \tan^3\alpha}{1-3\tan^2\alpha}$$

증명 ▸ 첫째 공식을 증명하고 나머지는 연습으로 남긴다.

$$\begin{aligned}\sin 3\alpha &= \sin(\alpha+2\alpha) = \sin\alpha\cos 2\alpha + \sin 2\alpha\cos\alpha \\ &= \sin\alpha(1-2\sin^2\alpha) + 2\sin\alpha\cos\alpha\cos\alpha \\ &= \sin\alpha(1-2\sin^2\alpha) + 2\sin\alpha(1-\sin^2\alpha) \\ &= 3\sin\alpha - 4\sin^3\alpha\end{aligned}$$ □

예제 1.4 $\frac{\pi}{2} < \theta < \pi$ $\sin\theta = \frac{3}{5}$일 때 다음 값을 구하라.

(1) $\sin\frac{\theta}{2}$ (2) $\cos\frac{\theta}{2}$ (3) $\tan\frac{\theta}{2}$

풀이 ▸ (1) $\cos\theta = -4/5$이므로 반각공식에 의해

$$\sin^2\frac{\theta}{2} = \frac{1-\cos\theta}{2} = \frac{1+\frac{4}{5}}{2} = \frac{9}{10}$$
$$\sin\frac{\theta}{2} = \pm\frac{3}{\sqrt{10}}$$

$\sin\frac{\theta}{2} > 0$이므로

$$\sin\frac{\theta}{2}=\frac{3}{\sqrt{10}}$$

(2) 반각공식으로부터

$$\cos^2\frac{\theta}{2}=\frac{1+\cos\theta}{2}=\frac{1-\frac{4}{5}}{2}=\frac{1}{10}$$

$$\cos\frac{\theta}{2}=\pm\frac{1}{\sqrt{10}}$$

$\cos\frac{\theta}{2}>0$이므로

$$\cos\frac{\theta}{2}=\frac{1}{\sqrt{10}}$$

(3) 반각공식으로부터

$$\tan^2\frac{\theta}{2}=\frac{1-\cos\theta}{1+\cos\theta}=\frac{1+\frac{4}{5}}{1-\frac{4}{5}}=9$$

$$\tan\frac{\theta}{2}=\pm 3$$

$\tan\frac{\theta}{2}>0$이므로

$$\tan\frac{\theta}{2}=3$$ □

예제 1.5 $\tan\alpha=2$이고 α가 1사분면의 각일 때 다음 값을 구하라.

(1) $\sin 2\alpha$ (2) $\cos 2\alpha$ (3) $\tan 2\alpha$

풀이 ▸ $\tan\alpha=2$과 $0°<\alpha<90°$로부터

$$\sin\alpha=\frac{2}{\sqrt{5}},\ \cos\alpha=\frac{1}{\sqrt{5}}$$

2배각 공식으로부터

(1) $\sin 2\alpha = 2\sin\alpha\cos\alpha = 2\times\dfrac{2}{\sqrt{5}}\times\dfrac{1}{\sqrt{5}} = \dfrac{4}{5}$

(2) $\cos 2\alpha = 2\cos^2\alpha - 1 = 2\times\left(\dfrac{1}{\sqrt{5}}\right)^2 - 1 = -\dfrac{3}{5}$

(3) $\tan 2\alpha = \dfrac{2\tan\alpha}{1-\tan^2\alpha} = \dfrac{2\times 2}{1-2^2} = -\dfrac{4}{3}$ □

예제 1.6 함수 $f(x) = \sin x + \sin 2x$의 x절편 및 y절편을 구하라.

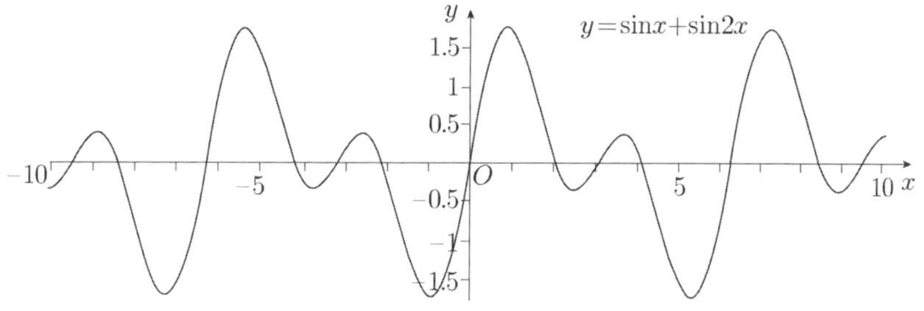

그림 1.5 $y = \sin x + \sin 2x$의 그래프

풀이 ▸ $f(0) = \sin 0 + \sin 2(0) = 0$이므로 y절편은 0이다. x절편은 $f(x) = 0$을 만족하는 x의 값, 즉 삼각방정식 $\sin x + \sin 2x = 0$의 해를 구하여 얻는다. 배각공식 $\sin 2x = 2\sin x\cos x$를 방정식에 대입하면

$$\begin{aligned}&\sin x + 2\sin x\cos x = 0\\&\sin x(1+2\cos x) = 0\\&\sin x = 0 \text{ 또는 } \cos x = -1/2\end{aligned}$$

$\sin x = 0$ 의 일반해는

$$x = n\pi,\ n = 0,\ \pm 1,\ \pm 2,\ \cdots$$

$\cos x = -1/2$의 일반해는

$$x = 2n\pi \pm \frac{2}{3}\pi,\ n = 0,\ \pm 1,\ \pm 2,\ \cdots$$

따라서 x절편은 $n\pi$, $2n\pi \pm \dfrac{2}{3}\pi$, $n = 0,\ \pm 1,\ \pm 2,\ \cdots$이다. □

토론 1.1 (1) 삼각함수의 덧셈공식으로부터 점의 회전에 대한 유용한 공식을 얻을 수 있다. 이것은 컴퓨터 그래픽에서 물체를 회전시킬 때 대단히 유용하다.

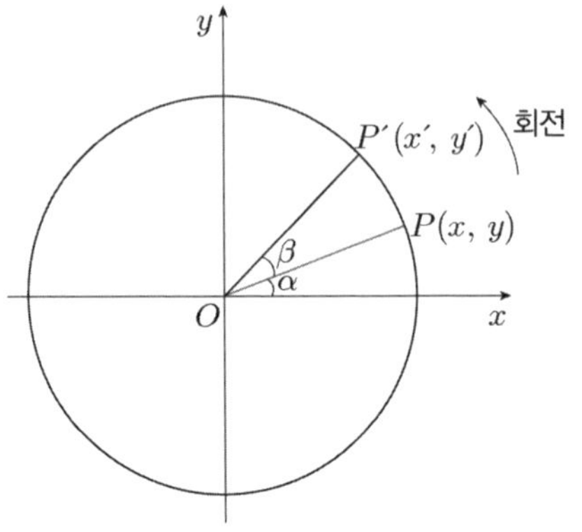

그림 1.6 좌표의 회전

그림 1.6에서 반지름이 1이고 동경과 이루는 각 α에 대응하는 점 $P(x,\ y)$는 삼각함수의 정의로부터

$$x = \cos\alpha$$
$$y = \sin\alpha$$

점 $(x,\ y)$를 각도 β만큼 회전한 좌표 $P'(x',\ y')$는

$$x' = \cos(\alpha+\beta)$$
$$y' = \sin(\alpha+\beta)$$

삼각함수의 덧셈공식으로부터 $P'(x',\ y')$에 대한 다음 공식을 얻는다.

$$\begin{aligned} x' &= \cos\alpha\cos\beta - \sin\alpha\sin\beta \\ &= x\cos\beta - y\sin\beta \\ y' &= \sin\alpha\cos\beta + \cos\alpha\sin\beta \\ &= y\cos\beta + x\sin\beta \end{aligned}$$

$(1,\ 0)$을 $30°$ 회전한 좌표를 다시 $30°$ 회전한 좌표를 구하는 형태로 계속 진행해보고, 어떤 결과가 나타나는지 토론해보라.

(2) 회전좌표 $P'(x',\ y')$는 행렬의 개념을 이용하여 표현하면 더욱 더

깔끔하게 정리할 수 있다.

$$\begin{bmatrix} x' \\ y' \end{bmatrix} = \begin{bmatrix} \cos\beta & -\sin\beta \\ \sin\beta & \cos\beta \end{bmatrix} \begin{bmatrix} x \\ y \end{bmatrix}$$

사인과 코사인 함수로 이루어진 2×2행렬을 회전행렬이라 한다. 회전행렬은 β에 의존하므로 $A(\beta)$로 놓자. $x_0 = \begin{bmatrix} 1 \\ 0 \end{bmatrix}$에 대하여

$$x_1 = A(30°)x_0,\ x_2 = A(30°)x_1,\ \cdots,$$
$$x_{11} = A(30°)x_{10},\ x_{12} = A(30°)x_{11}$$

으로 주어지는 점을 좌표평면에 표시하라. 더 나아가

$$x_n = A(30°)^n x_0, \quad n = 1,\ 2,\ \cdots,\ 12$$

가 성립함을 보여라.

(3) 그림 1.7은 직사각형 빔을 반시계 방향으로 회전할 때 왼쪽에 있는 장애물의 모퉁이와 만나는 상황을 나타낸 것이다.
이때 θ의 크기는 다음과 같음을 보여라.

$$\begin{aligned}\theta &= \pi - \alpha - \beta \\ &= \pi - \arctan\frac{b}{a} - \arcsin\frac{r}{\sqrt{a^2+b^2}}\end{aligned}$$

단, arcsin과 arctan은 sin과 tan의 역함수이다.

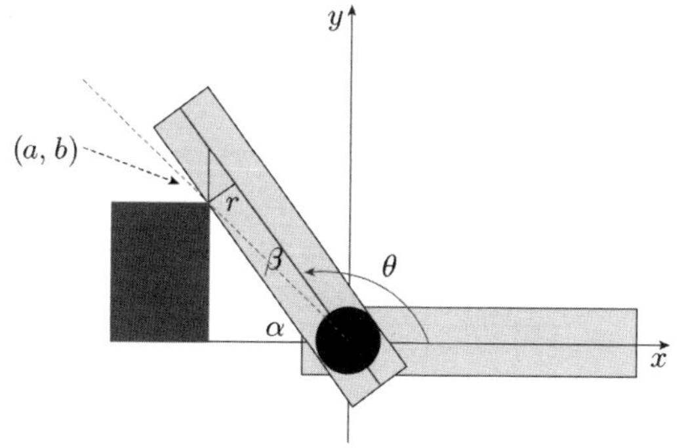

그림 1.7 직사각형 빔의 회전

6-1 연습문제

01 제곱공식을 사용하여 다음 각 물음에 답하라.

(1) $\sin\theta = \frac{3}{5}$이고 θ가 1사분면의 각일 때 $\cos\theta$를 구하라.

(2) $\tan\theta = -\frac{3}{4}$이고 θ가 2사분면의 각일 때 $\cos\theta$를 구하라.

02 덧셈공식을 사용하여 다음 값을 구하라.

(1) $\sin 75°$ (2) $\tan 75°$

(3) $\cos 15°$ (4) $\cot 15°$

03 $\sin 5° = x$라고 할 때 3배각 공식을 사용하여 x에 대한 방정식을 유도하여라.

04 합성공식을 사용하여 다음 식을 $r\sin(\theta+\alpha)$ $(r>0)$의 형태로 변형하여라.

(1) $\frac{\sqrt{3}}{2}\sin\theta + \frac{1}{2}\cos\theta$ (2) $-\sin\theta + \sqrt{3}\cos\theta$

05 θ가 예각으로 $\sin\theta - \cos\theta = \frac{1}{2}$일 때, 다음의 값을 구하라.

(1) $\sin\theta\cos\theta$ (2) $\sin\theta + \cos\theta$

06 θ가 제3사분면의 각으로 $\tan\theta = \frac{3}{4}$일 때, $\sin\theta + \cos\theta$의 값을 구하라.

07 다음 식을 간단히 하라.

$$\frac{\sin(180°+\theta)\tan^2(180°-\theta)}{\cos(270°+\theta)} - \frac{\sin(270°-\theta)}{\sin(90°+\theta)\cos^2\theta}$$

08 다음 값을 구하라.

(1) $\sin 75° - \sin 15°$ (2) $\cos 5° + \cos 125° + \cos 115°$

09 다음 식을 간단히 하라.

(1) $\dfrac{\cos\theta}{1+\sin\theta}-\dfrac{\cos\theta}{1-\sin\theta}$　　　　(2) $(1-\tan^4\theta)\cos^2\theta+\tan^2\theta$

10 α는 예각, β는 둔각으로 $\sin\alpha=\dfrac{3}{5}$, $\sin\beta=\dfrac{8}{17}$일 때, $\sin(\alpha+\beta)$의 값을 구하라.

11 α, β가 예각이고, $\sin\alpha=\dfrac{13}{14}$, $\sin\beta=\dfrac{11}{14}$이다.

(1) $\sin(\alpha+\beta)$를 구하라.　　　　(2) $\alpha+\beta$는 몇 도의 각인가

12 $\sin\alpha+\cos\alpha=\dfrac{1}{2}$일 때, 다음의 값을 구하라.

(1) $\sin 2\alpha$　　　　(2) $\sin^3\alpha+\cos^3\alpha$

2 삼각함수의 응용

직각삼각형의 삼각비는 삼각함수를 이용하여 구할 수 있다는 것을 알고 있다. 예를 들어, 그림 2.1의 각 삼각비 또는 삼각함수의 값은

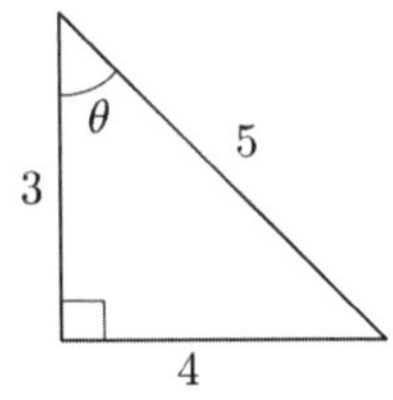

그림 2.1

$$\sin\theta = \frac{3}{5}, \quad \csc\theta = \frac{5}{4}$$

$$\cos\theta = \frac{3}{5}, \quad \sec\theta = \frac{5}{3}$$

$$\tan\theta = \frac{4}{3}, \quad \cot\theta = \frac{3}{4}$$

예제 2.1 삼각함수를 사용하여 a, b 및 r을 구하라.

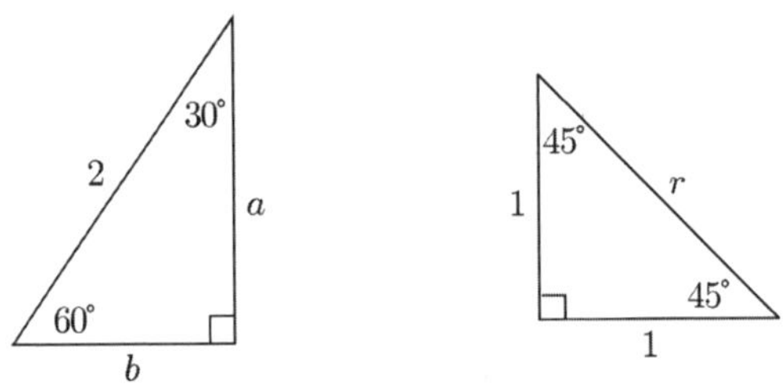

그림 2.2

풀이 ▸ $\cos 60° = 1/2$이므로

$$\cos 60° = \frac{1}{2} = \frac{b}{2}$$

$$b = 1$$

$\sin 60° = \sqrt{3}/2$이므로

$$\sin 60° = \frac{\sqrt{3}}{2} = \frac{a}{2}$$

$$a = \sqrt{3}$$

$\sin 45° = \sqrt{2}/2$이므로

$$\sin 45° = \frac{\sqrt{2}}{2} = \frac{1}{r}$$

$$r = \sqrt{2}$$ □

예제 2.2 수학 교수는 그의 연구실로 가기 위해 먼저 대학의 시계탑(시계는 탑의 꼭대기에 있음) 쪽으로 걷고 있었다. 교수는 시계탑의 높이를 구하려고 한다. 교수가 서 있는 위치에서 시계를 보았을 때 지면과 시선이 이루는 각의 크기는 30°이었고 탑을 향해 2 m 앞으로 나아갔을 때 지면과 시선이 이루는 각의 크기는 40°이었다. 시계탑의 높이를 구하라. 단, 교수의 키는 170 cm이다.

풀이 ▸ 이 문제는 두 개의 각이 관련되어 있으므로 조금 복잡하다. 문제 조건에 적합하도록 도형을 그리면 그림 2.3과 같다. 그림 2.3에서 먼저 h를 구해야 한다. $\triangle ACD$에서

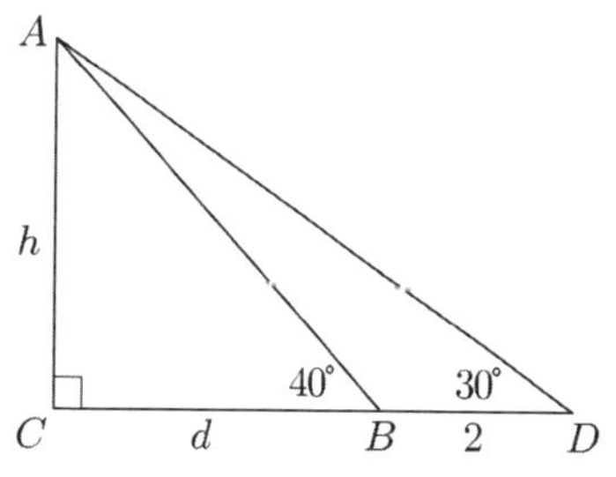

그림 2.3

$$\tan 30° = \frac{h}{d+2} \quad \text{또는} \quad h = (d+2)(\tan 30°)$$

$\triangle ACB$에서

$$\tan 40° = \frac{h}{d} \quad \text{또는} \quad h = d \tan 40°$$

두 h에 대한 식으로부터

$$(d+2)(\tan 30°) = d \tan 40°$$
$$d(\tan 40° - \tan 30°) = 2 \tan 30°$$
$$d = \frac{2 \tan 30°}{\tan 40° - \tan 30°} \approx 4.411\,\text{m}$$
$$h = d \tan 40° \approx 3.701\,\text{m}$$

따라서 시계탑의 높이는 $1.7 + 3.701 = 5.401\,\text{m}$이다. □

지금부터 삼각형 $\triangle ABC$에서 각 $\angle A$, $\angle B$, $\angle C$의 크기를 A, B, C로, 대변 BC, CA, AB의 길이를 a, b, c로 표기하자.

> 삼각형 $\triangle ABC$에 대하여 다음 등식이 성립한다.
>
> $$\frac{a}{\sin A}=\frac{b}{\sin B}=\frac{c}{\sin C}=2R$$
>
> 단, R은 $\triangle ABC$의 외접원 반지름이다.

이를 사인 공식이라 부른다.

증명 ▸ 그림 2.4와 같은 상황을 생각하자.

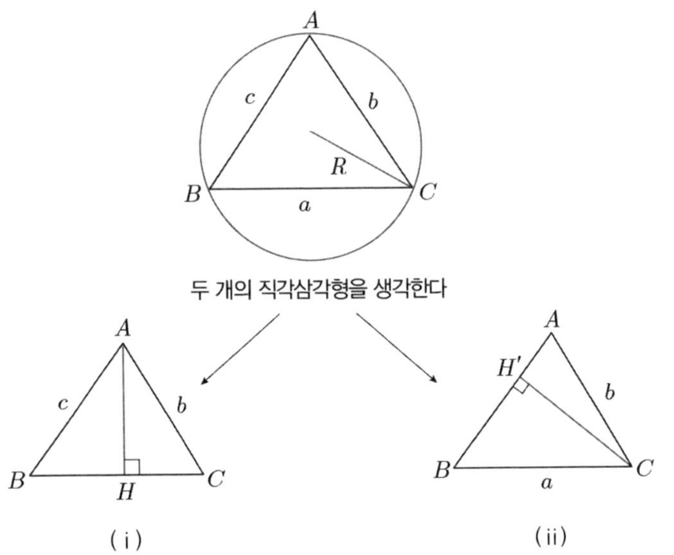

그림 2.4

(i)에 의해 $\overline{AH}=b\sin C=c\sin B$이므로

① $$\frac{b}{\sin B}=\frac{c}{\sin C}$$

(ii)에 의해 $\overline{CH'}=b\sin A=a\sin B$이므로

② $$\frac{b}{\sin B} = \frac{a}{\sin A}$$

따라서 ①과 ②에 의해

③ $$\frac{a}{\sin A} = \frac{b}{\sin B} = \frac{c}{\sin C}$$

식 ③의 값이 $2R$과 같음을 보이기 위해 그림 2.5를 생각하자.

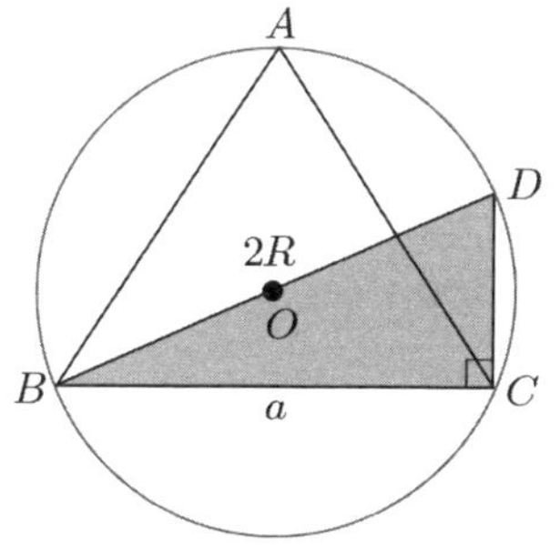

그림 2.5

원주각과 중심각의 관계로부터 $\angle C = 90°$, $\angle A = \angle D$이다. $\triangle DBC$에 식 ③을 적용하면

$$\frac{a}{\sin D} = \frac{2R}{\sin 90°}$$

즉

④ $$\frac{a}{\sin A} = 2R$$

③과 ④로부터 사인 공식이 증명되었다. □

예제 2.3 삼각형 $\triangle ABC$에서

(1) $B = 70°$, $C = 50°$, $a = 8\,\text{cm}$일 때, 외접원의 반지름을 구하라.

(2) $a = 5\,\text{cm}$, $R = 5\,\text{cm}$일 때, $\angle A$를 구하라.

풀이 ▸ (1) $A = 180° - (B + C) = 180° - (70° + 50°) = 60°$이므로 사인 공식에 의해

$$2R = \frac{a}{\sin A}$$

여기서 $a=8$, $A=60°$이므로

$$2R=\frac{8}{\sin 60°}=\frac{16}{\sqrt{3}}$$

따라서 $R=\frac{8\sqrt{3}}{3}$ cm이다.

(2) $a=5$, $R=5$를 $\frac{a}{\sin A}=2R$에 대입하면

$$\sin A=\frac{1}{2}$$

$0° < A < 180°$이므로 $A=30°$ 또는 $A=150°$이다. □

삼각형의 각과 변의 관계는 코사인 함수를 이용하여 표현할 수 있다.

> $\triangle ABC$에 대하여 다음 등식이 성립한다.
>
> $$a=b\cos C+c\cos B$$
> $$b=c\cos A+a\cos C$$
> $$c=a\cos B+b\cos A$$

이 공식을 제1코사인 공식이라 부른다.

증명 ▸ 그림 2.6으로부터 직관적으로 알 수 있다.

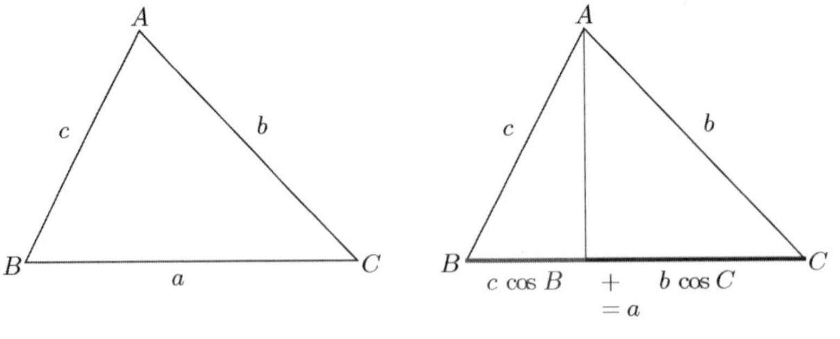

그림 2.6 □

$\triangle ABC$에 대하여 다음 등식이 성립한다.

$$a^2 = b^2 + c^2 - 2bc\cos A$$
$$b^2 = c^2 + a^2 - 2ca\cos B$$
$$c^2 = a^2 + b^2 - 2ab\cos C$$

이 공식을 제2코사인 공식이라 부른다. 제2코사인 공식은 피타고라스 정리를 확장한 것이다. 예로, 각 A가 직각인 경우 피타고라스 정리를 얻는다.

증명 ▸ 제1코사인 공식의 양변에 a, b, c를 차례로 곱하여 정리하면 제2코사인 정리를 얻는다. □

예제 2.4 $\triangle ABC$에서 $a=17$, $b=15$, $c=8$일 때, $\angle A$의 크기를 구하라.

풀이 ▸ 제2코사인 공식을 변형하면

$$\cos A = \frac{b^2 + c^2 - a^2}{2bc}$$

$a=17$, $b=15$, $c=8$을 위의 식에 대입하면

$$\cos A = \frac{15^2 + 8^2 - 17^2}{2 \times 15 \times 8} = 0$$

$\angle A$는 삼각형의 내각이므로 $A = 90°$이다. □

예제 2.5 $\triangle ABC$에서 $a=3$, $b=5$, $c=7$일 때, 최대각의 크기를 구하라.

풀이 ▸ $a<b<c$이므로 $A<B<C$이다. 따라서 삼각형의 최대각은 $\angle C$이다. 제2코사인 공식을 변형하면

$$\cos C = \frac{a^2 + b^2 - c^2}{2ab}$$

$a=3$, $b=5$, $c=7$을 위의 식에 대입하면

$$\cos C = -\frac{15}{30} = -\frac{1}{2}$$

$0° < C < 180°$이므로 $C = 120°$이다. □

삼각함수와 제2코사인 공식을 사용하여 삼각형의 넓이를 각과 변 또는 변만으로 나타내는 공식을 유도할 수가 있다.

> $\triangle ABC$의 넓이를 S라 하면
>
> (i) $S = \frac{1}{2}bc\sin A = \frac{1}{2}ca\sin B = \frac{1}{2}ab\sin C$
>
> (ii) $S = \sqrt{s(s-a)(s-b)(s-c)}$, $s = (a+b+c)/2$

삼각형의 넓이 구하는 공식 (ii)는, 고대 이집트에서 태어나 알렉산드리아에서 활약한 고대 그리스인 발명가이자 수학자인 헤론(10−70년경)의 이름을 따 **헤론의 공식**이라 부른다. 헤론이 이 공식을 발견하였다.

증명 ▸ (i) $\triangle ABC$의 최대각의 크기를 A라 하고 $\angle A$에서 변 BC에 수선 AD를 긋는다(그림 2.7). 삼각형의 넓이 공식으로부터

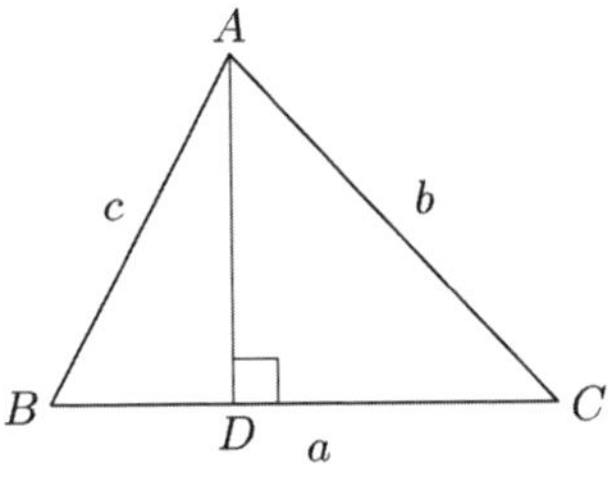

그림 2.7

⑤ $$S = \frac{1}{2}\overline{BC} \times \overline{AD}$$

$\overline{BC} = a$, $\overline{AD} = \overline{AB}\sin B = c\sin B$를 ⑤에 대입하면

⑥ $$S = \frac{1}{2}ca\sin B$$

사인 공식 $a\sin B = b\sin A$와 $c\sin B = b\sin C$를 ⑥에 대입하면 나머지 식을 얻는다.

(ii) 제2코사인 공식으로부터

$$\cos A = \frac{b^2 + c^2 - a^2}{2bc}$$

이 식을 제곱공식에 대입하면

$$\begin{aligned}\sin^2 A &= 1-\cos^2 A = (1+\cos A)(1-\cos A)\\ &= \left(1+\frac{b^2+c^2-a^2}{2bc}\right)\left(1-\frac{b^2+c^2-a^2}{2bc}\right)\\ &= \frac{(b+c)^2-a^2}{2bc}\times\frac{a^2-(b-c)^2}{2bc}\end{aligned}$$

$$⑦ \qquad = \frac{(b+c+a)(b+c-a)(a+b-c)(a-b+c)}{(2bc)^2}$$

또한 $s=(a+b+c)/2$이므로

$$b+c-a=2(s-a),\ a+b-c=2(s-c),\ a-b+c=2(s-b)$$

이를 식 ⑦에 대입하면

$$\sin^2 A = \frac{4s(s-a)(s-b)(s-c)}{b^2c^2}$$

$0° < A < 180°$이므로 $\sin A > 0$이다. 따라서

$$\sin A = \frac{2\sqrt{s(s-a)(s-b)(s-c)}}{bc}$$

이것을 $S=\dfrac{1}{2}bc\sin A$에 대입하면

$$S=\sqrt{s(s-a)(s-b)(s-c)} \qquad \square$$

예제 2.6 다음 삼각형의 넓이를 구하라.

(1) $b=3\,\mathrm{cm},\ c=4\,\mathrm{cm},\ A=30°$

(2) $a=7\,\mathrm{cm},\ b=8\,\mathrm{cm},\ c=9\,\mathrm{cm}$

풀이 ▸ (1) $b,\ c,\ A$가 주어졌으므로 $S=\dfrac{1}{2}bc\sin A$를 이용하면

$$S=\frac{1}{2}\times 3\times 4\times \sin 30° = \frac{1}{2}\times 3\times 4\times\frac{1}{2} = 3\,\mathrm{cm}^2$$

(2) $s=(a+b+c)/2$라 두면

$$s=\frac{7+8+9}{2}=12$$

헤론의 공식에 의해

$$S=\sqrt{12\times5\times4\times3}=12\sqrt{5}\ \text{cm}^2 \qquad \square$$

예제 2.7 좌표평면 위의 세 점 $A(1,\ 1)$, $B(3,\ 2)$, $C(2,\ 4)$로 이뤄진 삼각형 $\triangle ABC$의 넓이를 구하라(그림 2.8).

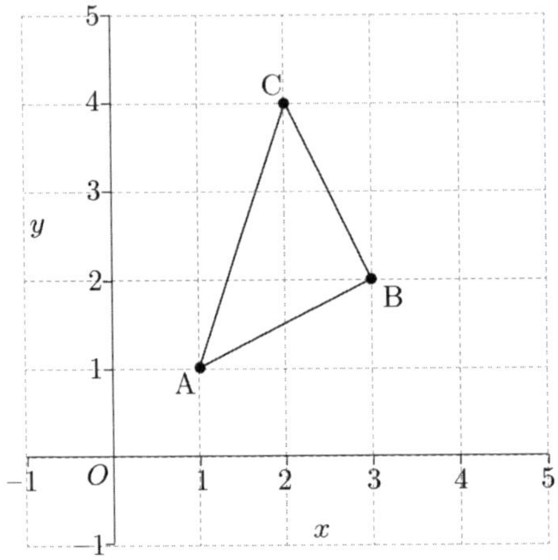

그림 2.8

풀이 ▸ 두 점 사이의 거리 공식 또는 피타고라스의 정리를 이용하면

$$\overline{AB}=\sqrt{(3-1)^2+(2-1)^2}=\sqrt{4+1}=\sqrt{5}$$

$$\overline{AC}=\sqrt{(2-1)^2+(4-1)^2}=\sqrt{1+9}=\sqrt{10}$$

$$\overline{BC}=\sqrt{(4-3)^2+(4-2)^2}=\sqrt{1+4}=\sqrt{5}$$

$a=\sqrt{5}$, $b=\sqrt{10}$, $c=\sqrt{5}$ 및

$$s=\frac{\sqrt{5}+\sqrt{5}+\sqrt{10}}{2}=\frac{2\sqrt{5}+\sqrt{10}}{2}$$

이것을 헤론의 공식에 대입하면

$$S=\sqrt{\frac{2\sqrt{5}+\sqrt{10}}{2}\left(\frac{2\sqrt{5}+\sqrt{10}}{2}-\sqrt{5}\right)^2\left(\frac{2\sqrt{5}+\sqrt{10}}{2}-\sqrt{10}\right)}$$

$$=\sqrt{\left(\frac{\sqrt{10}}{2}\right)^2\left(\frac{2\sqrt{5}+\sqrt{10}}{2}\right)\left(\frac{2\sqrt{5}-\sqrt{10}}{2}\right)}=\frac{5}{2} \qquad \square$$

토론 2.1 점 B로부터 직선 AC에 이르는 거리를 구하여 삼각형의 넓이를 구할 수 있다. 이 방법에 대하여 토론하라.

토론 2.2 다음 공식을 사용하여 물체의 높이를 측정해보라.

$$d = \frac{x\tan\alpha}{\tan\beta - \tan\alpha}$$

$$h = d\tan\beta$$

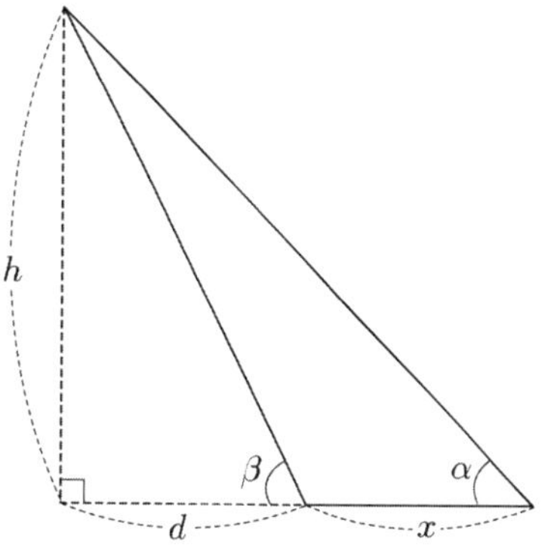

그림 2.9

6-2 연습문제

01 각에 대한 삼각함수의 값을 구하라.

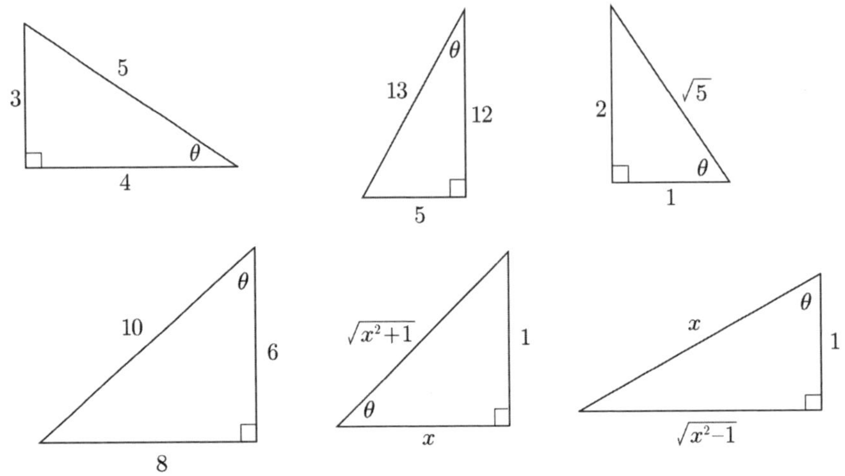

02 h를 θ의 함수로 표현하라.

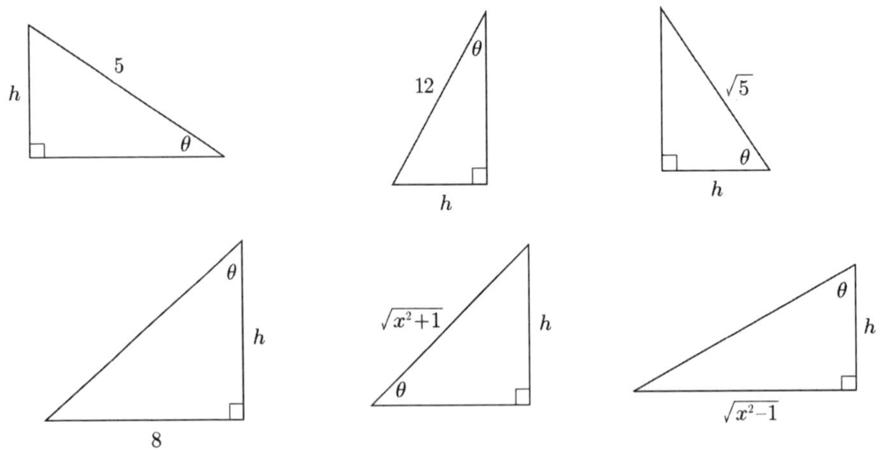

03 제2코사인 공식을 사용하여 지시된 근삿값을 구하라.

(1) $a=10,\ b=15,\ c=21\ ;\ B$　　(2) $a=5,\ b=12,\ c=15\ ;\ C$

(3) $a=25,\ c=30,\ B=30°\ ;\ b$　　(4) $a=13,\ b=20,\ c=13\ ;\ A$

04 사인 공식을 사용하여 지시된 값을 구하라.

(1) $A=30°$, $B=60°$, $a=5$; b　　(2) $A=30°$, $a=12.6$, $c=6.3$; C

(3) $A=46°$, $B=88°$, $c=10.5$; b　　(4) $A=64°$, $a=11$, $b=12$; B, C

05 다음 삼각형의 넓이를 구하라.

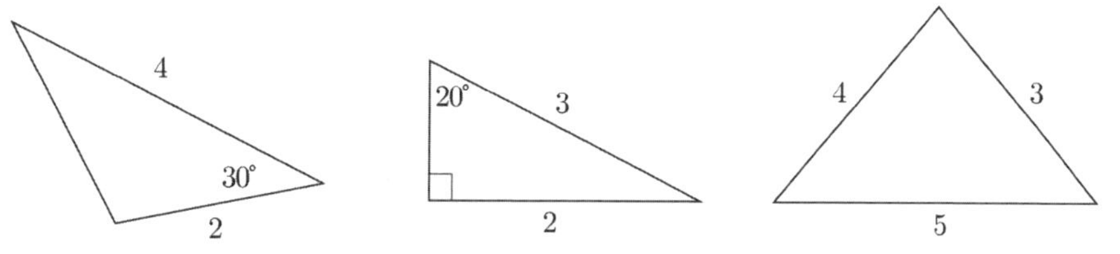

06 $\triangle ABC$에서 $a:b:c=5:6:7$일 때 다음 각각의 값을 구하라.

(1) $\sin A : \sin B : \sin C$　　(2) $\sin A$, $\sin B$, $\sin C$

07 $\triangle ABC$에서 $b+c:c+a:a+b=4:5:6$일 때 $\cos A$, $\cos B$, $\cos C$를 구하라.

08 $\triangle ABC$의 넓이를 S, 외접원의 반지름을 R이라고 할 때 다음 등식이 성립함을 보여라.

(1) $S=\dfrac{abc}{4R}$　　(2) $S=2R^2\sin A\sin B\sin C$

09 원형 모양의 연못가를 측량하여 아래 그림과 같이 세 변의 길이가 6m, 10m, 14m인 삼각형을 얻었다면 이 연못의 지름은 얼마인가?

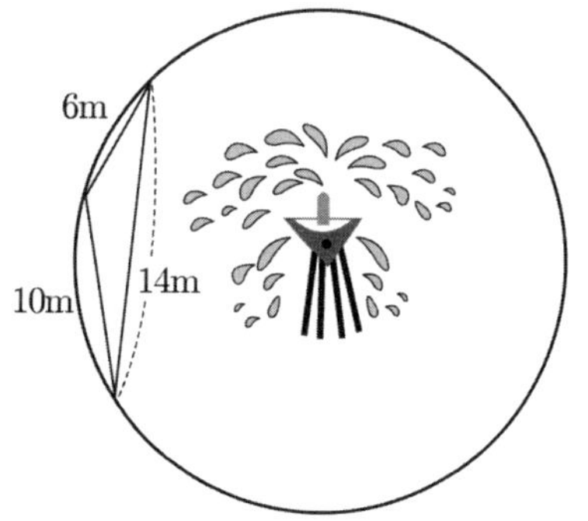

10 두 대각선의 길이가 a, b이고 끼인각의 크기가 θ인 사각형의 넓이는

$$S = ab\sin\theta$$

임을 보여라.

11 한기대 군이 등산을 하기 위해 버스를 타고 산 정상이 보이는 곳에 내렸다. 한기대 군은 내린 지점과 산 정상의 표고차를 구해보려고 생각했다. 내린 지점을 A, A로부터 1km 떨어진 지점을 B, 산 정상을 C, 산 정상에서 수직으로 내린 지점을 H라 하고 다음과 같은 3개의 각을 재었더니 $\angle BAC = 75°$, $\angle ABC = 45°$, 그리고 $\angle CAH = 30°$였다. 버스에서 내린 지점과 정상 사이의 표고차를 구하라.

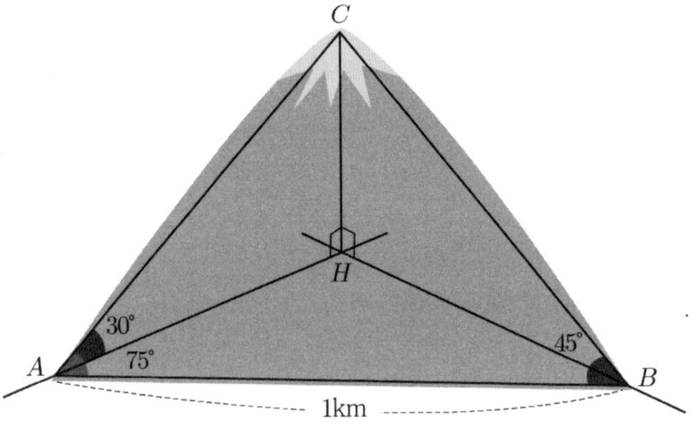

12 한기대 군이 원형 분수의 가장자리에 설치되어 있는 벤치 A에 앉았다. 분수대에는 또 다른 벤치 B가 설치되어 있고 또 분수의 건설 내용을 설명하는 기념비 C가 세워져 있다. 벤치 B로부터 C까지의 거리를 구하기 위해 $\angle BAC$를 재었더니 75°였다. 분수대의 반지름을 10m라 할 때 B로부터 C까지의 거리를 구하라.

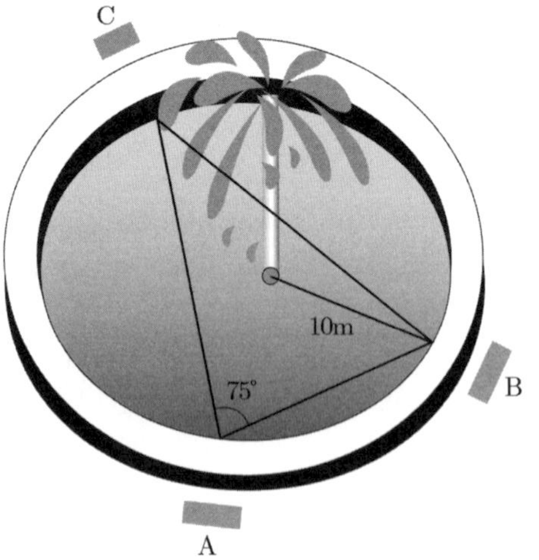

13 아래 그림에서 해변으로부터 섬까지 거리를 구하라.

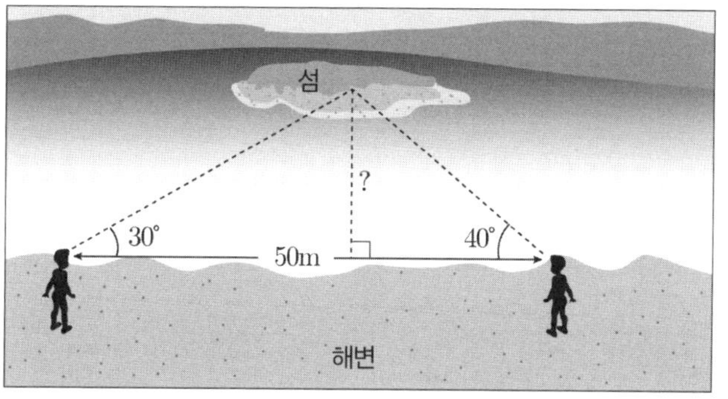

14 아래 그림에서 삼각형의 높이를 구하라.

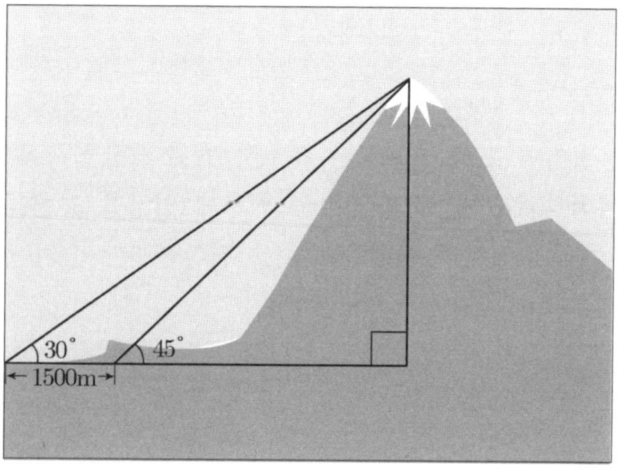

3 복소수의 극형식

1) 복소수

이차방정식 $x^2 = a$의 제곱근은 $x = \pm\sqrt{a}$로 근호가 의미를 가지려면 $a \geq 0$이어야 한다. 즉 $a < 0$이면 근호가 정의되지 않는다. 인류 역사상 가장 위대한 수학자라는 칭송을 받은 독일의 수학자 가우스(1777-1855)는

$$x^2 = -1 \text{의 제곱근 } x = \pm i,\ i = \sqrt{-1}$$

을 받아들여 실수의 세상을 뛰어 넘어 복소수의 세상을 만들었다. 그리하여 그는 대수학의 기본정리인 모든 다항식은 복소수 범위에서 일차식으로 인수분해할 수 있음을 증명하여 수학, 과학 및 공학의 연구에 엄청난 공헌을 하였다.

i를 허수단위로 도입하여 실수와 허수를 결합한 복소수의 정의는 다음과 같다.

> 실수 a, b에 대하여 $z = a + bi$의 형태의 수를 복소수라고 하고, a는 복소수 z의 실수부, b는 허수부라고 한다. 실수 b에 대하여 bi를 순허수라 한다.

허수단위 i의 도움으로 음수에 대한 제곱근은 다음과 같이 정의한다.

$$\sqrt{-a} = i\sqrt{a},\ a > 0$$

예를 들어,

$$\sqrt{-2} = \sqrt{2}\,i$$

실수 a는 $a = a + 0i$로 쓸 수 있으므로 복소수의 집합은 실수의 집합을 포함한다.

복소수의 상등은 다음과 같이 정의한다. 어떤 집합에 연산을 정의하였을 때 우선적으로 해야 하는 작업은 그 집합의 원소들이 같다는 개념을 반드시 정의해야 한다.

복소수는 실수부와 허수부가 같을 때 서로 같다고 한다.

$$a_1 + b_1 i = a_2 + b_2 i \Leftrightarrow a_1 = a_2 \text{ 및 } b_1 = b_2$$

예제 3.1 방정식 $x + 2i = 3 + yi$를 만족하는 실수 x와 y를 구하라.

풀이 ▸ 복소수의 상등의 정의로부터 $x = 3$, $y = 2$이다. □

2) 복소수의 사칙연산

복소수에 다음과 같이 사칙연산을 정의하자.

복소수 $z_1 = a_1 + b_1 i$와 $z_2 = a_2 + b_2 i$의 사칙연산은 다음과 같이 정의한다.

$$\begin{aligned} z_1 \pm z_2 &= (a_1 \pm a_2) + (b_1 \pm b_2)i \\ z_1 z_2 &= (a_1 a_2 - b_1 b_2) + (a_1 b_2 + a_2 b_1)i \\ \frac{z_2}{z_1} &= \frac{a_1 a_2 + b_1 b_2}{a_1^2 + b_1^2} + \frac{a_1 b_2 - a_2 b_1}{a_1^2 + b_1^2} i \end{aligned}$$

위의 정의에 의해, 실수의 집합에서와 마찬가지로 복소수의 집합은 사칙연산에 대해 닫혀 있으며, 교환법칙, 결합법칙, 분배법칙과 같은 기본법칙이 성립한다. 곱셈과 나눗셈에 대한 정의를 암기하는 것은 약간은 성가신 일에 속한다. 다행히 이러한 계산은 실수와 똑같은 연산을 한 다음 $i^2 = -1$을 대입하면 된다. 실제로

$$\begin{aligned} z_1 z_2 &= (a_1 + b_1 i)(a_2 + b_2 i) \\ &= a_1 a_2 + a_1 b_2 i + b_1 a_2 i + b_1 b_2 i^2 \\ &= (a_1 a_2 - b_1 b_2) + (a_1 b_2 + a_2 b_1)i, \\ \frac{z_2}{z_1} &= \frac{a_2 + b_2 i}{a_1 + b_1 i} = \frac{(a_2 + b_2 i)(a_1 - b_1 i)}{(a_1 + b_1 i)(a_1 - b_1 i)} \\ &= \frac{a_1 a_2 + a_1 b_2 i - a_2 b_1 i - b_1 b_2 i^2}{a_1^2 - b_1^2 i^2} \end{aligned}$$

$$= \frac{a_1a_2 + b_1b_2}{a_1^2 + b_1^2} + \frac{a_1b_2 - a_2b_1}{a_1^2 + b_1^2}i$$

예로

$$(7-2i)+(4+3i)=(7+4)+(-2+3)i=11+i$$

$$(-2+i)(2-5i)=-4+10i+2i-5i^2=1+12i$$

$$\frac{3+i}{1-2i}=\frac{(3+i)(1+2i)}{(1-2i)(1+2i)}=\frac{3+6i+i-2}{1+4}=\frac{1}{5}+\frac{7}{5}i$$

예제 3.2 다음 식을 간단히 하라.

$$\frac{i}{1+i}+\frac{1+i}{i}$$

풀이 ▸

$$\frac{i}{1+i}+\frac{1+i}{i}=\frac{i^2+(1+i)^2}{(1+i)i}=\frac{-1+1+2i-1}{-1+i}$$

$$=\frac{-1+2i}{-1+i}=\frac{-1+2i}{-1+i}$$

$$=\frac{(-1+2i)(-1-i)}{(-1+i)(-1-i)}=\frac{3}{2}-\frac{1}{2}i$$

□

3) 극형식

복소수를 좌표평면의 x축을 실축, y축을 허축으로 정하여 복소수를 나타낸 것을 복소평면이라 한다. 그림 3.1은 몇 개의 복소수를 복소평면에 나타낸 것이다.

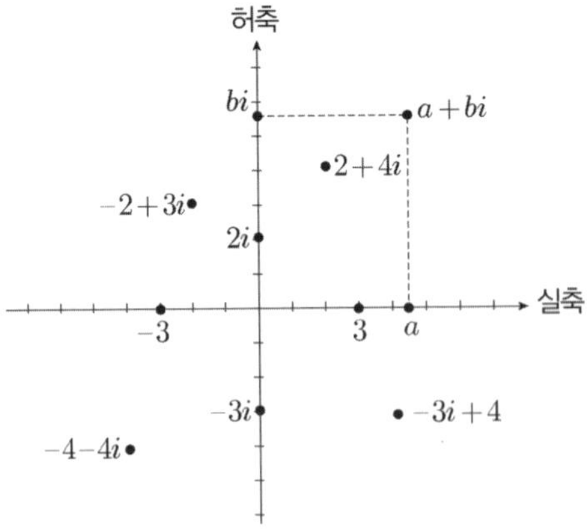

그림 3.1 복소평면

이러한 표현으로부터 좌표평면과 복소평면은 서로 일대일 대응관계를 갖는다. 즉

$$P(a,\ b) \leftrightarrow z = a + bi \quad (\leftrightarrow\text{는 일대일 대응관계 기호})$$

복소수 $z = a + bi$를 삼각함수를 사용하여 표현하는 방법에 대해 알아보자.

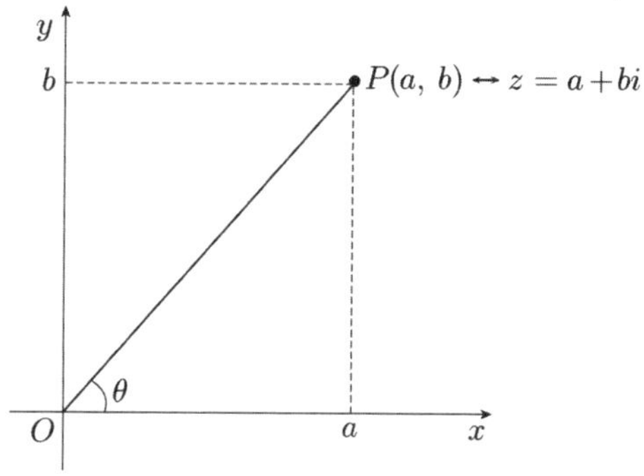

그림 3.2 $P(a,\ b) \leftrightarrow a + bi$

평면상의 점 $P(a,\ b)$는 삼각함수의 정의로부터

$$a = r\cos\theta,\ \ b = r\sin\theta$$

여기서 $r = \overline{OP} = |z| = |a + bi| = \sqrt{a^2 + b^2}$이고, θ는 x축과 직선 OP가 이루는 각이다.

표현 $a,\ b$를 z에 대입하면

$$z = r(\cos\theta + i\sin\theta)$$

를 얻고, 이를 z에 대한 극형식이라 한다.

> $z = r(\cos\theta + i\sin\theta)$를 복소수 $z = a + bi$의 극형식이라 한다. $r = \sqrt{a^2 + b^2}$을 복소수 z의 크기, $\theta = \angle z$를 z의 편각이라 한다. 특히 $0 \le \theta < 2\pi$일 때, θ를 주편각이라고 한다.

프랑스의 수학자 드무아브르(1667－1754)가 복소수를 삼각함수를 이용하여 표현하였다.

예제 3.3 복소수 $-2 + 2i$를 극형식으로 나타내어라.

풀이 ▸ 그림 3.3은 $-2+2i$의 기하학적 표현이다.

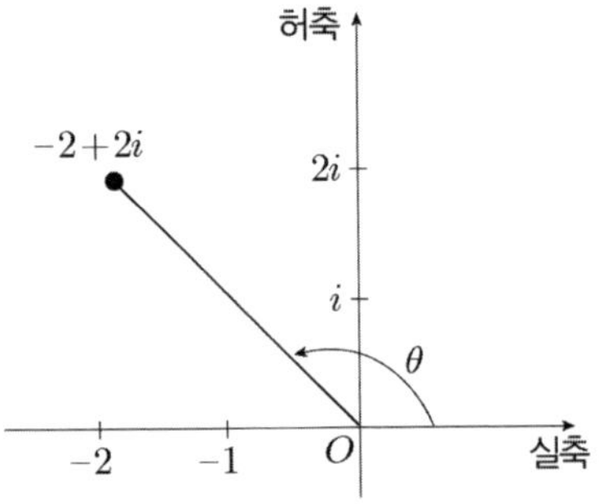

그림 3.3 복소수 $-2+2i$

$-2+2i$의 크기는

$$r = |-2+2i| = \sqrt{4+4} = 2\sqrt{2}$$

주편각은 2사분면에 있는 다음 식을 만족하는 각이다.

$$\tan\theta = \frac{2}{-2} = -1$$
$$\theta = 135°$$

따라서 구하는 극형식은

$$-2+2i = 2\sqrt{2}(\cos 135° + i\sin 135°)$$ □

예제 3.4 복소수 $2\sqrt{3}(\cos 150° + i\sin 150°)$을 $a+bi$의 형태로 써라.

풀이 ▸ $\cos 150° = -\dfrac{\sqrt{3}}{2}$과 $\sin 150° = \dfrac{1}{2}$을 대입하여 정리하면 된다. 즉

$$\begin{aligned} 2\sqrt{3}(\cos 150° + i\sin 150°) &= 2\sqrt{3}\left(-\frac{\sqrt{3}}{2} + \frac{1}{2}i\right) \\ &= -3 + \sqrt{3}\, i \end{aligned}$$ □

복소수의 극형식을 이용한 곱셈과 나눗셈 방법을 살펴보자. 이를 위해

$$z_1 = r_1(\cos\theta_1 + i\sin\theta_1),\ \ z_2 = r_2(\cos\theta_2 + i\sin\theta_2)$$

로 놓자. 삼각함수 공식을 사용하여 다음 곱과 나눗셈법을 얻을 수 있다.

$$
\begin{aligned}
z_1 z_2 &= r_1 r_2(\cos\theta_1 + i\sin\theta_1)(\cos\theta_2 + i\sin\theta_2) \\
&= r_1 r_2[(\cos\theta_1\cos\theta_2 - \sin\theta_1\sin\theta_2) + i(\cos\theta_1\sin\theta_2 + \sin\theta_1\cos\theta_2)] \\
&= r_1 r_2[\cos(\theta_1+\theta_2) + i\sin(\theta_1+\theta_2)],
\end{aligned}
$$

$$
\begin{aligned}
\frac{z_2}{z_1} &= \frac{r_2}{r_1}\frac{\cos\theta_2 + i\sin\theta_2}{\cos\theta_1 + i\sin\theta_1} \\
&= \frac{r_2}{r_1}\frac{(\cos\theta_2 + i\sin\theta_2)(\cos\theta_1 - i\sin\theta_1)}{(\cos\theta_1 + i\sin\theta_1)(\cos\theta_1 - i\sin\theta_1)} \quad (z\,\overline{z} = |z|^2) \\
&= \frac{r_2}{r_1}\frac{\cos\theta_2\cos\theta_1 + \sin\theta_2\sin\theta_1 + i(\sin\theta_2\cos\theta_1 - \cos\theta_2\sin\theta_1)}{\cos^2\theta_1 + \sin^2\theta_1} \\
&= \frac{r_2}{r_1}[\cos(\theta_2-\theta_1) + i\sin(\theta_2-\theta_1)]
\end{aligned}
$$

정리하면

> $z_1 = r_1(\cos\theta_1 + i\sin\theta_1)$, $z_2 = r_2(\cos\theta_2 + i\sin\theta_2)$일 때
>
> $$z_1 z_2 = r_1 r_2[\cos(\theta_1+\theta_2) + i\sin(\theta_1+\theta_2)],$$
> $$\frac{z_2}{z_1} = \frac{r_2}{r_1}[\cos(\theta_2-\theta_1) + i\sin(\theta_2-\theta_1)] \quad (z_1 \neq 0)$$

예제 3.5 두 복소수 $1+i$와 $-2i$의 곱을 (1) 극형식을 통해 (2) 대수적 곱셈을 통해 구하라.

풀이 ▸ (1) 주어진 두 복소수의 극형식은

$$
\begin{aligned}
1+i &= \sqrt{2}(\cos 45^\circ + i\sin 45^\circ) \\
-2i &= 2(\cos 270^\circ + i\sin 270^\circ)
\end{aligned}
$$

이를 곱하면

$$
\begin{aligned}
&\sqrt{2}(\cos 45^\circ + i\sin 45^\circ)\cdot 2(\cos 270^\circ + i\sin 270^\circ) \\
&= 2\sqrt{2}(\cos 315^\circ + i\sin 315^\circ) \\
&= 2\sqrt{2}\left(\frac{\sqrt{2}}{2} - i\frac{\sqrt{2}}{2}\right) \\
&= 2-2i
\end{aligned}
$$

(2) 대수적으로 곱하면

$$(1+i)(-2i) = -2i - 2i^2 = -2i + 2 = 2 - 2i \qquad \square$$

위의 예제를 통하여 판단하면 곱셈에 극형식은 별 도움이 되지 못하는 것처럼 보인다. 그러나 반복적인 곱에서 그 위력을 느낄 수 있을 것이다. 반복적인 곱을 구하는 공식을 드무아브르 공식이라 부른다.

$$[r(\cos\theta + i\sin\theta)]^n = r^n(\cos n\theta + i\sin n\theta), \ n\text{은 자연수}$$

드무아브르 공식은 수학적 귀납법을 통하여 쉽게 증명할 수 있다.

예제 3.6 $(1+i)^{10}$을 계산하라.

풀이 ▸ $1+i$를 극형식으로 고치면

$$1+i = \sqrt{2}(\cos 45° + i\sin 45°)$$

드무아브르 공식을 이용하면

$$\begin{aligned}(1+i)^{10} &= [\sqrt{2}(\cos 45° + i\sin 45°)]^{10} \\ &= (\sqrt{2})^{10}(\cos 450° + i\sin 450°) \\ &= 32(\cos 90° + i\sin 90°) \\ &= 32(0 + i \cdot 1) \\ &= 32i \qquad \square\end{aligned}$$

드무아브르 공식은 다항방정식의 해를 구하는 데 결정적인 역할을 한다.

a의 n제곱근은 $z^n = a$의 해 z를 드무아브르 공식을 이용하여 구하여보자. $n = 2, 3, 4$에 대해서는 인수분해를 통하여 다음 사실을 간단하게 확인할 수 있다.

$$z^2 = 1\text{의 해는 } z = \pm 1$$

$$z^3 = 1\text{의 해는 } z = 1, \ \frac{-1 \pm \sqrt{3}\,i}{2}$$

$$z^4 = 1\text{의 해는 } z = \pm 1,\ \pm i$$

이러한 해들은 모두 반지름이 1 인 원주 상에 놓인다. 왜냐하면

$$|z^n| = |z|^n = 1\text{에서 } |z| = 1$$

이 성립하기 때문이다.

이제 $n \geq 5$인 n에 대하여 다항방정식 $z^n = 1$의 해를 구하여보자.
$z = r(\cos\theta + i\sin\theta)$라 두면

$$z^n = [r(\cos\theta + i\sin\theta)]^n = r^n(\cos n\theta + i\sin n\theta)$$

1을 극형식으로 나타내면

$$1 = \cos 0 + i\sin 0$$

$z^n = 1$에 대입하면

$$r^n(\cos n\theta + i\sin n\theta) = \cos 0 + i\sin 0$$

두 복소수의 크기를 생각하면

$$\begin{aligned}\sqrt{r^{2n}(\cos^2 n\theta + \sin^2 n\theta)} &= \sqrt{\cos^2 0 + \sin^2 0} \\ r^n &= 1 \\ r &= 1 \quad (r > 0)\end{aligned}$$

복소수의 상등으로부터

$$\cos n\theta = \cos 0 = 1 \ \text{ 그리고 } \sin n\theta = \sin 0 = 0$$

사인과 코사인의 주기가 $2\pi k$(k는 정수)이므로 두 방정식의 해는

$$n\theta = 0 + 2k\pi = 2k\pi \ \text{ 또는 } \theta = \frac{2k\pi}{n},\ k\text{는 정수}$$

따라서 모든 해는

① $$z = \cos\frac{2k\pi}{n} + i\sin\frac{2k\pi}{n},\ k = 0,\ 1,\ 2,\ \cdots,\ n-1$$

예제 3.7 식 ①을 이용하여 $z^4=1$의 해를 모두 구하라.

풀이 ▸ 식 ①에서 $n=4$로 두고, $k=0,\ 1,\ 2,\ 3$을 차례로 대입하면

$$z_1=\cos 0°+i\sin 0°=1$$
$$z_2=\cos 90°+i\sin 90°=i$$
$$z_3=\cos 180°+i\sin 180°=-1$$
$$z_4=\cos 270°+i\sin 270°=-i$$

이는 인수분해를 통하여 구한 $z^4=1$의 해와 일치한다. □

그림 3.4는 $z^n=1$, $n=3,\ 4,\ 5$의 해를 표시한 것이다.

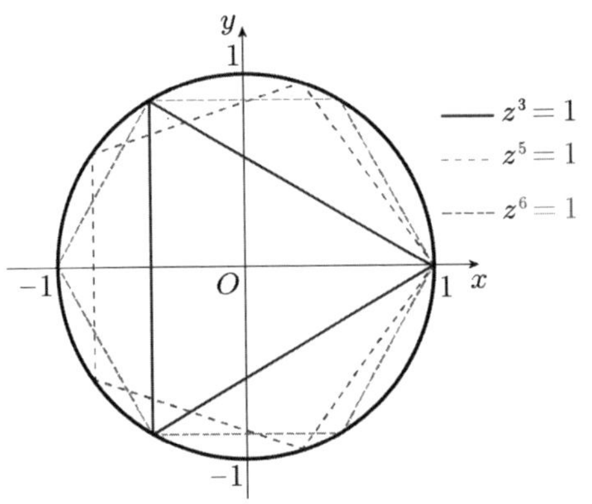

그림 3.4 $z^n=1$, $n=3,\ 4,\ 5$의 해

토론 3.1 $z^n=1$의 해를 이용하여 컴퓨터 스크린에 n각형 작도하는 방법에 대해 토론하라.

6-3 연습문제

01 복소수 $z=2+3i$, $w=3-5i$에 대하여 다음 물음에 답하라.

(1) $z+w$ (2) zw (3) $\dfrac{z}{w}$

02 복소수 $z=4+5i$에 대하여 다음 물음에 답하라.

(1) $z\bar{z}$ (2) $|z|$ (3) $|\bar{z}|$

03 다음 복소수를 $a+bi$로 나타내어라.

(1) $(1+i)^3$ (2) $\dfrac{1-i}{1+i}$

(3) $2\sqrt{-8}-\sqrt{-50}+\sqrt{-18}$ (4) $\sqrt{-25}(3-\sqrt{-49})$

04 $(3x-1)+(y+5)i=1-3i$를 만족하는 실수 x와 y를 구하라.

05 두 실수 x, y가 $(x+yi)^2=2+3i$를 만족할 때, $\dfrac{y}{x}-\dfrac{x}{y}$의 값을 구하라.

06 다음 각 식을 간단히 하라.

(1) $\dfrac{2+3i}{3-2i}+\dfrac{2-3i}{3+2i}$ (2) $(1+i)^7$

(3) $\left(\dfrac{1+i}{1-i}\right)^2-\left(\dfrac{1-i}{1+i}\right)^2$ (4) $\left(\dfrac{1-i}{1+i}\right)^{100}$

07 다음 복소수를 극형식으로 나타내어라.

(1) $3-3i$ (2) $1-i$

(3) $\sqrt{3}-i$ (4) $-2-2\sqrt{3}i$

(5) $3i$ (6) $-\sqrt{2}$

08 다음 복소수의 극형식을 $a+bi$로 나타내어라.

(1) $\cos 180° + i\sin 180°$
(2) $2(\cos 120° + i\sin 120°)$
(3) $\frac{1}{2}(\cos 300° + i\sin 300°)$
(4) $3\left(\cos \frac{2\pi}{3} + i\sin \frac{2\pi}{3}\right)$

09 다음 복소수의 곱을 구하라.

(1) $2(\cos 150° + i\sin 150°) \cdot 3(\cos 210° + i\sin 210°)$
(2) $2(\cos 10° + i\sin 10°)(\cos 320° + i\sin 320°)$

10 다음 복소수를 극형식으로 나타내어 곱한 다음 $a+bi$로 나타내어라.

(1) $1-i$, $\sqrt{2}i$
(2) 5, $-2-2i$
(3) $1-\sqrt{3}i$, $1+\sqrt{3}i$

11 다음 복소수를 $a+bi$로 나타내어라.

(1) $(-2+2i)^6$
(2) $(-1+\sqrt{3}i)^{10}$
(3) $(1-i)^9$
(4) $(-\sqrt{2}-\sqrt{2}i)^6$

12 다음 방정식의 해를 모두 구하라.

(1) $z^5 - 1 = 0$
(2) $z^6 - 1 = 0$
(3) $z^4 = -1$
(4) $z^4 = 16$

13 복소수 지수함수의 정의로부터 코시-오일러 공식을 유도할 수 있다.

$$e^{i\theta} = \cos\theta + i\sin\theta$$

이 공식을 이용하면

$$z = a + bi = r(\cos\theta + i\sin\theta) = re^{i\theta}$$

복소수 지수함수의 성질 $e^{i(\alpha+\beta)} = e^{i\alpha}e^{i\beta}$을 사용하여 삼각함수의 합성공식을 유도하여라.

$$\sin(\alpha+\beta) = \sin\alpha\cos\beta + \cos\alpha\sin\beta,$$
$$\cos(\alpha+\beta) = \cos\alpha\cos\beta - \sin\alpha\sin\beta$$

07

원추곡선

1. 원추곡선이란
2. 원의 방정식
3. 포물선
4. 타원
5. 쌍곡선
6. 평행이동

1 원추곡선이란

원추곡선이란 두 개의 원뿔을 그림 1.1과 같이 놓고 하나의 평면으로 각도를 변화시키면서 잘랐을 때 나타나는 면의 경계 곡선을 말한다.

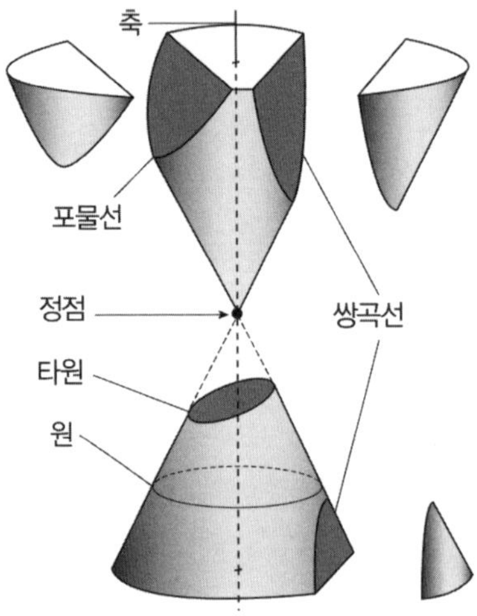

그림 1.1 원추곡선

평면으로 절단했을 때 원추곡선의 크기 등에 있어 차이는 있지만, 크게 4가지의 곡선으로 분류할 수 있는데, 차례로 원, 포물선, 타원, 쌍곡선이다. 고대문명에서도 기하학은 매우 중요한 분야로 취급되어 왔고, 특히 그리스 시대는 기하학(자와 컴퍼스만을 이용한 작도)의 부흥기라고도 할 수 있을 만큼 많은 업적들이 쏟아져 나왔다. 업적을 망라하여 기록한 책이 바로 유클리드 원본으로, 성경 다음으로 많이 읽힌 책이다. 지금도 중학교 교과서에 실려 있는 도형에 대한 내용은 거의 유클리드 원본에 실려 있는 것들이다. 아마 세상의 모든 사람들이 다 읽은 책이라고 해도 과언은 아니다. 이 장에서는 기하학 관점에서의 원추곡선과 대수적 관점에서의 이차곡선 사이의 관계를 좌표계를 통하여 연결한다.

2 원의 방정식

원은 예부터 가장 완벽하다는 찬사를 받은 도형이다. 하늘에서 땅을 비추며 낮과 밤을 주관하는 태양과 달의 형태와 똑같은 도형을 '자의 도움 없이' 컴퍼스만으로 그릴 수 있다는 사실에서 원은 도형 중의 도형이다. 또한 한 정점으로부터 치우침이 없는 같은 거리를 유지하는 유일한 도형이다.

원이란?

평면 위의 한 정점에서 거리가 일정한 점의 집합을 원이라고 한다. 이때 이 정점을 원의 중심, 일정한 거리를 원의 반지름이라고 한다.

프랑스 출신인 데카르트(1596−1650)에게는 수많은 지적 표현들이 붙어 있다. 프랑스의 물리학자, 근대철학의 아버지, 해석기하학의 창시자, 합리론의 대표주자로 널리 알려져 있다. 군대에서 병약하여 침대에 누워 있던 중 천장에 붙어있는 파리를 보고 파리의 위치를 나타내는 일반적인 방법을 찾으려고 애쓰다가 '좌표'라는 발상을 하게 되었다고 한다. 만약 좌표가 발견되지 않았다면 여전히 기하학과 대수학은 통합의 길을 걷지 못하고 서로 별개의 학문영역으로 남았을 것이다. 데카르트가 발견한 직각좌표계를 사용하여 원의 방정식을 유도하자.

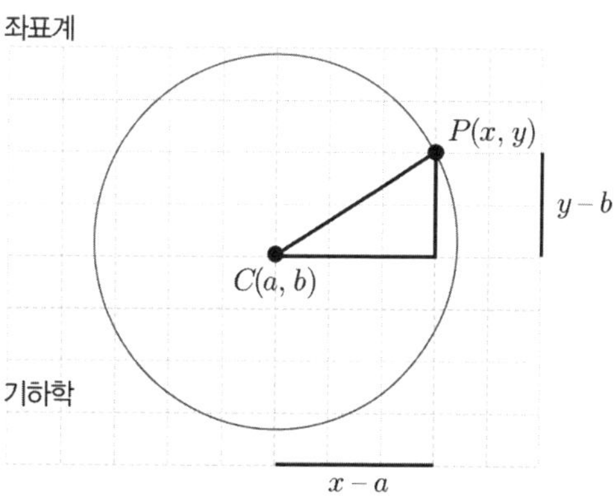

그림 2.1 직각좌표계와 원

정점을 $C(a, b)$라 하고 동일한 거리 r에 있는 점의 좌표를 $P(x, y)$라고 하면

$$\overline{CP} = \text{동일한 거리 또는 } \overline{CP} = r$$

피타고라스의 정리에 의해

$$\overline{CP} = \sqrt{(x-a)^2 + (y-b)^2} = r$$

양변을 제곱하면 다음 방정식을 얻는다.

$$(x-a)^2 + (y-b)^2 = r^2$$

이상을 요약하면 다음과 같은 사실을 얻는다.

> 방정식
>
> $$(x-a)^2 + (y-b)^2 = r^2$$
>
> 은 중심이 (a, b)이고 반지름이 r인 원의 대수적 표현식이다. 이를 원의 표준 방정식이라고 한다.

매우 단순한 이론이지만, 이제 눈금 없는 자와 컴퍼스로 도형을 연구하는 기하학과 대수의 사칙연산에 의한 계산으로 해를 연구하는 대수학 사이가 연결되는 파이프라인(좌표계)이 형성됨으로써 방정식

$$x^2 + y^2 = 4$$

는 중심이 원점 $(0, 0)$이고 반지름이 2인 원으로 인식하고, 역으로 그림 2.2의 도형을 보는 즉시

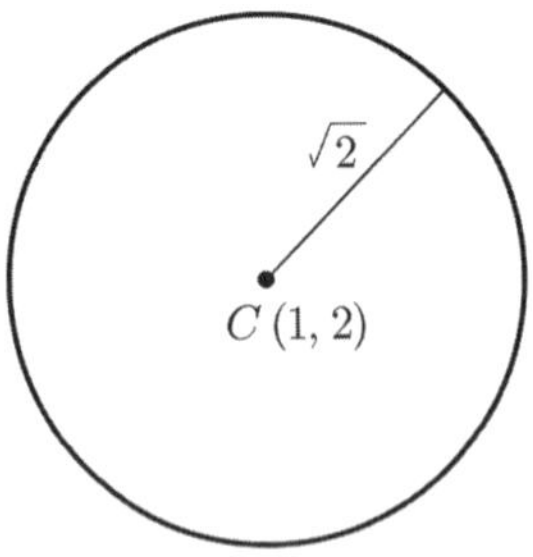

그림 2.2 원

방정식

$$(x-1)^2 + (y-2)^2 = 2$$

를 생각한다. 데카르트 시대 이전에는 이러한 상호적 인식이 가능했는지는 문헌을 찾아보아야 할 것이다. 새로운 시스템이 고안되면 그로 인한 이점들이 많이 파생되게 된다. 원을 자와 컴퍼스만으로 도형을 연구하는 수준을 뛰어 넘어 대수적 계산을 통하여 도형을 연구할 수 있게 되었다. 이러한 연계로 인해 수학은 컴퓨터 그래픽에 지대한 공헌을 하게 된다. 간단한 예를 들어보자. 자연수 $a=1, 2, \cdots,$ 20에 대하여, 중심이 $(a,\ a^{-1})$, 반지름이 a인 원을 한 평면에 그리면 조개껍데기의 모양을 창출할 수 있다.

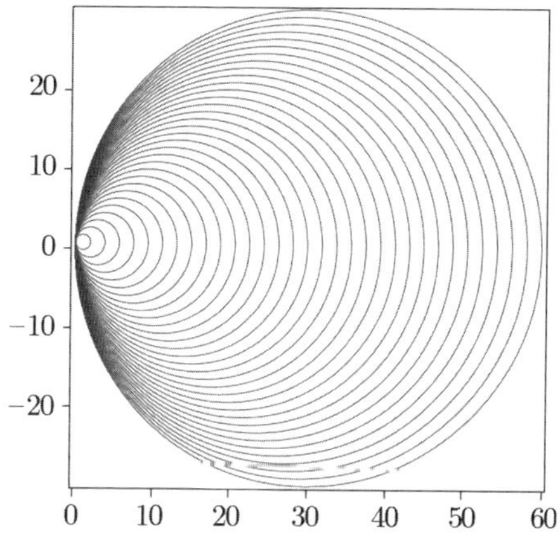

그림 2.3 원으로 만들어진 조개껍데기

예제 2.1 다음 두 원의 중심 간의 거리를 구하고 원의 그래프를 좌표평면에 그리고 느끼는 점을 설명하라.

(1) $(x+1)^2+(y+1)^2=1,\ (x-3)^2+y^2=4$

(2) $(x+1)^2+(y+1)^2=2,\ (x-1)^2+(y-1)^2=2$

(3) $(x+2)^2+y^2=4,\ (x-1)^2+y^2=9$

풀이 ▸ (1) 두 원의 중심이 각각 $(-1,\ -1)$ 및 $(3,\ 0)$이므로 두 중심 사이의 거리는

$$\sqrt{(-1-3)^2+(-1-0)^2}=\sqrt{17}$$

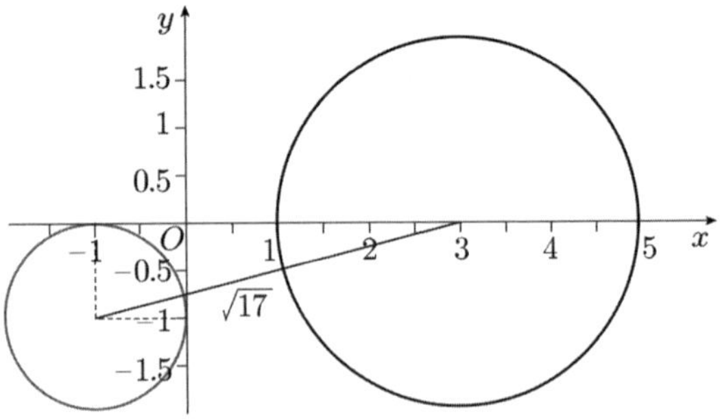

그림 2.4 만나지 않는 두 원

두 중심 사이의 거리 $\sqrt{17}$ 이 두 반지름의 합 $1+2=3=\sqrt{9}$ 보다 크므로 두 원은 만나지 않는다.

(2) 두 원의 중심이 각각 $(-1, -1)$ 및 $(1, 1)$이므로 두 중심 사이의 거리는

$$\sqrt{(-1-1)^2+(-1-1)^2}=\sqrt{8}=2\sqrt{2}$$

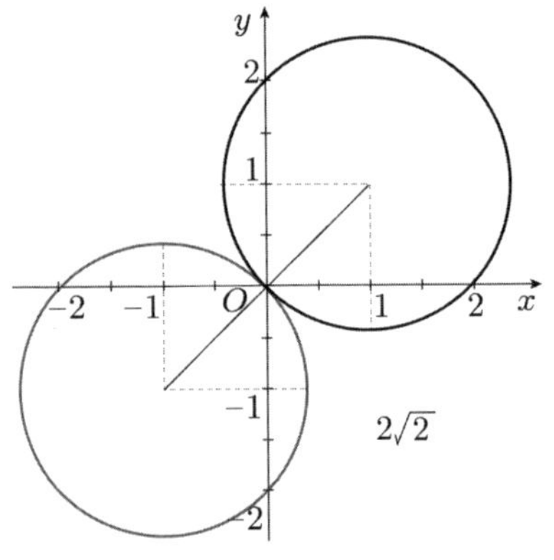

그림 2.5 접하는 두 원

두 중심 사이의 거리 $2\sqrt{2}$ 가 두 반지름의 합 $2\sqrt{2}$ 와 같으므로 두 원은 접한다.

(3) 두 원의 중심이 각각 $(-2, 0)$ 및 $(1, 0)$이므로 두 중심 사이의 거리는

$$\sqrt{(-2-0)^2+(1-0)^2}=\sqrt{5}$$

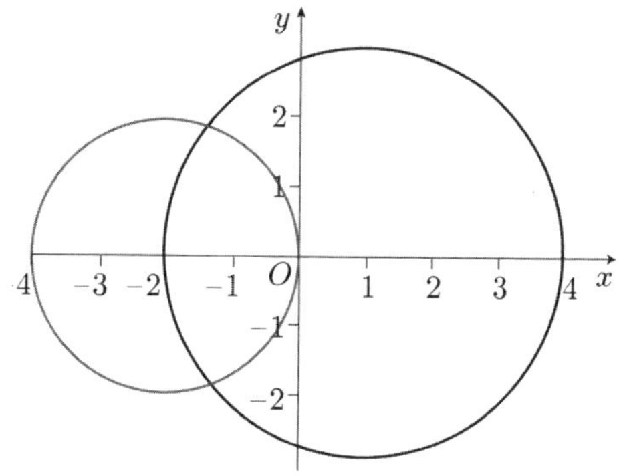

그림 2.6 만나는 두 원

두 중심 사이의 거리 $\sqrt{5}$가 두 반지름의 합 $5 = \sqrt{25}$보다 작으므로 두 원은 두 점에서 만난다. □

원의 표준방정식 $(x-2)^2+(y+3)^2=16$을 전개하여 정리하면

$$x^2+y^2-4x+6y-3=0$$

일반적으로, 중심과 반지름의 값에 따라

$$x^2+y^2+Ax+By+C=0$$

과 같은 형을 얻는데, 이를 원의 일반방정식이라 한다. 여기서 주목할 점은 x^2과 y^2의 계수가 모두 1로, 계수가 다르면 원의 방정식이 될 수 없다. 원의 일반방정식은 완전제곱이라는 과정으로 표준형으로 고칠 수 있다.

예제 2.2 방정식 $x^2+y^2+4x-8y+4=0$을 원의 표준방정식으로 고쳐라.

풀이 ▸ x와 y에 대하여 정리하고 완전제곱을 실행하면

$$x^2+4x+4-4+y^2-8y+16-16+4=0$$
$$(x+2)^2+(y-4)^2=16$$

따라서 주어진 방정식은 중심이 $(-2,\ 4)$이고 반지름이 4인 원이다.

□

일반형을 표준형으로 고칠 때, 등식의 오른쪽에 나온 값은 반드시 양수가 되어

야만 원이 되고 또한 방정식의 해가 존재한다. 방정식

$$x^2 + y^2 - 2x + 5 = 0$$

을 표준형으로 고치면

$$x^2 - 2x + 1 - 1 + y^2 + 5 = 0$$
$$(x-1)^2 + y^2 = -4$$

$r^2 = -4$이므로 방정식 $x^2 + y^2 - 2x + 5 = 0$은 원이 될 수 없고, 동시에 방정식이 실수 영역에서 해를 갖지 않으므로, 실수 영역에서 이 방정식은 의미가 없다. 그러나 복소수 영역에서는 의미를 가질 수도 있다.

세 개의 미지수 A, B 그리고 C를 포함하는

$$x^2 + y^2 + Ax + By + C = 0$$

과 같은 원의 방정식을 결정하기 위해서는 3개의 정보가 필요하다.

예제 2.3 측량을 실시하여 그림 2.7과 같이 세 점 $(0, 0)$, $(2, -6)$, $(4, -2)$를 얻었다. 이 세 개의 점들을 지나는 원의 방정식을 구하라.

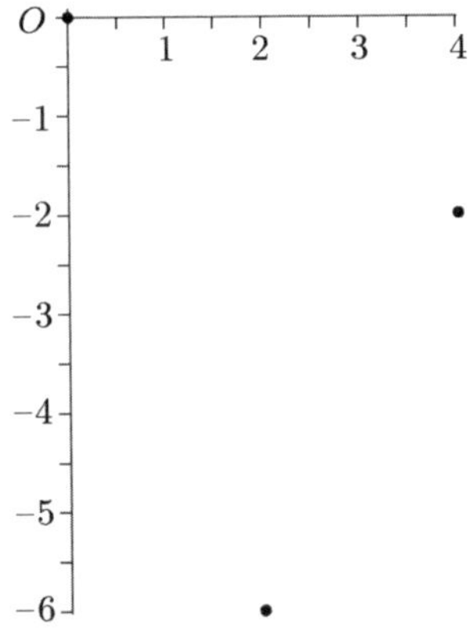

그림 2.7 좌표평면 위에 표시된 원

풀이 ▸ 세 점 $(0, 0)$, $(2, -6)$, $(4, -2)$를 차례로 $x^2 + y^2 + Ax + By + C = 0$에 대입하면

$$C = 0$$
$$A - 3B + 20 = 0$$

$$2A-B+10=0$$

(연립)방정식을 풀면

$$A=-2,\ B=6,\ C=0$$

따라서 원의 방정식은

$$x^2+y^2-2x+6y=0 \text{ 또는 } (x-1)^2+(y+3)^2=10$$

그림 2.8은 원의 방정식과 세 점을 나타낸 것이다.

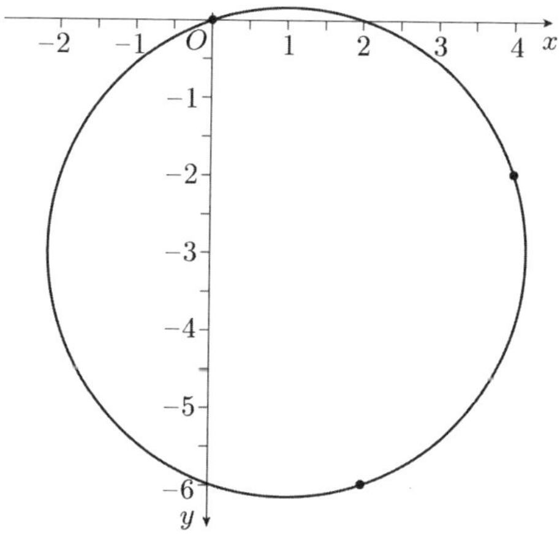

그림 2.8 세 점과 $(x-1)^2+(y+3)^2=10$의 그래프 □

토론 2.1 원주각의 정리에 의하면 $\triangle APB$에서 $\angle P$는 직각이다. 이 사실을 피타고라스 정리로 설명해보라.

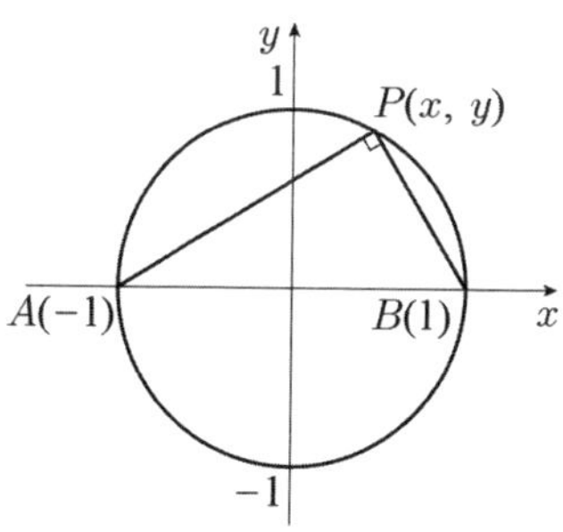

7-2 연습문제

01 주어진 원의 중심 $(a,\ b)$, 반지름 r에 대한 원의 방정식을 구하라.

(1) $(a,\ b)=(2,\ 3)$, $r=2$　　(2) $(a,\ b)=(0,\ 0)$, $r=3$

(3) $(a,\ b)=(-3,\ -4)$, $r=\sqrt{2}$　　(4) $(a,\ b)=(0,\ 4)$, $r=4$

02 다음 원의 방정식을 표준형으로 고치고, 중심과 반지름을 결정하라.

(1) $x^2+y^2-2x+6y-15=0$　　(2) $2x^2+2y^2-4x-5=0$

03 다음 방정식이 원의 방정식이 되기 위한 r의 범위를 결정하라.

(1) $x^2+y^2-2x-2y+r=0$　　(2) $x^2+y^2-ry-4=0$

04 때때로 반지름이 다른 원들이 서로 접하도록 설계할 필요가 있다.

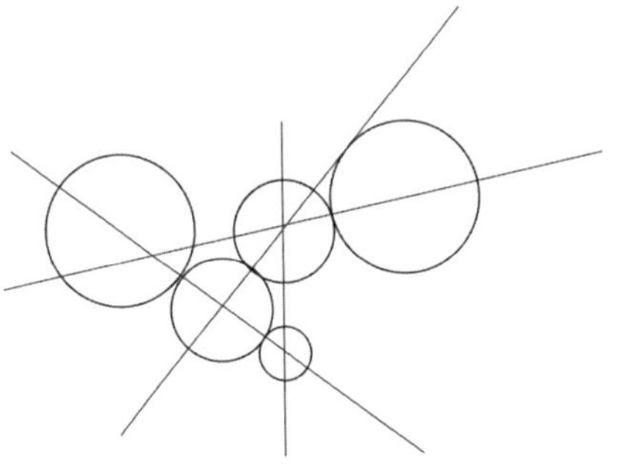

두 원의 방정식 $(x+2)^2+y^2=4$, $(x-1)^2+y^2=r^2$이 접하게 되는 반지름 r의 값을 구하라.

05 중심이 직선 $y=x$ 위에 있고 원이 x축에 접하는 원의 방정식을 구하라. 단, 원의 넓이는 4π이다.

3 포물선

포물선의 개념은 공학에서 매우 중요하다. 포물면(포물선을 회전하여 생긴 면) 안테나, 안경, 손전등, 자동차 전조등의 장치가 포물면 모양을 하고 있다. 이러한 포물면 장치를 사용하는 이유는 포물면이 빛 또는 신호를 한곳으로 모으거나 반대로 멀리까지 보내는 성질을 가지고 있기 때문이다. 포물면 안테나는 공중에 떠다니는 미약한 신호를 한 점으로 모아 강한 신호를 만든다. 자동차 전조등에 있는 포물면 반사판은 반대로 전구에서 나온 광선을 흩어짐 없이 멀리까지 보내는 역할을 한다.

그림 3.1 포물면 안테나

이것은 연필과 실을 이용하여 포물선을 그려보면 그 이유를 짐작할 수 있다. 그 사실을 확인하기 위해서는 음파 및 광선을 이용하여 실험을 해야 한다. 그림 3.1에서 마이크 부분을 초점으로 간주하고 마이크의 반대쪽 포물면 뒤 동일한 거리만큼 떨어진 곳을 지나는 수직선을 생각하여 좌표축에 그리면 그림 3.2를 얻는다.

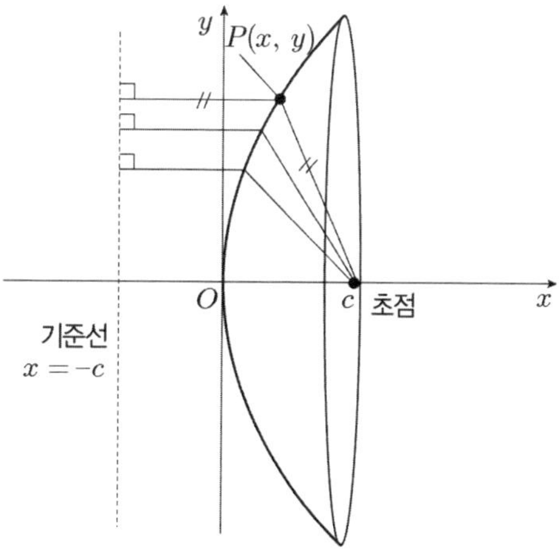

그림 3.2 좌표축 위의 포물선

포물선이란?

평면 위에서 한 정점과 이 점을 지나지 않는 한 직선에 이르는 거리가 같은 점의 자취를 포물선이라 한다. 이 정점을 초점, 직선을 준선이라고 하고, 초점을 지나면서 준선에 수직인 직선을 축, 포물선과 축과의 교점을 포물선의 꼭짓점이라 한다.

먼저 그림 3.2와 같이 초점이 x축 위에 있는 포물선의 방정식을 유도하자. 기준선과 초점으로부터 이르는 거리가 동일한 점을 $P(x,\ y)$로 두면 피타고라스의 정리에 의해

$$|x+c| = \sqrt{(x-c)^2+y^2}$$

양변을 제곱하고 식을 정리하면

$$\begin{aligned}
&(|x+c|)^2 = \left(\sqrt{(x-c)^2+y^2}\right)^2\\
&(x+c)^2 = (x-c)^2+y^2\\
&x^2+2cx+c^2 = x^2-2cx+c^2+y^2\\
&y^2 = 4cx
\end{aligned}$$

이상을 정리하면 다음과 같다.

초점이 $F(c,\ 0)$이고, 준선이 $x=-c\ (c>0)$인 포물선 위의 점 $P(x,\ y)$의 방정식은

$$y^2 = 4cx$$

여기서 꼭짓점은 $(0,\ 0)$이고, 포물선의 축은 x축이다.

예제 3.1 포물선 $x=0.2y^2$의 초점의 좌표를 구하라.

풀이 ▸ $4c=\dfrac{1}{0.2}$이므로 c를 구하면

$$c=\frac{1}{0.8}=1.25$$

따라서 초점의 좌표는 $(1.25,\ 0)$이다. □

초점이 y축 위에 있는 경우에 대한 포물선의 방정식을 유도하여보자(그림 3.3). 즉, 준선의 방정식이 $y=-c$이고 초점 $F(0,\ c)$가 y축 위에 있는 포물선의 방정식을 유도한다.

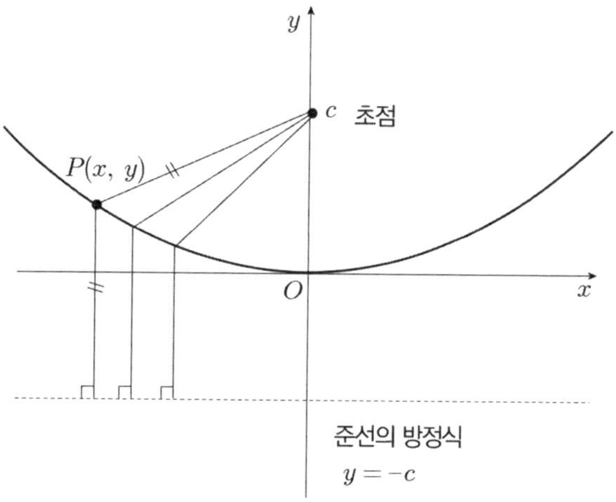

그림 3.3 y축에 초점이 있는 포물선

포물선의 정의로부터

$$|y+c|=\sqrt{x^2+(y-c)^2}$$

양변을 제곱하여 정리하면

$$\begin{aligned}&(y+c)^2=x^2+(y-c)^2\\&y^2+2cy+c^2=x^2+y^2-2cy+c^2\\&4cy=x^2\end{aligned}$$

따라서 구하는 방정식은

$$4cy=x^2 \text{ 또는 } y=\frac{1}{4c}x^2$$

이상을 정리하면 다음과 같다.

초점이 $F(0,\ c)$이고, 준선이 $y=-c\ (c>0)$인 포물선 위의 점 $P(x,\ y)$의 방정식은

$$x^2 = 4cy$$

여기서 꼭짓점은 $(0,\ 0)$이고, 포물선의 축은 y축이다.

$y^2 = 4cx$ 및 $x^2 = 4cy$를 포물선의 표준방정식이라 부른다.

예제 3.2 포물선 $x^2 = 8y$의 준선의 방정식과 초점을 결정하라. 또 그 그래프를 그려라.

풀이 ▸ $x^2 = 4cy = 8y$로부터 $c = 2$이다. 준선의 방정식은 $y = -c = -2$이고 초점은 $(0,\ c) = (0,\ 2)$이다. $c > 0$이므로 포물선은 위쪽으로 열렸다(그림 3.4).

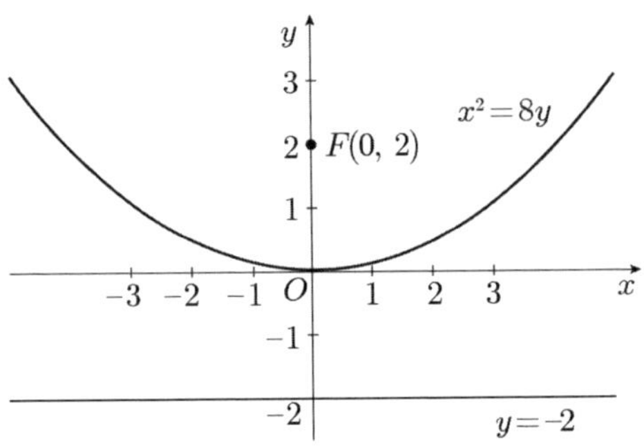

그림 3.4 $x^2 = 8y$의 그래프 □

예제 3.3 포물선의 축은 x축, 꼭짓점은 $(0,\ 0)$, 그리고 $(-2,\ 3)$을 지나는 포물선의 방정식을 구하라.

풀이 ▸ 축이 x축이고 꼭짓점이 $(0,\ 0)$이므로 포물선의 방정식은 $y^2 = 4cx$이다. 이 포물선은 $(-2,\ 3)$을 지나므로 이 점은 $y^2 = 4cx$를 만족해야 한다. 즉

$$3^2 = 4c(-2)$$

$$4c = -\frac{9}{2}$$

따라서 포물선의 방정식은 $y^2 = -\frac{9}{2}x$ 이다. □

초점이 y축에 있는 포물선의 방정식은 $y = \frac{1}{4c}x^2$ 으로 쓸 수 있다. 따라서 이차함수 $f(x) = ax^2$ 의 그래프는 포물선이며, 또한 $f(x) = ax^2 + bx + c$ 의 그래프도 완전제곱법을 이용하여 $f(x) = a(x-m)^2 + n$ 형태로 변형할 수 있으므로 모든 이차함수의 그래프는 포물선이다.

토론 3.1 포물선의 특징은 자동차의 전조등, 전파안테나, 반사망원경 등에서 찾아볼 수 있다. 그림 3.5와 같은 장치를 만들어 전구를 이동시켜 가면서 포물선의 초점을 찾아보자. 즉, 빛이 가장 멀리가는 전구의 위치를 결정하는 방법을 토론하라.

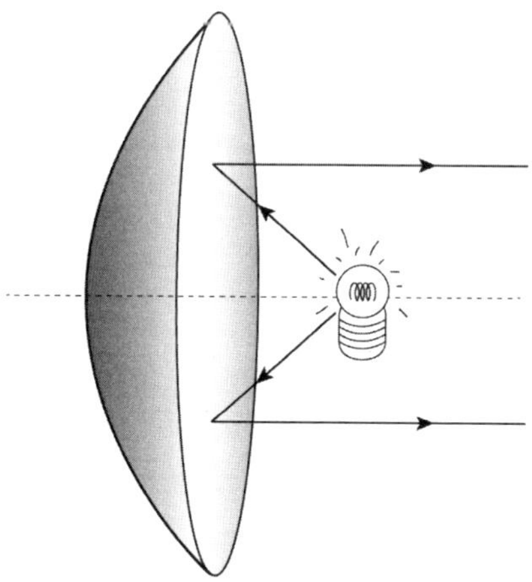

그림 3.5

7-3 연습문제

01 다음 포물선의 꼭짓점, 초점을 결정하고 그래프를 그려라.

(1) $x^2 = 4y$　　(2) $x^2 = -4y$

(3) $y^2 = 2x$　　(4) $y^2 = -2x$

(5) $2x^2 + 5y = 0$　　(6) $2y^2 - 3x = 0$

(7) $9y - x^2 = 0$

02 주어진 조건을 만족하는 포물선의 방정식을 결정하라. 단, 꼭짓점은 원점이다.

(1) 초점 $(1,\ 0)$　　(2) 초점 $(0,\ -3)$

(3) 준선 $x = -5$　　(4) 준선 $y = 2$

(5) 축은 x축, $(2,\ 1)$을 지남　　(6) 축은 y축, $(4,\ -2)$를 지남

4 타원

독일의 천문학자 케플러(Johannes Kepler, 1571-1630)는 티코 브라헤가 평생 동안 행성들의 운동을 관측하면서 축적한 자료들을 분석하여 유명한 케플러의 행성운동법칙을 발표하였다.

(i) 행성은 태양을 한 초점으로 하는 타원궤도를 그리면서 공전한다.
(ii) 행성과 태양을 연결하는 가상적인 선분이 같은 시간 동안 쓸고 지나가는 넓이는 항상 같다.
(iii) 행성의 공전주기의 제곱은 궤도의 긴 반지름의 세제곱에 비례한다.

이후 영국의 수학자 뉴턴(Isaac Newton, 1643-1727)은 자신이 발견한 미분을 이용하여 이러한 사실을 수학적으로 증명하였다. 여기서 주목할 점은 태양계의 행성이 태양을 주위로 타원궤도를 그리면서 공전한다는 사실이다. 지금부터 타원에 대한 수학적인 고찰을 시도해보자.

타원이란?

두 개의 초점으로부터 이르는 거리의 합이 일정한 점들의 모임이다.

정의 때문일 수도 있지만, 타원은 원 다음으로 그리기 쉬운 도형일 것이다. 두 개의 초점을 고정하고 일정한 실을 초점에 묶은 후 연필로 실을 팽팽하게 한 다음 360도 회전하면 타원이 그려진다. 먼저 그림 4.1과 같이 초점이 x축 위에 있는 타원의 방정식을 유도하자.

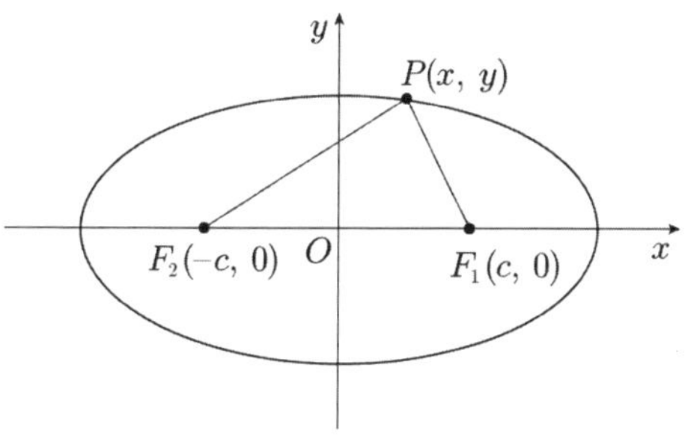

그림 4.1 x축 위에 두 초점이 있는 타원

두 초점 $F_1(c,\ 0)$ 및 $F_2(-c,\ 0)$에서 점 $P(x,\ y)$에 이르는 거리의 합을 $2a$(일

정)라 두면

$$\sqrt{(x-c)^2+y^2}+\sqrt{(x+c)^2+y^2}=2a$$

근호를 제거하기 위해 다음과 같이 고쳐 쓴다.

$$\sqrt{(x-c)^2+y^2}=2a-\sqrt{(x+c)^2+y^2}$$

양변을 제곱하여 정리하면

$$\begin{aligned}(x-c)^2+y^2&=4a^2-4a\sqrt{(x+c)^2+y^2}+(x+c)^2+y^2\\ a^2+cx&=a\sqrt{(x+c)^2+y^2}\end{aligned}$$

마지막 식의 양변을 제곱하여 정리하면

$$\begin{aligned}a^4+2a^2cx+c^2x^2&=a^2(x^2+2cx+c^2+y^2)\\ (a^2-c^2)x^2+a^2y^2&=a^2(a^2-c^2)\end{aligned}$$

양변을 $a^2(a^2-c^2)$으로 나누면

$$\frac{x^2}{a^2}+\frac{y^2}{a^2-c^2}=1$$

$a>c$이므로 $a^2-c^2=b^2$으로 두면, 다음과 같은 방정식을 얻는다.

$$\frac{x^2}{a^2}+\frac{y^2}{b^2}=1,\ a^2=c^2+b^2$$

이상을 정리하면 다음과 같다.

> 타원의 주축이 x축, 중심이 원점, 두 초점 $F_1(-c,\ 0)$, $F_2(c,\ 0)$에서의 거리의 합이 $2a$인 타원 위의 점 $P(x,\ y)$의 방정식은
>
> ① $$\frac{x^2}{a^2}+\frac{y^2}{b^2}=1,\ a^2=b^2+c^2$$
>
> 이를 타원의 표준방정식이라 한다.

방정식 ①의 x절편은 $\pm a$, y절편은 $\pm b$이므로 $(\pm a,\ 0)$과 $(0,\ \pm b)$를 지난다.

또한 $a > b$이므로 x축을 장축, y축을 단축이라고 한다.

예제 4.1 다음 방정식의 그래프를 그려라.

$$9x^2 + 25y^2 = 225$$

풀이 ▸ 양변을 225로 나누면

$$\frac{x^2}{25} + \frac{y^2}{9} = 1$$

$a^2 = 25$, $b^2 = 9$이므로 $a = 5$, $b = 3$이다. $a = 5 > 3 = b$이므로 x축이 주축이다. $c^2 = 25 - 9 = 16$에서 $c = 4$이므로 초점의 좌표는 $(-4, 0)$과 $(4, 0)$이다. x의 절편은 ± 5, y의 절편은 ± 3이다. 이러한 정보를 활용하여 그래프를 그리면 그림 4.2와 같다.

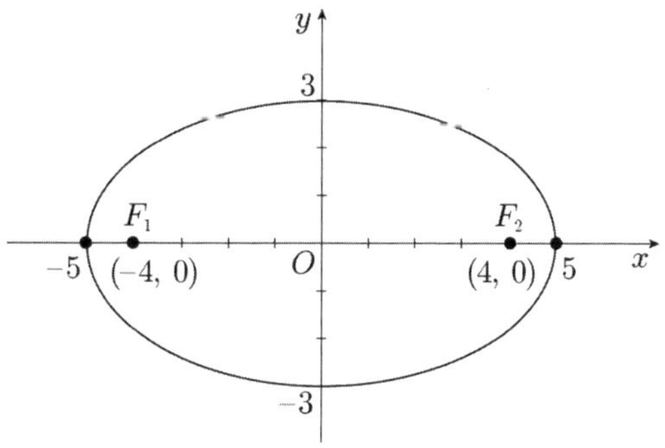

그림 4.2 $9x^2 + 25y^2 = 225$의 그래프 □

예제 4.2 중심이 $(0, 0)$, 하나의 초점이 $(-3, 0)$, 그리고 $(6, 0)$을 지나는 타원의 방정식을 구하라.

풀이 ▸ 하나의 초점이 $(-3, 0)$, 중심이 원점에 있으므로 $c = 3$이다. x절편이 6이므로 $a = 6$이다. 따라서

$$b^2 = a^2 - c^2 = 6^2 - 3^2 = 27$$

이고 타원의 방정식은

$$\frac{x^2}{36} + \frac{y^2}{27} = 1$$

□

그림 4.3과 같이 두 초점 $F_1(0, -c)$, $F_2(0, c)$가 y축에 있는 경우도 이전과 유사하게 타원의 방정식을 쉽게 유도할 수 있다.

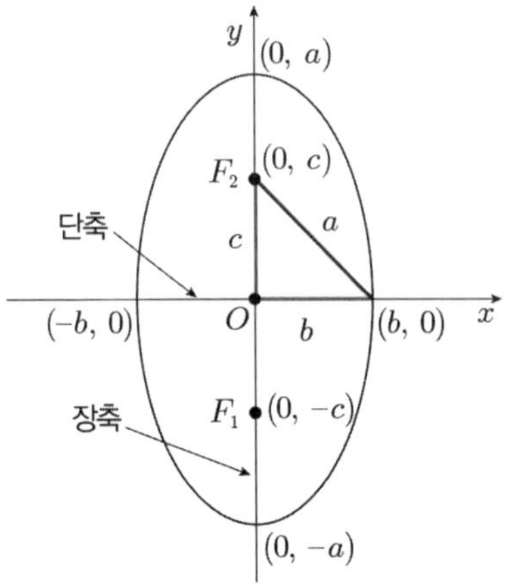

그림 4.3 초점이 y축에 있는 타원

즉, 다음과 같은 결과를 얻을 수 있다.

> 타원의 주축이 y축, 중심이 원점, 두 초점이 $F_1(0, -c)$, $F_2(0, c)$로부터 거리의 합이 $2a$인 타원 위의 점 $P(x, y)$의 방정식은 다음과 같다.
>
> ② $$\frac{x^2}{b^2}+\frac{y^2}{a^2}=1,\ a^2=b^2+c^2$$
>
> 이를 타원의 표준방정식이라 한다. 타원의 중심은 $(0, 0)$이다.

방정식 ②의 x절편은 $\pm b$, y절편은 $\pm a$이므로 $(\pm b, 0)$과 $(0, \pm a)$를 지난다. 또한 $a>b$이므로 x축을 단축, y축을 장축이라고 한다.

예제 4.3 다음 타원의 방정식의 초점의 좌표를 구하라.

$$\frac{x^2}{4}+\frac{y^2}{9}=1$$

풀이 ▸ $b^2=4$, $a^2=9$이므로 $a=3$, $b=2$이다. $a>b$이므로 y축이 장축이다. 또한

$$c^2 = a^2 - b^2 = 9 - 4 = 5$$

에서 $c = \sqrt{5}$ 이므로 초점은 $(0,\ -\sqrt{5})$과 $(0,\ \sqrt{5})$이다.

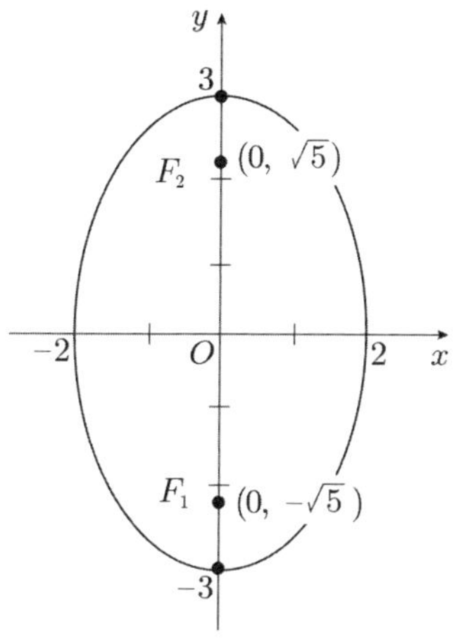

그림 4.4 $\dfrac{x^2}{4}+\dfrac{y^2}{9}=1$의 그래프

□

타원 일반방정식은 마지막 장에서 다루게 되므로 여기서는 언급하지 않는다.

토론 4.1 그림 4.5와 같은 타원 장치를 만든 다음 포인트를 타원의 한 초점에 두고 포인트의 빛을 타원에 세워진 거울에 쏘면, 빛이 반사되어 점 P를 지난다. 점 P의 위치에 대해 토론하라.

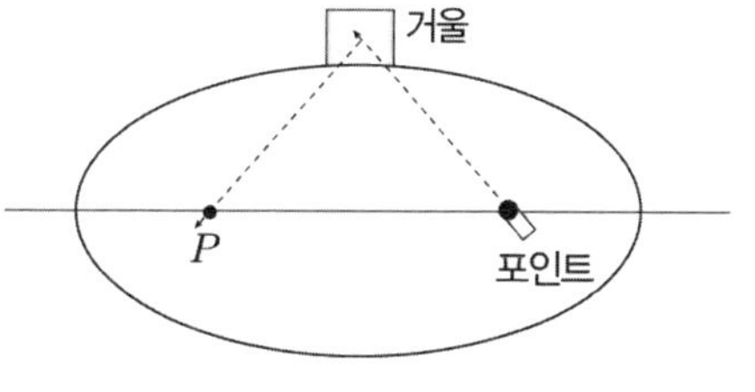

그림 4.5

7-4 연습문제

01 다음 타원의 초점을 결정하고 그래프를 그려라.

(1) $25x^2+16y^2=400$ (2) $x^2+4y^2=16$

02 주어진 조건을 만족하는 타원의 방정식을 결정하라.

(1) 중심이 $(0,\ 0)$, 하나의 초점 $(0,\ 3)$, 꼭짓점이 $(0,\ 7)$에 놓임

(2) 중심이 $(0,\ 0)$, 하나의 초점 $(2,\ 0)$, 꼭짓점이 $(-4,\ 0)$에 놓임

(3) 초점이 $(0,\ \pm\sqrt{5})$이고, $(0,\ \pm 3)$을 지남

(4) 초점이 $(\pm 5,\ 0)$이고, $(\pm 6,\ 0)$을 지남

(5) 초점이 x축 위에 있고 $(\pm 7,\ 0)$ 및 $\left(1,\ \frac{6}{7}\sqrt{3}\right)$을 지남

(6) 초점이 y축 위에 있고 $(0,\ \pm 1)$ 및 $\left(\frac{1}{4},\ \frac{\sqrt{3}}{2}\right)$을 지남

03 타원방정식

$$\frac{x^2}{4}+\frac{y^2}{9}=1$$

의 두 초점과 타원과 x축이 만나는 점으로 만들어지는 삼각형의 넓이를 구하라. 더 나아가 두 초점과 타원 위의 임의의 점으로 만들어지는 삼각형의 넓이를 구하라.

04 타원 위의 임의의 점에 접하는 직선을 그으면 그림과 같이 두 개의 각 α와 β가 만들어진다. $\alpha=\beta$임을 각도기를 이용하여 확인하라. 이 사실 때문에 공을 한 초점에 두고 타원 벽을 향하여 치면 공은 다른 초점으로 향한다.

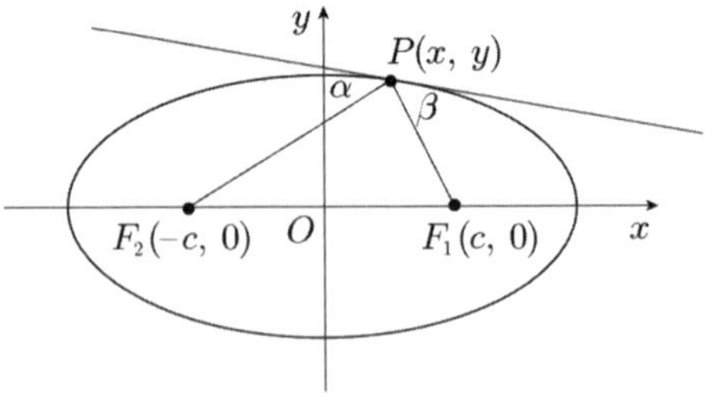

5 쌍곡선

쌍곡선은 이동물체 자신의 위치와 경로를 기지국과 교신을 통하여 알아내는 데 사용된다. 이 절에서는 쌍곡선의 방정식을 유도하고, 교신을 통한 자신의 위치를 알아내는 방법에 대해 설명한다.

쌍곡선이란?

평면 위의 두 정점에서의 거리의 차가 일정한 점의 자취를 쌍곡선이라 하고, 두 정점을 타원의 초점이라 한다. 두 초점을 지나는 직선을 가로축이라 하고 중심을 지나면서 횡축에 수직인 직선을 켤레축이라 한다. 이 쌍곡선의 분리된 부분을 분기라 한다.

그림 5.1은 두 정점 $F_1(-c,\ 0)$, $F_2(c,\ 0)$과 타원 위의 임의의 점 $P(x,\ y)$를 나타낸 것이다.

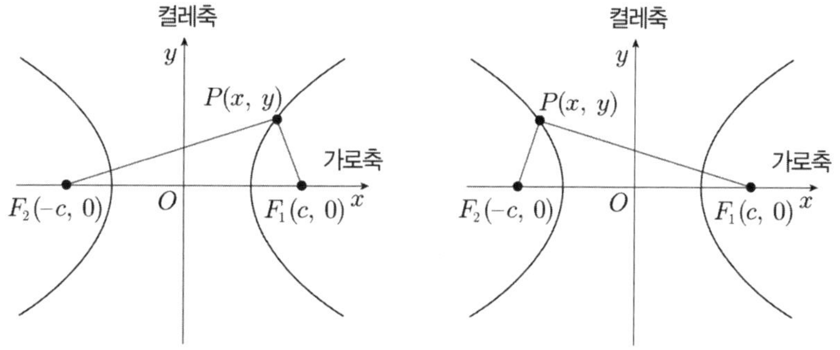

그림 5.1 정점이 x축에 있는 쌍곡선

거리의 차를 $2a$로 놓고 쌍곡선의 방정식을 유도하자. 점 P가 오른쪽 분기 위에 있을 때

$$\overline{PF_1} - \overline{PF_2} = 2a$$

반면 P가 왼쪽 분기 위에 있을 때

$$\overline{PF_2} - \overline{PF_1} = 2a$$

절댓값을 사용하면 두 방정식을 다음과 같이 하나의 방정식으로 쓸 수 있다.

$$\left| \overline{PF_1} - \overline{PF_2} \right| = 2a$$

또는

$$\left| \sqrt{(x+c)^2 + y^2} - \sqrt{(x-c)^2 + y^2} \right| = 2a$$

위의 방정식을 제곱하여 정리하면

$$(x+c)^2 + y^2 - 2\sqrt{[(x+c)^2 + y^2][(x-c)^2 + y^2]} + (x-c)^2 + y^2 = 4a^2$$

왼쪽에 근호가 남도록 정리하여 다시 제곱하면

① $$(c^2 - a^2)x^2 - a^2y^2 = a^2(c^2 - a^2)$$

이제 그림 5.1에서 $\triangle F_1PF_2$를 고찰하자. 삼각형의 두 변의 길이의 합은 항상 한 변의 길이보다 크므로

$$\overline{PF_1} < \overline{PF_2} + \overline{F_1F_2}$$
$$\overline{PF_1} - \overline{PF_2} < \overline{F_1F_2}$$
$$2a < 2c$$

따라서 $a < c$이다. 유사하게 P가 왼쪽 분기 위에 있을 때에도 $a < c$를 보일 수 있다. 두 가지 경우로부터 $a^2 < c^2$이다. 방정식 ①의 양변을 $a^2(c^2 - a^2)$으로 나누면 다음 식을 얻는다.

$$\frac{x^2}{a^2} - \frac{y^2}{b^2} = 1,\ b^2 = c^2 - a^2$$

위의 내용을 정리하면 중심이 $(0,\ 0)$, 두 정점이 $(-c,\ 0)$, $(c,\ 0)$인 다음과 같은 쌍곡선의 표준방정식을 얻는다.

$$\frac{x^2}{a^2} - \frac{y^2}{b^2} = 1,\ c^2 = a^2 + b^2$$

두 정점 $F_1(0,\ -c)$, $F_2(0,\ c)$가 y축에 있는 경우도 이전과 유사하게 다음과 같은 쌍곡선의 방정식을 쉽게 유도할 수 있다.

$$\frac{y^2}{a^2}-\frac{x^2}{b^2}=1,\ c^2=a^2+b^2$$

이를 정리하면 다음의 결과를 얻는다.

(i) 두 정점 $F_1(-c,\ 0)$, $F_2(c,\ 0)$에서의 거리의 차가 $2a$인 타원 위의 점 $P(x,\ y)$의 방정식은

② $$\frac{x^2}{a^2}-\frac{y^2}{b^2}=1,\ c^2=a^2+b^2$$

(ii) 두 정점 $F_1(0,\ -c)$, $F_2(0,\ c)$에서의 거리의 차가 $2a$인 타원 위의 점 $P(x,\ y)$의 방정식은

③ $$\frac{y^2}{a^2}-\frac{x^2}{b^2}=1,\ c^2=a^2+b^2$$

이를 **쌍곡선의 표준방정식**이라 한다.

방정식 ②의 x절편은 $\pm a$이므로 점 $(\pm a,\ 0)$을 지난다. 이 점들을 쌍곡선의 꼭짓점이라 부른다. 방정식 ③의 y절편은 $\pm a$이므로 점 $(0,\ \pm a)$를 지난다. 이 점들을 쌍곡선의 꼭짓점, 두 초점 사이의 선분을 기준선이라 부른다. 기준선의 길이는 $2c$이다.

예제 5.1 다음 방정식의 그래프를 그리고 논의하라.

(1) $4x^2-9y^2=36$ (2) $4y^2-9x^2=36$

풀이 ▸ (1) 양변을 36으로 나누면

$$\frac{x^2}{9}-\frac{y^2}{4}=1$$

$a^2=9,\ b^2=4$이므로 $a=3,\ b=2$이다. $c^2=a^2+b^2=9+4=13$

에서 $c=\sqrt{13}$ 이므로 초점은 $F_1(-\sqrt{13},\ 0)$과 $F_2(\sqrt{13},\ 0)$이다. 꼭짓점은 $(-3,\ 0)$과 $(3,\ 0)$이다. 그래프는 그림 5.2와 같다.

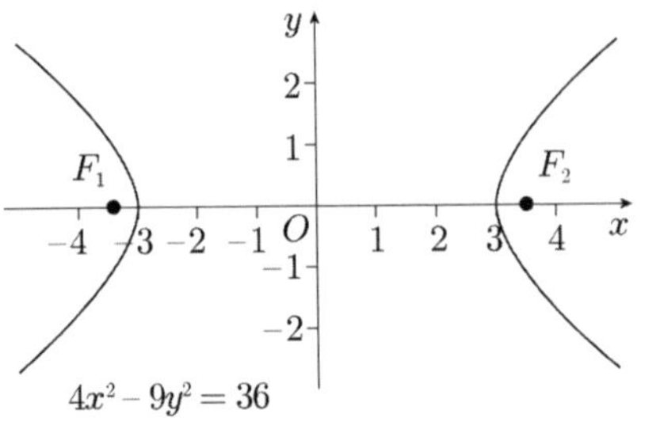

그림 5.2

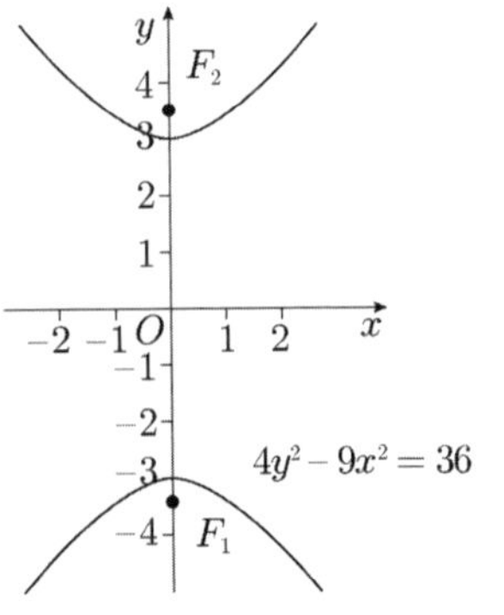

그림 5.3

(2) 표준방정식으로 고치기 위해 양변을 36으로 나누면

$$\frac{y^2}{9}-\frac{x^2}{4}=1$$

$a^2=9,\ b^2=4$이므로 $a=3,\ b=2$이다. $c^2=a^2+b^2=9+4=13$에서 $c=\sqrt{13}$ 이므로 초점은 $F_1(0,\ -\sqrt{13})$과 $F_2(0,\ \sqrt{13})$이다. y절편은 ± 3이고 x절편은 없다. 쌍곡선의 방정식의 그래프는 그림 5.3과 같다. □

예제 5.2 중심이 $(0,\ 0)$, 하나의 초점이 $(0,\ 4)$, 하나의 꼭짓점이 $(0,\ 3)$에 놓인 쌍곡선의 방정식을 구하라.

풀이 ▸ 하나의 초점이 $(0,\ 4)$이므로 $c=4$이고 정점은 y축에 놓인다. 꼭짓점이 $(0,\ 3)$이므로 $a=3$이다. 그리고 $b^2=c^2-a^2=16-9=7$이다. 따라서 구하는 쌍곡선의 방정식은

$$\frac{y^2}{9}-\frac{x^2}{7}=1$$ □

쌍곡선은 사선점근선을 갖는다. (i)에서 얻은 방정식을 y에 대하여 풀면

$$y=\pm\frac{b}{a}\sqrt{x^2-a^2}$$

$$y = \pm \frac{b}{a}\sqrt{x^2\left(1-\frac{a^2}{x^2}\right)}$$

$$y = \pm \frac{b}{a}x\sqrt{1-\frac{a^2}{x^2}}$$

매우 큰 $|x|$에 대해 a^2/x^2는 매우 작으므로 (ⅰ)의 그래프는 점근선 $y=\pm\frac{b}{a}x$에 접근한다.

유사하게 방정식 (ⅱ)의 점근선 $y=\pm\frac{a}{b}x$에 접근한다는 것을 알 수 있다.

이상을 정리하면 다음과 같은 결과를 얻는다.

> $\frac{x^2}{a^2}-\frac{y^2}{b^2}=1$의 사선점근선은 $y=\pm\frac{b}{a}x$이다.
>
> $\frac{y^2}{a^2}-\frac{x^2}{b^2}=1$의 사선점근선은 $y=\pm\frac{a}{b}x$이다.

예제 5.3 방정식 $25x^2-4y^2=100$의 그래프를 그려라. 또 점근선도 함께 그려라.

풀이 ▸ 양변을 100으로 나누면

$$\frac{x^2}{4}-\frac{y^2}{25}=1$$

$a^2=4$, $b^2=25$이므로 $a=2$, $b=5$이다. 정점 $c^2=4+25=29$에서 $c=\sqrt{29}$이므로 정점은 $F_1(-\sqrt{29},\ 0)$과 $F_2(\sqrt{29},\ 0)$이다. x절편은 $(-2,\ 0)$과 $(2,\ 0)$이고, 점근선의 방정식은 $y=\pm\frac{5}{2}x$이다. 점근선을 그리기 위해 다음과 같은 4개의 점을 좌표축에 찍어 만들어진 직사각형의 각 대각선을 그리고, 마지막으로 점근선을 참고하여 쌍곡선을 그린다(그림 5.4).

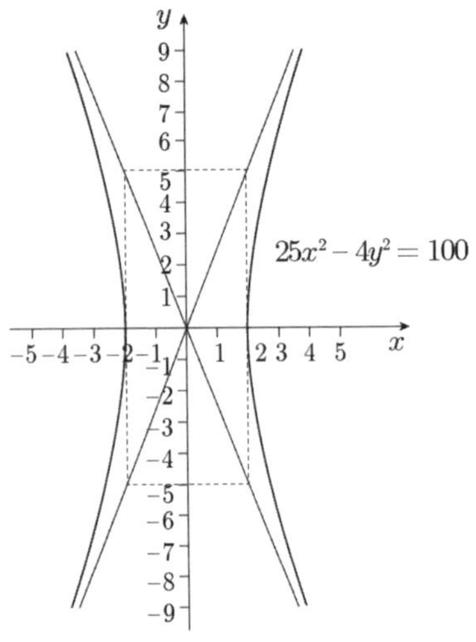

그림 5.4 $25x^2 - 4y^2 = 100$의 그래프와 사선점근선 □

토론 5.1 바다를 향해하고 있는 배가 두 기지국으로부터 신호를 받아 배와 각 기지국 사이의 거리로 환산했더니 그 차가 일정하였다. 거리의 차가 계속 일정할 경우 배가 움직이는 궤도에 대해 토론하고, 배의 위치를 파악할 수 있는 방법에 대해 토론하라.

7-5 연습문제

01 다음 쌍곡선의 꼭짓점, 초점, 점근선을 결정하고 그래프를 그려라.

(1) $25x^2 - 16y^2 = 400$ (2) $4y^2 - x^2 = 16$

02 주어진 조건을 만족하는 쌍곡선의 방정식을 결정하라.

(1) 중심이 $(0,\ 0)$, 초점 $(0,\ \pm 5)$, 꼭짓점의 하나는 $(0,\ 4)$에 놓임

(2) 중심이 $(0,\ 0)$, 초점 $(\pm 5,\ 0)$, 꼭짓점의 하나는 $(4,\ 0)$에 놓임

(3) 초점이 $(\pm 3,\ 0)$, 꼭짓점이 $(2,\ 0)$에 놓임

(4) 초점이 $(0,\ 9)$, 꼭짓점이 $(0,\ \pm 1)$에 놓임

(5) 꼭짓점이 $(\pm 2,\ 0)$에 놓이고 점 $(3,\ 1)$을 지남

(6) 꼭짓점이 $(0,\ \pm 4)$에 놓이고 점 $(5,\ 5)$을 지남

(7) 중심이 $(0,\ 0)$, 하나의 초점이 $(2,\ 0)$에 놓이고, 점근선 $y = -5x$

(8) 중심이 $(0,\ 0)$, 하나의 초점이 $(0,\ 3)$에 놓이고, 점근선 $y = \dfrac{3}{2}x$

(9) $(0,\ 3)$에 초점이 놓이고 점근선이 $y = \pm x$

6 평행이동

이 절에서는 원추곡선의 일반방정식의 그래프는 표준방정식의 수평이동 또는 수직이동으로 그릴 수 있음을 설명한다. 예를 들어, 방정식

① $$y+3=(x-2)^2$$

은 포물선 $y=x^2$을 x축으로 2, y축으로 -3만큼 평행이동한 그래프를 갖는다 (그림 6.1).

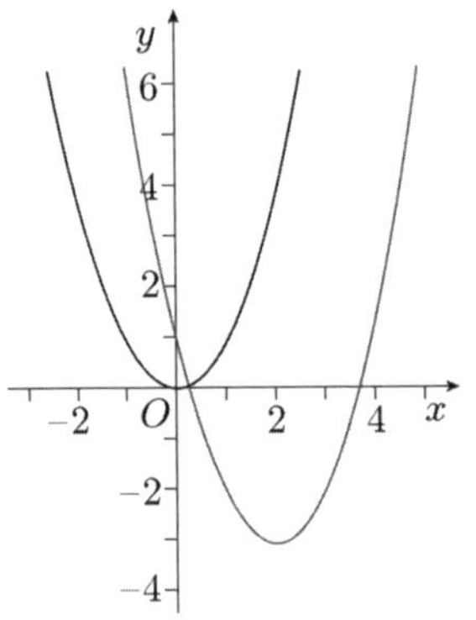

그림 6.1 $y=x^2$과 $y+3=(x-2)^2$의 그래프

방정식 ①을 전개하면

$$y+3=x^2-4x+4$$

또는

$$x^2-4x-y+1=0$$

계수와 상수항을 임의의 문자로 바꾸면

② $$y=Ax^2+Cx+D$$

방정식 ②는 이차함수와 같기 때문에 그 그래프는 포물선이다. 식 ②의 그래프는

$$y = A(x-k)^2 + l$$

과 같이 x에 대하여 완전제곱식으로 고쳐 평행이동하여 그린다.

예제 6.1 $2x^2 + 8x + y + 7 = 0$의 그래프를 그려라.

풀이 ▸ 주어진 방정식을 고쳐 쓰면

$$y = -2(x+2)^2 + 1$$

따라서 $y = -2x^2$의 그래프를 x축으로 -2, y축으로 1만큼 평행이동하면 얻는다(그림 6.2).

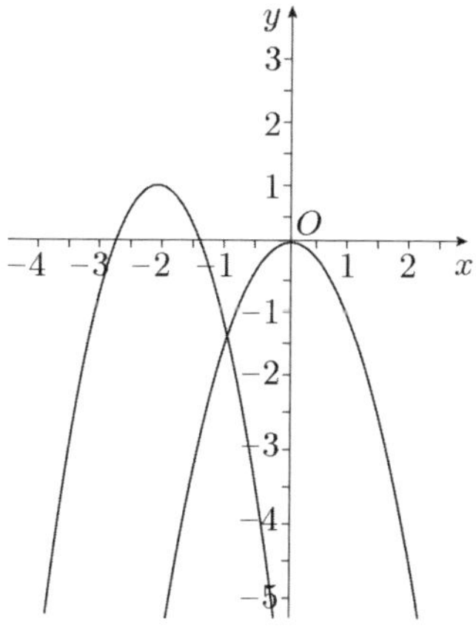

그림 6.2 $y=-2x^2$과 $2x^2+8x+y+7=0$의 그래프 □

예제 6.2 $2x^2 + 4x + y + 3 = 0$의 초점의 좌표와 축의 방정식 구하라.

풀이 ▸ 예제 6.1과 같이 완전제곱을 시행하여 방정식을 고치면

$$y = -2(x+1)^2 + 1 = 4\left(-\frac{1}{2}\right)(x+1)^2 + 1$$

이 방정식은 $y = 4\left(-\frac{1}{2}\right)x^2$을 x축으로 -1만큼, y축으로 1만큼 평행이동한 것이므로 초점의 좌표는

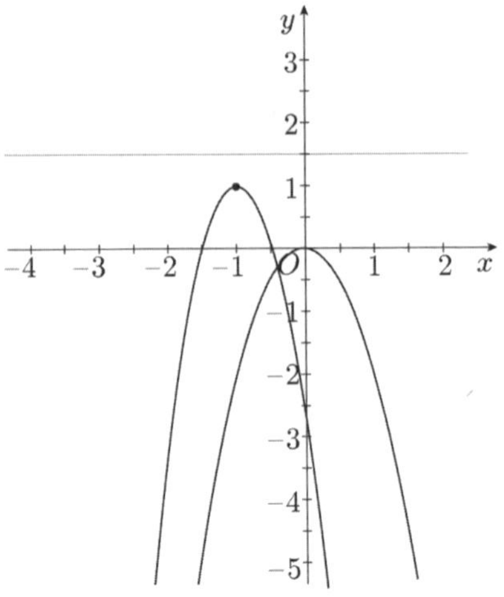

그림 6.3 $2x^2+4x+y+3=0$의 그래프

$$(0-1,\ c+1)=\left(-1,\ \frac{1}{2}\right)$$

또한 축의 방정식은

$$y=-c+1=\frac{1}{2}+1=\frac{3}{2}$$

이므로 $y=3/2$이다. 그림 6.3은 축의 방정식 및 초점을 포함한 방정식의 그래프를 나타낸 것이다. □

예제 6.3 다음 방정식의 그래프를 그려라.

$$x^2-4x+y^2+2y+1=0$$

풀이 ▸ x^2과 y^2의 계수가 모두 1이므로 주어진 식은 원의 방정식이다. x와 y에 대하여 완전제곱 형태로 고치면

$$(x^2-4x+4)+(y^2+2y+1)-4=0$$
$$(x-2)^2+(y+1)^2=4$$

따라서 주어진 방정식은 중심이 $(2,\ -1)$이고 반지름이 2인 원의 방정식이다.

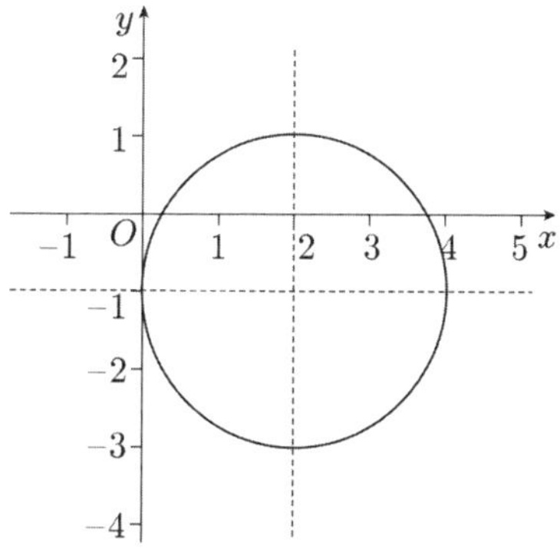

그림 6.4 $x^2-4x+y^2+2y+1=0$의 그래프 □

6.2절에서 배웠듯이 원의 일반방정식은

$$x^2+y^2+Ax+By+C=0$$

이고, x 및 y에 대하여 완전제곱을 시행하여 표준방정식으로 변환할 수 있다.

예제 6.4 다음 방정식의 그래프를 그려라.

$$4x^2-16x+9y^2-54y+61=0$$

풀이 ▸ x^2과 y^2의 계수가 다르고 모두 양수이므로 주어진 식은 타원의 방정식이다. x와 y에 대하여 완전제곱하면

$$4(x-2)^2+9(y-3)^2=36$$

양변을 36으로 나누면

$$\frac{(x-2)^2}{3^2}+\frac{(y-3)^2}{2^2}=1$$

이 방정식은 타원의 표준방정식

$$\frac{x^2}{3^2}+\frac{y^2}{2^2}=1$$

을 x축으로 2만큼, y축으로 3만큼 평행이동한 방정식이다. 평행이동한 타원의 방정식의 그래프를 그릴 때 직선 $x=2$, $y=3$을 그리고, 직선

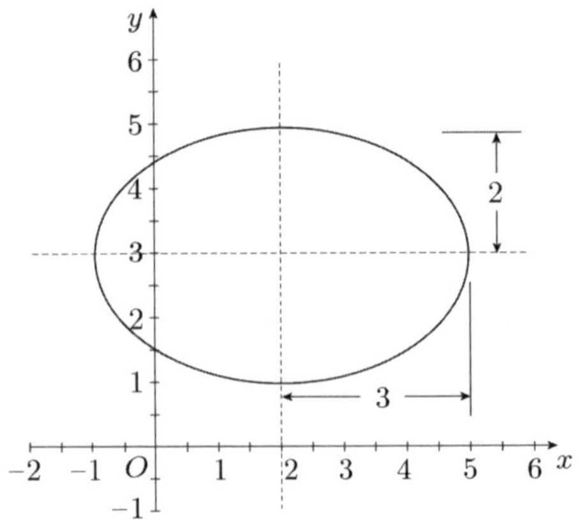

그림 6.5 $4x^2-16x+9y^2-54y+61=0$의 그래프

위에서 절편의 단위를 헤아려 그리면 편리하다. $c^2=a^2-b^2=9-4=5$ 에서 $c=\sqrt{5}$ 이므로 초점의 좌표는 $F_1(\sqrt{5}+2,\ 3)$과 $F_1(-\sqrt{5}+2,\ 3)$ 이다. 그래프는 그림 6.4에 주어져 있다. □

타원의 일반방정식은

$$Ax^2+By^2+Cx+Dy+E=0,\ \ AB>0,\ \ A\neq B$$

이고, x 및 y에 대하여 완전제곱을 시행하여 표준방정식으로 변환할 수 있다. 만약 $A=B$이면 원의 방정식이 된다.

예제 6.5 다음 방정식의 그래프를 그려라.

$$x^2+4x-4y^2+24y-48=0$$

풀이 ▸ x^2과 y^2의 계수와 부호가 다르므로 주어진 식은 쌍곡선의 방정식이다. x와 y에 대하여 완전제곱하면

$$x^2+4x+4-4-4(y^2-6y+9-9)-48=0$$
$$(x+2)^2-4(y-3)^2=16$$

양변을 16으로 나누고 정리하면

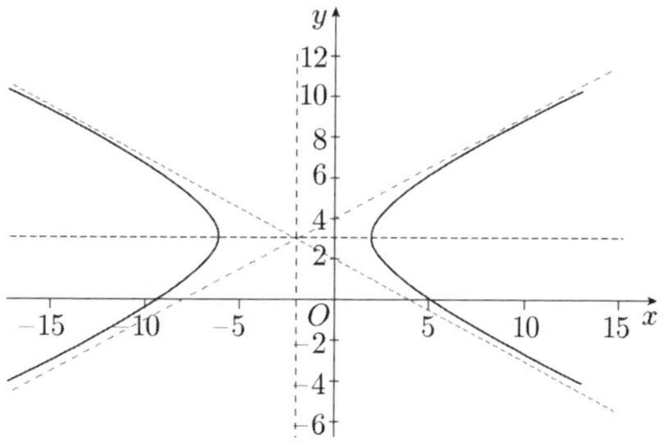

그림 6.6 $x^2+4x-4y^2+24y-48=0$의 그래프

$$\frac{(x+2)^2}{4^2}-\frac{(y-3)^2}{2^2}=1$$

따라서 주어진 방정식은 $x^2/4^2-y^2/2^2=1$의 그래프를 x축으로 -2만큼, y축으로 3만큼 평행이동한 쌍곡선의 방정식이다. 그리고 점근선의 방정식은

$$y-3=\pm\frac{1}{2}(x+2)$$

그래프는 그림 6.5에 그려져 있다. 그래프를 그릴 때 좌표축을 이동시켜 그리면 편리하다. 즉, 직선 $x=-2$, $y=3$을 먼저 그린 다음 각 직선에서 본래의 꼭짓점의 단위와 같도록 꼭짓점을 표기하여 점근선과 더불어 그리면 된다. □

토론 6.1 지금까지 살펴본 원추곡선은 다음과 같은 단 하나의 방정식으로 통일하여 표현할 수 있다.

$$Ax^2+By^2+Cx+Dy+E=0$$

계수 A와 B의 조건에 따라 원추곡선은 원, 포물선, 타원, 쌍곡선으로 분류된다. 분류방법에 대하여 토론하라. 또한 방정식을 조금 더 확장하여 xy에 대한 항을 더 첨가할 수 있다. 즉

$$Ax^2+By^2+Cxy+Dx+Ey+F=0$$

항 Cxy가 갖는 의미가 무엇인지 토론해보라.

7-6 연습문제

01 다음 방정식의 그래프를 그려라.

(1) $x^2+4x-y+5=0$ (2) $y^2+2x+15=0$

(3) $x^2+4y^2+10x-8y+13=0$ (4) $16x^2+4y^2+12y-7=0$

(5) $x^2-y^2+4x+8y-11=0$ (6) $4y^2-24y-25x^2-50x-89=0$

02 원추곡선의 초점을 구하라. 그리고 쌍곡선은 점근선의 방정식도 구하라.

(1) $x^2+4x-y+5=0$ (2) $y^2+2x+15=0$

(3) $x^2+4y^2+10x-8y+13=0$ (4) $16x^2+4y^2+12y-7=0$

(5) $x^2-y^2+4x+8y-11=0$ (6) $4y^2-24y-25x^2-50x-89=0$

08

연립방정식

1. 연립방정식
2. 선형연립방정식

1 연립방정식

1장에서는 방정식이 만들어지는 과정과 예들을 살펴보았다. 요구하는 상황에 따라 한 개의 변수에 대한 방정식으로 답을 구할 수도 있지만 2개 이상의 방정식이 필요한 경우도 있다. 예를 들어, 직사각형의 넓이가 6, 둘레가 10일 때, 가로 x와 세로 y를 구하려고 하면

$$xy = 6$$
$$2(x+y) = 10$$

과 같은 두 개의 방정식을 동시에 만족하는 x, y를 구해야 한다. 이와 같이 2개 이상의 미지수를 포함하고, 식이 두 개 이상인 방정식들로 구성된 식을 연립방정식이라 한다. 연립방정식을 만족하는 미지수의 값을 해라 하고, 해의 집합을 해집합이라 한다. 연립방정식의 해법은 방정식에 포함되어 있는 특정 변수를 소거 또는 대입이라는 과정을 계속적으로 행하여 최종적으로 한 변수만을 포함하는 방정식으로 바꾼 다음 일변수방정식의 해법을 이용하여 해를 구한다. 이 과정을 모든 미지수에 대한 해를 구할 때까지 반복적으로 시행한다.

이 절에서는 두 직선이 만나는 점, 직선과 곡선이 만나는 점, 직선과 원이 만나는 점, 원과 원이 만나는 점, 타원과 쌍곡선이 만나는 점을 찾기 위한 수단으로 연립방정식을 구성하고, 또한 연립방정식의 해를 구하는 과정을 학습한다.

1) 두 직선이 만나는 점

두 직선의 관계는 기하학적으로 보면 한 점에서 만나거나 만나지 않거나 겹치는 경우로 구분할 수 있다. 만나지 않는 두 직선은 서로 평행하다고 하고, 또한 만나는 경우 두 직선에 의해 각이 생기는데 그 각이 90도인 경우 두 직선은 수직으로 만난다고 한다. 두 직선이 만나는 점은 두 방정식을 동시에 만족하는 해이다.

예제 1.1 연립방정식을 풀어라.

$$-2x + 3y = 8$$
$$3x - y = -5$$

풀이 ▸ x를 구하기 위해 둘째 방정식에 3을 곱하면

$$-2x + 3y = 8$$
$$9x - 3y = -15$$

두 식을 더하면

$$7x = -7$$
$$x = -1$$

여기서 y가 소거되었는데, 이 때문에 소거법이라고 부른다.
$x = -1$을 첫째 방정식에 대입하면

$$-2(-1) + 3y = 8$$
$$2 + 3y = 8$$
$$3y - 6$$
$$y = 2$$

$x = -1$과 $y = 2$를 연립방정식에 대입하면 방정식이 성립함을 검증할 수 있다. 따라서 순서쌍 $(-1, 2)$는 연립방정식의 해로 구성된 점이다. 그림 1.1은 두 직선이 $(-1, 2)$에서 만나고 있다는 것을 보여준다. □

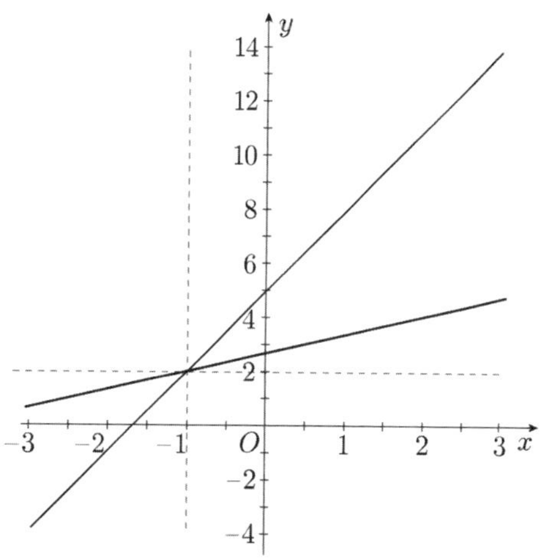

그림 1.1 두 직선이 만나는 점

2) 직선과 곡선이 만나는 점

직선방정식 $ax + by = k$와 유리방정식 $xy = l$로 구성된 연립방정식의 해를 구하는 방법을 살펴본다. 그림 1.2는 다음 두 종류의 연립방정식의 각각의 그래프를 그린 것이다.

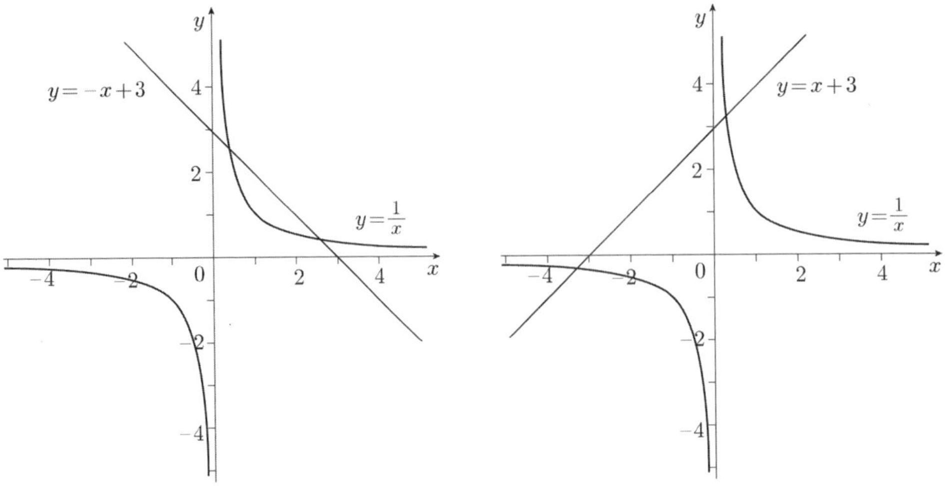

그림 1.2 곡선과 직선의 만나는 점

(i) $$x+y=3,\ y=\frac{1}{x}$$

(ii) $$-x+y=3,\ y=\frac{1}{x}$$

그래프로부터 두 연립방정식은 각각 두 개의 해를 가진다. 물론 직선이 원점 주위를 통과하는 경우에는 해를 가지지 않을 수 있다.

예제 1.2 네 변의 길이의 합은 300 m이고 넓이가 5000 m^2인 직사각형 모양의 밭이 있다. 밭의 치수를 구하라.

풀이 ▸ 이러한 문제를 풀기 위한 자연스런 방법은 구하고자 하는 값을 미지수로 두고, 미지수를 포함하는 방정식을 세워 해를 구하는 것이다. 구하려는 값이 밭의 치수, 즉 가로와 세로의 치수이므로 각 치수에 대응하는 두 개의 미지수를 다음과 같이 도입한다.

$$x = \text{밭의 가로}$$
$$y = \text{밭의 세로}$$

단, 길이의 단위는 m이다. 그러면 문제의 조건으로부터

① $$2x+2y=300$$

② $$xy=5000$$

과 같은 연립방정식이 도출된다. 연립방정식은 (ⅰ)과 같은 형태이므로 그림 1.2로부터 두 개의 해를 가질 것이라는 것을 예상할 수 있다. 이러한 종류의 연립방정식의 해를 구하는 가장 보편적인 방법은 한 변수를 소거하여 한 변수에 대한 방정식을 유도하여 해를 구하는 것이다. 식 ①을 y에 대하여 풀어 식 ②의 y의 자리에 대입한다. 즉, $y=150-x$를 식 ②에 대입하여 정리하면

$$x(150-x)=5000$$
$$x^2-150x+5000=0$$

인수분해를 통하여 이차방정식의 해를 구하자. 즉

$$x^2-150x+5000=(x-50)(x-100)=0$$

이므로 해는 $x=50$ 또는 100이다. 식 ②로부터 $x=50$에 대응하는 y는

$$y=\frac{5000}{50}=100$$

이고, $x=100$에 대응하는 y는

$$y=\frac{5000}{100}=50$$

따라서 밭의 가로가 100 m이면 세로는 50 m이고, 반대로 밭의 가로가 50 m이면 세로는 100 m이다. □

3) 원과 직선의 관계

원과 직선의 관계란 원과 직선의 위치관계를 의미하는 것으로, 원과 직선이 만나는 경우와 만나지 않는 경우로 구분할 수 있으며, 만나는 경우를 조금 더 세분하여 한 점에서 만나는 경우(접한다고 함)와 두 점에서 만나는 경우로 나눌 수 있다.

예제 1.3 원의 방정식 $x^2+y^2=25$와 직선의 방정식 $x+y=-1$의 교점의 좌표를 구하라.

풀이 ▸ 다음 연립방정식의 해의 순서쌍이 만나는 두 점의 좌표이다. 예제 1.2와 같이 일차방정식을 y에 대해 풀어 원의 방정식에 대입하여 한 변수에 대

한 방정식을 유도한다. $y = -1 - x$를 원의 방정식에 대입하여 정리하면

$$x^2 + (-1 - x)^2 = 25$$
$$x^2 + 1 + 2x + x^2 = 25$$
$$x^2 + x - 12 = 0$$

인수분해하면

$$(x+4)(x-3) = 0$$
$$x = -4 \text{ 또는 } x = 3$$

$x = -4$를 $x + y = -1$에 대입하면

$$y = -x - 1 = -(-4) - 1 = 3$$

$x = 3$을 $x + y = -1$에 대입하면

$$y = -x - 1 = -3 - 1 = -4$$

따라서 연립방정식의 해에 대응하는 순서쌍은 $(-4,\ 3)$과 $(3,\ -4)$이다. 그림 1.3은 두 방정식이 만나는 두 교점을 표시한 것이다.

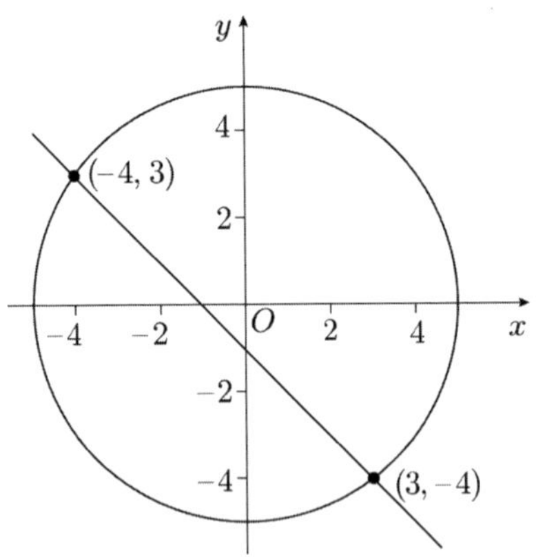

그림 1.3 원과 직선이 두 점에서 만나는 경우 □

원과 직선의 관계처럼 포물선과 직선의 관계, 타원과 직선의 관계, 쌍곡선과 직선의 관계도 생각할 수 있는데, 문제의 해결 방식은 대동소이하므로 생략한다.

토론 1.1 예제 1.3에서 직선 $x + y = -1$을 $x + y = a$로 바꾸고 a의 값을 증가하

는 쪽으로 변화시켜가면 어떤 현상이 벌어질까? 두 점에서 계속 만나다가 접하는 곳에 도달하고, 그 이후 만나지 않게 될 것이다. 연립방정식

$$x^2+y^2=25,\ \ x+y=10$$

은 해를 갖지 않는다(그림 1.4). 이에 대한 대수적 증명 방법을 토론해보라.

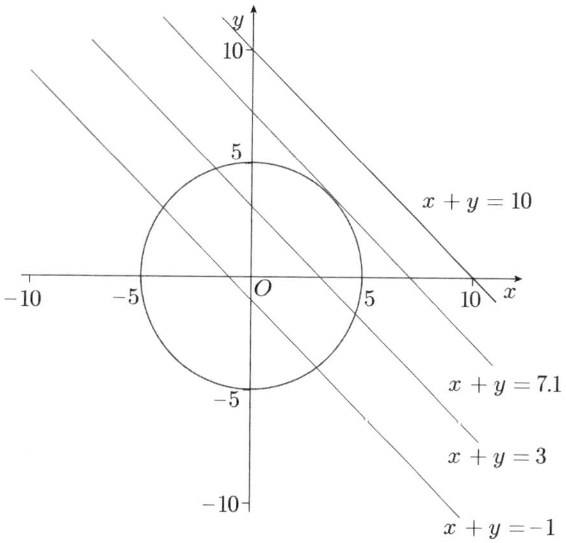

그림 1.4 $x^2+y^2=25$와 $x+y=a$의 그래프

4) 원과 원의 관계

머릿속에 두 원의 이미지를 떠올리고 두 원을 좌우로 움직여보라. 두 원이 겹치는 형태(무수히 많은 해), 두 점에서 만나는 형태, 한 점에서 만나는 형태(접한다고 함), 만나지 않는 형태(해가 없음)가 만들어질 것이다. 원과 원의 관계는 만나는 점의 좌표를 구하는 것도 의미 있는 일이지만, 그것보다 두 원의 반지름과 두 원의 중심 간의 거리의 관계에 더욱 더 흥미를 갖는다. 그림 1.5는 반지름이 R과 r인 두 개의 원과 원의 중심 간의 거리 d를 나타낸 것이다.

그림 1.5로부터 다음과 같은 사실을 쉽게 유추할 수 있다.

(i) $R+r<d$이면 두 원은 만나지 않는다.

(ii) $R+r=d$이면 두 원은 접한다.

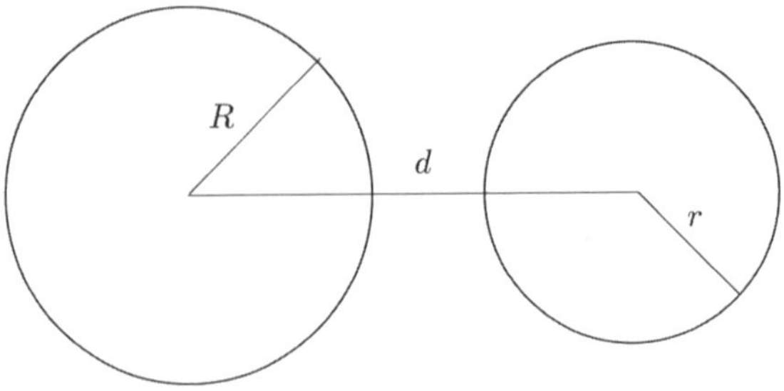

그림 1.5 중심 간의 거리가 d인 두 개의 원

(iii) $R+r>d$이면 두 원은 두 점에서 만난다.
(작은 원이 큰 원 안에 들어가는 경우는 제외함)

예제 1.4 그림 1.6은 지름이 1 m 인 파이프 파일을 나타낸 것이다.

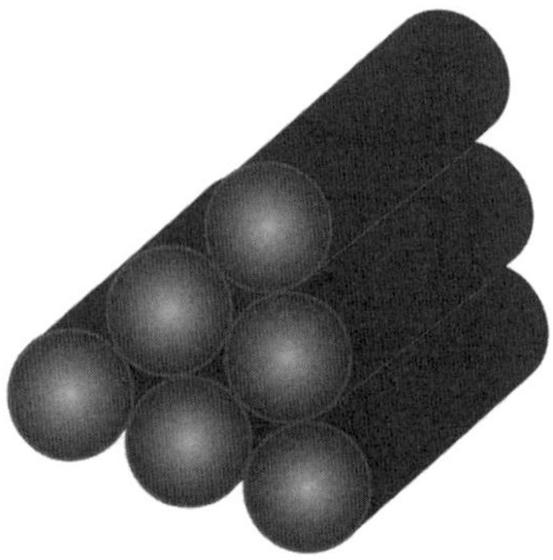

그림 1.6 파이프 파일

전면 파이프의 높이를 구하라.

풀이 ▸ 문제의 답을 구하는 데 필요한 정보는 파이프의 전면의 원들이 서로 접하고 있는 그림만 있으면 된다(그림 1.7).
그림 1.7과 같이 높이를 h라 하면 피타고라스의 정리에 의해

$$h=\sqrt{2^2-1^2}=\sqrt{3}$$

파일의 높이는

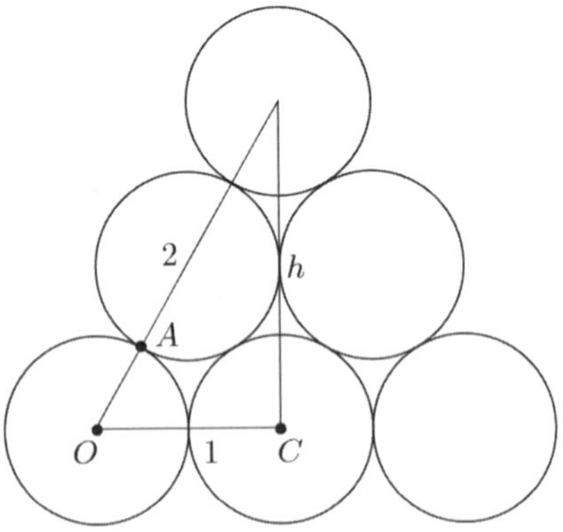

그림 1.7 파이프 파일의 전면

$$2+h=2+\sqrt{3}$$

길이 $\overline{AC}$를 구하여보자. O를 좌표축의 원점으로 놓으면 $\angle AOC = 60°$이므로

$$A\text{의 좌표는 }\left(\frac{1}{4},\ \frac{\sqrt{3}}{4}\right),\ C\text{의 좌표는 }(1,\ 0)$$

두 점 사이의 거리는

$$\overline{AC}=\sqrt{\left(1-\frac{1}{4}\right)^2+\left(0-\frac{\sqrt{3}}{4}\right)^2}=\sqrt{\frac{3^2+3}{4^2}}=\frac{\sqrt{3}}{2}$$ □

예제 1.5 지진이 발생했을 때 2차 피해를 예방하기 위해서 지진이 발생한 진앙(진원으로부터 수직으로 올라와 지표면과 닿는 부분)이 어딘지를 알아낼 필요가 있다. 이것은 3곳의 관측소에서 지진을 관측할 수 있다면 가능하다. 실제로 그림 1.8과 같이 각 관측소의 위치 A, B 및 C에서 진앙으로부터 거리 R_1, R_2 및 R_3를 알면 진앙의 위치를 구할 수 있다. 각 관측소로부터 진원지까지의 거리는 P파와 S파의 도착 시차를 이

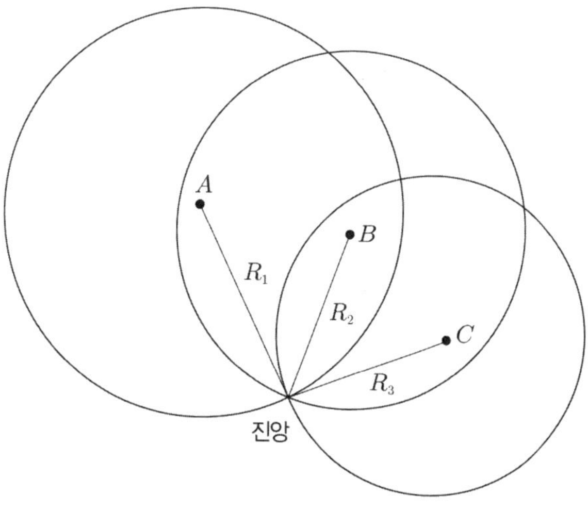

그림 1.8 세 곳의 관측소와 진앙

용하여 구할 수 있다. 3개의 원이 만나는 점이 진앙점이다.

$$A=(0,\ 0),\ B=(2,\ 3),\ C=(2,\ -4),\ R_1=2,\ R_2=3,\ R_3=4$$

라고 할 때, 세 개의 원이 동시에 만나는 점을 구하라.

풀이 ▸ 세 개의 원이 동시에 만나는 점 $(x,\ y)$는 3개의 원의 방정식

$$x^2 + y^2 = 4$$
$$(x-2)^2 + (y-3)^2 = 9 \text{ 또는 } x^2 + y^2 - 4x - 6y + 4 = 0$$
$$(x-2)^2 + (y+4)^2 = 16 \text{ 또는 } x^2 + y^2 - 4x + 8y + 4 = 0$$

을 동시에 만족하는 해이다. 다소 복잡해보이지만 첫째 식을 나머지 두 개의 식에 대입하여 정리하면

$$2x + 3y = 4$$
$$x - 2y = 2$$

와 같은 직선방정식으로 구성된 간단한 연립방정식을 얻는다(Lucky). 이 연립방정식은 오직 한 개의 해를 갖고 해는 $(x,\ y) = (2,\ 0)$이다. 그림 1.9는 세 방정식의 교점을 나타낸 것이다. □

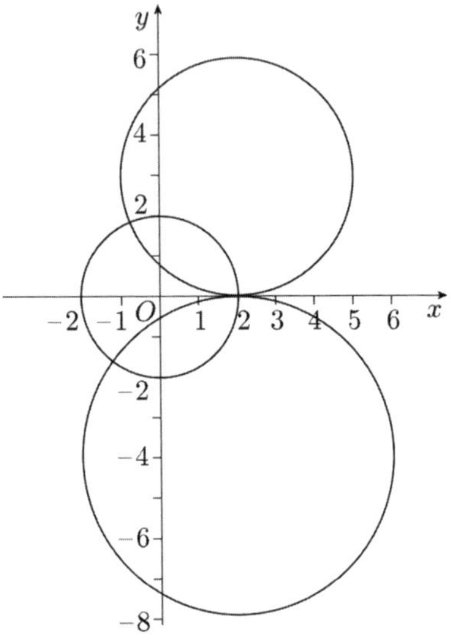

그림 1.9 원의 교점

5) 타원과 쌍곡선의 관계

예제 1.6 타원방정식과 쌍곡선방정식으로 구성된 연립방정식의 해를 구하라.

③ $$4x^2 + 9y^2 = 36$$

④ $$-9x^2 + 18y^2 = 4$$

풀이 ▸ 미지수가 x^2 및 y^2만을 포함하고 있으므로 직선방정식으로 구성된 연립방정식의 해를 구했던 것처럼 풀면 된다(즉, $x^2 = X$, $y^2 = Y$로 두면 X 및 Y에 대한 일차방정식이다).

식 ③에 -2를 곱하여 식 ④에 더하면

$$-17x^2 = -68$$
$$x^2 = 4$$
$$x = \pm 2 \text{ (제곱근의 해)}$$

$x=2$와 $x=-2$에 대응하는 y를 구하자.
$x=2$를 식 ③에 대입하면

$$4(2)^2+9y^2=36$$
$$y=\pm\frac{2}{3}\sqrt{5}$$

$x=-2$를 식 ③에 대입하면

$$4(-2)^2+9y^2=36$$
$$y=\pm\frac{2}{3}\sqrt{5}$$

따라서 연립방정식은 다음과 같이 4개의 해를 갖는다.

$$(x,\ y)=\left(2,\ \frac{2}{3}\sqrt{5}\right),\ \left(2,\ -\frac{2}{3}\sqrt{5}\right),\ \left(-2,\ \frac{2}{3}\sqrt{5}\right),\ \left(-2,\ -\frac{2}{3}\sqrt{5}\right)$$

그림 1.10은 연립방정식의 그래프를 나타낸 것으로, 이를 통하여 연립방정식의 해는 4개가 있음을 알 수 있다.

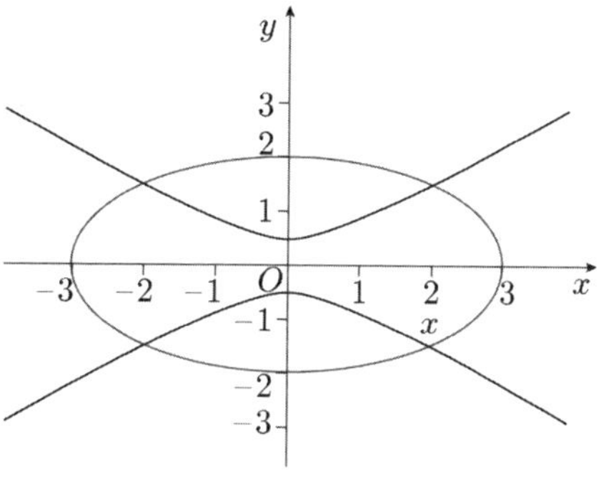

그림 1.10 네 점에서 만나는 타원과 쌍곡선 □

토론 1.1 그림 1.11은 타원

$$0.1x^2+y^2=(0.2a)^2,\ a=1,\ 2,\ \cdots,\ 100$$

과 직선

$$y=0.2a,\ a=-100,\ -99,\ \cdots,\ 100$$

의 그래프를 나타낸 것으로 쌍곡선 줄무늬 간섭효과(모아레 현상; 일정한 패턴을 가진 여러 무늬가 겹치면서 새로운 무늬를 만들어 내는 현상)를 관찰할 수 있다. 이러한 현상이 일어나는 이유를 토론하라.

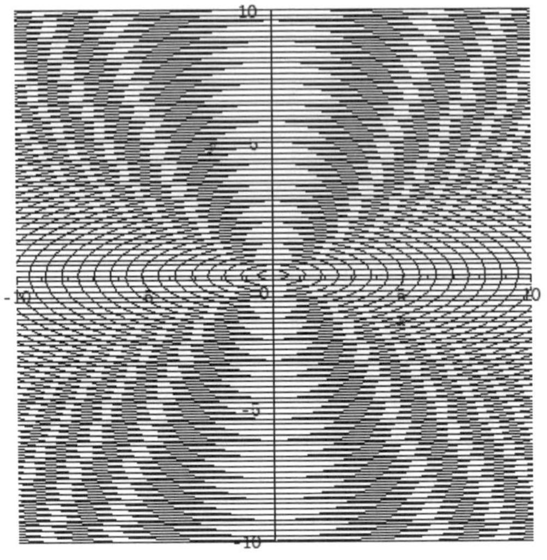

그림 1.11 간섭효과

8-1 연습문제

01 선형연립방정식의 해를 구하라.

(1) $x+y=1$, $2x+3y=4$

(2) $5x-7y=8$, $-15x+21y=-24$

(3) $11x-12y=10$, $22x-24y=-5$

02 10,000원으로 볼펜과 연필을 구입하고자 한다. 볼펜 한 자루의 가격은 600원이고, 연필 한 자루의 가격은 100원이다. 볼펜과 연필을 모두 50자루를 사고자 하는 경우 각각 몇 자루씩 구입해야 하는가?

03 연립방정식의 해를 구하라.

(1) $x^2+y^2=13$, $2x-y=4$

(2) $y^2-x=0$, $y-4x=-3$

(3) $4x^2+9y^2=-72$, $4x^2-3y^2=0$

(4) $x^2+4y^2=25$, $4x^2+y^2 25$

(5) $x^2-4x+y^2-4y=1$, $x^2-4x+y=-5$

04 직선 $x+y=a$가 원 $x^2+y^2=25$에 접하는 a의 값을 구하라.

05 포물선 $y=ax^2$에 접하고 원점을 지나는 직선의 방정식을 구하라.

06 원 $x^2+y^2=r^2$에 접하고, 점 (a, b)를 지나는 접선의 방정식을 구하라.

07 아이스크림을 수직평면으로 자르면 두 개의 그 경계는 직선과 반원이 된다. 경계선은 다음 두 직선의 방정식과 원의 방정식에 의해 결정된다고 하자.

$$y=ax,\ y=-ax,\ x^2+(y-b)^2=r^2$$

$a=2$일 때, 원과 직선이 만날 수 있는 b의 범위를 구하라.

08 야구공을 정면에서 보면 원과 쌍곡선이 만나고 있는 것처럼 보인다. 원과 쌍곡선의 방정식이

$$x^2+y^2=7.23^2,\ y^2-0.5x^2=16$$

과 같이 주어질 때 두 방정식이 만나는 교점의 좌표를 구하라.

2 선형연립방정식

연립방정식을 형태에 따라 선형과 비선형으로 구분하는데, 이 절에서는 선형연립방정식에 대한 정의와 해법을 집중적으로 설명한다. 방정식이 비선형인 경우 일반적인 해법이 없는 반면, 방정식이 선형이면 다양한 해법이 있다. 이 절에서는 해법 가운데 가장 기본적인 가우스 소거법 및 가우스-조르당 소거법에 대해 학습한다.

먼저 2개의 미지수를 갖는 선형연립방정식을 정의한다.

> 임의의 상수 a, b, c, d와 k, l에 대하여
>
> $$ax + by = k$$
> $$cx + dy = l$$
>
> 을 2개의 미지수와 2개의 방정식으로 구성된 선형연립방정식이라 한다.

선형연립방정식을 구성하고 있는 각 방정식은 일차방정식이므로 그 그래프는 직선이다. 따라서 해에 대한 정보는 그래프를 통하여 쉽게 알 수 있다(그림 2.1).

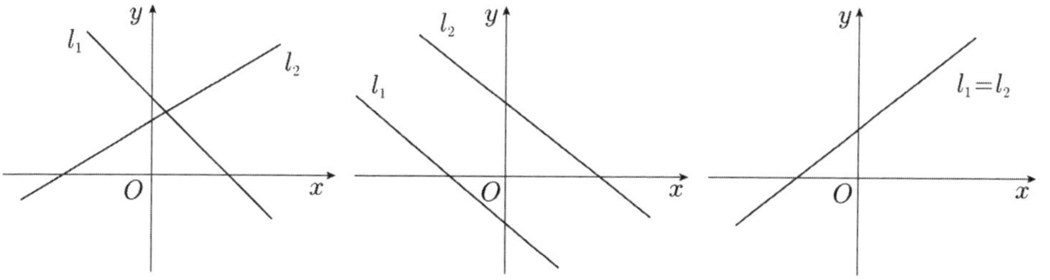

그림 2.1 두 직선의 관계

그림 2.1로부터 계수에 대한 다음 결과를 유도할 수 있다.

(ⅰ) $\frac{a}{c} \neq \frac{b}{d}$ 이면(기울기가 다르면), 두 직선은 한 점에서 만난다.

(ⅱ) $\frac{a}{c} = \frac{b}{d} \neq \frac{k}{l}$ 이면(기울기가 같고, 절편이 다르면), 두 직선은 평행하다.

(ⅲ) $\frac{a}{c} = \frac{b}{d} = \frac{k}{l}$ 이면(기울기가 같고, 절편이 같으면), 두 직선은 겹친다.

예로, 두 직선 $x+y=1$, $x+2y=1$의 기울기가 서로 다르므로, 그래프는 한 점에서 만나다. 따라서 선형연립방정식은 유일한 해를 갖는다.

예제 2.1 연립방정식에 오직 하나의 해를 가질 때 상수 a의 값의 범위를 구하라.

$$ax+3y=4$$
$$4x+ay=5$$

풀이 ▸ 두 직선이 기울기가 다르면 해는 하나뿐이다.

$$\frac{a}{4} \neq \frac{3}{a}$$

이면, 즉 $a^2-12 \neq 0$이면 두 직선은 한 점에서 만난다. 따라서 a의 값의 범위는 $(-\infty, -2\sqrt{3}) \cup (-2\sqrt{3}, 2\sqrt{3}) \cup (2\sqrt{3}, \infty)$이다. □

이제 미지수 및 방정식의 개수가 각각 3개인 선형연립방정식을 살펴보자.

임의의 $a_1, a_2, a_3, b_1, b_2, b_3, c_1, c_2, c_3$와 d_1, d_2, d_3에 대하여

$$a_1x+b_1y+c_1z=d_1$$
$$a_2x+b_2y+c_2z=d_2$$
$$a_3x+b_3y+c_3z=d_3$$

을 3개의 미지수 및 방정식으로 구성된 선형연립방정식이라 한다.

예로, 세 점 $(1, 1)$, $(2, 0)$, $(3, 2)$를 지나는 이차함수 $y=ax^2+bx+c$를 결정

하려면

$$a+b+c=1$$
$$4a+2b+c=0$$
$$9a+3b+c=2$$

를 풀어야 한다. 즉, 3개의 미지수 a, b, c와 3개의 방정식으로 구성된 선형연립방정식을 풀어야 한다.

선형연립방정식은 모든 공학 분야에 나타난다. 그림 2.2와 같은 전기회로의 각 분기에 흐르는 전류를 구하여보자.

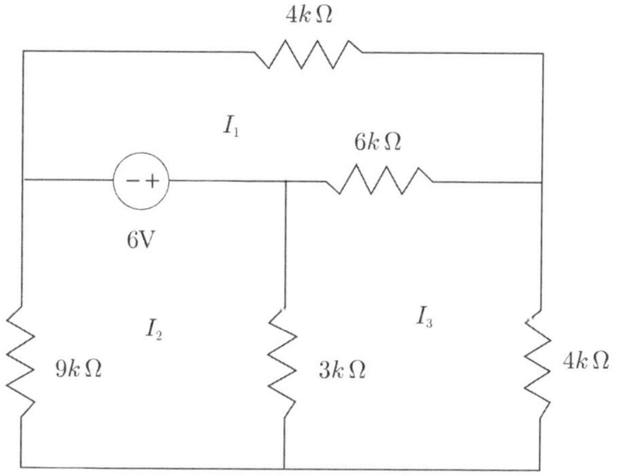

그림 2.2 저항으로 구성된 회로

키르히호프의 법칙에 의해 미지수 및 방정식이 3개인 선형연립방정식

$$10I_1-(0)I_2-6I_3=-6$$
$$-(0)I_1+12I_2-3I_3=6$$
$$-6I_1-3I_2+21I_3=0$$

을 얻는다. 방정식에서 미지수 I_1, I_2, I_3 앞에 있는 숫자는 저항에 의해 사전에 결정된 값들이다. 방정식을 표현할 때 아래 첨자를 사용하였는데 그 이유는 미지수 및 방정식의 개수가 굉장히 많이 증가될 수 있기 때문이다.

선형연립방정식은 해를 갖지 않을 수도 있는데, 이것은 우리의 관심사가 아니다. 해를 갖는 경우라도 해는 하나만 존재하거나 또는 해가 무한히 많이 존재할 수 있다. 연립방정식이 모두 같을 때 해는 무한히 많이 존재하는데, 이것 또한 현실성이 떨어지므로, 오직 하나의 해를 갖는 선형연립방정식만 학습하도록 하자.

이 절에서는 선형연립방정식의 가장 유명한 해법인 가우스 소거법, 가우스-조르당 소거법에 대해 학습한다(가장 유명하다는 말은 다른 방법이 있다는 뜻!).

소거법의 기본은, 선형연립방정식을 동치인 아래 삼각형 모양을 갖는 선형연립방정식으로 바꾸는 것이다. 아래 삼각형 모양이란 다음과 같은 형태를 말한다.

$$\begin{aligned} 2x + 3y - 4z &= 6 \\ 5y + 2z &= 4 \\ 4z &= 8 \end{aligned}$$

선형연립방정식이 아래 삼각형 모양으로 주어졌을 때 마지막 방정식으로부터 순차적으로 미지수를 구할 수 있다. 실제로

$$\begin{aligned} 4z &= 8 \\ z &= 2 \end{aligned}$$

$z = 2$를 둘째 방정식에 대입하면

$$\begin{aligned} 5y + 2(2) &= 4 \\ y &= 0 \end{aligned}$$

마지막으로 $z = 2$와 $y = 0$을 첫째 방정식에 대입하면

$$\begin{aligned} 2x + 3(0) - 4(2) &= 6 \\ 2x &= 14 \\ x &= 7 \end{aligned}$$

이와 같이 아래쪽부터 대입하여 해를 구하는 과정을 역대입법이라 한다.

이제 우리가 해야 할 일은 주어진 선형연립방정식을 아래 삼각형 모양으로 바꾸는 것이다. 이 과정을 예제 2.2를 통하여 자세하게 설명한다.

예제 2.2 다음 연립방정식을 아래 삼각형 모양으로 고친 다음 역대입법으로 구하라.

$$\begin{aligned} 2y - \quad z &= -5 \\ x - 2y + 2z &= 9 \\ 2x - 3y + 3z &= 14 \end{aligned}$$

풀이 ▸

가우스 소거법	
단계 1 (i) 첫째 방정식은 x에 대한 계수가 0이 아닌 것으로 바꾼다. (ii) 첫째 방정식에 적당한 수를 곱하여 둘째 방정식에 더한다. 그 결과 둘째 방정식의 x의 계수를 0으로 만든다. (iii) 첫째 방정식에 적당한 수를 곱하여 셋째 방정식에 더한다. 그 결과 셋째 방정식의 x의 계수를 0으로 만든다.	단계 1 (i) 방정식 ①과 방정식 ②를 바꾼다. ① $x-2y+2z=9$ ② $2y-z=-5$ ③ $2x-3y+3z=14$ (ii) 방정식 ②의 x의 계수는 0이다. (iii) 방정식 ①에 -2를 곱하여 방정식 ③에 더한다. $x-2y+2z=9$ $2y-z=-5$ $y-z=-4$
단계 2 단계 1을 둘째 및 셋째 방정식에 적용한다(아래 삼각형 연립방정식).	단계 2 방정식 ②에 $-1/2$을 곱하여 방정식 ③에 더한다. $x-2y+2z=9$ $2y-z=-5$ $-\frac{1}{2}z=-\frac{3}{2}$
단계 3 이제 연립방정식은 삼각형 모양으로 바뀐다. 후퇴대입법을 통하여 해를 구한다.	단계 3 (i) 방정식 ③으로부터 $-\frac{1}{2}z=-\frac{3}{2}$ $z=3$ (ii) z의 값을 방정식 ②에 대입하여 $2y-(3)=-5$ $y=-1$ (iii) y와 z를 방정식 ①에 대입하여 $x-2(-1)+2(3)=9$ $x+8=9$ $x=1$ 해는 $x=1,\ y=-1,\ z=3$이다.

□

예제 2.2의 해를 구하기 위해 소거법을 사용했는데, 방정식을 매번 쓸 필요 없이 계수만을 이용하여 해를 구할 수 있다. 즉 연립방정식

$$\begin{aligned} 2y-\ z &= -5 \\ x-2y+2z &= \ \ 9 \\ 2x-3y+3z &= \ 14 \end{aligned}$$

의 해를 구하는 과정은 미지수 x, y, z의 계수들을 연산하는 과정에 불과하다는 것을 관찰할 수 있다. 그래서 각 선형연립방정식의 계수들을 다음과 같은 사각형 박스에 배열하자.

$$\left[\begin{array}{ccc|c} 0 & 2 & -1 & -5 \\ 1 & -2 & 2 & 9 \\ 2 & -3 & 3 & 14 \end{array}\right]$$

이와 같이 사각형 틀에 대수를 배열한 것을 행렬(行列)이라 한다. 그리고 점선으로 된 구분선을 넣은 것은 첨가행렬이라 부른다. 가로를 행이라 하고, 세로를 열이라 하며, 첫째 행을 1행, 둘째를 2행, 셋째를 3행, …이라 하고, 첫째 열을 1열, 둘째를 2열, 셋째를 3열, …이라 한다. 행의 수와 열의 수로 행렬의 크기를 정의하고, 예를 들어 행과 열의 수가 각각 3과 4인 경우 3×4행렬이라 한다. 특히, 행과 열의 수가 같은 행렬을 정방행렬이라 한다. 행렬의 내부에 배열된 값은 성분이라 하는데, (1, 1)의 성분은 1행 1열의 원소를 말하며, $(i,\ j)$성분은 i행 j열의 원소를 말한다. $(i,\ i)$성분을 행렬의 대각성분이라 한다.

$$\begin{bmatrix} 1 & 2 \\ 3 & 4 \end{bmatrix} \ 2\times 2\text{행렬} \qquad \begin{bmatrix} 1 & 2 & 3 \\ 3 & 2 & 1 \\ 2 & 3 & 1 \end{bmatrix} \ 3\times 3\text{행렬}$$

$$\begin{bmatrix} 1 & 2 & 3 & 4 \\ 0 & 1 & 2 & 3 \\ 0 & 0 & 1 & 2 \end{bmatrix} \ 3\times 4\text{행렬} \qquad \begin{bmatrix} 1 & 2 & 3 \\ 3 & 4 & 5 \\ 6 & 7 & 8 \\ 9 & 0 & 1 \end{bmatrix} \ 4\times 3\text{행렬}, \cdots$$

이제 예제 2.2의 계수들로 구성된 첨가행렬에 예제 2.2의 풀이 단계를 차례로 적용하여보자.

1단계

(i) 1행과 2행을 바꾼다.

$$\begin{bmatrix} 1 & -2 & 2 & | & 9 \\ 0 & 2 & -1 & | & -5 \\ 2 & -3 & 3 & | & 14 \end{bmatrix}$$

(ii) 2행의 1열의 값을 0으로 만든다(0인 경우는 그대로 둔다).

(iii) 1행에 -2를 곱하여 3행에 더하여 3행의 1열의 값을 0으로 만든다.

$$\begin{bmatrix} 1 & -2 & 2 & | & 9 \\ 0 & 2 & -1 & | & -5 \\ 0 & 1 & -1 & | & -4 \end{bmatrix}$$

2단계

2행에 $-1/2$을 곱하여 3행에 더하여 3행의 2열의 값을 0으로 만든다.

$$\begin{bmatrix} 1 & -2 & 2 & | & 9 \\ 0 & 2 & -1 & | & -5 \\ 0 & 0 & -\frac{1}{2} & | & -\frac{3}{2} \end{bmatrix}$$

3단계

(i) 3행을 이용하여 z를 구한다.

$$-\frac{1}{2}z = -\frac{3}{2}$$

$$z = 3$$

(ii) z의 값을 둘째 방정식 $2y - z = -5$에 대입하여 y를 구한다.

$$2y - (3) = -5$$

$$y = -1$$

(iii) y와 z를 첫째 방정식 $x - 2y + z = 9$에 대입하여

$$x - 2(-1) + 2(3) = 9$$

$$x + 8 = 9$$

$$x = 1$$

따라서 구하는 해는 $x = 1$, $y = -1$, $z = 3$이다.

이와 같은 방법으로 구하는 방법을 가우스 소거법이라 한다. 대각성분 아래의 원소를 0으로 만들어 가는 과정을 전진소거, 마지막부터 대입하여 가는 과정을

역대입이라 한다. 예제 2.2의 연립방정식에서 첫째 방정식을 살펴보면, x의 계수가 0임을 알 수 있다. 이러한 경우 1열의 원소를 0으로 만들 수 없으므로, 방정식의 순서를 바꾼다. 대각성분이 0이 아닌 것으로 바꾸는 작업을 피봇팅이라 한다.

예제 2.3 선형연립방정식을 풀어라.

$$\begin{aligned} x+2y-\ z &= -1 \\ 2x+6y+\ z &= 7 \\ 5x+7y-4z &= 9 \end{aligned}$$

풀이 ▸ 첨가행렬은

$$\left[\begin{array}{ccc|c} 1 & 2 & -1 & -1 \\ 2 & 6 & 1 & 7 \\ 5 & 7 & -4 & 9 \end{array}\right]$$

1행에 -2를 곱하여 2행에 더하면

$$\left[\begin{array}{ccc|c} 1 & 2 & -1 & -1 \\ 0 & 2 & 3 & 9 \\ 5 & 7 & -4 & 9 \end{array}\right]$$

1행에 -5를 곱하여 3행에 더하면

$$\left[\begin{array}{ccc|c} 1 & 2 & -1 & -1 \\ 0 & 2 & 3 & 9 \\ 0 & -3 & 1 & 14 \end{array}\right]$$

2행에 3/2를 곱하여 3행에 더하면

$$\left[\begin{array}{ccc|c} 1 & 2 & -1 & -1 \\ 0 & 2 & 3 & 9 \\ 0 & 0 & \dfrac{11}{2} & \dfrac{55}{2} \end{array}\right]$$

3행에서

$$\frac{11}{2}z=\frac{55}{2}$$

$$z=5$$

2행에서

$$2y+3z=9$$
$$y=\frac{1}{2}(9-3z)=\frac{1}{2}(9-15)=-3$$

1행에서

$$x+2y-z=-1$$
$$x=-2y+z-1=(-2)(-3)+5-1=10$$

따라서 해는 $x=10,\ y=-3,\ z=5$이다. □

대각선의 원소는 모두 1로 만들고 모든 원소를 0으로 만들 수 있다. 이렇게 만드는 방법을 가우스-조르당(Gauss-Jordan) 소거법이라고 하는데, 가우스 소거법보다 연산수가 많으므로 잘 사용하지는 않는다.

예제 2.4 선형연립방정식을 가우스-조르당 소거법을 이용하여 풀어라.

$$\begin{aligned} x+2y-\ z&=-1\\ 2x+6y+\ z&=\ \ 7\\ 5x+7y-4z&=\ \ 9 \end{aligned}$$

풀이 ▸ 전진소거가 행해진 행렬을 그대로 사용하자.

$$\left[\begin{array}{ccc|c} 1 & 2 & -1 & -1 \\ 0 & 2 & 3 & 9 \\ 0 & 0 & \frac{11}{2} & \frac{55}{2} \end{array}\right]$$

3행에 2/11을 곱하면

$$\left[\begin{array}{ccc|c} 1 & 2 & -1 & -1 \\ 0 & 2 & 3 & 9 \\ 0 & 0 & 1 & 5 \end{array}\right]$$

3행에 -3을 곱하여 2행에 더하면

$$\left[\begin{array}{ccc|c} 1 & 2 & -1 & -1 \\ 0 & 2 & 0 & -6 \\ 0 & 0 & 1 & 5 \end{array}\right]$$

1행에 3행을 더하면

$$\left[\begin{array}{ccc|c}1 & 2 & 0 & 4\\0 & 2 & 0 & -6\\0 & 0 & 1 & 5\end{array}\right]$$

2행에 1/2을 곱하면

$$\left[\begin{array}{ccc|c}1 & 2 & 0 & 4\\0 & 1 & 0 & -3\\0 & 0 & 1 & 5\end{array}\right]$$

2행에 -2를 곱하여 1행에 더하면

$$\left[\begin{array}{ccc|c}1 & 0 & 0 & 10\\0 & 1 & 0 & -3\\0 & 0 & 1 & 5\end{array}\right]$$

따라서 해는 $x=10$, $y=-3$, $z=5$이다. □

예제 2.5 선형연립방정식을 풀어라.

$$\begin{aligned}x+2y-\ z&=-1\\2x+\ y+\ z&=\ \ 5\\2x+4y-2z&=\ \ 3\end{aligned}$$

풀이 ▸ 첨가행렬은

$$\left[\begin{array}{ccc|c}1 & 2 & -1 & -1\\2 & 1 & 1 & 5\\2 & 4 & -2 & 3\end{array}\right]$$

1행에 -2를 곱하여 3행에 더하면

$$\left[\begin{array}{ccc|c}1 & 2 & -1 & -1\\2 & 1 & 1 & 5\\0 & 0 & 0 & 5\end{array}\right]$$

3행은

$$0x+0y+0z=5$$

이므로 연립방정식은 해를 갖지 않는다. □

예제 2.6 선형연립방정식이 무수히 많은 해를 갖기 위한 a의 값을 구하라.

$$
\begin{aligned}
x + 2y - \ \ z &= -1 \\
2x + \ \ y + \ \ z &= \ \ 5 \\
2x + 4y - 2z &= \ \ a
\end{aligned}
$$

풀이 ▸ 첨가행렬은

$$
\left[\begin{array}{ccc|c} 1 & 2 & -1 & -1 \\ 2 & 1 & 1 & 5 \\ 2 & 4 & -2 & a \end{array}\right]
$$

1행에 -2를 곱하여 2행에 더하면

$$
\left[\begin{array}{ccc|c} 1 & 2 & -1 & -1 \\ 0 & -3 & 3 & 7 \\ 2 & 4 & -2 & a \end{array}\right]
$$

1행에 -2를 곱하여 3행에 더하면

$$
\left[\begin{array}{ccc|c} 1 & 2 & -1 & -1 \\ 0 & -3 & 3 & 7 \\ 0 & 0 & 0 & a+2 \end{array}\right]
$$

2행에 $-1/3$를 곱하면

$$
\left[\begin{array}{ccc|c} 1 & 2 & -1 & -1 \\ 0 & 1 & -1 & -\frac{7}{3} \\ 0 & 0 & 0 & a+2 \end{array}\right]
$$

2행에 -1을 곱하여 1행에 더하면

$$
\left[\begin{array}{ccc|c} 1 & 1 & 0 & \frac{4}{3} \\ 0 & 1 & -1 & -\frac{7}{3} \\ 0 & 0 & 0 & a+2 \end{array}\right]
$$

1행과 2행은 더 이상 소거할 수 없으므로 $a+2=0$이면 무수히 많은 해를 갖는다. 따라서 $a=-2$이다. □

토론 2.1 예제 2.4의 해는 행렬의 연산을 이용하여 구할 수도 있다. 즉

$$
x + 2y - \ \ z = -1
$$

$$2x+6y+\ z=\ \ 7$$
$$5x+7y-4z=\ \ 9$$

행렬의 곱에 대한 규칙을 이용하면

$$\begin{bmatrix} 1 & 2 & -1 \\ 2 & 6 & 1 \\ 5 & 7 & -4 \end{bmatrix} \begin{bmatrix} x \\ y \\ z \end{bmatrix} = \begin{bmatrix} -1 \\ 7 \\ 9 \end{bmatrix}$$

와 같이 나타낼 수 있다.

$$A=\begin{bmatrix} 1 & 2 & -1 \\ 2 & 6 & 1 \\ 5 & 7 & -4 \end{bmatrix},\ X=\begin{bmatrix} x \\ y \\ z \end{bmatrix},\ B=\begin{bmatrix} -1 \\ 7 \\ 9 \end{bmatrix}$$

로 두면, 다음과 같은 형태의 행렬방정식(행렬로 구성된 방정식)을 얻는다.

$$AX=B$$

행렬방정식임에도 불구하고 그 모양이 일차방정식 $ax=b$와 같은 형태를 띠고 있기 때문에 $AX=B$의 해는

$$X=\frac{B}{A}$$

인 것처럼 여길 수 있다. 하지만 행렬을 분모로 하는 분수 $1/A$을 어떻게 수용할 수 있는가 하는 문제가 나타난다. 이 문제는 행렬 A의 역행렬 A^{-1}의 정의와 A^{-1}를 구하는 방법들이 개발됨으로써 해결되었다. 역행렬을 이용하면 해 X는 다음과 같이 주어진다.

$$X=A^{-1}B$$

역행렬을 구하는 방법에 대해 토론해보라.

8-2 연습문제

01 그래프를 그려 연립방정식의 해를 논하라.

(1) $3x+2y=-6,\ 5x-2y=-10$

(2) $2x-3y=-7,\ 5x+4y=17$

(3) $2x+8y=-11,\ x+4y=5x$

02 가우스 소거법을 통하여 다음 선형연립방정식을 풀어라.

(1) $x-2y+z=3,\ 2x+y-2z=-1,\ -x-8y+7z=5$

(2) $3x-y+z=13,\ x-y-z=3,\ x+2y-z=-3$

03 가우스-조르당 소거법을 통하여 다음 선형연립방정식을 풀어라.

$$x-2y-z=0,\ 3x+y-3z=19,\ 2x-y+4z=-1$$

04 연립방정식이 오직 하나의 해를 가질 때 상수 a의 값의 범위를 구하라.

$$ax+3y=4,\ 4x+ay=5$$

05 선형연립방정식이 무수히 많은 해를 갖기 위한 a의 값을 구하라.

$$x+2y-z=-1,\ 2x+y+z=5,\ 2x+4y-2z=a$$

06 의자 생산자는 의자, 커피 테이블과 식탁을 만든다. 한 개의 의자를 만드는 과정에서 문지르는 데 2분, 채색하는 데 2분, 그리고 광택을 내는 데 5분이 걸린다. 한 개의 커피 테이블을 만드는 과정에서 문지르는 데 5분, 채색하는 데 4분, 그리고 광택을 내는 데 3분이 걸린다. 한 개의 식탁을 만드는 과정에서 문지르는 데 5분, 채색하는 데 4분, 그리고 광택을 내는 데 6분이 걸린다. 문지르는 도구, 채색도구, 그리고 윤택도구는 하루에 각각 6, 5, 그리고 6시간 사용할 수 있다. 모든 도구를 다 사용했을 때 가구를 각각 몇 개나 만들 수 있는가?

07 다음 각 회로의 분기에 흐르는 전류 I_1, I_2, I_3를 구하라.

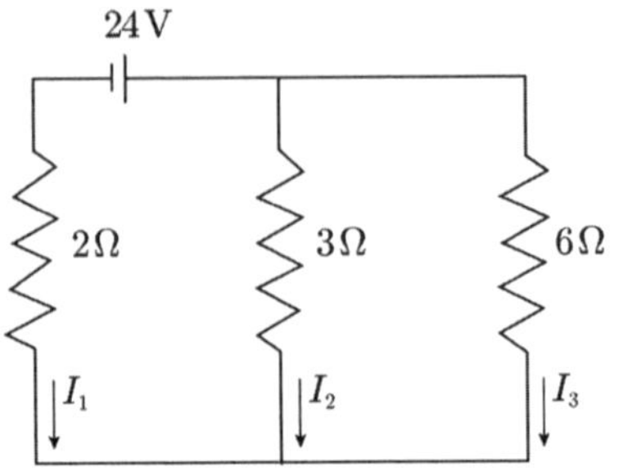

전류에 대한 연립방정식은 다음과 같다.

$$\begin{aligned} I_1 + I_2 + I_3 &= 0 \\ -2I_1 + 3I_2 \quad &= 24 \\ -3I_2 + 6I_3 &= 0 \end{aligned}$$

08 다음 연립방정식에 대하여 각 물음에 알맞은 유리수 a와 b의 값을 구하라.

$$\begin{aligned} x - 2y + 3z &= 4 \\ 2x - 3y + az &= 5 \\ 3x - 4y + 5z &= b \end{aligned}$$

(1) 연립방정식이 해를 갖지 않는다.
(2) 연립방정식이 오직 하나의 해를 갖는다.
(3) 연립방정식이 무수히 많은 해를 갖는다.

09

수열

1 수열

수열이란 수들의 배열을 말한다. 예를 들어,

$$1,\ 2,\ 3,\ 4,\ 5,\ \cdots$$
$$2,\ 4,\ 6,\ 8,\ 10,\ \cdots$$
$$1,\ 4,\ 9,\ 16,\ 25,\ \cdots$$
$$1,\ 1,\ 2,\ 3,\ 5,\ 8,\ \cdots$$

위의 4개의 수열은 단순한 수의 배열로 생각할 수도 있지만, 의미를 부여하면 특별해질 수 있다. 첫째 수열은 자연수의 순차적 나열이고, 둘째 수열은 짝수의 순차적 나열이고, 셋째 수열은 제곱수의 순차적 나열이고, 넷째 수열은 이전 두 수의 합을 나열한 것이라는 의미로도 생각할 수 있다. 더 나아가 제곱수로 나열된 수열은 한 변의 길이가 1, 2, 3, $\cdots$에 대응하는 정사각형의 넓이를 나열한 수열이라는 의미를 부여할 수 있고, 마지막 수열은 꽃잎의 수, 나뭇가지가 분기되는 수, 해바라기 씨의 배열, 솔방울의 배열 등에서 발견되며, 이 수열을 피보나치 수열이라 부른다.

수열에서 맨 처음 위치에 나열한 수를 첫째항, 두 번째 위치에 나열한 수를 둘째항, n번째 위치에 나열한 항을 n번째항이라 한다. n번째항을 일반항이라 부른다. 일반적으로 수열은 항의 나열 위치를 표시하기 위해 아래 첨자를 사용하여

$$a_1,\ a_2,\ a_3,\ a_4,\ a_5,\ \cdots,\ a_n,\ \cdots$$

과 같이 표현한다. 예를 들어,

$$1,\ 4,\ 9,\ 16,\ 25,\ \cdots$$

은

$$a_1 = 1,\ a_2 = 4,\ a_3 = 9,\ a_4 = 16,\ a_5 = 25,\ \cdots,\ a_n,\ \cdots$$

으로 표기한다. 여기서 중요한 것은 일반항 a_n에 대한 식을 발견해야 하는 것이다. 이를 위해 수열을 다음과 같이 고쳐 써보자.

$$a_1 = 1^2,\ a_2 = 2^2,\ a_3 = 3^2,\ a_4 = 4^2,\ a_5 = 5^2,\ \cdots$$

각 항이 제곱으로 되어 있다는 사실로부터

$$a_n = n^2$$

임을 유추할 수 있다.

예제 1.1 일반항이 다음과 같이 주어진 수열의 첫째에서 셋째항까지, 그리고 열째항을 써라.

(1) $a_n = n^2 + 1$　　(2) $a_n = \dfrac{n}{n+1}$

(3) $a_n = 2^n - 1$　　(4) $a_n = (-1)^n$

풀이 ▸ 수열의 첫째항에서 셋째항까지는 $n = 1,\ 2$와 3을 일반항 a_n에 대입하여 구한다. 열째항은 $n = 10$을 a_n에 대입하여 구한다.

(1) $a_1 = 1^2 + 1 = 2,\ a_2 = 2^2 + 1 = 5,$

$a_3 = 3^2 + 1 = 10,\ a_{10} = 10^2 + 1 = 101$

(2) $a_1 = \dfrac{1}{1+1} = \dfrac{1}{2},\ a_2 = \dfrac{2}{2+1} = \dfrac{2}{3},$

$a_3 = \dfrac{3}{3+1} = \dfrac{3}{4},\ a_{10} = \dfrac{10}{10+1} = \dfrac{10}{11}$

(3) $a_1 = 2^1 - 1 = 1,\ a_2 = 2^2 - 1 = 3,$

$a_3 = 2^3 - 1 = 7,\ a_{10} = 2^{10} - 1 = 1023$

(4) $a_1 = (-1)^1 = -1,\ a_2 = (-1)^2 = 1,$

$a_3 = (-1)^3 = -1,\ a_{10} = (-1)^{10} = 1$ □

예제 1.2 다음 수열의 일반항을 구하고, 100번째항의 값을 구하라.

$$2,\ 4,\ 6,\ 8,\ 10,\ \cdots$$

풀이 ▸ 수열을 다시 표현하면

$$2\times1,\ 2\times2,\ 2\times3,\ 2\times4,\ 2\times5,\ \cdots$$

자연수의 배열에 2를 곱한 것이라는 것을 쉽게 알 수 있다. 따라서 일반항

$$a_n = 2n,\ n = 1,\ 2,\ 3,\ \cdots$$

100번째항은 a_{100}이므로

$$a_{100} = 2\times100 = 200$$ □

예제 1.2에서 경험했듯이 수열의 일반항만 알 수 있다면, 수열을 손쉽게 활용할 수 있다.

예제 1.3 복리 연이율 5%를 지급하는 어떤 은행에 연초 1000만원을 예금하였다고 하자. 10년 후에 받을 수 있는 원리금을 구하라.

풀이 ▸ 1년 후에 찾는다면, 원리금은

$$1000\text{만원} + 1000\text{만원}\times0.05 = 1000\text{만원}(1+0.05)$$

2년 후에 찾는다면, 원리금은

$$1000\text{만원}(1+0.05) + 1000\text{만원}(1+0.05)\times0.05 = 1000\text{만원}(1+0.05)^2$$

3년 후에 찾는다면, 원리금은

$$\begin{aligned}&1000\text{만원}(1+0.05)^2 + 1000\text{만원}(1+0.05)^2\times0.05\\&= 1000\text{만원}(1+0.05)^3\end{aligned}$$

이러한 과정을 반복적으로 적용하면, n년 후에 찾게 되는 원리금 a_n은

$$a_n = 1000\text{만원}(1+0.05)^n$$

10년 후에 받을 수 있는 원리금은 $n=10$을 a_n에 대입하여 구할 수 있다. 원리금은

$$a_{10} = 1000\text{만원}(1+0.05)^{10} = 16{,}288{,}946\text{원}$$ □

수열의 합의 개념을 설명한다.

예제 1.4 첫날은 1원을 용돈으로 받고, 다음 날은 전날의 두 배를 용돈으로 받는다고 하자. n째 날에 받을 용돈 a_n을 구하고, 30일간 받은 용돈의 합을 구하라.

풀이 ▸

$$
\begin{aligned}
a_1 &= 1 \\
a_2 &= 2a_1 = 2(1) = 2 \\
a_3 &= 2a_2 = 2(2) = 2^2 \\
a_4 &= 2a_3 = 2(2^2) = 2^3
\end{aligned}
$$

과 같은 규칙으로부터 다음 식을 유추할 수 있다.

$$a_n = 2^{n-1}$$

30일간 받은 용돈은

$$
\begin{aligned}
a_1 + a_2 + a_3 + \cdots + a_{30} &= 1 + 2 + 2^2 + 2^3 + \cdots + 2^{29} \\
&= 1{,}073{,}741{,}823\text{원}
\end{aligned}
$$

□

수열의 합은 도형에서 길이, 넓이, 부피 등을 계산할 때도 필연적으로 나타난다. 예를 들어, 고구마의 부피를 계산해야 한다고 하자.

고구마가 구형이든지, 또는 원통형이면 그 부피를 공식을 이용해 간단히 구할 수 있겠지만, 일반적으로 고구마는 구형도 원통형도 아니다. 고구마의 부피를 구하는 한 가지 방법은 고구마를 원통 조각으로 잘라서 조각들의 부피를 더하는 방법을 적용하는 것이다(그림 1.1). 물론, 물이 담긴 원통형 비커에 고구마를 담궈 부피를 계산할 수도 있다. 이때 각 조각의 부피는 수열이 되고, 더한 것은 수열의 합이 된다. 이것이 정적분의 시초이다. 수열의 합은 자주 사용하므로 이를 시그마라는 기호를 도입하여 표기한다.

그림 1.1 고구마 조각

수열의 첫째항부터 n째항까지의 합은 시그마 기호를 사용하여 표현한다.

$$\sum_{k=1}^{n} a_k = a_1 + a_2 + a_3 + \cdots + a_n$$

예로

$$\sum_{k=1}^{10} k = 1+2+3+4+5+6+7+8+9+10 = 55$$

$$\sum_{n=1}^{5} \frac{n}{n+1} = \frac{1}{2} + \frac{2}{3} + \frac{3}{4} + \frac{4}{5} + \frac{5}{6} = \frac{71}{20}$$

$$\sum_{x=1}^{4} \sin(x\pi) = \sin(\pi) + \sin(2\pi) + \sin(3\pi) + \sin(4\pi) = 0$$

$$\sum_{i=2}^{4} (i^2+2) = (2^2+2) + (3^2+2) + (4^2+2) = 6+11+18 = 35$$

예제 1.5 다음 값을 계산하라.

(1) $\sum_{k=1}^{3} 2^k(k+1)$ (2) $\sum_{i=2}^{4} (i^2+2)$

풀이 ▸ (1) $a_k = 2^k(k+1)$이고 시그마 기호는 a_1에서 a_3까지 합하라는 것이다.

$$\sum_{k=1}^{3} 2^k(k+1) = 2^1(1+1) + 2^2(2+1) + 2^3(3+1)$$
$$= 4 + 12 + 32 = 48$$

(2) 어떠한 문자도 합의 인덱스로 사용할 수 있고, 문제는 i가 2부터 시작하고 있으므로 둘째항부터 넷째항까지 더하라는 것이다.

$$\sum_{i=2}^{4} (i^2+2) = (2^2+2) + (3^2+2) + (4^2+2)$$
$$= 6 + 11 + 18 = 35$$

□

예제 1.6 시그마 기호를 사용하여 다음 합을 나타내어라.

(1) $\frac{1}{2}+\frac{1}{2\cdot 2}+\frac{1}{2\cdot 3}+\frac{1}{2\cdot 4}+\frac{1}{2\cdot 5}$

(2) $\frac{2}{3}+\frac{3}{4}+\frac{4}{5}+\frac{5}{6}$

풀이 ▸ (1) 각 항의 분모는 $2\cdot k$의 형태이고 k는 1에서 5까지의 정수 값이다. 따라서

$$\sum_{k=1}^{5}\frac{1}{2\cdot k}$$

(2) 각 항의 분자를 k라 하면 분모는 $k+1$이다. k를 2에서 5까지 놓으면

$$\sum_{k=2}^{5}\frac{k}{k+1}$$ □

시그마는 다음과 같은 성질을 갖는다.

(i) $\sum_{k=1}^{n} c = nc$

(ii) $\sum_{k=1}^{n}(a_k \pm b_k) = \sum_{k=1}^{n} a_k \pm \sum_{k=1}^{n} b_k$ (복호동순)

(iii) $\sum_{k=1}^{n} ca_k = c\sum_{k=1}^{n} a_k$ (c는 상수)

위의 성질은 간단한 내용이지만 매우 편리하게 사용할 수 있고, 적분의 학습에 필수적으로 사용되는 중요한 성질이다.

예제 1.7 $\sum_{k=1}^{10} a_k = 20$ 및 $\sum_{k=1}^{10} b_k = 24$일 때

$$\sum_{k=1}^{10}\left(2a_k+\frac{2}{3}b_k\right)$$

를 계산하라.

풀이 ▸ 시그마의 성질을 이용하면

$$\begin{aligned}\sum_{k=1}^{10}\left(2a_k+\frac{2}{3}b_k\right)&=2\sum_{k=1}^{10}a_k+\frac{2}{3}\sum_{k=1}^{10}b_k\\&=2(20)+\frac{2}{3}(24)=40+16\\&=56\end{aligned}$$

□

합을 계산할 때 식의 변형 또는 함수의 성질에 대한 통찰이 필요하다.

예제 1.8 다음 합을 계산하라.

$$\sum_{k=1}^{n}\frac{1}{k(k+1)}$$

풀이 ▸ 일반항 $a_k=\dfrac{1}{k(k+1)}$ 을 부분분수

$$a_k=\frac{1}{k}-\frac{1}{k+1}$$

로 고친 다음 합을 계산한다.

$$\begin{aligned}\sum_{k=1}^{n}\frac{1}{k(k+1)}&=\sum_{k=1}^{n}\left(\frac{1}{k}-\frac{1}{k+1}\right)\\&=\left(\frac{1}{1}-\frac{1}{2}\right)+\left(\frac{1}{2}-\frac{1}{3}\right)+\left(\frac{1}{3}-\frac{1}{4}\right)+\cdots\\&\quad+\left(\frac{1}{n-1}-\frac{1}{n}\right)+\left(\frac{1}{n}-\frac{1}{n+1}\right)\\&=1-\frac{1}{n+1}\end{aligned}$$

□

예제 1.9 다음 합을 계산하라.

$$\sum_{n=1}^{99}\log\frac{n}{n+1}$$

풀이 ▸ 일반항 $a_n = \log\dfrac{n}{n+1}$ 을 로그의 성질을 이용하여

$$a_n = \log n - \log(n+1)$$

로 고친 다음 합을 계산한다.

$$\begin{aligned}\sum_{n=1}^{99}\log\frac{n}{n+1} &= \sum_{n=1}^{99}[\log n - \log(n+1)]\\ &= (\log1-\log2)+(\log2-\log3)+\log(3-\log4)\\ &\qquad +\cdots+(\log99-\log100)\\ &= \log1-\log100 = -2\end{aligned}$$

□

토론 1.1 $1+2+3+4+5+6+7+8+9+10=55$ 이다. 즉 $\sum_{i=1}^{10} i = 55$ 이다. 시그마의 기호를 사용하여

$$\sum_{j=1}^{10}\left[\sum_{i=1}^{10}(i+j)\right] = \sum_{j=1}^{10}\sum_{i=1}^{10}(i+j)$$

의 값을 구하는 방법을 토론하라.

9-1 연습문제

01 다음 수열의 일반항을 이용하여 처음 4개의 항과 20째항을 써라.

(1) $a_n = 3n$

(2) $a_n = 3n - 4$

(3) $a_n = 7$

(4) $a_n = \dfrac{n+1}{n+2}$

(5) $a_n = \sqrt{n}$

(6) $a_n = 2 + 0.1^n$

(7) $a_n = \dfrac{n^2 - 1}{n^2 + 1}$

(8) $a_n = \log_2 n$

(9) $a_n = (-1)^n \dfrac{1}{n!}$

(10) $a_n = \sin\dfrac{n\pi}{2}$

02 재귀공식에 의해 정의된 다음 수열에서 지시된 값을 구하라.

(1) $a_n = 2a_{n-1} - 3,\ a_1 = 2\ ;\ a_5$

(2) $a_n = (a_{n-1})^2,\ a_1 = 2\ ;\ a_6$

(3) $a_n = \dfrac{n}{a_{n-1}},\ a_1 = 1\ ;\ a_5$

(4) $a_n = (a_{n-1})^{n-2},\ a_1 = 2\ ;\ a_4$

03 다음 합을 계산하라.

(1) $\displaystyle\sum_{k=1}^{5}(2k+3)$

(2) $\displaystyle\sum_{k=1}^{5}(3-2k)$

(3) $\displaystyle\sum_{k=1}^{6}(k^2+1)$

(4) $\displaystyle\sum_{k=0}^{4}\frac{k}{k^2+1}$

(5) $\displaystyle\sum_{j=2}^{3}4(2^j)$

(6) $\displaystyle\sum_{i=3}^{10}5$

04 시그마 표현을 사용하여 다음 합을 나타내어라.

(1) $1+3+5+7+9$

(2) $1+4+9+16+25+36$

(3) $1-3+5-7+9$

(4) $-1+4-9+16-25+36$

(5) $\dfrac{1}{1^2+1}-\dfrac{2}{2^2+1}+\dfrac{3}{3^2+1}-\dfrac{4}{4^2+1}$

(6) $1+x+x^2+x^3+x^4+\cdots+x^n$

(7) $\dfrac{1}{1\cdot 2}+\dfrac{1}{2\cdot 3}+\dfrac{1}{3\cdot 4}+\dfrac{1}{4\cdot 5}+\cdots+\dfrac{1}{49\cdot 50}$

05 그림과 같이 정사각형들로 구성된 도형이 있다. 가로 및 세로 방향으로 한 칸씩 늘려나가면서 만들어진 정사각형 도형들을 차례로 A_1, A_2, A_3, $\cdots$라고 하고, 도형 A_n에 포함되어 있는 정사각형의 총 수는 a_n이라 하자. 수열 a_n을 n의 식으로 표현하고, a_6을 구하라.

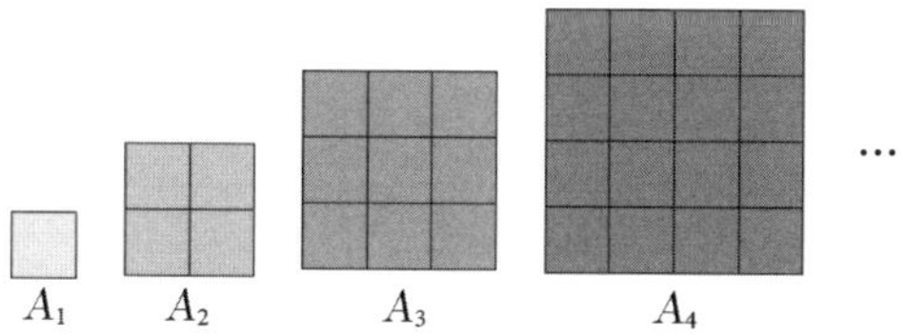

2 등차수열

우리는 다양한 수열을 만날 수 있고, 동시에 인위적으로 수열을 만들 수도 있다. 어떤 경우이건 일반항을 알아야만 수열을 편리하게 사용할 수 있다.

먼저 각 항의 차가 일정한 수열인 등차수열에 대해 설명한다.

> 모든 n에 대하여
>
> $$a_n - a_{n-1} = d \text{ 또는 } a_n = a_{n-1} + d$$
>
> 를 만족하는 수열 a_n을 등차수열이라 하고, 일정한 수 d를 공차라 한다.

예로, 수열

$$3,\ 5,\ 7,\ 9,\ \cdots$$

에서 연속한 항의 차는

$$5-3=7-5=9-7=\cdots=2$$

이므로 주어진 수열은 공차가 2인 등차수열이다.

등차수열인 경우 첫째항과 공차만 알고 있으면 일반항을 찾을 수 있다.

> 공차가 d인 등차수열의 일반항 a_n은
>
> $$a_n = a_1 + (n-1)d$$

증명 ▸ $a_2 = a_1 + d$

$a_3 = a_2 + d = (a_1 + d) + d = a_1 + 2d$

$a_4 = a_3 + d = (a_1 + 2d) + d = a_1 + 3d$

$$\cdots$$

$$a_n = a_1 + (n-1)d$$ □

예제 2.1 자연수는 첫째항이 1이고, 공차가 1인 등차수열이므로 일반항은

$$a_n = n$$

이고, 자연수 가운에 홀수의 나열은 첫째항이 1이고 공차가 2인 등차수열이므로 일반항은

$$a_n = 1 + (n-1)2 = 2n - 1$$

자연수 가운데 3으로 나누어 나머지가 1이 되는 수열은

$$1,\ 4,\ 7,\ 10,\ \cdots$$

즉, 첫째항이 1이고, 공차가 3인 등차수열이므로 일반항은

$$a_n = 1 + (n-1)3 = 3n - 2$$ □

예제 2.2 첫째항이 3이고 공차가 4인 등차수열의 101째항의 값을 구하라.

풀이 ▸ $a_1 = 3,\ d = 4$ 및 $n = 101$을 등차수열의 일반항 공식에 대입하면

$$a_{101} = 3 + (101 - 1) \times 4 = 403$$ □

인류사에서 3대 수학자 가운데 한 사람인 가우스에 대한 유명한 일화가 있다. 가우스가 초등학교를 다니던 때, 담임선생님이 약간의 휴식 시간을 갖기 위해 아이들에게 1부터 100까지 더하라는 문제를 제시했다. 문제가 제시되자마자 가우스는 5050이라는 답을 하여 선생님에게 휴식시간을 제공하지 않았다고 한다. 가우스가 사용한 계산법은 다음과 같다.

$$S = 1 + 2 + 3 + 4 + \cdots + 100$$ ← 차례로 더함

$$S = 100 + 99 + 98 + 97 + \cdots + 1$$ ← 거꾸로 더함

$$2S = 101 + 101 + 101 + \cdots + 101$$ ← 세로로 더함

$$2S = 101 \times 100$$ ← 101이 100개

$$S = 101 \times 50 = 5050$$ ← 2로 나눔

공차가 d인 등차수열의 n항까지의 합 S_n은

$$S_n = \frac{n}{2}[2a_1 + (n-1)d]$$

특히, $a_n = l$인 경우

$$S_n = \frac{n(a_1 + l)}{2}$$

증명 ▸ 가우스의 아이디어를 사용하여 간단하게 증명할 수 있다. □

예제 2.3 1부터 1000 사이에 있는 홀수의 합을 구하라.

풀이 ▸ 1, 3, 5, 7, 9, ⋯, 999인 수열의 합을 구하면 된다. 첫째항은 1, 마지막 항은 999, 항수는 500이므로 합은

$$S_{500} = \frac{500(1+999)}{2} = 250{,}000$$ □

토론 2.1 자연수를 다음과 같이 더해서 나오는 수를 삼각수라고 한다(그림 2.1 참조).

차례로 더한 수 (삼각수)	더한 수에서 자신을 제외한 약수
$1+2=3$	1
$1+2+3=6$	1, 2, 3
$1+2+3+4=10$	1, 2, 5
$1+2+3+4+5=15$	1, 3, 5
$1+2+3+4+5+6=21$	1, 3, 7
$1+2+3+4+5+6+7=28$	1, 2, 4, 7, 14
$1+2+3+4+5+6+7+\cdots+n=\dfrac{n(n+1)}{2}$	

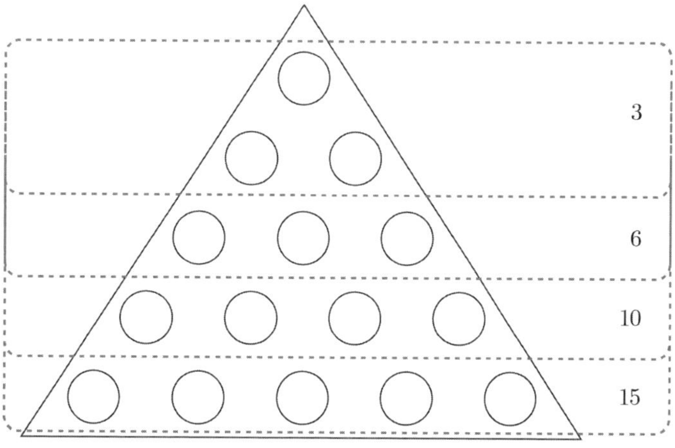

그림 2.1

삼각수 가운데 자신을 제외한 약수들의 합과 같은 수가 존재하는데 6, 28, 496, 8128, ⋯이다. 이러한 수를 완전수라고 한다. 완전수가 한 자리씩 증가하고 있기 때문에 다섯째 완전수는 다섯 자리 수일 것이라는 추측이 가능하다. 그러나 예상과는 달리 다음 완전수는 33550336이다. 완전수에 대해 관심이 있는 사람은 메르센 소수를 찾아보라. 완전수인 28은 결혼 적령기의 연령으로 사용되곤 했다. 왜 이러한 풍습이 생겼는지 토론해보라.

9-2 연습문제

01 등차수열의 첫째항 a_1, 공차 d가 다음과 같을 때 넷째항까지 써라.

(1) $a_1=2,\ d=4$ (2) $a_1=-2,\ d=-5$ (3) $a_1=\frac{1}{2},\ d=2$

02 등차수열의 첫째항 a_1, 공차 d가 다음과 같을 때 지시된 항을 구하라.

(1) $a_1=4,\ d=4$; 8째항 (2) $a_1=-3,\ d=\frac{1}{4}$; 14째항

(3) $a_1=-3,\ d=-\frac{1}{3}$; 18째항 (4) $a_1=0,\ d=-2$; 20째항

03 주어진 등차수열의 두 항을 이용하여 지시된 항을 구하라.

(1) $a_1=-2,\ a_{20}=-2$; 24째항 (2) $a_1=23,\ a_{15}=-19$; 6째항

(3) $a_1=-\frac{1}{4},\ a_{41}=10$; 22째항

04 등차수열 2, 4, 6, 8, …에서 처음부터 차례로 몇 항을 더하면 합이 930이 되는가?

05 등차수열의 첫째항이 3, 마지막 항이 90, 등차수열의 합이 1395일 때 항의 수와 공차를 구하라.

06 다음 등식을 증명하여라.

(1) $1+2+3+4+\cdots+n=\frac{1}{2}n(n+1)$

(2) $1+3+5+\cdots+(2n-1)=n^2$

07 다음 등식을 증명하여라.

(1) $\sum_{k=1}^{n}\frac{1}{k(k+1)}=1-\frac{1}{n+1}$ (2) $\sum_{k=2}^{1023}\log_2\frac{k}{k+1}=-9$

3 등비수열

원금 A원을 복리식 이자가 $r\%$인 은행에 연초에 예금하고 n년 말에 찾는다고 할 때, 원리금 S_n은

$$S_n = A(1+0.01r)^n$$

임을 알고 있다. S_n을 연도별로 나열하면

$$A(1+0.01r),\ A(1+0.01r)^2,\ A(1+0.01r)^3,\ A(1+0.01r)^4,\ \cdots$$

인 수열이다. 연속한 항의 비를 계산하면

$$\frac{A(1+0.01r)}{A(1+0.01r)^2} = \frac{A(1+0.01r)^2}{A(1+0.01r)^3} = \frac{A(1+0.01r)^3}{A(1+0.01r)^4} = \cdots = 1+0.01r$$

로 비가 일정하다. 이러한 수열을 등비수열이라 한다.

모든 n에 대하여

$$\frac{a_n}{a_{n-1}} = r \text{ 또는 } a_n = ra_{n-1}$$

을 만족하는 수열 a_n을 등비수열이라 하고, r을 공비라 한다.

등차수열과 마찬가지로 등비수열의 일반항을 a_1, r 및 n의 항으로 나타낼 수 있다.

$$a_2 = ra_1$$
$$a_3 = ra_2 = r(ra_1) = r^2 a_1$$
$$a_4 = ra_3 = r(r^2 a_1) = r^3 a_1$$

$$\cdots$$

$$a_n = a_1 r^{n-1}$$

이상을 정리하면 다음과 같다.

> 공비가 r인 등비수열의 일반항 a_n은
>
> $$a_n = a_1 r^{n-1}$$

예제 3.1 등비수열 $-4,\ -2,\ -1,\ \cdots$의 일곱째항을 구하라.

풀이 ▸ $a_n/a_{n-1} = r$이므로

$$r = \frac{a_n}{a_{n-1}} = \frac{-1}{-2} = \frac{1}{2}$$

$a_1 = -4,\ r = 1/2,\ n = 7$을 $a_n = a_1 r^{n-1}$에 대입하면

$$a_7 = (-4)\left(\frac{1}{2}\right)^{7-1} = (-4)\left(\frac{1}{2}\right)^6 = (-4)\left(\frac{1}{64}\right) = -\frac{1}{16}$$ □

> 공비가 r인 등비수열의 n항까지의 합 S_n은
>
> $$S_n = \frac{a_1(r^n - 1)}{r - 1},\ r \neq 1$$

증명 ▸ 등비수열의 합을 구하기 위해 등비수열의 n항까지의 합을 S_n이라 하자. 그러면 $a_n = a_1 r^{n-1}$으로부터

$$S_n = a_1 + a_1 r + a_1 r^2 + \cdots + a_1 r^{n-2} + a_1 r^{n-1}$$

양변에 r을 곱하면

$$rS_n = a_1 r + a_1 r^2 + a_1 r^3 + \cdots + a_1 r^{n-1} + a_1 r^n$$

두 식을 빼면

$$rS_n - S_n = a_1 - a_1 r^n$$
$$(r-1)S_n = a_1(r^n - 1)$$

S_n에 대하여 풀면

$$S_n = \frac{a_1(r^n - 1)}{r-1} \qquad \square$$

예제 3.2 첫째항에서 셋째항까지 각각 12, 6, 3인 등비수열에서 여섯째항까지의 합을 구하라.

풀이 ▸ 공비 r은

$$r = \frac{a_n}{a_{n-1}} = \frac{a_2}{a_1} = \frac{6}{12} = \frac{1}{2}$$

$a_1 = 12,\ r = 1/2,\ n = 6$을 S_n에 대입하면

$$S_6 = \frac{12\left[1-\left(\frac{1}{2}\right)^6\right]}{1-\frac{1}{2}} = \frac{189}{2} \qquad \square$$

예제 3.3 어느 고을의 사또는 선행을 한 아이에게 상으로 첫째 날에 쌀 1톨, 둘째 날은 2톨, 셋째 날은 4톨, 계속해서 전날의 2배에 해당하는 쌀을 30일 동안 주기로 했다. 아이가 30일 동안 받을 쌀의 양을 구하라.

풀이 ▸ 첫째항 $a_1 = 1$, 공비 $r = 2$인 등비수열을 따른다는 것은 쉽게 알 수 있다. 아이가 받을 쌀의 개수는 S_{30}이므로 $a_1 = 1,\ r = 2,\ n = 30$을

$$S_n = \frac{a_1(r^n - 1)}{r-1}$$

에 대입하면

$$S_{30} = \frac{1(1-2^{30})}{1-2} = 2^{30} - 1 = 1073741824 - 1 = 1073741823\text{톨}$$

30일 동안 받을 쌀의 개수는 1,073,741,823톨이다. 쌀 20kg에는 약 972,400톨이 들어 있다고 하므로(한번 계산해보라!)

$$\frac{1,073,741,823}{972,400} = 1104.21\cdots$$

약 20kg짜리 1104포대를 포상으로 받게 된다. □

예제 3.4 그림 3.1과 같이 어떤 사람이 높이 10m에서 공을 낙하시켰다. 공은 본래 높이의 절반만큼 수직으로 되튀어 올라 다시 낙하한다. 11번째 되튀어 올라온 공의 높이는 얼마인가? 더 나아가 공이 움직인 총 거리를 구하라.

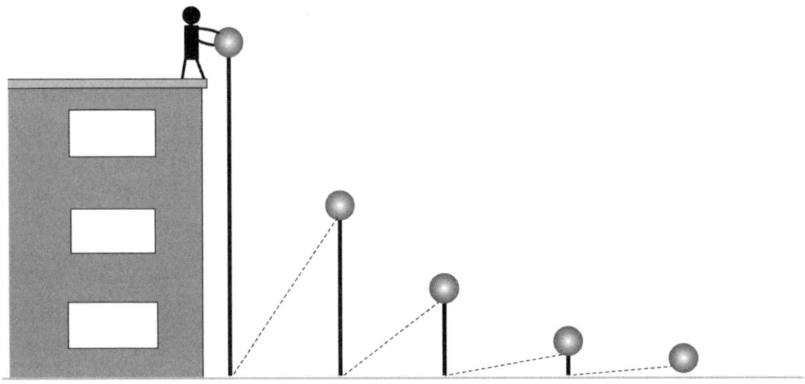

그림 3.1 바운드 공

풀이 ▸ 첫째 높이는 $a_1 = 10$, 공비 $r = 1/2$인 등비수열이다. 참고로 수열을 나열해보자.

$$10,\ \frac{10}{2},\ \frac{10}{4},\ \frac{10}{8},\ \frac{10}{16},\ \cdots \text{ 또는 } 10,\ \frac{10}{2},\ \frac{10}{2^2},\ \frac{10}{2^3},\ \frac{10}{2^4},\ \cdots$$

구하는 값은 a_{10}이므로 $a_1 = 10,\ r = 1/2,\ n = 11$을 $a_n = a_1 r^{n-1}$에 대입하면

$$a_{11} = 10\left(\frac{1}{2}\right)^{11-1} = 10\left(\frac{1}{2}\right)^{10} = 0.00977$$

따라서 11번째 되튀어 올라온 높이는 0.00977m = 0.977cm이다.
공이 움직인 총 거리는 구하여보자. 먼저 움직인 총 거리는

$$10+\left[\frac{10}{2}+\frac{10}{2}\right]+\left[\frac{10}{2^2}+\frac{10}{2^2}\right]+\left[\frac{10}{2^3}+\frac{10}{2^3}\right]+\left[\frac{10}{2^4}+\frac{10}{2^4}\right]+\cdots$$

이 문제에 답하기 위해 다음 무한급수의 값 S를 알아야 한다.

$$S=\frac{1}{2}+\frac{1}{4}+\frac{1}{8}+\cdots+\frac{1}{2^n}+\cdots$$

예제 3.5에서 $S=1$이므로

$$\begin{aligned}&10+\left[\frac{10}{2}+\frac{10}{2}\right]+\left[\frac{10}{2^2}+\frac{10}{2^2}\right]+\left[\frac{10}{2^3}+\frac{10}{2^3}\right]+\left[\frac{10}{2^4}+\frac{10}{2^4}\right]+\cdots\\&=10+2\times10\times\left(\frac{1}{2}+\frac{1}{2^2}+\frac{1}{2^3}+\frac{1}{2^4}+\cdots\right)\\&=10+2\times10\times S=30\end{aligned}$$

따라서 공이 움직인 길이는 30 m이다. □

예제 3.5 다음 등식을 보여라.

$$S=\frac{1}{2}+\frac{1}{2^2}+\frac{1}{2^3}+\frac{1}{2^4}+\frac{1}{2^5}+\cdots+\frac{1}{2^n}+\cdots=1$$

풀이 ▸ 한 변의 길이가 1인 정사각형을 그림 3.2와 같이 분할하여 a_n을 n째 분할된 영역의 넓이로 정의하자. 정사각형의 넓이 $A=1$이다.

수열 a_n을 차례로 나열하면

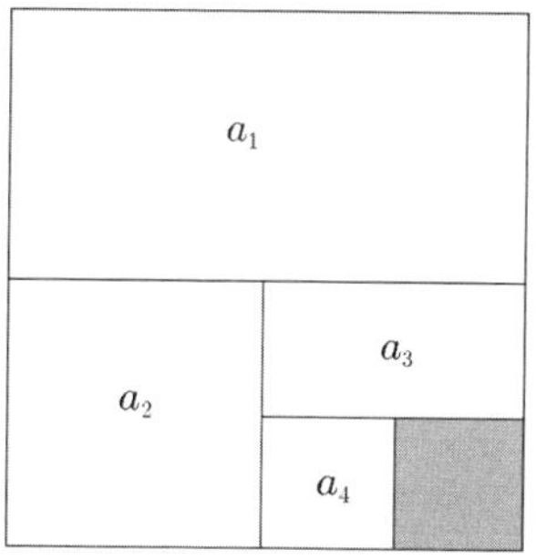

그림 3.2 영역의 분할

$$a_1=\frac{1}{2}\times A=\frac{1}{2}$$

$$a_2=\frac{1}{2}a_1 \Leftrightarrow a_2=\frac{1}{2^2}$$

$$a_3=\frac{1}{2}a_2 \Leftrightarrow a_3=\frac{1}{2^3}$$

$$\cdots$$

$$a_n=\frac{1}{2}a_{n-1} \Leftrightarrow a_n=\frac{1}{2^n}$$

무한급수

$$a_1 + a_2 + a_3 + \cdots + a_n + \cdots = \frac{1}{2} + \frac{1}{4} + \frac{1}{8} + \cdots + \frac{1}{2^n} + \cdots$$

의 합은 1이다. 따라서 $S = 1$이다. □

예제 3.5의 결과를 다시 분석해보자. 무한급수에서 n째항까지의 합(부분합이라고 함)을

$$S_n = \frac{1}{2} + \frac{1}{2^2} + \frac{1}{2^3} + \cdots + \frac{1}{2^n}$$

로 두자. 그러면

"항의 수 n을 무한히 늘려서 가면 S_n은 S로 접근해 간다."

이것을

$$\lim_{n \to \infty} S_n = S$$

로 표시하고

"S는 S_n의 극한이다"

라고 한다.

이제, 이러한 결과를 좀 더 확실하게 입증해보자.

수열 a_n은 $a_1 = 1/2$, $r = 1/2$인 등비수열이기 때문에 합 S_n을 직접 구할 수 있다.

$$S_n = \frac{1}{2} \frac{1 - \left(\frac{1}{2}\right)^n}{1 - \frac{1}{2}} = 1 - \left(\frac{1}{2}\right)^n$$

계산의 중간 부분을 지우고 간략하게 쓰면

$$S_n = 1 - \left(\frac{1}{2}\right)^n$$

n이 무한히 커질 때 $(1/2)^n$이 어디로 접근하는지만 알면 S를 구할 수 있다.

지수함수 $y = (1/2)^x$의 수평점근선은 $y = 0$이므로

$$\lim_{n\to\infty}\left(\frac{1}{2}\right)^n=0$$

따라서 $S=1$이다.

이상의 논리를 무한등비급수(일반항이 등비수열인 급수)로 쉽게 일반화할 수 있다.

$|r|<1$인 공비 r을 갖는 무한등비급수의 합은

$$\sum_{k=0}^{\infty}a_1r^k=a_1+a_1r+a_1r^2+\cdots+a_1r^n+\cdots=\frac{a_1}{1-r}$$

무한등비급수의 합은 첫째항과 공비만 알면 구할 수 있다. 예를 들어

$$\frac{3}{2}+1+\frac{2}{3}+\frac{4}{9}+\cdots=\frac{\frac{3}{2}}{1-\frac{2}{3}}=\frac{9}{2}$$

유리수는 유한 순환소수 또는 무한 순환소수로 변환할 수 있음을 잘 알고 있다. 예로,

$$\frac{1}{3}=0.33333\cdots$$

무한등비급수를 이용하면 무한 순환소수를 다시 분수로 고칠 수 있다. 예로

$$\begin{aligned}0.33333\cdots&=0.3+0.03+0.003+0.0003+\cdots\\&=3\left(\frac{1}{10}+\frac{1}{10^2}+\frac{1}{10^3}+\frac{1}{10^4}+\cdots\right)\\&=3\times\frac{\frac{1}{10}}{1-\frac{1}{10}}=3\times\frac{1}{9}=\frac{1}{3}\end{aligned}$$

순환소수를 무한급수를 이용하지 않고 다음처럼 간단하게 분수로 고칠 수도 있다.

$$x=0.333333\cdots$$

으로 두면,

$$10x = 3.33333\cdots = 3 + 0.33333\cdots = 3 + x$$

x에 대하여 풀면

$$\begin{aligned} 10x - x &= 3 \\ 9x &= 3 \\ x &= \frac{1}{3} \end{aligned}$$

무한 순환소수의 반복되는 부분은 그 반복 위에 직선을 그어 표시한다. 예를 들어,

$$\begin{aligned} &\frac{1}{3} = 0.33333333\cdots = 0.\overline{3} \\ &\frac{1}{7} = 0.142857142857\cdots = 0.\overline{142857} \\ &\frac{1}{11} = 0.09090909\cdots = 0.\overline{09} \\ &\frac{1}{13} = 0.076923076923\cdots = 0.\overline{076923} \end{aligned}$$

예제 3.6 순환소수 $0.6525\overline{52}$를 유리수로 나타내어라.

풀이 ▸ $$0.6525\overline{52} = 0.6 + 0.052 + 0.00052 + 0.0000052 + \cdots$$

에서 다음 합을 먼저 계산하자.

$$0.052 + 0.00052 + 0.0000052 + \cdots$$

이 합은 $a_1 = 0.052$, $r = 0.01$인 무한등비급수이므로

$$S = \frac{a}{1-r} = \frac{0.052}{1-0.01} = \frac{0.052}{0.99} = \frac{52}{990}$$

따라서

$$0.6 + \frac{52}{990} = \frac{6}{10} + \frac{52}{990} = \frac{646}{990} = \frac{323}{495}$$ □

예제 3.7 다음 각 물음에 답하라.

(1) 음이 아닌 정수 a, b, c, d, e, f에 대하여

$$0.\overline{abcdef} = \frac{abcdef}{10^6 - 1}$$

임을 보여라.

(2) $0.\overline{153846}$을 분수로 변환하라.

풀이 ▸ (1) $x = 0.\overline{abcdef}$라 두면

$$10^6 x = abcdef.\overline{abcdef}$$

$10^6 x - x = abcdef$이므로

$$x = \frac{abcdef}{10^6 - 1}$$

(2) 예제 (1)의 결과를 이용한다.

$$\begin{aligned} 0.\overline{153846} &= \frac{153846}{10^6 - 1} = \frac{153846}{999999} \\ &= \frac{2 \cdot 3^3 \cdot 7 \cdot 11 \cdot 37}{3^3 \cdot 7 \cdot 11 \cdot 13 \cdot 37} = \frac{2}{13} \end{aligned}$$

□

예제 3.8 피타고라스 나무는 가지의 길이가 1이 되면 두 갈래로 분기하고 길이가 1/2이 되면 다시 분기하고 길이가 1/4이 되면 다시 분기하는 과정을 무한히 시행하여 얻어진 나무이다. 다음 각 물음에 답하여라.

(1) 한 갈래의 총 길이를 구하라.

(2) 다음 부등식을 만족하는 최초의 n을 구하라.

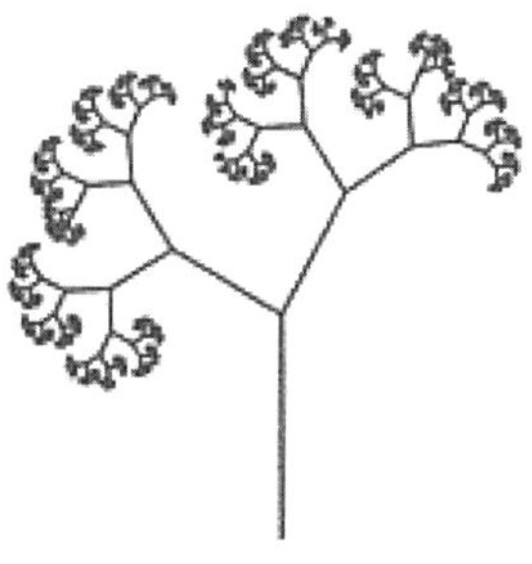

그림 3.3 피타고라스 나무

$$\left| 1 + \frac{1}{2} + \frac{1}{2^2} + \frac{1}{2^3} + \cdots + \frac{1}{2^{n-1}} - 2 \right| < 0.00001$$

풀이 ▸ (1) 한 갈래의 길이(L)는

$$1+\frac{1}{2}+\frac{1}{4}+\frac{1}{8}+\cdots+\frac{1}{2^n}+\cdots$$

첫째항이 1이고 공비가 1/2인 무한 등비급수이므로

$$L=\frac{1}{1-\frac{1}{2}}=2$$

따라서 한 갈래의 총 길이는 2이다.

(2) 등비수열의 합이

$$1+\frac{1}{2}+\frac{1}{2^2}+\frac{1}{2^3}+\cdots+\frac{1}{2^{n-1}}=\frac{1-\left(\frac{1}{2}\right)^n}{1-\frac{1}{2}}=2\left(1-\frac{1}{2^n}\right)$$

이므로

$$\left|1+\frac{1}{2}+\frac{1}{2^2}+\frac{1}{2^3}+\cdots+\frac{1}{2^{n-1}}-2\right|=\frac{1}{2^{n-1}}<10^{-5}$$

또는

$$2^{n-1}>\frac{1}{10^{-5}}=10^5$$

양변에 로그를 취하여 정리하면

$$\log_{10}2^{n-1}>\log_{10}10^5$$
$$(n-1)\log_{10}2>5$$
$$n>\frac{5}{\log_{10}2}+1=17.609\cdots$$

$n=18$이므로 적어도 18개 항을 더해야 한다. □

토론 3.1 다음 무한등비수열의 값이 존재한다고 하면 어떤 일이 발생하는지 관찰해보자.

$$A=\sum_{n=0}^{\infty}(-1)^n=1-1+1-1+1-1+\cdots$$

(ⅰ) 차례로 두 항을 묶는 경우

$$\begin{aligned} A &= (1-1)+(1-1)+(1-1)+\cdots \\ &= 0+0+0+0+\cdots \\ &= 0 \end{aligned}$$

(ⅱ) 첫째항은 제외하고 그 다음 두 항을 차례로 묶는 경우

$$\begin{aligned} A &= 1+(-1+1)+(-1+1)+(-1+1)+\cdots \\ &= 1+0+0+0+0+0+\cdots \\ &= 1 \end{aligned}$$

(ⅲ) 첫째항을 제외하고 그 다음 두 항을 차례로 교환한 다음 묶는 경우

$$\begin{aligned} A &= 1+1-1+1-1+1-1+\cdots \\ &= 1+1+(-1+1)+(-1+1)+\cdots \\ &= 2+0+0+\cdots \\ &= 2 \end{aligned}$$

(ⅰ)-(ⅲ)과 같은 연산을 계속 시행하면 모든 정수가 같다는 결론을 내릴 수 있다. 이런 일이 일어날 수 없다는 것을 잘 알고 있다. 무엇이 잘못인지 토론하라.

9-3 연습문제

01 첫째항 a_1과 공비 r이 아래와 같은 등비수열의 처음 넷째항까지 구하라.

(1) $a_1=3,\ r=3$ (2) $a_1=\frac{1}{2},\ r=\frac{2}{3}$

02 등비수열에 대한 주어진 정보를 사용하여 지시된 값을 구하라.

(1) $a_1=4,\ r=2\ ;\ S_8$ (2) $a_1=-\frac{1}{2},\ r=-3\ ;\ S_{10}$

03 무한등비급수의 합을 구하라.

(1) $1+\frac{1}{2}+\frac{1}{4}+\frac{1}{8}+\cdots$ (2) $1-\frac{1}{3}+\frac{1}{9}-\frac{1}{27}+\cdots$

(3) $1+\frac{1}{2}+\frac{1}{8}+\frac{1}{32}+\cdots$ (4) $\frac{1}{3}-\frac{2}{9}+\frac{4}{27}-\frac{8}{81}+\cdots$

04 순환소수를 유리수로 변환하라.

(1) $0.333\overline{3}$ (2) $0.3676\overline{767}$

(3) $0.325\overline{325}$

05 순환소수의 합을 유리수로 변환하라.

(1) $0.333\overline{3}+0.3676\overline{767}$ (2) $4.1414\overline{14}+0.325\overline{325}$

06 어떤 도시의 인구가 2000년에 40만 명이었다. 이 도시의 인구가 매년 5% 증가할 때 2011년 이 도시의 인구는 얼마인가?

07 복리이율이 5%인 A은행에 100만 원을 연초에 예금하여 10년 말에 찾는다. 받을 수 있는 총 금액은 얼마인가?

08 복리이율이 5%인 A은행에 매년 초 적금으로 100만 원씩 불입하여 10년 말에 찾으려고 한다. 받을 수 있는 총 금액은 얼마인가?

09 다음 부등식을 만족하는 n을 구하라.

$$\left|1+\frac{1}{3}+\frac{1}{3^2}+\frac{1}{3^3}+\cdots+\frac{1}{3^{n-1}}-\frac{3}{2}\right|<0.0000001$$

10 임의의 실수 x에 대하여 다음 무한등비급수에 대한 그래프를 그려라.

$$1+\frac{1}{1+x^2}+\frac{1}{(1+x^2)^2}+\frac{1}{(1+x^2)^3}+\cdots$$

11 어느 마을에서 선행을 한 학생에게 상장과 부상으로 첫째 날은 10원, 둘째 날은 첫째 날의 2배, 셋째 날은 둘째 날의 2배, 계속해서 다음 날은 그 전 날의 2배를 30일간 지급하기로 했다. 마지막 날 학생이 받은 부상의 총합은 얼마인가?

10

극한

1 함수의 극한

뉴턴이 태어나기 이전 독일의 천체물리학자 케플러(1571-1630)는 관측으로 다음과 같은 놀라운 3가지 행성에 관한 운동법칙을 발견하였다.

케플러 1법칙 모든 행성은 태양을 초점으로 하는 타원 궤도 운동을 한다.
케플러 2법칙 동일한 시간 동안 태양을 초점으로 행성이 타원 궤도를 따라 돌 때 만들어진 부채꼴의 넓이는 일정하다.
케플러 3법칙 행성 궤도의 긴 반지름의 세제곱과 주기의 제곱은 비례한다.

영국의 수학자 및 과학자 뉴턴(1643-1727)은 물체의 움직임에 대한 순간적인 빠르기(속도라고 함), 속도의 순간적인 빠르기(가속도라고 함)를 탐구하기 위한 수단으로 "미분"을 개발하였고, 그는 이 세기적 발명품으로 케플러의 행성운동에 관한 법칙을 수학적으로 증명하였다.

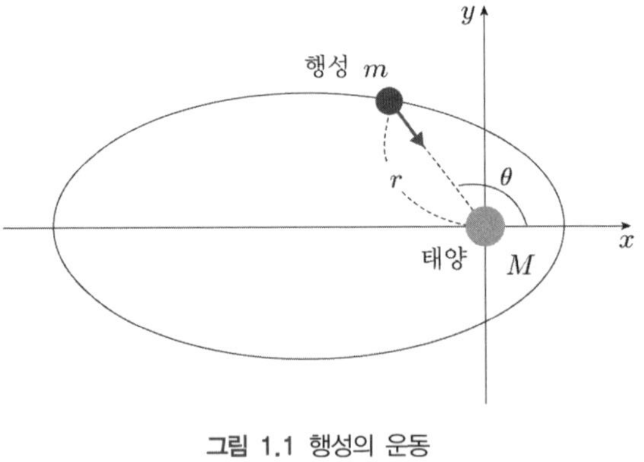

그림 1.1 행성의 운동

그림 1.1에서 묘사된 태양을 기점으로 운행되는 행성의 궤도는 극좌표 방정식

$$r = \frac{l}{1 + \epsilon \cos\theta}$$

에 의해 표현된다는 것을 미분을 사용하여 증명하였다. 그림 1.2는 ϵ의 값의 선택에 따라 원 또는 타원이 됨을 나타내고 있다. 즉

$$r = \frac{1}{1+0.4\cos\theta} \quad \text{및} \quad r = \frac{1}{1-0.5\cos\theta}$$

의 그래프로 점선은 $\epsilon > 0$에 해당하고, 실선은 $\epsilon < 0$에 해당한다. 또한 $\epsilon \to 0$이면 원에 가까워진다.

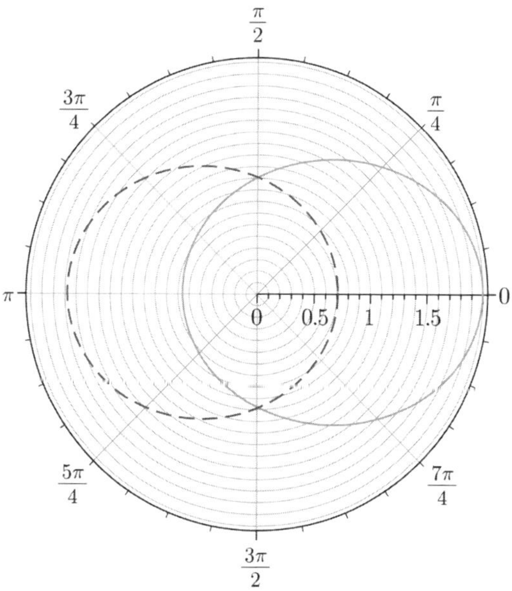

그림 1.2 극좌표계에서 타원의 그래프

뉴턴 이후 미분은 행성의 움직임뿐만 아니라 시간 또는 공간적인 변화를 수반하는 대상의 연구로 확대되어, 현재 자연과학, 공학, 경영 및 경제학, 인문학 등에 나타나는 현상의 연구에 필수불가결한 도구로써 자리매김하고 있다. 실제로, 뉴턴 운동 제2법칙은 양자를 제외한 물체의 운동을 기술하는데 지대한 공헌을 한다.

이 장에서는 이후에 배울 미분의 DNA에 해당하는 극한의 개념과 극한 계산법에 대해 설명한다. 극한의 필요성에 대해 살펴보기 위해 고속도로 위를 달리는 두 대의 자동차를 생각하자. 만약 500km인 거리를 주파하는데 각 자동차가 5시간 및 4시간이 걸렸다고 할 때, 달린 거리는 동일하지만 달린 시간이 다르다. 즉, 이것들은 두 사건에 대한 다름이 정의될 수 있는 지표가 될 수 있다. 이 다름의 지표를 "거리/시간[km/h]의 값"으로 간주하면

$$\frac{500}{5} = 100 \quad \text{및} \quad \frac{500}{4} = 125$$

숫자 100 과 125 는, 거리는 같지만 달린 시간의 다름에 대한 지표가 될 수 있다. 그 지표가 크면 클수록 동일한 거리를 짧은 시간에 주파할 수 있게 된다. 이 지표를 다음과 같이 정의한다.

> 거리와 시간의 비율을 평균속도라고 정의한다. 단위는 [거리/시간]이다.

평균속도가 100 인 경우에 대해 좀 더 조사해 보자. 즉 5시간 동안 500km를 달렸다는 것이다. 5시간을 한 시간 단위로 나누면 1시간이 구간이 되는 5개의 시간 구간으로 등분할 수 있다. 여기서 다음과 같은 질문이 제기된다.

다섯 개의 시간 구간에서도 평균속도가 100이었는가?

의문의 여지없이 "아니다"는 답이 나올 것이다. 즉 어떤 시간 구간에서는 120, 어떤 구간에서는 80일수도 있다. 시간 구간을 더 많은 구간으로 나누면 각 구간에 대응하는 평균속도가 결정된다. 우리의 관심은 구간의 간격이 0 으로 접근할 때(또는 구간을 무한히 많이 나눌 때) 대응하는 평균속도의 개념이다. 구간의 간격이 0 으로 접근할 때 대응하는 평균속도의 개념을 정의하기 위해 순간속도라는 용어를 도입한다. 순간속도의 개념을 좀 더 자세하게 설명해 보자.

자동차가 달린 거리 y는 시간 x에 대하여 직선 $y = 1.2x$ 또는 포물선 $y = 6/25x^2$ 으로 또는 삼차함수로 표현될 수 있다고 해 보자(그림 1.3). 물론 전혀 다른 함수로 표현될 수도 있다.

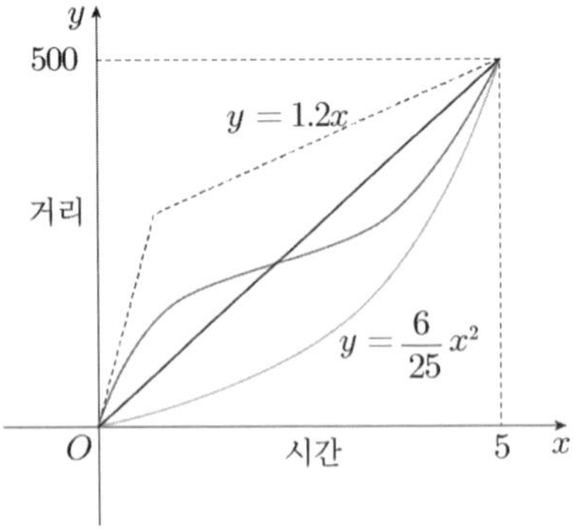

그림 1.3 시간변수를 갖는 이동거리 함수의 그래프

(i) 거리의 함수가 $y=1.2x$로 표현되었다고 가정해 보자. 시간 구간 $[2,\ t]$에서 평균속도는

$$\frac{f(t)-f(2)}{t-2}=\frac{1.2t-1.2\times2}{t-2}=\frac{1.2(t-2)}{t-2}=1.2$$

단, $f(t)=1.2t$이다. 거리가 직선으로 나타나는 경우에는 t의 값에 관계없이 평균속도가 1.2로 일정하다. 따라서 t가 거의 2에 가까워지더라도 평균속도의 변화는 없다.

(ii) 거리의 함수가 $y=0.24x^2$로 표현되었다고 가정해 보자. 시간 구간 $[2,\ t]$에서 평균속도는

③
$$\begin{aligned}\frac{f(t)-f(2)}{t-2}&=\frac{0.24t^2-0.24\times2^2}{t-2}=0.24\times\frac{t^2-2^2}{t-2}\\&=0.24\times\frac{(t-2)(t+2)}{t-2}=0.24(t+2),\ \ t\neq2\end{aligned}$$

단, $f(t)=0.24t^2$이다. 거리가 포물선으로 나타나는 경우에는 t의 값에 따라 평균속도가 변한다. 예를 들어

$t=3$일 때 평균속도는 $0.24(3+2)=1.2$
$t=2.5$일 때 평균속도는 $0.24(2.5+2)=1.08$
$t=2.1$일 때 평균속도는 $0.24(2.1+2)=0.984$
$t=2.01$일 때 평균속도는 $0.24(2.01+2)=0.9624$

매우 짧은 시간 구간, 즉 $t\to2$(2에 접근)로 잡으면

$$\frac{f(t)-f(2)}{t-2}=0.24(t+2)\to0.48\ \ \text{(0.48에 접근)}$$

임을 추측할 수 있다. 이 값이 $t=2$에서 순간속도가 된다. 당연한 이야기이지만 $t=a$의 값이 변하면 순간속도도 a의 값에 의존하여 변한다.

평균속도에서 분모 → 0일 때의 평균속도를 순간속도(간단히, 속도)라고 한다.

속도의 단위는 평균속도와 동일한 거리/시간이다. 위에서 살펴본 바와 같이 물

체가 순간적으로 얼마나 빨리 움직이는가에 대한 지표로써 속도라는 개념이 도입되었다. 또한 속도는 어떤 함수의 극한으로 계산된다는 것도 관찰하였다.

이제 극한의 개념을 일반적으로 정의하여 보자.

x를 a에 매우 가깝게 접근시킬 때 $(x \neq a)$ $f(x)$의 값을 유일한 실수 L에 가깝게 접근시킬 수 있다면, x가 a에 **접근할 때 함수 f는 극한 L에 접근한다고** 한다. 이를 기호로 다음과 같이 표현한다.

$$\lim_{x \to a} f(x) = L$$

$L = f(a)$일 때,

$$\lim_{x \to a} f(x) = f(a)$$

f는 $x = a$에서 연속(continuous)이라 한다. 함수의 정의역에 속하는 모든 원소에 대하여 연속일 때, 함수는 정의역에서 연속이라고 한다. 폐구간의 끝점에서의 연속성은 한 방향에 대해서만 정의한다. $f(x)$가 $x = a$에서 연속이 아닐 때는 $f(x)$는 $x = a$에서 불연속이라고 한다.

극한값은 어떻게 계산할 것인가? 정의대로 계산하려면 많은 값을 대입해 가면서 추정할 수밖에 없다. 쉬운 예로

$$\lim_{x \to 2}(x+2)$$

를 계산하기 위해 x가 2에 매우 가까운 값을 대입해 나가면서 동시 $x+2$가 어떤 특정한 값에 가까워져 가는지를 결정해야 한다. 즉

$x = 1.99$일 때 $x+2 = 1.99+2 = 3.99$

$x = 1.999$일 때 $x+2 = 1.999+2 = 3.999$

$x = 1.999999999$일 때 $x+2 = 1.9999999999+2 = 3.9999999999$

x가 2에 접근하는 값이지만 결코 2는 아니므로

$$\lim_{x \to 2}(x+2) = 4$$

와 같은 결론을 내리기는 쉽지 않다. 그러나 극한값이 4보다 작은 어떤 값도 극한값이 될 수 없다(왜 그런지 검정해 보라). 또한 4보다 큰 어떤 값도 극한값이 될 수 없다. 즉 4만이 유일한 극한값이 될 수 있다. 극한값을 추정하는 것이 그렇게 만만한 일이 아니라는 것이다. 이것은 극한에 대한 정의가 애매모모하기 때문이다.

프랑스 수학자 코시(Augustin Louis Cauchy, 1789-1857)는 극한에 대한 모호성을, $\epsilon-\delta$법을 도입하여 정의하였고, 그의 정의는 현재 해석학의 기초로 인정받고 있다. $\epsilon-\delta$법으로 함수의 연속도 쉽게 증명할 수 있게 되었다. 이후에 언급하겠지만, $f(x)=x+2$로 정의하면 $f(x)=x+2$는 $x=2$에서 연속이 되므로 극한값은 $f(2)=4$이다.

[참고 1] 일반적으로

$$\frac{(x-2)(x+2)}{x-2} \neq (x+2)$$

이지만, 극한의 정의로부터 $x \to a$는 $x \neq a$임을 내포하기 있기 때문에

④ $$\lim_{x \to 2}\frac{(x-2)(x+2)}{x-2} = \lim_{x \to 2}(x+2)$$

또한 일반적으로 (순간)속도의 계산에서는 분모 및 분자가 공통인수를 갖게 되는데, 공통인수가 쉽게 발견되면 식 ④와 같이 공통인수가 약분되므로 극한이 쉽게 구해진다. 공통인수가 명백하게 표현되지 않거나 없는 경우도 있다. 예로 $f(x) = e^x$인 경우

$$\frac{f(x)-f(1)}{x-1} = \frac{e^x - e^1}{x-1} = \frac{e^x - e}{x-1}$$

이므로 분모와 분자의 공통인수는 없다.

[참고 2] $x \to a$는 a의 왼쪽과 오른쪽 양방향에서 x가 a에 접근한다는 것을 의미한다. 함수의 형태에 따라 양방향의 극한이 존재하지 않는 경우가 많이 있다. 그림 1.4와 같이 단차가 있다면 양방향의 극한은 같을 수가 없다.

그림 1.4 단차가 있는 시공

단차가 있을지라도 한쪽 방향의 극한은 존재한다. 따라서 극한의 개념을 조금 완화시켜 한쪽 방향의 극한이 존재하는 경우로 한정한 문제들이 많이 있다.

극한의 정의에서 x가 a의 오른쪽에서 접근할 때, $f(x)$의 극한값 R은

$$\lim_{x \to a^+} f(x) = R$$

로 표기하고, R을 $x = a$에서 $f(x)$의 **오른쪽 극한값**이라 한다.
x가 a의 왼쪽에서 접근할 때 $f(x)$의 극한값 L은

$$\lim_{x \to a^-} f(x) = L$$

로 표기하고, L을 $x = a$에서 $f(x)$의 **왼쪽 극한값**이라 한다.

그림 1.4와 같은 단차는 함수

$$f(x) = \frac{|x|}{x}$$

로 표현할 수 있다. $f(x)$의 그래프는 그림 1.5와 같다.

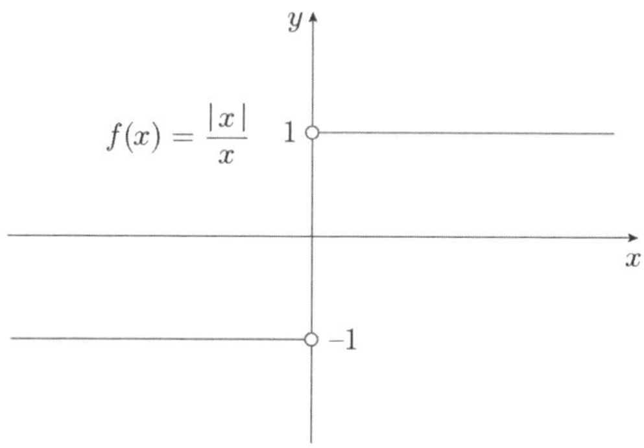

그림 1.5 $y = \frac{|x|}{x}$의 그래프

예제 1.1 함수 $f(x) = \frac{|x|}{x}$에 대하여 다음 각 극한을 구하여라.

(a) $\lim_{x \to 0^+} f(x)$ (b) $\lim_{x \to 0^-} f(x)$ (c) $\lim_{x \to 0} f(x)$

풀이 ▸ 먼저 $f(0)$은 정의되지 않음을 유의하자. 주어진 함수를 다음과 같이 고쳐 쓸 수 있다.

$$f(x) = \begin{cases} \frac{x}{x} = 1 & (x > 0) \\ \frac{-x}{x} = -1 & (x < 0) \end{cases}$$

우측에서 $x \to 0$일 때 $f(x) = 1$이므로 $f(x)$는 1에 접근하고, 좌측에서 $x \to 0$일 때 $f(x) = -1$이므로 $f(x)$는 -1에 접근한다. 따라서

$$\lim_{x \to 0^+} f(x) = \lim_{x \to 0^+} \frac{|x|}{x} = \lim_{x \to 0^+} \frac{x}{x} = \lim_{x \to 0^+} 1 = 1$$

$$\lim_{x \to 0^-} f(x) = \lim_{x \to 0^-} \frac{|x|}{x} = \lim_{x \to 0^+} \frac{-x}{x} = \lim_{x \to 0^+} (-1) = -1$$

왼쪽 극한과 오른쪽 극한이 다르므로 $x \to 0$일 때 $f(x)$의 극한은 정의할 수 없다. □

이상으로부터 다음 결과는 쉽게 이끌어낼 수 있다.

$\lim_{x \to a} f(x) = L$ 이 될 필요충분조건은 $\lim_{x \to a^+} f(x) = \lim_{x \to a^-} f(x) = L$

예제 1.2 함수 $f(x) = \begin{cases} x+2 & (x \le 3) \\ -\dfrac{1}{3}x + 4 & (x > 3) \end{cases}$ 에 대하여 $\lim_{x \to 3} f(x)$에 대하여 토의하라.

풀이 ▸ 함수 f의 그래프는 그림 1.6에 그려져 있다.

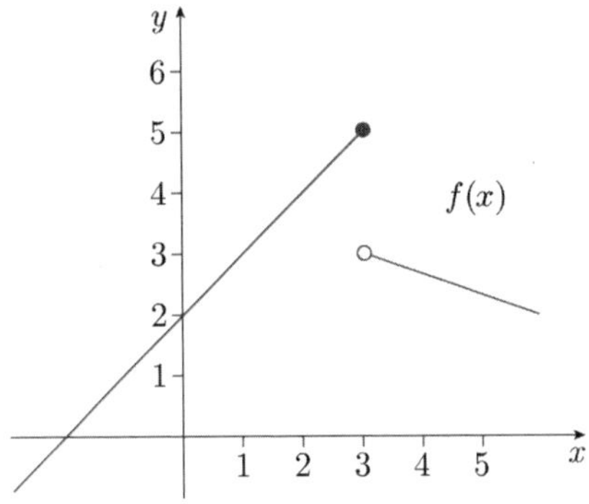

그림 1.6 $f(x)$의 그래프

$f(3)$이 정의되어 있지만 극한은 존재하지 않는다. 실제로

$$\lim_{x \to 3^+} f(x) = \lim_{x \to 3^+} \left(-\frac{1}{3}x + 4\right) = 3$$

그리고

$$\lim_{x \to 3^-} (x+2) = 5$$

따라서 오른쪽 극한과 왼쪽 극한이 다르므로 극한은 존재하지 않는다.

□

조각함수의 경우, 조각이 연결되지 않는 양 끝 사이에 거리, 예를 들어 $x = a$에서

$$d = \left| \lim_{x \to a^+} f(x) - \lim_{x \to a^-} f(x) \right|$$

가 0보다 크면, $x = a$에서 극한은 존재하지 않고, $d = 0$이면 극한은 존재한다.

예제 1.3 함수 $f(x)=\begin{cases} -\dfrac{2}{3}x+6 & (x>3) \\ x+1 & (x<3) \end{cases}$ 에 대하여 $\lim\limits_{x\to 3} f(x)$에 대하여 토의하라.

풀이 ▸ 오른쪽 극한값 및 왼쪽 극한값을 구하자.

$$\lim_{x\to 3^+} f(x)=\lim_{x\to 3^+}\left(-\frac{2}{3}x+6\right)=4$$

및

$$\lim_{x\to 3^-} f(x)=\lim_{x\to 3^-}(x+1)=4$$

따라서 $\lim\limits_{x\to 3} f(x)=4$이다. 그림 1.7은 이러한 결과를 확신시켜 준다.

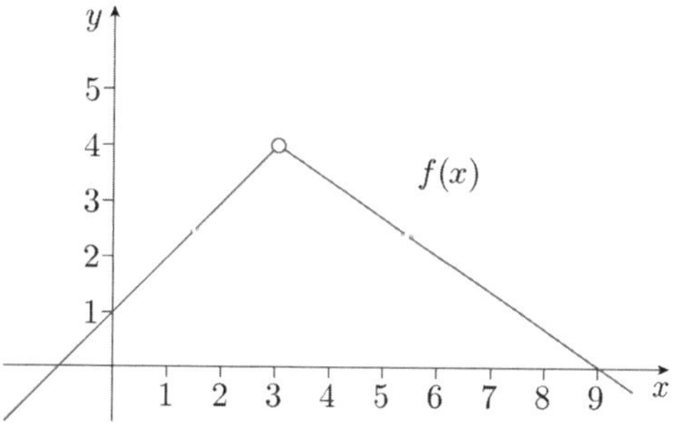

그림 1.7 $y=f(x)$의 그래프 □

참고 ▸ 예제 1.3에서 $d=0$이므로 $\lim\limits_{x\to 3} f(x)=4$이지만 $f(3)$이 정의되어 있지 않으므로 $x=3$에서 $f(x)$는 불연속이다. $x=3$에서 $f(x)$가 연속되게 하려면 $f(3)=4$로 정의하면 된다.

유리함수에서 수평점근선 및 수직점근선의 개념을 학습하였다. 점근선은 극한이라는 도구로 좀 더 명확하게 정의할 수 있다.

> $\lim\limits_{x\to\pm\infty} f(x)=b$이면 $y=b$는 $y=f(x)$의 수평점근선이다.
>
> $\lim\limits_{x\to a^+} f(x)=\pm\infty$ 또는 $\lim\limits_{x\to a^-} f(x)=\pm\infty$이면 $x=a$는 $y=f(x)$의 수직점근선이다.

예로

$$\lim_{x \to \pm\infty} \frac{1}{x} = 0 \quad \lim_{x \to \pm\infty} \frac{1}{x^2} = 0$$

이므로 $y=0$는 $y=\frac{1}{x}$ 및 $y=\frac{1}{x^2}$의 수평점근선이다. 일반적으로, n이 자연수일 때

$$\lim_{x \to \pm\infty} \frac{1}{x^{2n}} = 0 \quad 및 \quad \lim_{x \to \pm\infty} \frac{1}{x^{2n+1}} = 0$$

이므로 $y=0$는 $y=\frac{1}{x^{2n}}$ 및 $y=\frac{1}{x^{2n+1}}$의 수평점근선이다.

예제 1.4 $y=\frac{4x+3}{x-2}$의 수평점근선과 수직점근선을 구하여라.

풀이 ▸ 분모가 0이 되는 x의 값에서 수직점근선이 존재할 수 있다. $x \to 2^+$일 때 분모는 0으로 접근하는 반면 분자는 11로 접근한다. 따라서

$$\lim_{x \to 2^+} \frac{4x+3}{x-2} = \infty$$

이고, $x=2$는 수직점근선이다.

$$\lim_{x \to \infty} \frac{4x+3}{x-2} = \lim_{x \to \infty} \frac{4+\frac{3}{x}}{1-\frac{2}{x}} = \frac{4+0}{1-0} = 4$$

이므로 $y=4$는 수평점근선이다. 그림 1.8은 직선 $x=2$, $y=4$ 및 곡선 $y=\frac{4x+3}{x-2}$의 그래프를 나타낸 것이다.

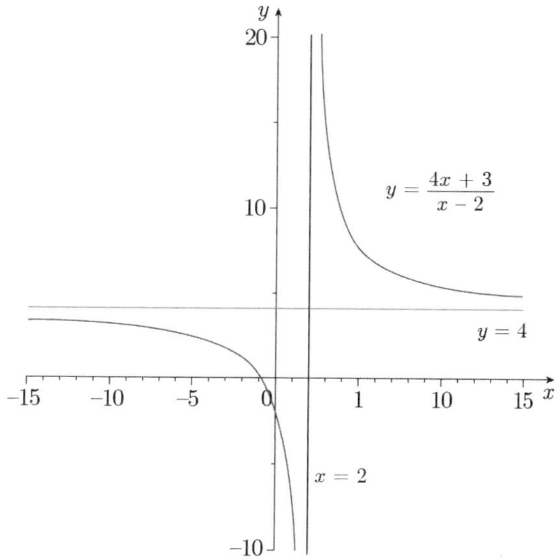

그림 1.8 직선 $x=2$, $y=4$ 및 곡선 $y=\dfrac{4x+3}{x-2}$의 그래프

토론 1.1 한 장의 종이를 반으로 접고, 그 접은 종이를 또 다른 한 장의 종이 위에 놓으면 접은 부분이 직선이 된다. 그 위에다 글씨를 적어보면서 불연속이 갖는 의미를 친구들과 토론해보라.

10-1 연습문제

01 그래프를 이용하여 극한이 존재하는 경우 그 극한을 구하여라.

(1) $\lim_{x \to 3}(3x^2 - 2x + 5)$

(2) $\lim_{x \to -1}(2x^2 - x + 1)$

(3) $\lim_{x \to 0}\dfrac{2}{x^2}$

(4) $\lim_{x \to 3}|x - 3|$

(5) $\lim_{x \to 3}\dfrac{|x - 3|}{x - 3}$

(6) $\lim_{x \to -3}\dfrac{x + 1}{x^2 - 3x + 2}$

(7) $\lim_{x \to 1}\dfrac{x^2 - 1}{x - 1}$

(8) $\lim_{x \to 5}\dfrac{1}{(x - 5)^2}$

02 함수 f 는 다음과 같다.

$$f(x) = \begin{cases} 2x + 1 & (x \le 2) \\ -\dfrac{5}{2}x + 10 & (x > 2) \end{cases}$$

(1) f 의 그래프를 그려라.

(2) $\lim_{x \to 2} f(x)$를 구하여라.

03 주어진 그래프를 사용하여 극한이 존재하면 그 극한값을 구하여라.

(1) $\lim_{x \to 3} f(x)$

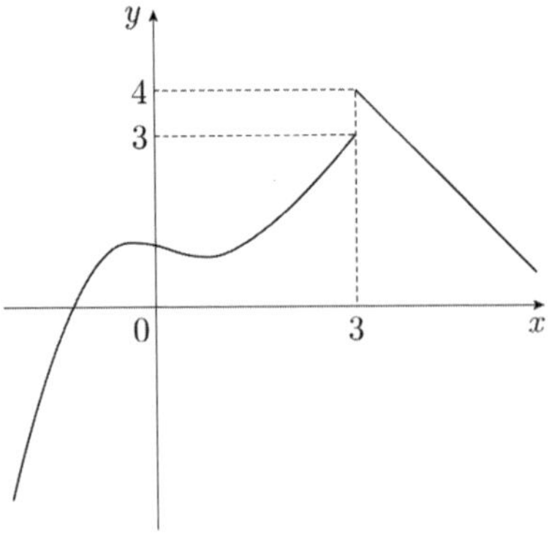

(2) $\lim_{x \to 3} f(x)$

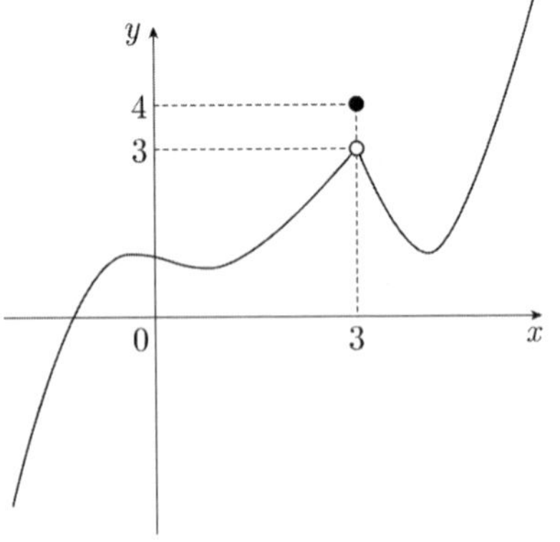

(3) $\lim_{x \to 3} f(x)$

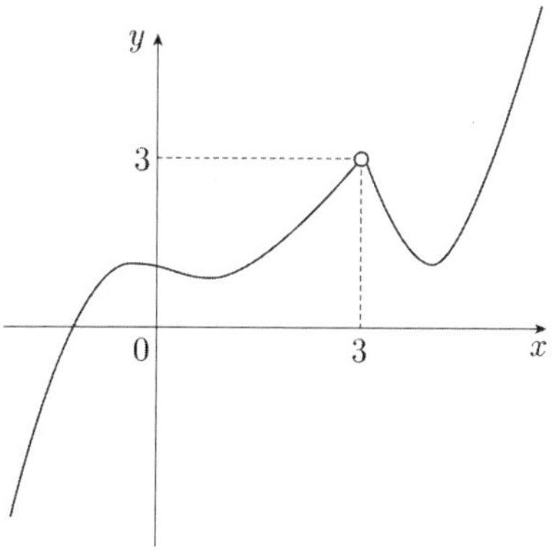

(4) $\lim_{x \to 3^+} f(x)$

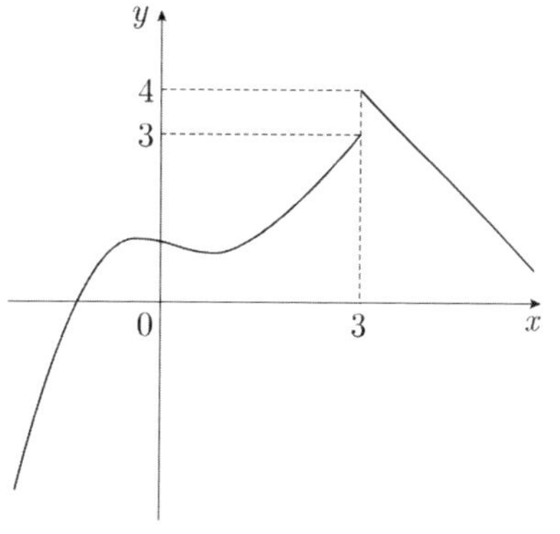

04 다음 함수의 수평점근선과 수직점근선을 구하여라.

(1) $y=\dfrac{x-1}{x^2-2x-3}$

(2) $y=\dfrac{x+1}{x^2+1}$

(3) $y=\dfrac{x+1}{x^2-2x-3}$

(4) $y=\dfrac{3x^2-x}{x^2-2x+3}$

05 다음 각 함수가 주어진 점 a에서 연속임을 보여라.

(1) $f(x)=2x^2-x+1,\ a=1$

(2) $f(x)=\sqrt{x-1},\ a=2$

(3) $f(x)=\dfrac{x^2-1}{x-1},\ a=2$

(4) $f(x)=\begin{cases} \dfrac{x^2-1}{x-1}, & x \neq 1 \\ 2, & x=1 \end{cases},\ a=1$

❐ 극좌표방정식에 대하여

직각좌표계는 평면 위의 임의의 점을 표시하는 방법이다. 평면 위의 점을 표시하는 다른 방법에 대하여 살펴보자. 먼저 좌표평면 위에 있는 점 P의 좌표를 $(x,\ y)$라고 하자. 원점에서 점 P까지의 거리는

① $$r = \sqrt{x^2 + y^2}$$

양의 x축과 선분 OP가 이루는 각의 크기는 θ [rad]는 다음 식에 의해 결정된다.

② $$\tan\theta = \frac{y}{x} \quad \text{또는} \quad \theta = \arctan\frac{y}{x}$$

식 ①과 ②는 $x,\ y$에 의해 주어진 점 P가 $r,\ \theta$에 의해 결정될 수 있음을 암시하고 있다. 즉 평면 위의 모든 점은 $(r,\ \theta)$에 의해 결정될 수 있다는 것을 의미한다. 평면을 $(r,\ \theta)$로 표현하는 좌표계를 극좌표계라고 한다. 그러므로 r과 θ로 정의되는 방정식이 만들어 지는 것은 당연한 이야기 이다. 즉 직각좌표계에서 방정식은 $f(x,\ y) = 0$인 반면 극좌표계에서 방정식은

$$f(r,\ \theta) = 0$$

와 같은 표현을 갖는다. 직각좌표계에서 그래프는 다음과 같은 직각격자 틀 위에 그려진다. 그림은 원의 방정식 $x^2 + y^2 = 4$에 대한 그래프이다.

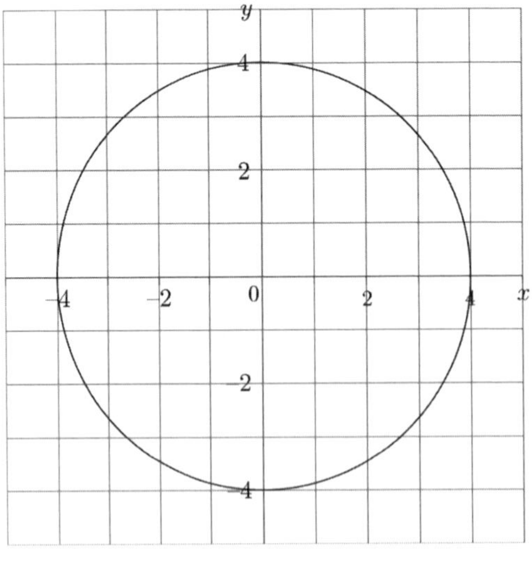

반면 극좌표계에서 그래프는 다음과 같은 틀 위에 그려진다. 그림은 $r=\theta$의 그래프를 나타낸 것이다.

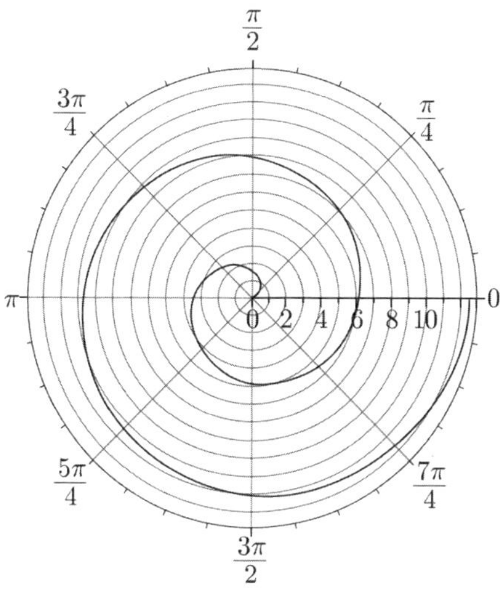

극좌표계에서 반지름이 a인 원의 방정식은 $r=a$가 된다. 이 방정식은

③ $$x=a\cos\theta,\ y=a\sin\theta$$

를 $x^2+y^2=r^2$에 대입하면 간단하게 얻을 수 있다. 따라서 식 ③은 직각좌표계에서 극좌표계로 또는 반대로 변환하는데 사용되는 중요한 관계식이 된다.

원의 방정식에 대한 그래프는 극좌표계에서 그리는 것이 훨씬 더 간단하다.

다음 그림은, 극좌표계에서 정의된 방정식 $r=1$, $r=2$, $r=3$에 대한 그래프들이다.

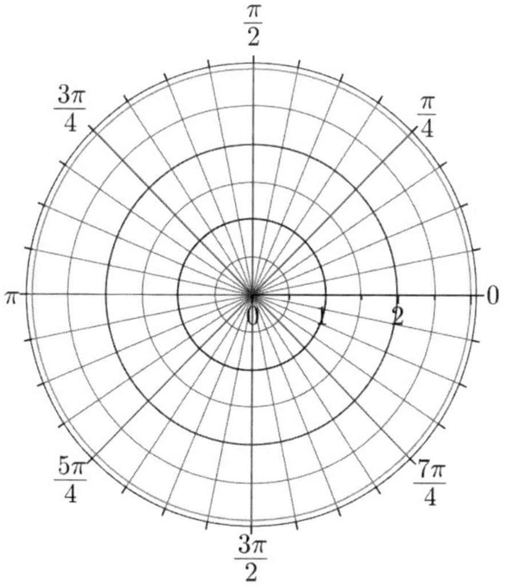

극좌표 방정식이 그래프를 그리는 방법에 대한 지식이 조금 필요하지만, CAS에 내장된 명령어로 그려도 무방하다. 극좌표 방정식 $r = 1 + \cos\theta$의 그래프는 하트 모양이다.

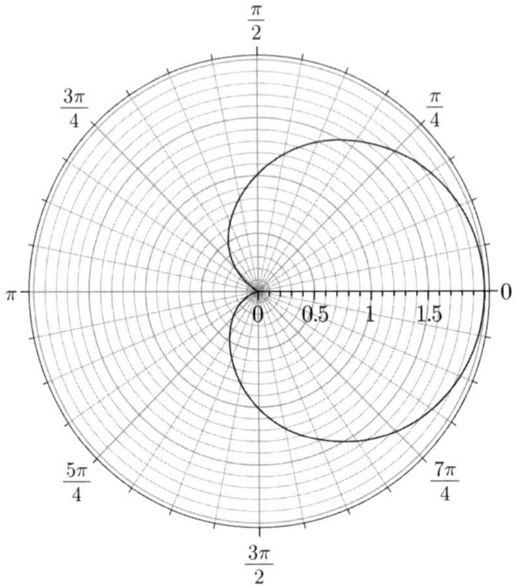

2 극한의 성질

앞 절에서 함수에 대한 극한의 개념과 극한값의 추정방법을 살펴보았다. 이러한 추정방법으로 극한값을 구하는 것은 대단히 불편하며 또한 극한값이 잘못 추정될 가능성도 있다. 따라서 이러한 문제가 극복되고, 극한이 빠르고 정확하게 계산되는 도구의 개발이 필요하다. 실제로 이러한 방법이 존재한다. 이 절에서 유리함수에 대한 극한값이 빠르고 정확하게 계산되는 과정에 대해 학습한다.

다음은 함수의 사칙연산에 대한 극한의 기본적인 성질이다. 직관적으로 바로 납득할 수 있지만 증명은 고등미적분학이 필요하므로 생략한다.

$\lim_{x \to a} f(x) = L$ 및 $\lim_{x \to a} g(x) = M$이라고 하면, 다음 등식이 성립한다.

(i) $\lim_{x \to a}\{f(x)+g(x)\} = L+M$

(ii) $\lim_{x \to a}\{cf(x)\} = cL$ (c는 상수)

(iii) $\lim_{x \to a} f(x)g(x) = LM$

(iv) $\lim_{x \to a} \dfrac{f(x)}{g(x)} = \dfrac{L}{M}$ 단, $\lim_{x \to a} g(x) \neq 0$

참고 ▸ 극한의 기본성질에서 a는 a^+ 또는 a^- 또는 $a=\infty$ 또는 $a=-\infty$로 바꾸어도 극한의 성질은 성립한다.

극한 성질을 말로 설명하여 보자.

(i) 두 함수의 합의 극한은 각 함수의 극한의 합과 같다.

(ii) 함수에 상수를 곱한 극한은 그 함수의 극한에 상수를 곱한 것과 같다.

(iii) 두 함수의 곱의 극한은 각 극한의 곱과 같다.

(iv) 두 함수의 상에 대한 극한은 각 극한의 상과 같다.

다음 극한은 너무나 당연하다.

(v) $\lim_{x \to a} 1 = 1$

(vi) $\lim_{x \to a} x = a$

정리 (ii)와 (v)로부터

$$\lim_{x \to a} c = c \lim_{x \to a} 1 = c \times 1 = c$$

정리 (iii)과 (vi)로부터

$$\lim_{x \to a} x^2 = \lim_{x \to a} x \times x = \lim_{x \to a} x \times \lim_{x \to a} x = a \times a = a^2$$

일반적으로 자연수 n에 대하여

(vii) $\lim_{x \to a} x^n = a^n$

(vii)은 $f(x) = x^n$이 $(-\infty, \infty)$에서 연속임을 의미한다. 이 연속성과 (ii)로부터 모든 다항함수는 $(-\infty, \infty)$에서 연속임을 보일 수 있다.

n차 다항함수 $P(x) = a_n x^n + a_{n-1} x^{n-1} + \cdots + a_1 x + a_0$는 $(-\infty, \infty)$에서 연속이다.

증명 ▸ 이차함수 $P(x) = ax^2 + bx + c$가 $(-\infty, \infty)$에서 연속임을 보이는 것으로 충분하다. 임의의 $v \in (-\infty, \infty)$에 대해

$$\begin{aligned} \lim_{x \to v} P(x) &= \lim_{x \to v} (ax^2 + bx + c) \\ &= a \lim_{x \to v} x^2 + b \lim_{x \to v} x + c \lim_{x \to v} 1 = av^2 + bv + c = P(v) \end{aligned}$$

이므로 $P(x)$는 $(-\infty, \infty)$에서 연속이다. □

예제 2.1 $f(x) = 3x^2 - 4x + 5$일 때 $\lim_{x \to 2} f(x)$를 구하여라.

풀이 ▸ $f(x)$는 이차함수이므로

$$\lim_{x \to 2} f(x) = f(2) = 3(2^2) + (-4)(2) + 5 = 12 - 8 + 5 = 9 \qquad \square$$

위의 사실로부터 유리함수는 분모가 0이 아닌 점에서 연속이 된다.

다항함수 $P(x)$와 $Q(x)$에 대하여

$$\lim_{x \to a} \frac{P(x)}{Q(x)} = \frac{P(a)}{Q(a)} \qquad (Q(a) \neq 0)$$

예제 2.2 극한 $\lim_{x \to -2} \frac{x^2 - 2x + 3}{x^2 + 1}$을 구하여라.

풀이 ▸ 유리함수에 대한 극한값을 구하는 문제이다. $\lim_{x \to -2} (x^2 + 1) = 5 \neq 0$이므로

$$\lim_{x \to -2} \frac{x^2 - 2x + 3}{x^2 + 1} = \frac{(-2)^2 - 2(-2) + 3}{(-2)^2 + 1} = \frac{11}{5} \qquad \square$$

예제 2.3 함수 $f(x)$는 다음과 같다.

$$f(x) = \frac{x^2 - 9}{x - 3}$$

극한 $\lim_{x \to 3} f(x)$를 구하여라.

풀이 ▸ $Q(x) = x - 3$이라 두면, $Q(3) = 0$이므로 정리 2.2(ii)를 사용할 수 없다. 그러나 $x \neq 0$이므로 극한 내부에서 약분이 가능하다. 따라서

$$\lim_{x \to 3} f(x) = \lim_{x \to 3} \frac{x^2 - 9}{x - 3} = \lim_{x \to 3} \frac{(x + 3)(x - 3)}{(x - 3)}$$

$$= \lim_{x \to 3}(x+3) = 3+3 = 6 \qquad \square$$

다음 예제는 함수의 미분을 계산할 때 나타나는 극한이다. 분모가 항상 0이 되는 극한값 구하는 문제이다.

예제 2.4 $f(x) = x^2$일 때, 극한

$$\lim_{h \to 0}\frac{f(2+h)-f(2)}{h}$$

를 구하여라.

풀이 ▸

$$\begin{aligned}\lim_{h \to 0}\frac{f(2+h)-f(2)}{h} &= \lim_{h \to 0}\frac{(2+h)^2-2^2}{h} \\ &= \lim_{h \to 0}\frac{4+4h+h^2-4}{h} \\ &= \lim_{h \to 0}\frac{4h+h^2}{h} \\ &= \lim_{h \to 0}\frac{h(4+h)}{h} \quad (h\text{로 나눌 수 있음}) \\ &= \lim_{h \to 0}(4+h) = 4+0 = 4 \qquad \square\end{aligned}$$

다음은 압축정리로 널리 알려진 정리로 극한값 계산에 매우 유용하다.

a의 근방에 있는 모든 점 x(점 a는 제외할 수 있음)에 대하여

$$f(x) \le g(x) \le h(x)$$

가 성립하고

$$\lim_{x \to a} f(x) = \lim_{x \to a} h(x) = L$$

이면

$$\lim_{x \to a} g(x) = L$$

압축정리는 오른쪽 극한 및 왼쪽 극한에 대해서도 성립한다.

예제 2.5 다음 식을 증명하여라.

$$\lim_{x \to 0} x^2 \sin(100x) = 0$$

풀이 ▸ $x=0$근방에서 $\sin(100x)$의 그래프는 매우 많이 진동하므로 그 극한값을 정확하게 추정하기 곤란하다. 그럼에도 불구하고, $-x^2$과 x^2 사이에 끼인 $x^2\sin(100x)$의 그래프(그림 2.1)로부터 직관적으로 극한값이 0임을 추측할 수 있다.

압축정리는 이러한 애매한 문제에 대한 극한의 결정에 도움이 된다. 모든 x에 대하여 $-1 \le \sin(100x) \le 1$이므로 양변에 x^2을 곱하면

$$-x^2 \le x^2 \sin(100x) \le x^2$$

$\lim_{x \to 0}(-x^2) = \lim_{x \to 0} x^2 = 0$이므로 압축정리에 의해

$$\lim_{x \to 0} x^2 \sin(100x) = 0$$

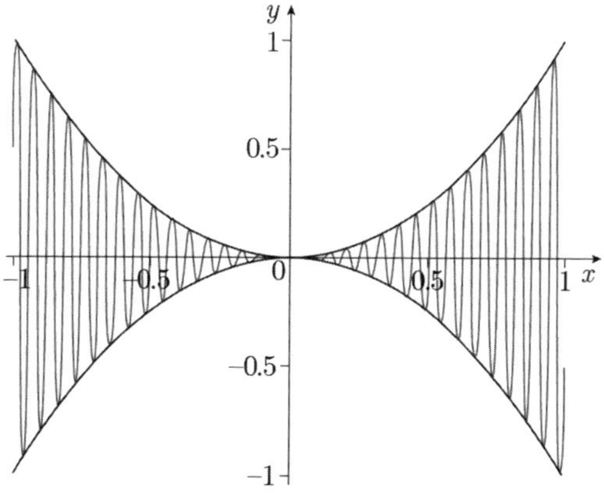

그림 2.1 $y = x^2 \sin x$ 의 그래프 □

압축정리로부터 다음 사실이 쉽게 유도된다.

> x와 a는 임의의 실수라 하자. 그러면
>
> (i) $\lim_{x\to a}|x-a|=0$
>
> (ii) $\lim_{x\to a}|x|=|a|$. 즉 $y=|x|$는 모든 실수 a에 대하여 연속이다.

증명 ▸ (i) $\lim_{x\to a^+}|x-a|=\lim_{x\to a^-}|x-a|=0$을 보이면 된다.

$x\to a^+$는 $x>a$이면서 x가 a에 접근한다는 뜻이므로

$$\lim_{x\to a^+}|x-a|=\lim_{x\to a^+}(x-a)=0$$

$x\to a^-$는 $x<a$이면서 x가 a에 접근한다는 뜻이므로

$$\lim_{x\to a^-}|x-a|=\lim_{x\to a^+}(a-x)=0$$

따라서 (i)이 성립한다.

(ii) 삼각부등식으로부터

$$0\le |x|=|x-a+a|\le |x-a|+|a|$$

양변에 극한을 취하여 (i)과 압축정리를 적용하면

$$0\le \lim_{x\to a}|x|\le \lim_{x\to a}|x-a|+\lim_{x\to a}|a|=0+|a|=|a|$$

① $$0\le \lim_{x\to a}|x|\le |a|$$

유사하게 삼각부등식으로부터

$$0\le |a|=|a-x+x|\le |a-x|+|x|$$

양변에 극한을 취하여 (i)과 압축정리를 적용하면

$$0\le \lim_{x\to a}|a|\le \lim_{x\to a}|a-x|+\lim_{x\to a}|x|=0+\lim_{x\to a}|x|=\lim_{x\to a}|x|$$

② $$0 \le |a| \le \lim_{x \to a}|x|$$

①과 ②에 의해 (ii)가 성립한다. □

삼각함수의 그래프로부터 다음 사실이 쉽게 얻어진다.

(i) 모든 실수 x에 대하여

$$|\sin x| \le |x|$$

(ii) $\lim_{x \to a} \sin x = \sin a$, 즉 $y = \sin x$는 임의의 실수 a에 대하여 연속이다.

(iii) $\lim_{x \to a} \cos x = \cos a$, 즉 $y = \cos x$는 임의의 실수 a에 대하여 연속이다.

(iv) $\cos a \ne 0$일 때, $\lim_{x \to a} \tan x = \tan a$

증명 ▸ (i) $y = \sin x$의 그래프로부터 $-\pi/2 < x < \pi/2$에 대해서만 보이면 충분하다. $0 < x < \pi/2$에 대해 수직선의 길이는 호의 길이보다 짧다 (그림 2.2).

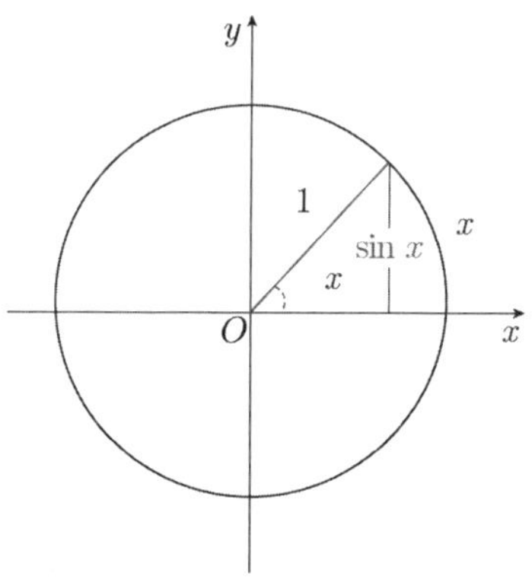

그림 2.2

즉

$$0 < \sin x \le x \Rightarrow |\sin x| \le |x|$$

$-\pi/2 < x < 0$에 대해

$$\sin(-x) \le -x$$

$\sin x$는 기함수이므로

$$0 < -\sin x \le -x$$

$$0 < |-\sin x| \le |-x| \Rightarrow |\sin x| \le |x|$$

따라서 (i)이 성립한다.

(ii) (i)로부터

$$|\sin x - \sin a| = \left|2\cos\frac{x+a}{2}\sin\frac{x-a}{2}\right| \le |x-a|$$

이므로

$$-|x-a| \le \sin x - \sin a \le |x-a|$$

압축정리에 의해

$$\lim_{x\to a}(\sin x - \sin a) = 0$$

항등식 $\sin x = \sin x - \sin a + \sin a$ 에 극한성질을 적용하면

$$\begin{aligned}\lim_{x\to a}\sin x &= \lim_{x\to a}(\sin x - \sin a + \sin a)\\ &= \lim_{x\to a}(\sin x - \sin a) + \lim_{x\to a}\sin a\\ &= \sin a\end{aligned}$$

(iii)은 (ii)와 동일한 방법으로 증명할 수 있다.

(iv) $\lim_{x\to a}\tan x = \lim_{x\to a}\dfrac{\sin x}{\cos x} = \dfrac{\lim_{x\to a}\sin x}{\lim_{x\to a}\cos x} = \dfrac{\sin a}{\cos a} = \tan a$ □

다음 극한은 삼각함수의 도함수를 구할 때 꼭 필요하다.

(v) $\lim_{x \to 0} \frac{\sin x}{x} = 1$

(vi) $\lim_{x \to 0} \frac{\cos x - 1}{x} = 0$

증명 ▸ (v) 그림 2.3은 $y = \frac{\sin x}{x}$의 그래프로부터 직관적으로 극한값은 1로 추정된다.

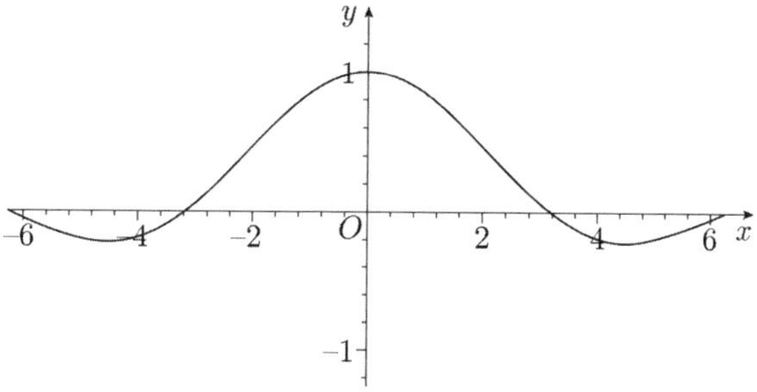

그림 2.3 $y = \frac{\sin x}{x}$의 그래프

실제로, 먼저 $0 < x < \frac{\pi}{2}$일 때

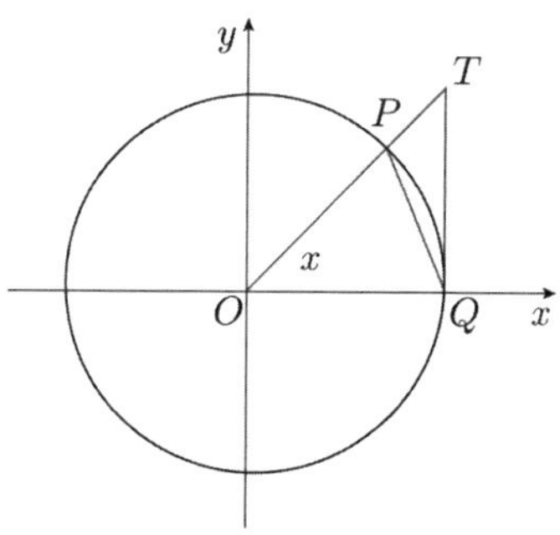

그림 2.4 세 영역의 넓이

그림 2.4로부터 ($\triangle OPQ$의 넓이 < 부채꼴 OPQ의 넓이 < $\triangle OTQ$의 넓이)이므로

$$\frac{1}{2}\sin x < \frac{1}{2}x < \frac{1}{2}\tan x \quad \text{또는} \quad \cos x < \frac{\sin x}{x} < 1$$

$\lim_{x \to 0^+} \cos x = 1$ 이고 $\lim_{x \to 0^+} 1 = 1$ 이므로 압축정리에 의해

$$\lim_{x \to 0^+} \frac{\sin x}{x} = 1$$

$-\frac{\pi}{2} < x < 0$ 일 때, $0 < -x < \frac{\pi}{2}$ 이므로

$$\cos(-x) < \frac{\sin(-x)}{-x} < 1$$

$\cos(-x) = \cos x$ 및 $\sin(-x) = -\sin x$ 이므로

$$\cos x < \frac{\sin x}{x} < 1$$

$\lim_{x \to 0^-} \cos x = 1$ 이고 $\lim_{x \to 0^-} 1 = 1$ 이므로 압축정리에 의해

$$\lim_{x \to 0^-} \frac{\sin x}{x} = 1$$

(vi)의 증명

그림 2.5는 $f(x) = (\cos x - 1)/x$ 의 그래프를 나타낸 것으로 극한값이 0임으로 직관할 수 있다.

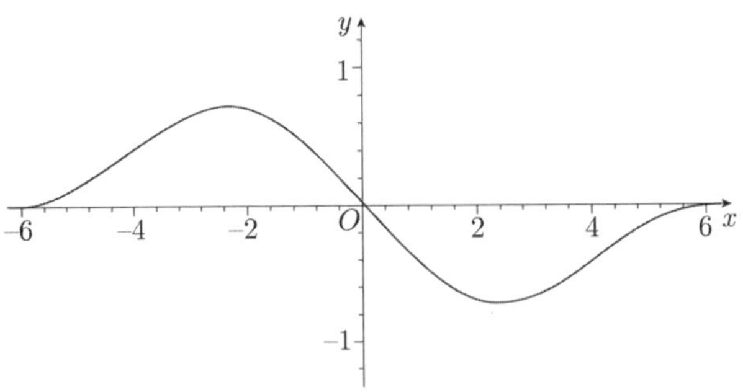

그림 2.5 $f(x) = (\cos x - 1)/x$ 의 그래프

위의 추정을 증명하여 보자.

$$\lim_{x \to 0} \frac{\cos x - 1}{x} = \lim_{x \to 0} \frac{(\cos x - 1)(\cos x + 1)}{x(\cos x + 1)}$$

$$=\lim_{x\to 0}\frac{\cos^2 x-1}{x(\cos x+1)}=\lim_{x\to 0}\frac{\sin^2 x}{x(\cos x+1)}$$

$$=\lim_{x\to 0}\left(\frac{\sin x}{x}\right)^2\frac{x}{\cos x+1}$$

$$=\left(\lim_{x\to 0}\frac{\sin x}{x}\right)^2\frac{\lim_{x\to 0}x}{\lim_{x\to 0}\cos x+1}=1^2\cdot\frac{0}{2}=0$$

□

10-2 연습문제

01 극한의 정리를 사용하여 다음 극한을 구하여라.

(1) $\lim_{x\to 3}(3x^2-2x+5)$

(2) $\lim_{x\to \sqrt{2}}(x^2-2)$

(3) $\lim_{x\to \frac{1}{2}}(4x^2-3x+1)$

(4) $\lim_{x\to -2}(3x^3+2x^2-4)$

(5) $\lim_{x\to 0}\frac{x^2+2x-4}{x^2-1}$

(6) $\lim_{a\to -3}(2a^2-1)(3a^3+a)$

(7) $\lim_{x\to -6}\frac{x^2-36}{x+6}$

(8) $\lim_{h\to 0}\frac{(x+h)^2-x^2}{h}$

(9) $\lim_{x\to -1}\frac{x+1}{x^2-4x+5}$

02 다음 극한의 극한값이 존재하는 경우 그 극한값을 구하여라.

(1) $\lim_{x\to 1}\frac{|x-1|}{x-1}$

(2) $\lim_{x\to 1^+}\frac{|x-1|}{x-1}$

(3) $\lim_{x\to 0^+}|x\cos x|$

(4) $\lim_{x\to 0}\frac{\sin 2x}{x}$

(5) $\lim_{x\to 1}\frac{x^2-1}{x-1}$

(6) $\lim_{x\to -1}\frac{x^3+1}{x+1}$

03 함수의 연속성을 이용하여 다음 극한값을 구하여라.

(1) $\lim_{x\to \pi}x\cos x$

(2) $\lim_{x\to \frac{\pi}{2}}(2\sin x-3\cos x)$

(3) $\lim_{x\to \frac{\pi}{3}}\frac{\sin x}{1+\tan^2 x}$

(4) $\lim_{x\to \pi}\frac{\sin x}{x+1}$

04 다음 함수에 대하여 $\lim_{h\to 0}\frac{f(x+h)-f(x)}{h}$을 구하여라.

(1) $f(x)=2x+1$

(2) $f(x)=x^3$

(3) $f(x) = \dfrac{1}{x^2+1}$

05 다음 극한값을 구하여라.

(1) $\lim\limits_{x\to\infty} \dfrac{2x^2+3x+4}{4x^2+3x+2}$

(2) $\lim\limits_{x\to\infty} \dfrac{x^2-3x+2}{x^3}$

(3) $\lim\limits_{x\to\infty} \dfrac{\sin x}{x}$

06 $f(x) = \sec x$ 는 f 의 정의역에 속하는 모든 실수에 대하여 연속임을 보여라.

07 $f(x) = \csc x$ 는 f 의 정의역에 속하는 모든 실수에 대하여 연속임을 보여라.

08 $f(x) = \cot x$ 는 f 의 정의역에 속하는 모든 실수에 대하여 연속임을 보여라.

09 다음 극한값을 구하여라.

(1) $\lim\limits_{x\to\infty} xe^{-x}$

(2) $\lim\limits_{x\to\infty} x^2e^{-x}$

(3) $\lim\limits_{x\to\infty} e^{-x}\sin x$

11

미분

1. 함수의 미분

2. 연쇄법칙

1 함수의 미분

어떤 지역 또는 물체의 온도로 "변화율"에 대한 개념을 정립하여 보자. 온도는 위치에 따라 변하기도 하고, 또한 시간에 따라 변하기도 한다. 따라서

"위치의 차와 그 위치에 대응하는 온도의 차의 비"

또는

"시간의 차와 그 시간에 대응하는 온도의 차의 비"

와 같은 두 가지 종류의 비율이 도출된다. 그림 3.1과 같이 화살표 방향의 임의의 위치를 x [m]로 표시하고 위치 x 에서 측정되는 온도를 T [˚ C]로 표시하면, T 는 x 의 함수가 되므로 위치의 차와 대응 온도의 차에 대한 비율은 다음과 같이 표현된다.

① $$\frac{T(x) - T(y)}{x - y} \quad [\,^\circ\mathrm{C/m}]$$

그림 1.1 위치에 따라 온도가 다름

그림 1.2와 같이 시간을 t [min]로 표시하고 시간 t 에 대응하는 온도를 T 로 표시하면 T 는 t 의 함수이므로 각각의 차에 대한 비율은

② $$\frac{T(t) - T(\tau)}{t - \tau} \quad [\,^\circ\mathrm{C/min}]$$

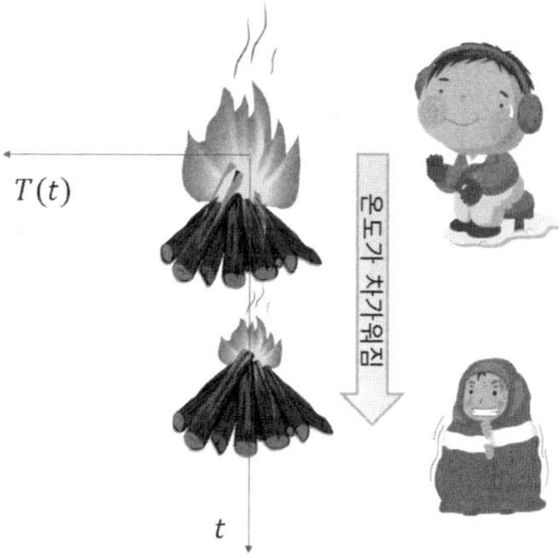

그림 1.2 시간이 지남에 따라 온도가 변함

식 ①과 ②는 이전에 배운 평균변화율을 의미하고, 분모가 0 로 접근하면 순간변화율이 된다. 영역에 따라 순간변화율의 의미는 조금 다를 수 있다. 일반적으로 시간의 관점에서 순간변화율은 온도변화의 속도이고, 위치의 관점에서 순간변화율은 온도변화의 기울기이다. 온도가 위치와 시간에 의존하여 변하는 양으로 취급되려면 위치 x 및 시간 t 에 의존하는 함수 $T(x,t)$를 도입하여 각 변수에 대한 개별적인 비율을 생각하면 된다. 즉

③ $$\frac{T(x,t)-T(y,t)}{x-y}$$

또는

④ $$\frac{T(x,t)-T(x,\tau)}{t-\tau}$$

식 ③과 ④는 편미분에 대한 개념이 내포되어 있는 중요한 비로, 다변수 함수에 대한 미분이 필요하므로 여기서는 다루지 않는다.

다른 예로, 시간 t [day]에서 고구마 줄기의 길이 $l(t)$[m]의 변화를 살펴보자.

그림 1.3 고구마 줄기

5일부터 15일간 길이의 평균변화율은

$$\frac{l(15)-l(5)}{15-5}$$

15의 자리에 t 를 대입하여 $t \to 5$로 취할 때, 즉

$$\lim_{t \to 5} \frac{l(t)-l(5)}{t-5}$$

는 순간변화율이다. 이 극한값은, 고구마 줄기가 하루라는 단위로 성장되는 속도로 여길 수 있다. 여기서 극한

$$t \to 5$$

에 대한 자세한 개념을 다시 한 번 되짚어 보자. t 의 값이 5 에 매우 가깝다는 것은, 예로 t 의 값이 4.99, 5.1, 5.01과 같은 수들보다 더 크거나 작은 수들이다. 이 경우 5.0001 day란 또한 5.0001 day에서 $l(5.0001)$은 관찰할 수 있는 값인지를 체크해봐야 한다. 자연현상에서 위와 같은 모든 수치가 의미를 갖지만, 실제로 관측은 할 수 없다. 극한은 지극히 이론적이라는 것을 마음에 새겨 두기 바란다.

위치의 차이에 대한 줄기의 변화율은 줄기가 있는 곳 및 없는 곳이 있어 정상적인 비율 계산이 곤란하다. 반면 위치에 따른 고구마 둘레를 대응시키면 모든 위치에 따른 둘레의 비율을 고려할 수 있고, 이것의 순간변화율은 위치에 따라 뚱뚱 혹은 홀쭉한 정도를 나타내는 지표가 되므로 의미가 있다. 위치 x 에서 고구마 둘레를 $L(x)$라 하면

$$\lim_{x \to a} \frac{L(x)-L(a)}{x-a}$$

는 위치 a 에서 둘레의 변화율을 나타내는 것으로, 극한값이 양수이면 뚱뚱하게, 음수이면 홀쭉하게 변한다는 것에 대한 지표가 된다.

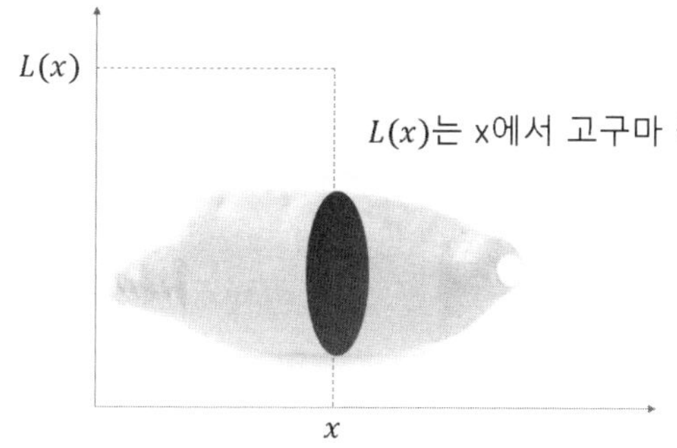

그림 1.4 고구마 둘레를 나타내는 함수

이제 임의의 함수에 대한 순간변화율의 개념을 수학적으로 정의하자. 기하학적인 이해를 돕기 위해 기울기라는 도구를 이용하여 설명한다. 기울기란 직선의 경사도를 나타내는 용어이므로 곡선에는 기울기라는 개념은 정의할 수 없다. 따라서 직선의 기울기의 개념이 곡선에도 적용이 가능한 기울기의 개념이 필요하다. 곡선의 기울기에 대한 개념을 도출하기 위해 함수 $y=f(x)$의 그래프 위에 있는 서로 다른 두 점 $P(a, f(a))$와 $Q(a+h, f(a+h))$에 대한 선분 PQ의 기울기를 생각하자(그림 1.5).

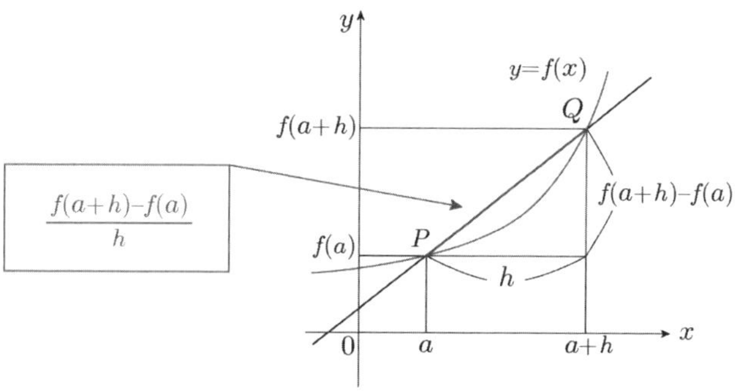

그림 1.5 곡선 위에 있는 두 점 사이의 기울기

그림 1.5에서 보듯이 선분 PQ의 기울기(평균기울기)

⑤ $$\frac{f(a+h)-f(a)}{h}$$

이지만, h의 값에 따라 식 ⑤의 값이 변하므로 식 ⑤를 곡선의 기울기로 정의하는 것은 곤란하다. 식 ⑤에서 $h \to 0$이라 두면 식 ⑤의 극한값은 오직 한 개의 값만 가지므로 이를 점 a에서 곡선의 기울기로 정의한다.

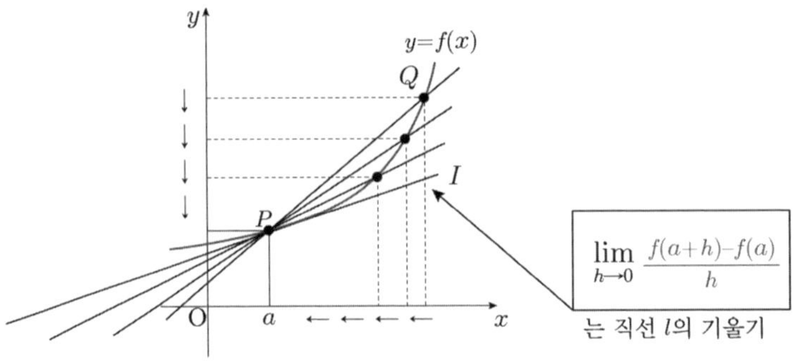

그림 1.6 접선의 기울기

즉

$$⑥\qquad \lim_{h\to 0}\frac{f(a+h)-f(a)}{h}$$

는 $x=a$에서 곡선 $y=f(x)$의 접선의 기울기로 정의한다.

극한 ⑥의 극한값이 존재할 때, 그 극한값을 $f'(a)$로 표시하고 $x=a$에서 $f(x)$의 **미분계수**라고 한다. 따라서 $x=a$에서 $f(x)$의 미분계수는

$$⑦\qquad f'(a)=\lim_{h\to 0}\frac{f(a+h)-f(a)}{h}$$

는 $x=a$에서 곡선에 접하는 접선의 기울기이다.

식 ⑥은 x가 a에서 $a+h$까지 변할 때, 구간 $[a,\ a+h]$ 위에서 함수 $f(x)$의 **평균기울기**라고 한다.

예제 1.1 $x=2$에서 $f(x)=x^2$의 미분계수를 구하여라.

풀이 ▸ 식 ③에 $a=2$를 대입하면

$$\begin{aligned} f'(2) &= \lim_{h\to 0}\frac{f(2+h)-f(2)}{h}=\lim_{h\to 0}\frac{(2+h)^2-2^2}{h} \\ &= \lim_{h\to 0}\frac{(4+h)h}{h}=\lim_{h\to 0}(4+h)=4 \end{aligned}$$

□

점 $(a,\ f(a))$를 지나면서 기울기가 $f'(a)$인 직선은 $f(x)$의 그래프에 접하고, 그 접선의 방정식은 다음과 같다.

> 점 $(a,\ f(a))$에서 $y=f(x)$에 접하는 접선의 방정식은
>
> $$y-f(a)=f'(a)(x-a)$$

예제 1.2 $(2,\ 4)$에서 $f(x)=x^2$의 그래프에 접하는 접선의 방정식을 구하여라.

풀이 ▸ 예제 1.1로부터 $f'(2)=4$이고, $f(2)=4$이므로

$$\begin{aligned} y-f(a) &= f'(a)(x-a) \\ y-4 &= 4(x-2) \\ y &= 4x-4 \end{aligned}$$

그림 1.7은 곡선 $y=x^2$과 접선의 방정식을 그린 것이다.

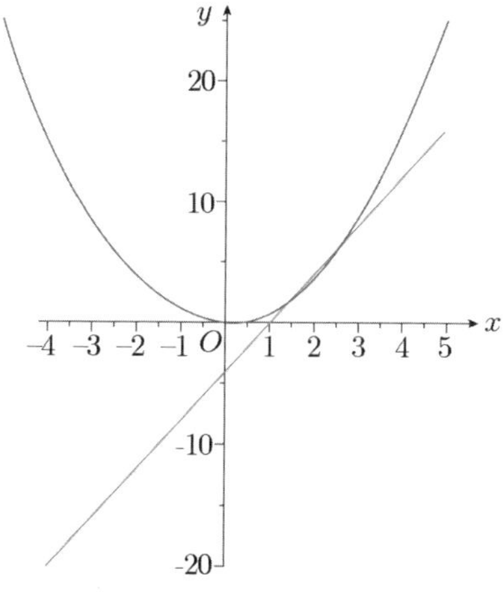

그림 1.7 접선의 방정식 □

미분계수 $f'(a)$에서 a는 임의의 실수이므로, a 대신 x로 바꾸어 쓰고 미분계수 대신 도함수라는 새로운 용어를 붙인다.

x 에서 함수 $f(x)$ 의 미분계수

$$f'(x) = \lim_{h \to 0} \frac{f(x+h) - f(x)}{h}$$

를 $f(x)$ 의 **도함수**라 한다. $f(x)$ 의 도함수를 구하는 것을 **미분한다**고 한다. 도함수에 대한 기호는 $f'(x)$ 이외 다음과 같이 쓰기도 한다.

$$y', \frac{dy}{dx}, \frac{d}{dx}f(x)$$

예제 1.3 점 $x = -1,\ 0,\ 1$ 에서 $f(x) = x^2$ 의 그래프에 접하는 접선의 방정식들을 구하여라.

풀이 ▸ 먼저 도함수를 계산하자.

$$\begin{aligned} f'(x) &= \lim_{h \to 0} \frac{f(x+h) - f(x)}{h} = \lim_{h \to 0} \frac{(x+h)^2 - x^2}{h} \\ &= \lim_{h \to 0} \frac{(2x+h)h}{h} = \lim_{h \to 0}(2x+h) = 2x \end{aligned}$$

즉 $f'(x) = 2x$ 이다. 따라서 $f'(-1) = -2,\ f'(0) = 0,\ f'(1) = 2$ 이다. 차례로, $x = -1$ 에서 $y = x^2$ 에 접하는 접선의 방정식은

$$\begin{aligned} y - (-1)^2 &= (-2)(x+1) \\ y &= -2x - 1 \end{aligned}$$

$x = 0$ 에서 $y = x^2$ 에 접하는 접선의 방정식은

$$\begin{aligned} y - 0^2 &= 0(x-0) \\ y &= 0 \end{aligned}$$

$x = 1$ 에서 $y = x^2$ 에 접하는 접선의 방정식은

$$\begin{aligned} y - 1^2 &= 2(x-1) \\ y &= 2x - 1 \end{aligned}$$

그림 1.8은 세 개의 접선의 방정식들을 나타낸 것이다.

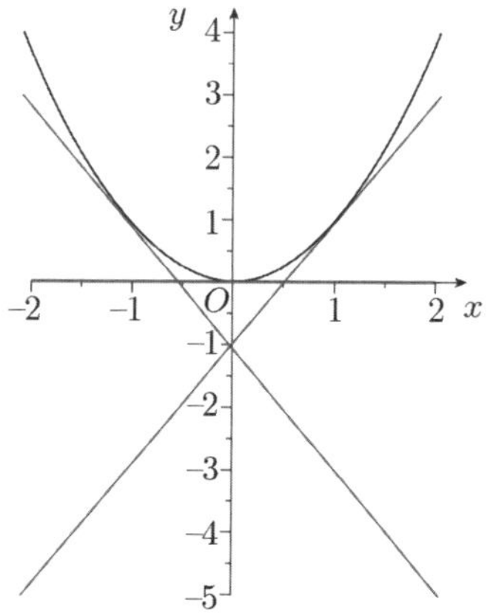

그림 1.8 세 개의 접선의 방정식 □

도함수는 기울기의 개념이 확장된 것임을 검증하여 보자. 즉, 수평선 $y=b$와 일차함수 $y=ax+b$의 기울기가 미분을 통하여 구하였을 때 각각 0과 a가 되는지를 검증하여 보자.

먼저, $f(x)=b$의 경우

$$f'(x)=\lim_{h\to 0}\frac{f(x+h)-f(x)}{h}=\lim_{h\to 0}\frac{b-b}{h}=\lim_{h\to 0}\frac{0}{h}=0$$

$f(x)=ax+b$의 경우

$$\begin{aligned}f'(x)&=\lim_{h\to 0}\frac{f(x+h)-f(x)}{h}=\lim_{h\to 0}\frac{a(x+h)+b-(ax+b)}{h}\\&=\lim_{h\to 0}\frac{ah}{h}=a\end{aligned}$$

따라서 도함수는 직선의 기울기 개념이 확장한 것임을 쉽게 알 수 있다.

지금부터 도함수를 정의에 의존하지 않고 공식을 사용하여 간단하게 구하는 방법을 설명한다. 도함수의 DNA는 극한이기 때문에 기본적인 함수에 대한 도함수만 알고 있으면 극한의 성질로부터 유도되는 미분의 법칙을 이용하여 대부분 함수에 대한 도함수를 쉽게 구할 수 있다. 기본적인 함수란 다항함수, 지수 및 로그함수, 삼각함수를 의미한다. 먼저 다항함수에 대한 도함수의 공식을 설명한다.

(i) $f(x)=c$일 때, $f'(x)=0$ 또는 $\dfrac{d(c)}{dx}=0$이다.

(ii) $f(x)=x^n$(n은 자연수)일 때, $f'(x)=nx^{n-1}$ 또는 $\dfrac{d(x^n)}{dx}=nx^{n-1}$이다.

증명 ▸ (ii) $n=1$일 때

$$f'(x)=1 \text{ 또는 } \frac{d(x)}{dx}=1$$

$n \geq 2$일 때

$$f'(x)=\lim_{h\to 0}\frac{f(x+h)-f(x)}{h}=\lim_{h\to 0}\frac{(x+h)^n-x^n}{h}$$

$$=\lim_{h\to 0}\frac{\left(x^n+nx^{n-1}h+\frac{n(n-1)}{2!}x^{n-2}h^2+\cdots+nxh^{n-1}+h^n\right)-x^n}{h}$$

$$=\lim_{h\to 0}\frac{h\left(nx^{n-1}+\frac{n(n-1)}{2!}x^{n-2}h+\cdots+nxh^{n-2}+h^{n-1}\right)}{h}$$

$$=\lim_{h\to 0}\left(nx^{n-1}+\frac{n(n-1)}{2!}x^{n-2}h+\cdots+nxh^{n-2}+h^{n-1}\right)$$

$$=nx^{n-1}+0+\cdots+0+0$$

$$=nx^{n-1}$$ □

예를 들어

$$\frac{d}{dx}(1)=0$$

$$\frac{d(x^3)}{dx}=3x^2$$

앞에서 언급했듯이 $f(x)=2x^2-3x+1$의 도함수는 다음 미분의 법칙을 사용하여 간단하게 구할 수 있다.

점 a는 개구간 I에 포함되는 점이라 하자. 함수 f와 g는 구간 I에서 정의되어 있고 또한 $f'(a)$와 $g'(a)$가 존재한다고 하자. 그러면 임의의 상수 c에 대하여

$$(f+g)'(a),\ (cf)'(a),\ (fg)'(a),\ \left(\frac{f}{g}\right)'(a)$$

가 존재하고, 다음 등식이 성립한다.

(i) $(f+g)'(a)=f'(a)+g'(a)$ 덧셈에 대한 미분

(ii) $(cf)'(a)=cf'(a)$ 상수곱에 대한 미분

(iii) $(fg)'(a)=f'(a)g(a)+f(a)g'(a)$ 곱셈에 대한 미분

(iv) $\left(\frac{f}{g}\right)'(a)=\frac{f'(a)g(a)-f(a)g'(a)}{\{g(a)\}^2}$, $(g(a)\neq 0)$ 나눗셈에 대한 미분

미분의 정리의 설명

(i) 두 함수의 합의 미분은 각 함수의 미분의 합과 같다.

(ii) 함수에 상수를 곱한 미분은 그 함수의 미분에 상수를 곱한 것과 같다.

(iii), (iv) 두 함수의 곱과 상에 대한 미분은 예상과는 전혀 다름을 주의하자.

증명 ▸ (i), (ii)는 극한의 성질 (i), (ii)와 같다.

(iii)
$$\begin{aligned}(fg)'(a)&=\lim_{x\to a}\frac{(fg)(x)-(fg)(a)}{x-a}\\
&=\lim_{x\to a}\frac{f(x)g(x)-f(x)g(a)-f(a)g(a)+f(x)g(a)}{x-a}\\
&=\lim_{x\to a}\frac{f(x)[g(x)-g(a)]+[f(x)-f(a)]\,g(a)}{x-a}\\
&=\lim_{x\to a}\frac{f(x)[g(x)-g(a)]}{x-a}+\lim_{x\to a}\frac{[f(x)-f(a)]\,g(a)}{x-a}\\
&=\lim_{x\to a}f(x)\lim_{x\to a}\frac{g(x)-g(a)}{x-a}+g(a)\lim_{x\to a}\frac{[f(x)-f(a)]}{x-a}\\
&=f(a)g'(a)+f'(a)g(a)\end{aligned}$$

도함수 $f'(a)$가 존재하면 $f(x)$는 $x=a$에서 연속이라는 성질을 이용하였다.

(iv) 먼저 $1/g$에 대한 도함수를 계산하자.

$$\begin{aligned}\left(\frac{1}{g}\right)'(a) &= \lim_{x\to a}\frac{\dfrac{1}{g(x)}-\dfrac{1}{g(a)}}{x-a}\\ &= \lim_{x\to a}\frac{-\dfrac{g(x)-g(a)}{g(x)g(a)}}{x-a}\\ &= \lim_{x\to a}\frac{-\dfrac{g(x)-g(a)}{x-a}}{g(x)g(a)}\\ &= \frac{-\lim\limits_{x\to a}\dfrac{g(x)-g(a)}{x-a}}{g(a)\lim\limits_{x\to a}g(x)}\\ &= \frac{-g'(a)}{\{g(a)\}^2}\end{aligned}$$

따라서

$$\begin{aligned}\left(\frac{f}{g}\right)'(a) = \left(f\frac{1}{g}\right)'(a) &= f'(a)\frac{1}{g(a)}+f(a)\left(\frac{1}{g}\right)'(a)\\ &= \frac{f'(a)}{g(a)}+f(a)\frac{-g'(a)}{\{g(a)\}^2}\\ &= \frac{f'(a)g(a)-f(a)g'(a)}{\{f(a)\}^2}\end{aligned}$$

□

임의의 정수 n에 대하여 $h(x)=x^n$ 일 때

$$h'(x)=nx^{n-1} \quad \text{또는} \quad \frac{d(x^n)}{dx}=nx^{n-1}\text{이다.}$$

증명 ▸ 나눗셈에 대한 미분을 적용하기 위해 $f(x)=1$, $g(x)=x^n$이라 두면

$$f'(x)=0,\ g'(x)=nx^{n-1}$$

이를 (iv)에 대입하면

$$h'(x) = \frac{0 \cdot x^n - 1 \cdot nx^{n-1}}{(x^n)^2} = -nx^{n-1}x^{-2n} = -nx^{-n-1} \qquad \square$$

예를 들어

$$\frac{d}{dx}\frac{1}{x} = \frac{d}{dx}x^{-1} = -1x^{-1-1} = -\frac{1}{x^2}$$

$$\frac{d}{dx}\left(\frac{1}{x^3}\right) = \frac{d(x^{-3})}{dx} = -3x^{-3-1} = -\frac{3}{x^4}$$

예제 1.4 $f(x) = 2x^2 - 3x + 1$ 의 도함수를 구하여라.

풀이 ▸ (i)과 (ii)를 적용하여 도함수를 구하자.

$$\begin{aligned}\frac{d}{dx}f(x) &= \frac{d}{dx}(2x^2 - 3x + 1)\\ &= \frac{d}{dx}(2x^2) + \frac{d}{dx}(\quad 3x) + \frac{d}{dx}(1)\\ &= 2\frac{d}{dx}(x^2) + (-3)\frac{d}{dx}(x) + \frac{d}{dx}(1)\\ &= 2(2x) + (-3)(1) + 0\\ &= 4x - 3\end{aligned} \qquad \square$$

예제 1.5 $\frac{d}{dx}(x^3 - 4x^2 + 3x^{-2} + 5)$를 계산하라.

풀이 ▸
$$\begin{aligned}\frac{d}{dx}(x^3 - 4x^2 + 3x^{-2} + 5) &= \frac{d(x^3)}{dx} - 4\frac{d(x^2)}{dx} + 3\frac{d(x^{-2})}{dx} + \frac{d(5)}{dx}\\ &= 3x^2 - 4(2x) + 3(-2x^{-3}) + 0\\ &= 3x^2 - 8x - \frac{6}{x^3}\end{aligned} \qquad \square$$

예제 1.6 $h(x) = (x^2 + x)f(x)$일 때, $h'(1)$을 구하여라. 단 $f(1) = 0$, $f'(1) = 5$이다.

풀이 ▸ 함수의 곱에 대한 미분 성질을 이용하면

$$h'(x) = f(x)\frac{d}{dx}(x^2+1) + (x^2+x)f'(x)$$
$$= f(x)(2x+1) + (x^2+x)f'(x)$$

따라서

$$f'(1) = f(1)(2\times 1+1) + (1^2+1)f'(1) = 10 \qquad \square$$

예제 1.7 $f(x) = \dfrac{x^2}{x+1}$의 그래프에 있는 점 $(1,\ 1/2)$에 접하는 접선의 방정식을 구하여라.

풀이 ▸ 미분의 상의 법칙을 이용하여 도함수를 구하자.

$$f'(x) = \frac{\frac{d}{dx}(x^2)(x+1) - x^2\frac{d}{dx}(x+1)}{(x+1)^2}$$
$$= \frac{(2x)(x+1) - x^2(1)}{(x+1)^2}$$
$$= \frac{x^2+2x}{(x+1)^2}$$

$x=1$에서 접선의 기울기는

$$f'(1) = \frac{1^2+2(1)}{(1+1)^2} = \frac{3}{4}$$

이므로 접선의 방정식은

$$y - \frac{1}{2} = \frac{3}{4}(x-1) \quad \text{또는} \quad 3x-4y-1=0 \qquad \square$$

최댓값과 최솟값에 대해 알아보자. 문자 그대로 가장 큰 값과 가장 작은 값을 의미한다. 함수의 최댓값과 최솟값은 함수의 치역을 사용하여 정의한다.

함수 $y=f(x)$의 치역에서 가장 큰 값은 $f(x)$의 최댓값, 가장 작은 값은 $f(x)$의 최솟값으로 정의한다.
함수 $f(x)$의 최댓값과 최솟값에 대응하는 x의 값은 반드시 함수의 정의구역에 속해져 있어야 한다.

$y=x^2$은 점 $(0, 0)$에서 최솟값은 0을 갖고, $y=-x^2$은 점 $(0, 0)$에서 최댓값은 0을 갖는 다는 것은 이차함수의 그래프로부터 쉽게 알 수 있다. 그래프로 명확하게 구별할 수 있는 경우도 있지만 그래프로 잘 알 수 없는 경우도 있다. 어떠한 경우이든지 함수의 최댓값과 최솟값을 발견할 수 있는 유용한 도구가 필요하다. 이를 위해 $y=x^2$은 점 $(0, 0)$에서 최솟값은 0을 갖는다는 것에 대하 좀 더 세밀하게 조사해 보자. 점 $(0, 0)$에서 접선의 기울기는

$$\left.\frac{dy}{dx}\right|_{x=0} = 2x|_{x=0} = 0$$

점 $(0, 0)$에서 $y=x^2$에 접하는 섭선의 방징식 $y-0$이고, $y-x^2$의 그래프는 $(0, 0)$ 이외의 점에서는 $y=0$ 위에 놓인다. 따라서 0이 $y=x^2$의 최솟값이다. 또한 최솟값은 기울기가 0이 되는 점에서 발생한다는 것이 핵심이다.

$y=-x^2$의 그래프는 접선의 방정식 $y=0$ 아래 놓인다는 사실로부터 0은 $y=-x^2$의 최댓값이다.

이를 정리하면 다음과 같다.

$f'(c)=0$라고 하자.
(i) $y=f(x)$의 그래프가 $(c, f(c))$의 근방에서 직선 $y=c$ 위에 놓이면 $f(c)$는 그 근방에서 최솟값이고
(ii) $y=f(x)$의 그래프가 $(c, f(c))$의 근방에서 직선 $y=c$ 아래에 놓이면 $f(c)$는 그 근방에서 최댓값이다.

"근방"에서 최댓값을 극댓값, 근방에서 최솟값을 극솟값이라 한다. 극댓값과 극솟값은 근방의 기울기로 간단하게 구분할 수 있다. 즉

$f'(c)=0$라고 하자.

(i) $x<c$에서 $f'(x)>0$이고 $x>c$에서 $f'(x)<0$이면 $f(c)$는 극댓값이다.

(ii) $x<c$에서 $f'(x)<0$이고 $x>c$에서 $f'(x)>0$이면 $f(c)$는 극솟값이다.

극댓값과 최댓값의 차이는 쉽게 구별할 수 있다. 반에서 1등은 극댓값이고 전교에서 1등의 최댓값이 된다. 물론, 영역을 전국으로 확대하면 전교에서 일등도 극댓값이 된다. 여기서 반, 전교, 전국의 1등이 모두 같은 사람일 수 있다.

많은 경우에 최댓값과 최솟값을 구하기를 원하지만 많은 극댓값과 극솟값이 우리의 소망을 방해하기도 한다. 이것은 자연과학 및 공학문제를 푸는데 장애가 되기도 한다.

예제 1.8 $f(x)=x^3-2x^2-4x+20$의 극댓값과 극솟값을 구하여라.

풀이 ▸ 방정식 $f'(x)=0$을 풀자.

$$f'(x)=3x^2-4x-4=(3x+2)(x-2)=0$$

이므로

$$x=-\frac{2}{3},\ 2$$

$f'(x)$의 부호는 이차방정식의 그래프를 사용하면 쉽게 결정할 수 있다.

$$x<-\frac{2}{3}\text{에서 } f'(x)>0\text{이고 } x>-\frac{2}{3}\text{에서 } f'(x)<0$$

이므로 $f\left(-\frac{2}{3}\right)=\frac{580}{27}$은 극댓값이다.

$$x<2\text{에서 } f'(x)<0\text{이고 } x>2\text{에서 } f'(x)>0$$

이므로

$$f(2)=12$$

극솟값이다.

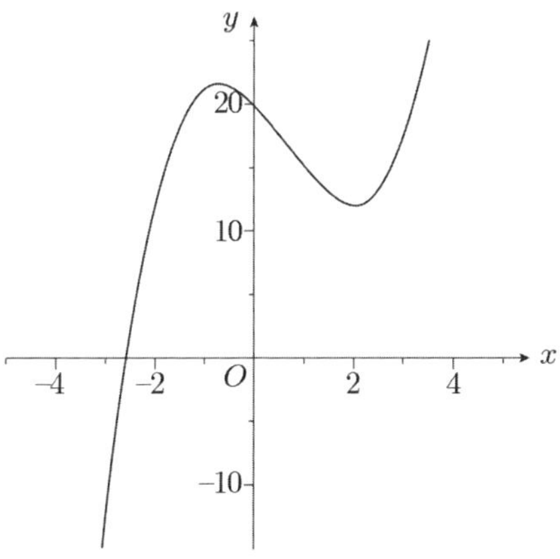

그림 1.9 $f(x)$의 그래프 □

다음은 최댓값과 최솟값에 대한 중요한 정리이다.

> (i) 함수 $f(x)$가 폐구간 $[a, b]$에서 연속이면 $f(x)$의 최댓값과 최솟값을 갖는다.
> (ii) $c \in [a, b]$는 $f'(c)=0$을 만족한다고 하자. 그러면 최댓값과 최솟값은 $f(a)$, $f(c)$, $f(b)$ 가운데서 주어진다. 여기서 c는 여러 개 존재할 수 있다.

예제 1.9 $f(x)=x^3-2x^2-4x+20$의 최댓값과 최솟값을 다음 각 구간에서 구하여라.

(1) $[3, 4]$ (2) $[1, 4]$ (3) $[-1, 3]$ (4) $[-4, 4]$

풀이 ▸ 예제 1.8로부터 $f'(x)=0$을 만족하는 해는

$$x=-\frac{2}{3},\ 2$$

이고, 각 x에 대한 함숫값은

$$f\left(-\frac{2}{3}\right)=\frac{580}{27}=21.48\ldots$$
$$f(2)=12$$

(1) $f(3)=17$ 및 $f(4)=36$이다. $-2/3,\ 2 \notin [3, 4]$이므로 최댓값은 $f(4)=36$이고 최솟값은 $f(3)=17$이다.

(2) $f(1)=15$ 및 $f(4)=36$이다. $-2/3 \notin [3,\ 4]$ 및 $2 \in [1,\ 4]$이므로 최댓값은 $f(4)=36$이고 최솟값은 $f(2)=12$이다.

(3) $f(-1)=21$ 및 $f(3)=17$이다. $-2/3,\ 2 \in [-1,\ 3]$이므로 최댓값은 $f(-2/3)=21.48$이고 최솟값은 $f(2)=12$이다.

(4) $f(-4)=-60$ 및 $f(4)=36$이다. $-2/3,\ 2 \in [-4,\ 4]$이므로 최댓값은 $f(4)=36$ 이고 최솟값은 $f(-4)=-60$이다.

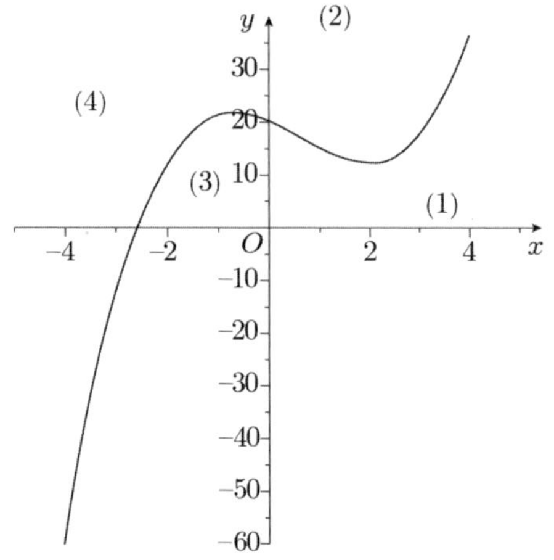

그림 1.9 $f(x)$의 그래프

그림 1.9는 구간별로 최댓값과 최솟값이 다르다는 것을 나타내고 있다. □

예제 1.10 $y=\dfrac{x}{x^2+2x+2}$의 치역을 구하여라.

풀이 ▸ 치역을 구하기 위해서는 함수의 최댓값과 최솟값이 구해져야 한다. 구간이 주어져 있지 않기 때문에 극댓값과 극솟값만으로 치역을 결정하기란 어렵다. 따라서 먼저 그래프의 정보를 어느 정도 파악하는 것이 좋다. x의 절편과 y의 절편이 0이므로 그래프는 원점을 지난다. 또한 분모의 판별식 $D=2^2-4(1)(2)=-4<0$이므로 분모가 0이 되는 x의 값은 존재하지 않는다. 따라서 정의역은 $(-\infty,\ \infty)$이다. 분모의 차수가 분자의 차수보다 높으므로

$$\lim_{x\to\infty}\frac{x}{x^2+2x+2}=0 \text{ 및 } \lim_{x\to-\infty}\frac{x}{x^2+2x+2}=0$$

이다. 즉 $y=0$은 수평점근선이다. 수평점근선과 절편으로부터 함수의 그래프는 반드시 극댓값과 극솟값을 가져야 하고, 이들 가운데 가장 큰 것은 최댓값이고 가장 작은 것은 최솟값이다. 유리함수를 미분하면

$$\frac{dy}{dx}=\frac{x^2+2x+2-x(2x+2)}{(x^2+2x+2)^2}=\frac{-x^2+2}{(x^2+2x+2)^2}$$

이고, $dy/dx=0$해는 $x=\pm\sqrt{2}$이다. 이차함수의 $-x^2+2$의 그래프로부터 함수 y는

$x=\sqrt{2}$에서 최댓값 $\dfrac{\sqrt{2}}{4+2\sqrt{2}}$을 갖고,

$x=-\sqrt{2}$에서 최솟값 $\dfrac{-\sqrt{2}}{4-2\sqrt{2}}$을 갖는다.

따라서 함수의 치역은

$$\left[\frac{-\sqrt{2}}{4-2\sqrt{2}},\frac{\sqrt{2}}{4+2\sqrt{2}}\right]=[-1.21, 0.21]$$

이다. 그림 1.10은 y의 그래프를 그린 것이다.

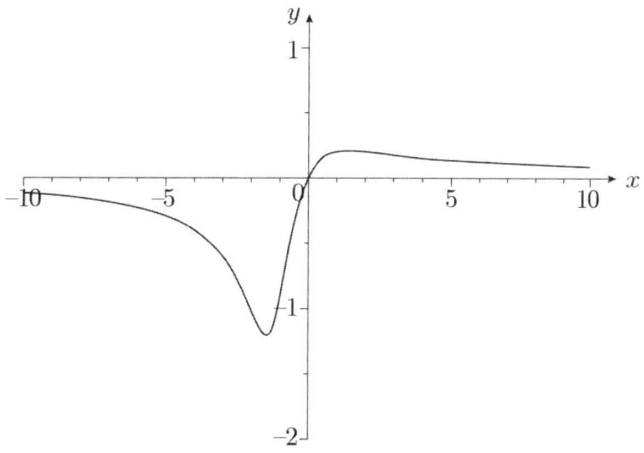

그림 1.10 $y=\dfrac{x}{x^2+2x+2}$의 그래프

□

극댓값과 극솟값을 판정할 때 기울기 $f'(x)$의 부호를 사용하였다. $f'(c)>0$는 점 $(c, f(c))$에 접하는 접선의 기울기가 양수라는 것을 의미한다. 따라서 구간 I에서 $f'(x)>0$는 모든 $x\in I$에 대하여 점 $(x, f(x))$에 접하는 접선의 기울기가 양수이므로 $y=f(x)$의 그래프가 항상 증가함을 의미한다. 즉 임의의 $x_1, x_2\in I$

에 대하여

⑧ $$x_1 < x_2 \text{이면 } f(x_1) < f(x_2)$$

가 성립한다. 식 ⑧을 만족하는 함수 $f(x)$를 구간 I에서 증가함수라고 한다.

반대로 구간 I에서 $f'(x) < 0$는 모든 $x \in I$에 대하여 점 $(x, f(x))$에 접하는 접선의 기울기가 음수이므로 $y = f(x)$의 그래프가 항상 감소함을 의미한다. 즉 임의의 x_1, $x_2 \in I$에 대하여

⑨ $$x_1 < x_2 \text{이면 } f(x_1) > f(x_2)$$

가 성립한다. 식 ⑨를 만족하는 함수 $f(x)$를 구간 I에서 감소함수라고 한다.

예제 1.11 일차함수 $y = 3x - 5$는 실수집합에서 증가함수임을 보여라.

풀이 ▸ 모든 실수 x에 대하여 $\dfrac{dy}{dx} = 3 > 0$이므로 $y = 3x - 5$는 실수집합에서 증가함수이다. □

예제 1.12 이차함수 $y = x^2 - 2x + 1$은 $(-\infty, 1)$에서 감소함수이고 $(1, \infty)$에서 증가함수임을 보여라.

풀이 ▸ $\dfrac{dy}{dx} = 2x - 2 = 2(x-1)$에서

$x < 1$인 실수에 대하여 $\dfrac{dy}{dx} < 0$이므로 y는 $(-\infty, 1)$에서 감소함수이고

$x > 1$인 실수에 대하여 $\dfrac{dy}{dx} > 0$이므로 y는 $(1, \infty)$에서 증가함수이다.

□

예제 1.12에서 $x = 1$에서 $\dfrac{dy}{dx} = 0$임에도 불구하고 $y = x^2 - 2x + 1$은 구간 $(-\infty, 1]$에서 감소하고, $[1, \infty)$에서 증가한다. 따라서 $f'(x) = 0$인 점은 문제에 따라 적절하게 증가 또는 감소를 판정하면 된다.

□ 뉴턴-랩슨법(Newton-Raphson method)에 대한 이야기

$\sqrt{2}$ 에 대한 근삿값을 구하는 방법에 대해 또 다른 방법을 생각해 보자. 먼저 영국의 수학자 뉴턴(1643-1727)이 미분을 발견하여 행성의 운동법칙을 수학적으로 증명하였다는 것은 잘 알고 있다. 여기서 미분의 놀라운 또 다른 적용에 대해 살펴보고자 한다. 뉴턴이 활동하던 시대 수학에서 흥미롭게 다루던 문제는 다항 방정식의 해에 대한 연구였다. 즉 대수학적으로 해를 어떻게 표현하는지에 대한 것들이었다. 이차방정식에 대한 근의 공식 찾기와 같은 것이다. 그러나 근을 찾기도 힘들지만 근을 찾았다고 해도 그 값이 어느 정도인지 아는 것은 여간 골치 아픈 일이 아닐 수 없었다. 뉴턴은 이와 같이 골치 아픈 문제에 대한 답을 그가 발명한 미분이라는 과정으로 쉽게 해결할 수 있는 방법을 제시하였다. 예를 들어, 미분에 의거하여 $x^2 = 2$의 근 $\sqrt{2}$ 의 근삿값 구하는 방법을 설명한다. 먼저 함수 $f(x) = x^2 - 2$에 대해 점 $(1, -1)$에서 $y = x^2 - 2$에 접하는 접선의 방정식은 $y = 2x - 3$이 된다. 그림은 곡선과 직선의 그래프를 그린 것이다. 그래프로부터 $y = x^2 - 2$의 x의 절편은 $\sqrt{2}$ 이고, 또한 $y = 2x - 3$의 x의 절편은 $3/2 = 1.5$임을 알 수 있다. 뉴턴-랩슨법이란 $\sqrt{2}$ 의 첫 번째 근삿값으로 $3/2 = 1.5$를 취하는 방법이다.

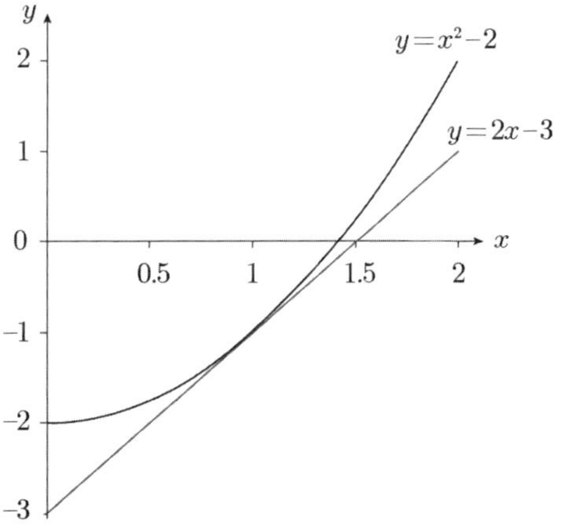

그러나 그래프로부터 알 수 있듯이 오차가 상당히 있어 보인다. 이 오차를 줄이기 위해 점 $(1.5, f(1.5)) = (1.5, 0.25)$에서 $y = x^2 - 2$에 접하는 접선의 방정식을 그린다. 여기서 접선의 방정식은 $y = 3x - 4.25$이다.

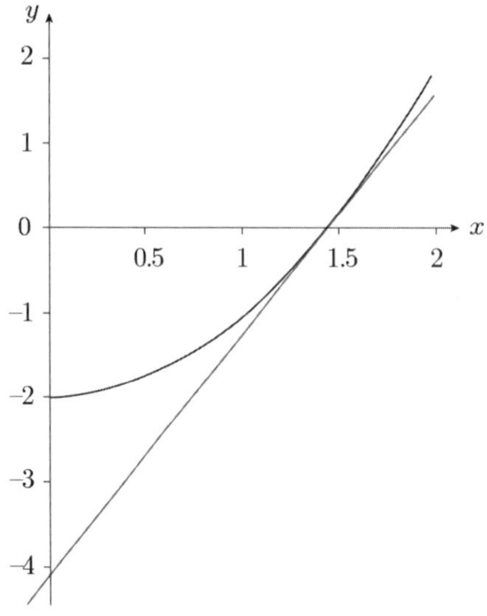

접선의 방정식에서 x의 절편은 $x = 4.25/3 = 1.417$이다. 이 값이 $\sqrt{2}$의 두 번째 근삿값이다. 이러한 과정을 계속 반복하면 $\sqrt{2}$의 근삿값을 보다 효과적으로 빨리 구할 수 있다.

이제 이러한 과정을 보다 일반적으로 묘사하여 보자. $f(x) = x^2 - 2$의 그래프 위의 점 $(x_n,\ y_n)$에서 접선의 방정식은

$$y - y_n = f'(x_n)(x - x_n)$$

이다. 접선의 방정식의 x의 절편은

$$x = x_n - \frac{f(x_n)}{f'(x_n)} = x_n - \frac{x_n^2 - 2}{2x_n} = \frac{x_n}{2} + \frac{1}{x_n}$$

이다. 이 x를 x_{n+1}로 두면 다음과 같은 수열이 얻어지고, x_{n+1}이 $\sqrt{2}$의 $n+1$번째 근삿값이 된다.

$$x_{n+1} = \frac{x_n}{2} + \frac{1}{x_n},\ n = 0,\ 1,\ 2,\ \cdots$$

프로그램을 이용하여 7번째까지의 근삿값을 출력하면 다음과 같다.

```
x := 1;
for n from 1 to 7 do
```

```
evalf(x/2 + 1/x, 20);
x := %;
end do
```

```
1
1.5000000000000000000
1.4166666666666666667
1.4142156862745098039
1.4142135623746899106
1.4142135623730950488
1.4142135623730950488
```

실제, $\sqrt{2}$ 의 소수점 이하 스무 번째 자리까지의 근삿값은

$$1.4142135623730950488$$

이다.

여기서 우리는 언급하지 않은 두 가지 중요한 내용을 언급해 둔다.

$$x_{n+1} = \frac{x_n}{2} + \frac{1}{x_n},\ n = 0,\ 1,\ 2,\ \cdots$$

(1) 수열 x_n은 수렴하는가?

(2) 만약 수렴한다면 x_n은 어디에 수렴하는가?

첫 번째 질문에 대한 대답은 미루고 두 번째 문제에 대한 답을 해보자.
즉 $x_n \to x$라고 가정해 보자. 그러면

$$x_{n+1} = \frac{x_n}{2} + \frac{1}{x_n} \to x = \frac{x}{2} + \frac{1}{x}$$

양변에 x를 곱하고 정리하면

$$x^2 - 2 = 0$$

즉, x_n는 $\sqrt{2}$ 에 수렴한다.

11-1 연습문제

01 다음 함수의 도함수를 구하여라.

(1) $f(x)=x^4-\sqrt{2}\,x$ (2) $f(x)=\dfrac{x^5}{5}-\dfrac{x^3}{3}$

(3) $f(x)=2x^n-n$ (n은 자연수) (4) $f(x)=x^{-3}+\dfrac{1}{x^3}$

(5) $g(x)=x^{2n}-x^n+2^n$ (n은 자연수)

(6) $g(x)=(x^4+3x^2)(x^3-4x)$

(7) $h(x)=\dfrac{x+5}{2x-1}$ (8) $h(x)=\dfrac{x^2-2x}{x^2+1}$

(9) $k(x)=\dfrac{2+x^2}{2-x^2}$ (10) $k(x)=\dfrac{x+1}{1+\dfrac{1}{x}}$

(11) $y=\dfrac{2x^2+4x+1}{3x-1}$ (12) $y=\dfrac{x^2-4x+1}{x^2+x+1}$

(13) $y=\dfrac{(x^2-3)(x^2+3)}{x}$ (14) $y=\dfrac{(x+3)(x+1)(x+2)}{3x-1}$

02 주어진 함수와 주어진 점 $(a, f(a))$에서 접선의 방정식을 구하여라.

(1) $f(x)=x^2$, $a=1$ (2) $f(x)=x^3$, $a=2$

(3) $y=2x^2-3x+1$, $a=-2$ (4) $y=\dfrac{1}{x^2}$, $a=3$

(5) $f(x)=(x^2+1)(x^3+x)$, $a=1$ (6) $f(x)=\dfrac{x^2}{x^2+1}$, $a=2$

03 어떤 물체의 운동을 관찰한 결과 시간 t에서 물체의 위치 $s=1/(1+t)$에 의해 주어졌다. 이 때 $t=1,2,3$일 때 물체의 속도를 구하여라. 단, 시간의 단위는 초이고 위치의 단위는 미터이다.

04 $f'(a)$가 존재하면 $f(x)$는 $x=a$에서 연속임을 보여라.

05 그림에서 보듯이 구간 $[a, b]$에서 평균기울기와 순간기울기가 같아지는 c가 구간 (a, b)에 존재한다. 즉

$$\frac{f(b)-f(a)}{b-a}=f'(c)$$

인 c가 존재한다. 이를 미분에 대한 평균값정리라고 한다.

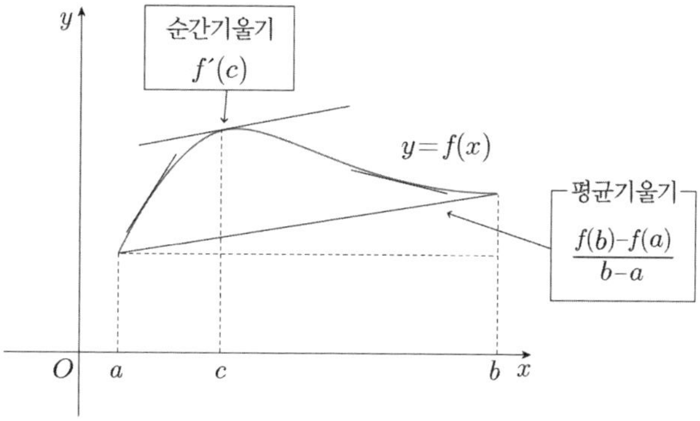

구간 $[1,\ 2]$에서 $f(x)=x^2+3x+5$의 평균기울기와 순간기울기가 같아지는 c의 값을 구하여라.

06 고속도로에는 구간단속이 실시되고 있는 구간이 있다. 구간단속이 실시되고 있는 구간의 거리가 100km이고, 고속도로의 최고속도는 100km/h로 제한되어 있다고 하자. 어떤 자동차가 단속구간에서 달린 시간이 5분이라고 할 때 이 자동차는 최고속도에 대한 규정을 위반했는지에 대한 판정을 문제 5번을 이용하여 설명하여라.

2 연쇄법칙

이 절에서는 합성함수의 미분법에 대해 설명한다. 먼저 다음 합성함수 $f(x)$의 미분법과 및 이에 대한 활용문제를 생각해 보자.

$$f(x) = (2x+1)^4$$

x^n에 대한 미분공식은 이미 알고 있으므로 함수 $f(x)$의 미분은 식의 전개 후 미분하면 된다. 즉

$$f(x) = (2x+1)^4 = 16x^4 + 32x^3 + 24x^2 + 8x + 1$$
$$f'(x) = 64x^3 + 96x^2 + 48x + 8$$

미분의 문제는 해결되었지만 $f'(x) = 0$이 되는 x를 구하기 위해서는

$$f'(x) = 64x^3 + 96x^2 + 48x + 8 = 8(2x+1)^3 = 0$$

와 같이 인수분해를 해야 하므로 약간 불편하다.

이러한 불편함을 합성함수의 미분법으로 해결할 수 있다.

함성함수 $h(x) = f(g(x))$의 미분은

$$\frac{dh(x)}{dx} = f'(g(x))\frac{dg(x)}{dx}$$

$y = f(u)$, $u = g(x)$로 놓으면

$$\frac{dy}{dx} = \frac{dy}{du}\frac{du}{dx}$$

예제 2.1 다음 함수를 미분하라.

(1) $\dfrac{d}{dx}(2x^2+x)^3$ (2) $\dfrac{d}{dx}(x^3+x)^{100}$

풀이 ▸ (1) $f(x)=x^3$ 및 $u=2x^2+x$로 놓으면

$$(2x^2+x)^3=f(u)$$

연쇄법칙에 의해

$$\begin{aligned}\frac{d}{dx}(2x^2+x)^3 &= f'(u)\frac{du}{dx}\\ &=3u^2(4x+1)=3(2x^2+1)(4x+1)\end{aligned}$$

(2) $u=x^3+x$라 두면

$$\begin{aligned}\frac{d}{dx}(x^3+x)^{100}&=\frac{d}{dx}u^{100}=\frac{du}{dx}\frac{d}{du}u^{100}\\ &=(3x^2+1)\cdot 100u^{99}=100(3x^2+1)(x^3+x)^{99}\end{aligned}$$

□

[주의] 다음은 잘못된 계산의 예이다.

$$\frac{d}{dx}(x^3+x)^{100}=100(x^3+x)^{99} \qquad \text{잘못됨}$$

예제 2.2 $y=(2x^2-x)^{10}(x^2+2x)^{11}$을 미분하여라.

풀이 ▸ 곱에 대한 미분법칙과 연쇄법칙을 사용하여 미분한다.

$$\begin{aligned}\frac{dy}{dx}&=(x^2+2x)^{11}\frac{d}{dx}(2x-x)^{10}+(2x-x)^{10}\frac{d}{dx}(x^2+2x)^{11}\\ &=(x^2+2x)^{11}\cdot 10(2x^2-x)^9(4x-1)+(2x^2-x)^{10}\cdot 11(x^2+2x)^{10}(2x+2)\\ &=(2x^2-x)^9(x^2+2x)^{10}[10(x^2+2x)(4x-1)+22(2x^2-x)(x+1)]\end{aligned}$$

□

예제 2.3 $f(x)=\left(\dfrac{x+1}{x-1}\right)^3$의 도함수를 구하여라.

풀이 ▸ 상에 대한 미분법칙과 연쇄법칙을 사용하여 미분한다.

$$
\begin{aligned}
f'(x) &= 3\left(\frac{x+1}{x-1}\right)^2 \frac{d}{dx}\frac{x+1}{x-1} \\
&= 3\left(\frac{x+1}{x-1}\right)^2 \frac{x-1-(x+1)}{(x-1)^2} = -6\frac{(x+1)^2}{(x-1)^3}
\end{aligned}
$$

□

토론 2.1 $f(x) = x^2 + 2x + 3$일 때

$$(f \circ f \circ f)' = f'(51)f'(6)f'(1)$$

로 계산할 수 있다. 이 사실을 토론해 보고 일반화할 수 있는 방법을 기술해 보라.

11.2 연습문제

01 다음 함수들의 미분을 구하여라.

(1) $f(x) = (2x+1)^2$　　(2) $f(x) = (x-1)^3(x+1)^3$

(3) $h(x) = (3x^2-2x)^{-3}$　　(4) $h(x) = \left(\dfrac{2x+4}{3x-1}\right)^2$

02 다음 각 함수의 도함수를 구하여라.

(1) $F(r) = k\dfrac{mM}{r^2}$　　(2) $V(r) = \dfrac{4}{3}\pi r^3$

(3) $P(i) = A\left(1+\dfrac{i}{100}\right)^n$

03 다음 미분이 틀린 이유를 설명하여라.

(1) $\dfrac{d}{dx}(3x^2+x)^{20} = 20(3x^2+x)^{19}$

(2) $\dfrac{d}{dx}[x^{100}(1+x)^{101}] = 100x^{99} + 101(1+x)^{100}$

12 미분의 기법

1. 삼각함수의 미분
2. 음함수의 미분
3. 지수함수와 로그함수의 미분
4. 매개변수방정식의 미분

1 삼각함수의 미분

이 절에서는 자연법칙, 공학 등 여러 가지 현상을 기술하는데 매우 중요한 삼각함수의 도함수 구하는 법에 대해 설명한다.

(i) $\dfrac{d}{dx}\sin x = \cos x$

(ii) $\dfrac{d}{dx}\cos x = -\sin x$

(iii) $\dfrac{d}{dx}\tan x = \sec^2 x$

증명 ▸ (i) $f(x) = \sin x$ 라 두자.

$$\begin{aligned} f'(x) &= \lim_{h\to 0}\frac{f(x+h)-f(x)}{h} \\ &= \lim_{h\to 0}\frac{\sin(x+h)-\sin x}{h} \\ &= \lim_{h\to 0}\frac{\sin x\cos h+\cos x\sin h-\sin x}{h} \\ &= \lim_{h\to 0}\left[\sin x\left(\frac{\cos h-1}{h}\right)+\cos x\left(\frac{\sin h}{h}\right)\right] \\ &= \lim_{h\to 0}\sin x\lim_{h\to 0}\frac{\cos h-1}{h}+\lim_{h\to 0}\cos x\lim_{h\to 0}\frac{\sin h}{h} \\ &= \sin x\times 0+\cos x\times 1=\cos x \end{aligned}$$

(ii) $f(x) = \cos x$ 라 두자.

$$\begin{aligned} f'(x) &= \lim_{h\to 0}\frac{f(x+h)-f(x)}{h} \\ &= \lim_{h\to 0}\frac{\cos(x+h)-\cos x}{h} \end{aligned}$$

$$= \lim_{h \to 0} \frac{\cos x \cos h - \sin x \sin h - \cos x}{h}$$

$$= \lim_{h \to 0} \left[\cos x \left(\frac{\cos h - 1}{h} \right) - \sin x \left(\frac{\sin h}{h} \right) \right]$$

$$= \lim_{h \to 0} \cos x \lim_{h \to 0} \frac{\cos h - 1}{h} - \lim_{h \to 0} \sin x \lim_{h \to 0} \frac{\sin h}{h}$$

$$= \cos x \times 0 - \sin x \times 1 = - \sin x$$

(iii) $$\frac{d}{dx} \tan x = \frac{d}{dx} \frac{\sin x}{\cos x}$$

$$= \frac{\cos x \frac{d}{dx} \sin x - \sin x \frac{d}{dx} \cos x}{\cos^2 x}$$

$$= \frac{\cos x \cos x - \sin x(-\sin x)}{\cos^2 x}$$

$$= \frac{\cos^2 x + \sin^2 x}{\cos^2 x} = \frac{1}{\cos^2 x} = \sec^2 x$$ □

나머지 삼각함수에 대한 미분도 쉽게 구할 수 있다.

(iv) $$\frac{d}{dx} \csc x = -\cot x \csc x$$

(v) $$\frac{d}{dx} \sec x = \sec x \tan x$$

(vi) $$\frac{d}{dx} \cot x = -\csc^2 x$$

예제 1.1 $f(x) = 2\sin x + 3\cos x$의 도함수를 구하여라.

풀이 ▸ 합과 상수곱에 대한 미분법칙으로부터

$$f'(x) = 2\frac{d}{dx} \sin x + 3\frac{d}{dx} \cos x$$

$$= 2\cos x - 3\sin x$$ □

예제 1.2 $y = x^2 \sin x$ 를 미분하라.

풀이 ▸ 곱의 미분법칙으로부터

$$\begin{aligned}\frac{dy}{dx} &= \sin x \frac{d}{dx} x^2 + x^2 \frac{d}{dx} \sin x \\ &= 2x \sin x + x^2 \cos x\end{aligned}$$

□

예제 1.3 $f(x) = 2\sin x \cos x$ 의 도함수를 구하여라.

풀이 ▸
$$\begin{aligned}f'(x) &= 2\cos x \frac{d}{dx} \sin x + 2\sin x \frac{d}{dx} \cos x \\ &= 2\cos x \cos x + 2\sin x(-\sin x) \\ &= 2(\cos x \cos x - \sin x \sin x) \\ &= 2\cos(x+x) = 2\cos(2x)\end{aligned}$$

별해 ▸ $2\sin x \cos x = \sin 2x$ 이므로 연쇄법칙을 이용하여 구할 수 있다.

$$\frac{d}{dx} 2\sin x \cos x = \frac{d}{dx} \sin 2x = 2\cos 2x$$

□

예제 1.4 $y = \cos(3x-2)$를 미분하여라.

풀이 ▸ $u = 3x - 2$라 놓고 연쇄법칙을 적용하면

$$\begin{aligned}\frac{dy}{dx} &= \frac{du}{dx}\frac{dy}{du} = \frac{d}{dx}(3x-2)\frac{d}{du}\cos u \\ &= 3(-\sin u) = -3\sin(3x-2)\end{aligned}$$

□

예제 1.5 함수 $y = \frac{\cos x}{1+\sin x}$는 구간 $(-\frac{\pi}{2}, \frac{3\pi}{2})$에서 감소함을 보여라.

풀이 ▸
$$\begin{aligned}\frac{dy}{dx} &= \frac{-\sin x(1+\sin x) - \cos x \cos x}{(1+\sin x)^2} \\ &= \frac{-\sin x - (\sin^2 x + \cos^2 x)}{(1+\sin x)^2} = -\frac{1+\sin x}{(1+\sin x)^2} = -\frac{1}{1+\sin x}\end{aligned}$$

구간 $(-\frac{\pi}{2}, \frac{3\pi}{2})$에서 $\frac{dy}{dx} = 0$이 되는 점이 존재하지 않고

$$1+\sin x>0\text{이므로 }\frac{dy}{dx}<0$$

따라서 함수는 주어진 구간에서 감소한다. 그림 1.1은 그래프는 감소하고 있음을 보이고 있다.

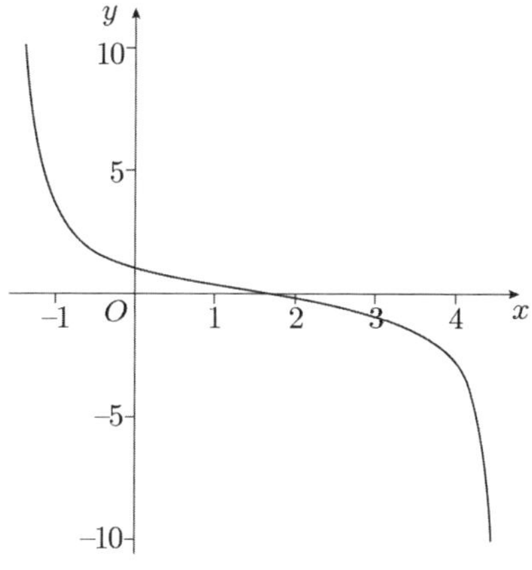

그림 1.1 감소하는 그래프 □

예제 1.6 함수 $f(x)=x+\sin x$는 구간 $(-\infty,\infty)$에서 증가함으로 보여라.

풀이 ▸ $f'(x)=1+\cos x$ 이고 $-1\le\cos x\le 1$이므로 모든 $x\in(-\infty,\infty)$에 대하여 $f'(x)\ge 0$이다. $f'(x)=0$인 점은 고립되어 있는 점들뿐이므로 $f(x)$는 $(-\infty,\infty)$에서 증가한다. 그림 1.2는 그래프가 증가함을 보이고 있다.

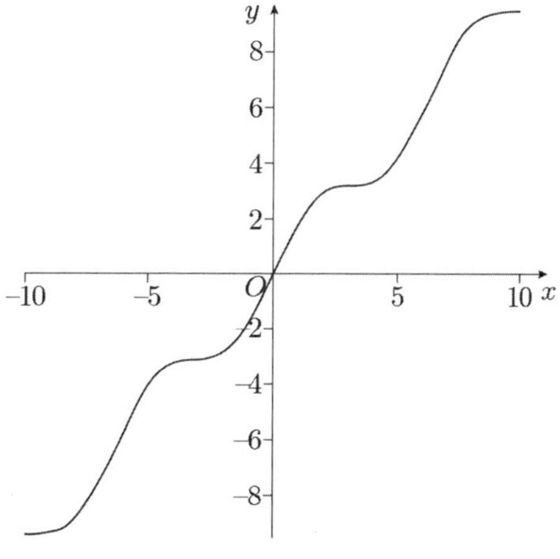

그림 1.2 증가하는 그래프 □

함수가 주어진 구간에서 증가만 하거나 또는 감소만 하는 경우 극댓값 또는 극솟값을 가질 수 없다.

예제 1.7 함수 $f(x)=\sin(3x)$의 2계 도함수 및 3계 도함수를 구하여라.

풀이 ▸ $f'(x)=3\cos(3x)$

$f''(x)=-3^2\sin(3x)$

$f'''(x)=-3^3\cos(3x)$ □

예제 1.7에서

$$f''(x)=-3^2\sin(3x)=-9f(x) \text{ 즉 } f''(x)+9f(x)=0$$

라는 식이 유도된다. $f''(x)+9f(x)=0$에는 도함수가 포함되어 있는데, 이러한 식은 미분방정식이라 불린다. 미분방정식은 수학 및 공학에서 매우 중요하게 다루어진다. 함수 $f(x)=\sin(3x)$는 미분방정식 $f''(x)+9f(x)=0$의 해가 된다.

지금부터 역함수에 대한 도함수를 구하는 방법에 대해 설명한다.

$y=f^{-1}(x)$에 대하여

$$\frac{dy}{dx}=\frac{1}{\frac{dx}{dy}}$$

증명 ▸ 역함수의 정의로부터

$$f(f^{-1}(x))=x$$

이므로, $y=f^{-1}(x)$로 놓으면 연쇄법칙에 의해

$$\frac{d}{dx}f(f^{-1}(x))=\frac{dy}{dx}\frac{dx}{dy}=1$$

따라서
$$\frac{dy}{dx}=\frac{1}{\frac{dx}{dy}}$$ □

예제 1.8 $f^{-1}(x) = \arcsin x$, $-1 < x < 1$의 도함수를 구하여라.

풀이 ▸ $y = \arcsin x$라 놓으면 $\sin y = x$이다. x를 y에 대한 함수로 간주하고 y에 대하여 미분하면

$$\frac{dx}{dy} = \frac{d}{dy}\sin y = \cos y$$

$$\frac{dy}{dx} = \frac{1}{\frac{dx}{dy}} = \frac{1}{\cos y}$$

$$= \frac{1}{\pm\sqrt{1-\sin^2 y}} = \frac{1}{\pm\sqrt{1-x^2}}$$

역함수의 정의에 의해 $-\pi/2 < y < \pi/2$이므로 $\cos y > 0$이다. 따라서

$$\frac{d}{dx}\arcsin(x) = \frac{1}{\sqrt{1-x^2}}$$ □

예제 1.9 $y = \arcsin(3-2x)$를 미분하여라.

풀이 ▸ $u = 3-2x$로 놓으면

$$\frac{d}{dx}\arcsin(3-2x) = \frac{du}{dx}\frac{d}{du}\arcsin u$$

$$= (-2)\frac{1}{\sqrt{1-u^2}} = \frac{-2}{\sqrt{1-(3-2x)^2}}$$ □

토론 1.1 앞에서 $\lim_{x\to 0}\frac{\sin x}{x} = 1$이라는 것을 배웠다(382쪽 참조). $f(x) = \sin x$라 두고 도함수의 개념을 이용하여 이 식이 성립함을 설명해 보라.

❐ 진동과 미분방정식에 대한 이야기

삼각함수에서 사인파형 함수는 진동의 모양을 나타내는 매우 중요한 함수라는 것을 배웠다. 질량이 m_1과 m_2인 두 개의 원자는 서로 밀고 당기는 보이지 않는 스프링으로 서로 연결되어 있다. 이때 질량들의 움직이는 궤도를 그려보면 그림과 같다.

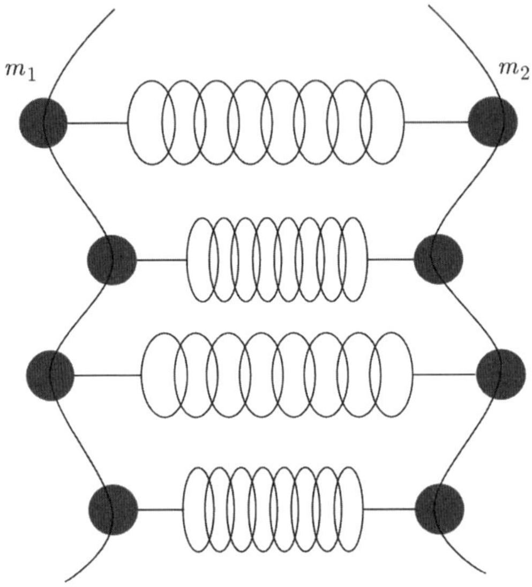

다음 그림과 같이 왼쪽은 질량은 고정시키고 오른쪽에 질량 m인 물체가 수평으로 연결되어 있는 간단한 스프링을 생각하자. 질량에 작용하는 힘은 스프링에 의한 힘뿐이며 좌우 수평으로 진동한다고 가정하자.

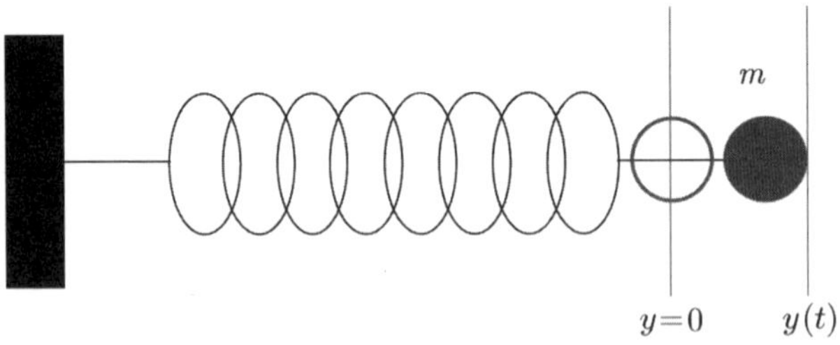

물체가 멈추어 있는 위치는 $y=0$으로 설정하고, 물체가 운동할 때 임의의 시각 t에서 물체의 위치는 $y(t)$라고 하자. 뉴턴의 운동 제2법칙 $F=ma$에

$$F=-ky(t)$$

$$a = y''(t)$$

을 대입하면

⑩ $$my''(t) + ky(t) = 0$$

이때, 상수 k는 스프링의 탄성계수이다. 식 ⑩은 미지함수 $y(t)$를 구하는 방정식인데 미분이 포함되어 있는 미분방정식이다.

식 ⑩의 해를 구하는 정확한 해법은 상위 과정에서 배우므로 생략하고 미분의 개념만으로 해를 추정하여 보자.

스프링에 매달린 질량의 궤도를 머리에 떠올리면 사인파형 삼각함수의 그래프와 유사하다는 것을 쉽게 추정할 수 있다. 즉 $y(t) = \sin(\omega t)$의 그래프라고 생각할 수 있다. 이 함수의 1계, 2계도함수를 차례로 계산하면

$$y'(t) = \omega \cos(\omega t)$$
$$y''(t) = -\omega^2 \sin(\omega t)$$

두 식을 더하면

$$y''(t) + \omega^2 y(t) = -\omega^2 \sin(\omega t) + \omega^2 \sin(\omega t) = 0$$

즉

⑪ $$y''(t) + \omega^2 y(t) = 0$$

식 ⑪에서

$$\omega = \sqrt{\frac{k}{m}}$$

로 두면, 식 ⑩과 ⑪은 같다. 따라서 $y(t) = \sin(\omega t)$는 식 ⑩의 해가 된다. m이 크고 k가 작으면 진동수는 적으므로 매우 느리게 진동한다. 반대로 m이 작고 k가 크면 진동수가 크므로 매우 빠르게 진동한다. 예를 들어

$m = 10$, $k = 0.1$ (단위 생략)이면 $y(t) = \sin \frac{1}{10} t$

$m = 0.01$, $k = 1$ (단위 생략)이면 $y(t) = \sin 10t$

그림은 $y(t) = \sin \frac{1}{10} t$가 1회 진동할 때 $y(t) = \sin 10t$는 100회 진동함을 나타내고 있다.

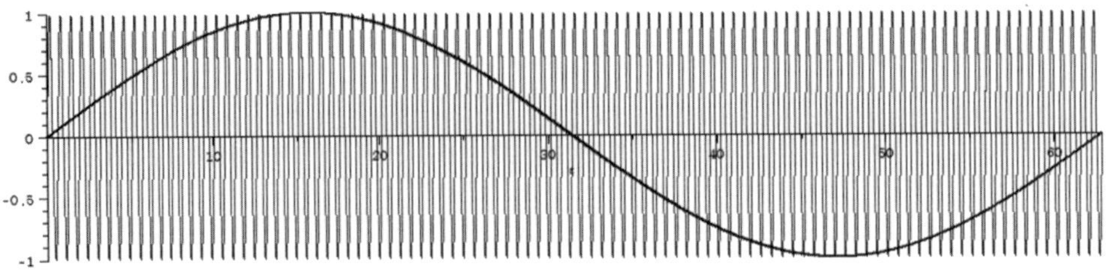
1
0.5
0
-0.5
-1
10
20
30
40
50
60

12-1 연습문제

01 다음 함수의 도함수를 구하여라.

(1) $f(x) = \sin x(\tan x + 1)$

(2) $f(x) = 3\sec x - 2\csc x$

(3) $f(x) = x\sin x + \dfrac{1}{x}\cos x$

(4) $g(x) = x^2 \cot x$

(5) $g(x) = \dfrac{\cos x}{1+x^2}$

(6) $f(x) = \dfrac{x+\sin x}{x-\cos x}$

02 연쇄법칙을 이용하여 미분하여라.

(1) $\dfrac{d}{dx}\sin(2x^2+x)$

(2) $\dfrac{d}{dx}\cos^2(2x^2+x)$

(3) $\dfrac{d}{dx}\sin(3x-1)\cos(1-2x)$

(4) $\dfrac{d}{dx}\cot^3(\pi x+1)$

(5) $\dfrac{d}{dx}[\sin(x^3-2x+1) - x\csc x^2]$

(6) $\dfrac{d}{dx}(-\sec^2 x + 1 + \tan^2 x)$

(7) $\dfrac{d}{dx}\left(\dfrac{\sin^2(2x+1)}{\cos^2(1-2x)}\right)$

(8) $\dfrac{d}{dx}\dfrac{\sec 2x}{1+\tan 2x}$

03 다음 함수의 치역을 구하여라.

(1) $f(x) = \dfrac{x}{1+x^2}$

(2) $f(x) = x^3 + x^2 - 2x \quad x \in [-3,\ 4]$

04 다음 각 함수의 도함수를 구하여라.

(1) $f(x) = \sin(3-x)\cos(2x+1)\tan(3x)$

(2) $f(x) = \sin(\cos(2-3x))$

(3) $f(x) = \tan^2(3x + \sin(2x+1))$

(4) $f(x) = \sin(\cos^2(\tan(2x)))$

05 곡선 $y=\dfrac{\sin\frac{\pi}{2}x}{1+x^2}$에 대하여 다음 물음에 답하여라.

(1) 점 $(1, \frac{1}{2})$에서 곡선에 접하는 접선의 방정식을 구하여라.

(2) 계산기를 사용하여 $x=1.1$ 에서 곡선의 값과 접선의 방정식을 값을 반올림으로 소수점아래 3자리까지 구하여라.

(3) (2)의 결과를 보고 어떤 의미를 부여할 수 있는지 설명하여라.

06 역삼각함수의 도함수를 구하여라.

(1) $y=\arccos x$ (2) $y=\arctan x$

07 $f(x)=\arctan(x)+\text{arc}\cot(x)$는 상수함수임을 보여라.

2 지수함수와 로그함수의 미분

이 절에서는 지수함수와 로그함수의 도함수에 대해 설명한다. 먼저 지수함수

$$f(x)=a^x,\ a\neq 1,\ a>0$$

에 대한 도함수 $f'(x)$를 구하여 보자. 도함수의 정의에 의해

①
$$\begin{aligned} f'(x) &= \lim_{h\to 0}\frac{f(x+h)-f(x)}{h} = \lim_{h\to 0}\frac{a^{x+h}-a^x}{h} \\ &= \lim_{h\to 0}\frac{a^x(a^h-1)}{h} = a^x \lim_{h\to 0}\frac{a^h-1}{h} \end{aligned}$$

임의의 점 x에 대한 노함수 $f'(x)$는 나음 극한값만 일면 된다.

②
$$\lim_{h\to 0}\frac{a^h-1}{h}$$

극한 ②는 $f'(0)$와 같으므로, 즉

$$f'(0)=\lim_{h\to 0}\frac{f(0+h)-f(0)}{h}=\lim_{h\to 0}\frac{a^h-1}{h}$$

극한 ②는 $y=a^x$의 그래프 위의 점 (0, 1)에 접하는 접선의 기울기이다. 그림 2.1은 $y=2^x$, $y=x+1$, $y=3^x$의 그래프를 차례로 나타낸 것으로 모든 그래프가 (0, 1)을 지난다. 점 (0, 1)에서 매우 가까운 근방에서 세 개의 함수의 값들이 거의 비슷한 것처럼 보이며 $y=x+1$는 점 (0, 1)에서 $y=3^x$에 접하는 것처럼 보인다.

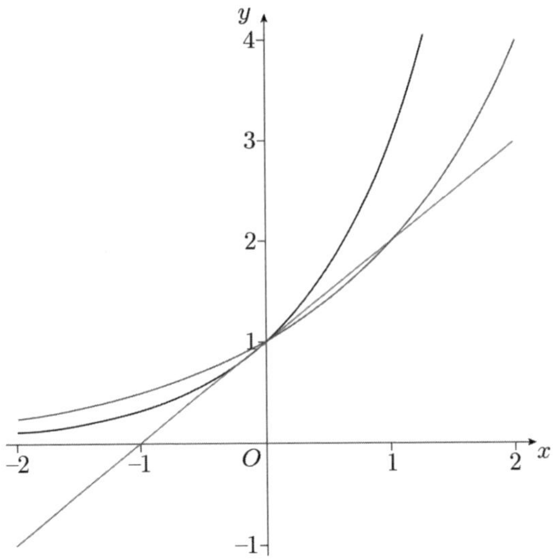

그림 2.1 (0, 1)을 지나는 세 개의 그래프

이러한 사실을 확인하기 위해 구간 $[-0.1,\ 0.1]$ 위에서 그래프를 좀 더 세밀하게 그려보면 그림 2.2와 같다.

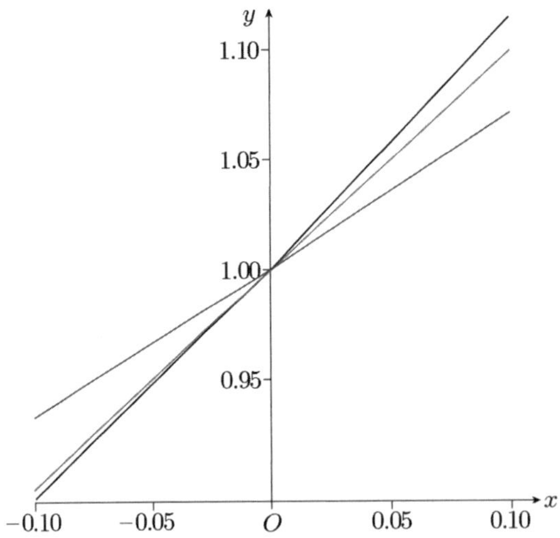

그림 2.2 구간 $[-0.1,\ 0.1]$에서 그래프

그림 2.2로부터 $y=x+1$는 점 $(0,\ 1)$에서 $y=3^x$에 접하지 않는 다는 것을 관찰할 수 있다. 그림 2.3은 $y=x+1$, $y=2.7^x$의 그래프를 그린 것으로 두 그래프가 $(0,\ 1)$의 근방에서 거의 같다.

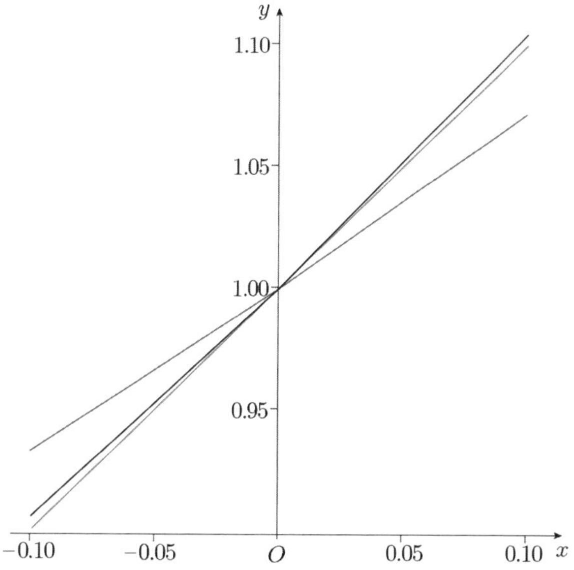

그림 2.3 $y = x + 1$, $y = 2.7^x$ 의 그래프

이러한 관찰로부터 a 의 값을 바꾸면 $y = x + 1$과 완전하게 일치하는 즉 (0, 1)에서 $y = a^x$에 접하는 접선의 기울기가 1인 되는 a의 값이 존재한다는 것을 알 수 있다. 이러한 사실로부터 기울기가 1이 되는 a의 값을 e라 정의하고 이를 자연대수라고 한다. 자연대수 e의 정의는 4장 1절에서 언급되었다.

③ $$\lim_{x \to 0} \frac{e^x - 1}{x} = 1$$

자연대수 e 의 값은 2와 3 사이에 있다. 식 ①에서 $a = e$로 두면 식 ③으로부터 극한값은 1이 되므로 식 ①은

$$f'(x) = e^x$$

이를 정리하면 다음 결과를 얻는다.

(i) $$\frac{d}{dx} e^x = e^x$$

(ii) $$\frac{d}{dx} a^x = (\ln a) a^x$$

증명 ▸ (i) e의 정의로부터 자명하다.

(ii) 모든 실수 x에 대하여

$$a^x = e^{\ln a^x} = e^{x \ln a}$$

$u = x \ln a$라 두고 연쇄법칙을 적용하면

$$\begin{aligned}\frac{d}{dx}a^x &= \frac{d}{dx}e^{x\ln a} = \frac{d}{dx}e^u \\ &= \frac{du}{dx}\frac{d}{du}e^u = (\ln a)\,e^u = (\ln a)\,e^{x\ln a} = (\ln a)\,a^x\end{aligned}$$

□

(i)은 e^x의 도함수가 e^x 그 자신임을 의미한다. 이러한 사실 때문에 자연 지수함수는 자연과학, 공학 및 사회과학에서 귀한 대접을 받고 있다.

실례로 "어떤 양(quantity)에 대한 시간의 변화율은 그 시간에 존재하는 자신의 양에 비례한다"는 법칙으로 규명되는 현상들이 매우 많이 있다. 시간 t에서 어떤 양을 $y = y(t)$로 두고, 위의 법칙을 대수식으로 표현하면

④ $$\frac{dy}{dt} = ky$$

함수 $y = e^{kt}$에 연쇄법칙을 적용하여 미분하면

$$\frac{dy}{dt} = \frac{d}{dt}e^{kt} = e^{kt}\frac{d}{dt}(kt) = k\,e^{kt} = ky$$

이므로, $y = e^{kt}$는 미분방정식 ④를 만족한다. 즉 $y = e^{kt}$는 식 ④의 해이다.

예제 2.1 다음 함수를 미분하라.

(1) $y = 3^x$ (2) $y = 3^{-x}$

풀이 ▸ (1) $\dfrac{d}{dx}3^x = (\ln 3)\,3^x$

(2) $\dfrac{d}{dx}3^{-x} = \dfrac{d}{dx}\left(\dfrac{1}{3}\right)^x = \left(\ln\dfrac{1}{3}\right)\left(\dfrac{1}{3}\right)^x = -(\ln 3)\,3^{-x}$

또는 연쇄법칙을 이용하여

$$\frac{d}{dx}3^{-x} = (\ln 3)3^{-x}(-1) = -(\ln 3)3^{-x}$$

□

예제 2.2 다음 함수의 도함수를 구하여라.

(1) $f(x)=e^x\sin x$ (2) $f(x)=e^{3x^2-2x}$ (3) $f(x)=\dfrac{e^x}{x}$

풀이 ▸ (1) $f'(x)=\sin x\dfrac{d}{dx}e^x+e^x\dfrac{d}{dx}\sin x$

$$=e^x\sin x+e^x\cos x$$

(2) $f'(x)=e^{3x^2-2x}\dfrac{d}{dx}(3x^2-2x)=2(3x-1)e^{3x^2-2x}$

(3) $f'(x)=\dfrac{x\dfrac{d}{dx}e^x-e^x\dfrac{d}{dx}(x)}{x^2}=\dfrac{e^x(x-1)}{x^2}$ □

예제 2.3 곡선 $y=xe^{-x}$ 위의 점 $(1,e^{-1})$에 접하는 접선의 방정식을 구하여라.

풀이 ▸ $\dfrac{d}{dx}(xe^{-x})=(1)e^{-x}+x(-1)e^{-x}=e^{-x}(1-x)$이므로 $\left.\dfrac{dy}{dx}\right|_{x=1}=0$이다. 따라서 구하는 접선의 방정식은

$$y-\frac{1}{e}=0(x-1) \quad \text{또는} \quad y=\frac{1}{e}$$

그림 2.4는 $y=xe^{-x}$의 그래프와 $(1,e^{-1})$에 접하는 접선의 방정식의 그래프를 그린 것이다.

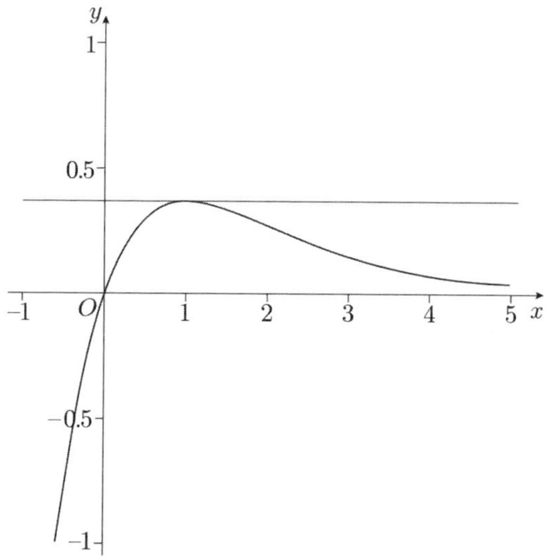

그림 2.4 $y=xe^{-x}$과 $y=1/e$의 그래프

그래프로부터 $y=xe^{-x}$의 최댓값은 $1/e$임을 알 수 있다(증명해 보아라). □

로그함수의 도함수는 지수함수의 도함수를 이용하여 쉽게 구할 수 있다.

$$\text{(i)}\quad \frac{d}{dx}\ln x=\frac{1}{x}\qquad (x>0)$$

$$\text{(ii)}\quad \frac{d}{dx}\ln|x|=\frac{1}{x}\qquad (x\neq 0)$$

$$\text{(iii)}\quad \frac{d}{dx}\log_a x=\frac{1}{x\ln a}\qquad (x>0)$$

증명 ▸ (i) $y=\ln x$로 놓으면 역함수의 정의에 의해 $x=e^y$이다.

$$\frac{dx}{dy}=\frac{d}{dy}e^y=e^y=x$$

$$\frac{dy}{dx}=\frac{1}{\frac{dx}{dy}}=\frac{1}{x}$$

(ii) $x>0$인 경우와 $x<0$인 경우로 나누어 증명한다.

$x>0$인 경우

$$\frac{d}{dx}\ln|x|=\frac{d}{dx}\ln x=\frac{1}{x}$$

$x<0$인 경우만 보이면 된다.

$$\frac{d}{dx}\ln|x|=\frac{d}{dx}\ln(-x)=\frac{1}{-x}(-1)=\frac{1}{x}$$

(iii) 밑 변환 공식을 이용한다.

$$\frac{d}{dx}\log_a x=\frac{d}{dx}\frac{\ln x}{\ln a}=\frac{1}{\ln a}\frac{d}{dx}\ln x=\frac{1}{x\ln a}$$ □

예를 들어

$$\frac{d}{dx}\log_2 x = \frac{1}{x\ln 2}$$

$$\frac{d}{dx}\log_{\frac{1}{2}} x = \frac{1}{x\ln\frac{1}{2}} = -\frac{1}{x\ln 2}$$

예제 2.4 다음 미분을 구하여라.

(1) $\frac{d}{dx}(x\ln x)$ (2) $\frac{d}{dx}\log_2(x^4)$

(3) $\frac{d}{dx}\ln(x^2+1)$ (4) $\frac{d}{dx}\log_2(x^3+x)$

풀이 ▸ (1) $\frac{d}{dx}(x\ln x) = 1\cdot\ln x + x\cdot\frac{1}{x} = \ln x + 1$

(2) $\frac{d}{dx}\log_2(x^4) = \frac{d}{dx}(4\log_2 x) = \frac{4}{x\ln 2} = \frac{4}{0.6931\ldots x}$

(3) $\frac{d}{dx}\ln(x^2+1) = \frac{1}{x^2+1}\frac{d}{dx}(x^2+1) = \frac{1}{x^2+1}(2x) = \frac{2x}{x^2+1}$

(4) $\frac{d}{dx}\log_2(x^3+x) = \frac{1}{(x^3+x)\ln 2}\frac{d}{dx}(x^3+x)$

$$= \frac{1}{(x^3+x)\ln 2}(3x^2+1) = \frac{3x^2+1}{(x^3+x)\ln 2}$$

□

이제 로그함수의 미분을 이용하면 다음 정리를 증명할 수 있다.

모든 실수 a에 대하여

$$\frac{d}{dx}x^a = ax^{a-1},\ x \neq 0$$

증명 ▸ $y = x^a$라 두면

$$y = e^{\ln x^a} = e^{a\ln x}$$

y를 x에 대하여 미분하면

$$\frac{dy}{dx}=\frac{d}{dx}e^{a\ln x}=a\,e^{a\ln x}\,\frac{1}{x}=\frac{a}{x}\,e^{\ln x^a}=\frac{a}{x}x^a=a\,x^{a-1}$$ □

예제 2.5 $y=x^2+x^{\frac{2}{3}}+x^{\sqrt{2}}$을 미분하여라.

풀이 ▸ $$\frac{dy}{dx}=\frac{d}{dx}\left(x^2+x^{\frac{2}{3}}+x^{\sqrt{2}}\right)=2x+\frac{2}{3}x^{-\frac{1}{3}}+\sqrt{2}\,x^{\sqrt{2}-1}$$ □

예제 2.6 $\dfrac{d}{dx}\ln\sqrt{x+1}$을 구하여라.

풀이 ▸ 연쇄법칙을 시용하여 미분한다.

$$\begin{aligned}\frac{d}{dx}\ln\sqrt{x+1}&=\frac{1}{\sqrt{x+1}}\frac{d}{dx}\sqrt{x+1}\\&=\frac{1}{\sqrt{x+1}}\frac{1}{2\sqrt{x+1}}=\frac{1}{2(x+1)}\end{aligned}$$

로그의 성질을 이용한 다른 방법

$$\ln\sqrt{x+1}=\ln(x+1)^{1/2}=\frac{1}{2}\ln(x+1)$$

이므로

$$\begin{aligned}\frac{d}{dx}\ln\sqrt{x+1}&=\frac{d}{dx}\left[\frac{1}{2}\ln(x+1)\right]\\&=\frac{1}{2}\left(\frac{1}{x+1}\right)\cdot 1=\frac{1}{2(x+1)}\end{aligned}$$

결과는 같다. □

예제 2.7 $\dfrac{d}{dx}\ln[(1+x)(2-x)]$을 계산하라.

풀이 ▸ 미분을 실행하기 전에 로그의 성질을 이용하여 식을 간단히 하면

$$\ln[(1+x)(2-x)] = \ln(1+x) + \ln(2-x)$$

따라서

$$\frac{d}{dx}\ln[(1+x)(2-x)] = \frac{d}{dx}\ln(1+x) + \frac{d}{dx}\ln(2-x)$$
$$= \frac{1}{1+x} - \frac{1}{2-x} = \frac{1-2x}{(1+x)(2-x)} \qquad \square$$

예제 2.8 $f(x) = x\ln x$ 의 최솟값을 구하여라.

풀이 ▸ $f'(x) = \ln x + x \times \frac{1}{x} = \ln x + 1 = 0$을 풀면 $x = e^{-1}$이다.

$x = 1/e = 0.3678...$의 왼쪽 및 오른쪽의 증감상태를 $y = \ln x + 1$의 그래프를 이용하여 알아보자.

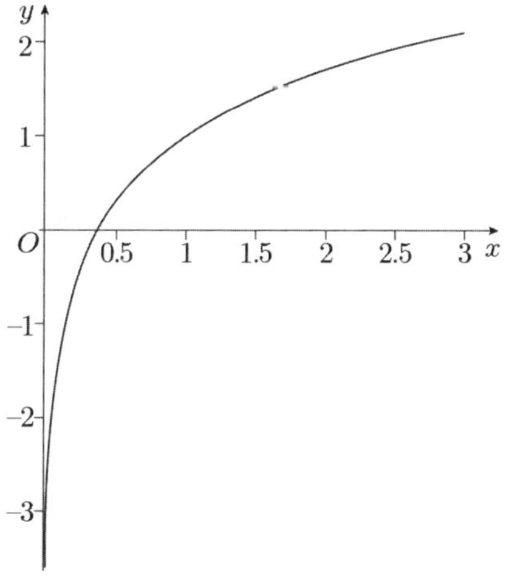

그림 2.5 $y = \ln x + 1$의 그래프

그림 2.5로부터

$$x < \frac{1}{e} \text{에서 } f'(x) < 0$$

$$x > \frac{1}{e} \text{에서 } f'(x) > 0$$

이므로, $x = 1/e$에서 $f(x)$는 최솟값을 갖는다. 따라서 최솟값은

$$f\left(\frac{1}{e}\right)=\frac{1}{e}\ln\frac{1}{e}=\frac{1}{e}(-\ln e)=-\frac{1}{e}=-0.3678...$$

그림 2.6은 $y=x\ln x$ 의 그래프를 나타낸 것이다.

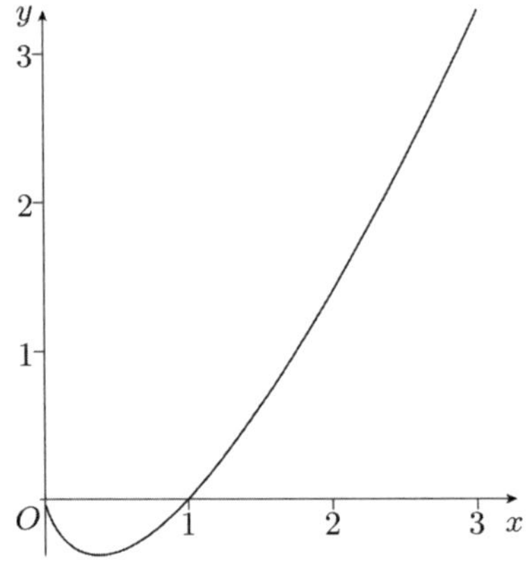

그림 2.6 $y=x\ln x$ 의 그래프 □

예제 2.9 t 월당 어떤 비디오게임의 판매대수 $n=n(t)$는 곡선(로지스틱곡선)

$$n(t)=\frac{10,000}{1+0.5e^{-0.4t}}$$

에 의해 결정된다고 하자. 1, 2, 3년의 판매 속도를 구하고, 그 수치를 보고 느낀 점을 설명하여라.

풀이 ▸ 음의 멱에 대한 미분을 구할 수 있으므로

$$n(t)=10,000(1+0.5e^{-0.4t})^{-1}$$

으로 고쳐 쓰고 t에 대하여 미분한다.

$$\frac{dn}{dt}=-10,000(1+0.5e^{-0.4t})^{-2}(0.5e^{-0.4t})(-0.4)=\frac{2000e^{-0.4t}}{(1+0.5e^{-0.4t})^2}$$

$t=12, 24, 36$ 을 차례로 대입하면

$$\left.\frac{dn}{dt}\right|_{t=12}=\frac{2000e^{-0.4(12)}}{(1+0.5e^{-0.4(12)})^2}=16.3248....$$

$$\left.\frac{dn}{dt}\right|_{t=24}=\frac{2000e^{-0.4(24)}}{(1+0.5e^{-0.4(24)})^2}=0.13544....$$

$$\left.\frac{dn}{dt}\right|_{t=36} = \frac{2000\,e^{-0.4(36)}}{(1+0.5\,e^{-0.4(36)})^2} = 0.00111\ldots.$$

판매 속도가 해마다 떨어지고, 3년째는 새로운 소비자는 거의 발생하지 않음을 알 수 있다. 현상유지로 기업을 유지할 수 없으면 새로운 게임을 개발하여야 한다. □

자연대수 e 의 값은 정확하게 구할 수 없지만 e 에 대한 공식은 발견되어 있다.

$$\text{(i)}\quad \lim_{h\to 0}(1+h)^{\frac{1}{h}} = e$$

$$\text{(ii)}\quad \lim_{n\to \infty}\left(1+\frac{1}{n}\right)^{n} = e$$

증명 ▸ (i) $f(x) = \ln x$ 라 두면

$$f'(x) = \frac{1}{x}$$

도함수의 정의를 사용하면

$$\begin{aligned} f'(x) &= \lim_{h\to 0}\frac{\ln(x+h)-\ln x}{h} \\ &= \lim_{h\to 0}\frac{1}{h}\ln\frac{x+h}{x} \\ &= \lim_{h\to 0}\ln\left(\frac{x+h}{x}\right)^{\frac{1}{h}} \end{aligned}$$

$f(x)$ 의 정의역이 $x>0$ 이므로 $x+h>0$ 이면서 영으로 수렴하는 h 를 잡을 수 있다. 따라서 충분히 작은 임의의 h 에 대하여 $\left(\frac{x+h}{x}\right)^{1/h}>0$ 이다. 자연로그함수는 연속이므로(극한이 함수의 안으로 들어가는 것)

$$f'(x) = \ln\left[\lim_{h\to 0}\left(\frac{x+h}{x}\right)^{\frac{1}{h}}\right]$$

$$\frac{1}{x} = \ln\left[\lim_{h\to 0}\left(\frac{x+h}{x}\right)^{\frac{1}{h}}\right]$$

ln의 정의에 의해 다음 극한을 얻는다.

$$e^{\frac{1}{x}} = \lim_{h\to 0}\left(\frac{x+h}{x}\right)^{\frac{1}{h}}$$

특히, $x=1$로 잡으면

$$e = \lim_{h\to 0}(1+h)^{\frac{1}{h}}$$

(ii) $h=\frac{1}{n}$(n은 자연수)로 두면 $h\to 0$일 때 $n\to\infty$이므로 두 번째 등식을 얻는다. □

등식 (ii)는 자연대수 e의 근삿값을 구하는데 사용된다.

자연수 n에 대하여 $f(n)=\left(1+\frac{1}{n}\right)^n$이라 두면 다음 표를 얻는다.

n	1	10	100	1000	10000	100000
$f(n)$	2	2.593742460	2.704813829	2.716923932	2.718145927	2.718268237

표로부터 e의 근삿값은 2.718.... 임을 추론할 수 있다.

e의 근삿값을 20자리까지 쓰면

$$e = 2.71828182845904523\ldots$$

❒ 인구증가에 대한 이야기

앞에서 언급했듯이 어떤 양의 변화율이 당시의 양에 비례하는 현상 가운데 대표적인 것이 "생물의 개체 수"에 관한 모델이다. t 시각에서 "양"을 "생물의 개체수" $P(t)$ 라고 하면

① $$\frac{dP(t)}{dt} = kP(t)$$

단 k 는 비례상수는 비례상수이다. 어떤 함수의 미분이 자기 자신과 같은 함수는 e^t 이다. 따라서 $P(t)$는 자연지수함수로 주어질 가능성이 크다. 하지만 비례상수 k가 있으므로 $P(t) = P_0 e^{kt}$ 과 같은 형태가 될 것이다. 여기서 P_0 은 초기개체수를 나타낸다. 실제로,

$$\frac{dP(t)}{dt} = \frac{d}{dt} P_0 e^{kt} = P_0 k e^{kt} = k P_0 e^{kt} = kP(t)$$

이므로 $P(t) = P_0 e^{kt}$ 는 식 ①을 만족한다. 환경이 좋아 $k > 0$ 이라 하면, 시간이 흐름에 따라 $P(t)$ 는 기하급수적으로 증가한다. 그림에서 점선은 개체수의 예상을 나타낸 것인데, 아무래도 현실과 동떨어진 느낌을 받는다. 그 이유는 좋은 환경이란 존재할 수 없기 때문으로 모든 개체는 혹독한 환경의 지배하에 놓인다. 이러한 혹독한 환경을 고려했을 때, 인구는

② $$P(t) = \frac{aP_0}{bP_0 + (a - bP_0)e^{-at}}$$

와 같은 함수로 표현되기도 한다. 여기서 P_0 는 초기개체수이고 a, b 는 비례상수이다. 식 ②는 다음 로지스틱 방정식의 해이다. ②의 식을 아래 식에 대입하여 미분방정식이 성립하는지 점검해보라.

$$\frac{dP(t)}{dt} = aP(t) - bP(t)^2$$

식 ②에서 주어진 함수 $P(t)$의 그래프의 개형은 실선과 같다.

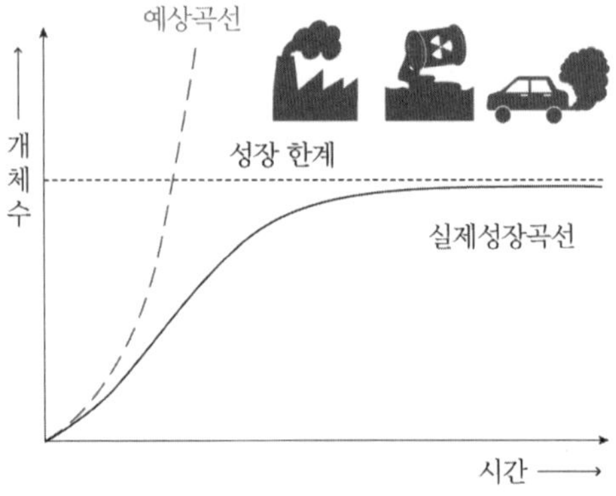

기존의 자료에 근거하여 한국의 인구수를 예측한 함수는 다음과 같다.

$$P(t) = \frac{1093389.028}{0.02058144347 + 0.03026821703 \times e^{-0.05084966050t}}$$

연도	총인구	남자	여자	로지스틱(예측)
1925	19,020,030	9,726,150	9,293,880	
1930	20,438,108	10,398,889	10,039,219	
1935	22,208,102	11,271,005	10,937,097	
1940	23,547,465	11,839,295	11,708,170	
1945	25,120,174	12,521,173	12,599,001	
1950	20,166,756	10,188,238	9,978,518	
1955	21,502,386	10,752,973	10,749,413	21,502,386
1960	24,989,241	12,543,968	12,445,273	24,818,944
1965	29,159,640	14,684,147	14,475,493	28,191,165
1970	31,435,252	15,779,615	15,655,637	31,511,494
1975	34,678,972	17,445,246	17,233,726	34,678,972
1980	37,406,815	18,749,306	18,657,509	37,610,786
1985	40,419,652	20,227,564	20,192,088	40,249,616
1990	43,390,374	21,770,919	21,619,455	42,565,608
1995	44,553,710	22,357,352	22,196,358	44,553,710
2000	45,985,289	23,068,181	22,917,108	46,228,134
2005	48,294,000	24,333,000	23,961,000	47,615,890
2010	50,515,666	25,310,385	25,205,281	48,750,817
2015	51,529,338	25,758,186	25,771,152	49,668,895
2020				50,405,019
2025				50,991,077
2030				51,455,029

12-2 연습문제

01 다음 각 함수를 미분하여라.

(1) $f(x) = e^{3x}$　　(2) $f(x) = 3^{2x}$

(3) $f(x) = 3^{-2x}$　　(4) $y = e^{(3x+2)^4}$

(5) $y = 5^{(2x-3)^2}$　　(6) $y = 2^{x^2-2x+1}$

02 다음 각 함수를 미분하여라.

(1) $g(x) = \ln(3x)$　　(2) $g(x) = \log_5(4x)$

(3) $g(x) = \log_{\frac{1}{5}}(-2x)$　　(4) $y = \ln(2x+3)^5$

(5) $y = \log_{10}(3-2x)^{10}$　　(6) $y = \log_{10}(x^2+4x+3)$

03 다음 함수를 미분하여라.

(1) $f(x) = x^{0.2}\ln\sqrt{x+1}$　　(2) $f(x) = \left(x^{0.3} + \dfrac{x}{x^{3.1}}\right)^{0.2}$

04 다음 함수를 미분하여라.

(1) $y = e^{-2x}\sin(3x)$　　(2) $y = \cos(x^2 e^{-2x})$

(3) $y = e^{x^2+1}\arctan(x)$　　(4) $y = x\ln\left(x + \dfrac{1}{x}\right)$

05 함수 $f(x) = x\ln x$ 의 최솟값을 구하여라.

06 투자 100만원을 연리 4%인 정기예금에 복리로 계속해서 예치한다면 3년 후에 총액은 얼마나 빠르게 증가하는가?

07 어느 자동차 조립공장은 다음의 Cobb-Douglas 생산함수는 갖는다.

$$P = x^{0.3} y^{0.7}$$

여기서 P는 매년 생산되는 자동차의 수, x는 근로자의 수이며 y는 일간 운영예산이다. 연간 생산수준을 1000대로 가정하자.

(1) dy/dx를 구하여라.

(2) $x = 80$에서 미분을 계산하고 답을 해석하라.

08 고요한 호수에 돌을 던지면 위치 x에 따른 파고의 높이 $y = -e^{-x} \cos x$에 결정되었다고 하자. y의 최댓값을 구하여라.

3 음함수의 미분

이 절에서는 이변수방정식의 그래프에 대한 기울기 구하는 방법을 설명한다. 두 개의 변수 x, y로 정의된 이변수방정식에서 y가 x에 대하여 유일하게 풀이면, y는 x에 대한 함수이므로 기울기는 쉽게 구해진다.

예로, $2y+4x^2-2x-3=0$는

$$y=-2x^2+x+\frac{3}{2}$$

과 같이 y에 대하여 푼 다음 y'를 구한다. 반면 그림 3.1과 같은 그래프를 갖는 방정식 $y^5+y+x=0$의 그래프의 기울기는 어떻게 구할 수 있을까?

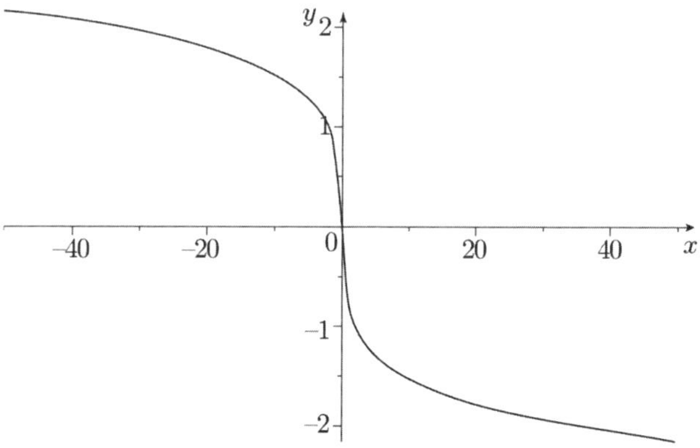

그림 3.1 $y^5+y+x=0$의 그래프

y가 x의 함수로 표시되면 기울기는 수월하게 계산된다. 그러나 이러한 작업이 용이하지 않는 경우가 수없이 많이 존재한다. 실제로, 그림 3.1에서 그려진 그래프에 수직선판정법을 적용하면 그래프는 함수의 그래프임을 알 수 있다(각자 확인). 그럼에도 불구하고 y는 x에 대하여 명백하게 풀 수 없다. 이러한 종류의 방정식을 y는 x에 대한 음함수(implicit function)라고 한다. 음함수란, y는 x에 대한 함수라고 묵시적으로 간주한다는 것이 강조된 용어이다.

음함수의 도함수 구하는 방법을 찾아내기 위해, 먼저 점 $(2,\ -1)$에서 접선의 방정식을 구하여 보자. y를 x에 대하여 풀지 않고 dy/dx를 구할 수 있는데, 핵심 도구는 바로 연쇄법칙이다.

y는 x의 함수로 생각하고 방정식의 양변을 x에 관해 미분하면

$$y^5 + y + x = 0$$

$$\frac{d}{dx}(y^5 + y + x) = \frac{d}{dx}(0)$$

$$\frac{d}{dx}(y^5) + \frac{d}{dx}(y) + \frac{d}{dx}(x) = 0$$

여기서 y는 x에 대한 함수, 즉 보이지는 않지만 $y = \phi(x)$의 형태로 되어 있음을 인식하고 있어야 한다. 따라서 x에 관한 y^5의 미분은 $5y^4$이 아니다. y는 x의 함수이므로 연쇄법칙을 사용하면

$$\frac{d}{dx}(y^5) = \frac{d}{dx}(\phi(x))^5 = 5(\phi(x))^4 \frac{d}{dx}\phi(x) = 5y^4 \frac{dy}{dx}$$

위의 계산에서 중간과정 ($\phi(x)$를 대입한 과정)은 생략하는 것이 편리하다. 따라서

$$5y^4 \frac{dy}{dx} + \frac{dy}{dx} + 1 = 0$$

$\dfrac{dy}{dx}$에 대하여 풀면

$$(5y^4 + 1)\frac{dy}{dx} = -1$$

$$\frac{dy}{dx} = \frac{-1}{5y^4 + 1}$$

구한 결과에 변수 y가 포함되어 있는데 이것이 옳은가라는 의문을 가질 수 있다. 음함수에 대한 미분을 구할 때 나타나는 일반적인 현상으로 x에 대한 함수로 명백하게 표현될 것이라고 생각도 하지마라. 그럼에도 불구하고 그래프상의 한 점에서 미분을 계산하기 때문에 결과는 여전히 유용하다. 그래프의 점 $(2,\ -1)$에서의 미분계수는

$$\left.\frac{dy}{dx}\right|_{\substack{x=2\\y=-1}} = -\left.\frac{1}{5y^4+1}\right|_{\substack{x=2\\y=-1}} = -\frac{1}{5(-1)^4+1} = -\frac{1}{6}$$

따라서 점 $(2, -1)$에서 곡선 $y^5+y+x=0$에 접하는 접선의 방정식은

$$y-(-1) = -\frac{1}{6}(x-2)$$

$$y = -\frac{1}{6}x - \frac{2}{3}$$

그림 3.2는 그래프와 접선의 방정식을 보여준다.

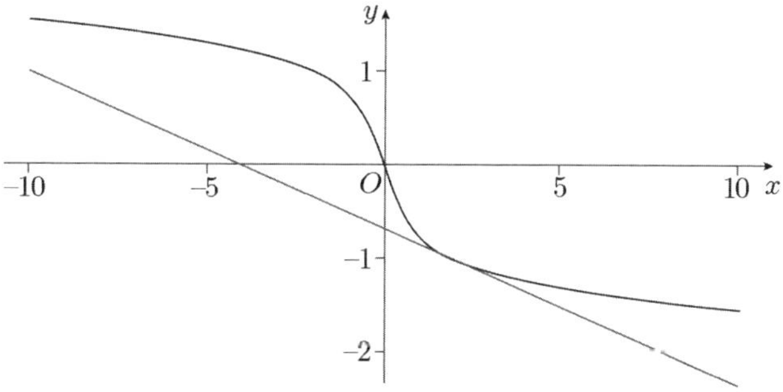

그림 3.2 곡선과 접선

y에 대하여 방정식을 풀지 않고 dy/dx를 구하는 과정을 음함수미분법이라 한다. x와 y의 방정식은 x의 함수로 y를 구할 필요 없다.

예로 다음 타원방정식을 고려하자.

$$2x^2+y^2=2$$

이 방정식은 y에 대하여 2차방정식이므로 y에 대하여 풀 수 있다. 근의 공식을 이용하여 y에 대하여 풀면 $y=\pm\sqrt{2-2x^2}$ 이다. $\pm$기호는 x에 대한 2개의 y값이 있음을 암시한다. $y=+\sqrt{2-2x^2}$ 는 타원의 윗부분이고, $y=-\sqrt{2-2x^2}$ 는 타원의 아랫부분이다. 따라서 dy/dx는 근호로 정의된 함수를 미분하면 기울기가 구하여 지지만, 그렇게 할 필요가 없다.

참고 ▸ 주어진 문제는 $\frac{dx}{dy}$를 구한 다음 $\frac{dx}{dy}$의 역수를 취하여 $\frac{dy}{dx}$를 구할 수도 있다. 왜냐하면 $x=-y^5-y$의 형태로 고칠 수 있기 때문이다.

예제 3.1 점 $(1/\sqrt{2},\ 1)$에서 타원 $2x^2+y^2=2$에 접하는 접선의 기울기를 구하여라.

풀이 ▸ $(1/\sqrt{2},\ 1)$은 타원의 윗부분에 있는 점이므로 $y=\sqrt{2-2x^2}$을 미분할 수도 있으나, 음함수미분법을 이용하는 것이 편리하다.

$$2x^2+y^2=2$$

$$\frac{d}{dx}(2x^2+y^2)=\frac{d}{dx}(2)$$

$$4x+2y\frac{dy}{dx}=0$$

$$\frac{dy}{dx}=-\frac{4x}{2y}=-2\frac{x}{y}$$

점 $(1/\sqrt{2},1)$에서 미분계수는

$$\left.\frac{dy}{dx}\right|_{(1/\sqrt{2},1)}=\frac{2/\sqrt{2}}{1}=-\sqrt{2}$$

따라서 $(1/\sqrt{2},1)$에서 타원의 접선의 기울기는 $-\sqrt{2}=-1.4142\cdots$이다. 그림 3.3은 타원의 그래프와 접선의 기울기를 나타낸 것이다.

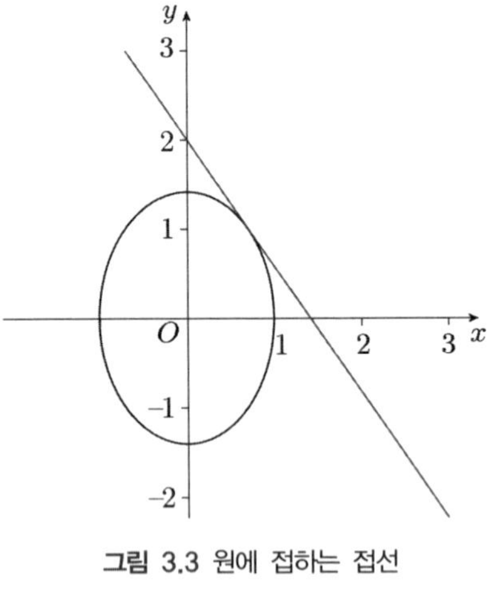

그림 3.3 원에 접하는 접선

□

예제 3.2 방정식 $\sin(x+y)+\cos(x+y)=x$에서 $\frac{dy}{dx}$를 구하여라.

풀이 ▸ y를 x에 대한 함수로 간주하고 음함수미분을 적용하여 구한다.

$$\frac{d}{dx}[\sin(x+y)+\cos(x+y)] = \frac{d}{dx}(x)$$

$$\cos(x+y)\left(1+\frac{dy}{dx}\right)-\sin(x+y)\left(1+\frac{dy}{dx}\right)=1$$

$$[\cos(x+y)-\sin(x+y)]\frac{dy}{dx} = 1-\cos(x+y)+\sin(x+y)$$

$$\frac{dy}{dx} = \frac{1-\cos(x+y)+\sin(x+y)}{\cos(x+y)-\sin(x+y)}$$

그림 3.4는 주어진 방정식의 그래프를 나타낸 것이다.

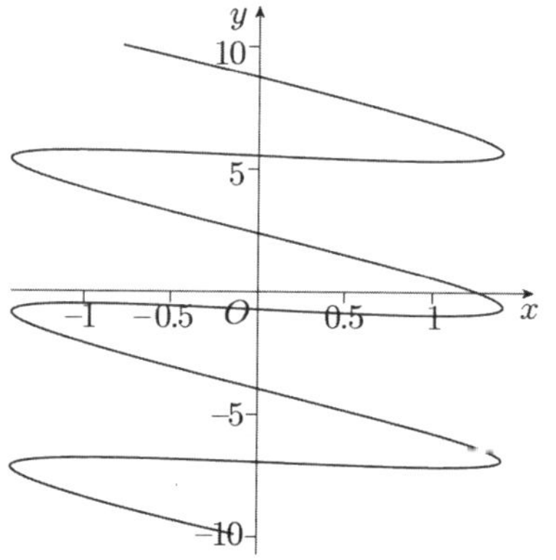

그림 3.4 $\sin(x+y)+\cos(x+y)=x$ 의 그래프 □

예제 3.3 $x^3+y^3-6xy=0$ 의 그래프에서 수평접선이 존재하는 점을 구하여라.

풀이 ▸ 그림 3.5는 $x^3+y^3-6xy=0$ 의 그래프를 그린 것이다. 두 곳에서 수평접선이 존재한다는 것을 관찰할 수 있다.

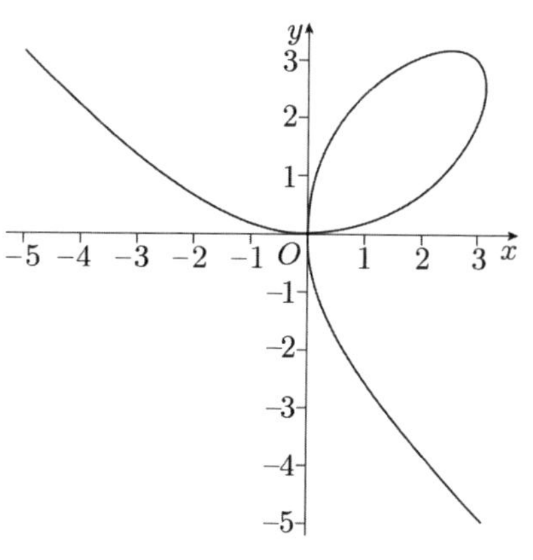

그림 3.5 $x^3+y^3-6xy=0$ 의 그래프

$$\frac{d}{dx}(x^3+y^3-6xy)=0$$

$$3x^2+3y^2\frac{dy}{dx}-6y-6x\frac{dy}{dx}=0$$

$$\frac{dy}{dx}=\frac{3x^2-6y}{6x-3y^2}$$

$\frac{dy}{dx}=0$ 는 $3x^2-6y=0$ 그리고 $6x-3y^2\neq 0$와 동치이다.

이를 풀면 $y=\frac{1}{2}x^2$ 이다.

이를 $x^3+y^3-6xy=0$ 에 대입하면

$$x^3+\left(\frac{1}{2}x^2\right)^3-6x\left(\frac{1}{2}x^2\right)=0$$

$$x^6-16x^3=0$$

$$x^3(x^3-16)=0$$

$$x=0,2\sqrt[3]{2}$$

따라서 $x=0,2\sqrt[3]{2}$ 에서 수평접선을 갖는다. (왜?) □

12.3 연습문제

01 다음 방정식의 그래프를 그려라.

(1) $x^2+y^3=1$ (2) $x^3+y^2=1$

(2) $\sin(x+y)+x+y=0$ (4) $\log(x+y)-\log x=1$

02 다음 방정식의 도함수 dy/dx를 구하여라.

(1) $x^2+y^2=1$

(2) $3x^2+4y^2+2x+y=0$

(3) $\sin(x+y)+e^y=1$

(4) $\tan(x+y)=x^2+y^2$

03 음함수 $x^3+y^3-4xy=0$의 위의 점 $(2,2)$에 접하는 접선의 방정식을 구하여라.

04 방정식 x^2+y^2+4는 미분방정식 $\dfrac{dy}{dx}=-\dfrac{x}{y}$의 해가 됨을 검정하여라.

4 매개변수방정식의 미분

곤충들이 움직이거나 날아다니는 궤도는 함수의 그래프로 나타내기 곤란하다는 것을 쉽게 알 수 있다. 다음 그림은 벌이 날 때 지나는 궤도를 그린 것으로, 궤도는 음함수의 그래프이다. 그러나 이러한 궤도에 대응하는 음함수를 발견하기란 매우 힘들지만, 다른 방법으로 궤도가 표현될 수 있다.

그림 4.1 곤충의 궤적

이변수방정식의 일반적인 형태는 다음과 같다.

① $$f(x, y) = 0$$

식 ①이 x 또는 y에 대하여 풀 수 있다면 한 변수는 독립변수로, 한 변수는 종속변수로 지정해서 함수로 정의할 수 있다. 예를 들어,

② $$x^2 + y = 2$$

는 y에 대하여 풀 수 있으므로 y에 대하여 풀면

$$y=2-x^2$$

x 를 독립변수로 간주하면 y 는 x 에 대한 함수가 된다. 반면

③ $$\sin(x+y)+y=x$$

는 x 에 대해서도 y 에 대해서도 풀어낼 수 없다. 기본적인 함수의 결합으로 음함수를 만들어 내는 것은 매우 간단하지만, 실제적인 유용한 궤도에 대응하는 음함수는 결정하기 쉽지 않다.

사이클로이드 곡선으로 이러한 이야기를 조명해 보자.

원의 한 바퀴 돌 때 원 위의 한 점이 지나가는 자취를 사이클로이드 곡선이라 한다.

그림 4.1과 같이 반지름이 r 인 원주상의 한 점 P 를 좌표평면의 원점에 두고 원을 x 축의 오른쪽으로 굴릴 때 점 $P(x, y)$ 가 그리는 곡선에 대한 대수방정식을 유도해 보자.

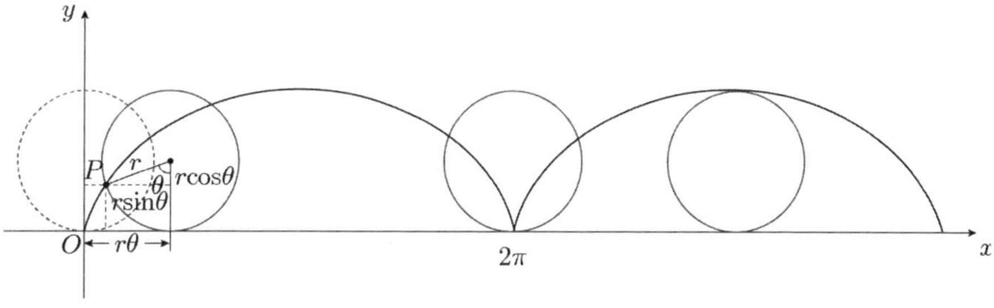

그림 4.1 사이클로이드 곡선

그림 4.1로부터 x 와 y 는 다음 방정식을 만족한다.

④ $$x=r(\theta-\sin\theta)$$

⑤ $$y=r(1-\cos\theta)$$

즉, x 와 y 는 새로운 변수 θ 의 함수로 표현된다. 이 새로운 변수 θ 가 P 의 좌표 (x, y) 를 결정하는 중간자 역할을 하므로 매개변수라고 하고, 매개변수를 포함

하는 식 ④와 ⑤는 매개변수방정식이라고 부른다. 식 ④와 ⑤에서 매개변수 θ가 제거되면 x, y에 관한 이변수방정식이 도출된다. 실제로

$$\sin\theta = \theta - \frac{x}{r},\ \cos\theta = 1 - \frac{y}{r}$$

와 같이 고칠 수 있으므로 삼각함수의 제곱공식으로부터

$$\sin^2\theta + \cos^2\theta = \left(\theta - \frac{x}{r}\right)^2 + \left(1 - \frac{y}{r}\right)^2 = 1$$

$\theta = \arccos\left(1 - \frac{y}{r}\right)$을 위의 식에 대입하면

⑥ $$\left(\arccos\left(1 - \frac{y}{r}\right) - \frac{x}{r}\right)^2 + \left(1 - \frac{y}{r}\right)^2 = 1$$

매개변수의 도움 없이 식 ⑥이 쉽게 유도될 수 있는지는 의문이기도 하지만, 매개변수 없이 표현한 식이 오히려 이해하기 곤란하다.

예제 4.1 원의 방정식 $x^2 + y^2 = 1$을 매개변수방정식으로 표현하라.

풀이 ▸ 그림 4.2로부터

$$x = \cos t$$
$$y = \sin t$$

임을 쉽게 알 수 있다.

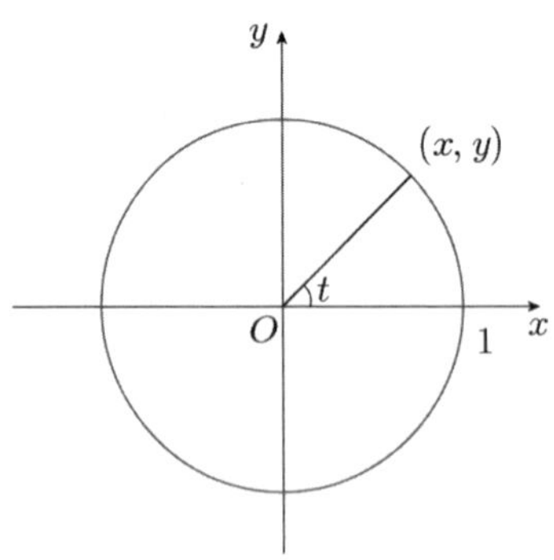

그림 4.2

매개변수방정식에서 매개변수 t에 값을 대입하면 다음과 같은 순서쌍

이 생성된다.

$$t=0 \text{일 때 } (x,y)=(\cos 0, \sin 0)=(1,0)$$

$$t=\frac{\pi}{6} \text{일 때 } (x,y)=(\cos\frac{\pi}{6}, \sin\frac{\pi}{6})=(\frac{1}{2}, \frac{\sqrt{3}}{2})$$

$$t=\frac{\pi}{4} \text{일 때 } (x,y)=(\cos\frac{\pi}{4}, \sin\frac{\pi}{4})=(\frac{1}{\sqrt{2}}, \frac{1}{\sqrt{2}})$$

$\cdots$

이러한 점들은 반지름이 1 인 원주 위에 찍히게 되고, t 의 값을 연속적으로 변화시켜 가면, 순서쌍은 원을 그리게 된다. 매개변수방정식의 특징 중 하나는 방향성이다. 즉, t 가 증가하면 $x=\cos t$, $y=\sin t$에 의해 정의된 순서쌍은 반시계 방향으로 움직인다. 매개변수방정식은 물체의 운동을 나타낼 때 매우 유용하다. □

예제 4.2 반지름 R 인 큰 원 위에 반지름이 r 인 작은 원을 굴릴 때 작은 원 위의 특정한 점은 다음 매개변수방정식으로 표현된다(그림 4.3).

$$x(t)=(R+r)\cos\left(\frac{r}{R}t\right)-a\cos\left(\left(1+\frac{r}{R}\right)t\right)$$
$$y(t)=(R+r)\sin\left(\frac{r}{R}t\right)-a\sin\left(\left(1+\frac{r}{R}\right)t\right)$$

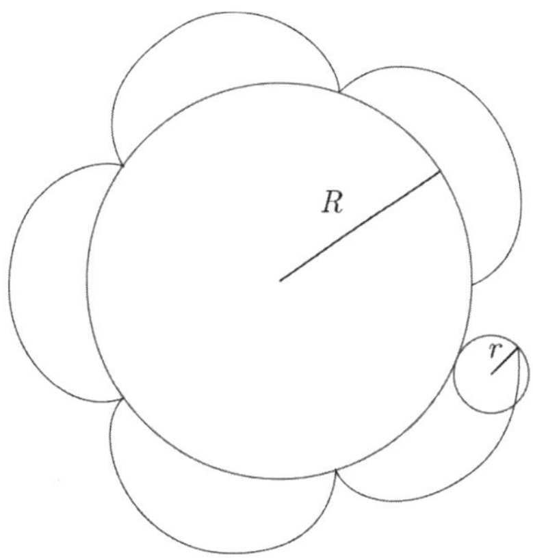

그림 4.3

$r=1$, $R=5$로 잡고, $a=r$의 값에 따른 곡선을 그려라.

풀이 ▸ $a=1,2,3,4,5$에 대하여 그래픽소프트웨어를 사용하여 그리면 다음과 같은 예쁜 모양의 그래프를 얻는다.

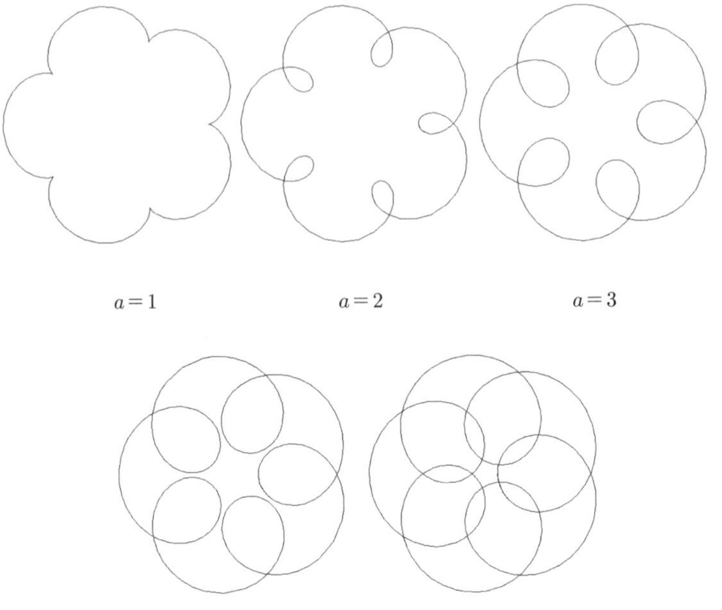

$a=1$ $a=2$ $a=3$

$a=4$ $a=5$ □

예제 4.3 원의 방정식 $x^2+y^2=4$에서 $x=2\cos t$, $y=2\sin t$로 치환하면 원주 위의 점 (x, y)의 성분이 변수 t의 함수에 의해 정의된다. 다음 물음에 답하여라.

(1) $\dfrac{dy}{dx}=\dfrac{dy/dt}{dx/dt}$임을 검증하라.

(2) $t=\dfrac{\pi}{6}$일 때 원에 접하는 접선의 방정식을 구하여라.

풀이 ▸ (1) 음함수의 미분으로부터

$$2x+2y\frac{dy}{dx}=0$$

$$\frac{dy}{dx}=-\frac{x}{y}$$

매개변수방정식은 t에 대한 함수이므로

$$\frac{dy}{dt} = 2\cos t$$

$$\frac{dx}{dt} = -2\sin t$$

$$\frac{dy/dt}{dx/dt} = \frac{2\cos t}{-2\sin t} = -\frac{x}{y}$$

따라서 $\frac{dy}{dx} = \frac{dy/dt}{dx/dt}$이 성립한다.

(2) $t = \pi/6$에 대응하는 원주상의 점은

$$\left(\cos\frac{\pi}{6}, \sin\frac{\pi}{6}\right) = \left(\frac{\sqrt{3}}{2}, \frac{1}{2}\right)$$

이고, 이 점에서 기울기는

$$\left.\frac{\frac{dy}{dt}}{\frac{dx}{dt}}\right|_{t=\frac{\pi}{6}} = -\frac{\cos\frac{\pi}{6}}{\sin\frac{\pi}{6}} = -\sqrt{3}$$

따라서 구하는 접선의 방정식은

$$y - \frac{1}{2} = -\sqrt{3}\left(x - \frac{\sqrt{3}}{2}\right)$$

$$y = -\sqrt{3}\,x + 2$$

□

토론 4.1 원뿔곡선, 즉 원, 타원, 쌍곡선을 매개변수방정식으로 표현하고, 매개변수방정식으로 표현하였을 때 얻을 수 있는 장점에 대해 토론하여라.

❐ 사이클로이드 곡선 대한 이야기

두 점 사이를 잇는 최단곡선은 직선이지만, 최단시간에 도달하는 곡선은 직선이 아니라 사이클로이드 곡선이다. 다음 그림은 두 지점 간에 이르는 여러 길을 만들고 높은 곳에서 동일한 공을 굴렸을 때 사이클로이드에 있는 공이 가장 빠르게 아래쪽에 도달한 것을 보인다.

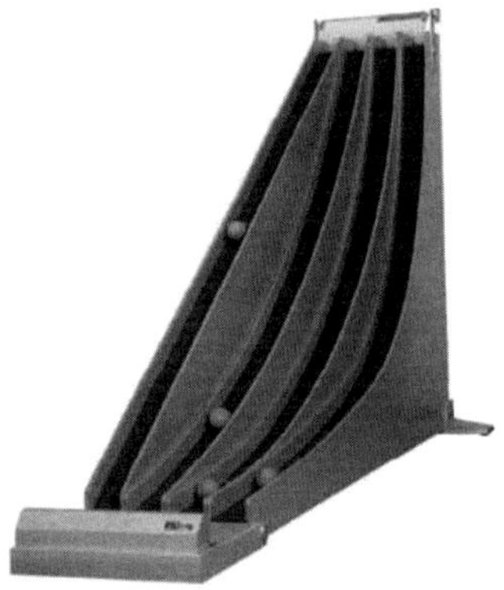

수학사랑 홈페이지에서

그림과 같이 원이 원형으로 회전할 때 그리는 각 부분의 곡선은 자연스럽게 사이클로이드가 된다.

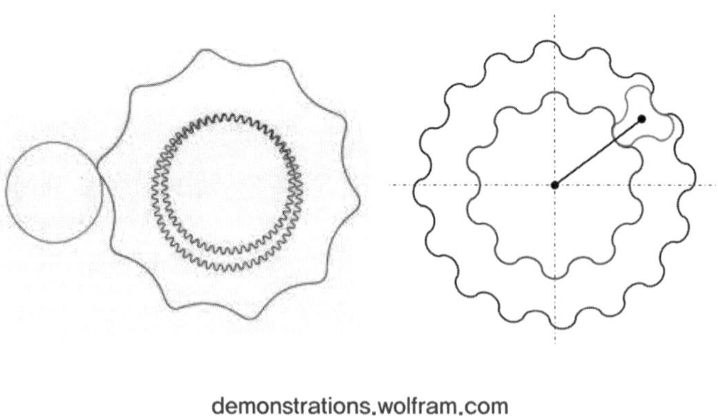

demonstrations.wolfram.com

13-4 연습문제

01 타원의 방정식 $\frac{x^2}{a^2}+\frac{y^2}{b^2}=1$을 매개변수방정식으로 나타내어라.

02 쌍곡선의 방정식 $\frac{x^2}{a^2}-\frac{y^2}{b^2}=1$을 매개변수방정식으로 나타내어라.

03 매개변수방정식 $x=\cos t,\ y=\sin t$와 $x=\cos 2t,\ y=\sin 2t$의 차이점을 설명하라.

04 다음 매개변수방정식의 그래프를 그려라.

$$x=\frac{6}{5}\cos t-\frac{1}{5}\cos 6t,\ y=\frac{6}{5}\sin t-\frac{1}{5}\sin 6t,\ 0\le t\le 2\pi$$

05 다음 매개변수방정식의 그래프를 그려라.

$$x=\frac{3}{4}\cos t+\frac{1}{4}\cos 3t,\ y=\frac{3}{4}\sin t-\frac{1}{4}\sin 3t,\ 0\le t\le 2\pi$$

06 다음 매개변수방정식의 그래프를 그려라.

$$x=\cos t+\frac{2}{3}\cos 2t,\ y=\sin t-\frac{2}{3}\sin 2t,\ 0\le t\le 2\pi$$

13

부정적분

1. 부정적분

2. 치환석분법(치환법)

1 부정적분

이 절에서는 미분의 역 과정은 무엇을 의미하는지에 대하여 학습한다.

$$\frac{d}{dx}(x^3) = 3x^2$$

임을 알고 있다. 여기서 다음과 같은 질문을 하여 보자. 방정식

①
$$\frac{d}{dx}(?) = 3x^2$$

을 만족하는 괄호 속의 함수는 무엇인가? 식 ①은 "?"을 찾는 등식이므로 방정식이 된다. 그러나 지금까지 배웠던 방정식과는 전혀 다르다는 것을 느낄 것이다. 왜냐하면 "?"에 어떤 수(실수 및 복소수까지도)를 대입해도 해가 되지 않기 때문이다. "?"에 수가 아닌 함수를 대입해야만 한다. 이런 이유로 식 ①을 함수방정식이라 하고, 특히 미분을 포함하고 있기 때문에 미분방정식이라 한다. "?"을 미분방정식 ①의 해라고 한다. 지금부터 식 ①의 해에 개념을 확립해 나가자. x^3은 방정식을 만족하는 하나의 해이지만 x^3이외 다른 해는 없는가를 생각해 보아야 한다.

$$\frac{d}{dx}(1) = \frac{d}{dx}(2) = \cdots = \frac{d}{dx}C = 0$$

이고

$$\frac{d}{dx}(x^3+1) = \frac{d}{dx}(x^3+2) = 3x^2$$

$$\frac{d}{dx}(x^3+C) = 3x^2$$

이므로 임의의 상수 C에 대하여 x^3+C도 방정식 ①의 해이다.

마지막으로 방정식 ①의 해가 x^3+C뿐인지 생각해 보자. 방정식 ①을 만족하는 또 다른 함수 $A(x)$가 있다고 가정해 보자. 즉

$$\frac{d}{dx} A(x) = 3x^2$$

미분의 법칙으로부터

$$\frac{d}{dx}[A(x) - (x^3 + C)] = 3x^2 - 3x^2 = 0$$

기울기가 0 인 함수는 상수뿐이므로, 이 상수를 K 로 두면

$$A(x) - (x^3 + C) = K$$

상수를 묶어 $K - C = C$ 로 놓으면

$$A(x) = x^3 + C$$

즉, 어떤 함수를 미분해서 $3x^2$ 이 되는 함수는 $x^3 + C$ 뿐이라는 결론을 내릴 수 있다. 함수 $A(x)$ 를 x^3 의 역도함수라고 하는데, 역도함수는 미적분학, 미분방정식 등에서 가장 중요한 개념이다.

> 함수 $f(x)$ 에 대하여
>
> $$\frac{d}{dx} F(x) = f(x)$$
>
> 을 만족하는 함수 $F(x)$ 를 $f(x)$ 의 **역도함수**라고 한다.

예를 들어 x^4, $x^4 + 1$, $x^4 + C$ 는 $4x^3$ 의 역도함수이다.

> 함수의 모든 역도함수의 집합을 그 함수의 부정적분이라 하고, $f(x)$ 에 대한 부정적분을 다음과 같이 표현한다.
>
> $$\int f(x)\, dx$$
>
> 이 표현은 'x 에 대한 $f(x)$ 의 부정적분'이라 읽는다. 부정적분에서 $f(x)$ 를 **피적분함수**라 하며 변수 x 를 **적분변수**라 한다.

예제 1.1 다음 결과는 쉽게 확인할 수 있다.

(1) $\int 4x^3\,dx = x^4 + C$ (2) $\int 2x\,dx = x^2 + C$

(3) $\int \cos x\,dx = \sin x + C$ (4) $\int e^x\,dx = e^x + C$

예제 1.1에서 보듯이 부정적분에는 반드시 상수(보통 C로 씀)가 붙는다. 이를 적분상수라고 한다. 적분상수를 붙이는 이유는 간단하다. 예를 들어

$$f(x) = x + C \text{ 일 때 } f'(x) = 1$$

이다. $f'(x) = 1$이라는 것은 $f(x)$에 접하는 접선의 기울기가 1이라는 것이므로 $f'(x) = 1$의 부정적분은 기울기가 1인 모든 직선을 나타내어야 한다. 따라서 반드시 적분상수 C를 붙여야 한다.

$$\frac{d}{dx}\int f(x)\,dx = f(x)$$

이 등식에 근거하여 적분과 미분은 서로 역연산(역함수) 관계를 가진다고 한다.

예제 1.2 다음 공식을 증명하라.

$$\int \frac{1}{1+x^2}\,dx = \arctan x + C$$

풀이 ▸ 오른쪽 항을 미분하여 피적분함수가 되는 것을 보이면 된다. $y = \arctan x$라 두면 $\tan y = x$이고

$$\frac{dx}{dy} = \frac{d}{dy}\tan y = \sec^2 y = 1 + \tan^2 y = 1 + x^2$$

$$\frac{dy}{dx} = \frac{1}{\frac{dx}{dy}} = \frac{1}{1+x^2}$$

위의 결과를 이용하면

$$\frac{d}{dx}(\arctan x + C) = \frac{1}{1+x^2}$$ □

멱함수 x^n 에 대한 부정적분을 멱함수에 대한 부정적분 공식을 이용하여 쉽게 계산할 수 있다.

$$\int x^n dx = \begin{cases} \dfrac{x^{n+1}}{n+1} + C, & n \neq -1 \\ \ln|x| + C, & n = -1 \end{cases}$$

이 식을 멱함수에 대한 부정적분 공식이라 부른다.

증명 ▸ $n \neq -1$일 때

$$\frac{d}{dx}\left(\frac{x^{n+1}}{n+1} + C\right) = (n+1)\frac{x^n}{n+1} + 0 = x^n$$

$n = -1$일 때

$$\frac{d}{dx}(\ln|x| + C) = \frac{1}{x} + 0 = \frac{1}{x}$$

□

예제 1.3 다음 부정적분을 구하여라.

(1) $\int x^{34} dx$　　(2) $\int \frac{1}{x^{27}} dx$　　(3) $\int 1\, dx$

풀이 ▸ (1) $\int x^{34} dx = \frac{1}{34+1} x^{34+1} + C = \frac{1}{35} x^{35} + C$

(2) $\int \frac{1}{x^{27}} dx = \int x^{-27} dx = \frac{1}{-27+1} x^{-27+1} + C$

$$= -\frac{1}{26} x^{-26} + C = -\frac{1}{26x^{26}} + C$$

(3) $\int 1\, dx = \int x^0 dx = \frac{1}{0+1} x^{0+1} + C = x + C$

□

참고 ▸ 적분 $\int 1\, dx$ 는 흔히 $\int dx$ 라 쓴다.

부정적분도 미분의 성질과 유사한 성질을 가진다.

(i) $\int [f(x) \pm g(x)]dx = \int f(x)dx \pm \int g(x)dx$

(ii) $\int cf(x)dx = c\int f(x)dx$

증명 ▸ (i) $\frac{d}{dx}\left[\int f(x)\,dx \pm \int g(x)\,dx\right] = \frac{d}{dx}\int f(x)\,dx \pm \frac{d}{dx}\int g(x)\,dx$

$= f(x) \pm g(x)$

(ii) $\frac{d}{dx}\left(c\int f(x)\,dx\right) = c\frac{d}{dx}\int f(x)\,dx = cf(x)$ □

부정적분의 공식은 다음과 같은 의미를 내포하고 있다.

(i) 두 함수의 합 또는 차의 부정적분은 각 함수에 대한 부정적분을 먼저 계산한 후 합 또는 차를 해도 된다.

$$\int (x^3+1)dx = \int x^3 dx + \int dx = \frac{x^4}{4} + x + C$$

(ii) 상수를 곱한 후 부정적분은 부정적분을 먼저 계산한 후 상수를 곱해도 된다.

$$\int 5x^3 dx = 5\int x^3 dx = 5\frac{x^4}{4} + C$$

예제 1.4 다음 부정적분을 구하여라.

(1) $\int (6x^2+3x+2)\,dx$

(2) $\int \left(x^{1.2} + \frac{1}{x^{1.1}} + \frac{1}{x}\right)dx$

(3) $\int (3e^x - 2\cos x)\,dx$

풀이 ▸ (1) $\int (6x^2+3x-2)\,dx = 6\int x^2\,dx + 3\int x\,dx + (-2)\int dx$

$= 6\frac{1}{2+1}x^{2+1} + 3\frac{1}{1+1}x^{1+1} - 2x + C$

$= 3x^3 + \frac{3}{2}x^2 - 2x + C$

(2) $\displaystyle\int\left(x^{1.2}+\frac{1}{x^{1.1}}+\frac{1}{x}\right)dx=\int x^{1.2}\,dx+\int x^{-1.1}\,dx+\int x^{-1}\,dx$

$$=\frac{1}{1.2+1}x^{1.2+1}+\frac{1}{-1.1+1}x^{-1.1+1}+\ln|x|+C$$

$$=\frac{1}{2.2}x^{2.2}-10x^{-0.1}+\ln|x|+C$$

(3) $\displaystyle\int(3e^{x}-2\cos x)\,dx=3\int e^{x}\,dx-2\int\cos x\,dx$

$$=3e^{x}-2\sin x+C$$

□

부정적분을 나누면 상수를 그 수만큼 붙지만, 어차피 상수이므로 대표로 하나만 붙이면 된다. 또한 적분기호를 일일이 쓸 필요 없이 바로 부정적분을 계산하면 된다.

예제 1.5 다음 부정적분을 구하여라.

(1) $\displaystyle\int(10x^{4}+3x^{3}-2\sin x)\,dx$

(2) $\displaystyle\int\left(\frac{2}{x}+\frac{3}{x^{2}}+\frac{4}{x^{-3}}\right)dx$

(3) $\displaystyle\int(5e^{u}+3\sec^{2}u)\,du$

풀이 ▸ (1) $\displaystyle\int(10x^{4}+3x^{3}-2\sin x)\,dx=10\frac{x^{4+1}}{4+1}+3\frac{x^{3+1}}{3+1}-2(-\cos x)+C$

$$=\frac{2x^{5}}{5}+\frac{3x^{4}}{4}+2\cos x+C$$

(2) $\displaystyle\int\left(\frac{2}{x}+\frac{3}{x^{2}}+\frac{4}{x^{-3}}\right)dx=2\ln|x|+3\frac{x^{-2+1}}{-2+1}+4\frac{x^{3+1}}{3+1}+C$

$$=2\ln|x|-\frac{3}{x}+x^{4}+C$$

(3) $\displaystyle\int(5e^{u}+3\sec^{2}u)\,du=5e^{u}+3\tan u+C$

□

❒ 자유낙하에 대한 이야기

지상의 어느 곳에서 자유낙하하는 물체의 높이 h[m]는

$$h=\frac{1}{2}gt^2,\ g\text{ 는 중력가속도[m/sec}^2\text{]},\ t\text{ 는 시간[sec]}$$

이 식은 갈릴레이 갈릴레오가 여러 번의 실험을 통하여 알아낸 것이다. 뉴턴의 운동 제2법칙

$$F=ma$$

로부터 이 공식을 유도하여 보자.

$$m\frac{dv}{dt}=mg$$

$$\frac{dv}{dt}=g$$

부정적분의 정의에 의해

$$v(t)=gt+C_1$$

적분상수 C_1은 물체가 속도를 어떤 시간에서 관찰하면 알 수 있다. 일반적으로 $t=0$일 때 속도(최초속도)를 이용하여 결정한다. 왜 그럴까? 곰곰이 생각해 보라. 물체가 낙하할 때 최초속도 $v(0)$는 0이라 가정한다. 그러면

$$v(0)=g(0)+C_1=C_1=0$$

$$v(t)=gt$$

$v=\frac{dh}{dt}$이므로

$$\frac{dh}{dt}=gt$$

부정적분의 정의에 의해

$$h(t) = \int g\,t\,dt = \frac{1}{2} g\,t^2 + C_2$$

속도에서와 마찬가지로 어느 시각에서 위치의 정보를 알면 C_2의 값을 알 수 있다. 일반적으로 $t=0$에서의 위치(최초위치)의 정보를 사용한다. 낙하에서는 $h(0)=0$로 잡는다.

$$h(0) = \frac{1}{2} g(0)^2 + C_2 = C_2 = 0$$

따라서 자유낙하 물체의 시간에 대한 위치는

$$h(t) = \frac{1}{2} g\,t^2$$

으로 주어진다.

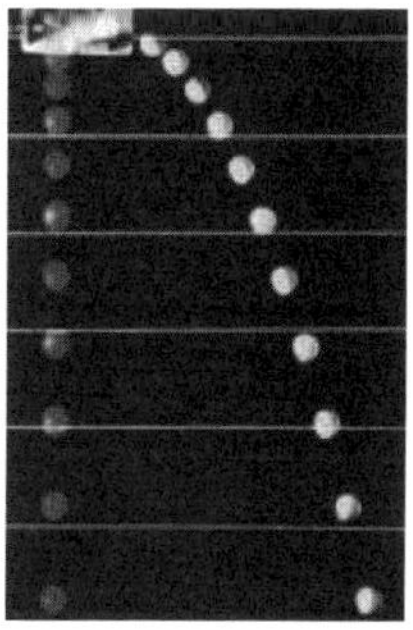

이 원숭이가 사과를 잡게 되는 위치를 구하는 방법을 토론하라.

13-1 연습문제

01 다음을 적분하라.

(1) $\int (4x^3 + 3x^2 + 2x + 1)\,dx$ (2) $\int (x^5 + x^{-5})dx$

(3) $\int (\sqrt{x} + x^{0.1})\,dx$ (4) $\int \frac{\sqrt{x}}{\sqrt[3]{x^2}}\,dx$

(5) $\int (3x^4 - 2x^{-2} + x^{-5} + 4)dx$ (6) $\int \left(\frac{1}{x} + \frac{2}{x^2} - \frac{1}{x^3}\right)dx$

(7) $\int (2^x + e^x)\,dx$ (8) $\int \left(\frac{1}{x} + \frac{2}{x^2} + \frac{3}{x^3}\right)dx$

(9) $\int (\sin x - \cos x)\,dx$ (10) $\int (7e^x - 5\sin x - x^{-1})\,dx$

02 다음 적분을 구하여라.

(1) $\int \frac{1}{\sqrt{1-x^2}}\,dx$ (2) $\int \frac{1}{\sqrt{1+x^2}}\,dx$

(3) $\int \frac{1}{4+x^2}\,dx$ (4) $\int \frac{2}{1+4x^2}\,dx$

03 $\frac{dy}{dx} = (3x+2)^5$ 을 만족하는 함수 y 를 구하여라.

2 치환적분법(치환법)

어떤 함수에 대한 부정적분을 찾아내는 것은 그렇게 간단하지 않다. 먼저 다음과 같은 유형의 부정적분을 계산하는 방법에 대하여 논의한다.

$$\int (3x+2)^4\,dx$$

피적분함수 $(3x+2)^4$ 을 전개하여 적분을 할 수 있지만, 바람직하지 않다. 수학에서는 식을 분석하기 위해 인수분해라는 개념을 사용할 때가 많은데, 전개하여 적분한 후 다시 인수분해를 하는 것은 용이하지 않고, 또한 전개를 할 수 없는 경우도 있기 때문이다. 이 절에서는 미분의 연쇄법칙을 이용하여 이러한 종류의 부정직분을 계신하는 방법을 설명한다.

미분의 연쇄법칙에 의해 합성함수 $h(x)=F(g(x))$ 를 미분하면

$$h'(x)=F'(g(x))g'(x)=f(g(x))g'(x), \quad F'(x)=f(x)$$

따라서

$$\int f(g(x))\,g'(x)\,dx=F(g(x))+C$$

이를 치환적분법이라 하면 정리하면 다음과 같다. 치환적분법이라 부르는 이유는 $g(x)$를 u로 치환하여 적분하기 때문이다.

> $F'(x)=f(x)$라 하자.
>
> ① $$\int f(g(x))\,g'(x)\,dx=F(g(x))+C$$
>
> $u=g(x)$ 및 $u=g'(x)dx$로 놓으면
>
> ② $$\int f(u)\,du=F(u)+C$$

예제 2.1 치환적분법을 사용하여 다음 적분을 구하여라.

$$\int (3x+2)^4\,dx$$

풀이 ▸ 식 ①의 방법으로 계산

$$\begin{aligned}\int (3x+2)^4\,dx &= \int (3x+2)^4 \times \frac{1}{3} \times (3x+2)'\,dx \\ &= \frac{1}{3}\int (3x+2)^4\ (3x+2)'\,dx\end{aligned}$$

$f(x)=x^4$, $g(x)=3x+2$ 라 두면

$$\frac{1}{3}\int (3x+2)^4\ (3x+2)'\,dx = \frac{1}{3}\int f(g(x))\,g'(x)\,dx$$

$F(x)=\dfrac{1}{5}x^5$ 이므로 치환적분법에 의해

$$\begin{aligned}\frac{1}{3}\int (3x+2)^4\ (3x+2)'\,dx = \frac{1}{3}\int f(g(x))\,g'(x)\,dx &= \frac{1}{3}F(g(x))+C \\ &= \frac{1}{3}\times\frac{1}{5}(3x+2)^5+C\end{aligned}$$

따라서

$$\int (3x+2)^4\,dx = \frac{1}{15}(3x+2)^5+C$$

식 ②의 방법으로 계산

$u=3x+2$ 로 치환하면 $du=(3x+2)'\,dx=3\,dx$ 이다.

$$\begin{aligned}\int (3x+2)^4\,dx &= \int u^4\,\frac{1}{3}\,du = \frac{1}{3}\int u^4\,du \\ &= \frac{1}{3}\times\frac{1}{5}u^5+C = \frac{1}{15}(3x+2)^5+C\end{aligned}$$ □

두 번째 방법이 훨씬 편리하므로 두 번째 방법의 사용을 권장한다.

예제 2.2 치환적분법을 사용하여 다음 적분을 구하여라.

$$\int \cos(3x-2)\,dx$$

풀이 ▸ $u=3x-2$ 로 치환하면 $du=(3x-2)'dx=3\,dx$ 이다. 따라서

$$\int \cos(3x-2)\,dx=\frac{1}{3}\int \cos u\,du=\frac{1}{3}\sin u+C=\frac{1}{3}\sin(3x-2)+C$$

□

예제 2.1과 예제 2.2로부터 다음 식을 쉽게 유도할 수 있다.

(i) $\int (ax+b)^n dx=\frac{1}{a(n+1)}(ax+b)^{n+1}+C$, $n\neq -1$인 실수

(ii) $\int (ax+b)^{-1}dx=\int \frac{1}{ax+b}dx=\frac{1}{a}\ln|ax+b|+C$

(iii) $\int \sin(ax+b)\,dx=-\frac{1}{a}\cos(ax+b)+C$

(iv) $\int \cos(ax+b)\,dx=\frac{1}{a}\sin(ax+b)+C$

(v) $\int \sec^2(ax+b)\,dx=\frac{1}{a}\tan(ax+b)+C$

(vi) $\int e^{ax+b}dx=\frac{1}{a}e^{ax+b}+C$

예제 2.3 치환적분법을 사용하여 다음 적분을 구하여라.

$$\int 4x^3(x^4+1)^5dx$$

풀이 ▸ $u=x^4+1$로 치환하면 $du=(x^4+1)'dx=4x^3dx$ 이다. 따라서

$$\begin{aligned}\int 4x^3(x^4+1)^5dx&=\int u^5du=\frac{1}{6}u^6+C\\&=\frac{1}{6}(x^4+1)^6+C\end{aligned}$$

□

예제 2.4 다음 적분을 구하여라.

$$\int x\cos(3x^2-2)\,dx$$

풀이 ▸ $u=3x^2-2$ 로 치환하면 $du=(3x^2-2)'\,dx=6x\,dx$ 이다. 따라서

$$\int x\cos(3x^2-2)\,dx=\frac{1}{6}\int \cos u\,du=\frac{1}{6}\sin u+C$$
$$=\frac{1}{6}\sin(3x^2-2)+C \qquad \square$$

예제 2.5 다음 적분을 구하여라.

$$\int 3x e^{x^2}\,dx$$

풀이 ▸ $u=x^2$ 으로 치환하면 $du=2x\,dx$ 이다. 따라서

$$\int 3x e^{x^2}\,dx=\frac{3}{2}\int e^u\,du=\frac{3}{2}e^u+C$$
$$=\frac{3}{2}e^{x^2}+C \qquad \square$$

치환적분법이 효과적으로 작동하려면 치환한 변수에 대한 미분의 형태(짝)가 있어야 한다. 짝이 없는 경우 치환해도 적분이 잘 되지 않는다. 예를 들어

$$\int x^2\sin(x^4)\,dx$$

에서 $u=x^4$ 으로 치환하면 $du=4x^3\,dx$ 이므로 x^3 을 지울 수 있는 항이 있어야 한다. 그러나 x^2 뿐이므로 치환적분법으로 적분하는 것은 곤란하다. 대부분 이러한 경우에는 치환하기 전의 적분변수가 그대로 남게 된다. 즉

$$\int x^2\sin(x^4)\,dx=\frac{1}{4}\int\frac{1}{x}\sin u\,du$$

물론, $u=x^4$ 을 사용하여 변수 x 를 u 로 바꿀 수 있다. 즉

$$\frac{1}{4}\int\frac{1}{x}\sin u\,du=\frac{1}{4}\int u^{-\frac{1}{4}}\sin u\,du$$

오히려 적분이 더 어려워진 것처럼 보인다.

짝이 명백하게 나타나지는 않지만, 치환변수를 역으로 대입하여 적분을 할 수 있는 경우도 종종 있다. 다음 예제를 보아라.

예제 2.6 다음 적분을 구하여라.

$$\int \frac{2x}{(x-5)^2}\,dx$$

풀이 ▸ 피적분함수를 x 의 멱으로 고쳐 쓰면

$$\int \frac{2x}{(x-5)^2}\,dx = \int 2x(x-5)^{-2}\,dx$$

$u = x-5$ 로 치환하면 $du = dx$ 이므로

$$\int 2x(x-5)^{-2}\,dx = \int 2x\,u^{-2}\,du$$

피적분함수에는 x 가 있으므로 바로 적분하면 안 된다. 치환 $u = x-5$ 에서 x 에 대하여 풀면 $x = u+5$ 이다. 이를 대입하면

$$\begin{aligned}\int 2xu^{-2}du &= \int 2(u+5)u^{-2}du \\ &= 2\int (u^{-1}+5u^{-2})du \\ &= 2\ln|u| - \frac{10}{u} + C \\ &= 2\ln|x-5| - \frac{10}{x-5} + C\end{aligned}$$

□

예제 2.7 다음 적분을 구하여라.

$$\int (\cos x + 2e^{2x})\cos(\sin x + e^{2x})\,dx$$

풀이 ▸ $u = \sin x + e^{2x}$ 으로 치환하면 $du = (\cos x + 2e^{2x})\,dx$ 이다. 따라서

$$\begin{aligned}&\int (\cos x + 2e^{2x})\cos(\sin x + e^{2x})\,dx \\ &= \int \cos u\,du = \sin u + C = \sin(\sin x + e^{2x}) + C\end{aligned}$$

□

13-2 연습문제

01 다음 적분을 암산으로 구하여라.

(1) $\int (3x+2)^4\,dx$ (2) $\int (-3x+2)^{-1}\,dx$

(3) $\int \sin\left(\frac{2}{3}x-1\right)dx$ (4) $\int \cos(-4x+7)\,dx$

(5) $\int \sec^2(9x+8)\,dx$ (6) $\int (-4x+2)^{-3}\,dx$

02 다음 적분을 구하여라.

(1) $\int (2x+2)(4x^2+16x)^{-1}\,dx$ (2) $\int x(x+1)^{10}\,dx$

(3) $\int x^2\sin(2x^3+1)\,dx$ (4) $\int 2x\sqrt{3x^2+5}\,dx$

(5) $\int (x+1)e^{-(x^2+2x)}\,dx$ (6) $\int \frac{-2x-1}{(x^2+x+1)^3}dx$

(7) $\int \frac{x^2+x^5}{\sqrt{2x^3+x^6-5}}dx$ (8) $\int 2x\sqrt{x+1}\,dx$

(9) $\int \frac{3e^{-1/x}}{x^2}dx$ (10) $\int \frac{e^{3x}}{e^{3x}+1}dx$

(11) $\int \left[(2x-1)e^{2x^2-2x}+xe^{x^2}\right]dx$ (12) $\int \cos x\sin x\,dx$

(13) $\int e^x\cos(e^x)\,dx$ (14) $\int (3x^2+1)\sec^2(x^3+x)\,dx$

03 $f(0)=0$이고 $(x, f(x))$에서의 접선의 기울기가 $x(x^2+1)$이라면 $f(x)$는?

04 $f(1)=1/2$이고 $(x, f(x))$에서의 접선의 기울기가 xe^{x^2-1}이라면 $f(x)$는?

14

정적분

1 정적분의 정의

13장에서 부정적분에 대하여 학습하였다. 또 다른 적분의 개념, 정적분이라는 개념이 있는데, 이 절에서 정적분의 탄생 과정부터 시작하여 정적분의 계산방법에 대해 자세하게 설명한다. 최종적으로 부정적분과 정적분 사이에 서로 불가분의 관계가 존재한다는 것을 2절에서 설명한다.

임의의 도형의 넓이의 계산법부터 찾아보자. 여기서는 함수의 그래프에 의해 둘러싸인 도형, 예를 들어

$$y=f(x)>0,\ y=0,\ x=a,\ x=b\,(a<b)$$

에 의해 둘러싸인 도형의 넓이(A로 표기하자)를 정의하는 방법을 설명한다.

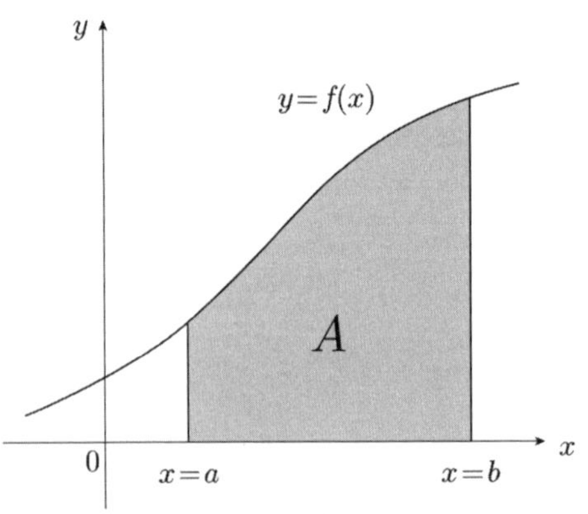

그림 1.1 곡선으로 둘러싸인 영역

아이디어는 넓이의 DNA에 해당하는 직사각형에서 찾는다. 즉, 직사각형의 넓이를 사용하여 도형의 넓이에 대한 공식을 발견하고자 한다. 먼저 구간 $[a,b]$를 n 등분하고 각 등분점을 $x_k\,(k=0,1,2,\cdots,n)$이라 하자. 즉

$$a=x_0<x_1<x_2<\cdots<x_{n-1}<x_n=b$$

$$\Delta x=x_k-x_{k-1}=\frac{b-a}{n},\ k=1,2,3,\cdots,n$$

분할된 구간 $[x_{k-1}, x_k]$ 에서

$$y = f(x) > 0, \ y = 0, \ x = x_{k-1}, \ x = x_k$$

에 의해 둘러싸인 넓이를 A_k 라 하면

$$A = A_1 + A_2 + A_3 + \cdots + A_n$$

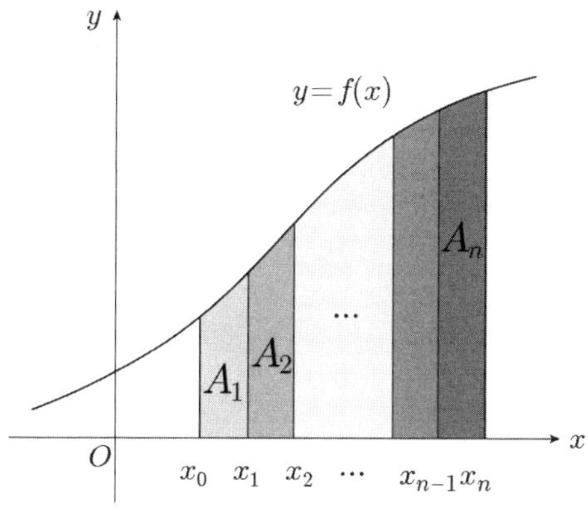

그림 1.2 분할

만약 $\triangle x$ 가 매우 작은 간격이라면 A_k 는 어떤 직사각형의 넓이와 거의 유사할 것이라는 것을 추정할 수 있다.

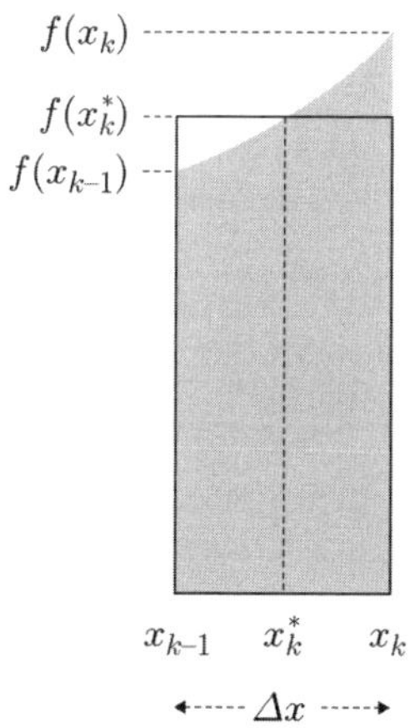

그림 1.3 직사각형의 넓이로 근사

그림 1.3과 같이 A_k 의 근삿값은 직사각형의 넓이

$$f(x_k^*) \triangle x$$

로 정한다(간혹 정확한 값이 되기도 하지만 대부분 오차를 갖게 된다). 그러면

$$\begin{aligned} A &= A_1 + A_2 + A_3 + \cdots + A_n \\ &\approx f(x_1^*)\Delta x + f(x_2^*)\Delta x + f(x_3^*)\Delta x + \cdots + f(x_n^*)\Delta x \end{aligned}$$

이 근삿값을 **리만합**이라 하는데, 리만합은 $f(x)$의 부호에 관계없이 정의할 수 있고, 특히 $f(x) > 0$이면 넓이에 대한 근삿값이 됨을 미리 언급해 둔다. 마지막으로 x_k^*는 어떤 점이 좋은가 하는 것인데 전통적으로 구간의 양 끝점 또는 구간의 중간점으로 잡는다.

함수 $f(x)$는 $[a, b]$에서 정의된 함수라고 하자.

$$\sum_{k=1}^{n} f(x_k^*)\Delta x = f(x_1^*)\Delta x + f(x_2^*)\Delta x + f(x_3^*)\Delta x + \cdots + f(x_n^*)\Delta x$$

를 **리만합**이라 하고, $x_k^* = x_k$일 때 오른쪽 리만합 R_n, $x_k^* = x_{k-1}$일 때 왼쪽 리만합 L_n, $x_k^* = (x_{k-1} + x_k)/2$일 때, 중간 리만합 M_n이라 한다.

예제 1.1 구간 $[0, 1]$에서 $f(x) = x^2$의 왼쪽, 오른쪽, 중간 리만합을 구하여라. 단, $n = 10$이다.

풀이 ▸ (1) 왼쪽 리만합(그림 1.4)

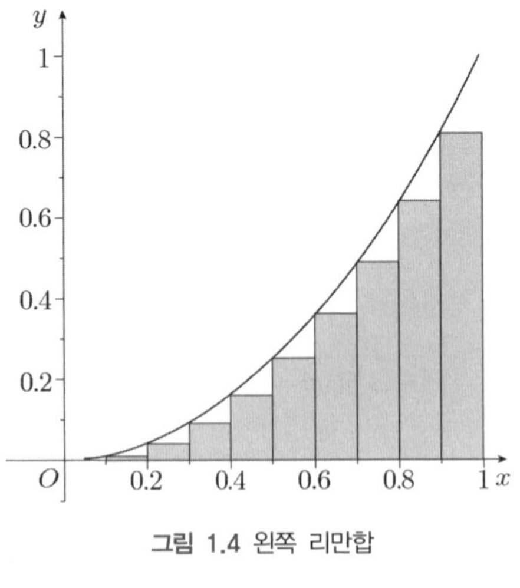

그림 1.4 왼쪽 리만합

$n=10$이므로

$$\triangle x=\frac{1}{10},\ x_k^*=\frac{1}{10}k,\ k=0,1,2,\cdots,9$$

$$\begin{aligned}\sum_{k=0}^{9} f(x_k^*)\triangle x &= \left[f(0)+f\left(\frac{1}{10}\right)+f\left(\frac{2}{10}\right)+\cdots+f\left(\frac{9}{10}\right)\right]\frac{1}{10}\\ &=\left[0^2+\left(\frac{1}{10}\right)^2+\left(\frac{2}{10}\right)^2+\cdots+\left(\frac{9}{10}\right)^2\right]\frac{1}{10}\\ &=\frac{1}{10^2}\left[0^2+1^2+2^2+\cdots+9^2\right]\frac{1}{10}\\ &=\frac{1}{10^3}\frac{9(9+1)(2\times 9+1)}{6}\\ &=\frac{285}{1000}=\frac{57}{200}=0.285\end{aligned}$$

(2) 오른쪽 리만합(그림 1.5)

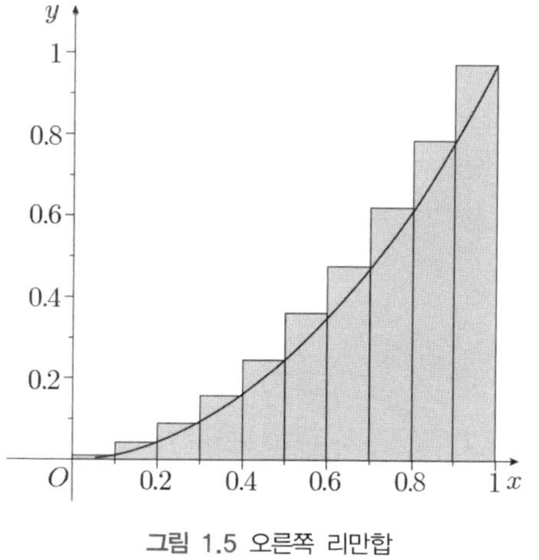

그림 1.5 오른쪽 리만합

$n=10$이므로

$$\triangle x=\frac{1}{10},\ x_k^*=\frac{1}{10}k,\ k=1,2,\cdots,9,10$$

$$\begin{aligned}\sum_{k=1}^{10} f(x_k^*)\triangle x &= \left[f\left(\frac{1}{10}\right)+f\left(\frac{2}{10}\right)+\cdots+f\left(\frac{9}{10}\right)+f\left(\frac{10}{10}\right)\right]\frac{1}{10}\\ &=\left[\left(\frac{1}{10}\right)^2+\left(\frac{2}{10}\right)^2+\cdots+\left(\frac{9}{10}\right)^2+\left(\frac{10}{10}\right)^2\right]\frac{1}{10}\end{aligned}$$

$$= \frac{1}{10^2}\left[1^2 + 2^2 + \cdots + 9^2 + 10^2\right]\frac{1}{10}$$

$$= \frac{1}{10^3}\,\frac{10\,(10+1)(2\times 10+1)}{6}$$

$$= \frac{385}{1000} = \frac{77}{200} = 0.385$$

(3) 중간 리만합(그림 1.6)

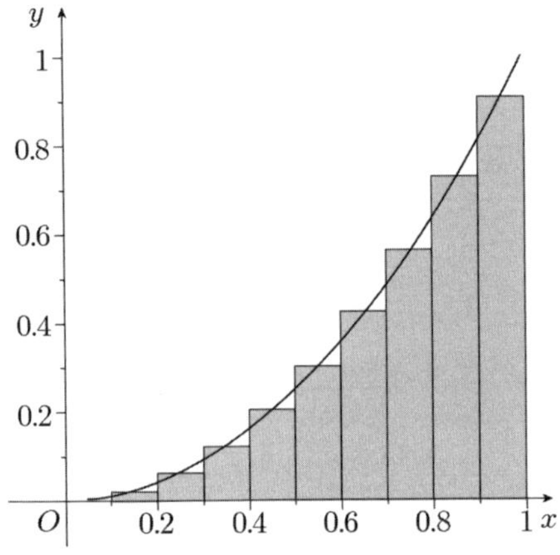

그림 1.6 중간 리만합

$n = 10$이므로

$$\Delta x = \frac{1}{10},\ \ x_k^* = 0.1\,k + 0.05,\ \ k = 0,1,2,\cdots,9$$

$$\sum_{k=1}^{10} f(x_k^*)\,\Delta x = [f(0.05) + f(0.15) + \cdots + f(0.95)] \times 0.1$$

$$= \left[(0.05)^2 + (0.15)^2 + \cdots + (0.95)^2\right] \times 0.1$$

$$= 0.3325$$

□

기하학적인 관점으로부터

$$L_{10} < A < R_{10}$$

임의의 n에 대하여

① $$L_n < A < R_n$$

수열의 합에 대한 공식으로부터

$$L_n = \frac{1}{n^3}\frac{n(n-1)(2n-1)}{6}$$

및

$$R_n = \frac{1}{n^3}\frac{n(n+1)(2n+1)}{6}$$

수열의 극한(수열의 극한은 함수의 극한의 일부분)으로부터

$$\lim_{n\to\infty} L_n = \lim_{n\to\infty} R_n = \frac{1}{3}$$

이므로 압축정리에 의해

$$A = \frac{1}{3} = 0.\overline{3}$$

중간 리만합이 A에 가장 가깝다는 것을 관찰할 수 있다.

일반적으로 구간 $[a, b]$에서 $f(x) \geq 0$이면 부등식 ①이 성립하고 더 나아가 $f(x)$가 구간 $[a, b]$에서 연속이면

$$A = \lim_{n\to\infty} L_n = \lim_{n\to\infty} R_n$$

즉

② $$A = \lim_{n\to\infty}\sum_{k=0}^{n-1} f(x_{k-1})\Delta x = \lim_{n\to\infty}\sum_{k=1}^{n} f(x_k)\Delta x$$

식 ②의 무한합은 $f(x)$의 부호에 관계없이 정의할 수 있다. 무한합은 구간 $[a, b]$와 함수 $f(x)$에 의해 결정되는 값이므로 다음과 같이 정의한다.

$$\int_a^b f(x)\,dx = \lim_{n\to\infty}\sum_{k=0}^{n-1} f(x_{k-1})\Delta x = \lim_{n\to\infty}\sum_{k=1}^{n} f(x_k)\Delta x$$

이를 더 일반적으로 다음과 같이 정의한다.

함수 $f(x)$는 $[a,\ b]$에서 정의된 함수라고 하자.

$$\int_a^b f(x)\,dx = \lim_{n\to\infty}\sum_{k=1}^{n} f(x_k^*)\,\Delta x$$

를 구간 $[a,\ b]$ 위에서 함수 $f(x)$에 대한 정적분이라 한다. f를 **피적분함수**, 수 a를 **적분하한**, b를 **적분상한**, 변수 x를 **적분변수**라 한다. 위의 정적분은 $f(x)$의 a로부터 b까지 적분이라 읽는다.

정적분은 리만합의 극한값이 존재할 때 의미가 있다.

함수 $f(x)$는 $[a,\ b]$에서 연속이면 $[a,\ b]$ 위에서 함수 $f(x)$에 대한 정적분은 유일하게 존재한다.

(i) 적분변수 x는 정적분의 값에 영향을 주지 않으므로 **무효변수**라고 한다. x를 다른 변수로 바꾸어도 정적분의 값은 같다.

$$\int_a^b f(x)\,dx = \int_a^b f(t)\,dt$$

(ii) 피적분함수가 연속함수일 때 정적분은 존재하지만, 연속이 아닌 함수에 대해서는 좀 더 복잡한 정의가 필요하다.

(iii) $f(x) \geq 0$이면 곡선 $y = f(x)$, 직선 $x = a$ 및 $x = b$, x축에 의해 둘러싸인 영역의 넓이가 된다.

예제 1.2 주어진 구간과 함수에 대응하는 정적분을 오른쪽 무한합으로 표시하라.

(1) 구간 $[1, 3]$, $f(x) = x^2$ (2) 구간 $[0, \pi]$, $f(x) = \sin x$

풀이 ▸ 정적분은 다음과 같다.

$$\int_a^b f(x)\,dx = \lim_{n\to\infty}\sum_{k=0}^{n-1} f\left(a + \frac{b-a}{n}k\right)\frac{b-a}{n}$$

(1) $a=1,\ b=3,\ f(x)=x^2$

$$\int_1^3 f(x)\,dx = \lim_{n\to\infty}\sum_{k=0}^{n-1} f\left(1+\frac{3-1}{n}k\right)\frac{3-1}{n}$$

$$= \lim_{n\to\infty}\frac{2}{n}\sum_{k=0}^{n-1}\left(1+\frac{2k}{n}\right)^2$$

(2) $a=0,\ b=\pi,\ f(x)=\sin x$

$$\int_0^\pi f(x)\,dx = \lim_{n\to\infty}\sum_{k=0}^{n-1} f\left(0+\frac{\pi-0}{n}k\right)\frac{\pi-0}{n}$$

$$= \lim_{n\to\infty}\frac{\pi}{n}\sum_{k=0}^{n-1}\sin\frac{k\pi}{n} \qquad \square$$

예제 1.3 정적분 $\int_{-1}^{1} |x|\,dx$ 를 구하여라.

풀이 ▸ 그림 1.6으로부터 정적분은 두 개의 영역의 넓이임을 알 수 있다.

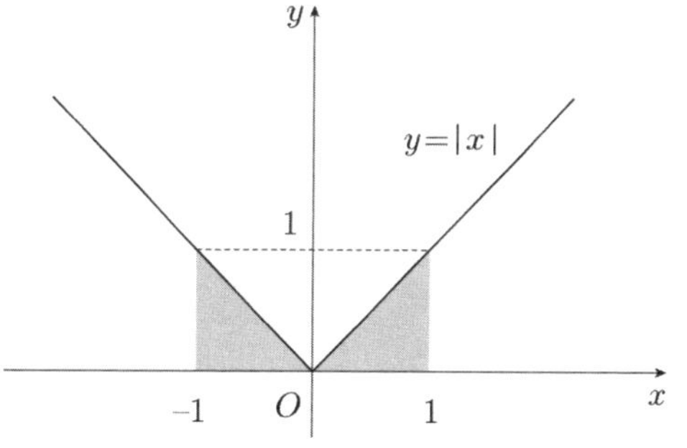

그림 1.6

$$\int_{-1}^{1} |x|\,dx = \frac{1}{2}+\frac{1}{2}=1 \qquad \square$$

예제 1.4 정적분 $\int_0^2 \sqrt{4-x^2}\,dx$ 를 구하여라.

풀이 ▸ 그림 1.7로부터 정적분은 반지름이 2인 반원 영역의 넓이임을 알 수 있다.

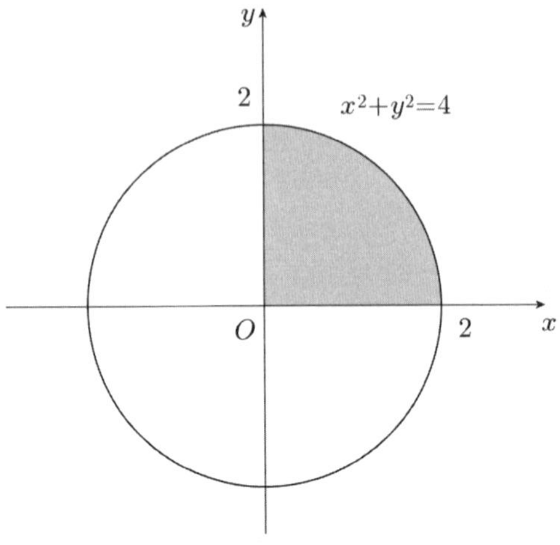

그림 1.7

$$\int_0^2 \sqrt{4-x^2}\, dx = \frac{1}{4}\pi \times 2^2 = \pi \qquad \square$$

정적분은 극한의 개념으로 정의한 것이기 때문에 극한의 기본성질이 그대로 유지되어 다음 정적분의 기본성질이 도출된다.

함수 f와 g는 폐구간 $[a, b]$에서 정의된 연속함수라고 하자. 그러면 다음 성질이 성립한다.

(i) $\int_a^b \{f(x)+g(x)\}\, dx = \int_a^b f(x)\, dx + \int_a^b g(x)\, dx$

(ii) $\int_a^b kf(x)\, dx = k\int_a^b f(x)\, dx$, k는 상수

(iii) $\int_a^b f(x)\, dx = \int_a^c f(x)\, dx + \int_c^b f(x)\, dx$

(iv) $\int_a^b f(x)\, dx = -\int_b^a f(x)\, dx$

예제 1.5 정적분을 구하여라.

(1) $\int_0^1 \left(\sqrt{1-x^2}+1\right) dx$ (2) $\int_{-1}^1 |x|\, dx$

풀이 ▸ (1) $\int_0^1 \left(\sqrt{1-x^2}+1\right) dx = \int_0^1 \sqrt{1-x^2}\, dx + \int_0^1 1\, dx = \frac{\pi}{4}+1$

(2) $$\begin{aligned}\int_{-1}^1 |x|\, dx &= \int_{-1}^0 |x|\, dx + \int_0^1 |x|\, dx \\ &= \int_{-1}^0 (-x)\, dx + \int_0^1 x\, dx \\ &= \frac{1}{2}+\frac{1}{2} = 1\end{aligned}$$

□

예제 1.6 다음 등식을 증명하여라.

$$\int_a^b x^2\, dx = \frac{1}{3}b^2 - \frac{1}{3}a^3$$

증명 ▸ 정적분의 정의로부터

$$\begin{aligned}\int_0^x t^2\, dt &= \lim_{n\to\infty}\sum_{k=0}^{n-1}\left(\frac{x}{n}k\right)^2 \frac{x}{n} \\ &= x^3 \lim_{n\to\infty}\frac{2n^3-3n^2+n}{6n^3} = \frac{1}{3}x^3\end{aligned}$$

따라서

$$\begin{aligned}\int_a^b x^2\, dx &= \int_a^0 x^2\, dx + \int_0^b x^2\, dx \\ &= -\int_0^a x^2\, dx + \int_0^b x^2\, dx \\ &= -\frac{1}{3}a^3 + \frac{1}{3}b^3 = \frac{1}{3}(b^3-a^3)\end{aligned}$$

□

토론 1.1 $\int_{-1}^2 \frac{1}{x^2}dx = \left[-\frac{1}{x}\right]_{-1}^2 = -\frac{3}{2}$ 이다. 이 정적분이 올바른지 그릇되었는지 기하학적으로 설명하고, 올바르게 계산할 수 있는 방법에 대해 토론하여라.

14-1 연습문제

01 주어진 n의 값을 사용하여 적분에 대한 세 종류의 리만합을 계산하라(소수점 아래 둘째 자리까지).

(1) $\int_0^2 (4x-1)dx,\ n=4$　　(2) $\int_{-2}^2 x^2 dx,\ n=4$

(3) $\int_0^1 \frac{1}{1+x}dx,\ n=5$　　(4) $\int_0^1 e^{-x}dx,\ n=5$

02 다음 정적분을 도형을 이용하여 계산하여라.

(1) $\int_{-2}^4 3\,dx$　　(2) $\int_1^2 x\,dx$

(3) $\int_{-3}^3 |x|\,dx$　　(4) $\int_0^3 \sqrt{9-x^2}\,dx$

03 다음 정적분을 수열의 극한을 이용하여 구하여라.

(1) $\int_0^1 x\,dx$　　(2) $\int_0^1 x^3\,dx$

04 다음 정적분에 대한 다음 각 물음에 답하여라.

$$\int_0^1 4\sqrt{1-x^2}\,dx$$

(1) $n=10, 100, 1000$을 사용하여 적분에 대한 리만합을 계산하라(소수점 아래 다섯째 자리까지).

(2) 도형을 이용하여 정적분의 정확한 값을 계산하여라.

(3) (1)과 (2)의 결과를 비교하여라.

05 다음 무한급수의 합을 정적분을 이용하여 표시하여라.

(1) $\lim_{n\to\infty}\sum_{k=0}^{n-1}\left(\frac{k}{n}\right)^2\frac{1}{n}$　　(2) $\lim_{n\to\infty}\sum_{k=0}^{n-1}\sin\left(\frac{k\pi}{n}\right)\frac{\pi}{n}$

06 다음 정적분을 도형을 이용하여 구하여라.

$$\int_{-1}^{1}\left(\sqrt{1-t^2}-\frac{1}{2}|t|\right)dt$$

다음 각 영역의 넓이를 정적분으로 표현하여라.

(1) 직선 $y=x$, x축과 직선 $x=0$과 $x=1$에 의해 유계된 면적

(2) 곡선 $y=x^2-1$, x축과 직선 $x=0$과 $x=4$에 의해 유계된 면적

(3) 곡선 $y=\sin x$, x축과 직선 $x=0$과 $x=\pi$에 의해 유계된 면적

07 다음 등식을 증명하여라.

(1) $\displaystyle\int_a^b x\,dx=\frac{1}{2}b^2-\frac{1}{2}a^2$

(2) $\displaystyle\int_a^b x^3\,dx=\frac{1}{4}b^4-\frac{1}{4}a^4$

08 타원 $\dfrac{x^2}{a^2}+\dfrac{y^2}{b^2}=1$로 둘러싸인 영역의 넓이는 πab임을 보여라.

09 극좌표 $r=f(\theta)$, $a\le\theta\le b$에 의해 둘러싸인 영역의 넓이는

$$\frac{1}{2}\int_a^b r^2\,d\theta=\frac{1}{2}\int_a^b\{f(\theta)\}^2\,d\theta$$

에 의해 정의된다. 반지름 R인 원의 넓이는 πR^2임을 보여라.

2 미분적분학의 기본정리

정적분이 리만합의 극한으로 정의되어 있어 세 단계로 정적분을 구해야 한다.

1단계 : 정적분을 극한으로 표시한다.
2단계 : 리만합을 n에 대한 식으로 정리한다.
3단계 : 극한값을 구한다.

예를 들어

$$1\text{단계 : } \int_0^1 x^2\,dx = \lim_{n\to\infty}\sum_{k=0}^{n-1}\left(\frac{k}{n}\right)^2\frac{1}{n}$$

$$2\text{단계 : } L_n = \sum_{k=0}^{n-1}\left(\frac{k}{n}\right)^2\frac{1}{n} = \frac{2n^3-3n^2+n}{6n^3}$$

$$3\text{단계 : } \lim_{n\to\infty} L_n = \lim_{n\to\infty}\frac{2n^3-3n^2+n}{6n^3} = \frac{1}{3}$$

일반적으로 이러한 작업은 매우 힘든 작업이며 또한 그러한 작업이 항상 가능한 것을 아니다. 예를 들어

$$\int_0^{\pi}\sin x\,dx = \lim_{n\to\infty}\sum_{k=0}^{n-1}\sin\left(\frac{k\pi}{n}\right)\frac{\pi}{n}$$

를 계산하기 위해서는

$$\sum_{k=0}^{n-1}\sin\left(\frac{k\pi}{n}\right)\frac{\pi}{n}$$

를 계산해야 하지만, 그렇게 쉽지 않다.

이 절에서는 어려운 합의 사용 없이 정적분을 직접 계산하는 방법을 설명한다. 이 방법의 비밀 열쇠는 바로 역도함수에 있는데 다음 관계식에서 그 비밀을 찾아보자.

$$\int_a^b x^2\,dx = \frac{1}{3}b^3 - \frac{1}{3}a^3$$

오른쪽 항을 다음과 같이 고쳐 쓰기로 약속하자.

$$\frac{1}{3}b^3 - \frac{1}{3}a^3 = \left[\frac{1}{3}x^3\right]_a^b$$

[ ] 안의 함수를 미분하면 피적분함수가 된다는 놀라운 사실을 발견할 수 있다. 즉

"$\frac{1}{3}x^3$ 을 x 에 대하여 미분하면 피적분 함수 x^2"

이것이 사실이면

$$\int_0^1 x^3\,dx = \left[\frac{1}{4}x^4\right]_0^1 = \frac{1}{4}$$

와 같이 리만합과 그 극한을 구할 필요 없이 정적분이 계산된다.

다음 정리는 미분적분학 기본정리 I로 알려진 것으로 위의 개념을 정당화한다.

> 폐구간 $[a, b]$ 위에 정의된 연속함수 $f(x)$ 에 대하여
>
> $$\frac{d}{dx}\int_a^x f(t)\,dt = f(x)$$

증명 ▸ $g(x) = \int_a^x f(t)\,dt$ 로 정의하자.

$$\begin{aligned} g'(x) &= \lim_{h\to 0}\frac{g(x+h)-g(x)}{h} \\ &= \lim_{h\to 0}\frac{\int_a^{x+h} f(t)\,dt - \int_a^x f(t)\,dt}{h} \\ &= \lim_{h\to 0}\frac{\int_x^{x+h} f(t)\,dt}{h} \end{aligned}$$

충분히 작은 h에 대하여

③ $$\int_x^{x+h} f(t)\,dt \approx f(x)h$$

이므로

$$g'(x)=\lim_{h\to 0}\frac{f(x)h}{h}=f(x)$$

이다. □

식 ③은 적분의 평균값정리를 사용하면 신뢰할 수 있는 과정으로 대치될 수 있다. 적분의 평균값정리란 다음 등식을 만족하는 c가 존재한다는 것이다.

$$\int_x^{x+h} f(t)\,dt = f(c)h$$

미분적분학 기본정리 I이 의미하는 바는 적분상한이 변수인 정적분

$$\int_a^x f(t)\,dt$$

은 $f(x)$의 역도함수가 된다는 것이다. 예를 들어

$$\frac{d}{dx}\int_0^x t^2\,dt = x^2$$

예제 2.1 다음 함수를 x에 관하여 미분하여라.

(1) $\displaystyle\int_1^x t\,e^t\,dt$ (2) $\displaystyle\int_x^{-1} \sin t^2\,dt$

풀이 ▸ (1) $\displaystyle\frac{d}{dx}\int_1^x t\,e^t\,dt = x\,e^x$

(2) $\displaystyle\frac{d}{dx}\int_x^{-1} \sin t^2\,dt = \frac{d}{dx}\left[-\int_{-1}^x \sin t^2\,dt\right] = -\sin x^2$ □

미분적분학 기본정리 I을 사용하여 미분적분학의 핵심 정리인 미분적분학 기본정리 II를 유도할 수 있다.

> 폐구간 $[a, b]$ 위에 정의된 연속함수 $f(x)$에 대하여, $F(x)$가 $f(x)$의 역도함수라고 하면
>
> $$\int_a^b f(x)\,dx = F(b) - F(a)$$

증명 ▸ $G(x)$를 $f(x)$의 또 다른 역도함수라고 하자. 즉, $G'(x) = f(x)$. 미분적분학의 기본정리 I에 의해

$$\frac{d}{dx}\left[G(x) - \int_a^x f(t)\,dt\right] = f(x) - f(x) = 0$$

따라서

① $$G(x) - \int_a^x f(t)\,dt = C\,(\text{상수}).$$

식 ①에 $x = a$를 대입하면

$$G(a) - \int_a^a f(t)\,dt = G(a) - 0 = G(a) = C$$

이다. 식 ①에 $G(a) = C$를 대입하여 정리하면

② $$\int_a^x f(t)\,dt = G(x) - G(a)$$

마지막으로 식 ②에서 $x = b$로 놓으면 미분적분학의 기본정리 II를 얻는다. □

예제 2.2 다음 정적분을 구하여라.

(1) $\int_1^2 2x\,dx$ (2) $\int_0^\pi \sin x\,dx$ (3) $\int_0^1 e^x\,dx$

풀이 ▸ (1) $\frac{d}{dx}x^2 = 2x$ 이므로

$$\int_1^2 2x\,dx = [x^2]_1^2 = 2^2 - 1^2 = 3$$

(2) $\frac{d}{dx}(-\cos x) = \sin x$ 이므로

$$\int_0^{\pi} \sin x\,dx = [-\cos x]_0^{\pi} = -(\cos \pi - \cos 0) = -(-1-1) = 2$$

(3) $\frac{d}{dx}e^x = e^x$ 이므로

$$\int_0^1 e^x\,dx = [e^x]_0^1 = e^1 - e^0 = e - 1$$

□

예제 2.3 다음 정적분을 구하여라.

(1) $\int_0^1 (3x^2 + 2x + 1)\,dx$ (2) $\int_{-1}^1 x e^{x^2}\,dx$

풀이 ▸ (1) 먼저 피적분함수의 역도함수를 구하자.

$$\int (3x^2 + 2x + 1)\,dx = 3 \times \frac{1}{3}x^3 + 2 \times \frac{1}{2}x^2 + x + C$$
$$= x^3 + x^2 + x + C$$

$$\int_0^1 (3x^2 + 2x + 1)\,dx = [x^3 + x^2 + x + C]_0^1$$
$$= 1^3 + 1^2 + 1 + C - (0^3 + 0^2 + 0 + C) = 3$$

(2) $\frac{d}{dx}\left(\frac{1}{2}e^{x^2}\right) = x^2 e^{x^2}$ 이므로

$$\int_{-1}^1 x e^{x^2}\,dx = \left[e^{x^2}\right]_{-1}^1 = e^{1^2} - e^{(-1)^2} = 0$$

□

참고 ▸ 정적분의 계산에서 적분상수 C는 붙이지 않아도 된다. 그 이유는 뺄셈의 과정에서 소거되기 때문이다.

예제 2.4 다음 정적분을 계산하라.

$$\int_1^5 \left(\frac{1}{x^2}+\frac{1}{x}\right)dx$$

풀이 ▸ $\displaystyle\int_1^5\left(\frac{1}{x^2}+\frac{1}{x}\right)=\int_1^5 (x^{-2}+x^{-1})dx$

$=\left[-x^{-1}+\ln|x|\right]_1^5$

$=\left(-\frac{1}{5}+\ln 5\right)-(-1+\ln 1)=\frac{4}{5}+\ln 5$ □

예제 2.5 x축과 $y=\sin x$, $0\le x\le \pi$로 둘러싸인 영역 A의 넓이를 구하여라.

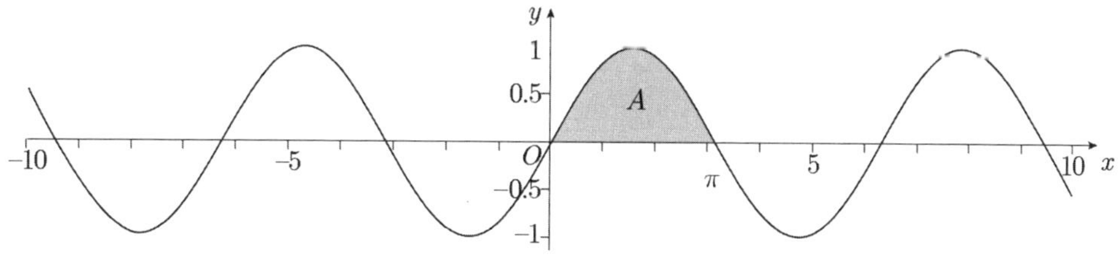

그림 2.1 $y=\sin x$의 그래프

풀이 ▸ 그림 2.1에서 영역 A의 넓이는

$$영역\ A의\ 넓이 = \int_0^\pi \sin x\,dx$$

미분적분학의 기본정리 II로부터

$$\int_0^\pi \sin x\,dx=[-\cos x]_0^\pi$$

$$=-[\cos\pi-\cos 0]=-[-1-1]=2$$

따라서 영역 A의 넓이는 2이다. □

예제 2.6 $y=x^2$과 $y=2x+3$에 의해 둘러싸인 영역의 넓이를 구하여라.

풀이 ▸ 그림 2.2는 곡선과 직선으로 둘러싸인 영역을 나타낸다.

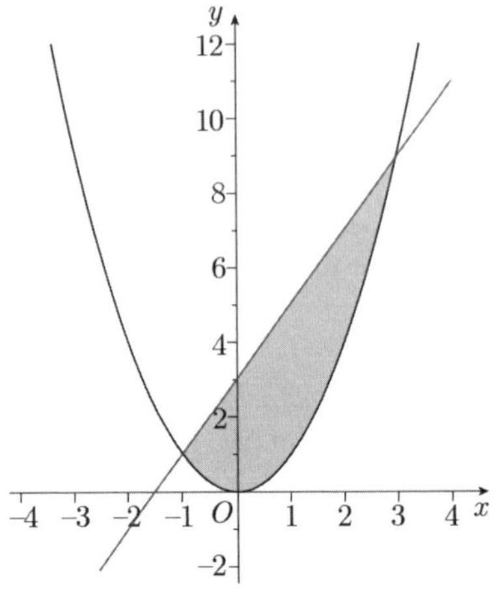

그림 2.2 $y=x^2$과 $y=2x+3$에 의해 둘러싸인 영역

다음과 같이 4단계로 넓이를 구한다.

1단계 : 교점의 x 좌표를 구한다.

$$x^2=2x+3$$

$$x^2-2x-3=0$$

$$(x+1)(x-3)=0$$

$$x=-1,\ 3$$

2단계 : 직선으로 둘러싸인 영역의 넓이 A_1을 구한다.

$$\int_{-1}^{3}(2x+3)\,dx=\left[x^2+3x\right]_{-1}^{3}$$

$$=(3^2+3\times 3)-[(-1)^2+3(-1)]=20$$

3단계 : 곡선으로 둘러싸인 영역의 넓이 A_2를 구한다.

$$\int_{-1}^{3}x^2\,dx=\left[\frac{1}{3}x^3\right]_{-1}^{3}$$

$$=\frac{1}{3}3^3-\frac{1}{3}(-1)^3=\frac{28}{3}$$

4단계 : 구하는 넓이는 A_1-A_2이다.

$$20-\frac{28}{3}=\frac{32}{3}$$

□

예제 2.5는 간단하게 일반화할 수 있다. 그림 2.3과 같이 곡선 $f(x)$와 $g(x)$에 의해 둘러싸인 영역의 넓이 A는

$$A = \int_{\alpha}^{\beta} \{f(x) - g(x)\}\, dx$$

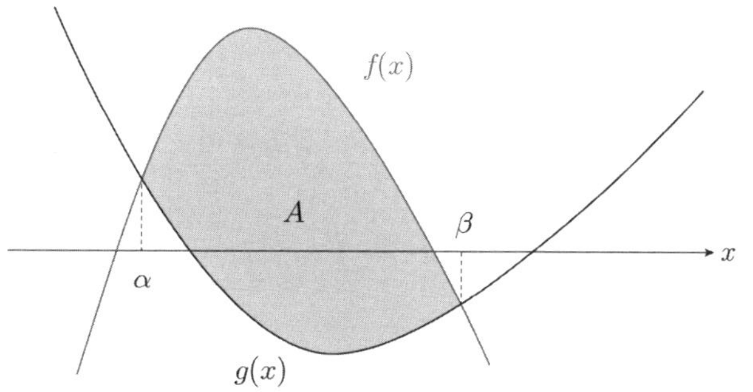

그림 2.3 곡선으로 둘러싸인 영역

예제 2.7 $y = \sin x$와 $y = \dfrac{4}{\pi^2} x^2$에 의해 둘러싸인 영역의 넓이를 구하여라.

풀이 ▸ 그림 2.4는 두 곡선으로 둘러싸인 영역을 나타낸다.

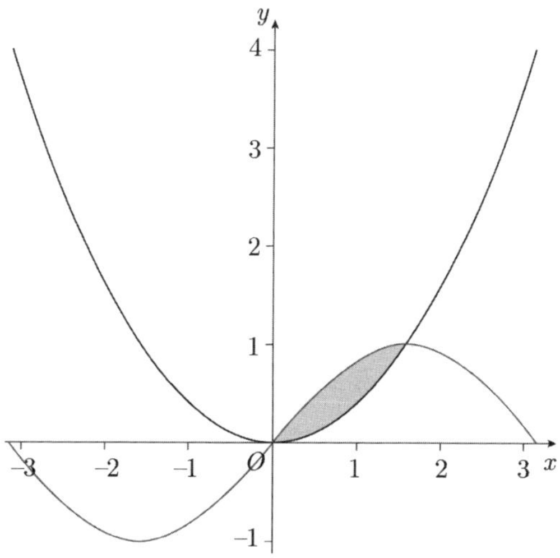

그림 2.4 $y = \sin x$와 $y = \dfrac{4}{\pi^2} x^2$의 그래프

교점의 x 좌표는 0과 $\dfrac{\pi}{2}$이다. 구하는 넓이는

$$\int_0^{\frac{\pi}{2}}\left(\sin x-\frac{4}{\pi^2}x^2\right)dx=\left[-\cos x-\frac{4}{3\pi^2}x^3\right]_0^{\frac{\pi}{2}}$$

$$=-\cos\frac{\pi}{2}-\frac{4}{3\pi^2}\left(\frac{\pi}{2}\right)^3-\left(-\cos 0-\frac{4}{3\pi^2}\times 0^3\right)$$

$$=1-\frac{\pi}{6}$$ □

피적분함수가 조금 복잡해도 치환적분과 결합하여

$$\int_0^1(2x+1)(x^2+1)^{10}dx=\int_1^2 u^{10}dx=\frac{1}{11}[2^{11}-1^{11}]$$

여기서 $u=x^2+1$로 치환했는데, 치환하면 적분상한 및 하한도 치환변수에 의존하여 바뀌게 됨을 유념하기 바란다.

예제 2.8 $\int_1^2(2x-1)e^{2x^2-2x}dx$를 계산하라.

풀이 ▸ $u=2x^2-2x$ 로 치환하면

$$\frac{du}{dx}=4x-2=2(2x-1)$$

$x=1$일 때 $u=0$

$x=2$일 때 $u=4$

이러한 식들을 최초의 정적분에 반영하면

$$\int_1^2(2x-1)e^{2x^2-2x}dx=\int_0^4 e^u\frac{1}{2}\frac{du}{dx}dx=\frac{1}{2}\int_0^4 e^u du$$

$$=\frac{1}{2}\int_0^4 e^u du=\frac{1}{2}[e^u]_0^4=\frac{1}{2}(e^4-1)$$ □

토론 2.1 $y=\sin x$, $y=\cos x$, $x=0$, $x=2\pi$로 둘러싸인 영역은

$$\int_0^{2\pi}|\sin x-\cos x|dx$$

로 표현할 수 있다. 왜 절댓값 기호를 사용하는지에 대해 토론하여라.

❐ 적분의 평균값 정리에 대한 이야기

반원의 넓이는 직사각형의 넓이로 계산할 수 있다.

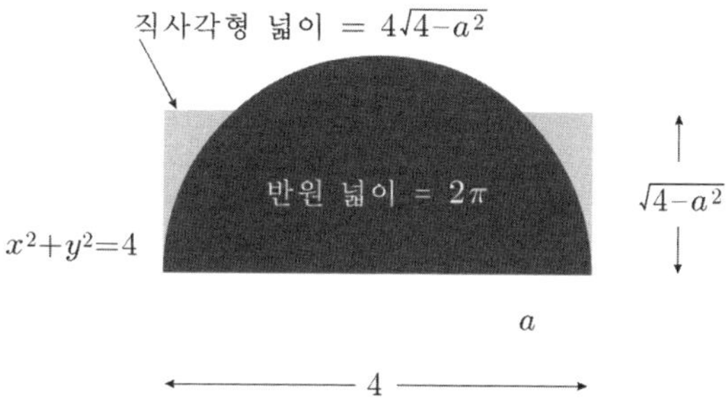

실제로 반원의 방정식을 $x^2+y^2=4$로 두면 반원의 넓이는 2π이고, 직사각형의 넓이는 밑변이 4, 높이가 $\sqrt{4-a^2}$이므로 $4\sqrt{4-a^2}$이다. 따라서 a의 값만 찾으면 직사각형의 넓이로 반원의 넓이를 구할 수 있게 된다. a의 값을 구하기 위해 두 넓이가 같다는 조건을 사용하자. 즉, a의 값은 방정식

$$4\sqrt{4-a^2}=2\pi$$

를 만족하는 a의 값이다. 방정식을 풀면

$$4-a^2=\frac{\pi^2}{4}$$

$$a^2=4-\frac{\pi^2}{4}$$

$$a=\sqrt{4-\frac{\pi^2}{4}}$$

a의 값을 $\sqrt{4-a^2}$에 대입하면

$$\sqrt{4-a^2}=\frac{\pi}{2}$$

이므로 우리의 예상과 완전히 일치한다.

일반적으로 곡선으로 둘러싸인 넓이와 직사각형의 넓이가 같아지는 점 c가 존

재한다. 이를 적분에 대한 평균값정리라고 한다.

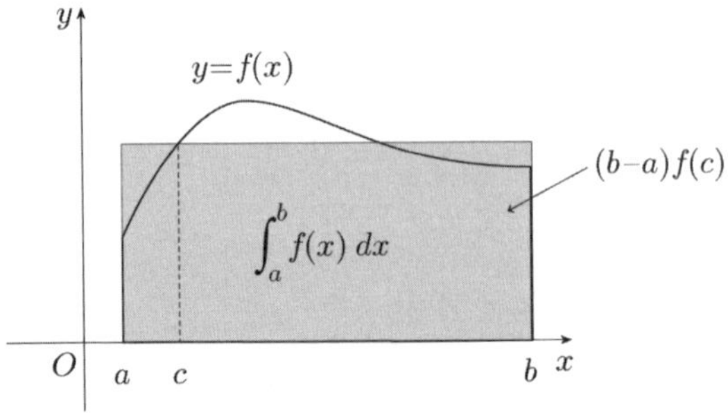

$f(x)=x$, $a=0$, $b=1$인 경우 $c=1/2$임을 쉽게 알 수 있으므로

$$\int_0^1 x\,dx=(1-0)\frac{1}{2}=\frac{1}{2}$$

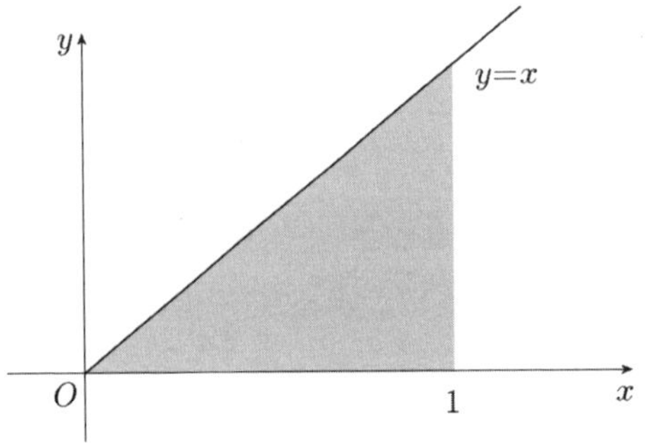

이 정리는 앞에서 배운 정적분의 개념을 무력화시키는가라는 의문을 가질 수 있으나 c의 값을 구하기 힘들다는 또 다른 문제가 파생한다. 이 정리는 앞에서 배운 리만합을 구하는 과정이 매우 합리적이라는 점을 암시하고 있다.

14-2 연습문제

01 다음 각 함수를 미분하여라.

(1) $\int_0^x 1\,dx$ (2) $\int_0^x t\,dt$

(3) $\int_0^x 1\,dt$ (4) $\int_0^x y\,dy$

02 다음 각 함수를 미분하여라.

(1) $\int_2^x t\sin t^2\,dt$ (2) $\int_5^x \frac{1}{1+t^6}\,dt$ (3) $\int_x^2 t^2\,dt$

03 정적분을 계산하라.

(1) $\int_{-1}^1 (3x^2-1)dx$ (2) $\int_{-2}^2 (2x^3+2x)dx$

(3) $\int_1^3 \left(\frac{1}{x^2}+3x\right)dx$ (4) $\int_0^1 3e^x\,dx$

(5) $\int_1^2 \sqrt{x}\,dx$ (6) $\int_0^{\frac{\pi}{2}} \cos x\,dx$

(7) $\int_0^{\frac{\pi}{4}} \sec^2 x\,dx$ (8) $\int_1^3 \left(2x+\frac{1}{x}+e^x\right)dx$

(9) $\int_0^1 (e^x+2^x)\,dx$ (10) $\int_0^1 \left(x^{\frac{3}{2}}+x^{1.5}\right)dx$

04 치환적분법을 사용하여 다음 정적분을 계산하여라.

(1) $\int_{-1}^2 (3x^2+1)(x^3+x)^5\,dx$ (2) $\int_{-\sqrt{2}}^{\sqrt{2}} 3x\sqrt{2x^2+1}\,dx$

(3) $\int_0^1 5xe^{x^2+2}dx$ (4) $\int_{-1}^1 x^2\cos(\pi x^3)\,dx$

(5) $\int_{-1}^2 \frac{x}{x^2+1}dx$ (6) $\int_1^2 \frac{e^{-\ln x}}{x}\,dx$

(7) $\int_{0}^{\frac{\pi}{4}} \sin t \cos t\, dt$ (8) $\int_{0}^{\frac{\pi}{3}} \sin x \cos^2 x\, dx$

05 기술된 영역의 넓이를 구하여라.

(1) 직선 $y=x$, x축과 직선 $x=0$ 및 $x=1$에 유계된 면적

(2) 곡선 $y=\sqrt{x}$, x축과 직선 $x=0$ 및 $x=4$에 유계된 면적

(3) 곡선 $y=x^2-1$, x축과 직선 $x=-1$ 및 $x=4$에 유계된 면적

(4) 곡선 $y=xe^{x^2}$, x축과 직선 $x=0$ 및 $x=\sqrt{\ln 2}$에 유계된 면적

(5) 곡선 $y=\sin x$, x축과 직선 $x=0$ 및 $x=\frac{\pi}{2}$에 유계된 면적

(6) 곡선 $y=\ln x$, x축과 직선 $x=1$및 $x=e$에 의해 유계된 면적

06 $a \le x \le b$에서 함수 $f(x)$의 그래프에 의해 생성되는 곡선의 길이는 정적분

$$\int_{a}^{b} \sqrt{1+\{f'(x)\}^2}\, dx$$

에 의해 계산된다.

(1) 곡선의 길이가 이와 같이 정의될 수 있는 이유를 설명하여라.

(2) $y=x$, $0 \le x \le 1$에 의해 만들어지는 곡선의 길이를 구하여라.

(3) $y=x^2$, $0 \le x \le 1$에 의해 만들어지는 곡선의 길이를 구하여라.

(4) 반지름이 r인 원의 둘레가 $2\pi r$임을 보여라.

07 함수 $y=f(x)>0$, 직선 $x=0, y=a, y=b$에 의해 둘러싸인 영역을 x축 주위로 회전할 생성되는 입체의 체적은 정적분

$$\int_{a}^{b} \pi\{f(x)\}^2\, dx$$

에 의해 계산된다.

(1) 회전체 체적이 위와 같은 정적분으로 정의될 수 있는 이유를 설명하여라.

(2) $y=x$, $a=0$, $b=2$일 때 회전체의 체적을 구하여라.

(3) 아랫변의 반지름이 r이고 높이가 h인 원뿔의 체적을 구하여라.

(4) 반지름이 r인 구의 부피가 $\frac{4}{3}\pi r^3$임으로 보여라.

08 함수 $y=f(x)>0$, 직선 $x=0, y=a, y=b$에 의해 둘러싸인 영역을 x축 주위로 회전할 생성되는 회전체의 겉넓이는 정적분

$$\int_a^b 2\pi f(x)\sqrt{1+\{f'(x)\}^2}\,dx$$

에 의해 계산된다.

(1) 회전체의 겉넓이가 위의 정적분으로 정의될 수 있는 이유를 설명하여라.

(2) $y=x$, $a=0$, $b=1$일 때 회전체의 겉넓이를 구하여라.

(3) 밑변의 반지름이 r이고 높이가 h인 원뿔의 겉넓이를 구하여라.

(4) 반지름이 r인 구의 겉넓이가 $4\pi r^2$임을 보여라.

15

테일러급수

1. 테일러급수

2. 테일러급수의 응용

1 테일러급수

일변수함수의 그래프로 평면 위에 직선 또는 곡선이 그려지는데, 기본적인 함수(다항함수, 유리함수, 무리함수, 지수 및 로그함수, 삼각함수 및 역함수)로 그려낼 수 있는 곡선의 종류는 매우 제한적이다. 좀 더 다양한 곡선은 함수에 대한 사칙연산 및 합성연산으로 생성될 수 있다. 예를 들어 $f(x)=x^2+1$, $g(x)=\sin x$에 대하여

$$f(x)+10g(x)=x^2+1+10\sin x$$

$$f(x)g(x)=(x^2+1)\sin x$$

$$\frac{g(x)}{f(x)}=\frac{\sin x}{x^2+1}$$

$$f(g(x))=\sin^2 x+1$$

$$g(f(x))=(\sin x+1)^2+1=\sin^2 x+2\sin x+2$$

와 같은 형태의 복합함수가 생성되며, 이 함수들에 대한 그래프는 기존에 알고 있는 형태와는 전혀 다른 모양이 됨을 관찰할 수 있다(그림 1.1~그림 1.5).

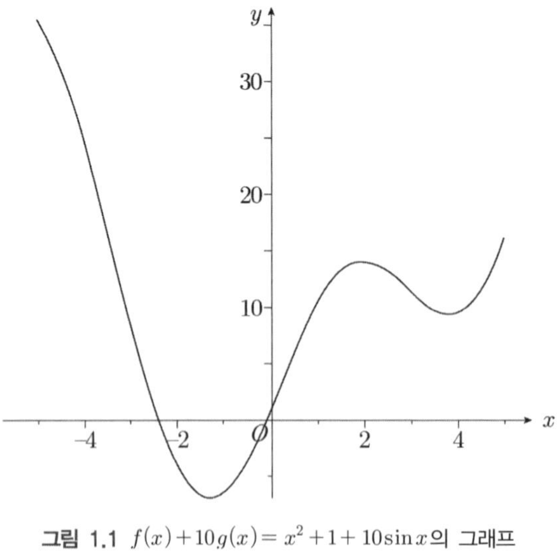

그림 1.1 $f(x)+10g(x)=x^2+1+10\sin x$의 그래프

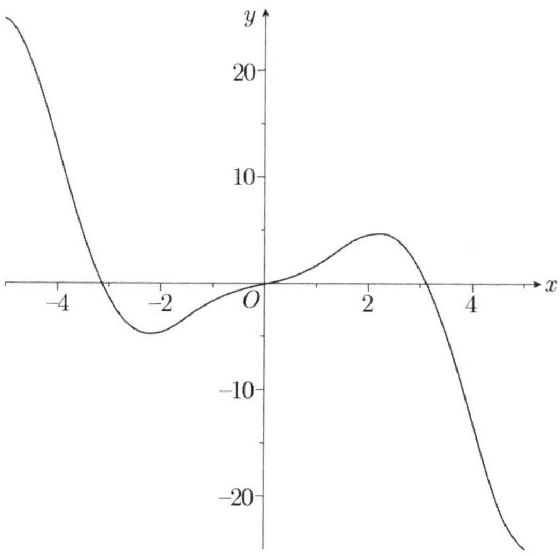

그림 1.2 $f(x)g(x)=(x^2+1)\sin x$의 그래프

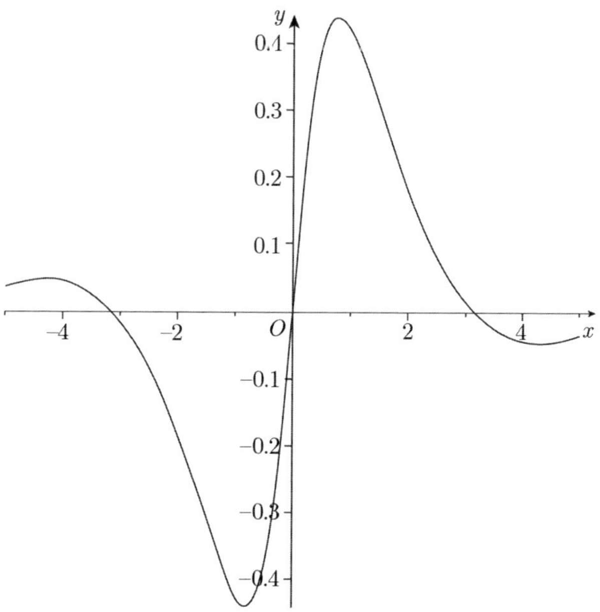

그림 1.3 $\dfrac{g(x)}{f(x)}=\dfrac{\sin x}{x^2+1}$의 그래프

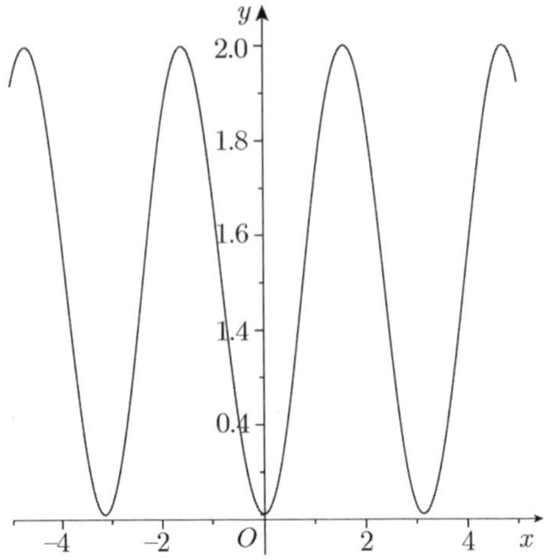

그림 1.4 $f(g(x)) = \sin^2 x + 1$의 그래프

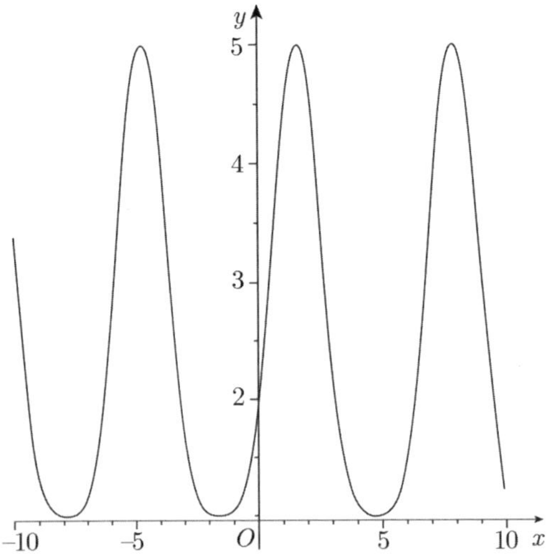

그림 1.5 $g(f(x)) = (\sin x + 1)^2 + 1 = \sin^2 x + 2\sin x + 2$의 그래프

위와 같이 연산을 여러 번 적용하면 더 다양한 곡선이 생성되지만, 함수가 복잡해지기 때문에 함수의 해석에 어려움이 나타날 것이다. 또한 함수의 연산으로 우리들이 필요로 하는 곡선을 모두 생성할 수 있는지에 대해서도 의문을 가질 수밖에 없다. 따라서 함수의 연산과는 다른 방법으로 다양한 곡선이 표현되어질 수 있는 방법이 고안되어야 한다. 물론, 이러한 방법이 존재하는지에 대한 고찰이 필요한데 다행히 몇몇 위대한 수학자들에 의해 다양한 곡선을 체계적으로 나타낼 수

있는 방법이 존재한다는 것이 밝혀져 있다. 여기서는 그 가운데 가장 이해하기 쉽고 다양한 분야에 많이 사용되고 있는 테일러급수를 소개한다. 테일러급수는 무한급수를 통해 경험하였다. 즉, 공비가 x 이고 첫째항이 1인 무한등비급수는

$$1+x+x^2+x^3+\cdots+x^n+\cdots$$

으로, 그 합은

① $$1+x+x^2+x^3+\cdots+x^n+\cdots=\frac{1}{1-x},\ -1<x<1$$

이라는 것을 배웠다. 무한등비급수의 합은

$$s_n(x)=1+x+x^2+x^3+\cdots+x^n,\ n=1,2,3,\cdots$$

과 같이 부분합으로 만들어진 수열 $\{s_n(x)\}$의 극한으로 계산된다. 등비수열의 합에 의해 부분합은

$$s_n(x)=\frac{1-x^n}{1-x}$$

$-1<x<1$인 모든 실수 x에 대하여 $\lim_{n\to\infty} x^n=0$이므로

$$\lim_{n\to\infty} s_n=\lim_{n\to\infty}\frac{1-x^n}{1-x}=\frac{1}{1-x}$$

식 ①에 대해서는 다음과 같은 해석이 가능하다.

함수 $f(x)=\frac{1}{1-x}$는 구간 $(-1,1)$에서 무한다항식

$$1+x+x^2+x^3+\cdots+x^n+\cdots$$

으로 표현가능하다.

이러한 사실은 그래프를 통하여 쉽게 이해할 수 있다. 무한다항식의 그래프는 컴퓨터로 그릴 수 없으므로 부분합 $s_n(x)$의 그래프로 그린다.

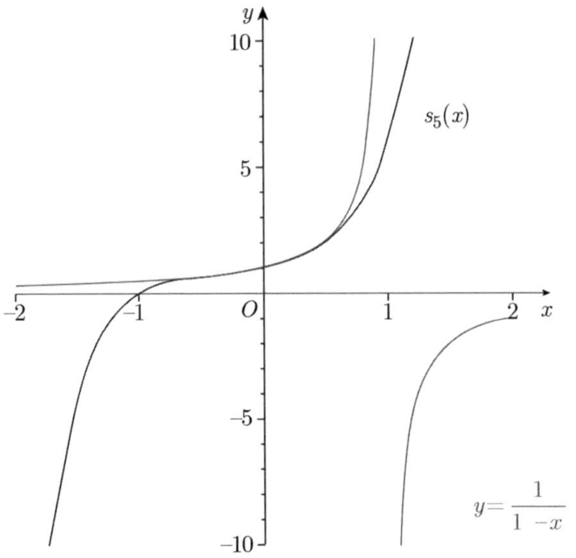

그림 1.6 $f(x)$와 $s_5(x)$의 그래프

그림 1.6으로부터 $(-1,\ 1)$의 일부 구간에서 두 함수의 그래프가 거의 비슷함을 알 수 있다. 부분합의 수를 증가시키면 일부 구간이 $(-1,\ 1)$로 확대된다.

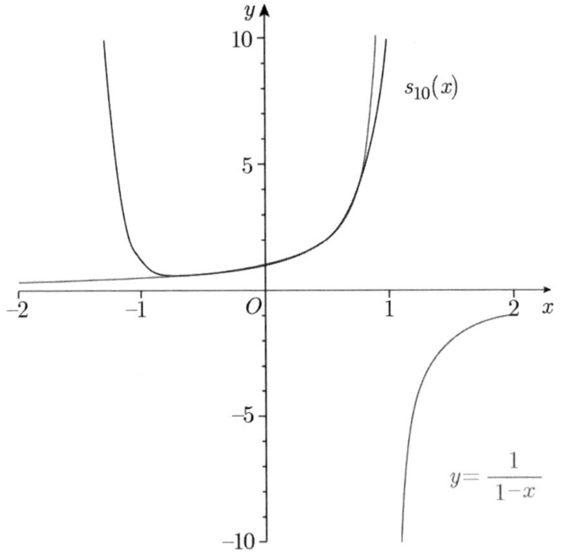

그림 1.7 $f(x)$와 $s_{10}(x)$의 그래프

여기서 중요한 질문은

임의의 함수 $f(x)$를 무한다항식으로 표현할 수 있는가?

하는 것이다. 즉 유한차수 다항식의 극한으로 표현할 수 있는가? 하는 것이다. 이 질문에 대한 긍정적인 답을 얻기 위해 식 ①을 변형하여 보자.

식 ①에 x 대신 $-x^2$를 대입하면 다음 등식을 얻는다.

② $$1-x^2+x^4-x^6+\cdots+(-1)^n x^{2n}+\cdots=\frac{1}{1+x^2},\quad -1<x<1$$

즉 함수 $g(x)=\dfrac{1}{1+x^2}$은 다음 유한다항식 $s_n(x)$

$$s_n(x)=1-x^2+x^4-x^6+\cdots+(-1)^n x^{2n}$$

의 극한으로 표현될 수 있다는 것이다. 그림 1.8로부터 이 사실이 참이라는 것을 쉽게 관찰할 수 있다.

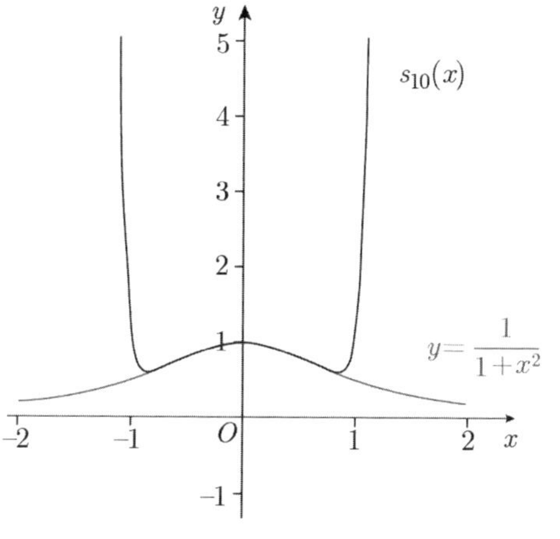

그림 1.8 $g(x)$와 $s_{10}(x)$의 그래프

그림 1.6, 1.7, 1.8로부터 직관적으로 느낄 수 있는 것은 등식이 구간 $(-1, 1)$에서만 성립한다는 것이다. 그러면 등식이 성립하는 구간은 알 수 있는 방법은 무엇일까. 이것들은 무한등비급수가 수렴하기 위해서는 공비의 크기가 1보다 작아야 한다는 사실로부터 온 것이다. 즉

$$\text{공비의 크기} =\left|\frac{a_{n+1}}{a_n}\right|<1$$

식 ①에서 $a_n=x^n$이므로

$$\left|\frac{a_{n+1}}{a_n}\right| = \left|\frac{x^{n+1}}{x^n}\right| = |x| < 1 \Rightarrow -1 < x < 1$$

식 ②에서 $a_n = (-1)^n x^{2n}$ 이므로

$$\left|\frac{a_{n+1}}{a_n}\right| = \left|\frac{(-1)^{n+1} x^{2n+2}}{(-1)^n x^{2n}}\right| = |x^2| < 1 \Rightarrow -1 < x < 1$$

예제 1.1 $\tan^{-1} x$ 를 무한급수로 표현하여라.

풀이 ▸ 식 ②의 양변을 적분하면

$$\int \frac{1}{1+x^2} dx = \int 1 - x^2 + x^4 - x^6 + \cdots + (-1)^n x^{2n} + \cdots \, dx$$

$\int \frac{1}{1+x^2} dx = \tan^{-1} x + C$ 및 $\int x^k \, dx = \frac{1}{k+1} x^{k+1} + C$ 이므로

③ $\tan^{-1} x$

$$= x - \frac{1}{3}x^3 + \frac{1}{5}x^5 - \frac{1}{7}x^7 + \cdots + (-1)^n \frac{1}{2n+1} x^{2n+1} + \cdots + C$$

단, C 는 적분상수로 결정되어야 하는 값이다. 먼저 식 ③이 의미를 갖는 구간에 대하여 알아보자. 물론, 등식 ②로부터 등식 ③이 성립될 구간은 $(-1,\ 1)$로 추정되지만, 등식 ②와 다른 부분이 있다. 기본적으로 알고 있었던 공비의 개념이 적용되지 않는다. 실제로,

$$a_n = (-1)^n \frac{1}{2n+1} x^{2n+1}$$

이므로

$$\left|\frac{a_{n+1}}{a_n}\right| = \left|\frac{(-1)^{n+1} \dfrac{x^{2n+2}}{2n+2}}{(-1)^n \dfrac{x^{2n+1}}{2n+1}}\right| = \left|\frac{2n+1}{2n+2}\right| |x|$$

항별의 비가 항에 따라 변하고 있음을 알 수 있다. 급수가 수렴하기 위해서는

$$\left|\frac{2n+1}{2n+2}\right||x|<1 \text{ 즉 } |x|<\frac{2n+2}{2n+1}$$

을 만족해야 한다. 모든 자연수 n에 대하여 $(2n+2)/(2n+1)>1$이므로 등식이 성립하는 x의 구간은 $(-1,\ 1)$을 포함하는 구간임을 예측할 수 있다. 무한등비급수에서 유한항의 수렴성은 의미가 없으므로 매우 큰 n항 이후의 수렴성만 체크하면 된다. 따라서 수렴하는 구간은 다음 극한 식에 의해 결정된다고 볼 수 있다.

$$|x|<\lim_{n\to\infty}\frac{2n+2}{2n+1}=1$$

따라서 $(-1,\ 1)$에 속하는 모든 x에 대하여 식 ③은 의미를 갖는다. 등식 ③은 항등식이므로 식 ③에 $x=0$을 대입하여 C에 대하여 풀면

$$\tan^{-1}0=0-\frac{1}{3}0^3+\frac{1}{5}0^5-\frac{1}{7}0^7+\cdots+(-1)^n\frac{1}{2n+1}0^{2n+1}+\cdots+C$$

$\tan 0=0$이므로

$$0=C$$

따라서 구하는 무한급수는

$$④\ \ \tan^{-1}x=x-\frac{1}{3}x^3+\frac{1}{5}x^5-\frac{1}{7}x^7+\cdots+(-1)^n\frac{1}{2n+1}x^{2n+1}+\cdots$$

□

참고 ▸ 등식 ④는 개구간 $(-1,1)$에서 성립한다는 것은 알았다. 여기서 구간의 끝점, 즉 $x=-1$ 및 $x=1$에서 무한급수는 수렴하는지 발산하는지를 알고 싶다.

$$\tan^{-1}1=1-\frac{1}{3}+\frac{1}{5}-\frac{1}{7}+\cdots+(-1)^n\frac{1}{2n+1}+\cdots$$

$$\tan^{-1}(-1)=-1+\frac{1}{3}-\frac{1}{5}+\frac{1}{7}+\cdots+(-1)^{n+1}\frac{1}{2n+1}+\cdots$$

이러한 판정은 조금 어렵고, 무한수열에 대한 특별한 수렴판정법이 필요하다.

그러나 $\tan^{-1}1=\dfrac{\pi}{4}$이므로 무한수열

$$1-\frac{1}{3}+\frac{1}{5}-\frac{1}{7}+\cdots+(-1)^n\frac{1}{2n+1}+\cdots$$

은 수렴할 것이라는 예측이 가능하고, 실제로 수렴한다. 따라서 정확한 수렴구간은 $[-1, 1]$이 된다.

이제 임의의 함수를 무한다항식으로 표현하는 방법에 대하여 설명한다.

$f(x)$는 $x=0$에서 무한 번 미분할 수 있는 함수라고 하자(함수의 그래프가 매우 매끄러운 곡선이다).

⑤ $$f(x)=c_0+c_1x+c_2x^2+c_3x^3+\cdots+c_nx^n+\cdots$$

과 같이 표현되었다고 하면

⑥ $c_0=f(0),\ c_1=f'(0),\ c_2=\dfrac{f''(0)}{2!},\ c_3=\dfrac{f'''(0)}{3!},\ \cdots,\ c_n=\dfrac{f^{(n)}(0)}{n!},\ \cdots$

이 성립한다.

증명 ▸ 등식 ⑤에 $x=0$을 대입하면

$$f(0)=c_0$$

등식 ⑤를 x에 대하여 미분하면

⑦ $$f'(x)=c_1+2c_2x+3c_3x^2+\cdots+nc_nx^{n-1}+\cdots$$

등식 ⑦에 $x=0$을 대입하면

$$f'(0)=c_1$$

등식 ⑦을 x에 대하여 미분하면

⑧ $$f''(x)=2c_2+3\cdot 2c_3x+\cdots+n(n-1)c_nx^{n-2}+\cdots$$

등식 ⑧에 $x=0$을 대입하면

$$f''(0)=2c_2 \text{ 즉 } c_2=\frac{f''(0)}{2!}$$

동일한 과정을 반복하면 모든 자연수 n에 대하여 다음 식을 얻는다.

$$c_n=\frac{f^{(n)}(0)}{n!} \qquad \square$$

등식 ⑤를 $x=0$에서 함수 $f(x)$에 대한 테일러급수(Taylor series)라고 하고, 식 ⑥에서 주어진 상수들을 테일러계수(Taylor coefficients)라고 한다.

테일러급수가 수렴하는 구간을 수렴구간이라 하고, 수렴구간은 다음 극한을 통하여 구할 수 있다.

$$r=\lim_{n\to\infty}\left|\frac{c_n}{c_{n+1}}\right|$$

이라 두면 수렴구간은 $(-r,\ r)$이 된다. 일반적으로 r을 수렴반경이라 부른다.

참고 ▸ $x=a$에서 $f(x)$에 대한 테일러급수는 다음과 같다. $f(x)$가 $x=a$에서 무한 번 미분할 수 있는 함수라고 하자(함수의 그래프가 매우 매끄러운 곡선이다).

$$f(x)=c_0+c_1(x-a)+c_2(x-a)^2+c_3(x-a)^3+\cdots+c_n(x-a)^n+\cdots$$

단,

$$c_0=f(a),\ c_1=f'(a),\ c_2=\frac{f''(a)}{2!},\ c_3=\frac{f'''(a)}{3!},\ \cdots,\ c_n=\frac{f^{(n)}(a)}{n!},\ \cdots$$

예제 1.2 $f(x)=\dfrac{1}{1-x}$ 일 때, $x=0$에서 $f(x)$에 대한 테일러급수로 전개하여라.

풀이 ▸ $f(x)=(1-x)^{-1}$이므로

$f'(x)=-1(1-x)^{-2}(-x)'=(1-x)^{-2}$

$f''(x)=-2(1-x)^{-3}(-x)'=2(1-x)^{-3}$

$f'''(x) = 2(-3)(1-x)^{-4}(-x)' = 3!(1-x)^{-4}$

$\cdots$

$f^{(n)}(x) = n!(1-x)^{-n-1}$

각 도함수에 $x=0$을 대입하면

$$f(0)=1,\ f^{(n)}(0)=n!,\ n=1,2,3,\cdots$$

따라서 테일러계수는

$$c_0=1,\ c_n=\frac{f^{(n)}(0)}{n!}=\frac{n!}{n!}=1,\ n=1,2,3,\cdots$$

미분계수의 값들을 식 ⑤에 대입하면

$$\frac{1}{1-x}=1+x+x^2+x^3+\cdots+x^n+\cdots$$

이 결과는 식 ①과 동일하다. 수렴반경이

$$r=\lim_{n\to\infty}\left|\frac{c_n}{c_{n+1}}\right|=\lim_{n\to\infty}\left|\frac{1}{1}\right|=1$$

이므로 수렴구간은 $(-1,\ 1)$이다. □

예제 1.3 $y=e^x$일 때, $x=0$에서 y에 대한 테일러급수로 전개하여라.

풀이 ▸ $\frac{d(e^x)}{dx}=e^x$ 이므로

$$\frac{d^n y}{dx^n}=e^x,\ n=1,2,3,\cdots$$

$\frac{d^n y}{dx^n}(0)=e^0=1,\ n=1,2,3,\cdots$ 이므로

$$c_n=\frac{1}{n!},\ n=1,2,3,\cdots$$

따라서 구하는 급수는

$$e^x=1+x+\frac{x^2}{2!}+\frac{x^3}{3!}+\cdots+\frac{x^n}{n!}+\cdots$$

수렴구간을 구하여 보자.

$$r = \lim_{n\to\infty}\left|\frac{c_n}{c_{n+1}}\right| = \lim_{n\to\infty}\left|\frac{\frac{1}{n!}}{\frac{1}{(n+1)!}}\right| = \lim_{n\to\infty}(n+1) = \infty$$

즉 수렴반경이 ∞ 이므로 수렴구간은 $(-\infty, \infty)$이다. 결론적으로

$$e^x = 1 + x + \frac{x^2}{2!} + \frac{x^3}{3!} + \cdots + \frac{x^n}{n!} + \cdots \ , \ -\infty < x < \infty$$

부분합은

$$s_n(x) = 1 + x + \frac{x^2}{2!} + \frac{x^3}{3!} + \cdots + \frac{x^n}{n!} = \sum_{k=0}^{n} \frac{x^k}{k!}$$

그림 1.9는 $y = e^x$에 대한 테일러급수의 부분합 $s_n(x)$의 그래프이다.

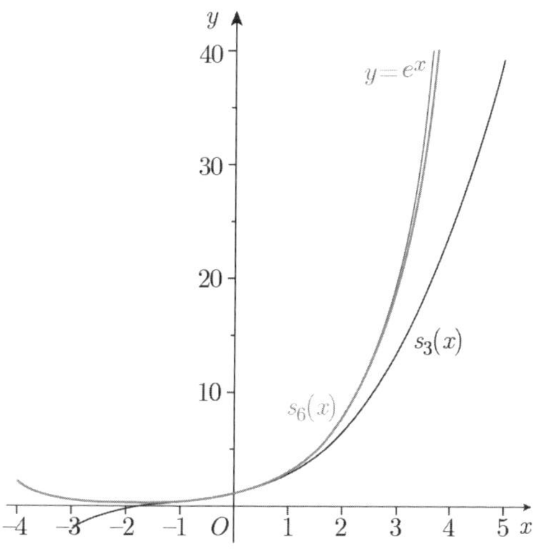

그림 1.9 $y = e^x$, $s_3(x)$과 $s_6(x)$의 그래프 □

예제 1.4 $y = \sin x$일 때, $x = 0$에서 y에 대한 테일러급수로 전개하여라.

풀이 ▸

$f(x) = \sin x \qquad f(0) = 0 \qquad c_0 = 0$

$\frac{d}{dx}\sin x = \cos x \qquad f'(0) = 1 \qquad c_1 = 1$

$$\frac{d}{dx}\cos x = -\sin x \qquad f''(0) = 0 \qquad c_2 = 0$$

$$\frac{d}{dx}(-\sin x) = -\cos x \qquad f'''(0) = -1 \qquad c_3 = \frac{-1}{3!}$$

$$\frac{d}{dx}(-\cos x) = \sin x \qquad f^{(4)}(0) = 0 \qquad c_4 = 0$$

주기 4로 $0, 1, 0, -1$이 반복적으로 나타남을 알 수 있다. 따라서 따라서 구하는 급수는

$$\sin x = x - \frac{x^3}{3!} + \frac{x^5}{5!} - \cdots + (-1)^n \frac{x^{2n+1}}{(2n+1)!} + \cdots$$

수렴구간을 구하여 보자.

$$r = \lim_{n\to\infty}\left|\frac{c_n}{c_{n+1}}\right| = \lim_{n\to\infty}\left|\frac{\frac{1}{(2n+1)!}}{\frac{1}{(2n+3)!}}\right| = \lim_{n\to\infty}(2n+2)(2n+3) = \infty$$

즉 수렴반경이 ∞이므로 수렴구간은 $(-\infty, \infty)$이다. 결론적으로

$$\sin x = x - \frac{x^3}{3!} + \frac{x^5}{5!} - \cdots + (-1)^n \frac{x^{2n+1}}{(2n+1)!} + \cdots \quad, \ -\infty < x < \infty$$

부분합은

$$\begin{aligned} s_n(x) &= x - \frac{x^3}{3!} + \frac{x^5}{5!} - \cdots + (-1)^n \frac{x^{2n+1}}{(2n+1)!} \\ &= \sum_{k=0}^{n} \frac{(-1)^k x^{2k+1}}{(2k+1)!} \end{aligned}$$

그림 1.10은 오차 $s_n(x) - \sin(x)$의 그래프이다. n이 증가하면 할수록 근사되는 구간이 늘어난다.

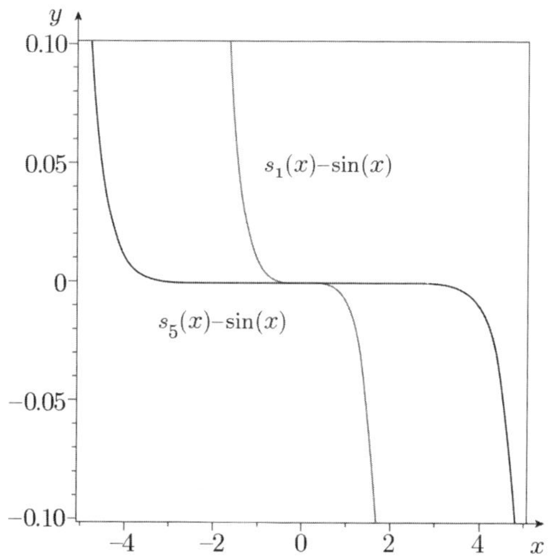

그림 1.10 오차 $s_1(x)-\sin(x)$, $s_5(x)-\sin(x)$의 그래프

□

예제 1.5 $y=\cos x$일 때, $x=0$에서 y에 대한 테일러급수로 전개하여라.

풀이 ▸ 예제 1.4의 결과를 이용하자. 즉

$$\sin x = x - \frac{x^3}{3!} + \frac{x^5}{5!} - \cdots + (-1)^n \frac{x^{2n+1}}{(2n+1)!} + \cdots \quad , \ -\infty < x < \infty$$

의 양변을 x에 대하여 미분하면(실제, 어떤 조건하에서 이러한 미분이 가능하다)

$$\cos x = 1 - \frac{x^2}{2!} + \frac{x^4}{4!} - \cdots + (-1)^n \frac{x^{2n}}{(2n)!} + \cdots \quad , \ -\infty < x < \infty$$

부분합은

$$s_n(x) = 1 - \frac{x^2}{2!} + \frac{x^4}{4!} - \cdots + (-1)^n \frac{x^{2n}}{(2n)!} = \sum_{k=0}^{n} \frac{(-1)^k x^{2k}}{(2k)!}$$

그림 1.11은 $s_{10}(x)$와 $s_{20}(x)$의 그래프이다.

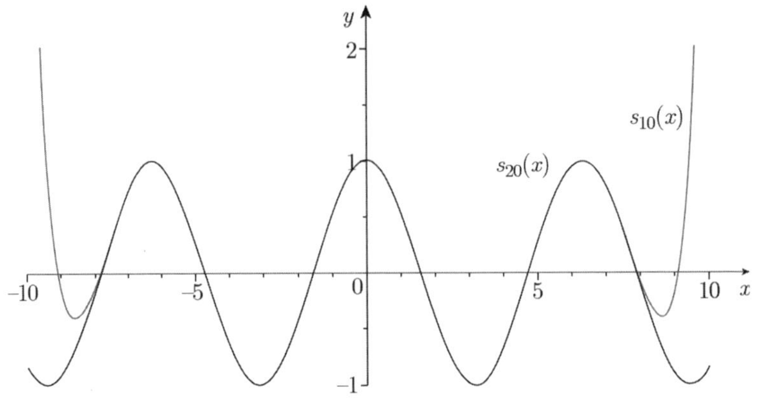

그림 1.11 $s_{10}(x)$, $s_{20}(x)$의 그래프 □

15-1 연습문제

01 $x=0$에서 다음 각 함수를 테일러급수로 전개하여라.

(1) $f(x)=\dfrac{1}{1+x}$

(2) $f(x)=\dfrac{x}{1-x}$

(3) $f(x)=\sin(x^2)$

(4) $f(x)=e^{-x}$

02 $x=0$에서 다음 각 함수에 테일러급수를 5개항까지 써라.

(1) $f(x)=\sqrt{x+1}$

(2) $f(x)=\sin^2(x)$

03 $x=0$에서 함수 $f(x)=\ln(1+x)$에 대한 테일러급수는 두 가지 방법으로 구할 수 있다. 다음 각 물음에 답하여라.

(1) 공비가 $-x$인 무한등비급수의 합을 이용하여 $\dfrac{1}{1+x}$에 대한 무한등비급수 표현을 발견하여라.

(2) (1)의 결과에 양변을 적분하여 $\ln(1+x)$에 대한 무한등비급수 표현을 발견하여라.

(3) 테일러계수를 구하여 $f(x)=\ln(1+x)$에 대한 테일러급수로 전개하여라.

(4) $x=0$에서 함수 $f(x)=\ln(1-x)$에 대한 테일러급수로 전개하여라.

2 테일러급수의 응용

테일러급수란 매우 매끄러운 임의의 함수를 무한다항식으로 표현하는 것임을 배웠는데, 이것은 매우 중요한 의미를 내포하고 있다. 임의의 함수란 우리들이 표현하고자 하는 어떤 종류의 함수라는 뜻이 포함되어 있다. 따라서 알지 못하는 곡선적인 변화를 일으키는 현상을 밝히는데 매우 유용하게 사용된다. 이러한 장점으로 테일러급수는 미분방정식(미분을 포함하고 있는 방정식)의 해를 구하는 도구로 빈번하게 사용되며 특히 컴퓨터를 활용한 수치해석에도 빈도 높게 사용된다.

이 절에서는 낮은 단계에서 테일러급수가 활용될 수 있는 예들을 살펴본다.

예제 2.1 다음 방정식의 해에 대한 근사해를 구하여라.

$$\cos x = x$$

풀이 ▸ $y=\cos x$ 및 $y=x$의 그래프로부터 해가 1개뿐임을 알 수 있다. $f(x)=x-\cos x$로 정의하고 $f(x)$가 증가함수임을 보여도 된다.

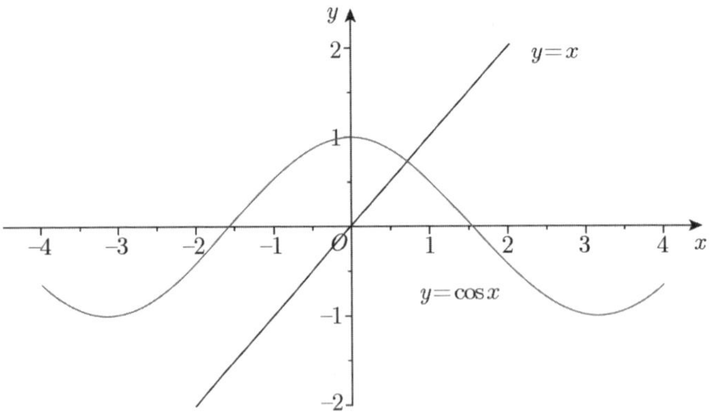

그림 2.1 $y=x$ 및 $y=\cos x$의 그래프

그러나 $\cos x = x$의 정확한 해를 구하는 것이 불가능하므로 최선의 방법은 해에 가까운 근삿값(근사해라고 부른다)을 구하는 것이다. 다양한

방법이 있지만 여기서는 $y=\cos x$에 대한 테일러급수의 부분합을 이용한다.

$$s_n(x) = 1 - \frac{x^2}{2!} + \frac{x^4}{4!} - \cdots + (-1)^n \frac{x^{2n}}{(2n)!} = \sum_{k=0}^{n} \frac{(-1)^k x^{2k}}{(2k)!}$$

근사해는 무수히 많이 존재하므로 허용오차를 고려해서 구해야 한다.

$$s_1(x) = 1 = x \text{ 의 해는 } x = 1$$

$x=1$이 근사해가 될 수 있지만 오차가 크다.

$$s_2(x) = 1 - \frac{x^2}{2} = x \quad \text{또는} \quad x^2 + 2x - 2 = 0$$

이차방정식의 양의 해는

$$x = -1 + \sqrt{3} = 0.732050808\ldots$$

보다 나은 근사해는 0.732이다. 다음 표는 항의 수 n에 따른 근사해이다.

n	근사해	n	근사해
2	0.7392192264	4	0.7390851412
3	0.7390838218	5	0.7390851332

항수가 증가에도 불구하고 자리수가 변하지 않는 것은 정확한 해이다.

□

예제 2.2 다음 정적분에 대한 근삿값을 구하여라.

$$\int_0^{\pi} \sin x \, dx$$

풀이 ▸ 정적분의 계산법으로부터

$$\int_0^{\pi} \sin x \, dx = [-\cos x]_0^{\pi} = 2$$

정적분의 근삿값은 다양한 방법으로 구할 수 있지만 여기서는

$y=\sin x$ 의 테일러급수의 다음 부분합으로 근삿값을 구하여 보자.

$$s_n(x)=\sum_{k=0}^{n}\frac{(-1)^k x^{2k+1}}{(2k+1)!}$$

$$\int_0^{\pi}\sum_{k=0}^{n}\frac{(-1)^k x^{2k+1}}{(2k+1)!}dx=\sum_{k=0}^{n}\frac{(-1)^k}{(2k+1)!}\int_0^{\pi}x^{2k+1}dx$$

$$=\sum_{k=0}^{n}\frac{(-1)^k}{(2k+1)!}\left[\frac{x^{2k+2}}{2k+2}\right]_0^{\pi}=\sum_{k=0}^{n}\frac{(-1)^k\pi^{2k+2}}{(2k+2)!}$$

다음 표는 n의 값에 대응하는 근삿값이다.

n	근삿값	n	근삿값
2	2.211352843	4	2.001829103
3	1.976022212	5	1.999899529

n이 증가함에 따라 근삿값은 2를 중심으로 진동하고 최종적으로는 2에 수렴한다. n항의 사용으로 계산된 근삿값과 정확한 값과의 차이(오차)는 아래의 식으로 평가된다.

$$\left|\int_0^{\pi}\sin x\,dx-\sum_{k=0}^{n}\frac{(-1)^k\pi^{2k+2}}{(2k+2)!}\right|=\left|\sum_{k=n+1}^{\infty}\frac{(-1)^k\pi^{2k+2}}{(2k+2)!}\right| \quad \square$$

예제 2.3 다음 정적분에 대한 근삿값을 구하여라.

$$\int_0^{\pi}\sin x^2\,dx$$

풀이 ▸ 활용 가능한 $\sin x^2$에 대한 부정적분이 발견되어 있지 않으므로 근삿값 계산이 최선이다. $y=\sin x$ 의 테일러급수에서 x 대신 x^2을 대입하여 $y=\sin x^2$ 에 대한 테일러급수를 구할 수 있다.

$$\sin x^2=x^2-\frac{x^6}{3!}+\frac{x^{10}}{5!}-\cdots+(-1)^n\frac{x^{2(2n+1)}}{(2n+1)!}+\cdots,\quad -\infty<x<\infty$$

부분합이

$$s_n(x) = \sum_{k=0}^{n} \frac{(-1)^k x^{2(2k+1)}}{(2k+1)!}$$

이므로

$$I_n = \int_0^{\pi} \sum_{k=0}^{n} \frac{(-1)^k x^{2(2k+1)}}{(2k+1)!}\, dx = \sum_{k=0}^{n} \frac{(-1)^k}{(2k+1)!} \int_0^{\pi} x^{4k+2}\, dx$$
$$= \sum_{k=0}^{n} \frac{(-1)^k}{(2k+1)!} \left[\frac{x^{4k+3}}{4k+3} \right]_0^{\pi} = \sum_{k=0}^{n} \frac{(-1)^k \pi^{4k+3}}{(2k+1)!\,(4k+3)}$$

수열 $\{I_n\}$의 그래프로 정적분의 값을 추정해 보자.

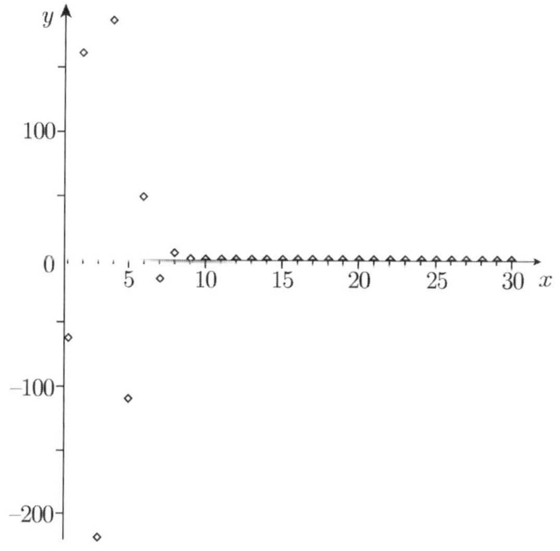

그림 2.2 수열 $\{I_n\}$의 그래프

$n \leq 8$인 경우 근삿값에 대한 신뢰가 보장되지 않는다. $n \geq 9$인 경우 수열이 특정한 값에 접근해 감을 관찰할 수 있다. Maple로 계산한 값은 0.7726517130이고 I_{20}의 근삿값은 0.7726515583이다. □

15-2 연습문제

01 $x=0$에서 $f(x)=e^x+x$에 대한 테일러급수의 첫째항부터 다섯째항까지 사용하여 방정식 $e^x+x=0$의 근사해를 반올림하여 소수점 이하 셋째 자리까지 구하여라.

02 $x=0$에서 피적분함수에 대한 테일러급수의 첫째항부터 다섯째항까지 사용하여 다음 정적분에 대한 근삿값을 소수점 이하 셋째자리까지 구하여라.

(1) $\int_0^1 e^x\,dx$ (2) $\int_0^1 e^{x^2}\,dx$

03 다음 각 물음에 답하여라.

(1) 정적분 $\int_0^1 \frac{x^3}{1+x^4}\,dx$을 계산하여라.

(2) $x=0$에서 피적분함수에 대한 테일러급수 정적분 $\int_0^1 \frac{x^3}{1+x^4}\,dx$을 무한 급수로 표시하여라.

(3) (2)에서 구한 급수의 첫째항부터 다섯째항까지 사용하여 정적분 (1)에 대한 근삿값을 소수점 이하 셋째 자리까지 구하여라.

(4) (1) 및 (3)에서 구한 값을 비교하고 더 나은 근사해를 얻기 위한 방안을 설명하여라.

부록

1. 실수의 분류

자연수($\mathbb{N}$)	1, 2, 3, 4, 5, 6, $\cdots$
정수($\mathbb{Z}$)	$\cdots$, -6, -5, -4, -3, -2, -1, 0, 1, 2, 3, 4, 5, 6, $\cdots$
유리수($\mathbb{Q}$)	$\frac{q}{p}$, p와 q는 정수이며, $p \neq 0$
무리수($\mathbb{Q}^c$)	유리수가 아닌 수
실수($\mathbb{R}$)	유리수와 무리수의 합집합
$\subset$	집합의 포함관계의 기호
$\in$	집합의 원소 기호
포함관계	$\mathbb{N} \subset \mathbb{Z} \subset \mathbb{Q} \subset \mathbb{R}$

2. 실수에 대한 사칙연산 법칙

임의의 실수 a, b, c에 대하여

닫혀있음	$a+b \in \mathbb{R}$, $ab \in \mathbb{R}$
교환법칙	$a+b=b+a$ $ab=ba$
결합법칙	$(a+b)+c=a+(b+c)$ $(ab)c=a(bc)$
분배법칙	$a(b+c)=ab+ac$ $(a+b)c=ac+bc$
항등원	$a+0=a$인 인 $0 \in \mathbb{R}$이 존재 $1a=a$인 $1 \in \mathbb{R}$이 존재
역원	$a+(-a)=0$인 $-a \in \mathbb{R}$가 존재 모든 $a \neq 0$에 대하여 $a \times \frac{1}{a}=1$인 $\frac{1}{a} \in \mathbb{R}$이 존재

3. 실수의 계산방법

더해도 등식 불변	$a=b \Leftrightarrow a+c=b+c$
곱해도 등식 불변	$a=b \Leftrightarrow ac=bc \ (c \neq 0)$
0을 곱하면 0	$a \times 0 = 0$
곱이 0이면 둘 중 하나는 0	$ab=0 \Leftrightarrow a=0$ 또는 $b=0$
역원의 역원은 자신	$-(-a)=a$
수의 −1배는 역원이 됨	$(-1)a=-a$

$\frac{a}{b}=\frac{c}{d} \Leftrightarrow ad=bc$	$\frac{2}{3}=\frac{4}{6} \Leftrightarrow 2 \cdot 6=3 \cdot 4$
$\frac{a}{b}=\frac{ad}{bd}$	$\frac{2}{3}=\frac{2 \cdot 5}{3 \cdot 5}=\frac{10}{15}$
$\frac{a}{b}+\frac{c}{b}=\frac{a+c}{b}$	$\frac{2}{3}+\frac{5}{3}=\frac{2+5}{3}=\frac{7}{3}$
$\frac{a}{b}+\frac{c}{d}=\frac{ad+bc}{bd}$	$\frac{2}{5}+\frac{3}{4}=\frac{2 \cdot 4+5 \cdot 3}{5 \cdot 4}=\frac{23}{20}$
$\frac{a}{b}\times\frac{c}{d}=\frac{ac}{bd}$	$\frac{3}{5}\times\frac{4}{7}=\frac{3 \cdot 4}{5 \cdot 7}=\frac{12}{35}$
$\frac{\frac{a}{b}}{\frac{c}{d}}=\frac{ad}{bc}$	$\frac{\frac{2}{3}}{\frac{7}{5}}=\frac{2\times 5}{3\times 7}=\frac{10}{21}$

4. 수직선

수직선은 실수를 기하학적으로 표시한 것으로 다음 규칙을 적용하여 만든다.

- 수평선에 한 점을 잡아 원점을 실수 0으로 잡고 이를 원점(O)이라 한다.
- 원점의 우측은 양의 방향으로, 좌측은 음의 방향으로 정한다.
- 길이를 잴 수 있는 단위를 선택하여 원점에서 양의 방향으로 r단위인 곳을 점으로 표시하고, 이 점을 양의 실수라고 한다.
- $-r$은 음의 방향으로 r단위가 되는 곳의 점이며, 이를 음의 실수라고 한다.

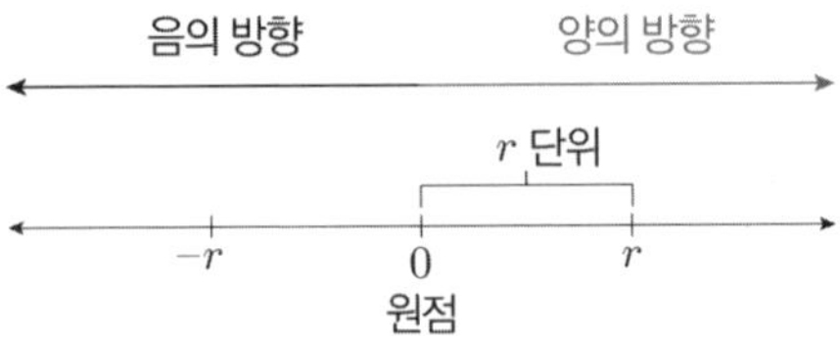

• 단위로 표시된 점을 좌표라고 한다.

위와 같은 규칙으로 모든 실수를 수직선에 표시할 수 있다.

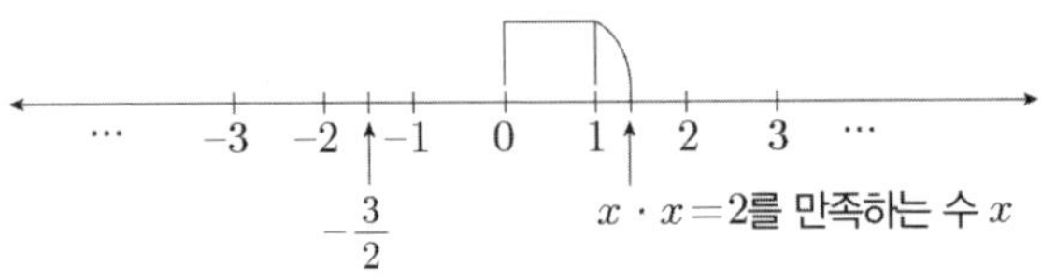

5. 수의 크기와 부등호

수직선의 개념을 이용하여 실수에 크기의 개념을 줄 수 있다. 0보다 큰 수를 양수(원점보단 오른쪽에 있는 수), 0보다 작은 수를 음수(원점보단 왼쪽에 있는 수)라고 한다. 둘 다 아닌 경우 크기가 없고 0(원점)이라 한다. 이를 기호로

$$a < 0,\ a = 0,\ a > 0$$

로 나타내고, 임의의 실수 a는 세 가지 성질 중 오직 한 가지에 속한다.

이제 임의의 두 수에 대한 크기는 두 수의 차를 이용하여 비교할 수 있다.

대수적 표현	표현의 설명	기하학적 표현
$a > 0$	a는 양수이다.	a는 원점의 우측에 놓여 있다.
$a < 0$	a는 음수이다.	a는 원점의 좌측에 놓여 있다.
$a > b$	$a-b$는 양수이다.	a는 b의 우측에 놓여 있다.
$a < 0$	$a-b$는 음수이다.	a는 b의 좌측에 놓여 있다.
$a \geq b$	$a-b$는 0 또는 양수이다.	a는 b와 같거나 b의 우측에 놓여 있다.
$a \leq b$	$a-b$는 0 또는 음수이다.	a는 b와 같거나 b의 좌측에 놓여 있다.

"$a \geq b$는 a는 b보다 크거나 같다", "$a \leq b$는 a는 b보다 작거나 같다"라고 한다. 등호가 없는 경우는 같다는 말을 생략한다.

$a < b$ 또는 $a \geq b$와 같은 부등호에 의한 식을 부등식이라 한다. 때때로 편리상 $a \leq b < c$와 같이 부등식을 결합할 때가 있다. 이것은 $a \leq b$ 그리고 $b < c$를 의미

한다.

임의의 실수 a, b, c에 대하여

$a < b$, $a = b$, $a > b$ 중 하나만 성립

$a < b$ 및 $b < c \Rightarrow a < c$	$-2 < 4$ 및 $4 < 5 \Rightarrow -2 < 5$
$a < b \Rightarrow a + c < b + c$	$-1 < 2 \Rightarrow -1 + 1 < 2 + 1$
$a < b$ 및 $c < d \Rightarrow a + c < b + d$	$-3 < -2$ 및 $2 < 3$ $\Rightarrow -3 + 2 < -2 + 3$
$a < b$, $c > 0 \Rightarrow ca < cb$	$2 < 3$, $5 > 0 \Rightarrow 2 \times 5 < 3 \times 5$
$c < 0 \Rightarrow ca > cb$	$-2 < 3$, $-1 < 0$ $\Rightarrow (-2)(-1) > (3)(-1)$
$a^2 \geq 0$	$(-2)^2 = 4 > 0$

6. 절댓값과 두 점 사이의 거리

실수의 방향, 즉 부호에 상관없이 실수의 크기만을 필요로 하는 경우가 있다. 이를 표기하기 위해 $|a|$를 다음과 같이 정의하고 이를 a의 절댓값이라 한다. 식

$$|a| = \begin{cases} a, & a \geq 0 \\ -a, & a < 0 \end{cases}$$

절댓값의 개념을 사용하여 수직선 위의 두 점 사이의 거리의 개념을 줄 수 있다. 수직선 위 두 점 A와 B 사이의 거리 $\overline{AB}$를 다음과 같이 정의한다.

$$\overline{AB} = |b - a|$$

여기서 a는 점 A의 좌표이고 b는 점 B의 좌표이다.

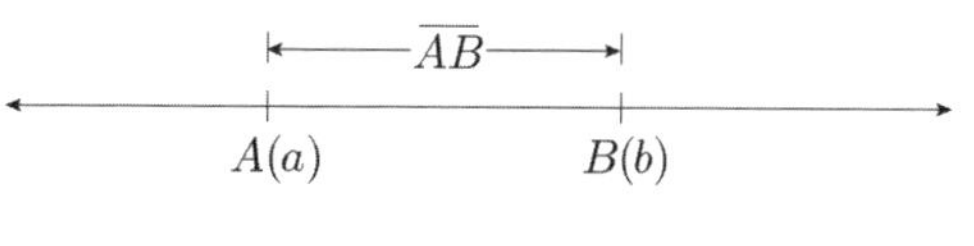

수직선 위의 점 A, B의 좌표가 -4, -1이면

$$\overline{AB} = |-1 - (-4)| = |-1 + 4| = |3| = 3$$

임의의 실수 a, b에 대하여

$\lvert a\rvert \geq 0$ (등호는 $a=0$일 때 성립)	$\lvert -3\rvert = 3 > 0$
$\lvert a\rvert = \lvert -a\rvert$	$\lvert -3\rvert = 3 = \lvert 3\rvert$
$\lvert a-b\rvert = \lvert b-a\rvert$	$\lvert 2-3\rvert = \lvert -1\rvert = 1 = \lvert 1\rvert = \lvert 3-2\rvert$
$\lvert ab\rvert = \lvert a\rvert\lvert b\rvert$	$\lvert (2)(-3)\rvert = \lvert -6\rvert = 6 = \lvert 2\rvert\lvert 3\rvert = \lvert 2\rvert\lvert -3\rvert$
$\left\lvert \frac{b}{a}\right\rvert = \frac{\lvert b\rvert}{\lvert a\rvert}$	

7. 지수법칙

임의의 실수 m, n에 대하여

$$a^m a^n = a^{m+n}$$

$$(a^m)^n = a^{mn}$$

$$(ab)^m = a^m b^m$$

$$\left(\frac{a}{b}\right)^m = \frac{a^m}{b^m}$$

$$\frac{a^m}{a^n} = \begin{cases} a^{m-n} & (m>n) \\ \dfrac{1}{a^{n-m}} & (m<n) \\ 1 & (m=n) \end{cases}$$

8. 인수분해 공식

$a^2+2ab+b^2=(a+b)^2$

$a^2-2ab+b^2=(a-b)^2$

$a^2-b^2=(a+b)(a-b)$

$a^3+3a^2b+3ab^2+b^3=(a+b)^3$

$a^3-3a^2b+3ab^2-b^3=(a-b)^3$

$a^3+b^3=(a+b)(a^2-ab+b^2)$

$a^3-b^3=(a-b)(a^2+ab+b^2)$

$a^2+b^2+c^2+2(ab+bc+ca)=(a+b+c)^2$

9. 분모유리화

습관적으로 분모는 근호를 포함하지 않는 식으로 나타내기를 원한다. 분모를 유리식으로 만드는 과정을 분모의 유리화라 한다.

$$\frac{a}{\sqrt{b}}=\frac{a\sqrt{b}}{\sqrt{b}\sqrt{b}}=\frac{a\sqrt{b}}{b}$$

$$\frac{1}{\sqrt{a}+\sqrt{b}}=\frac{\sqrt{a}-\sqrt{b}}{(\sqrt{a}+\sqrt{b})(\sqrt{a}-\sqrt{b})}$$

10. 이중근호

양의 실수 a, b에 대하여

$$\sqrt{a+b+2\sqrt{ab}}=\sqrt{a}+\sqrt{b}$$

$$\sqrt{a+b-2\sqrt{ab}}=\sqrt{a}-\sqrt{b}\ (a>b)$$

11. 참값과 근삿값

물체의 정확한 치수(참값)를 재는 것은 불가능하기 때문에 그 대신 근삿값을 사용한다. 사사오입으로 근삿값을 택하는 방법을 설명한다. 예로 어떤 물체의 무게를 정수로 재었더니 689이었다. 그런데 일의 자리 또는 십의 자리는 중요하지 않다고 생각한다면, 사사오입을 적용하여 그 자릿수의 값을 버린다. 즉

- 일의 자리를 반올림하여 물체의 근삿값으로 한다면 690이고
- 십의 자리를 반올림하여 물체의 근삿값으로 한다면 700이다.

이러한 결정으로부터 690에서 의미 있는 수는 첫째는 6과 9이고, 700에서는 7이 의미 있는 수이다. 이와 같이 의미 있는 숫자를 유효숫자라고 한다.
이제 유효숫자를 어떻게 판정하는지를 알아보자.

- 0이 아닌 수는 모든 유효숫자이다.
  $\underline{1}\ \underline{2}\ \underline{3}\ \underline{4}.\underline{5}\ \underline{6}$에서 유효숫자는 1, 2, 3, 4, 5, 6이다.

• 0이 아닌 수 가운데 낀 0은 유효숫자이다.

1 0 2 3. 0 4에서 유효숫자는 1, 2, 3, 4와 두 개의 0이다.

• 소수점 아래에서 끝부분에 붙은 0은 유효숫자이다.

0. 0 0 1 2 0 0에서 마지막 두 개의 0은 유효숫자이다.

• 소수점 아래에서 자리를 표시하는 0은 유효숫자가 아니다.

0. 0 0 1 2 0 0에서 소수점 아래 처음 두 개의 0은 유효숫자가 아니다.

• 정수의 끝부분에 붙은 0은 유효숫자인지 알 수 없다.

근삿값을 나타낼 때 유효숫자를 구별하고 또 계산을 실행하는 것은 간단하지 않다. 따라서 근삿값을 나타낼 때는 유효숫자를 분명히 알 수 있도록 유효숫자를 정수 부분인 한 자리 수인 a와 10의 거듭제곱과의 곱으로 나타내는 방법을 도입한다. 즉

$$a \times 10^{n} \text{ 또는 } a \times 10^{-n} \ (1 \le a < 9\text{이고 } n\text{은 자연수})$$

예로 근삿값 12340은 유효숫자가 1, 2, 3, 4이므로

$$1.234 \times 10^{4}$$

으로 나타내고, 근삿값 0.01023은 유효숫자가 1, 0, 2, 3이므로

$$1.023 \times 10^{-2}$$

으로 나타낸다.

정답

연습문제 1-1

01 (1) $-\frac{5}{3}$ (2) $\frac{11}{3}$ (3) 1 (4) $a+1$

02 (1) ± 2 (2) $\pm\sqrt{5}$ (3) $-1,\ -2$

(4) $1,\ -4$ (5) -2 (6) $-2\pm i$

03 $a\neq 1$일 때 $-a-1$, $a=1$일 때 모든 실수

04 0

05 600

06 4명

07 1,600,000원

08 7, 8, 9

09 27, 9

10 (2) $b=1,\ d=2$

13 40 cm

15 13.346 13.363

16 $x^2-4x+13=0$

연습문제 2-1

01 (1) $2\sqrt{41}$ (2) 7 (3) $\frac{5\sqrt{2}}{2}$ (4) 15

02 (1) $BC,\ \sqrt{37}$ (2) $AB,\ \frac{\sqrt{2}}{2}$

03 (1)

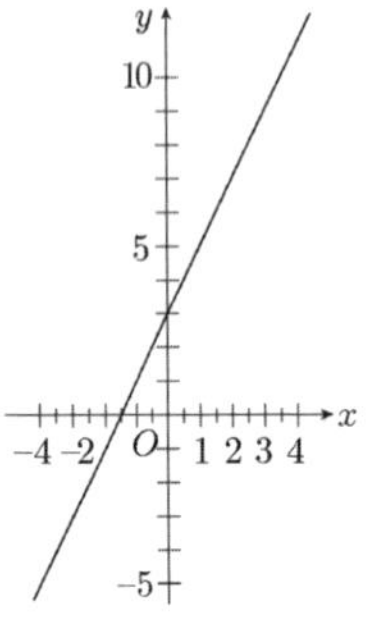

(2)

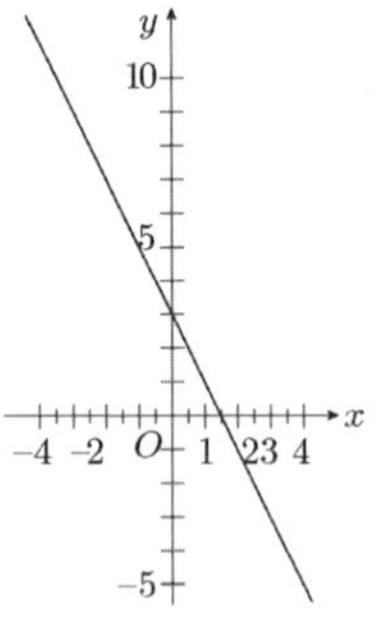

(3)

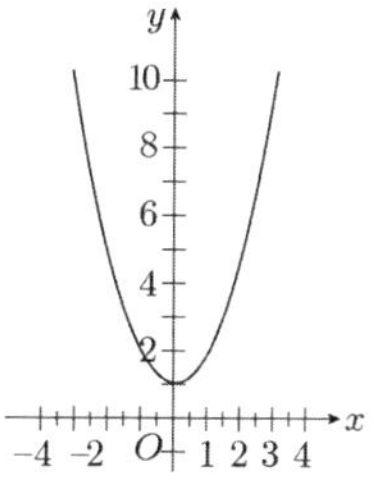

(4)

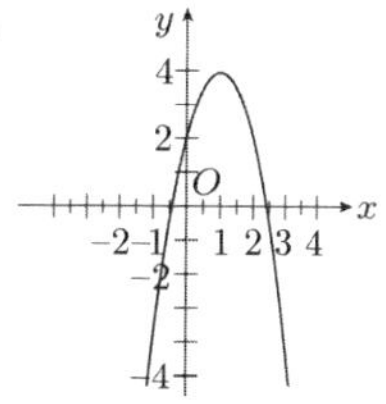

04 (1)

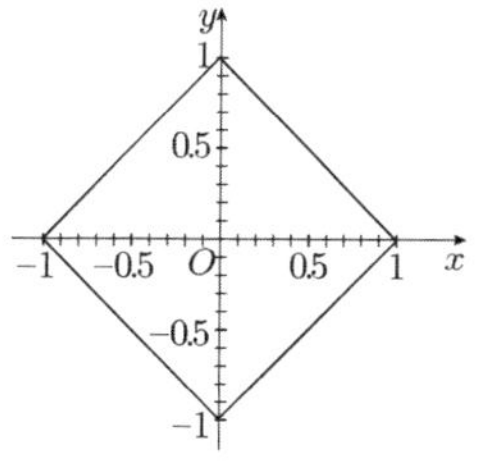

(2)

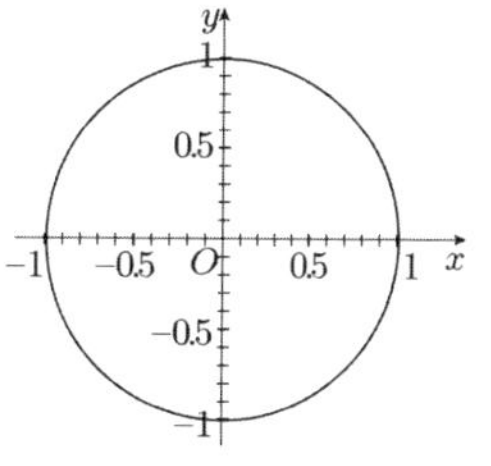

(3)

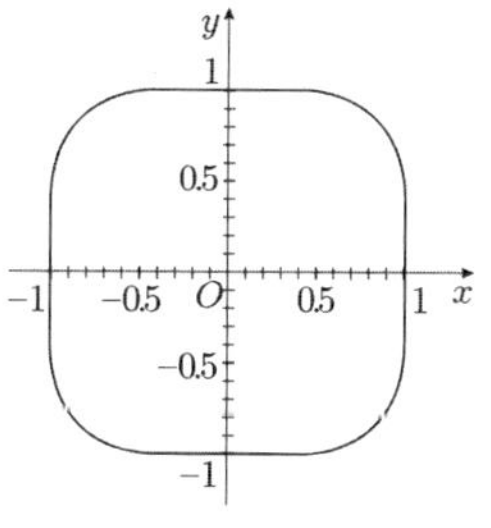

(4)

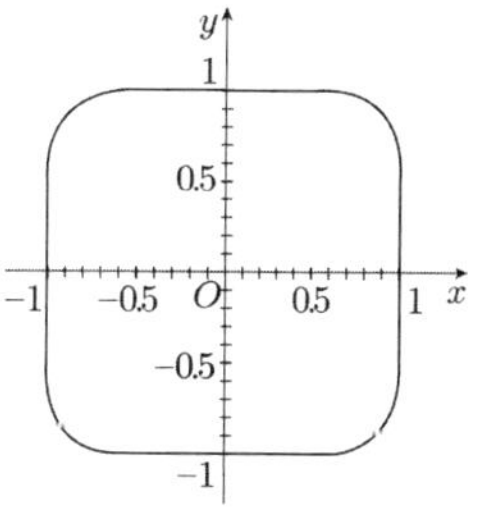

05 (1)

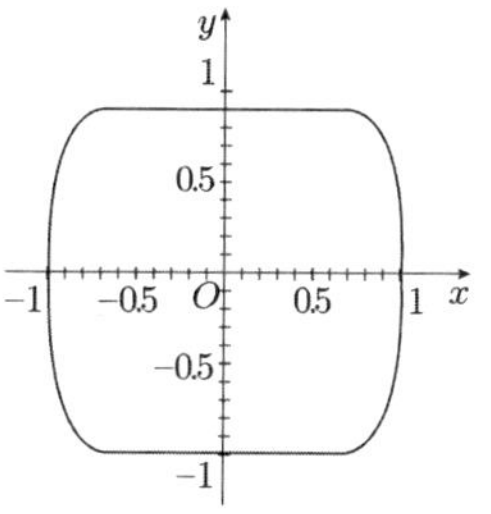

(2)

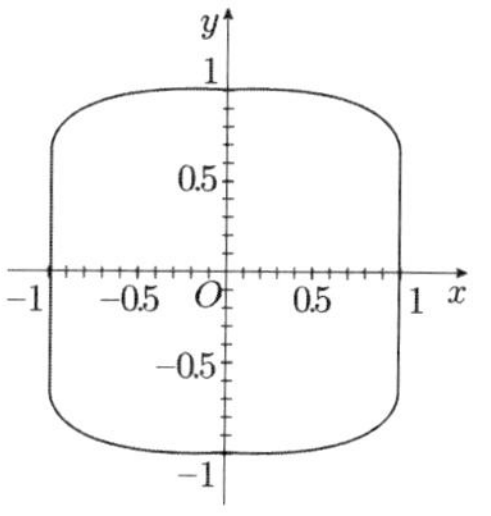

(3)

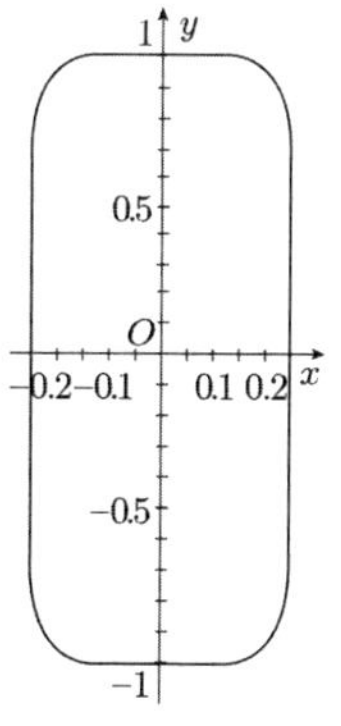

(4)

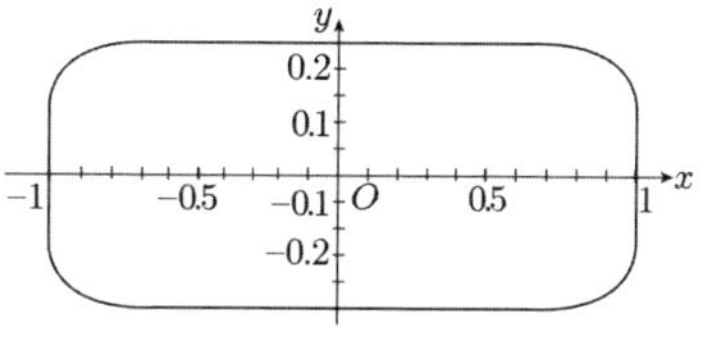

06 (1) $(-\infty,\ -2)$ (2) $[7,\ \infty)$ (3) $[1,\ \infty)$

(4) $(-\infty,\ 3]$ (5) $\left(\dfrac{1}{2},\ \infty\right)$ (6) $\left(-\infty,\ \dfrac{5}{3}\right)$

07 (1) $(-\infty,\ 5)$　(2) $\left(-\infty,\ -\dfrac{4}{3}\right)$　(3) $(-\infty,\ \infty)$　(4) $\left(-\infty,\ \dfrac{11}{5}\right)$

(5) 해가 없음　(6) $\left(-\infty,\ \dfrac{3}{2}\right)$　(7) $\left(\dfrac{4}{3},\ 3\right)$　(8) $\left(0,\ \dfrac{15}{2}\right)$

연습문제 2-2

01 (1)

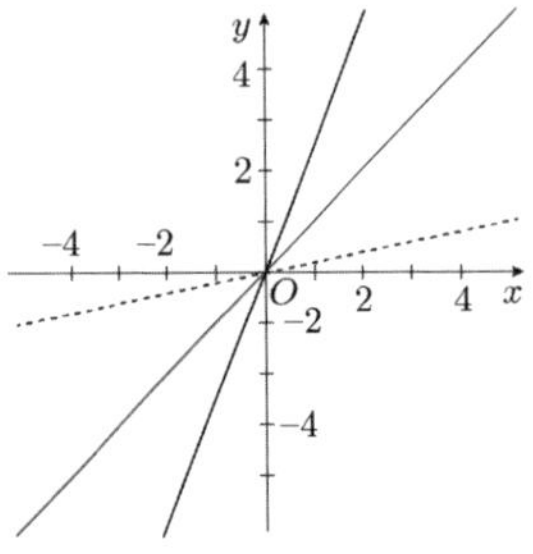

(2)

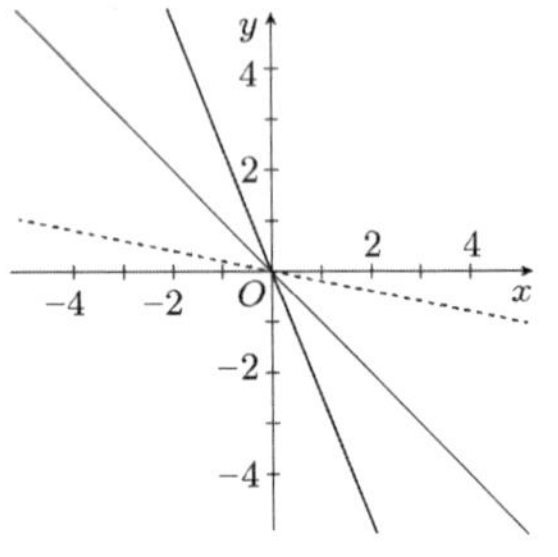

02 (1) x절편 $-\dfrac{3}{2}$, y절편 3　(2) x절편 9, y절편 4.5

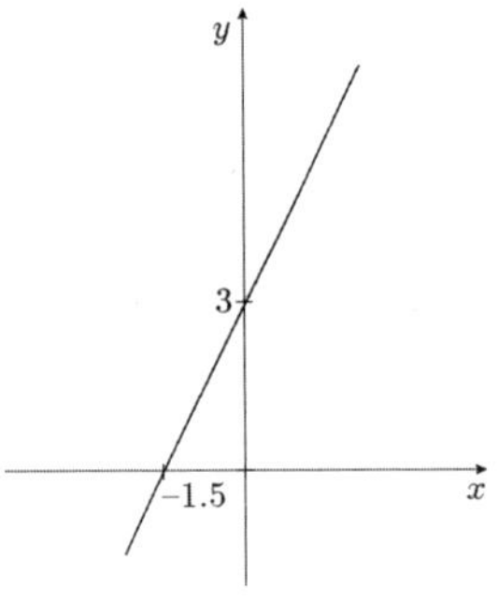

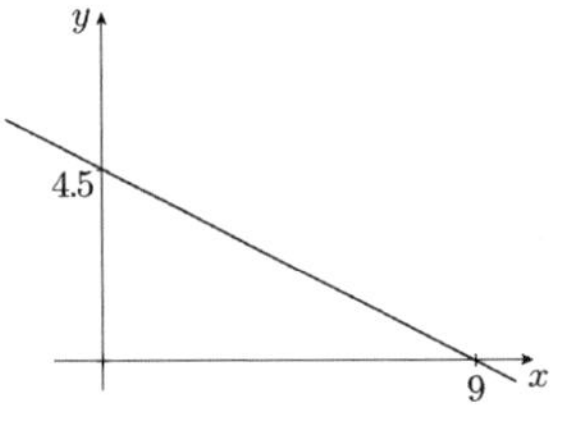

03 (1) $y=x+1$　(2) $y=-\dfrac{2}{3}x-\dfrac{11}{3}$

04 (1) $y=\dfrac{1}{5}x+\dfrac{7}{5}$　(2) $y=\dfrac{7}{9}x-\dfrac{20}{9}$

(3) $y=\dfrac{1}{3}x-\dfrac{5}{3}$　(4) $y=-\dfrac{5}{4}x+5$

05 (1)

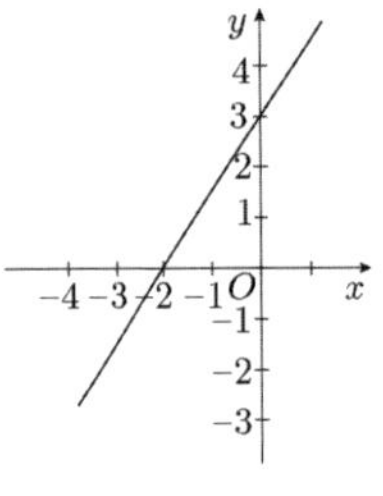

(2)

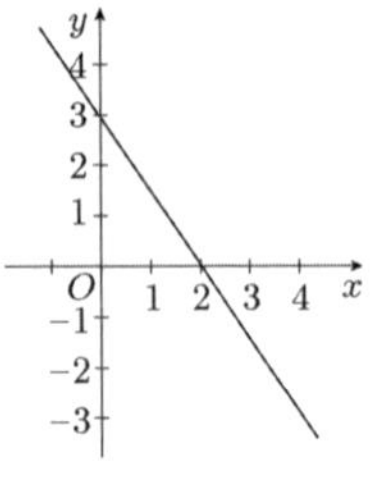

(3)

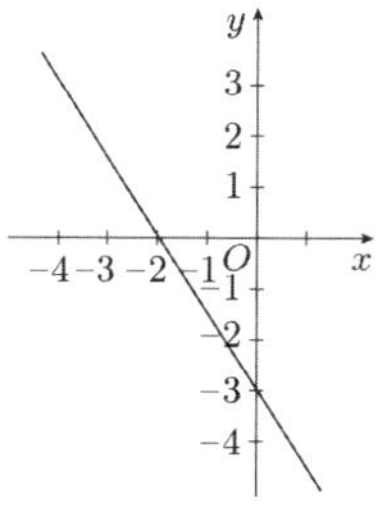

(4)

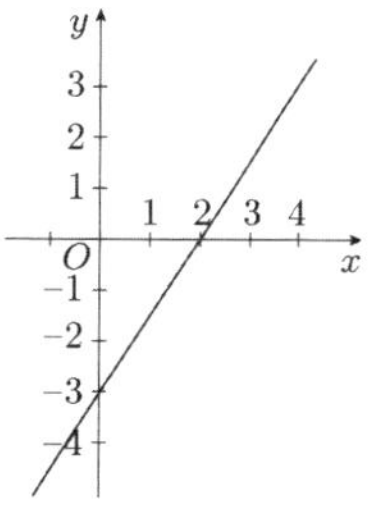

06 (1) 152.888 km (2) 256.032 m (3) 100.787 인치

07 16,000 원

08 $0 < h < 10$

09 95 점

10 (1)

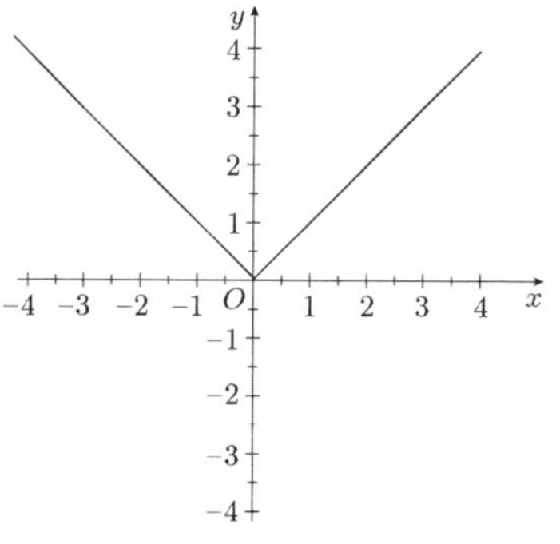

(2)

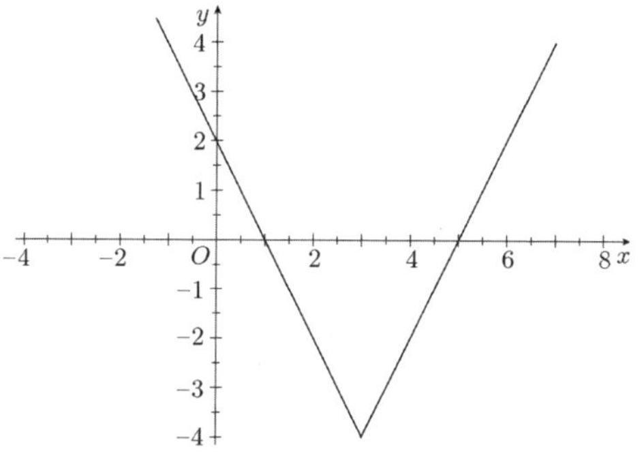

11 (1) $y = -\frac{1}{3}x + \frac{11}{3}$ (2) $y = 2x - 8$ (3) $y = -x - 1$

(4) $y = \frac{8}{3}x + \frac{16}{3}$ (5) $y = 2x + 4$ (6) $y = -\frac{1}{2}x + 3$

12 (1) $\frac{3\sqrt{10}}{5}$ (2) $\frac{3\sqrt{5}}{5}$

연습문제 2-3

01 (1)

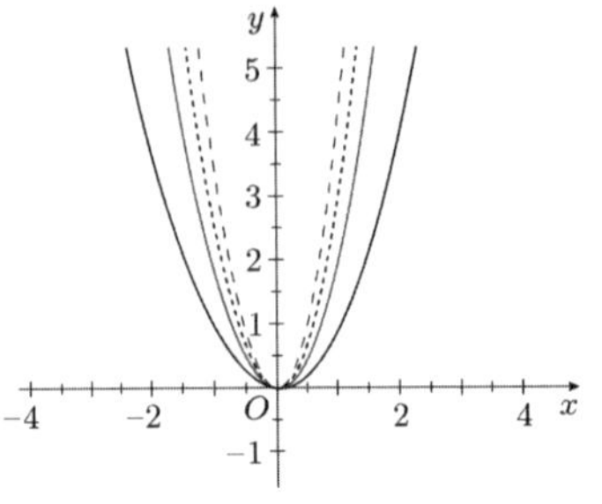

(2)

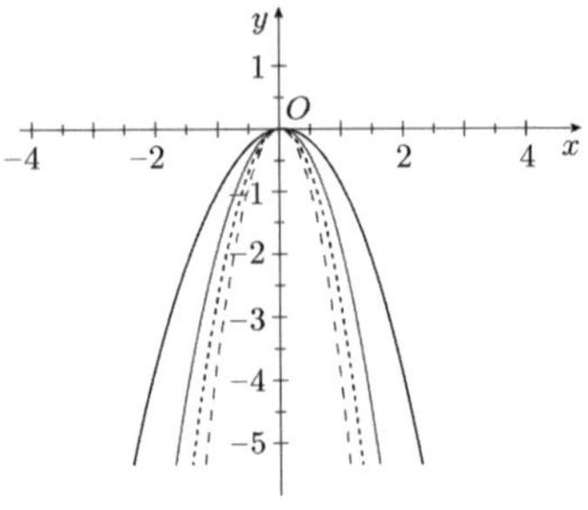

02 (1)

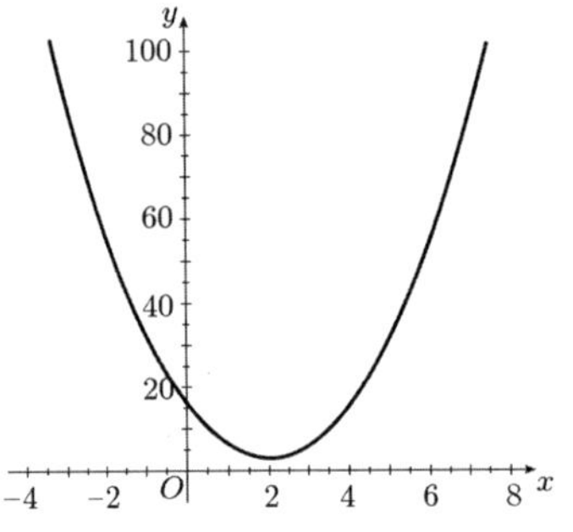

(2)

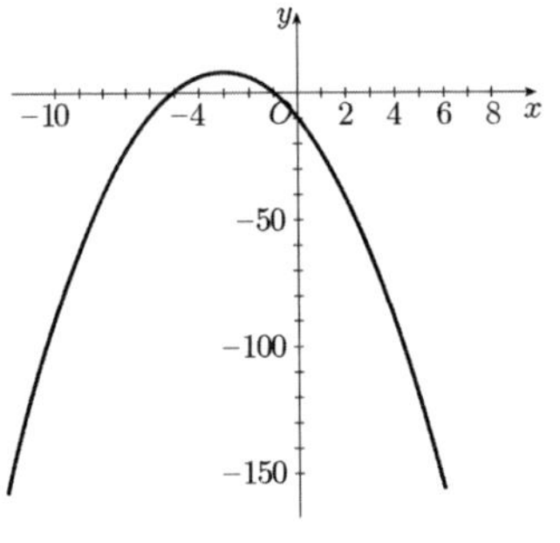

(3)

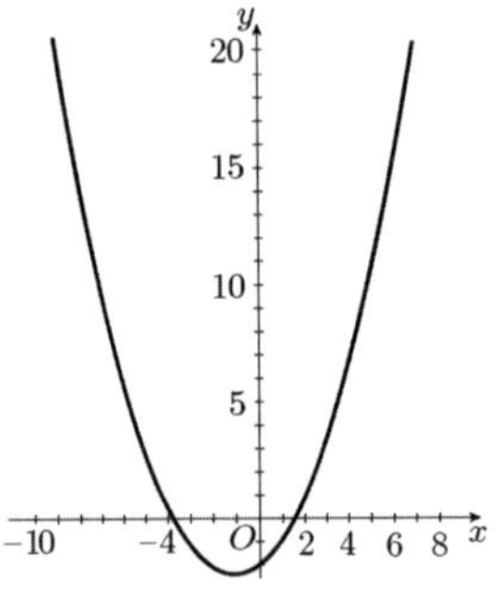

03 (1) x절편 1, y절편 2, 꼭짓점 $(1, 0)$

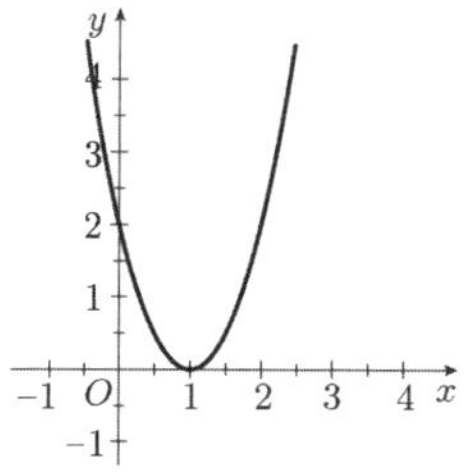

(2) x절편 $\frac{2}{3}$, 1, y절편 -2, 꼭짓점 $\left(\frac{5}{6}, \frac{1}{12}\right)$

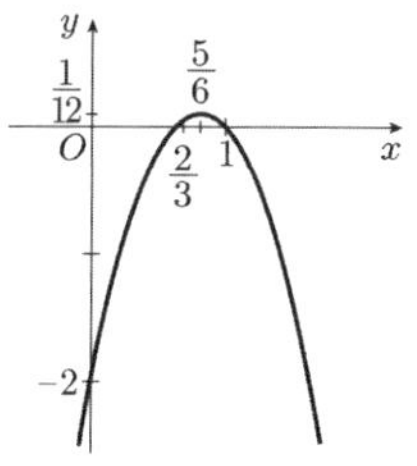

04 (1) $1, -8$ (2) $-2, 1$

05 넓이는 $x(4-2x)$, $x=1$일 때 넓이는 최대

06 22,385대 이하

07 가로=세로=25 m

09 1001, 16004, 1000

10 (1) $D>0$ 두 점에서 만난다. (2) $D=0$ 한 점에서 만난다. (3) $D<0$ 만나지 않는다.

11 $0 \le t < 12$

12 $a=1$, $b=\frac{1}{2}$

13 $\left(-\infty, \frac{-2-\sqrt{28}}{3}\right) \cup \left(\frac{-2+\sqrt{28}}{3}, \infty\right)$

14 (2) $-\frac{61}{25}$, $-\frac{126}{25}$

15 $\frac{5}{2}$

16 (1) $(-\infty, -3) \cup (2, \infty)$ (2) $\left[-\frac{2}{3}, 2\right]$ (3) $(-\infty, -1] \cup \left[-\frac{1}{3}, \infty\right)$

(4) $\left[-2, -\frac{1}{2}\right]$ (5) $\left(-\infty, -\frac{5}{2}\right] \cup [1, \infty)$ (6) $\frac{1}{2}$

연습문제 2-4

01 (1)

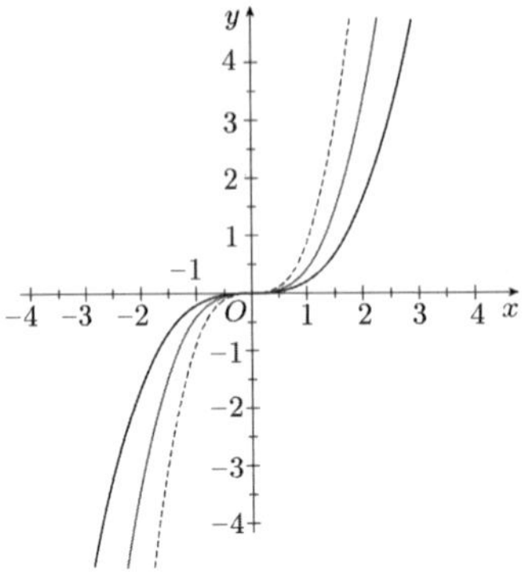

(2)

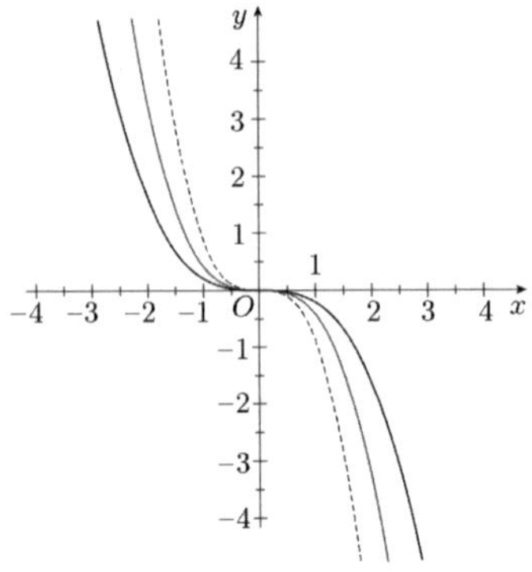

02 (1)

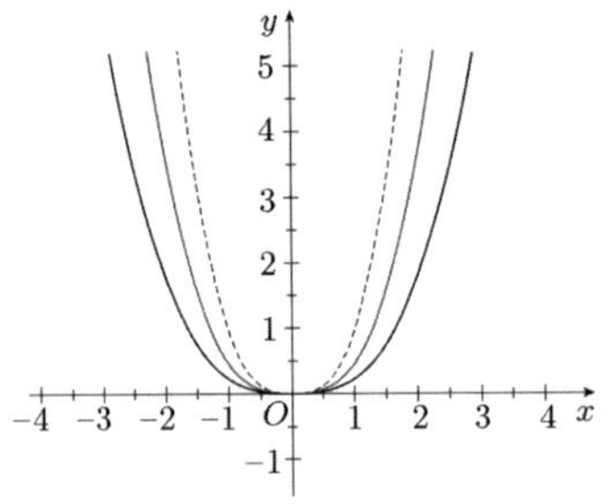

(2)

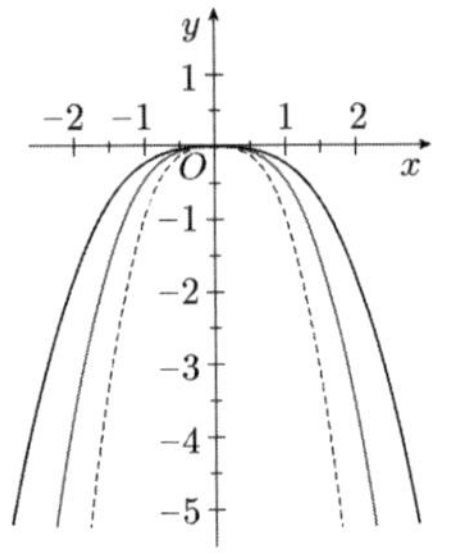

03 (1)

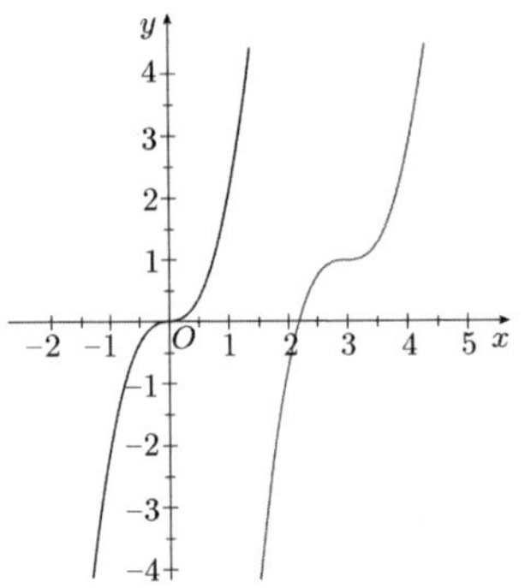

(2)

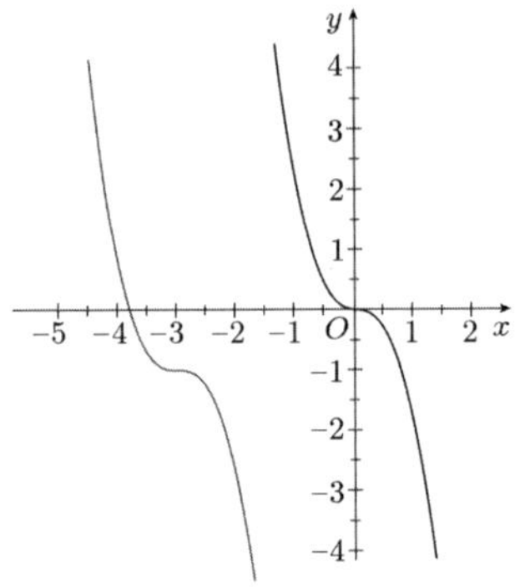

04 (1)

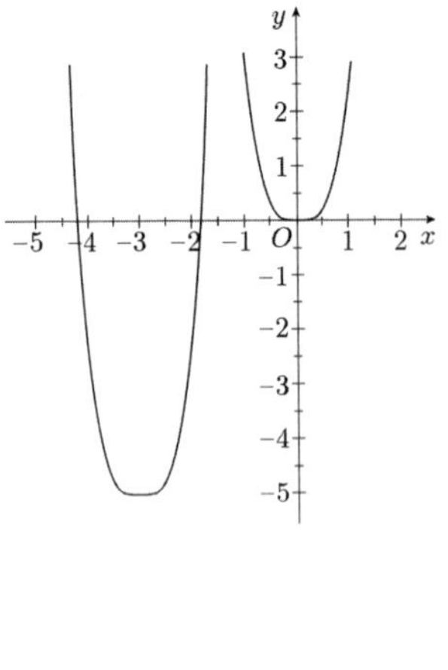

(2)

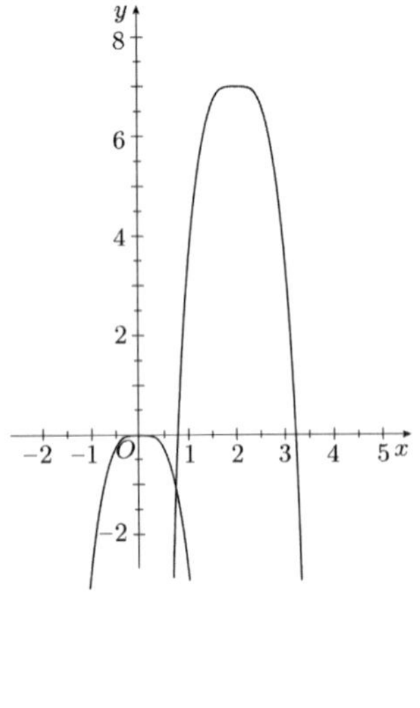

05 (1) 인수 (2) 인수 아님 (3) 인수 (4) 인수 아님

06 (1) $2,\ 3,\ -1$ (2) $3,\ -1$ (3) $-2,\ \pm\dfrac{\sqrt{6}}{2}$ (4) $-2,\ -1,\ \pm\sqrt{2}$

07 ± 4

08 (1) x절편 : $0,\ 1,\ -3$ y절편 : 0

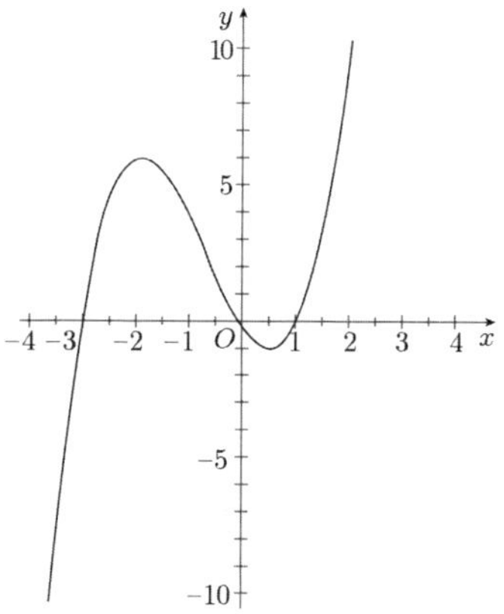

(2) x절편 : $0,\ 2,\ -3$ y절편 : 0

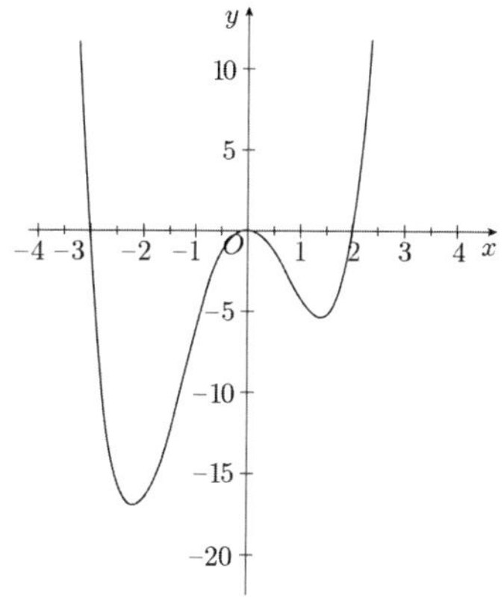

(3) x절편 : $1,\ 2,\ 3$ y절편 : -6

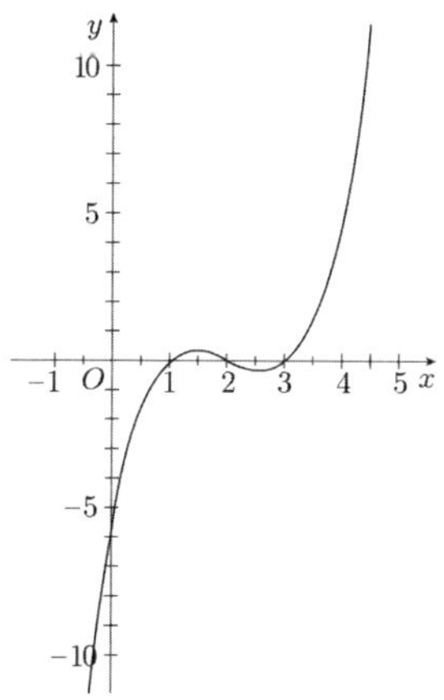

(4) x절편 : $1,\ 2,\ -2$ y절편 : -4

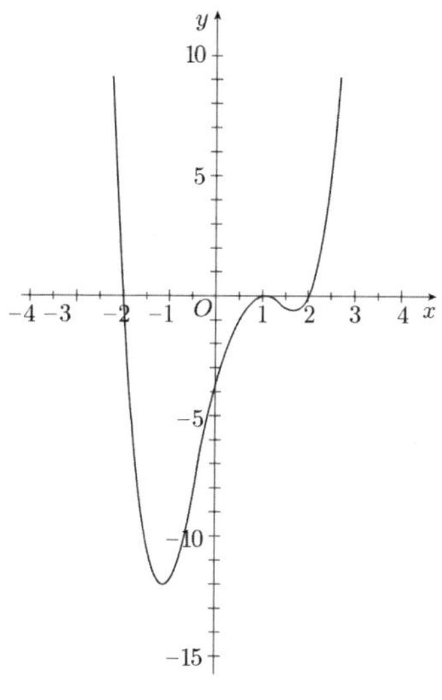

10 $y=2x^3-11x^2+10x+8$

12 (1) $\dfrac{1}{2}$

연습문제 3-1

01 (1)

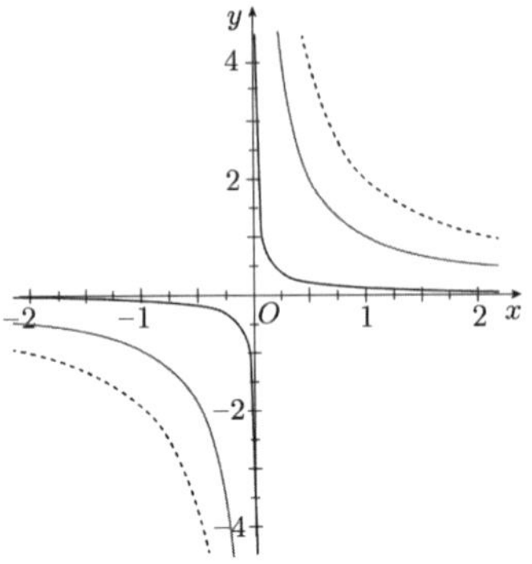

(2)

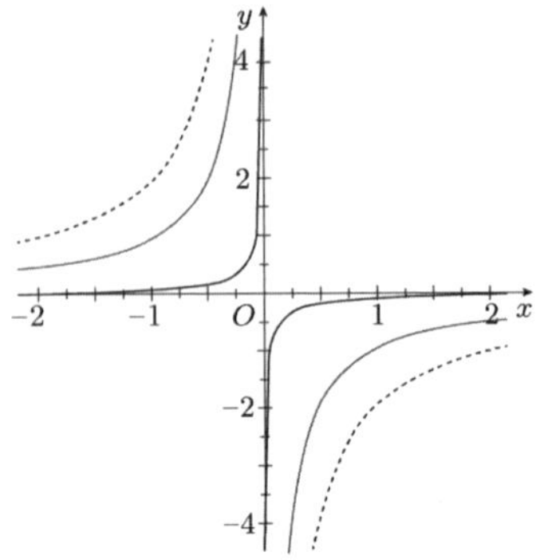

02 (1)

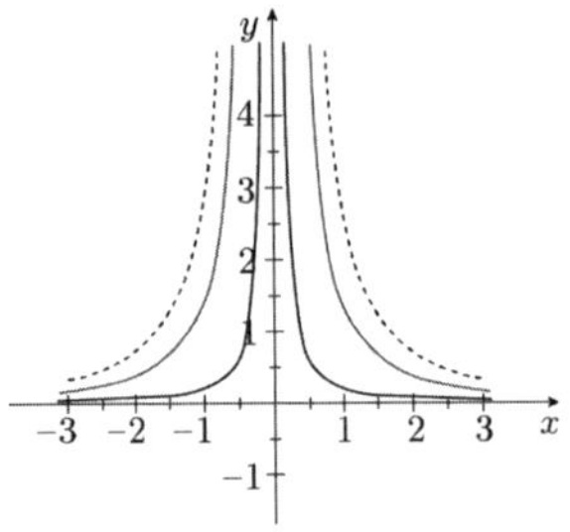

(2)

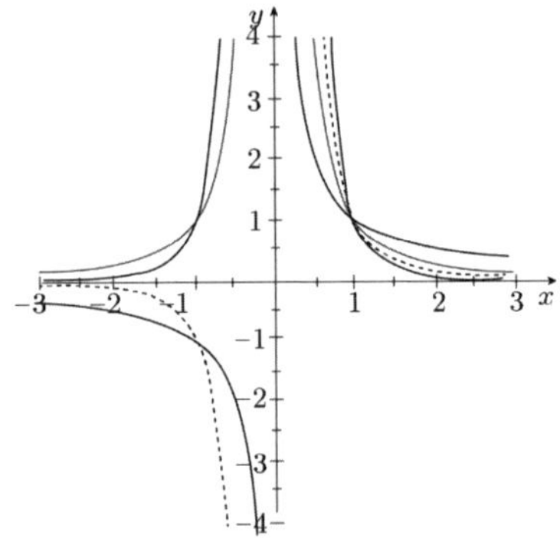

03 (1)

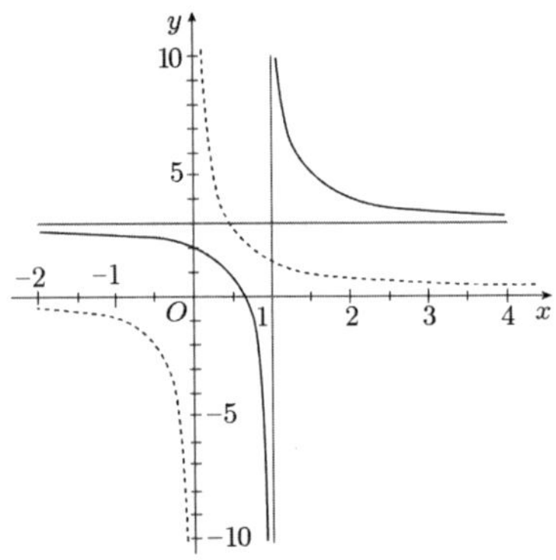

(2)

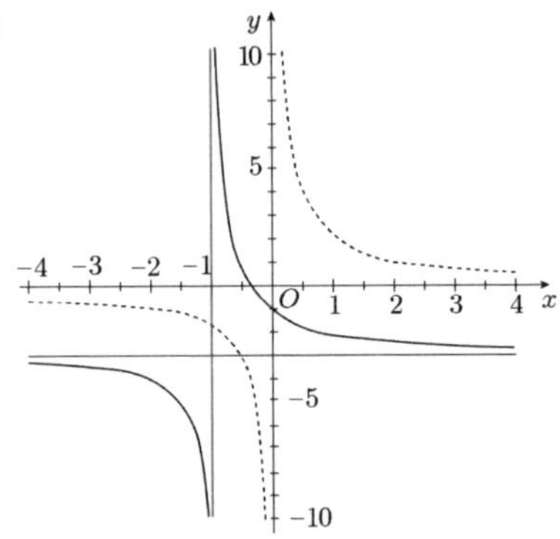

(3)

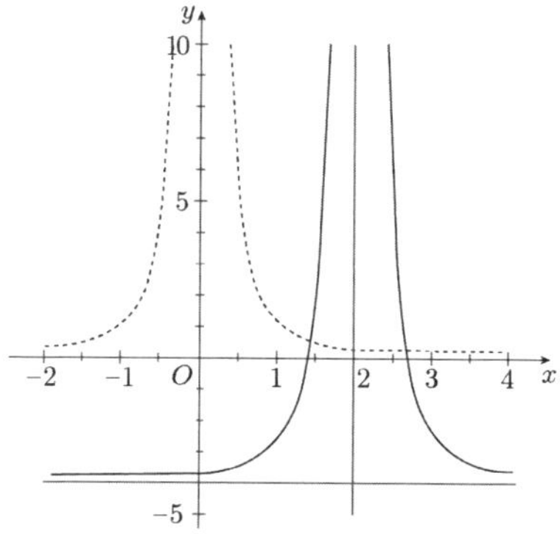

(4)

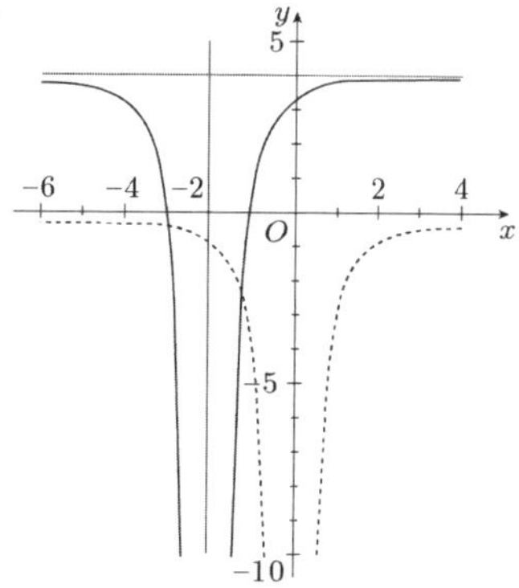

04 (1) $x \neq 1$인 모든 실수

(2) $x \neq \pm 2$인 모든 실수

(3) 모든 실수

(4) $x \neq 1,\ 0,\ -\dfrac{1}{2}$인 모든 실수

05 (1) $x=5,\ y=0$

(2) $x=5,\ y=0$

(3) $x=4,\ y=0$

(4) $x=\pm 3,\ y=1$

(5) $x=1,\ x=2,\ y=2$

(6) $x=-3,\ y=x-3$

(7) $x=0,\ y=2$

(8) $x=4,\ x=-4,\ y=x+4$

06 (1)

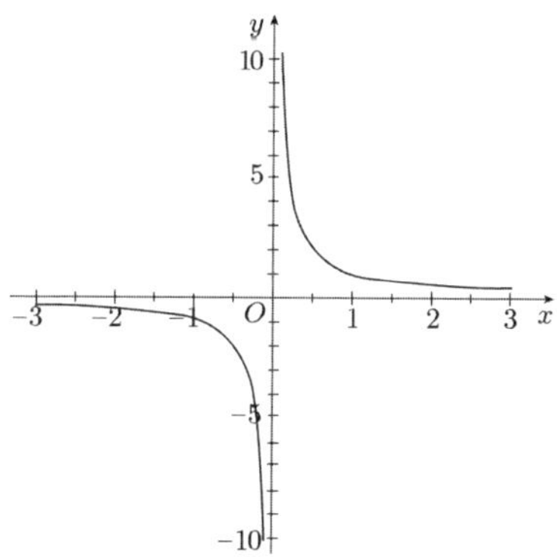

(2)

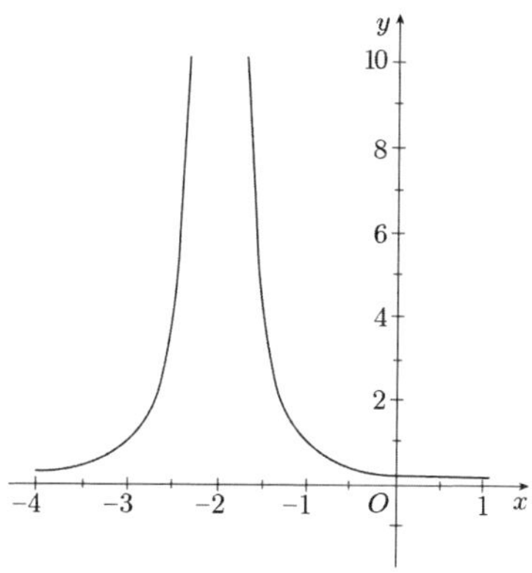

(3)

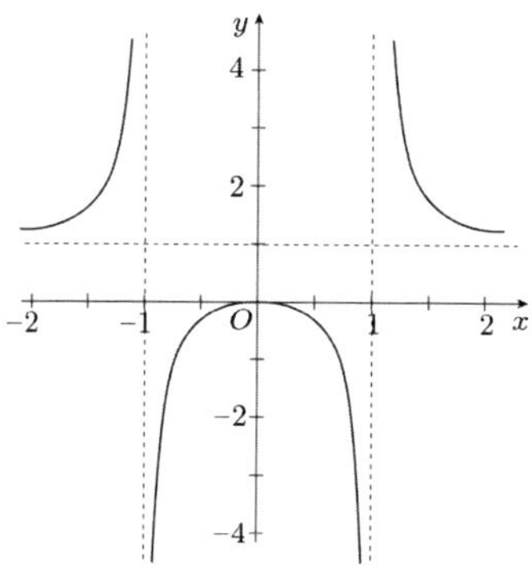

(4)

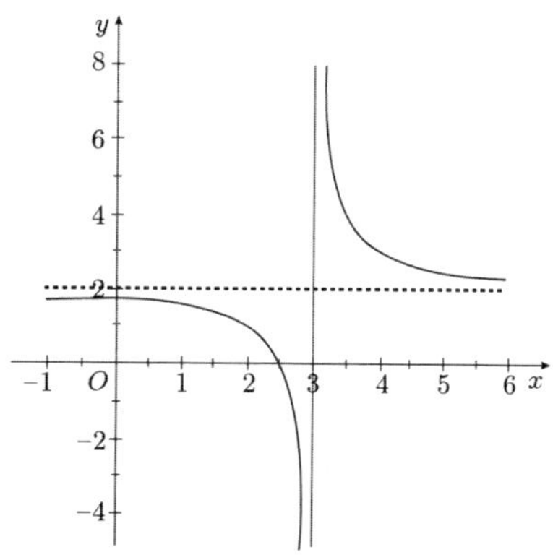

(5)

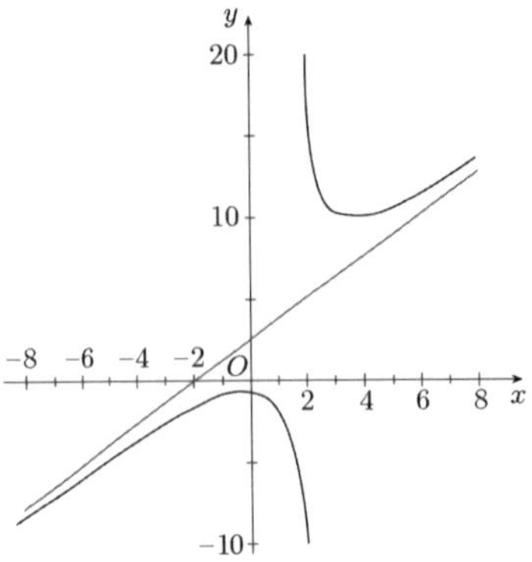

(6)

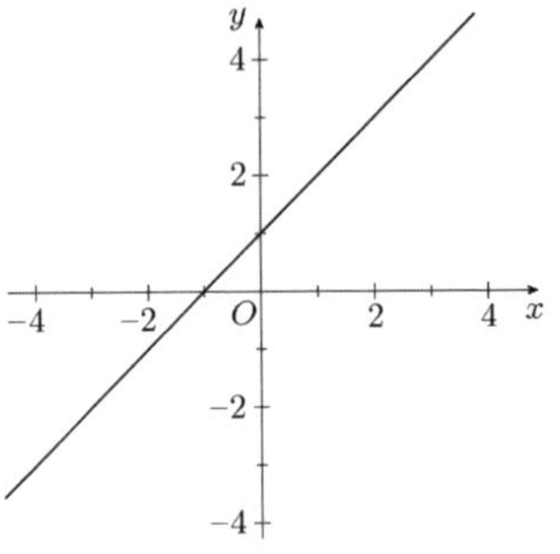

07 (1) $f(x)=\dfrac{1}{x-2}$, $x\neq 2$ (2) $f(x)=\dfrac{1}{x+1}$, $x\neq -1$

(3) $f(x)=\dfrac{1}{x-3}$, $x\neq -2$ (4) $f(x)=x-1$, $x\neq 2$

08 3

09 1, 2

10 (2) 8, $-4+\sqrt{26}$ (3) $\sqrt[3]{40}$

연습문제 3-2

01 (1) x절편 없음, y절편 없음

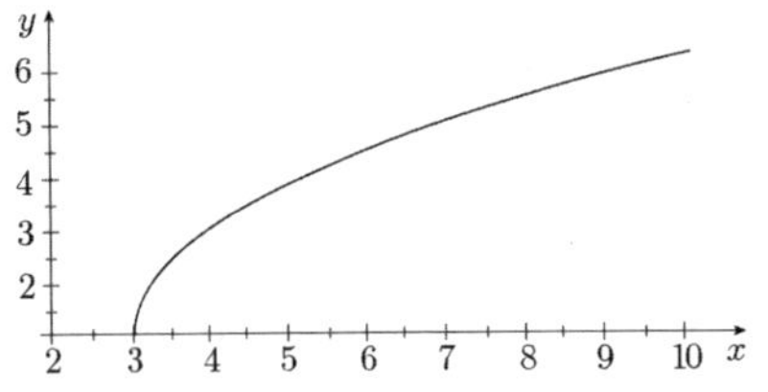

(2) x절편 $-\dfrac{11}{4}$, y절편 $2\sqrt{3}-1$

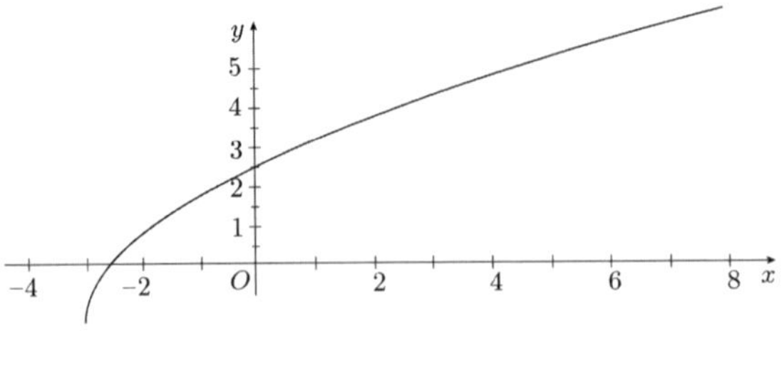

(3) x절편 $-\frac{11}{4}$, y절편 $-2\sqrt{3}+1$

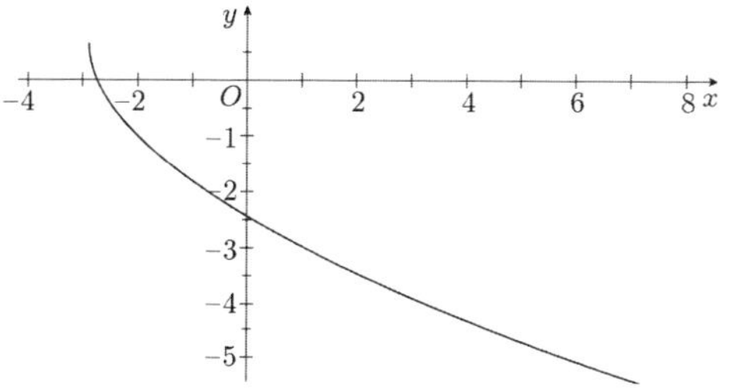

02 (1)

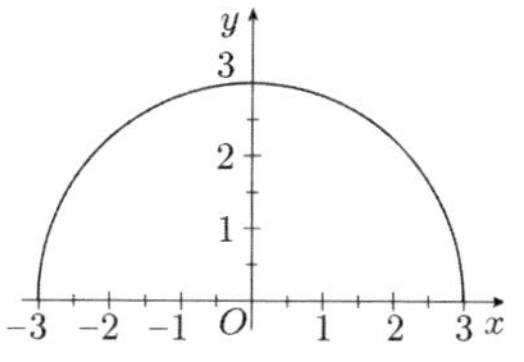

(2)

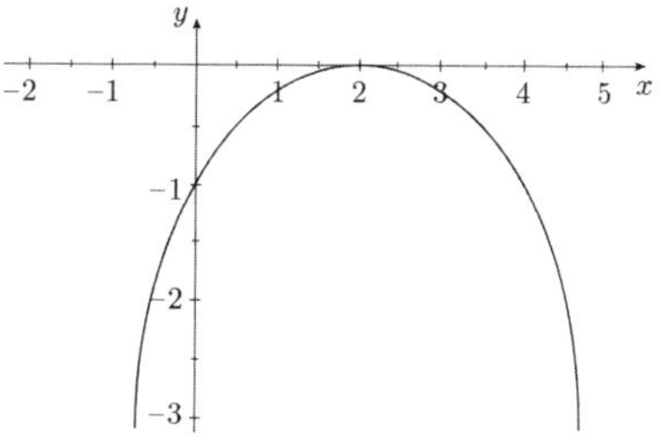

03

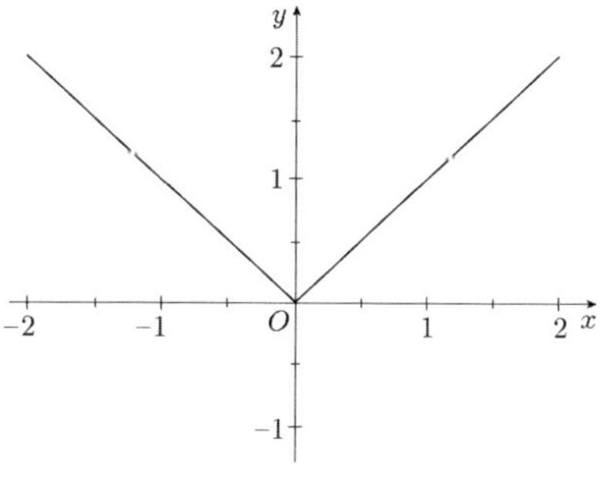

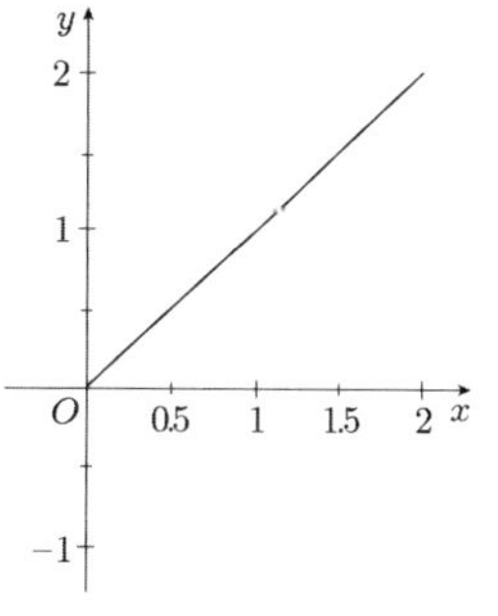

04

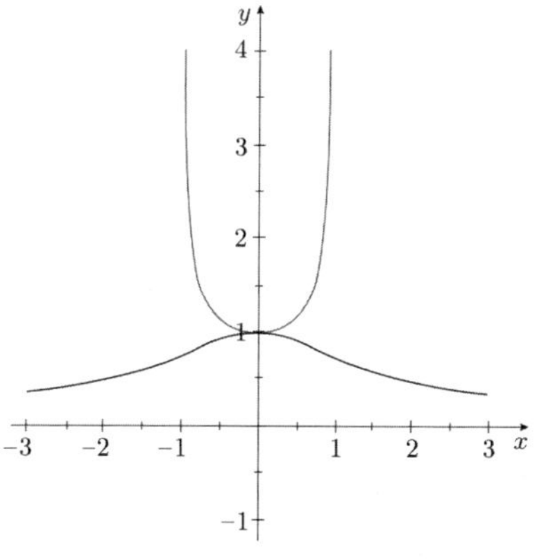

05 1475.64 km

06 $v_0 = 331.4456\,\text{m/sec}$인 경우

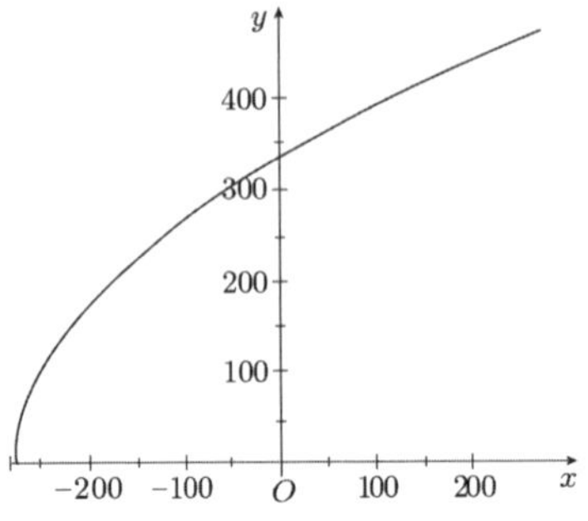

연습문제 3-3

01 (1) 7 (2) 7 (3) 60 (4) $-\frac{1}{2}$

02 (1) $256x^2+48x+2$ (2) $32x^2-16x+1$

(3) 1122 (4) $256x^2+112x+11$

03 (1) $f(x)=x^2,\ g(x)=x+2$ (2) $f(x)=2x+4,\ g(x)=x^4$

(3) $f(x)=x^2-4,\ g(x)=|x|$ (4) $f(x)=5-2x,\ g(x)=\sqrt{x}$

(5) $f(x)=x+1,\ g(x)=\frac{1}{x}$ (6) $f(x)=x+1,\ g(x)=x^{2/3}$

05 (1) 일대일그래프 (2) 일대일그래프 아님

(3) 일대일그래프 아님 (4) 일대일그래프 아님

(5) 일대일그래프 (6) 일대일그래프 아님

(7) 일대일그래프 아님 (8) 일대일그래프

06 (1) $y=\frac{1}{4}x+\frac{5}{4}$ (2) $y=-\frac{2}{5}x$

(3) $y=\sqrt[3]{-x-2}$ (4) $y=\sqrt{-x+1},\ x\le 1$

(5) $y=\frac{4}{x}$ (6) $y=\frac{x+5}{6+3x}$

(7) $y=x^2-6,\ x\ge -6$ (8) $y=-1-\sqrt{-1+x},\ x\ge 1$

연습문제 4-1

01 (1) $\frac{9}{4}$ (2) $\frac{2}{3}$ (3) $\sqrt{\frac{3}{2}}$ (4) 1

02 (1)

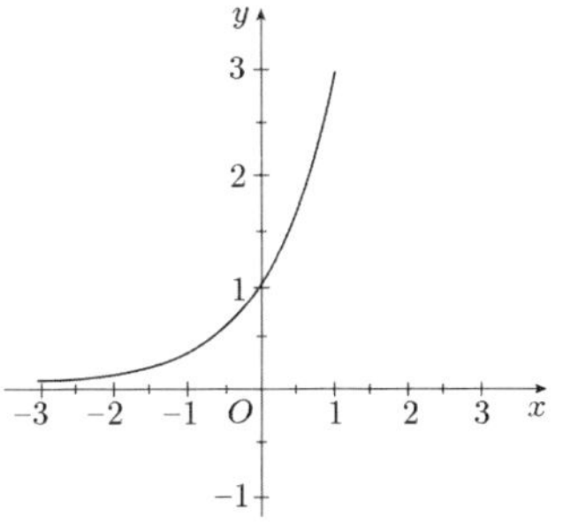

(2)

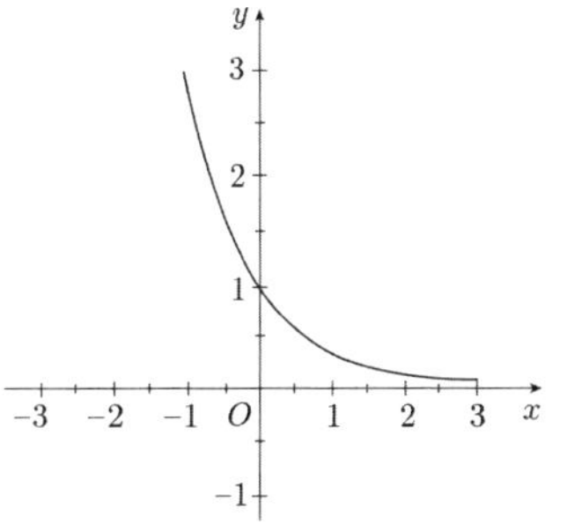

(3)

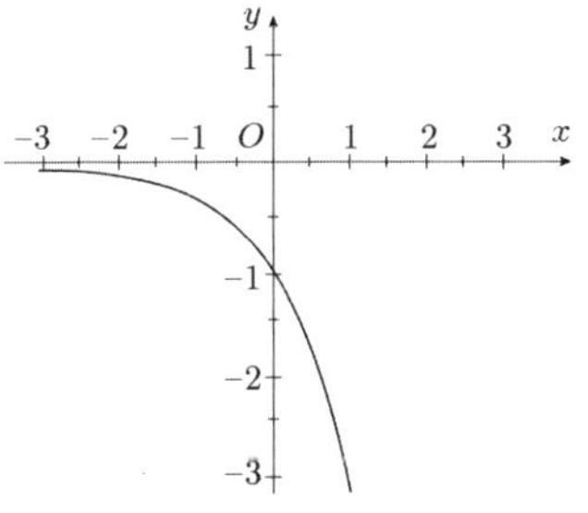

(4)

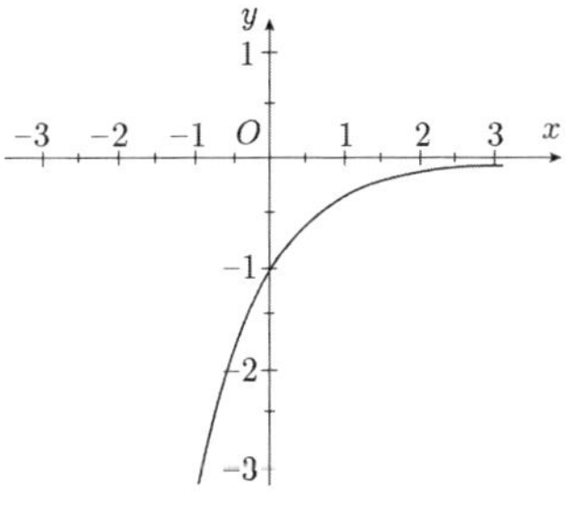

(5)

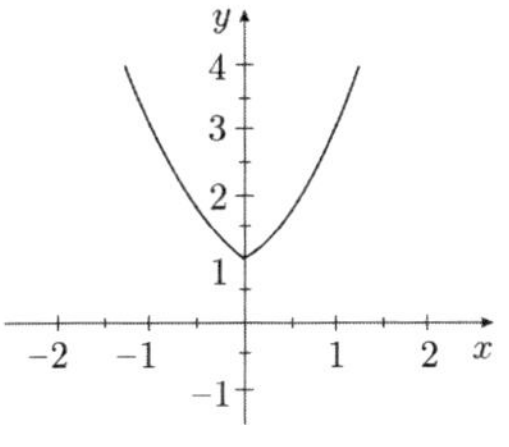

(6)

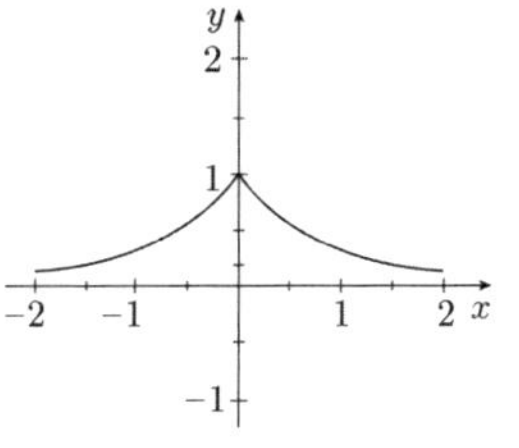

03 (1) $\frac{1}{2}$ (2) -2 (3) $y=0$

(4) $\frac{1}{5}$ (5) $\frac{3}{5}$ (6) $0,\ \frac{4}{3}$

04 (1) x절편 없음, y절편 5

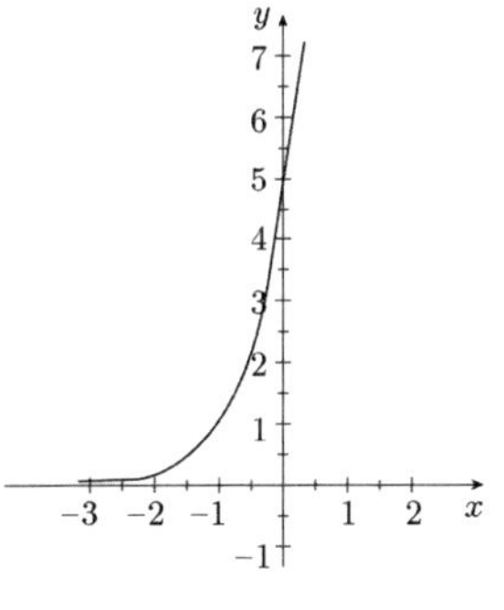

(2) x절편 없음, y절편 3

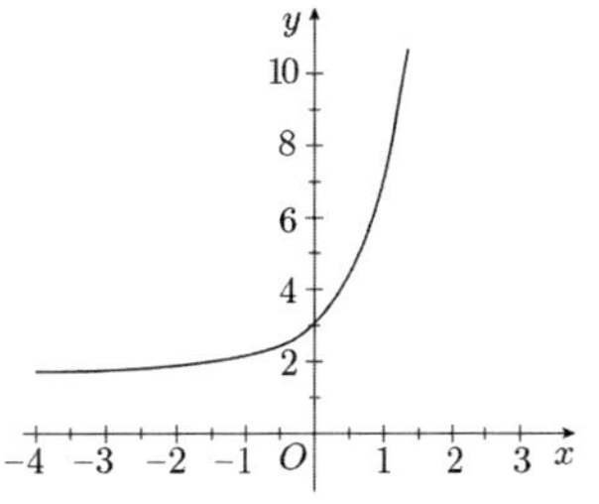

(3) x절편 없음, y절편 7

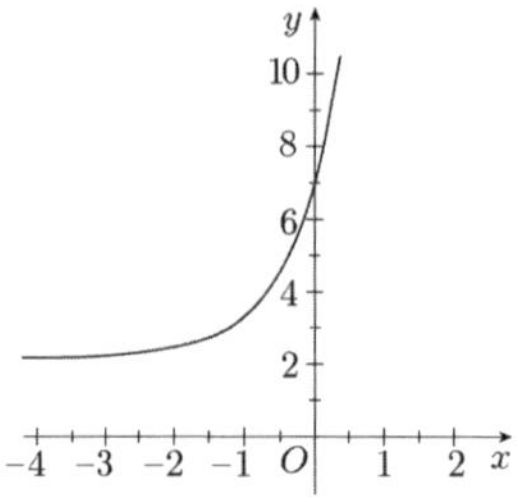

05 200시간

06 (1)

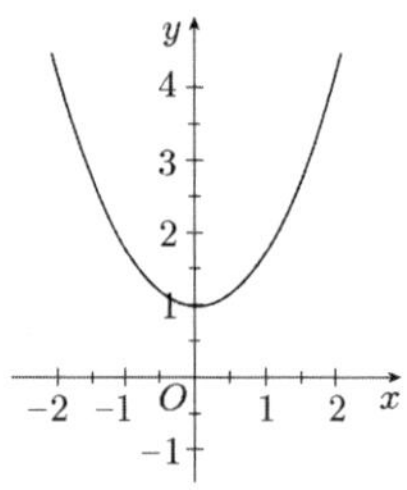

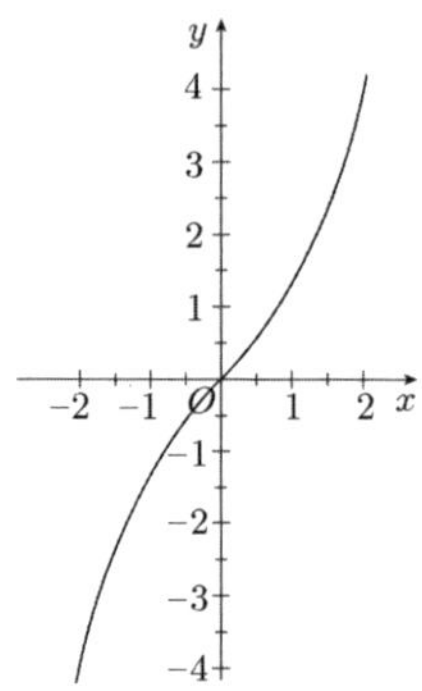

(2) $f(x)=\dfrac{5}{\cosh(1)-1}\cosh\left(\dfrac{1}{30}x\right)+10-\dfrac{5}{\cosh(1)-1}$

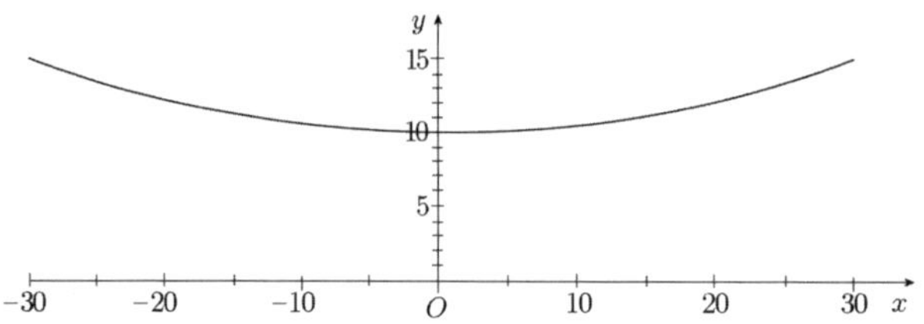

연습문제 4-2

01 (1) $2^2=4$ (2) $9^{-2}=\dfrac{1}{81}$ (3) $\log_8 64=2$ (4) $\log_{10}\dfrac{1}{100}=-2$

02 (1) 8 (2) 4 (3) $\dfrac{1}{8}$

(4) -2 (5) 10 (6) 3

03 (1) x절편 0, y절편 0

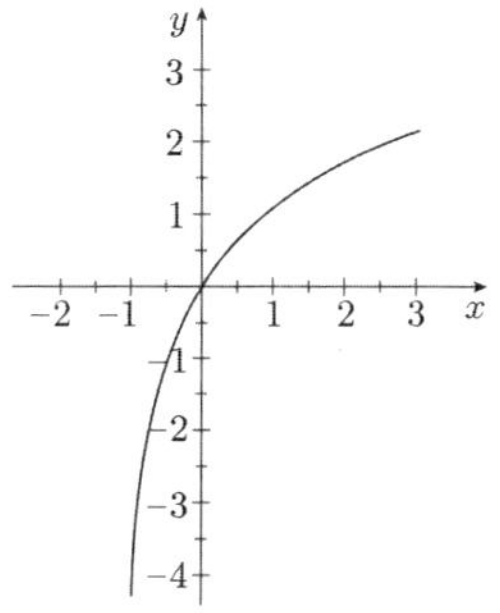

(2) x절편 $\frac{1}{4}$, y절편 없음

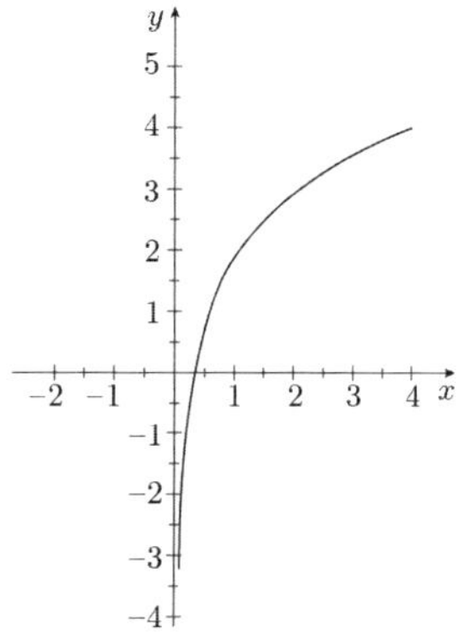

(3) x절편 $-\frac{3}{4}$, y절편 2

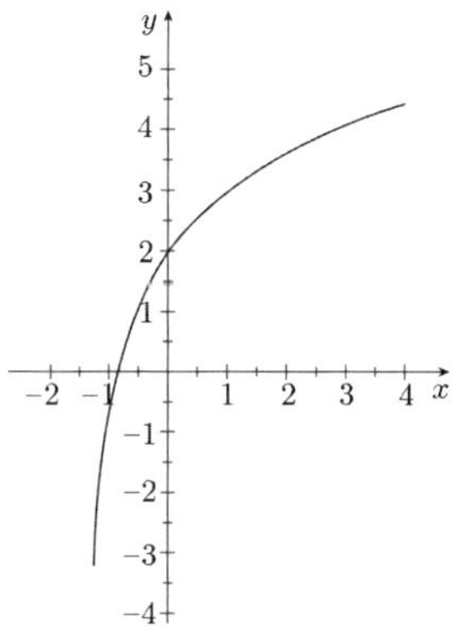

(4) x절편 3, y절편 없음

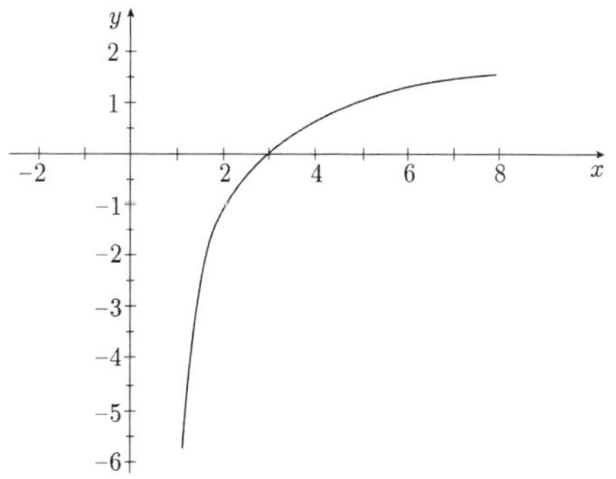

04 (1) x절편 -1, -3, y절편 $\log 4$

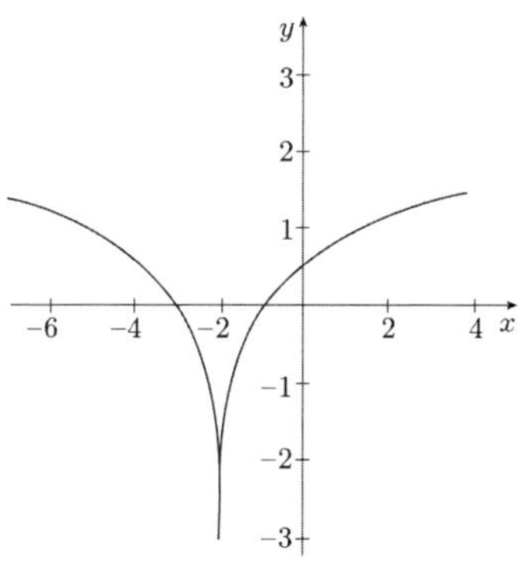

(2) x절편 -1, y절편 $\log 8$

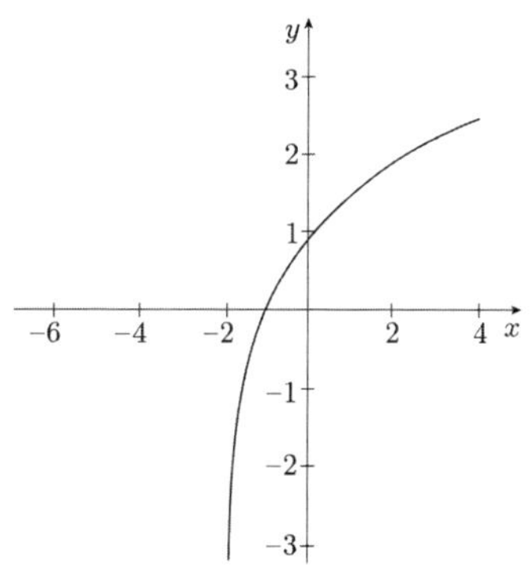

(3) x절편 -1, y절편 $\log 4$

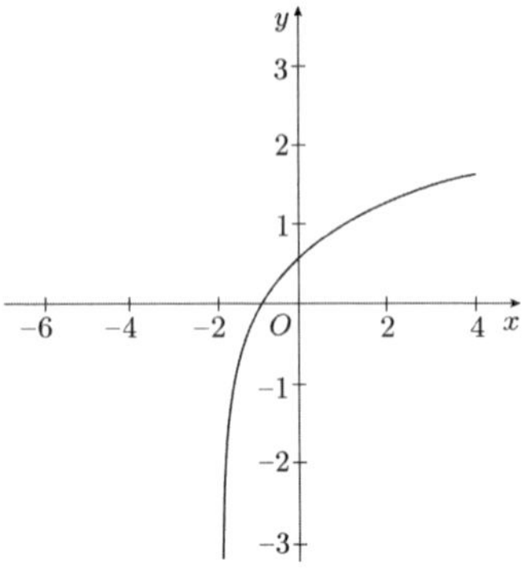

(4) x절편 -1, y절편 $\log 8$

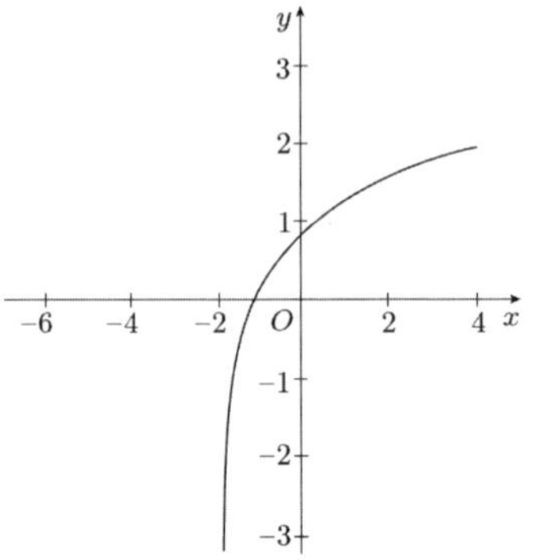

05 (1) 2 (2) 1 (3) 3 (4) $\frac{1}{2}$

(5) $-\frac{1}{6}$ (6) 9 (7) 8 (8) 4

(9) $\frac{1}{2}$ (10) 2 (11) -3

06 (1) 1.204 (2) -0.1761 (3) 0.35

(4) 0.8751 (5) -0.5229 (6) 2.1771

07 (1) $\log_a \frac{xy}{m}$ (2) $\log_b \frac{7x(x+2)}{8}$

08 (1)

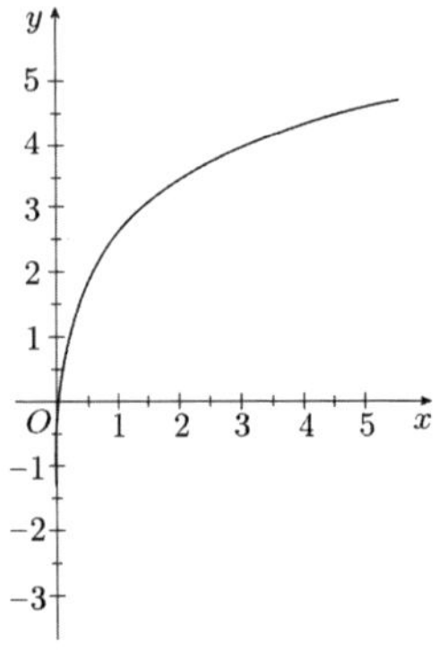

(2)

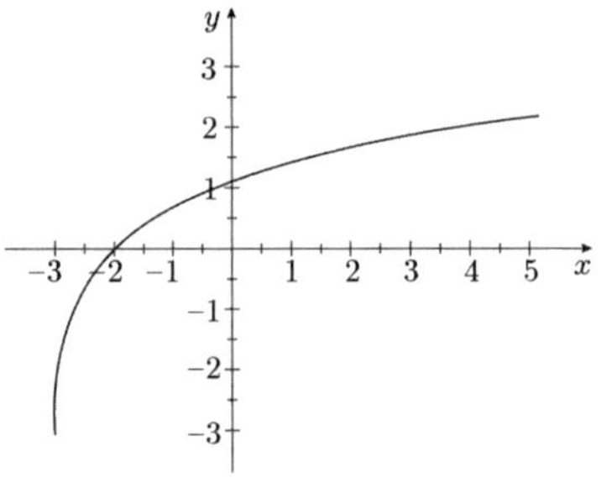

(3)

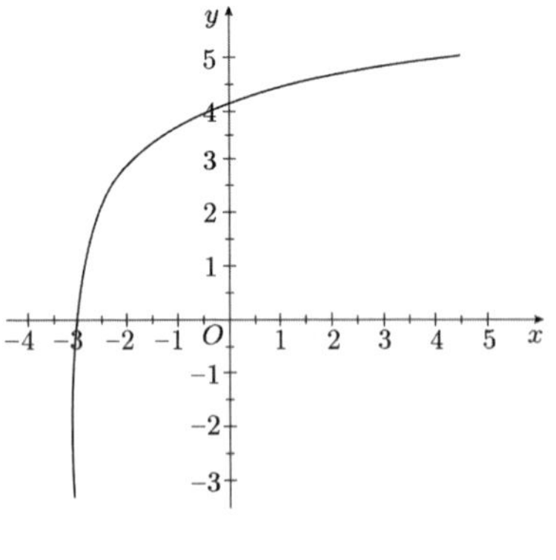

09 (1) $\frac{2\ln 2+3\ln 12}{6\ln 2-\ln 12}$ (2) $t=e+1$ (3) 0

(4) $-\frac{1}{2}+\frac{\sqrt{17}}{2}$ (5) 10

10 (1) 0, 1 (2) ln2, ln3

11 (1) $x>6$ (2) $x<2$, $x>3$

(3) $0<x<16$ (4) $x>2$, $0<x<1$

연습문제 5-2

01 (1) $\frac{2}{3}\pi$ (2) $\frac{5}{6}\pi$ (3) $\frac{7}{6}\pi$ (4) $\frac{3}{2}\pi$

(5) 4π (6) $\frac{9}{4}\pi$ (7) $-\pi$ (8) $-\frac{9}{4}\pi$

(9) $-\frac{2}{3}\pi$ (10) $-\frac{3}{2}\pi$

02 (1) 36° (2) 15° (3) 120° (4) 225°

(5) 450° (6) 330° (7) −90° (8) −120°

(9) −360° (10) 1080°

03 (1) $-\frac{\sqrt{3}}{2}$ (2) $-\frac{\sqrt{3}}{2}$ (3) $-\sqrt{3}$ (4) $-\frac{1}{\sqrt{3}}$

(5) $\frac{\sqrt{3}}{2}$ (6) $-\frac{1}{2}$ (7) $-\sqrt{3}$ (8) $-\frac{1}{2}$

(9) $-\frac{\sqrt{3}}{2}$ (10) $\frac{1}{\sqrt{3}}$ (11) 1 (12) $-1+\sqrt{2}$

(13) $\sqrt{3}$ (14) $-\frac{1}{2}$

연습문제 5-3

01 (1)

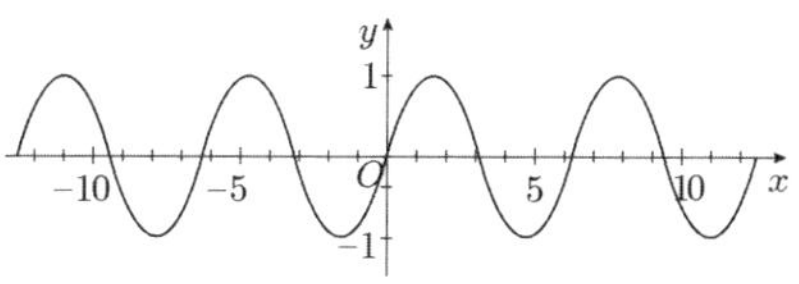

(2)

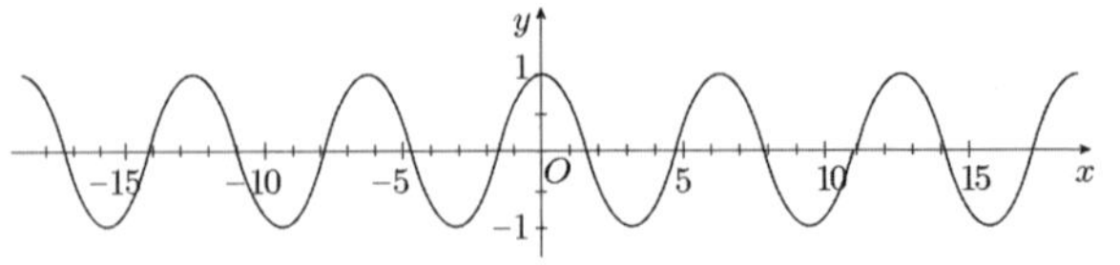

(3)

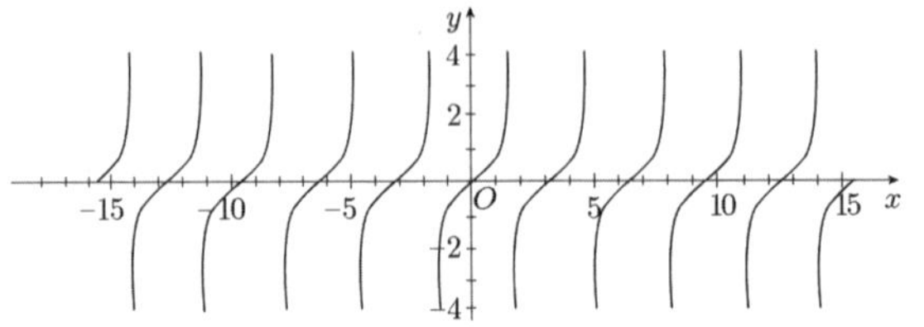

04

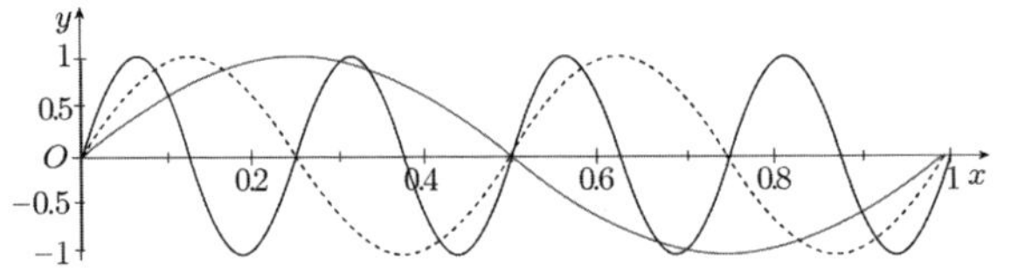

05

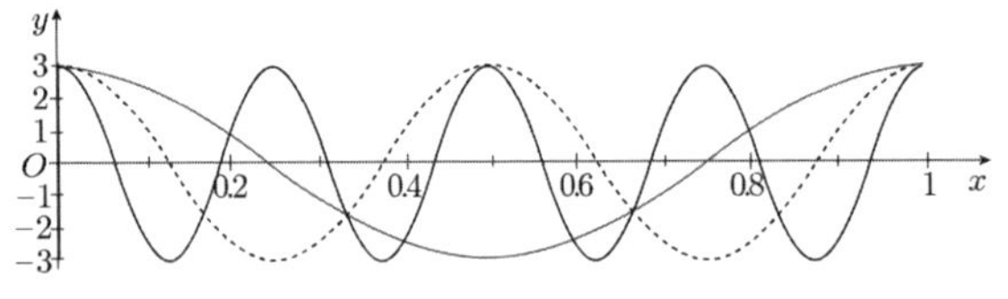

07 (1) $\sqrt{2}, -\sqrt{2}$ (2) $\frac{2}{3}, -\frac{2}{3}$

(3) 4, 0 (4) $\sqrt{3}-1, -\sqrt{3}-1$

09 (1)

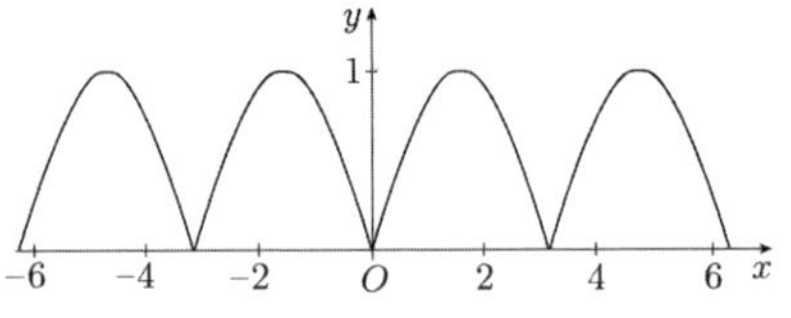

(2)

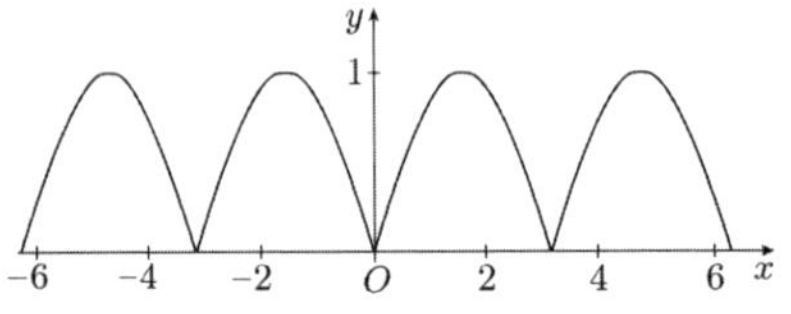

10 3, ± 2, 2 또는 -3, ± 2, 2

11 $[-2, 2]$, 2π

12 $[-4, 5]$

연습문제 5-4

01 (1) $n\pi+(-1)^n\frac{\pi}{3}$ (2) $2n\pi\pm\frac{\pi}{4}$ (3) $n\pi+\frac{\pi}{3}$ (4) $\frac{n\pi}{2}+(-1)^n\frac{\pi}{6}$

02 (1) $\frac{1}{30}\pi$, 10개 (2) $\frac{\pi}{24}$, 8개 (3) $\frac{\pi}{12}$, 4개 (4) $\frac{\pi}{15}$, 10개

03 (1) $-\frac{\pi}{2}$, $\frac{3}{2}\pi$ (2) $\pm\pi$

04 (1) $\frac{\pi}{4}$, 4개 (2) $\frac{\pi}{12}$, 6개 (3) $\frac{\pi}{6}$, 4개 (4) $\frac{\pi}{12}$, 8개

(5) $\frac{\pi}{2}$, 2개 (6) $\frac{\pi}{4}$, 5개 (7) $\frac{\pi}{6}$, 2개 (8) $\frac{\pi}{3}$, 4개

05 $\frac{\pi}{2}$

06 0, π, 2π

07 $\frac{5}{6}\pi$, $\frac{11}{6}\pi$

연습문제 6-1

01 (1) $\frac{4}{5}$ (2) $-\frac{4}{5}$

02 (1) $\frac{\sqrt{6}+\sqrt{2}}{4}$ (2) $2+\sqrt{3}$ (3) $\frac{\sqrt{6}+\sqrt{2}}{4}$ (4) $2+\sqrt{3}$

03 $16x^3-12x+\sqrt{6}-\sqrt{2}=0$

04 (1) $\sin\left(\theta+\frac{\pi}{6}\right)$ (2) $2\sin\left(\theta+\frac{2\pi}{3}\right)$

05 (1) $\frac{3}{8}$ (2) $\frac{\sqrt{7}}{2}$

06 $-\frac{7}{5}$

07 1

08 (1) $\frac{\sqrt{2}}{2}$ (2) 0

09 (1) $-2\tan\theta$ (2) 1

10 $-\frac{13}{85}$

11 (1) $\frac{\sqrt{3}}{2}$ (2) $60°$

12 (1) $-\frac{3}{4}$ (2) $\frac{11}{16}$

연습문제 6-2

01 $\sin\theta=\frac{3}{5},\ \cos\theta=\frac{4}{5},\ \tan\theta=\frac{3}{4}$

$\sin\theta=\frac{5}{13},\ \cos\theta=\frac{12}{13},\ \tan\theta=\frac{5}{12}$

$\sin\theta=\frac{2}{\sqrt{5}},\ \cos\theta=\frac{1}{\sqrt{5}},\ \tan\theta=2$

$\sin\theta=\frac{4}{5},\ \cos\theta=\frac{3}{5},\ \tan\theta=\frac{4}{3}$

$\sin\theta=\frac{1}{\sqrt{x^2+1}},\ \cos\theta=\frac{x}{\sqrt{x^2+1}},\ \tan\theta=\frac{1}{x}$

$\sin\theta=\frac{\sqrt{x^2-1}}{x},\ \cos\theta=\frac{1}{x},\ \tan\theta=\sqrt{x^2-1}$

02 $h=5\sin\theta,\ h=12\sin\theta,\ h=\sqrt{5}\cos\theta$

$h=\frac{8}{\tan\theta},\ h=\sqrt{x^2+1}\sin\theta,\ h=\frac{\sqrt{x^2-1}}{\tan\theta}$

03 (1) 41.203 (2) 117.818 (3) 15.032 (4) 39.715

04 (1) $5\sqrt{3}$ (2) 14.478 (3) 14.597 (4) $B=78.667$
$C=37.333$

05 2, $\sqrt{5}$, 6

06 (1) 5:6:7 (2) 0.77, 0.87, 0.94

07 $\cos A=-\frac{1}{2},\ \cos B=\frac{11}{14},\ \cos C=\frac{13}{14}$

09 $\frac{14}{3}\sqrt{3}$ m

11 $\frac{1}{\sqrt{6}}$ km

12 $5(\sqrt{6}+\sqrt{2})$ m

13 $\frac{50\tan 30^\circ \tan 40^\circ}{\tan 30^\circ+\tan 40^\circ}\approx 17$ m

14 $\frac{1500}{\sqrt{3}-1}$ m

연습문제 6-3

01 (1) $5-2i$ (2) $21-i$ (3) $-\frac{9}{34}+\frac{19}{34}i$

02 (1) 41 (2) $\sqrt{41}$ (3) $\sqrt{41}$

03 (1) $-2+2i$ (2) -1 (3) $2\sqrt{2}i$ (4) $35+15i$

04 $x=\frac{2}{3}$, $y=-8$

05 $-\frac{4}{3}$

06 (1) 0 (2) $8-8i$ (3) 0 (4) 1

07 (1) $3\sqrt{2}\left(\cos\frac{\pi}{4}-i\sin\frac{\pi}{4}\right)$ (2) $\sqrt{2}\left(\cos\frac{\pi}{4}-i\sin\frac{\pi}{4}\right)$

(3) $2\left(\cos\frac{\pi}{6}-i\sin\frac{\pi}{6}\right)$ (4) $4\left(\cos\frac{2\pi}{3}-i\sin\frac{2\pi}{3}\right)$

(5) $\sqrt{3}\left(\cos\frac{\pi}{2}+i\sin\frac{\pi}{2}\right)$ (6) $\sqrt{2}(\cos\pi+i\sin\pi)$

08 (1) -1 (2) $-\frac{1}{2}+\frac{\sqrt{3}}{2}i$ (3) $\frac{1}{4}-\frac{\sqrt{3}}{4}i$ (4) $-\frac{3}{2}+\frac{3\sqrt{3}}{2}$

09 (1) 6 (2) $\sqrt{3}-i$

10 (1) $\sqrt{2}+\sqrt{2}i$ (2) $-10-10i$ (3) 4

11 (1) $512i$ (2) $-512+512\sqrt{3}i$

(3) $16-16i$ (4) $-64i$

12 (1) $z=e^{\frac{2n\pi}{5}i}$, $n=0, 1, 2, 3, 4$ (2) $z=e^{\frac{2n\pi}{6}i}$, $n=0, 1, 2, 3, 4, 5$

(3) $z=e^{\frac{(2n+1)\pi}{4}i}$, $n=0, 1, 2, 4$ (4) $z=\pm 2, \pm 2i$

연습문제 7-2

01 (1) $(x-2)^2+(y-3)^2=4$ (2) $x^2+y^2=9$

(3) $(x+3)^2+(y+4)^2=2$ (4) $x^2+(y-4)^2=16$

02 (1) $(x-1)^2+(y+3)^2=25$, 원의 중심 $(1, -3)$, 반지름 5

(2) $(x-1)^2+y^2=\frac{7}{2}$, 원의 중심 $(1, 0)$, 반지름 $\sqrt{\frac{7}{2}}$

03 (1) $0<r<2$ (2) $r\in R^f$

04 1, 5

05 $(x \pm 2)^2 + (y \pm 2)^2 = 4$

연습문제 7-3

01 (1)

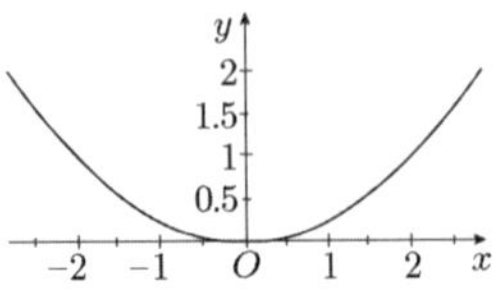

꼭짓점 $(0,\ 0)$, $F(0,\ 1)$

(2)

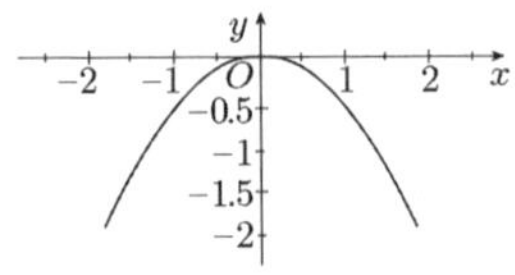

꼭짓점 $(0,\ 0)$, $F(0,\ -1)$

(3)

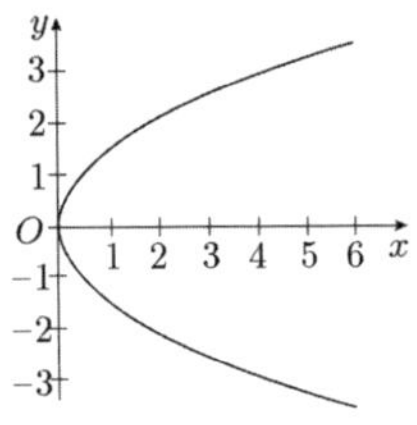

꼭짓점 $(0,\ 0)$, $F\left(\frac{1}{2},\ 0\right)$

(4)

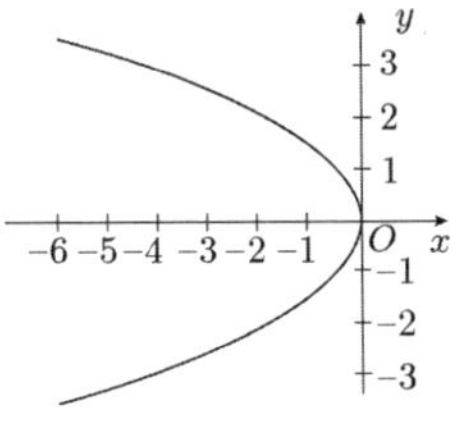

꼭짓점 $(0,\ 0)$, $F\left(-\frac{1}{2},\ 0\right)$

(5)

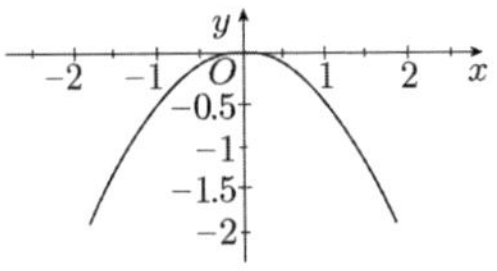

꼭짓점 $(0,\ 0)$, $F\left(0,\ -\frac{5}{8}\right)$

(6)

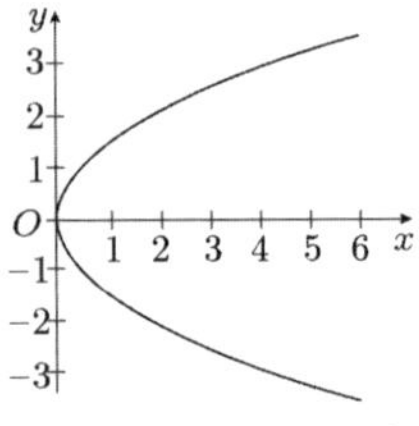

꼭짓점 $(0,\ 0)$, $F\left(\frac{3}{8},\ 0\right)$

(7)

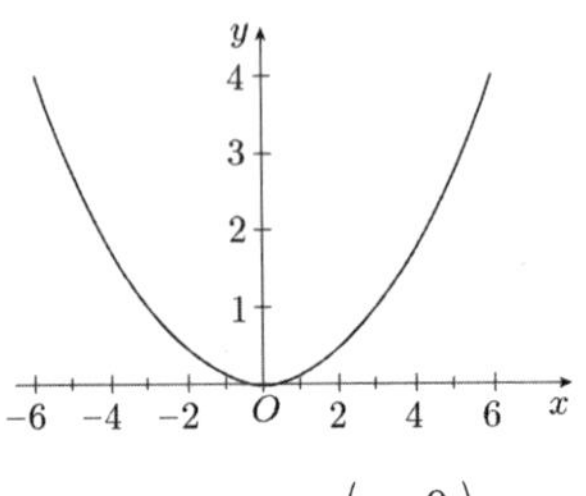

꼭짓점$(0,\ 0)$, $F\left(0,\ \frac{9}{4}\right)$

02 (1) $y^2 = 4x$ (2) $x^2 = -12y$ (3) $y^2 = 20x$

(4) $x^2 = -8y$ (5) $y^2 = \frac{1}{2}x$ (6) $x^2 = -8y$

연습문제 7-4

01 (1) $25x^2+16y^2=400$

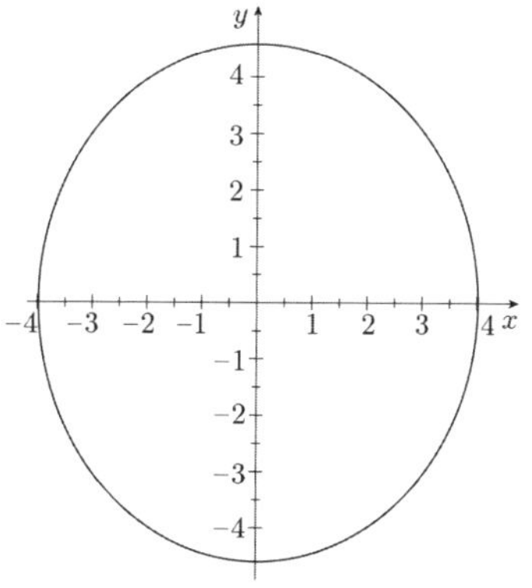

초점 $F(0, \pm 3)$

(2) $x^2+4y^2=16$

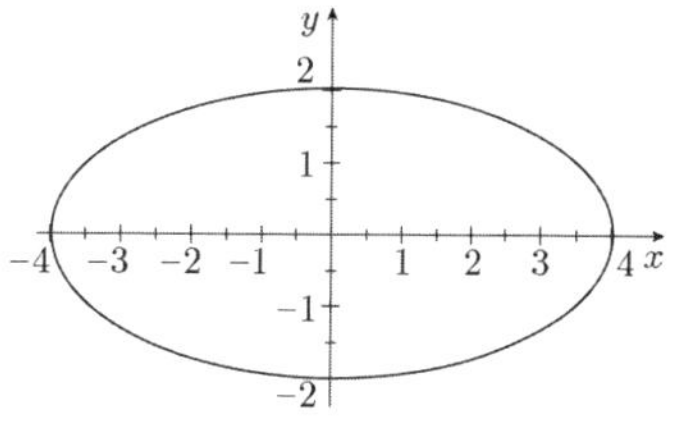

초점$F(\pm 2\sqrt{3}, 0)$

02 (1) $\dfrac{x^2}{40}+\dfrac{y^2}{49}=1$ (2) $\dfrac{x^2}{16}+\dfrac{y^2}{12}=1$ (3) $\dfrac{x^2}{4}+\dfrac{y^2}{9}=1$

(4) $\dfrac{x^2}{36}+\dfrac{y^2}{11}=1$ (5) $\dfrac{x^2}{49}+\dfrac{4y^2}{9}=1$ (6) $4x^2+y^2=1$

03 $2\sqrt{5}$

연습문제 7-5

01 (1) $\dfrac{x^2}{16}-\dfrac{y^2}{25}=1$

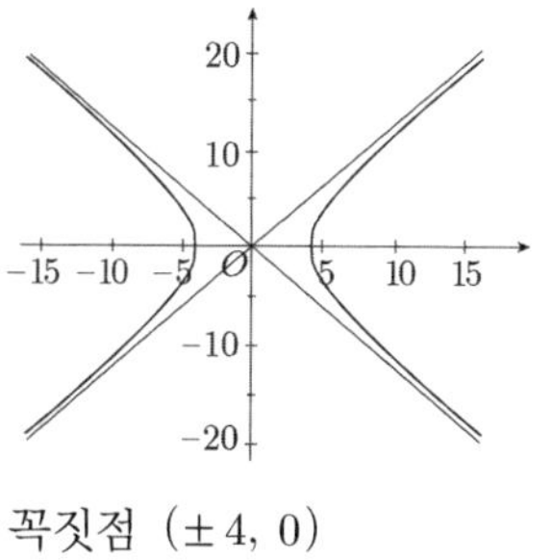

꼭짓점 $(\pm 4, 0)$

초점 $F(\pm\sqrt{41}, 0)$

점근선 $y=\pm\dfrac{5}{4}x$

(2) $\dfrac{y^2}{4}-\dfrac{x^2}{16}=1$

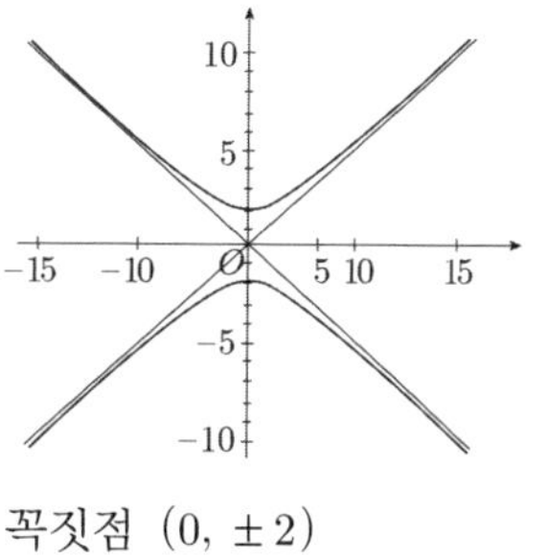

꼭짓점 $(0, \pm 2)$

초점 $F(0, \pm 2\sqrt{5})$

점근선 $y=\pm 2x$

02 (1) $\frac{y^2}{16}-\frac{x^2}{9}=1$ (2) $\frac{x^2}{16}-\frac{y^2}{9}=1$ (3) $\frac{x^2}{4}-\frac{y^2}{5}=1$ (4) $\frac{y^2}{1}-\frac{x^2}{3}=1$

(5) 꼭짓점이 $(\pm 2, 0)$에 놓이고 점 $(3, 1)$을 지남

(6) 꼭짓점이 $(0, \pm 4)$에 놓이고 점 $(5, 5)$을 지남

(7) $\frac{13x^2}{2}-\frac{13y^2}{50}=1$ (8) $\frac{x^2}{\left(\frac{6}{\sqrt{3}}\right)^2}-\frac{y^2}{\left(\frac{9}{\sqrt{13}}\right)^2}=1$

(9) $\frac{x^2}{\left(\frac{9}{2}\right)}-\frac{y^2}{\left(\frac{9}{2}\right)}=1$

연습문제 7-6

01 (1) $x^2+4x-y+5=0$

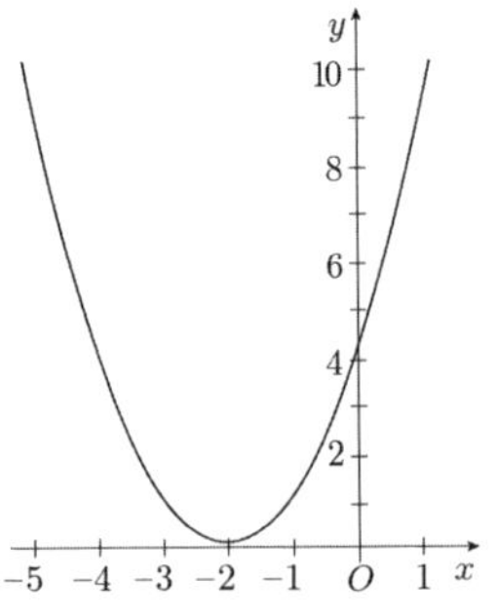

(2) $y^2+2x+15=0$

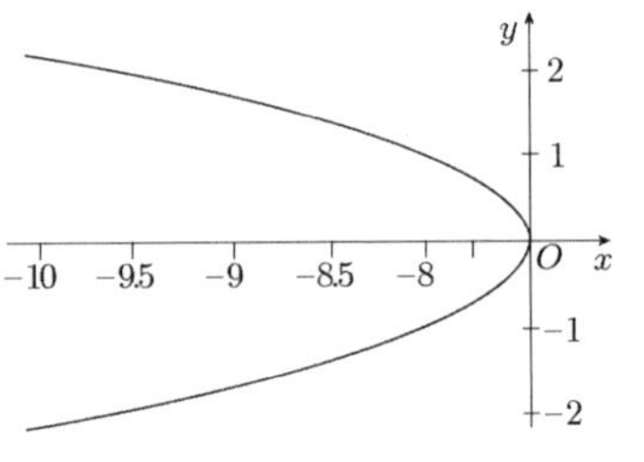

(3) $x^2+4y^2+10x-8y+13=0$

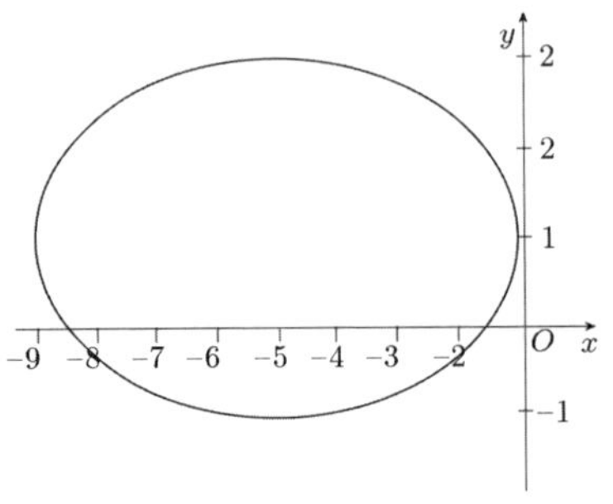

(4) $16x^2+4y^2+12y-7=0$

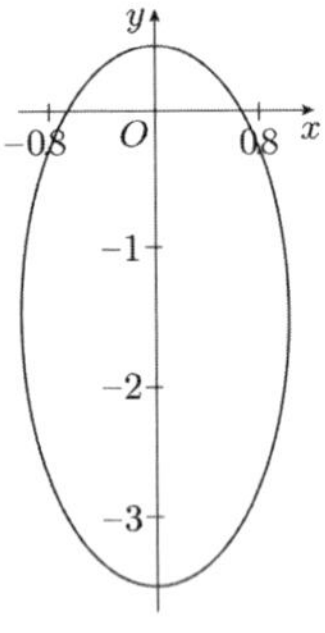

(5) $x^2-y^2+4x+8y-11=0$

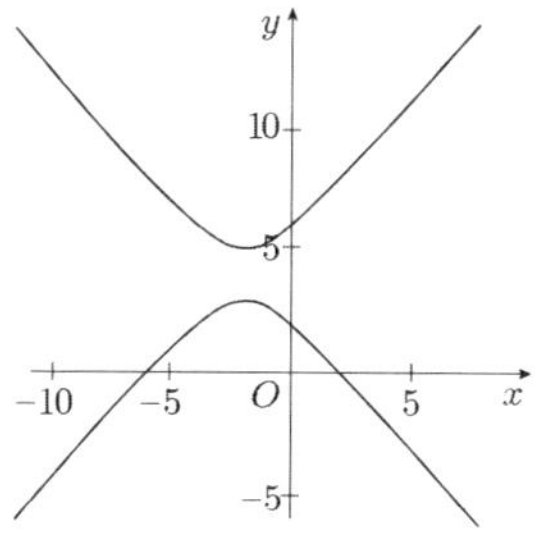

(6) $4y^2-24y-25x^2-50x-89=0$

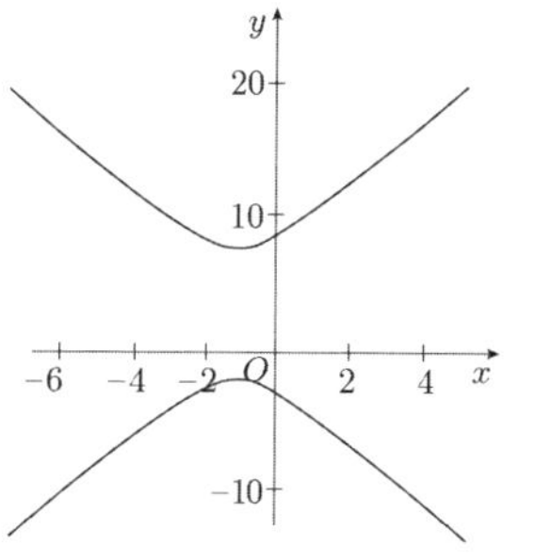

02 (1) $(x+2)^2=(y-1)$, 초점 $F\left(-2,\ \frac{5}{4}\right)$

(2) $y^2=-2\left(x+\frac{15}{2}\right)$, 초점 $F(-8,\ 0)$

(3) $\frac{(x-5)^2}{16}+\frac{(y-1)^2}{4}=1$, 초점 $F(5\pm2\sqrt{3},\ 1)$

(4) $x^2+\frac{\left(y\pm\frac{3}{2}\right)^2}{4}=1$, 초점 $F\left(0,\ -\frac{3}{2}\pm\sqrt{3}\right)$

(5) $x^2-y^2+4x+8y-11=0$

(6) $\frac{(y-3)^2}{25}-\frac{(x+1)^2}{4}=1$, 초점 $F(3,\ -1\pm\sqrt{29})$

연습문제 8-1

01 (1) $x=-1,\ y=2$ (2) 무수히 많은 해 (3) 해 없음

02 볼펜 10자루, 연필 40자루

03 (1) $x=\frac{1}{5},\ y=-\frac{18}{5}$ 또는 $x=3,\ y=2$ (2) $x=\frac{9}{16},\ y=-\frac{3}{4}$ 또는 $x=1,\ y=1$

(3) $x=\pm\frac{3}{2},\ y=\pm\sqrt{6}$ (4점) (4) $x=\pm\sqrt{5},\ y=\pm\sqrt{5}$ (4점)

(5) $x=2,\ y=-1$

04 $-\sqrt{5}\le a\le\sqrt{5}$

05 $y=0$

06 $y=-\frac{a}{b}x+\frac{a^2}{b}+b$

연습문제 8-2

01 (1) $x=-2,\ y=0$ (2) $x=1,\ y=3$ (3) $x=\frac{1}{2},\ y=-\frac{3}{2}$

02 (1) 해가 없음 (2) $x=3,\ y=-2,\ z=2$

03 $x=\frac{55}{14},\ y=\frac{19}{7},\ z=-\frac{3}{2}$

04 $a\neq\pm\sqrt{12}$ 인 모든 실수

05 -2

06 의자 30개, 커피 테이블 50개, 식탁 10개

07 $I_1=-6,\ I_2=4,\ I_3=2$

08 (1) $a=2,\ b\neq 6$인 실수 (2) $a\neq 2$인 실수

(3) $a=2,\ b=6$

연습문제 9-1

01 (1) 3, 6, 9, 12 ; 60 (2) -1, 2, 5, 8 ; 56

(3) 7, 7, 7, 7 ; 7 (4) $\frac{2}{3}, \frac{3}{4}, \frac{4}{5}, \frac{5}{6} ; \frac{21}{22}$

(5) $1,\ \sqrt{2},\ \sqrt{3},\ 2 ; 2\sqrt{5}$ (6) 2.1, 2.01, 2.001, 2.0001 ; $2+0.1^{20}$

(7) $0,\ \frac{3}{5},\ \frac{8}{10},\ \frac{15}{17} ; \frac{309}{401}$ (8) $0,\ 1,\ \log_2 3,\ 2 ; \log_2 20$

(9) $-1,\ \frac{1}{2},\ -\frac{1}{6},\ \frac{1}{24} ; \frac{1}{20!}$ (10) $\sin\frac{\pi}{2},\ \sin\pi,\ \sin\frac{3}{2}\pi,\ \sin 2\pi,\ \sin 10\pi$

02 (1) -13 (2) 4294967296 (3) $\frac{15}{8}$ (4) 1

03 (1) 45 (2) -15 (3) 97

(4) $\frac{15}{8}$ (5) 48 (6) 40

04 (1) $\sum_{k=1}^{5}(2k-1)$ (2) $\sum_{n=1}^{6}n^2$ (3) $\sum_{k=1}^{5}(-1)^{k+1}(2k-1)$

(4) $\sum_{n=1}^{6}(-1)^n n^2$ (5) $\sum_{k=1}^{4}\frac{(-1)^{k+1}k}{k^2+1}$ (6) $\sum_{j=0}^{n}x^j$ (7) $\sum_{n=1}^{49}\frac{1}{n(n+1)}$

05 $a_n=\frac{1}{6}n(n+1)(2n+1),\ a_6=91$개

연습문제 9-2

01 (1) 14 (2) -17 (3) $\frac{13}{2}$

02 (1) 32 (2) $\frac{1}{4}$ (3) $-\frac{26}{3}$ (4) -38

03 (1) -2 (2) 8 (3) $\frac{821}{160}$

04 30

05 30, 3

연습문제 9-3

01 (1) 3, 9, 27, 81 (2) $\frac{1}{2}, \frac{1}{3}, \frac{2}{9}, \frac{4}{27}$

02 (1) 1020 (2) 7381

03 (1) 2 (2) $\frac{3}{4}$ (3) $\frac{4}{3}$ (4) $\frac{1}{5}$

04 (1) $\frac{1}{3}$ (2) $\frac{182}{495}$ (3) $\frac{325}{999}$

05 (1) $\frac{347}{495}$ (2) 4.467

06 약 684,135명

07 약 1,628,895원

08 약 13,206,787원

09 $n \geq 16$인 자연수

10 $y=1+\frac{1}{x^2}$, $x \neq 0$의 그래프

11 1,073,741,823원

연습문제 10-1

01 (1) 3 (2) 3 (3) ∞ (4) 0

(5) 존재하지 않음 (6) $-\frac{1}{10}$ (7) 2 (8) ∞

02 (1)

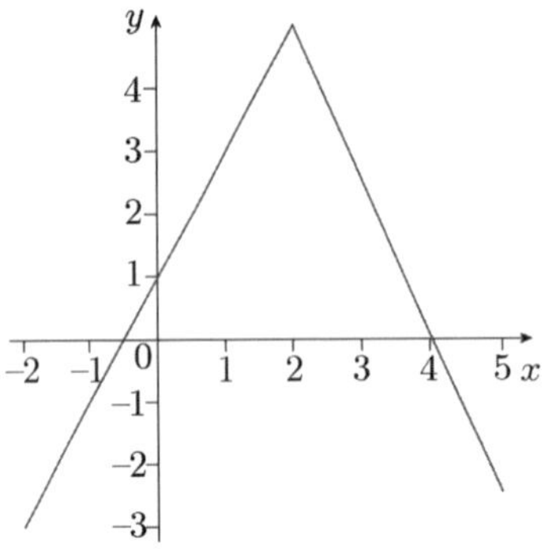

(2) 5

03 (1) 존재하지 않음 (2) 3 (3) 3 (4) 존재하지 않음

04 (1) 수평점근선 : $y=0$ 수직점근선 : $x=-1, 3$

(2) 수평점근선 : $y=0$ 수직점근선 : 없음

(3) 수평점근선 : $y=0$ 수직점근선 : $x=3$

(4) 수평점근선 : $y=3$ 수직점근선 : 없음

연습문제 10-2

01 (1) 26 (2) 0 (3) $\frac{1}{2}$ (4) -20

(5) 4 (6) -1428 (7) -12 (8) $2x$

(9) $\frac{1}{5}$

02 (1) 존재하지 않음 (2) 1 (3) 0 (4) 2

(5) 2 (6) 3

03 (1) $-\pi$ (2) 2 (3) $\frac{\sqrt{3}}{8}$ (4) 0

04 (1) 2 (2) $3x^2$ (3) $\frac{-2x}{(x^2+1)^2}$

05 (1) $\frac{1}{2}$ (2) 0 (3) 0

06 (1) 0 (2) 0 (3) 0

연습문제 11-1

01 (1) $3x^3-\sqrt{2}x$ (2) x^4-x^2 (3) $2nx^{n-1}$ (4) $-6x^{-4}$

(5) $2nx^{2n-1}-nx^{n-1}$ (6) $7x^6-5x^4-36x^2$

(7) $-\dfrac{11}{(2x-1)^2}$ (8) $\dfrac{2(x^2+x-1)}{(x^2+1)^2}$ (9) $\dfrac{8x}{(-2+x^2)^2}$ (10) 1

(11) $\dfrac{6x^2-4x-7}{(3x-1)^2}$ (12) $\dfrac{5(x^2-1)}{(x^2+x+1)^2}$

(13) $\dfrac{3(x^4+3)}{x^2}$ (14) $\dfrac{6x^3+15x^2-12x-29}{(3x-1)^2}$

02 (1) $y=2x-1$ (2) $y=12x-16$ (3) $y=5x-7$

(4) $y=-\dfrac{2}{27}x+\dfrac{1}{3}$ (5) $y=12x-8$ (6) $y=\dfrac{4}{25}x+\dfrac{2}{25}$

03 $-\dfrac{1}{4}$, $-\dfrac{1}{9}$, $-\dfrac{1}{16}$

05 $\dfrac{3}{2}$

연습문제 11-2

01 (1) $8x+4$ (2) $6x^5-12x^3+6x$ (3) $-\dfrac{6(3x-1)}{x^4(3x-2)^4}$ (4) $-\dfrac{56(x+2)}{(3x-1)^3}$

02 (1) $-\dfrac{2kmM}{r^3}$ (2) $4\pi r^2$ (3) $\dfrac{A}{100}n\left(1+\dfrac{i}{100}\right)^{n-1}$

03 (1) $20(3x^2+x)^{19}(6x+1)$ (2) $100x^{99}(1+x)^{101}+101x^{100}(1+x)^{100}$

연습문제 12-1

01 (1) $\sin x+\cos x+\tan x\sec x$ (2) $2\cot x\csc x+3\tan x\sec x$

(3) $-\dfrac{\cos x}{x^2}-\dfrac{\sin x}{x}+\sin x+x\cos x$ (4) $2x\cot x-x^2\csc^2 x$

(5) $-\dfrac{\sin x}{x^2+1}-\dfrac{2x\cos x}{(x^2+1)^2}$ (6) $\dfrac{\cos x+1}{x-\cos x}-\dfrac{(\sin x+1)(x+\sin x)}{(x-\cos x)^2}$

02 (1) $(4x+1)\cos(2x^2+x)$ (2) $-(4x+1)\sin(4x^2+2x)$

(3) $3\cos(3x-1)\cos(1-2x)-2\sin(3x-1)\sin(1-2x)$

(4) $-3\pi\cot^2(\pi x+1)\csc^2(\pi x+1)$

(5) $\cos(x^3-2x+1)(3x^2-2)+2x^2\csc x^2\cot x^2$ (6) 0

03 (1) $(-\infty, \infty)$ (2) $[-12, 72]$

04 (1) $-\cos(3-x)\cos(2x+1)\tan(3x)-2\sin(3-x)\sin(2x+1)\tan(3x)$
$+3\sin(3-x)\cos(2x+1)\sec^2(3x)$

(2) $3\sin(2-3x)\cos(\cos(2-3x))$

(3) $2\tan(3x+\sin(2x+1))(3+2\cos(2x+1))\sec^2(3x+\sin(2x+1))$

(4) $\cos(\cos^2(\tan(2x)))(2\cos(\tan(2x))(-\sin(\tan(2x)))(\sec^2(2x))2$

05 (1) $y=-\frac{1}{2}x+1$ (2) 0.447, 0.450

(3) $x=1$에 가까운 경우 접선의 방정식으로 함수 값을 대신할 수 있음

06 (1) $-\frac{1}{\sqrt{1-x^2}}$ (2) $\frac{1}{x^2+1}$

07 0

연습문제 12-2

01 (1) $3e^{3x}$ (2) $(3^{2x})(2)\ln 3$

(3) $(3^{-2x})(-2)\ln 3$ (4) $12e^{(3x+2)^4}(3x+2)^3$

(5) $4(2x-3)5^{(2x-3)^2}\ln 5$ (6) $2(x-1)2^{(x^2-2x+1)}\ln 2$

02 (1) $\frac{1}{x}$ (2) $\frac{1}{x\ln 5}$ (3) $-\frac{1}{x\ln 5}$

(4) $\frac{10}{2x+3}$ (5) $-\frac{20}{(3-2x)\ln 10}$ (6) $\frac{(2x+4)}{(x^2+4x+3)\ln 10}$

03 (1) $\frac{(0.1)\ln(\sqrt{x+1})}{x^{0.8}}+\frac{x^{0.2}}{2x+2}$ (2) $\frac{0.2\left(\frac{0.3}{x^{0.7}}-\frac{2.1}{x^{3.1}}\right)}{\left(\frac{1}{x^{2.1}}+x^{0.3}\right)^{0.8}}$

04 (1) $(-2)e^{-2x}\sin(3x)+3e^{-2x}\cos(3x)$ (2) $-\sin(x^2e^{-2x})(2xe^{-2x}-2x^2e^{-2x})$

(3) $(2x)(\arctan x)e^{x^2+1}+\frac{e^{x^2+1}}{x^2+1}$ (4) $\ln\left(x+\frac{1}{x}\right)+\frac{x^2-1}{x^2+1}$

05 $-\frac{1}{e}$

06 4418 원/년

07 (1) $-\frac{3}{7}\frac{y}{x}$

(2) $y = 2952$, $x = 80, y = 2952$ 일 때 $\dfrac{dy}{dx} = -15.8 < 0$:

근로자의 수가 증가해도 운영비는 줄어든다.

08 $e^{-\pi}$

연습문제 12-3

02 (1) $-\dfrac{x}{y}$ (2) $-\dfrac{6x+y}{8y+1}$

(3) $-\dfrac{\cos(x+y)}{\cos(x+y)+e^{y}}$ (4) $\dfrac{\sec^2(x+y)-2x}{2y-\sec^2(x+y)}$

03 $y = -x+4$

연습문제 12-4

01 $x = a\cos t$, $y - b\sin t$

02 $x = a\cosh t$, $y = b\sinh t$ 단, $\cosh t = \dfrac{e^{t}+e^{-t}}{2}$, $\sinh t = \dfrac{e^{t}-e^{-t}}{2}$

03 같은 곡선을 그리지만 회전수가 다르다.

04

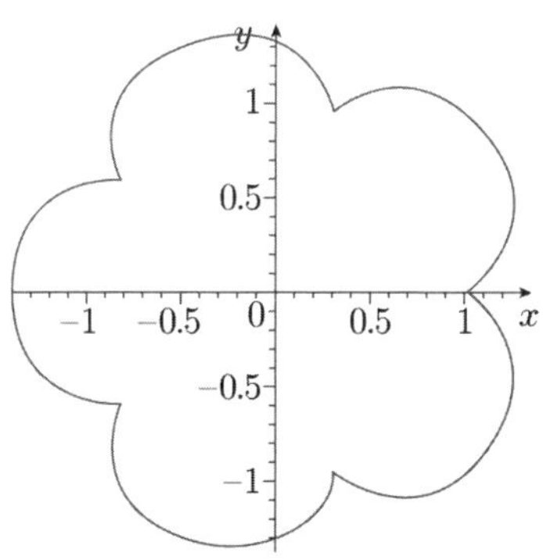

05

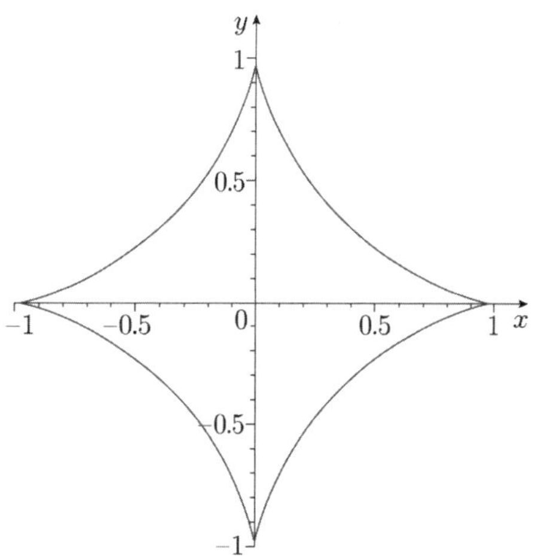

06

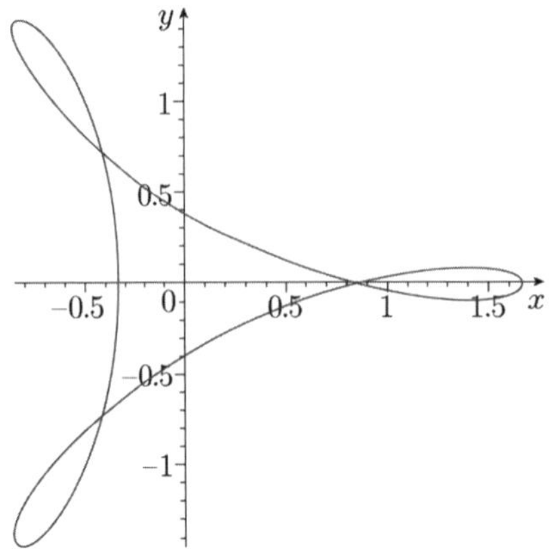

연습문제 13-1

01 (1) $x^4+x^3+x^2+x+C$ (2) $\frac{x^6}{6}-\frac{1}{4x^4}+C$

(3) $\frac{2}{3}x^{\frac{3}{2}}+\frac{10}{11}x^{\frac{11}{10}}+C$ (4) $\frac{6}{5}x^{\frac{5}{6}}+C$

(5) $\frac{3}{5}x^5+\frac{2}{x}-\frac{1}{4x^4}+4x+C$ (6) $\ln x-\frac{2}{x}+\frac{1}{2x^2}+C$

(7) $\frac{2^x}{\ln 2}+e^x+C$ (8) $\ln x-\frac{2}{x}-\frac{3}{2x^2}+C$

(9) $-\cos x-\sin x+C$ (10) $7e^x+5\cos x-\ln x+C$

02 (1) $\arcsin x+C$ (2) $\operatorname{arcsinh} x+C$

(3) $\frac{1}{2}\arctan\left(\frac{1}{2}x\right)+C$ (4) $\arctan(2x)+C$

03 $\frac{(3x+2)^5}{15}+C$

연습문제 13-2

01 (1) $\frac{1}{15}(3x+2)^5+C$ (2) $-\frac{1}{3}\ln(-3x+2)+C$

(3) $-\frac{3}{2}\cos\left(\frac{2}{3}x-1\right)+C$ (4) $-\frac{1}{4}\sin(-4x+7)+C$

(5) $\frac{1}{9}\tan(9x+8)+C$

(6) $\frac{1}{8}\sin(-4x+2)^{-2}+C$

02 (1) $\frac{1}{8}\ln|x|+\frac{8}{3}\ln|x+4|+C$

(2) $\frac{1}{12}x^{12}-\frac{1}{11}x^{11}+C$

(3) $-\frac{1}{6}\cos(2x^3+1)+C$

(4) $\frac{2}{9}(3x^2+5)^{\frac{3}{2}}+C$

(5) $-\frac{1}{2}e^{-x^2-2x}+C$

(6) $\frac{1}{2(x^2+x+1)^2}+C$

(7) $\frac{1}{3}\sqrt{2x^3+x^6-5}+C$

(8) $\frac{4}{15}(1+x)^{\frac{3}{2}}(3x-2)+C$

(9) $2e^{-\frac{1}{x}}+C$

(10) $\ln(e^{3x}+1)+C$

(11) $\frac{1}{2}e^{2x^2-2x}+\frac{1}{2}e^{x^2}+C$

(12) $-\frac{1}{2}\cos^2 x+C$

(13) $\sin(e^x)+C$

(14) $\tan(3x^2+1)+C$

03 $f(x)=\frac{1}{4}x^4+\frac{1}{2}x^2+C$

04 $f(x)=\frac{1}{2}e^{x^{2-1}}+C$

연습문제 14-1

01 실제 값, 왼쪽 리만합, 중간 리만합, 오른쪽 리만합

(1) 6, 4, 6, 8

(2) $\frac{16}{3}$, 6, 5, 6

(3) $\ln 2=0.7$, 0.7, 0.7, 0.6

(4) $1-e^{-1}=0.6$, 0.7, 0.6, 0.6

02 (1) 18 (2) $\frac{3}{2}$ (3) 9 (4) $\frac{9}{4}\pi$

03 (1) $\frac{1}{2}$ (2) $\frac{1}{4}$

04 (1) 1.15241, 3.14194, 3.14160 (2) π

(3) 등분이 많을수록 π에 가까워지나 접근하는 속도는 매우 느림

05 (1) $\int_0^1 x^2\,dx$ (2) $\int_0^\pi \sin x\,dx$

06 $-\frac{1}{2}+\frac{1}{2}\pi$

07 (1) $\int_0^1 x\,dx$ (2) $\int_0^4 |x^2-1|\,dx$ (3) $\int_0^\pi \sin x\,dx$

연습문제 14-2

01 (1) 1 (2) x (3) 1 (4) x

02 (1) $x\sin x^2$ (2) $\dfrac{1}{1+x^6}$ (3) $-x^2$

03 (1) 0 (2) 0 (3) $\dfrac{38}{3}$ (4) $3(e-1)$

(5) $-\dfrac{3}{2}+\dfrac{4\sqrt{2}}{3}$ (6) 1 (7) 1

(8) $-e+8+e^3+\ln 3$ (9) $\dfrac{1}{\ln 2}-1+e$ (10) 0.8

04 (1) 166656 (2) 0 (3) $\dfrac{5}{2}e^2(e-1)$

(4) 0 (5) $-\dfrac{1}{2}\ln 2+\dfrac{1}{2}\ln 5$

(6) $\dfrac{1}{2}$ (7) $\dfrac{1}{4}$ (8) $\dfrac{7}{24}$

05 (1) $\dfrac{1}{2}$ (2) $\dfrac{16}{3}$ (3) $\dfrac{58}{3}$

(4) $\dfrac{1}{2}$ (5) 1 (6) 1

06 (2) $\sqrt{2}$ (3) $\dfrac{\sqrt{5}}{2}-\dfrac{1}{4}\ln(\sqrt{5}-2)$

07 (2) $\dfrac{8}{3}\pi$ (3) $\dfrac{1}{3}\pi r^2 h$

08 (2) $\sqrt{2}\pi$ (3) $\pi r\sqrt{r^2+h^2}$

연습문제 15-1

01 (1) $\sum_{k=0}^{\infty}(-1)^k x^k$ (2) $\sum_{k=1}^{\infty}x^k$ (3) $\sum_{k=0}^{\infty}\dfrac{(-1)^n x^{4n+2}}{(2n+1)!}$ (4) $\sum_{k=0}^{\infty}\dfrac{(-1)^n x^n}{n!}$

02 (1) $1+\dfrac{1}{2}x-\dfrac{1}{8}x^2+\dfrac{1}{16}x^3-\dfrac{5}{128}x^4$

(2) $x^2-\dfrac{1}{3}x^4+\dfrac{2}{45}x^6-\dfrac{1}{315}x^8+\dfrac{2}{14175}x^{10}$

연습문제 15-2

01 -0.567

02 (1) 1.717 (2) 1.461

03 (1) $\frac{1}{4}\ln 2 \approx 0.173$ (2) $\sum_{k=0}^{\infty}(-1)^k x^{4k+3}$ (3) 0.196

(4) 항수를 보다 더 많이 사용하거나 또는 적분의 구간을 2개로 나누고 $x=0$과 $x=0.5$

에서 피적분함수에 대한 전개된 테일러급수를 사용

INDEX 찾아보기

기초미적분학

지은이　하준홍
펴낸이　조경희
펴낸곳　경문사
펴낸날　2017년 3월 2일 1판 1쇄
등　록　1979년 11월 9일 제 313-1979-23호
주　소　04057, 서울특별시 마포구 와우산로 174
전　화　(02)332-2004　팩스 (02)336-5193
이메일　kyungmoon@kyungmoon.com
facebook　facebook.com/kyungmoonsa

값 32,000원

ISBN 979-11-6073-009-8

★ 경문사 홈페이지에 오시면 즐거운 일이 생깁니다.
http://www.kyungmoon.com

한국과학기술출판협회 회원사